科学出版社"十四五"普通高等教育本科规划教材
卓越工程师教育培养计划——现代工程图学精品教材

现代机械工程图学教程

（第四版）

主编　卢其兵　王慧源
　　　姚　勇　王　琳
主审　朱希夫

科学出版社
北　京

内 容 简 介

《现代机械工程图学教程》(第四版)是依据高等学校工科制图课程教学指导委员会制订的“教学基本要求”，紧密结合《国家中长期教育改革和发展规划纲要(2010—2020年)》对人才培养工作的实际需要，总结了作者近几年的教学成果，吸取了同类教材的精华，采用最新的国家标准改编而成。

本书为新形态教材，在保留第三版诸多特色的基础上，融入课程思政内容，介绍思政目标及其素材。本书配有电子教材、电子解题指导、三维模型和动画、教学录像等数字课程资源，构建课程信息化平台，形成行之有效的新形态教材。

本书内容包括：机械制图的基本知识、正投影理论的基础知识及作图、基本立体及其切割、组合体的投影、工程形体常用的基本表示法、常用的零部件和结构要素的特殊表示法、零件图、装配图、立体的三维表达、焊接图等。

本书可作为高等学校机械类和近机械类各专业“工程图学”(“画法几何与机械制图”或“机械制图”)课程的教材，也可作为独立学院、职业技术大学、网络学院、成人教育学院等同类专业的教材，同样也可作为有关科研及工程技术人员的参考书。

与本书配套出版的《现代机械工程图学题典(第四版)》可供读者选用。

图书在版编目(CIP)数据

现代机械工程图学教程/卢其兵等主编. —4版.—北京：科学出版社，2024.4
科学出版社“十四五”普通高等教育本科规划教材
卓越工程师教育培养计划：现代工程图学精品教材
ISBN 978-7-03-077435-4

Ⅰ.①现… Ⅱ.①卢… Ⅲ.①机械制图－高等学校－教材 Ⅳ.①TH126

中国国家版本馆CIP数据核字(2023)第252643号

责任编辑：王 晶/责任校对：刘 芳
责任印制：彭 超/封面设计：苏 波

科学出版社 出版
北京东黄城根北街16号
邮政编码：100717
http://www.sciencep.com

武汉市首壹印务有限公司印刷
科学出版社发行 各地新华书店经销

*

开本：787×1092 1/16
2024年4月第 四 版 印张：24 3/4
2024年4月第一次印刷 字数：584 000

定价：79.00元

(如有印装质量问题，我社负责调换)

《现代机械工程图学教程》(第四版)
编委会

主　编　卢其兵　王慧源　姚　勇　王　琳

副主编　刘雪红　祁型虹　李　茂

编　委　王　琳　王慧源　王成刚　卢其兵　匡　珑
　　　　刘雪红　刘冬林　祁型虹　朱希夫　李　茂
　　　　李　新　李瑞亚　李云怡　张　萍　张仪哲
　　　　张永权　陈　全　郑钧宜　杨红涛　姚　勇
　　　　姚碧涛　游险峰

主　审　朱希夫

前　　言

习近平总书记在党的二十大报告中指出:“教育、科技、人才是全面建设社会主义现代化国家的基础性、战略性支撑。必须坚持科技是第一生产力、人才是第一资源、创新是第一动力,深入实施科教兴国战略、人才强国战略、创新驱动发展战略,开辟发展新领域新赛道,不断塑造发展新动能新优势”。教育是国之大计、党之大计。人才培养的重要环节之一是课程建设,而课程建设的中心是教材建设。“坚持为党育人、为国育才”是教材编写工作应遵循的根本原则。

本书在2006年第一版、2011年第二版、2016年第三版陆续出版后,得到了图学界同行的大力支持和读者的充分肯定,在武汉理工大学和部分兄弟院校机械类和近机械类本科专业教学中长期使用。随着科学技术的发展,根据工程教育认证标准所确定的培养目标和毕业要求,对当前的课程教学改革和教材提出了新的要求。

本书仍保持前三版“精练内容,完善体系,紧跟学科前沿”的编写宗旨,在保留第三版诸多特色的基础上,融合近几年本课程教学改革成果,力求体现以下特色。

(1) 形成体系完善的系列立体化教材。在改版本书的同时,改编和充实了配套的系列教材,如《现代机械工程图学题典》和《现代机械工程图学》电子教材等,该系列教材融知识学习辅导、习题解答等教学环节于一体,有利于教师采用现代教学手段组织教学和读者自学。注:电子教材前几版均采用光盘制作,本版的光盘号为978-7-89505-171-3,内容改为“码吉课”小程序平台呈现,读者可扫描本书封三页面防伪标签上的二维码进入,便于读者学习。

(2) 为了适应机械大类工程教育认证标准所确定的培养目标和毕业要求,进一步精简了内容,加强基础,强化重点,分散难点,循序渐进,以适应不同学时和专业的教学需要,也有利于读者自主学习。

(3) 对现有的教材体系进行优化,在第三版中分散的相关基本立体、截交线、相贯线、组合体和表达方法中的轴测图内容集中到第9章立体的三维表达中,增加了三维实体造型技术的介绍,使得这部分知识体系更完善集中。将各章分散的零件图和装配图中常用零部件和结构要素的特殊表示法集中在第6章中进行介绍,使得教材结构层次更加清晰。并在这些内容旁附带三维立体图二维码,读者扫描后可360°查看该图呈现样貌。

(4) 采用最新国家标准。采用了国家质量监督检查检疫总局发布的《技术制图》《机械制图》等有关制图的最新国家标准,更新了书中涉及的所有国家标准。

(5) 更新计算机绘图软件，将计算机绘图集中介绍，着重强调软件的应用方法、作图技巧，简单明了，便于学生自学。

(6) 增加了课程思政的章节前言内容，将课程思政涉及的知识点、思政元素、思政培养目标和思政素材融入到工程图学教学过程中，指引贯彻落实立德树人根本任务。

本书由卢其兵、王慧源、姚勇、王琳担任主编，刘雪红、祁型虹、李茂担任副主编，朱希夫主审。

参加编写的有：王琳、王慧源、王成刚、卢其兵、匡珑、刘雪红、刘冬林、祁型虹、朱希夫、李茂、李新、李瑞亚、李云怡、张萍、张仪哲、张永权、陈全、郑钧宜、杨红涛、姚勇、姚碧涛、游险峰。王琳负责全书的策划及统稿、定稿。武汉理工大学工程图学部的老师们在本书的编写过程中提出了许多宝贵的意见和建议，在此一并表示感谢。

本书配套的《现代机械工程图学》电子教材由王琳、张永权、王慧源、刘雪红、李茂担任主编。

由于编者水平所限，书中难免存在不妥之处，我们诚恳希望读者批评指正。

编　者

2023 年 7 月

目　录

绪　　论

知识点：工程图学的本质及特征。

思政元素：科学精神。

思政培养目标：让学生了解图在人类文明史上的作用；并了解本课程的内容体系、结构及学习方法，增强学生的学习自信心；激发学生的学习兴趣，增加学生的求知欲及学习主动性。

思政素材：我国的建设成果和存在问题，引发对问题的探索与思考，让学生产生求知欲和好奇心，激发出学生对本课程的学习兴趣，并开启学生创新思维之门。

0.1　本课程研究的对象

人们在长期的生产实践中，根据太阳光（或灯光）照射物体时会出现物体影子的启示，经过科学的抽象，建立了用平面图形表达空间形体（几何学中抽象的“形”和现实中真实的“体”的总称）的基本方法——投影法，研究投影法及其规律的投影理论，构建了投影几何学的科学体系。

将空间形体按投影理论和一定的技术规范表示在图纸或其他载体上，就得到工程图样，工程图样被喻为“工程界的技术语言”，是工程技术人员表达和交流技术思想的基本工具，也是工程技术部门的重要技术文件。

工程图样也可以说是在工程中应用的图。“图”是用绘画表现出来的形象，既可以是客观事物的形象，也可以是人们头脑中想象的形象，图与语言、文字一起，构成了人类社会进行交流的三大媒介；而“工程”则是一切与生产、制造、建设、设备相关的重大的工作门类的总称（如机械工程、建筑工程、电气工程、水利工程等），其核心是设计和规划，而设计和规划的结果又必须用工程图样来表达。

“工程图学”是投影几何学与工程基本规范及应用相结合的产物，是以几何学为基础、以投影法为方法，研究空间形体的构成、表达和工程图样绘制、阅读的理论和方法，其研究对象就是空间形体和工程图样。

“机械工程图学”是将工程图学的基础知识及工程基本规范与机械制图特有的标准和规范相结合的产物，作为研究对象的空间形体在机械工程中的具象化就是机械零件、部件和机器，而在机械工程中使用的工程图样就是机械零件图和装配图。在机械工程图学中，并不包含其他工程领域的研究对象（如建筑制图中的各种建筑物等），而且对于机械零件、部件和机器，也只是从图样的表达（绘图）和理解（读图）的角度进行研究，并不涉及机械零件、部件和机器的性能及其设计等内容。

“现代机械工程图学”与传统的“机械工程图学”的主要区别就在于特别强调计算机绘图的学习与训练。计算机绘图的出现和不断完善，是计算机技术与“工程图学”相结合的丰硕成果，目前在国内的制造企业、设计部门和研究机构中，计算机绘图已经得到了广泛的普及和应用，它已成为机械工程类各专业的工程技术人员必须掌握的基本技能之一。

当然，计算机只是一种工具，单靠计算机并不能绘制机械工程图样，更不能进行机械设计，只有懂得手工绘图（传统的尺规绘图和徒手绘图）并运用计算机才能进行计算机绘图，从这个意义上说，无论计算机绘图软件的功能如何强大，也不能代替手工绘图的学习和训练，这就如同人们虽然普遍使用计算器，但仍然不能忽视笔算和心算的训练一样。

《现代机械工程图学教程》是供高等学校机械工程类各专业开设“工程图学”（有的高校称为“画法几何与机械制图”或“机械制图”）课程使用的教科书，比较适合于希望加强计算机绘图教学与训练的高等学校选用。

0.2 本课程的内容和性质

本课程主要包括画法几何、机械制图和计算机绘图三部分内容。

画法几何主要研究用正投影法表达空间几何形体（图示法）及图解空间几何问题（图解法）的基本理论和方法，是机械制图的理论基础；机械制图主要介绍有关制图和机械工程图样的基本知识及规范，训练用仪器（或徒手）绘图的基本技能，研究利用正投影法绘制机械零（部）件和机器图样以及标注尺寸的原理和方法。传统的“机械工程图学”主要包括这两方面的内容，因此以前通常叫作“画法几何与机械制图”。

“现代机械工程图学”除包括画法几何、机械制图的内容之外，还将计算机绘图作为主要的内容之一。计算机绘图是应用计算机软件（系统软件、基础软件、绘图应用软件）和硬件（主机、图形输入及输出设备）处理图形信息，从而实现图形的生成、显示及输出的计算机应用技术。与手工绘图相比，计算机绘图具有绘图精度高、速度快，修改、复制方便，易于保存和管理，可促进产品设计的标准化、系列化等许多优点，因此发展迅速，应用也越来越广。近年来，随着计算机绘图软件功能的不断增强，计算机绘图不仅是绘制机械图样的重要手段，而且已经成为计算机辅助设计和计算机辅助制造的重要组成部分。计算机绘图软件种类繁多，本课程仅介绍其中最常用、最普及的AutoCAD和SolidWorks。

本课程是机械工程类各专业的学科基础课之一，不仅要完成课程本身的教学任务，还要为学习机械工程类各专业的后续课程（机械原理、机械设计、金属工艺学等）打下良好的基础，并为学生完成相关的课程设计和毕业设计提供不可或缺的基础知识和基本技能的训练。

本课程又是实践性很强的课程，不仅要求学生学习、理解画法几何、机械制图和计算机绘图的相关知识，而且更重要的是要将这些知识转化为学生的空间思维能力、空间想象能力和绘制、阅读机械工程图样的能力。

0.3　本课程的主要任务

本课程的主要任务就是培养学生的绘图和读图能力，具体有以下几个方面。

(1) 学习正投影的基本理论和方法，使学生初步掌握用正投影法表达空间几何形体的原理和方法，能够用图解法求解一般的空间定位和度量问题。

(2) 初步了解国家标准《机械制图》的基本规定，了解机械工程图样的基本规范和常用机械标准件的基本知识。

(3) 培养学生绘制和阅读机械工程图样的基本能力，能正确地使用绘图工具和仪器，掌握用仪器和徒手画图的基本技能。

(4) 学习计算机绘图的有关知识，培养学生的计算机绘图能力，初步掌握计算机绘图的技能，能利用 AutoCAD 绘制一般的机械工程图样，并能利用参数化实体建模软件 SolidWorks 进行简单机械零件的三维建模。

(5) 培养学生对三维形体及相关位置的空间思维能力和空间想象能力。

(6) 培养学生认真负责的工作态度、严谨细致的工作作风、分析问题和解决问题的能力以及求实、创新的精神。

0.4　本课程的学习方法

学习方法因人而异，也因学科、专业、课程而异。为了学好“机械工程图学”，除了遵循“课前预习、课后及时复习、上课时积极主动思考，定期进行小结、提炼重点，寻找薄弱环节，善于从错误中吸取经验”等一般性的行之有效的学习方法之外，特提出如下建议。

(1) 由于机械工程图学是实践性很强的课程，如同学习游泳和驾驶汽车一样，要学与练相结合，并且要以练为主，必须独立地、高质量地完成与教科书配套的所有习题，才能真正理解所学的知识，提高绘图和读图的能力。

(2) 以“图”为中心，随时进行空间“形体”与平面“图形”的相互转化训练，以利于提高空间思维能力和空间想象能力。

(3) 严格遵守国家标准《机械制图》的各项规定，学会查阅有关的标准、表格和资料，认真画好每一根线条，不放过一处错误，注重培养严谨、认真、细致的良好工作作风。

(4) 通过大量绘图和读图的训练，逐步培养对图形的“感悟能力”，才能使绘图和读图的水平跃上一个新的台阶。

第 1 章　制图的基本知识

主要内容及学习要点：本章主要介绍与制图有关的国家标准和常用绘图工具的使用方法，此外还介绍了几何作图以及绘图的基本方法和步骤。通过本章的学习和训练，读者可以了解机械制图中有关图纸幅面、比例、字体、图线和尺寸标注等方面的基础知识，并受到绘制工程图样的初步训练。

知识点：制图的国家标准。

思政元素：科学态度。

思政培养目标：培养学生职业素养，养成遵守国家标准和遵纪守法的习惯。

思政素材：近些年国内机械设计、加工领域的发展现状及发展中存在的瓶颈，国内外差距等，引导学生标注上注重细节，一丝不苟，做到精益求精；引导学生树立诚实守信、严谨负责的职业道德观。

工程图样是高度浓缩工程产品设计、生产、使用全过程信息的载体，各种机械设备、仪器仪表的设计、制造和建筑施工等无不借助于工程图样。因此，工程图样是现代生产中不可或缺的重要技术资料，是工程界进行表达与交流的技术语言和重要工具。

在机械工程中使用的工程图样称为机械图样，要想正确地绘制和阅读机械图样，就必须熟练掌握机械制图的基本知识和基本技能。

1.1　与机械制图有关的国家标准简介

为了适应机械行业现代化生产和管理的需要，我国的国家标准对机械图样作出了统一的规定。国家标准《技术制图》和《机械制图》是机械工程界重要的技术基础标准，是绘制和阅读机械图样的准则和依据。其中，《技术制图》标准普遍适用于工程界的各种专业技术图样，而《机械制图》标准则只适用于机械图样。

我国国家标准的代号为“GB”，是由“国标”汉语拼音的第一个字母“G”和“B”组成的，“GB/T ”表示推荐性国家标准（若无“/T”则为“强制性国家标准”），字母后面的两组数字，分别表示标准的顺序号和标准批准的年号。

1.1.1　图纸的幅面和格式（GB/T 14689—2008）

1. 图纸幅面

图纸幅面是指图纸本身的规格、大小，通常用细实线绘出其边界线。绘制机械图样

时，应优先采用表 1-1 中规定的基本幅面的图纸，其中代号为 A0 幅面的面积为 1 m²，代号为 A1 幅面的面积为 A0 的一半，以下依此类推。必要时允许采用加长幅面的图纸，加长幅面的尺寸由基本幅面的短边成整数倍增加后得出，如 A3×3 为 420×(297×3)，即 420×891 等。

表 1-1　图纸基本幅面尺寸及图纸边框尺寸　　　单位：mm

幅面代号	A0	A1	A2	A3	A4
$B\times L$	841×1189	594×841	420×594	297×420	210×297
a	25				
c	10			5	
e	20		10		

注：表中 B、L、a、c、e 的含义如表 1-2 所示。

2. 图框格式

图框是图纸上限定绘图范围的线框，用粗实线绘制，其格式分为留有装订边和不留有装订边两种，但同一产品的机械图样只能采用一种格式。图纸可分为 X 型(横放)和 Y 型(竖放)，在图纸各边的中点处应分别画出对中符号；必要时，可用细实线在图纸周边内画出分区，分区的数目必须取偶数。图纸的类型和图框的格式如表 1-2 所示。

表 1-2　图纸的类型和图框的格式

图纸类型		X 型(横放)	Y 型(竖放)	说明
常用情况	有装订边	边界线　图框线　c　a　c　标题栏　c　B　L	边界线　c　图框线　a　c　标题栏　c　L　B	① 图样通常应按此图例绘制；② 标题栏应位于图纸右下方
	无装订边	e　e　e　e　B　L	e　e　e　e　L　B	

续表

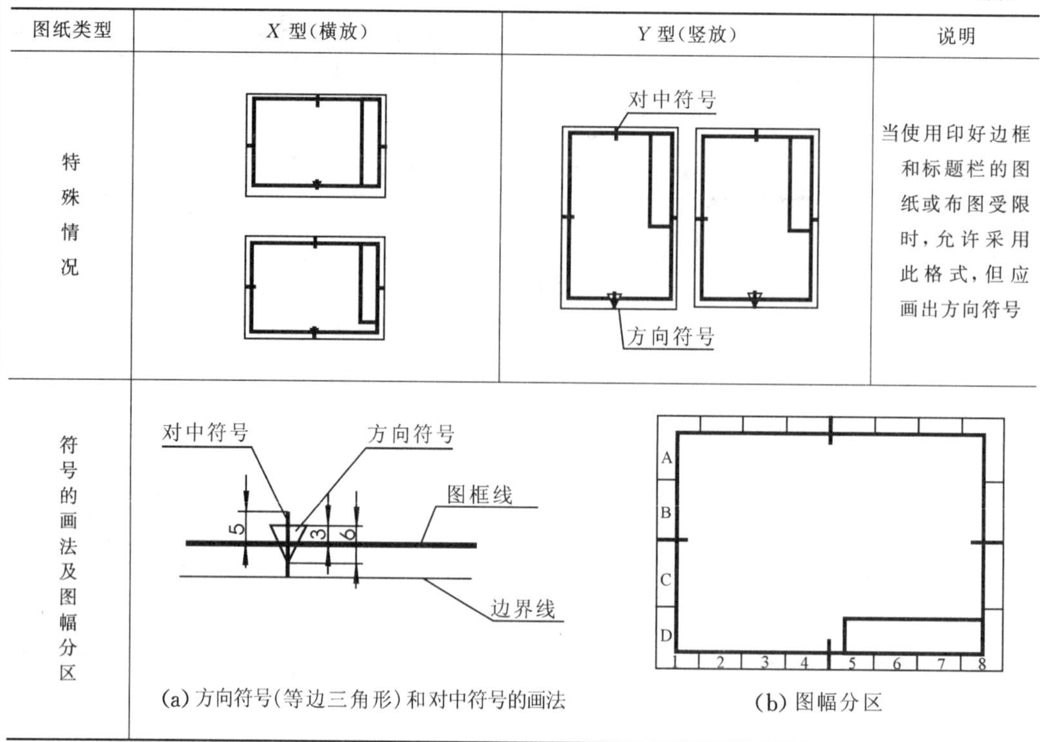

图纸类型	X 型(横放)	Y 型(竖放)	说明
特殊情况		对中符号 方向符号	当使用印好边框和标题栏的图纸或布图受限时，允许采用此格式，但应画出方向符号
符号的画法及图幅分区	对中符号 方向符号 图框线 边界线 5 3 6 (a) 方向符号(等边三角形)和对中符号的画法	A B C D 1 2 3 4 5 6 7 8 (b) 图幅分区	

1.1.2　标题栏和明细栏(GB/T 10609.1—2008,GB/T 10609.2—2009)

标题栏是由名称与代号区、签字区、更改区和其他区组成的栏目，可反映一张图样的基本综合信息，是图样的重要组成部分。明细表一般用于装配图，其格数根据需要确定，并与装配图中零件或部件的编号相对应，在装配图中按自下而上的顺序填写。

标题栏和装配图中明细栏的格式及尺寸，要分别按《技术制图 标题栏》(GB/T 10609.1—2008)和《技术制图 明细栏》(GB/T 10609.2—2009)的规定绘制、填写，如图 1-1 所示。

每张图纸都必须画出标题栏，标题栏的位置应位于图纸的右下角，可使看图的方向与标题栏中文字的方向保持一致。在特殊情况下(如为了利用已印好边框和标题栏的图纸或布图受限时)，允许将标题栏置于图纸的右上方(或右方)，这时应在图框上画出方向符号，看图时，要将画有方向符号的图框线放在“下边”的位置，如表 1-2 所示。

装配图的明细栏是机器(或部件)中全部零、部件的详细目录。

1) 明细栏的基本要求

(1) 装配图中一般应有明细栏。

(2) 明细栏一般配置在装配图中标题栏的上方，按由下而上的顺序填写(见图 1-2 和图 1-3)。其格数应根据需要而定。当由下而上延伸位置不够时，可紧靠在标题栏的左边自下而上延续。当装配图中不能在标题栏的上方配置明细栏时，可作为装配图的续页按 A4 幅面单独给出(见图 1-4 和图 1-5)；其顺序应是由上而下延伸；还可连续加页，但应在明细栏的下方配置标题栏。

(3) 当有两张或两张以上同一图样代号的装配图，而又按照图 1-2 和图 1-3 样式配置

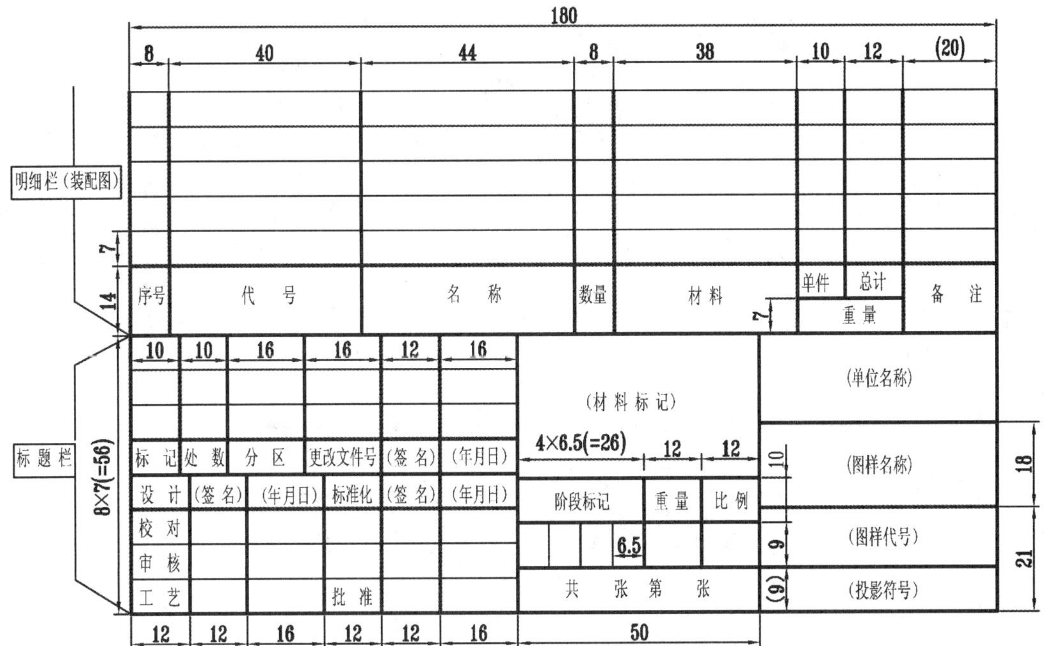

图 1-1　标题栏和装配图中明细栏的格式

明细栏时，明细栏应放在第一张装配图上。

(4) 明细栏中的字体应符合《技术制图 字体》(GB/T 14691—1993)中的要求。

(5) 明细栏中的线型应按《技术制图 图线》(GB/T 17450—1998)和《机械制图 图样画法 图线》(GB/T 4457.4—2002) 中规定的粗实线和细实线的要求绘制。

(6) 需缩微复制的图样，其明细栏应满足《技术制图 对缩微复制原件的要求》(GB/T 10609.4—2009)的规定。

2）明细栏的具体内容

(1) 明细栏一般由序号、代号、名称、数量、材料、重量(单件、总计)、分区、备注等组成，也可按实际需要增加或减少。

(2) 明细栏的填写

序号：填写图样中相应组成部分的序号。

代号：填写图样中相应组成部分的图样代号或标准编号。

名称：填写图样中相应组成部分的名称。必要时，也可写出其型式与尺寸。

数量：填写图样中相应组成部分在装配中的数量。

材料：填写图样中相应组成部分的材料标记。

重量：填写图样中相应组成部分单件和总件数的计算质量。以千克(公斤)为计量单位时，允许不写出其计量单位。

分区：必要时，应按照有关规定将分区代号填写在备注栏中。

备注：填写该项的附加说明或其他有关的内容。

3）明细栏的尺寸与格式

(1)装配图中明细栏各部分的尺寸与格式如图 1-2 和图 1-3 所示。

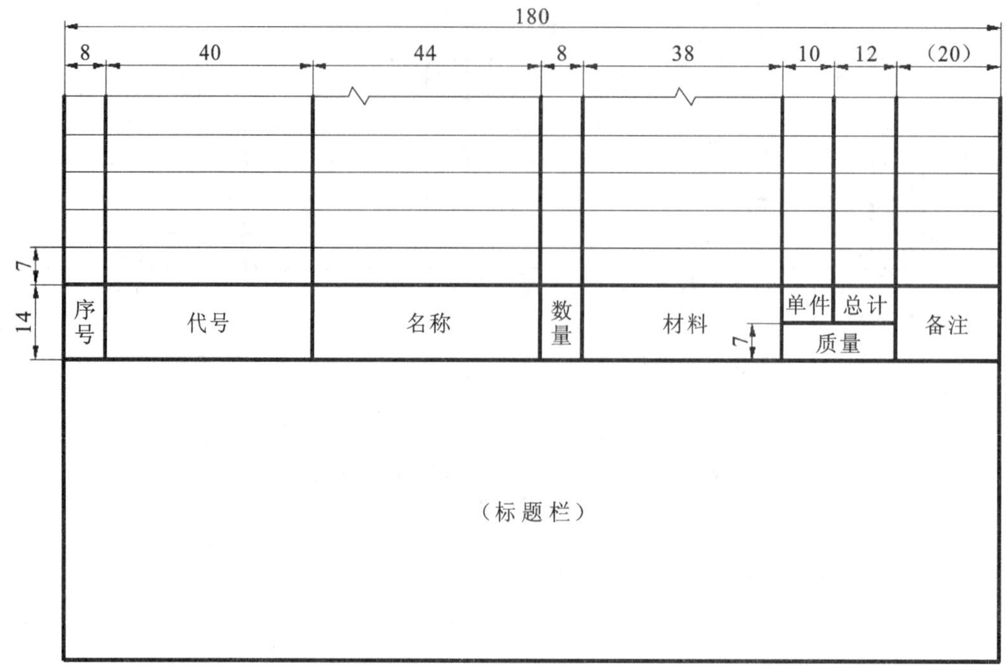

图 1-2　明细栏的格式(一)

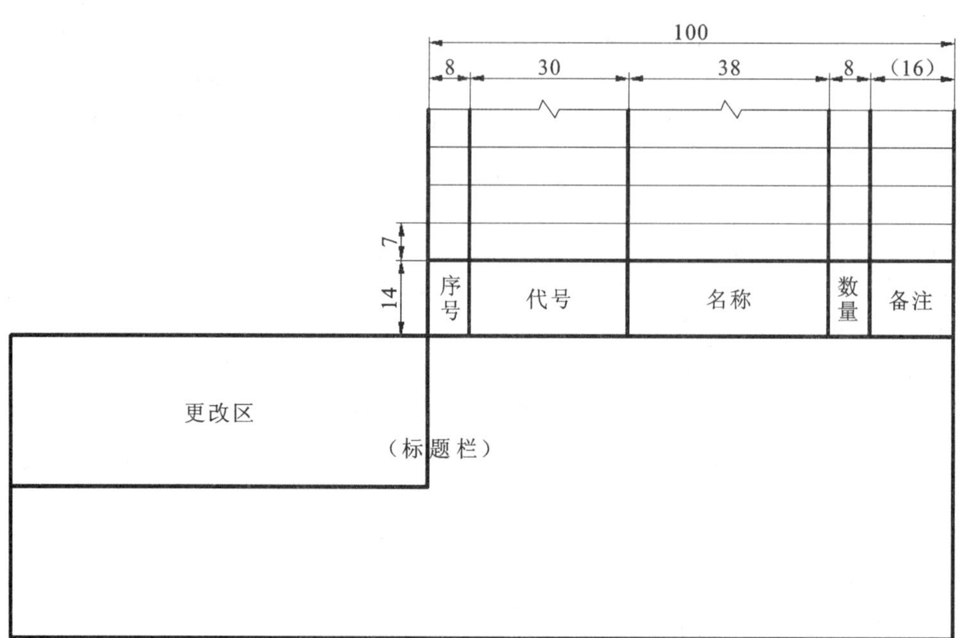

图 1-3　明细栏的格式(二)

(2)明细栏作为装配图的续页单独给出时,各部分的尺寸与格式如图 1-4 和图 1-5 所示。

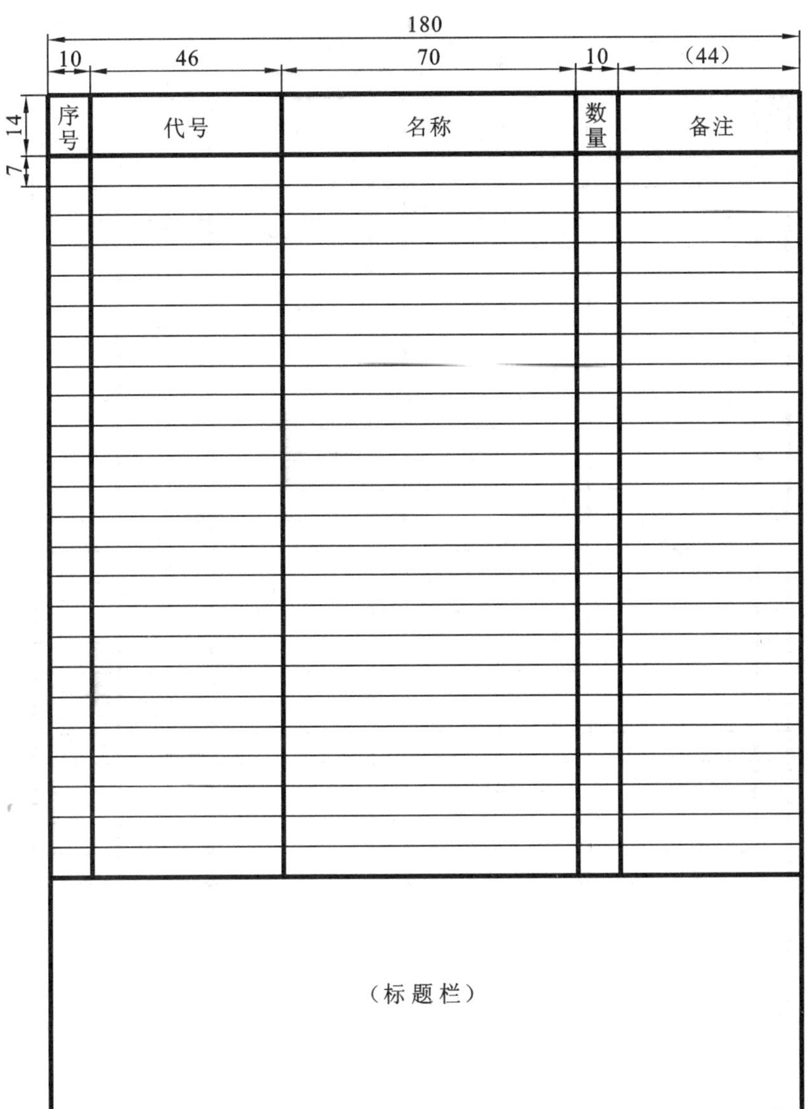

图 1-4　明细栏的格式(三)

1.1.3　比例(GB/T 14690—1993)

图样的比例是指图形与其实物相应要素的线性尺寸之比,“实物”就是图样表达的对象,可以是机械零件、部件或机器(统一简称为“机件”),也可以是空间形体。比值为 1 的比例称为原值比例,比值大于 1 的比例称为放大比例,比值小于 1 的比例称为缩小比例。图样必须按比例绘制,所采用的比例可以从表 1-3 规定的比例系列中选取,并应尽量选用表中的优先选择系列。

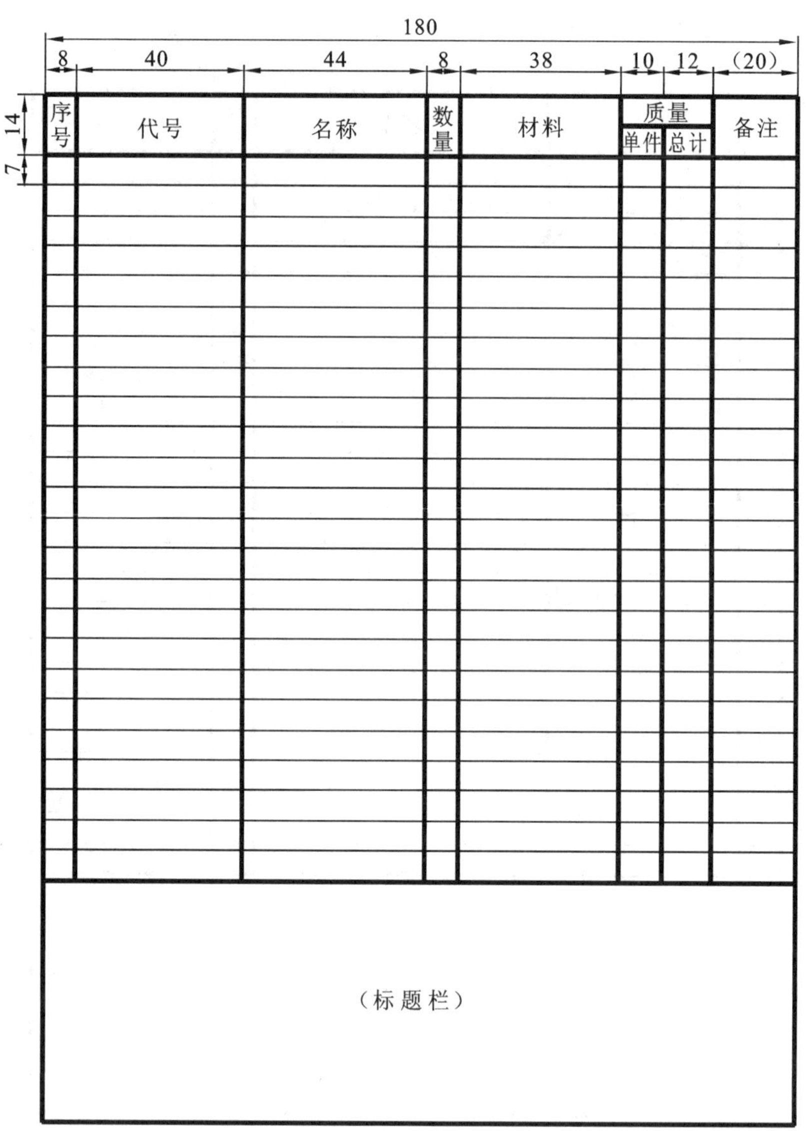

图 1-5　明细栏的格式(四)

表 1-3　绘图比例系列

种类	优先选择系列	允许选择系列
原值比例	1∶1	—
放大比例	5∶1　2∶1 5×10^n∶1　2×10^n∶1　1×10^n∶1	4∶1　2.5∶1 4×10^n∶1　2.5×10^n∶1
缩小比例	1∶2　1∶5　1∶10 1∶2×10^n　1∶5×10^n　1∶1×10^n	1∶1.5　1∶2.5　1∶3　1∶4　1∶6 1∶1.5×10^n　1∶2.5×10^n　1∶3×10^n 1∶4×10^n　1∶6×10^n

注:n 为正整数

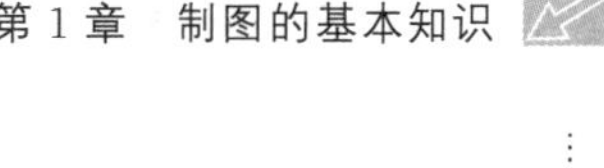

为能在图样上直接反映出机件(空间形体)的真实大小,绘图时应尽量采用原值比例,若机件(空间形体)太小或太大,则可视需要采用适当的放大比例或缩小比例。绘制同一机件的各个视图,一般应采用相同的比例,并将其填写在标题栏的比例一栏中;当某一视图需要采用不同的比例时,应另行标注。特别要注意的是,不论采用何种比例绘图,图样上的尺寸数值均应按机件(空间形体)的实际尺寸注出,如图 1-6 所示。

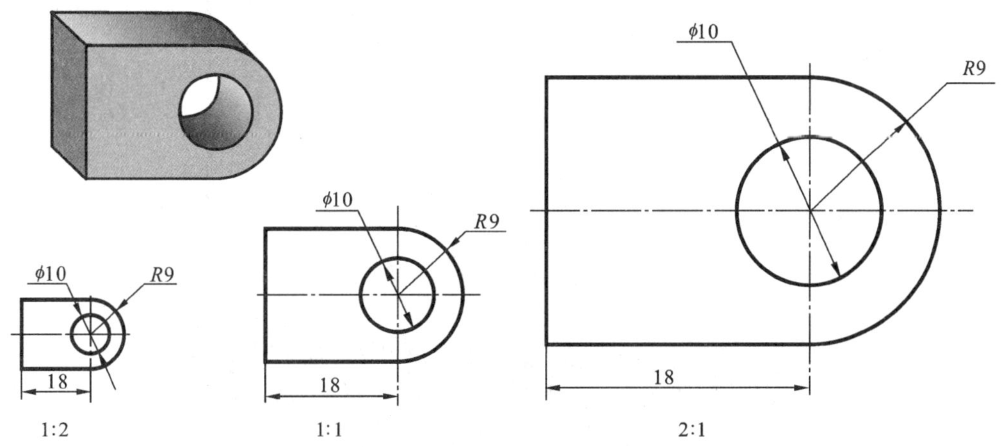

图 1-6　用不同的比例绘图

1.1.4　字体(GB/T 14691—1993)

在机械图样上,除用图形表示机件的形状和结构之外,还需要用文字、数字、符号说明机件的大小、技术要求等内容。机械图样中的文字,应遵循以下规定。

(1) 机械图样中书写的字体必须做到:字体工整、笔画清楚、间隔均匀、排列整齐。

(2) 字体高度(h)的公称尺寸系列为 1.8mm,2.5mm,3.5mm,5mm,7mm,10mm,14mm,20mm。字体的号数用字体的高度表示。如需书写更大的文字,其字体的高度应按 $\sqrt{2}$ 的比率递增。

(3) 汉字应写成长仿宋体,并应采用国家正式公布的简化字,汉字的高度 h 不应小于 3.5mm,其字宽一般为 $h/\sqrt{2}$ 。书写长仿宋字的要领是:横平竖直、注意起落、结构合理、排列匀称。图 1-7 为长仿宋体汉字示例。

(4) 数字和字母分为 A 型和 B 型。A 型字体的笔画宽度(d)为字高(h)的 1/14,B 型字体的笔画宽度(d)为字高(h)的 1/10。在同一图样上,只允许选用同一种形式的字体。

(5) 数字和字母可写成斜体或直体。斜体字的字头向右倾斜,与水平基准线成 75°,如图 1-8 所示。

(6) 用作指数、分数、极限偏差、脚注等的数字和字母,一般应采用小一号的字体,如图 1-9 所示。

1.1.5　图线(GB/T 17450—1998,GB/T 4457.4—2002)

国家标准规定了机械制图中所用图线的名称、型式、结构及画法规则。

10号字

字体工整笔画清楚间隔均匀排列整齐

7号字

横平竖直注意起落结构均匀填满方格

5号字

技术制图机械电子汽车船舶土木建筑矿山井坑港口纺织服装

3.5号字

螺纹齿轮端子接线飞行指导驾驶舱位挖填施工引水通风闸阀坝棉麻化纤

图 1-7　长仿宋体汉字示例

图 1-8　数字和字母(A 型斜体)示例

10^3　D_2　T_d　$\phi 20^{+0.010}_{-0.023}$　$\phi 30f7\left(^{-0.020}_{-0.053}\right)$　$\overset{6.3}{\bigtriangledown}$

10Js5(±0.003)　M24-6h　$\frac{A-A}{5:1}$　A(x,y,z)

图 1-9　字体综合应用示例

1. 线型

图线由点、短间隔、间隔、短画、画、长画等线素构成。国家标准《技术制图》(GB/T 17450—1998)规定了 15 种基本线型及若干种基本线型的变形,机械图样中常用的 9 种图线的名称、形式、宽度及其应用,如表 1-4 所示。

表 1-4　常用线型的名称、型式、宽度、应用及图例

图线名称	图线型式、图线宽度	一般应用	图例
粗实线	宽度：d 优先选用 0.5mm、0.7mm	可见轮廓线、可见过渡线	可见轮廓线　不可见轮廓线
细虚线	宽度：$\frac{d}{2}$	不可见轮廓线、不可见过渡线	
细实线	宽度：$\frac{d}{2}$	尺寸线、尺寸界线、剖面线、重合断面的轮廓线、辅助线、引出线、螺纹牙底线及齿轮的齿根线	剖面线　尺寸界线　尺寸线　重合断面的轮廓线
细点画线	宽度：$\frac{d}{2}$	轴线、对称中心线、轨迹线、节圆及节线	轴线　对称中心线
细双点画线	宽度：$\frac{d}{2}$	极限位置的轮廓线、相邻辅助零件的轮廓线、假想投影轮廓线、中断线	运动机件在极限位置的轮廓线　相邻辅助零件的轮廓线

续表

图线名称	图线型式、图线宽度	一般应用	图例
细波浪线	宽度：$\frac{d}{2}$	机件断裂处的边界线、视图与局部剖视的分界线	断裂处的边界线 视图与局部剖视图的分界线
细双折线	宽度：$\frac{d}{2}$	断裂处的边界线	
粗点画线	宽度：d	限定范围表示线	镀铬
粗虚线		允许表面处理的表示线	35~40HRC

2. 线宽

绘制机械图样时，所有线型的图线宽度（d）应在0.13mm，0.18mm，0.25mm，0.35mm，0.5mm，0.7mm，1mm，1.4mm，2mm数系中选择。在同一张图样中，同类图线的宽度应一致。机械图样中通常采用两种线宽，其粗线与细线的宽度之比为2∶1，粗线的宽度（d）优先采用0.5mm，0.7mm。

3. 图线的画法

绘制机械图样中的图线时，应注意以下几点（见图1-10）。

(1) 为保证图样的清晰度，两条平行线之间的最小间隙不应小于0.7mm。

(2) 点画线、双点画线的两端应是线段（而不是短画），且应超出轮廓线2～5mm。

(3) 点画线或双点画线彼此相交时，应是线段相交，而不能是短画相交，更不能是间隔相交。

(4) 在较小的图形上绘制点画线、双点画线有困难时,可用细实线代替。

(5) 当虚线与虚线、虚线与粗实线相交时,应是线段相交。

(6) 当虚线处于粗实线的延长线上时,粗实线应画到位,而虚线应在与粗实线的相连处断开。

(7) 图线的优先顺序:粗实线,细虚线,细点画线。

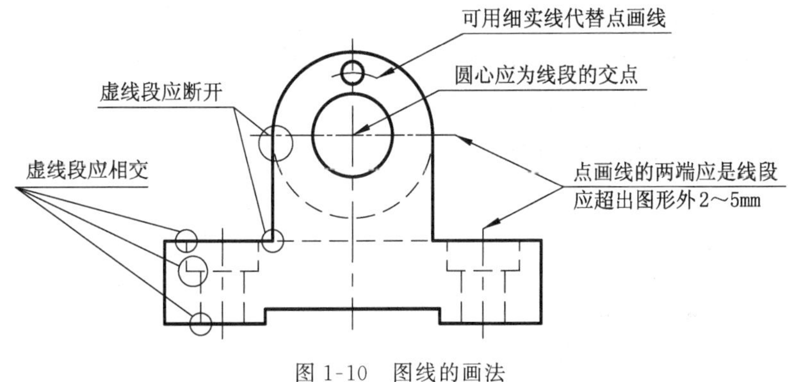

图 1-10　图线的画法

1.2　尺寸与标注
(GB/T 16675.2—2012,GB/T 4458.4—2003)

尺寸是机械图样的重要内容之一,是制造机件的直接依据。标注尺寸应严格遵守国家标准有关尺寸标注的规定,做到正确、完整、清晰、合理。

1. 尺寸的组成与标注

一个完整的尺寸一般应包括尺寸界线、尺寸线、尺寸线终端和尺寸数字,如图 1-11 所示。

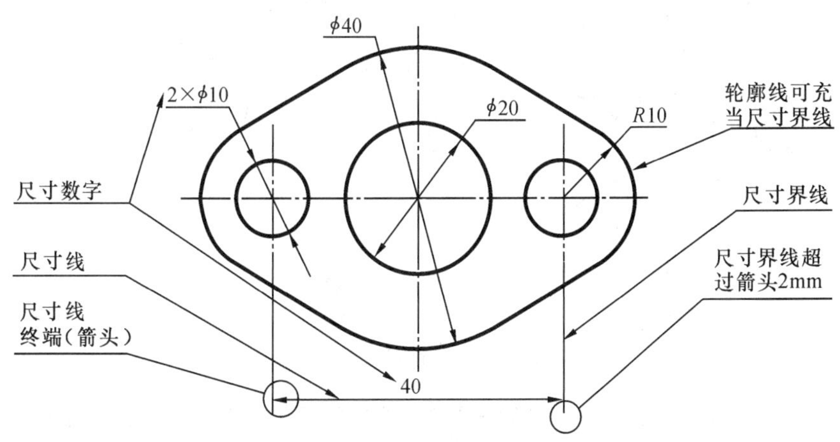

图 1-11　尺寸的组成及标注示例

(1) 尺寸界线。尺寸界线表示所注尺寸的起止范围,用细实线绘制。尺寸界线应由图形的轮廓线、轴线或对称中心线引出，也可以利用轮廓线、轴线或对称中心线作为尺寸界线。尺寸界线应超出尺寸线的终端 2 mm 左右，一般应与尺寸线垂直，必要时允许倾斜。

(2) 尺寸线 。尺寸线用细实线绘制，必须单独画出，不能与其他图线重合或画在其延长线上。标注线性尺寸时，尺寸线必须与所标注的线段平行。相同方向各尺寸线的间距要均匀，间距以 5～10 mm 为宜，且大尺寸应注在小尺寸之外，要尽量避免尺寸线之间或尺寸线与尺寸界线相交。

(3) 尺寸线终端。尺寸线终端有箭头和斜线两种形式，如图 1-12(图中的 d 为粗实线的宽度，h 为字高)所示。机械图样一般采用箭头作为尺寸线终端，其尖端与尺寸界线接触，箭头应尽量画在尺寸界线的内侧。

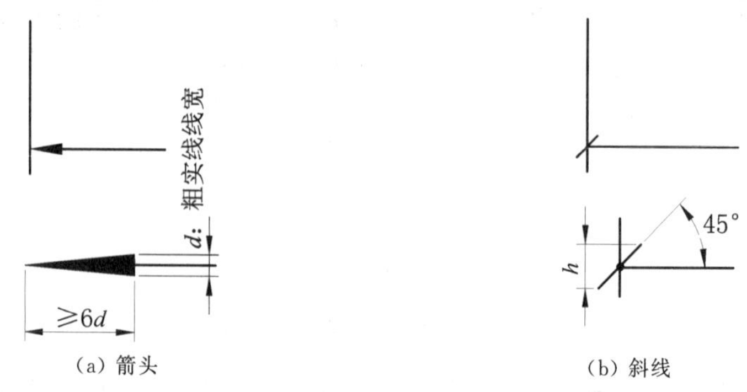

图 1-12 尺寸线终端

(4) 尺寸数字。线性尺寸的数字一般注写在尺寸线的上方，也允许注写在尺寸线的中断处，同一张图样中尽可能采用同一种注写方式。尺寸数字的方向，应以看图方向为准，水平方向尺寸数字的字头朝上，铅垂方向尺寸数字的字头朝左，倾斜方向尺寸数字的字头应保持朝上的趋势。一般应按图 1-13(a)所示的方向注写，并尽可能避免在图示 30°的范围内标注尺寸；当无法避免时，可采用图 1-13(b)的形式标注。

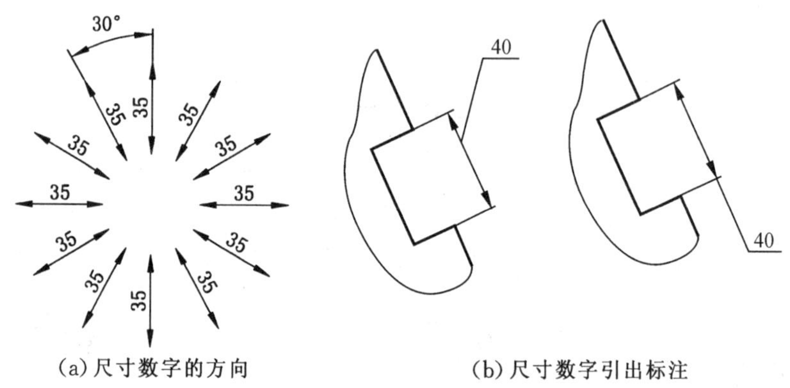

图 1-13 线性尺寸的标注

标注尺寸时，应尽可能采用符号和缩写词，常用的符号、缩写词及比例画法图如表 1-5 和图 1-14 所示。

表 1-5　尺寸标注常用的符号和缩写词

名词	直径	半径	球直径	球半径	厚度	正方形	45°倒角	埋头孔	沉孔或锪平	深度	均布
符号或缩写词	ϕ	R	$S\phi$	SR	t	□	C	∨	⌴	↧	EQS

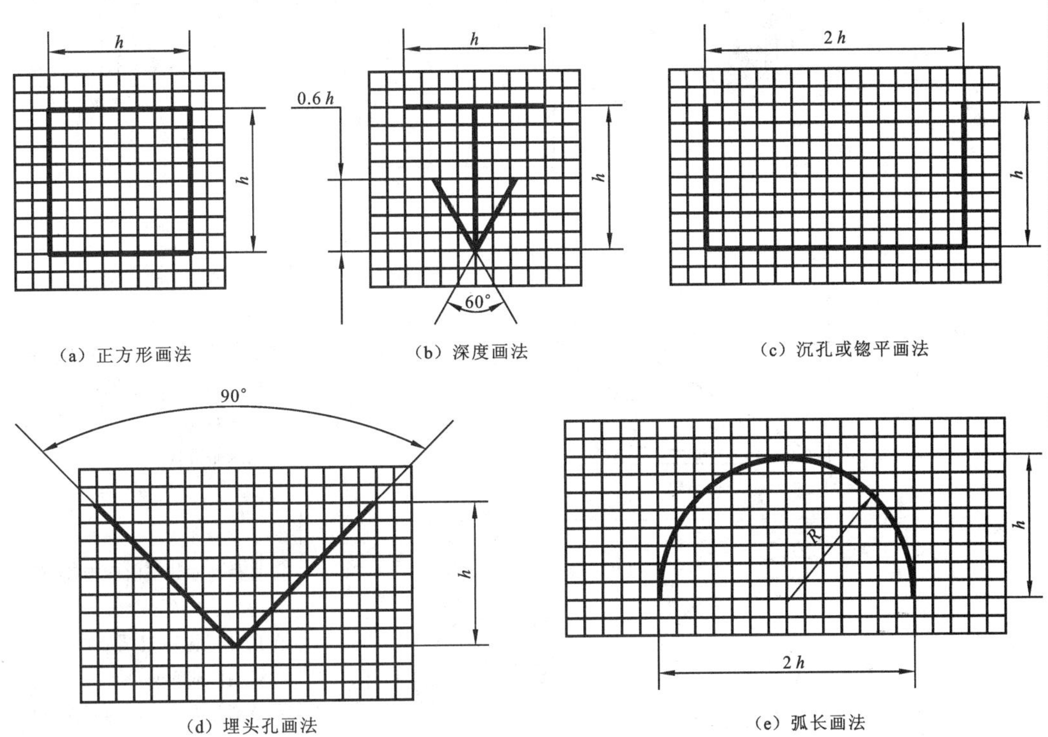

图 1-14　标注尺寸用符号的比例画法

2. 基本规则

(1) 机件的大小应以机械图样上所标注的尺寸数值为依据，与图形的大小及绘图的准确度无关。

(2) 机械图样(包括技术要求和其他说明)中的尺寸以毫米为单位时，不需标注单位的代号或名称，如采用其他单位，则必须注明相应计量单位的代号或名称。

(3) 机件的每一个尺寸，一般只标注一次，并应标注在最能清晰地反映该结构的图形上。

(4) 机械图样中所标注的尺寸，是所表示机件的最后完工尺寸，否则应另加说明。

3. 尺寸标注示例

表 1-6 中列出了国家标准规定的一些尺寸注法，在机械图样中应尽量参照这些示例进行标注。

表 1-6　尺寸标注示例

标注项目	图　例	说　明
线性尺寸数字的方向	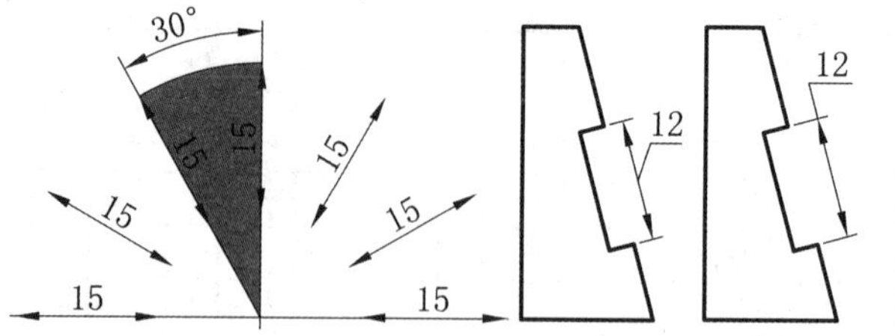 30° 15 15 15 15 15 15 15 12 12	线性尺寸数字的方向一般应按左图所示的方向注写，并尽可能避免在图示 30°范围内标注尺寸，当无法避免时，可按右图的形式标注
角度	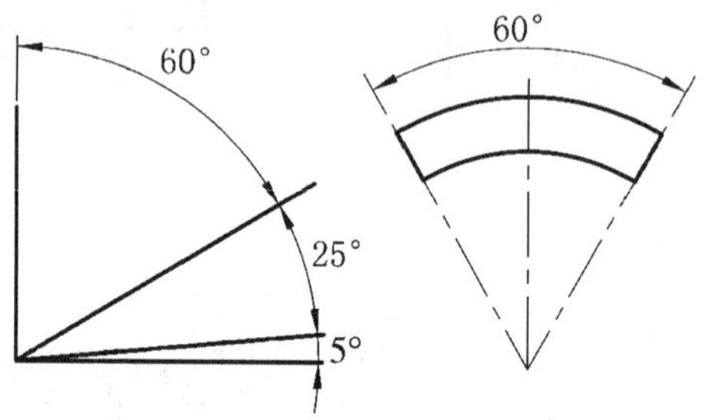 60° 25° 5° 60°	① 标注角度的尺寸界线沿径向引出 ② 标注角度的尺寸线画成圆弧，圆心是该角的顶点 ③ 标注角度的尺寸数字一律写成水平方向
圆的直径	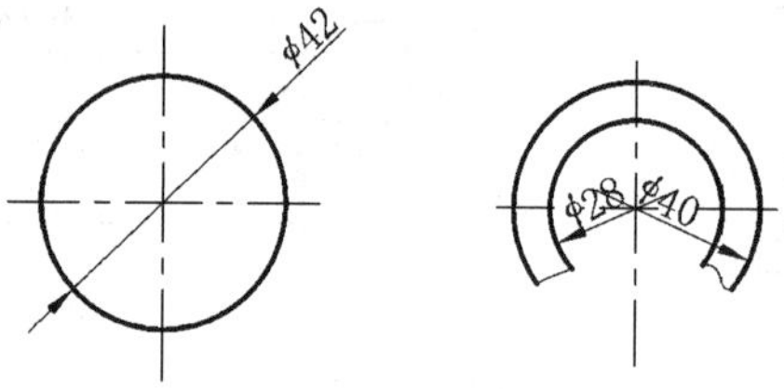 ϕ42 ϕ28 ϕ40	① 直径尺寸数字前应加注符号“ϕ” ② 尺寸线应通过圆心，尺寸线终端画成箭头 ③ 整圆或大于半圆的圆弧应标注直径
大圆弧	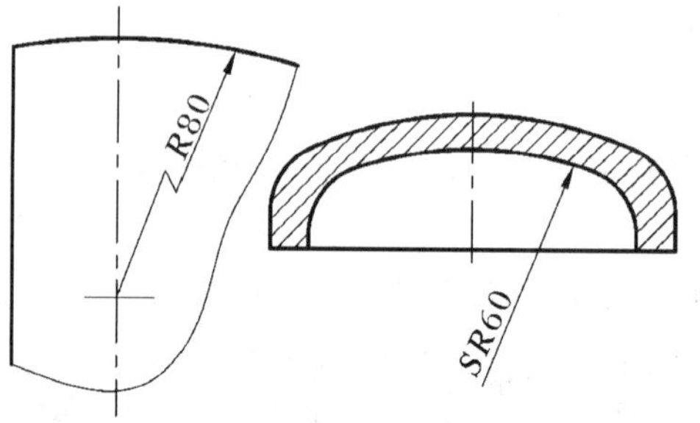 R80 SR60	当圆弧半径过大，在图纸范围内无法标出圆心位置时，按左图形式标注；若不需标出圆心位置，则按右图形式标注
圆弧半径	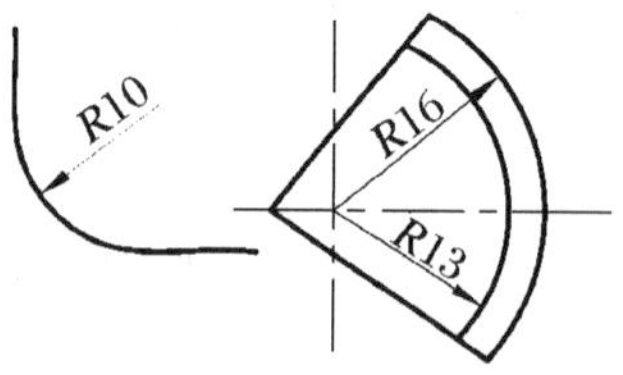 R10 R16 R13	① 半径尺寸数字前加注符号“R” ② 半径尺寸必须注在投影为圆弧的图形上，且尺寸线应通过圆心 ③ 半圆或小于半圆的圆弧应标注半径

续表

标注项目	图　例	说　明
对称机件	54 34 30 ϕ11 20 4×ϕ6 R4	当对称机件的图形只画出一半或略大于一半时，尺寸线应略超过对称中心线或断裂处的边界线，并在尺寸线一端画出箭头
狭小部位	7　2　2　2 1 2　2 1 2 R6　R6　R6　R6　R6 ϕ10　ϕ10　ϕ10　ϕ4　ϕ4　ϕ4	没有足够位置画箭头或注写数字时，可按左图的形式标注
正方形结构	□12　12×12	标注正方形结构的尺寸时，可在正方形边长尺寸数字前加注符号“□”，或用 12×12 代替□12
板状零件	t2	标注板状零件的厚度时，可在尺寸数字前加注符号“t”
光滑过渡处	19 40	① 在光滑过渡处标注尺寸时，应用细实线将轮廓线延长，从交点处引出尺寸界线 ② 当尺寸界线过于靠近轮廓线时，允许将其倾斜画出
弦长及弧长	20　⌒20 50 ⌒268 R90 80	① 标注弧长时，应在尺寸数字左方加注符号“⌒” ② 标注弦长及弧长的尺寸界线应平行于该弦的垂直平分线，但当弧度较大时，可沿径向引出

续表

标注项目	图 例	说 明
球面	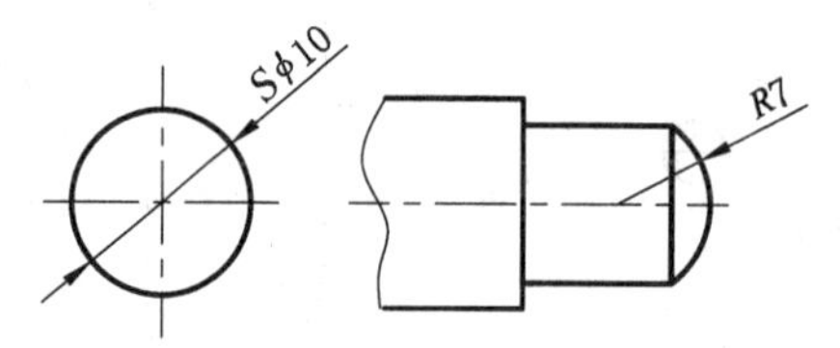 $S\phi10$　R7	标注球面的直径或半径时，应在符号“ϕ”或“R”前再加注符号“S”。对于铆钉、轴及手柄等的端部，在不致引起误解的情况下，可省略符号“S”
斜度和锥度	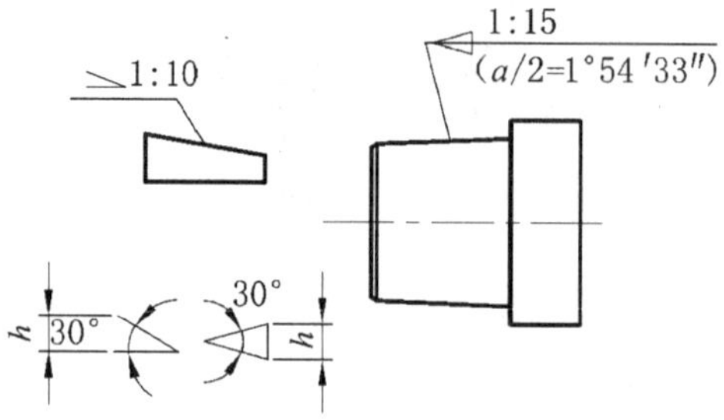 1:10　1:15 $(\alpha/2=1°54'33'')$　30°　h	① 标注斜度和锥度时，其符号应与斜度、锥度的方向一致 ② 符号的线宽为 $h/10$（h 为字高） ③ 标注锥度时，若有必要，可同时在括号内写出其角度值

1.3 尺规绘图

绘图是机械设计中的一项重要工作，要保证绘图质量，提高绘图效率，就必须正确使用各种绘图工具。常用的绘图工具有图板、丁字尺、三角板、绘图仪器、曲线板等。

1.3.1 尺规绘图的工具和仪器用法

1. 图板、丁字尺和三角板

图板是供铺放、固定图纸用的，板面要求平整光滑，图板的左侧边为工作导边，必须平直。图纸用胶带纸固定在图板上。

丁字尺由尺头和尺身组成，尺身的上边为工作边，用于画水平线。使用时必须使尺头内侧紧靠图板的工作导边，将丁字尺上下移动到所需的位置后，沿尺身的工作边自左向右画水平线。

三角板有 45°和 30°-60°两种，将三角板与丁字尺配合使用，可画铅垂线和与水平线成 15°，30°，45°，60°，75°的斜线，如图 1-15 所示。

2. 圆规和分规

圆规是画圆和圆弧的仪器。圆规的固定脚上装有钢针，钢针两端的形状不同，画圆时常使用带小台阶的一端定心，并使针尖稍长于铅芯。使用圆规时，应将针尖全部扎入图板，使小台阶的端面与纸面接触，并尽可能使钢针和铅芯都垂直于纸面。

分规可用于量取尺寸和等分线段，分规的两针尖并拢时应对齐。量取尺寸时，先用分

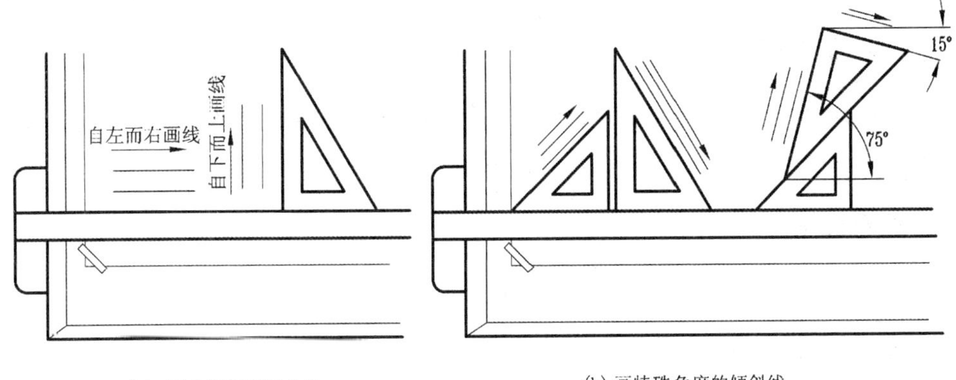

(a) 画水平线和铅垂线　　(b) 画特殊角度的倾斜线

图 1-15　用丁字尺、三角板画线

规截取所需的尺寸，然后再量到图纸上；等分线段时，则是将分规的两针尖沿线段交替作为圆心旋转分段。

3. 曲线板

曲线板用于绘制非圆曲线。曲线板上的轮廓线由多段不同曲率半径的曲线组成。画图时，先徒手将所求曲线上的一系列点顺次连接起来，然后选择曲线板上曲率合适的部分与徒手连接的曲线贴合，每次连接至少要通过曲线上的 3 个点，并逐段描绘曲线，如图1-16所示。要注意使前后描绘的两段曲线有一小段重合，这样才能保证画出光滑的曲线。

图 1-16　曲线板的用法

4. 绘图铅笔

铅笔是手工绘图必不可少的工具。绘图铅笔的铅芯用标号 B 和 H 表示其软硬程度，B 前的数字越大，表示铅芯越软；H 前的数字越大，表示铅芯越硬；HB 表示铅芯的硬度适中。削铅笔时应保留有标号的一端，以便识别。画粗线常用 B 或 2B 的铅笔，写字用 HB 或 H 的铅笔，画细线用 H 或 2H 的铅笔。画粗线的铅笔芯一般磨成矩形，其余的磨成锥形。

除上述绘图工具外，必备的绘图用具还有橡皮、小刀、胶带纸、擦图片、砂纸、比例尺、量角器等。

1.3.2 几何作图

机件的实际形状虽然多种多样，但其图样都是由直线、圆弧和其他一些曲线所组成的几何图形，因而绘制机械图样时，经常要运用一些最基本的几何作图方法。

1. 正多边形

用绘图工具可绘制正多边形，其画法如表 1-7 所示。

2. 斜度和锥度

斜度是指一直线对另一直线或一平面对另一平面的倾斜程度，在图样中以 1∶n 的形式进行标注，而且应使斜度符号斜边的倾斜方向与所注斜度的方向一致。

锥度是指正圆锥的底圆直径与圆锥高度之比，标注时常将锥度值化为 1∶n 的形式，其锥度符号的方向应与所注锥度的方向一致。

表 1-7 正多边形的画法

种类	作图步骤	说明
正三边形	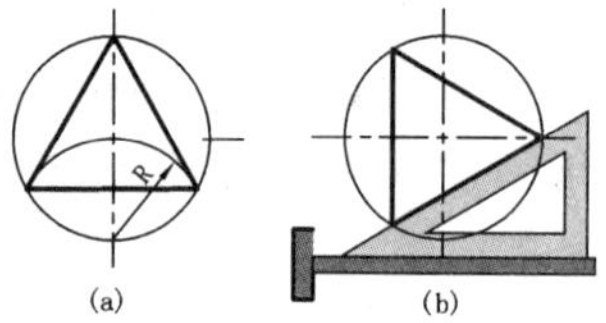 (a) (b)	① 利用外接圆半径作图 ② 利用外接圆及三角板、丁字尺配合作图
正六边形	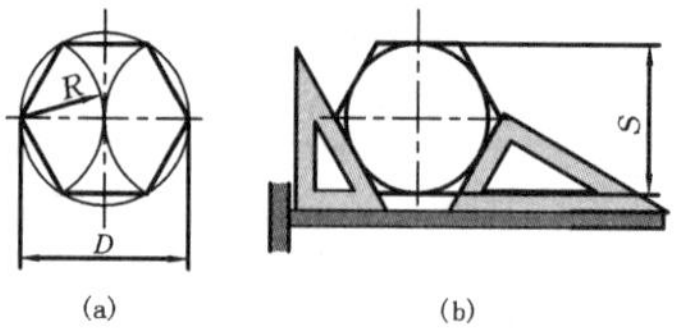 R D (a) S (b)	① 根据正六边形的对角线长度 D，利用外接圆半径作图 ② 根据正六边形的对边距离 S，利用内切圆及三角板、丁字尺配合作图
正五边形	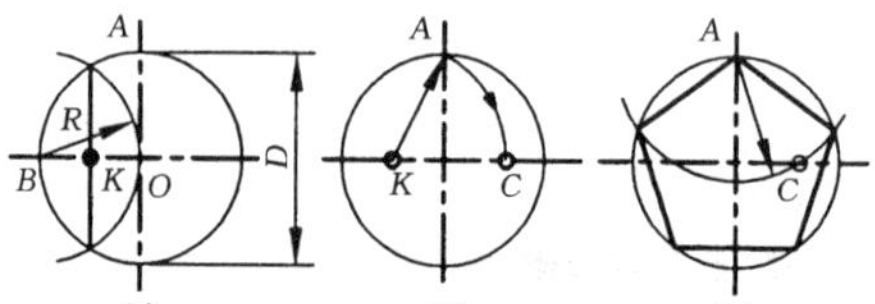 A R B K O D (a) A K C (b) A C (c)	① 取半径的中点 K ② 以 K 为圆心，KA 为半径画圆弧得点 C，AC 即为五边形的边长 ③ 等分圆周得 5 个顶点，将各顶点顺次连成五边形
正七(n)边形	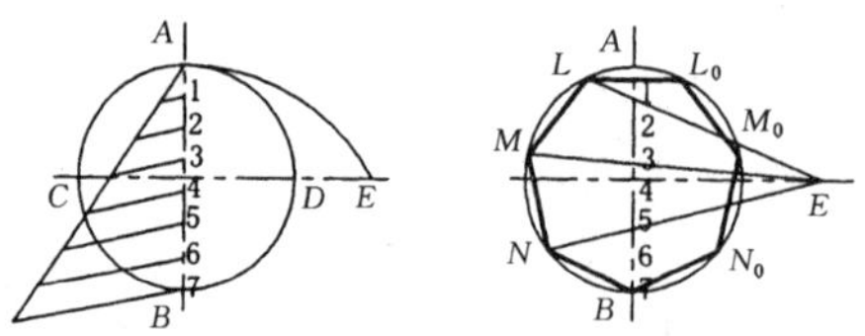 A 1 2 3 C 4 D E 5 6 7 B (a) L A L_0 M M_0 2 3 4 E N 5 6 N_0 7 B (b)	① 分直径 AB 为七(n)等分，以 B 为圆心、AB 为半径画弧交 CD 的延长线于 E 点 ② 过 E 点分别与直径 AB 上的奇数点(或偶数点)连线，延长至圆周交于 M,L,N，作出对称点 L_0,M_0,N_0；依次连接各点，完成正七边形(正 n 边形)

3. 圆弧连接

用一已知半径的圆弧(连接弧)光滑地连接两已知线段(直线或圆弧)称为圆弧连接。圆弧连接作图的关键是准确地求出连接弧的圆心和切点。

1）圆弧连接的作图原理

(1) 半径为 R 的连接弧与已知直线相切时，其圆心轨迹是与已知直线平行、且距离等于 R 的直线(有两条)，切点是圆心向已知直线所作垂线的垂足，如图 1-17(a)所示。

(2) 半径为 R 的连接弧与圆心为 O_1、半径为 R_1 的已知圆弧外切时，其圆心轨迹是以 O_1 为圆心、(R_1+R) 为半径的圆弧，如图 1-17(b)所示，$R_2=R_1+R$。

(3) 半径为 R 的连接弧与圆心为 O_1、半径为 R_1 的已知圆弧内切时，其圆心轨迹是以 O_1 为圆心、$|R_1-R|$ 为半径的圆弧，如图 1-17(c)所示，$R_2=R_1-R$。

连接弧与已知圆弧外切或内切时，切点是连接弧和已知圆弧的连心线(或其延长线)与已知圆弧的交点。

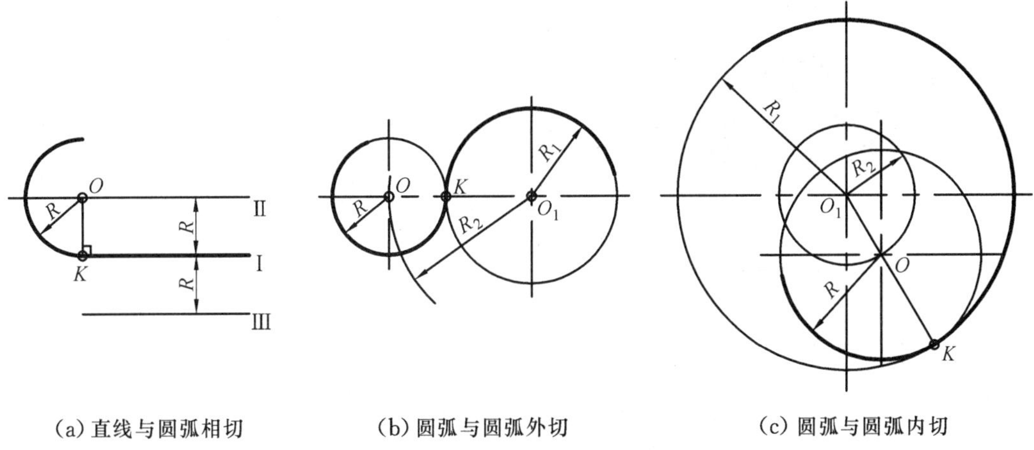

(a) 直线与圆弧相切　　(b) 圆弧与圆弧外切　　(c) 圆弧与圆弧内切

图 1-17　圆弧连接的作图原理

2）圆弧连接的作图方法

圆弧连接的基本作图方法如表 1-8 所示。

表 1-8　圆弧连接的作图方法

圆弧连接形式	作图方法和步骤		
	求圆心 O	求切点 k_1，k_2	画圆弧连接
连接两直线			

续表

圆弧连接形式	作图方法和步骤		
	求圆心 O	求切点 k_1,k_2	画圆弧连接
连接直线与一圆弧	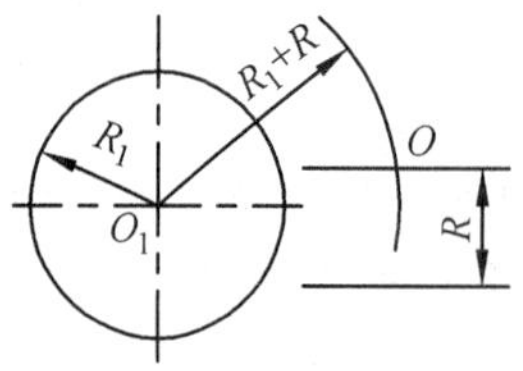 R_1, R_1+R, O, O_1, R	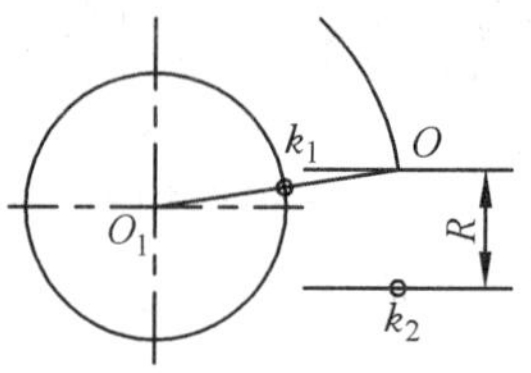 k_1, O, O_1, R, k_2	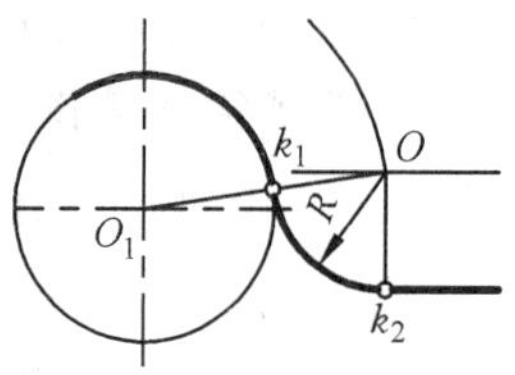 k_1, O, O_1, R, k_2
外切或内切两圆弧	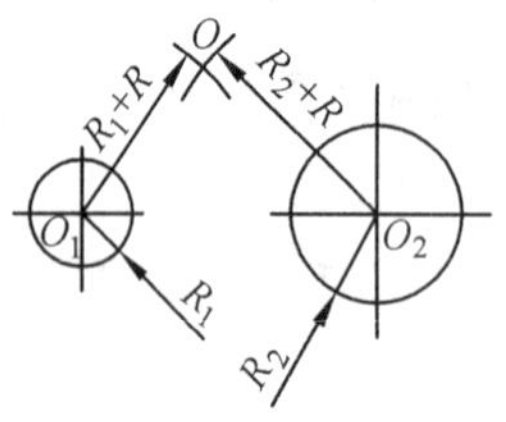 O, R_1+R, R_2+R, O_1, O_2, R_1, R_2	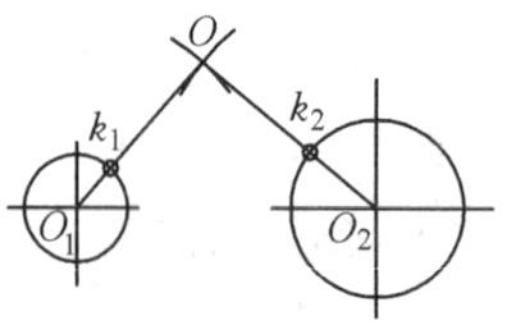 O, k_1, k_2, O_1, O_2	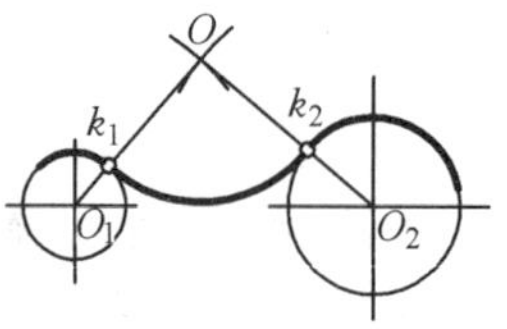 O, k_1, k_2, O_1, O_2
	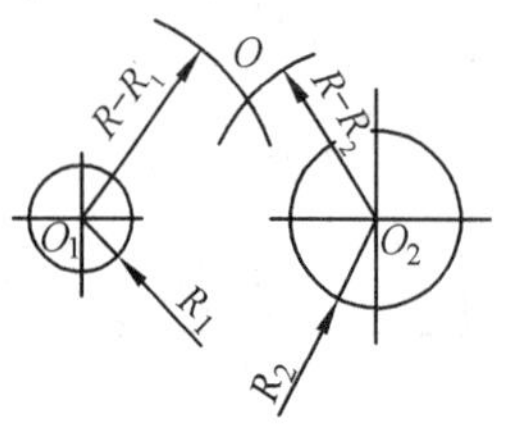 $R-R_1$, O, $R-R_2$, O_1, O_2, R_1, R_2	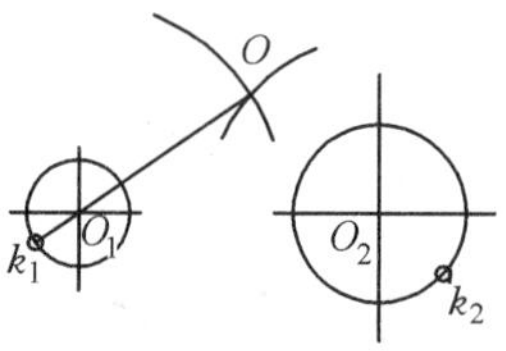 O, O_1, k_1, O_2, k_2	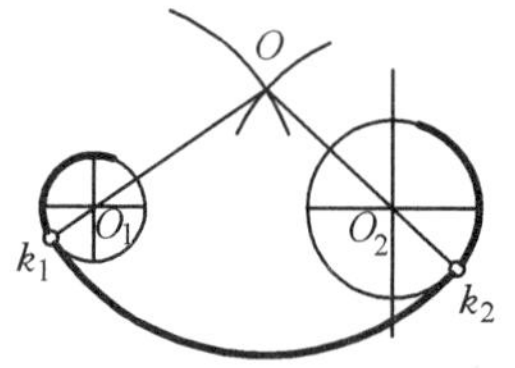 O, k_1, O_1, O_2, k_2

4. 非圆平面曲线

机械工程中常用的非圆平面曲线是椭圆和渐开线。

1）椭圆的画法

已知椭圆的长轴 AB 和短轴 CD,常用的画椭圆的方法有四心近似法和同心圆法。

用四心近似法画椭圆的步骤如图 1-18(a)所示,具体操作如下。

(1) 连接椭圆长、短轴的端点 A,C。以 O 为圆心、$\overline{OA}$为半径画弧,交 CD 的延长线于 E;以 C 为圆心、$\overline{CE}$为半径画弧,截 AC 于 F。

(2) 作 AF 的垂直平分线,分别与长、短轴交于 1,2 点,作出其对称点 3,4,此 1,2,3,4 点即为所求的 4 个圆心,然后画出如图所示的 4 条连心线。

(3) 分别以 2、4 为圆心,$\overline{2C}$、$\overline{4D}$为半径,画两段大圆弧至连心线;再分别以 1,3 为圆心,$\overline{1A}$、$\overline{3B}$为半径,画两段小圆弧至连心线(5,6,7,8 为大、小圆弧的连接点),这 4 段圆弧即构成一近似椭圆。

用同心圆法画椭圆的步骤如图 1-18(b)所示,具体操作如下。

(1) 分别以长轴 AB 和短轴 CD 为直径作两个同心圆。

(2) 过圆心 O 作一系列直径与两同心圆相交,然后自大圆的交点作铅垂线,过小

圆的交点作水平线，铅垂线与水平线的交点就是椭圆上的点。如此可求出椭圆上一系列的点。

(3) 用曲线板光滑连接各点，即完成椭圆的作图。

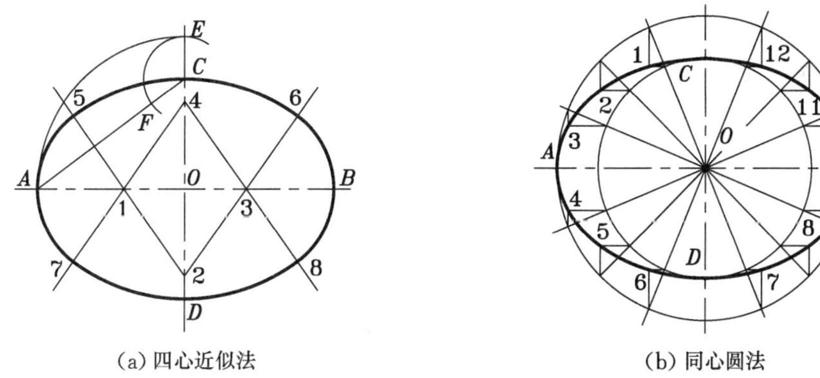

图 1-18　椭圆的画法

2）渐开线的画法

当一直线在圆周上作无滑动的滚动时，直线上一点的运动轨迹即为该圆(基圆)的渐开线。齿轮的齿形曲线大多都是渐开线。

渐开线的画法及作图步骤如图 1-19 所示，具体操作如下。

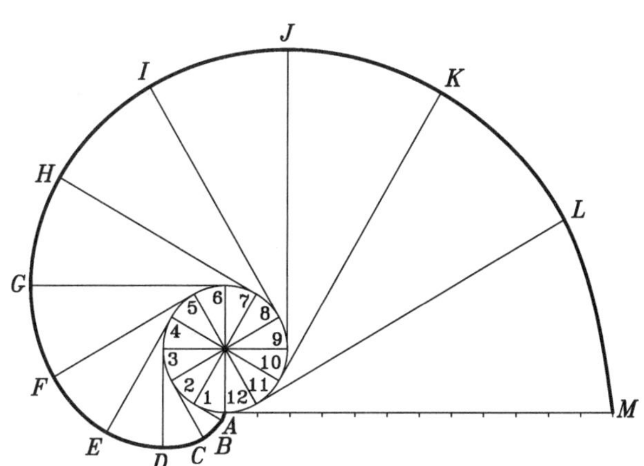

图 1-19　渐开线的画法

(1) 将已知基圆的圆周展开成直线 AM，分圆周及其展开线为相同等份(图中为 12 等份)。

(2) 在圆周上的各等分点处，按同一方向作圆的切线。

(3) 在各切线上依次截取圆周长的 1/12，2/12，3/12，…，11/12，得 B，C，…，L 一系列的点。

(4) 用曲线板光滑连接各点，即完成基圆渐开线的作图。

1.4 绘图的方法和步骤

1.4.1 平面图形的分析

任何平面图形总是由若干线段(包括直线、圆弧、非圆平面曲线)连接而成,这些线段间的连接关系和相对位置则由尺寸来决定。画图时,只有对尺寸和线段进行分析并弄清图形与尺寸之间相互依存的关系,才能确定正确的作图顺序。

1. 尺寸分析

(1) 尺寸基准——是标注尺寸的起点。在平面图形中,需要两个方向(水平方向和铅垂方向)的基准。平面图形常用的基准有:对称图形的对称线、较长的直线、较大圆的对称中心线等。如图 1-20 中的手柄,就是以水平对称线和较长的轮廓线(铅垂线)作为尺寸基准的。

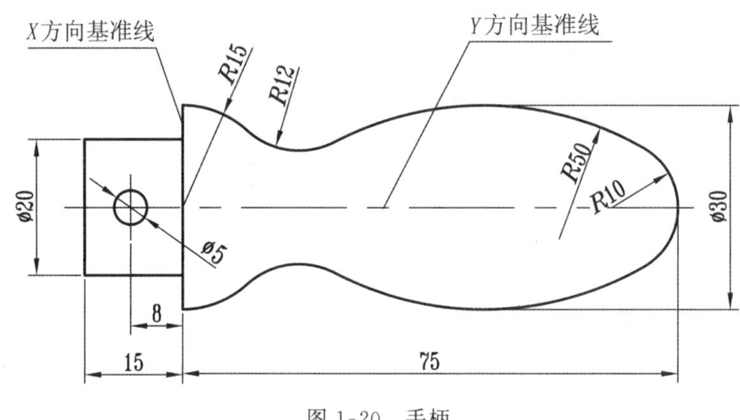

图 1-20 手柄

(2) 定形尺寸——确定平面图形各线段形状大小的尺寸,如直线的长度、角度的大小及圆或圆弧的直径或半径等,如图 1-19 中的 $\phi20$,15,$\phi5$,$R15$,$R12$,$R50$ 和 $R10$ 等均为定形尺寸。

(3) 定位尺寸——确定平面图形各线段或线框间相对位置的尺寸,如图 1-15 中,尺寸 8 确定了 $\phi5$ 的圆心位置,尺寸 75 间接地确定了 $R10$ 的圆心位置,$\phi30$ 间接地确定了 $R50$ 圆心的一个坐标值。

2. 线段分析

平面图形中的线段(直线或圆弧),根据其定位尺寸是否齐全,可以分为三类。

(1) 已知线段。有足够的定形尺寸和定位尺寸,能根据所给的已知尺寸直接画出的线段。

(2) 中间线段。有定形尺寸和一个定位尺寸,另一个定位尺寸必须根据相邻已知线段的几何关系求出的线段。

(3) 连接线段。只有定形尺寸，其定位尺寸必须依靠相邻两端线段的连接条件作图求出的线段。

分析上述三类线段的定义，可得出线段光滑连接的一般规律：在两条已知线段之间可以有任意条中间线段，但必须且只能有一条连接线段。

标注尺寸时，首先要分清平面图形各部分的构成，确定尺寸基准，然后标注定形尺寸，最后根据尺寸基准标注定位尺寸。对已知线段，必须直接注出全部定位尺寸；对中间线段，可仅直接注出一个定位尺寸；若是连接线段，则不必直接标注定位尺寸。

1.4.2　尺规绘图的方法和步骤

1. 充分做好准备工作

(1) 备齐必需的绘图工具和仪器，按照绘制不同线型的要求，削磨好铅笔和圆规铅芯，擦净图板、丁字尺和三角板。

(2) 了解、分析所绘的对象，根据其大小和复杂程度，选定合适的绘图比例和图幅。

(3) 固定图纸。先用丁字尺校正图纸的位置，使图纸的图框线与丁字尺的工作边平行，再用胶带纸将图纸固定。图纸应尽量固定在图板的左下方，但图纸的底边与图板的下边缘之间的距离应大于丁字尺的宽度，以便于使用丁字尺。

2. 画底稿

画底稿是保证绘图正确、高效的关键步骤。底稿上的各种图线不分粗细，都用细实线轻轻画出。

(1) 画图框线和标题栏轮廓线。

(2) 整体布图，应考虑标注尺寸和文字说明的足够位置；画出基准线、轴线、中心线等[图 1-21(a)]。

(3) 进行图形分析，确定线段间的连接关系，逐一画出已知线段、中间线段和连接线段[图 1-21(b)(c)]。画图时宜先画出主要轮廓，后画细部结构。

(4) 检查底稿，擦去多余的作图线。

3. 加深图线

加深图线时用力要平稳，应做到：线型正确，粗细分明，均匀光滑，图面整洁[图 1-21(d)]。具体步骤如下。

(1) 先细后粗——一般先用 H 铅笔描深虚线、点画线、细实线等，再加深全部粗实线，这样既可提高绘图效率，又可保证同一线型在全图中粗细一致。

(2) 先曲后直——在加深同一种线型时，应先加深圆弧和圆，再加深直线，以保证连接光滑。圆规的铅芯应比画直线铅笔的铅芯细一点。

(3) 先水平、后垂斜——先用丁字尺自上而下加深全部相同线型的水平线，再用三角板从左至右加深所有相同线型的铅垂线，最后加深倾斜的直线。

(4) 画箭头，填写尺寸数字、文字、标题栏等。

(5) 检查、整理，完成全图的绘制工作。

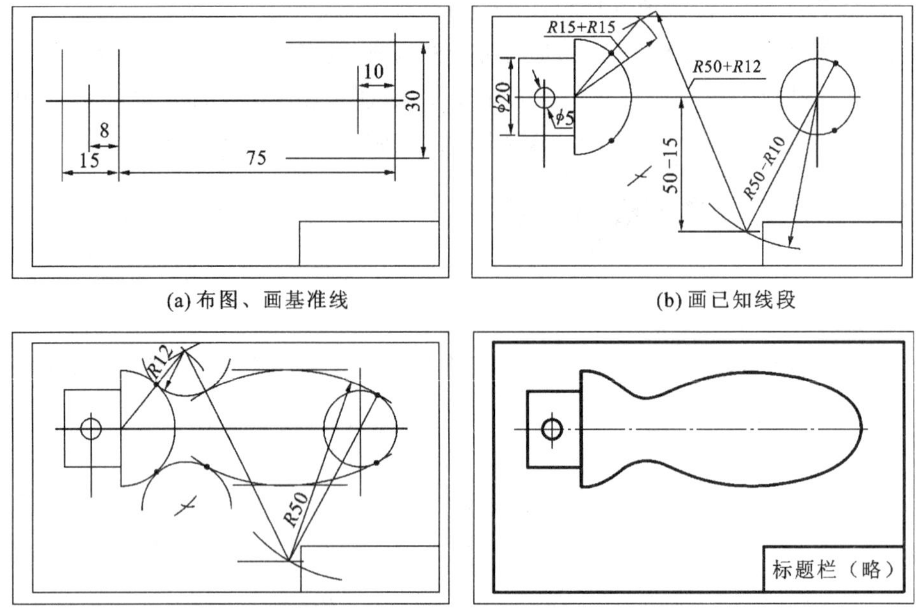

(a) 布图、画基准线　(b) 画已知线段　(c) 画连接线段　(d) 加深图线、标注尺寸

图 1-21　绘制仪器图的方法和步骤

1.4.3　徒手绘制草图

草图也称徒手图，是以目测图形与实物的比例、按一定的画法要求徒手绘制的图样。草图是记录、构思和表达技术思想的有力工具，是一种高效、简便的绘图方式。在测绘机器的零(部)件、拟订设计方案、进行技术交流或参观时，由于受现场条件和时间的限制，会经常采用绘制草图的方式。随着计算机绘图的普及，草图的应用也越来越广泛，因此，绘制草图是与绘制仪器图同样重要的绘图技能，机械工程技术人员除掌握绘制仪器图的技能之外，还必须具备徒手绘制草图的能力。

草图并不是潦草之图，除比例一项以外，其余的都必须遵守国家标准的规定。绘制草图的要求是：

(1) 画图要稳，线型应正确，粗细应分明，表达应正确、完整；

(2) 依据实物的形状和大小，目测尺寸要准，力求做到比例匀称；

(3) 绘图速度要快；

(4) 测量、标注尺寸应准确无误。

为便于控制图形的尺寸和各图形间的相互关系，常采用方格纸画草图。绘制草图的基本方法和技能如下。

1. 握笔的方法

握笔的位置要比绘仪器图时稍高一些，一般在离铅笔笔尖约 35mm 处，以利于运笔和观察目标。笔杆与纸面成 45°～60°，执笔应稳而有力。画草图所用的铅笔要比用仪器画图的铅笔软一级。

2. 直线的画法

画直线时，目视线段终点，小手指轻压住纸面，手腕随线移动。画短线常以手腕运笔，画长线则以手臂动作。

画铅垂线时，应自上而下绘制；画水平线时，常将图纸略倾斜放置，以最顺手的方向画出；画斜线时，可将图纸旋转适当的角度，使之转成水平线来画。对 30°、45°、60°等特殊角度的斜线，可根据两直角边的比例关系，定出两端点后画出，如图 1-22 所示。

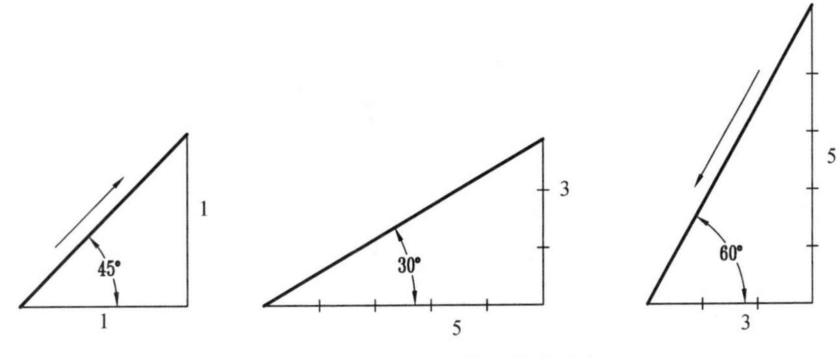

图 1-22　特殊角度线的徒手画法

3. 圆的画法

画直径较小的圆时，应按半径在对称中心线上定出 4 点，然后分 4 段连接成圆；画直径较大的圆时，可过圆心增画两条 45°方向的对角线，按半径再截取 4 点，然后通过 8 点画圆，如图 1-23 所示。

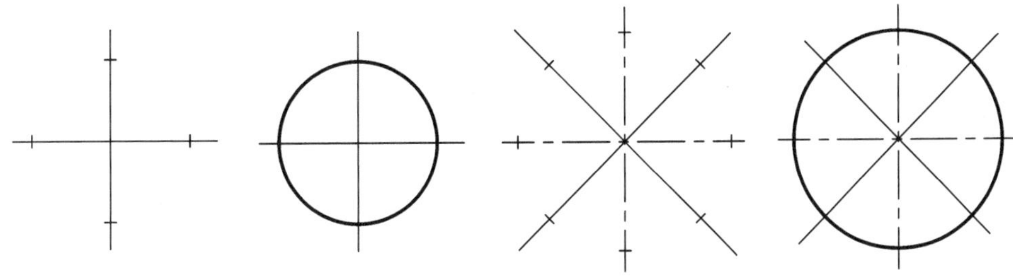

图 1-23　圆的徒手画法

4. 圆角、椭圆及圆弧连接的画法

徒手画圆角、椭圆及圆弧连接时，应尽量利用圆弧与正方形、长方形、菱形相切的特点来绘制，如图 1-24 所示。

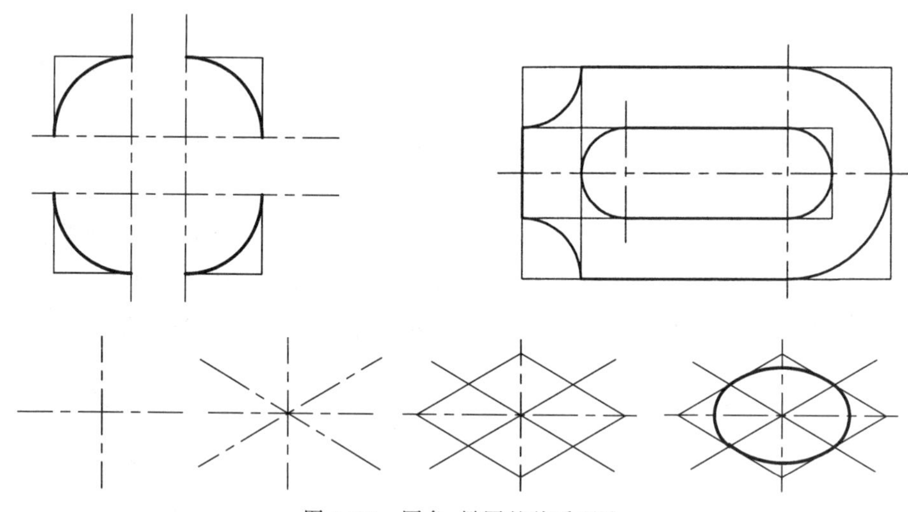

图 1-24　圆角、椭圆的徒手画法

画草图的步骤基本上与绘制仪器图相同，但在草图的标题栏中可不填写比例。画草图前应先分析所绘对象的形体结构和形状特征，要注意把握形体各部分之间的相对比例关系。因草图是按目测比例画出的，故所绘对象的大小主要反映在尺寸上，所以尺寸的测量应力求准确、完整。

第2章　正投影理论的基础知识及作图

主要内容：本章在介绍正投影法及其投影特性和三面投影体系有关知识的基础上，重点介绍了求作点、直线和平面的三面投影的相关知识和方法，此外还介绍了投影变换的基础知识。通过本章的学习和训练，读者初步掌握正投影法的基础知识，并能绘制点、直线和平面的三面投影图。

知识点：点线面投影。

思政元素：辩证唯物主义。

思政培养目标：培养学生分析问题的能力。

思政素材：通过讲解投影规律，引导学生用联系的全面的观点看问题。

2.1　投影法(GB/T 14692—2008)

2.1.1　投影法及其分类

在日常生活中，当太阳光或灯光照射物体时，在地面或墙壁上就会出现物体的影子。如果假想光线能透过物体，并将其内外各表面所有的边界轮廓线向选定的平面投射，那么就可以在这个平面上得到一个由线条组成的平面图形(影子)，如图2-1所示，这就说明二维的平面图形(影子)与三维的物体之间存在着相互对应的关系。人们在长期的生产实践中，根据影子的启示，经过科学的抽象，形成了用平面图形表示空间物体的基本方法——投影法，从而构建了投影几何学这一科学体系。

研究投影法及其规律的投影理论，是工程图学的理论基础。与投影法有关的构成要素如图2-1所示。

形体：抽象的几何形与立体的总称(用于投射的对象)。

投射中心：所有投射线的起源点，如图2-1中的S点。

投射线：发自投射中心且通过被表示形体上各点的直线。

投射方向：投射线所指的方向，如图2-1所示。

投影面：投影法中，得到投影的平面，如图2-1中的P平面。

投影法：投射线通过形体，向选定的面投射，并在该面上得到图形的方法。

投影(投影图)：用投影法所得到的图形，如形体在P面上的投影。

投射：用投影法得到形体的投影(图)的过程，如将形体对P面进行投射。

从投影形成的过程可以看出，如果形体的位置、投射方向和投影面的位置确定，那么形体的投影也就被确定，因此，形体、投射方向和投影面是投影形成的三要素。

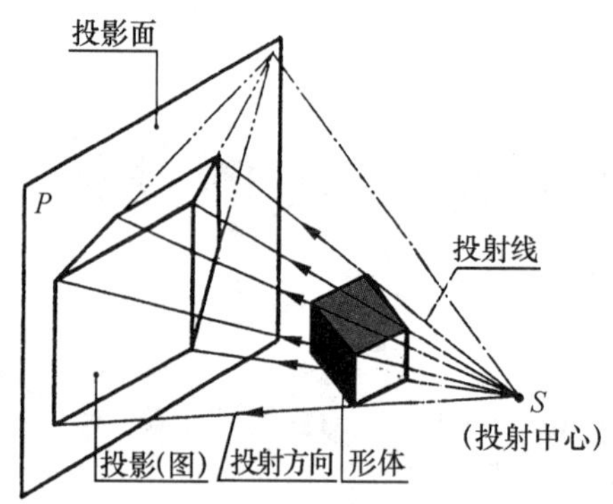

图 2-1　中心投影法

由于投射线、形体和投影面之间的相互关系不同，所以产生了不同的投影法。根据投射线汇交或平行，投影法可分为以下两种。

1. 中心投影法

投射线汇交于一点(即通过投射中心)的投影法称为中心投影法，如图 2-1 所示。中心投影法是绘制透视图的理论基础，其投射中心相当于人的眼睛。采用中心投影法绘制的投影图，立体感较强，但可度量性较差，难以准确绘图，因此，中心投影法只用于绘制外观效果图。

2. 平行投影法

当投射中心移至无穷远时，投射线趋于平行。投射线相互平行的投影法称为平行投影法，如图 2-2 所示。在平行投影法中，又因投射线与投影面相对位置的不同可分为：

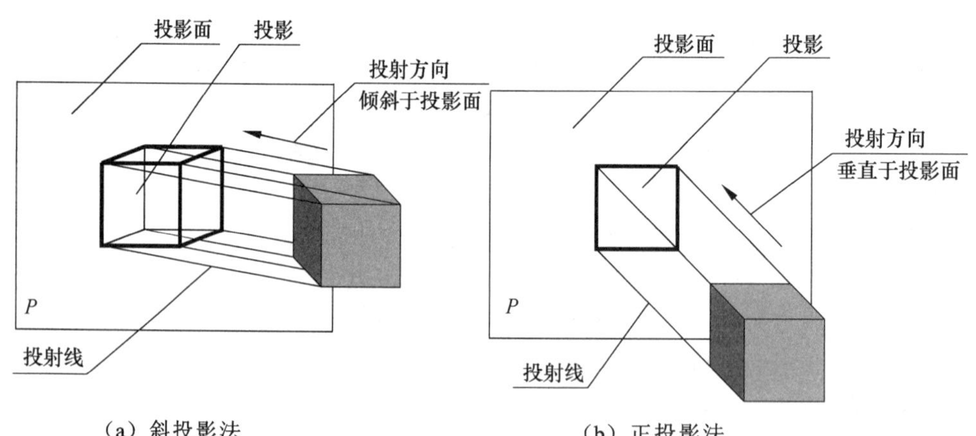

(a) 斜投影法　　(b) 正投影法

图 2-2　平行投影法

(1) 斜投影法。投射线倾斜于投影面，如图 2-2(a)所示。由斜投影法得到的图形称为斜投影图(简称斜投影)。斜投影法常用于绘制斜轴测图。

(2) 正投影法。投射线垂直于投影面，如图 2-2(b)所示。由正投影法得到的图形称

为正投影图(简称正投影)。

由于正投影法的投射方向垂直于投影面,这两个投影形成的要素就合并成了一个,只要形体和投影面的位置确定,正投影(图)就被唯一确定,所以,采用正投影法作图更为方便。此外,正投影法能真实地表示物体的形状和大小,正投影图具有很好的实形性、可度量性及准确性,还可以采用多面投影分别表示物体各个侧面的形状和结构,因此,国家标准《技术制图　投影法》(GB/T 14692—2008)中明确规定,机件的图样按正投影法绘制。在本书后面的章节中,除特别说明之外,全部采用正投影法,所得到的正投影简称为“投影”。

2.1.2　正投影法的投影特性

正投影法是平行投影法的一种,除具有平行投影法的“平行性”、“从属性”和“定比性”之外,还具有“实形性”、“ 积聚性”和“类似性”,这些投影特性都可以运用几何学的知识进行严格的证明。

表 2-1 中列出了正投影法投影特性的内容和图例,这些投影特性是学习和掌握正投影法的基础,也是正投影法得以广泛应用的重要依据。采用正投影法作图时,充分而灵活地运用这些投影特性,可以提高作图的速度和效率。

表 2-1　正投影法的投影特性

性质	实形性	积聚性	类似性
图例	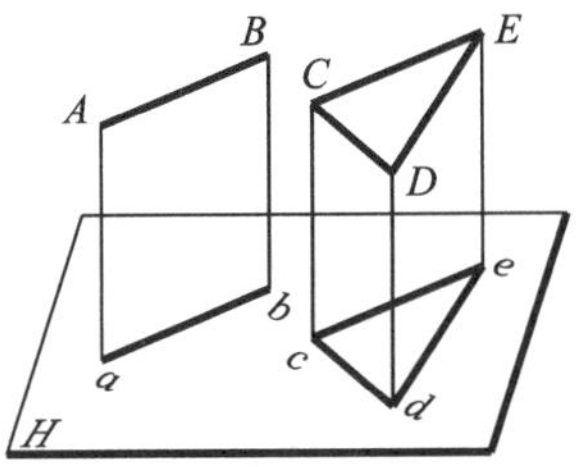	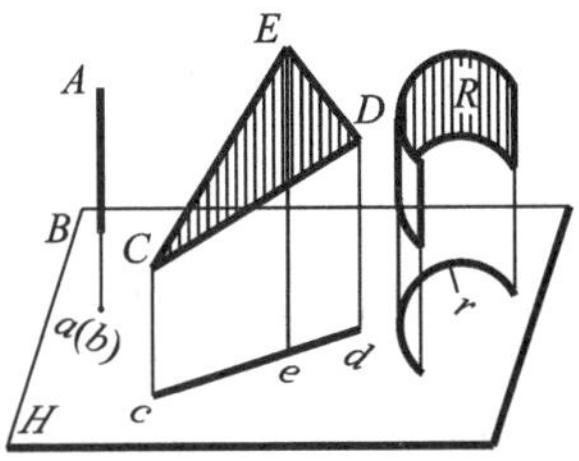	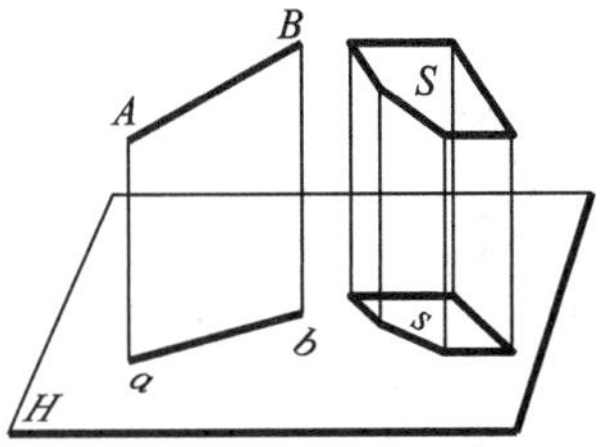
投影特性	直线平行于投影面,其投影反映直线的实长;平面图形平行于投影面,其投影反映平面图形的实形	直线、平面、柱面垂直于投影面,则其投影分别积聚为点、直线、曲线	当直线、平面倾斜于投影面时,直线的投影仍为直线(但投影的长度缩短);平面的投影为平面图形的类似形
性质	平行性	从属性	定比性
图例	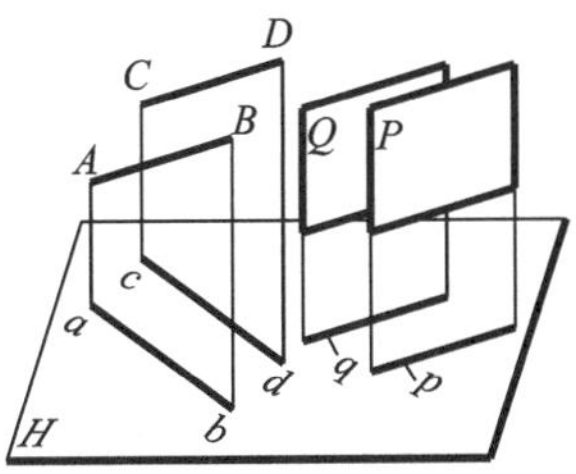	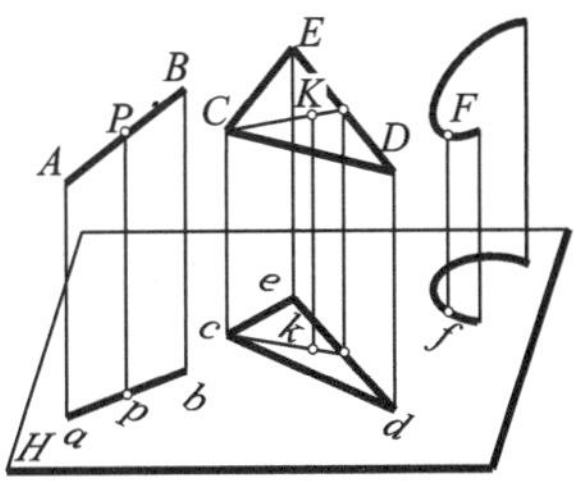	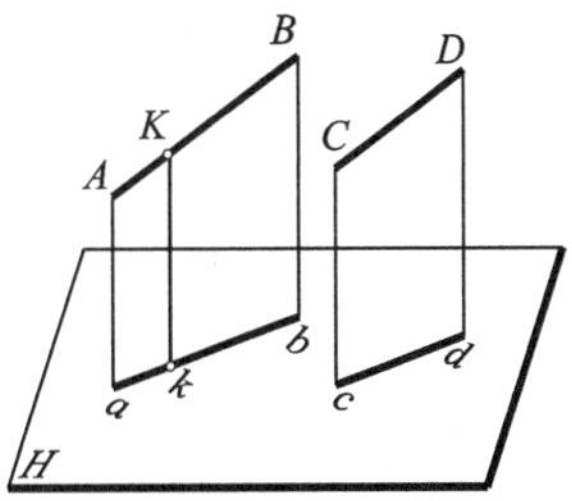

续表

性质	平行性	从属性	定比性
投影特性	空间相互平行的直线，其投影一定平行；空间相互平行的平面，其积聚性的投影相互平行	直线或曲线上点的投影必在该直线或曲线的投影上；平面或曲面上点、线的投影必在该平面或曲面的投影上	点分直线的比，投影后保持不变；空间两平行直线长度的比，投影后保持不变
说明	① 类似形：指平面图形投射所得的投影图，与原平面图形保持定比性不变，表现为边数相等，凸、凹状态相同，平行关系、曲直关系不变 ② 本书约定：空间的点、线、面用大写字母表示，其投影用对应的小写字母表示		

2.2　投影法的应用

2.2.1　单面投影图的应用

1. 透视投影图

透视投影图采用中心投影法绘制，主要用于建筑制图，如图 2-3 所示。

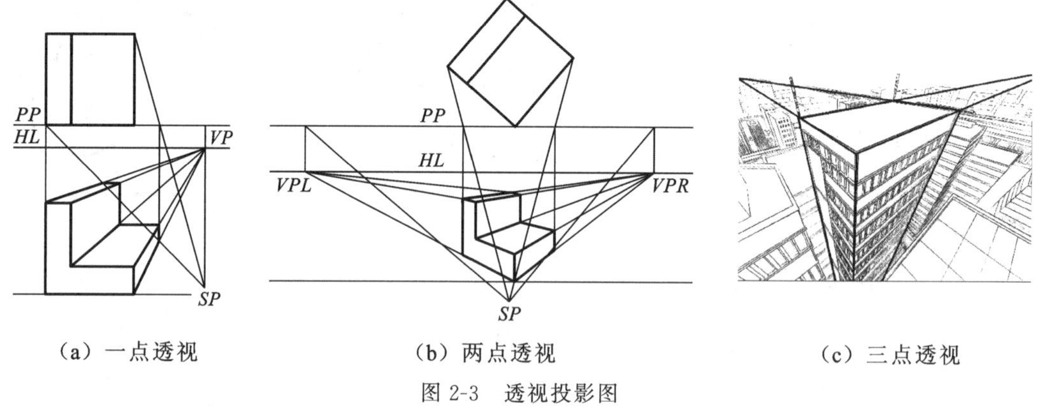

(a) 一点透视　(b) 两点透视　(c) 三点透视

图 2-3　透视投影图

2. 标高投影图

标高投影图采用正投影法绘制，主要用于建筑制图，如图 2-4 所示。

3. 正轴测图

单面正投影图采用正投影法绘制，主要用于机械制图，如图 2-5 所示。

4. 斜轴测图

单面斜投影图采用斜投影法绘制，主要用于机械制图，如图 2-6 所示。

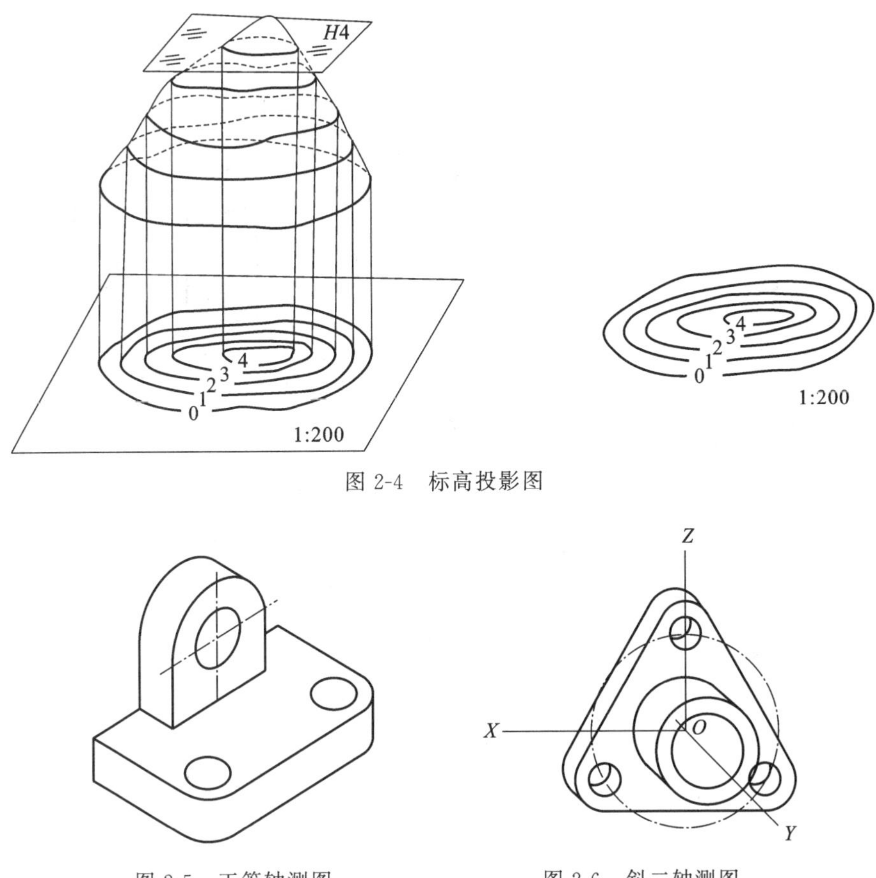

图 2-4　标高投影图

图 2-5　正等轴测图

图 2-6　斜二轴测图

2.2.2　多面投影图的应用

多面投影图有第一角与第三角之分，如图 2-7、图 2-8 所示。第三角多面投影图主要用于美国、加拿大、日本等国家；第一角多面投影图主要用于世界上绝大多数国家，如我国。

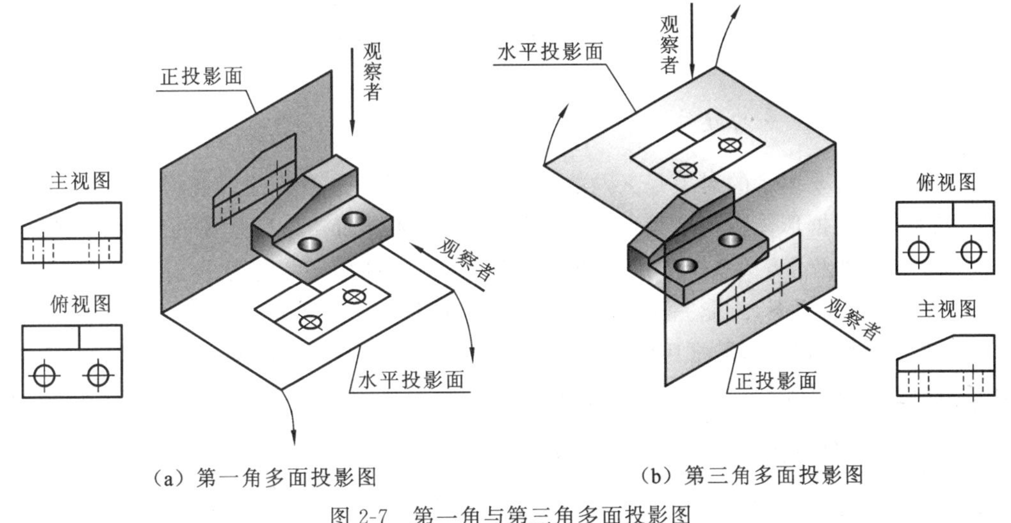

(a) 第一角多面投影图

(b) 第三角多面投影图

图 2-7　第一角与第三角多面投影图

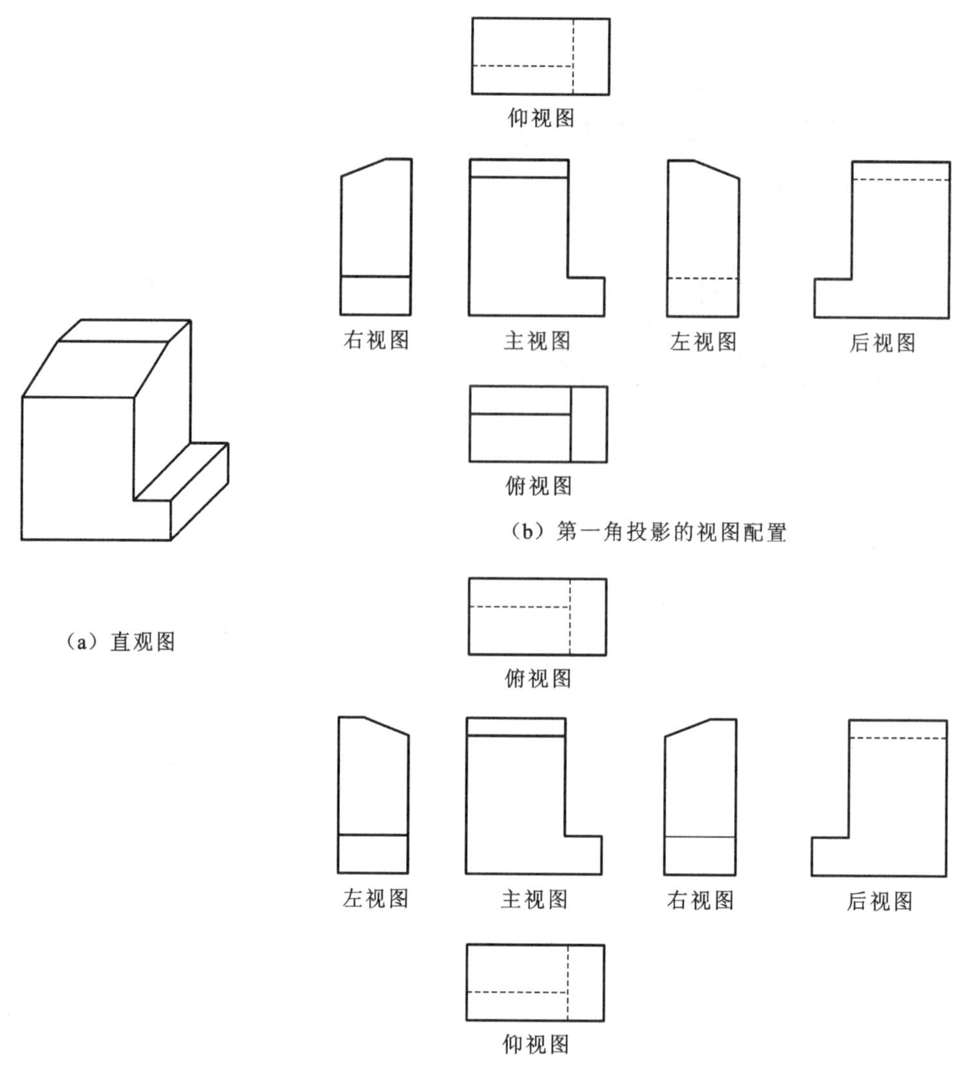

图 2-8 第一角与第三角多面投影图之比较

1. 三投影面体系的建立

工程图学所要表示的对象是三维的空间形体，而采用正投影法只能得到二维的平面图形，因此，只根据形体在一个投影面上的投影，显然不能确定空间形体的形状，必须根据空间形体的复杂程度，从多个不同的方向，将同一个形体用正投影法投射到多个投影面上，构成多投影面体系，才能完整地表示空间形体的形状。

在多投影面体系中，最常用的是三投影面体系，由空间三个互相垂直的投影面 *XOY*、*XOZ*、*YOZ* 构成，如图 2-9(a)所示。在三投影面体系中，使 *XOZ* 平面处于正立位置，称为正投影面，用大写字母 *V* 表示，也称为 *V* 面；使 *XOY* 平面处于水平位置，称为水平投影面，用大写字母 *H* 表示，也称为 *H* 面；处于侧立位置的 *YOZ* 平面称为侧投影面，用大写字母 *W* 表示，也称为 *W* 面。投影面与投影面的交线称为投影轴，三个投影轴分别称为

OX 轴、OY 轴、OZ 轴;三个轴的交点 O 称为坐标原点。如果将三个投影面看作坐标平面,那么三个投影轴就是直角坐标系的坐标轴。

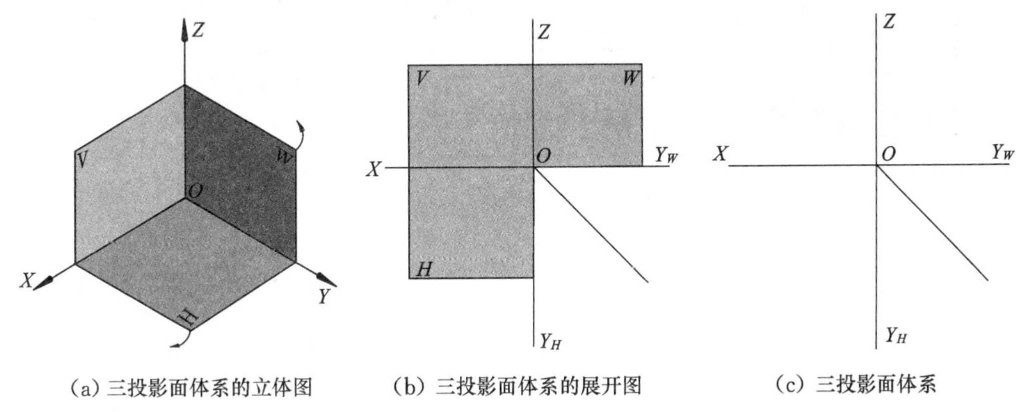

(a) 三投影面体系的立体图　(b) 三投影面体系的展开图　(c) 三投影面体系

图 2-9　三投影面体系的建立

在三投影面体系中可以得到空间形体的三面投影图,为了将三个投影图画到一张图纸(平面)上,就必须将三投影面体系展开成一个平面。国家标准规定:将三投影面体系展开时,V 面保持不动,使 H 面绕 OX 轴向下旋转 90°,W 面绕 OZ 轴向右旋转 90°,这样就将三个互相垂直的投影面展开到了一个平面上,如图 2-9(b)所示。在三投影面体系展开后,OX 轴、OZ 轴的位置不变,而 OY 轴由于是 H 面和 W 面的共有线,所以既随 H 面旋转成 OY_H 轴,又随 W 面旋转成 OY_W 轴;图中右下方的 45°斜线,是为了联系 OY_H 轴与 OY_W 轴便于初学者作图而设置的,待作图熟练后即可不用。

实际上在画三面投影图时,不需要表示投影面的范围,也就是可以去掉投影面的边框,这样处理后的三投影面体系如图 2-9(c)所示。

2. 三面投影图的形成及投影规律

1) 三面投影图的形成

将空间形体置于三投影面体系中并向三个投影面投射,就可以得到形体的三面投影图:形体在 V 面上的投影(图)称为正面投影(或称 V 面投影),在 H 面上的投影(图)称为水平投影(或称 H 面投影),在 W 面上的投影(图)称为侧面投影(或称 W 面投影)。在图 2-10(a)中表示了形体(长方体)与其三面投影图之间的空间对应关系。将形体(长方体)的三面投影图展开并去掉投影面边框后形成的三面投影图如图 2-10(b)所示,图中各个投影图之间的细实线是辅助作图用的投影连线。

三面投影图与三个投影轴之间的距离只是表示形体与三个投影面之间的距离,而改变形体与三个投影面之间的距离并不会影响三个投影图的形状及其之间的投影关系。因此,在作三面投影图时,可以不画投影轴,但必须保持各投影图之间的投影关系,这样可使投影图的布置更为方便,作图也更为简单。图 2-10(c)中的投影轴和 45°斜线,是为了说明三面投影图形成的过程,并使初学者容易理解,而实际的三面投影图则如图 2-10(f)所示。

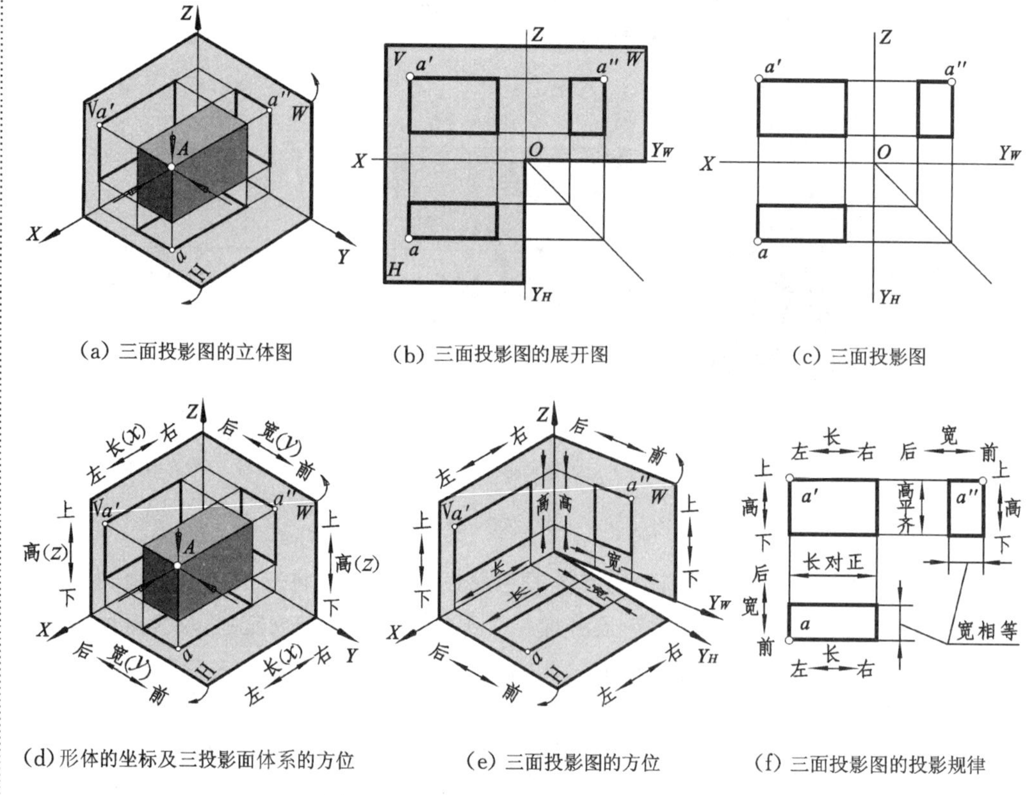

(a) 三面投影图的立体图　(b) 三面投影图的展开图　(c) 三面投影图

(d) 形体的坐标及三投影面体系的方位　(e) 三面投影图的方位　(f) 三面投影图的投影规律

图 2-10　三面投影图的形成及投影规律

2）三面投影图的投影规律

为说明三面投影图的投影规律，需要将形体的“长、宽、高”与表示形体位置和大小的坐标“x，y，z”及三面投影图中的左右、前后、上下等方位联系起来。如图 2-10(d)、(e)所示，三面投影图中的“左右”方位对应形体“长”的方向，与“x”坐标有关，“前后”方位对应形体“宽”的方向，与“y”坐标有关，而“上下”方位则对应于形体“高”的方向，与“z”坐标有关。

由图 2-10(e)可以看出：从形体的前面往后投射、在 V 面上所到得的正面投影(图)，表示形体的长和高(x 坐标和 z 坐标)，也表示了形体及其投影图的“左右”和“上下”方位；从形体的上面往下投射、在 H 面上所得到的水平投影(图)，表示形体的长和宽(x 坐标和 y 坐标)，也表示了形体及其投影图的“左右”和“前后”方位；从形体的左面往右投射、在 W 面上所得到的侧面投影(图)，表示形体的宽和高(y 坐标和 z 坐标)，也表示了形体及其投影图的“前后”和“上下”方位。在三面投影图中，要特别注意分清“前、后”的方位，即水平投影图的下边对应于“前”，而侧面投影图则是右边对应于“前”。

将图 2-10(e)的三面投影图展开并去掉投影面的边框和投影轴，即可得到图 2-10(f)，从图 2-10(f)可以看出三面投影图的投影规律。

(1) 正面投影与水平投影都表示形体的长(即具有相同的 x 坐标)，称为“长对正”。

(2) 正面投影与侧面投影都表示形体的高(即具有相同的 z 坐标)，称为“高平齐”。

(3) 水平投影与侧面投影都表示形体的宽(即具有相同的 y 坐标),称为“宽相等”。

三面投影图“长对正、高平齐、宽相等”的投影规律(简称为“三等规律”),揭示了形体各投影图之间的内在联系。各投影图不仅在整体上应满足这一投影规律,而且每个投影图中的各相应部分也必须满足这一投影规律,因此,“长对正、高平齐、宽相等”的投影规律是绘制形体三面投影图最基本的原则和方法,当然也是读懂形体三面投影图最基本的原则和方法。

2.3　点、直线和平面的投影

众所周知,立体(形体)是由面(平面和曲面)构成的,面又是由线(直线和曲线)构成,而线则是由点构成,因此,点、线、面是构成立体的基本几何元素,点、线、面的投影则是立体投影的基础。在机械工程中常见的线是直线,常见的面是平面和回转面,回转面构成回转体,其投影将在第 3 章介绍,因此本节主要介绍点、直线和平面的投影。

2.3.1　点的投影

1. 点的三面投影图

如图 2-11(a)所示,在三投影面体系中,过空间的点 A 分别向三个投影面 H、V、W 作垂线,可得到三个垂足 a、a'、a'',这三个垂足 a、a'、a''就是点 A 的三面投影图:在水平投影面上的投影 a(称为水平投影),在正投影面上的投影 a'(称为正面投影),在侧投影面上的投影 a''(称为侧面投影)。在作投影图时规定:空间的点用大写字母表示,如 $A,B,C,\cdots$;其水平投影用相应的小写字母表示,如 $a,b,c,\cdots$;正面投影用相应的小写字母加一撇表示,如 $a',b',c',\cdots$;侧面投影用相应的小写字母加两撇表示,如 $a'',b'',c'',\cdots$。

将点的三面投影图展开到一个平面上,如图 2-11(b)所示;再去掉投影面的边框,就可得到如图 2-11(c)所示的点的三面投影图。

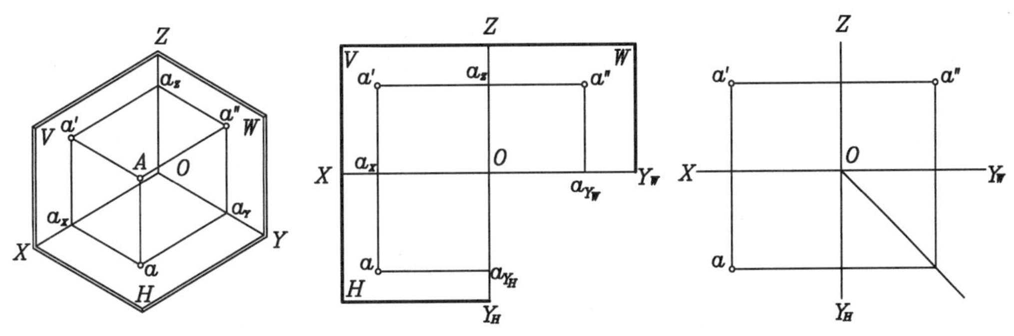

(a) 空间的点及其投影的立体图　(b) 点的三面投影的展开图　(c) 点的三面投影图

图 2-11　点的三面投影图

2. 点的投影规律

在图 2-11(a)中，如果将三投影面体系看成空间直角坐标系，那么 H、V、W 面是坐标面，OX、OY、OZ 轴是坐标轴，O 点是坐标原点。由图 2-11(a)可知，A 点的三个直角坐标 X_A，Y_A，Z_A 就是 A 点到三个投影面 W、V、H 的距离，即

$$Aa''=aa_y=a'a_z=Oa_x=X_A$$
$$Aa'=aa_x=a''a_z=Oa_y=Y_A$$
$$Aa=a'a_x=a''a_y=Oa_z=Z_A$$

由此可见，点的投影图可根据点在投影体系中的位置而得到，如已知点 A 的空间位置(X_A，Y_A，Z_A)，就可作出该点的三面投影(a，a'，a'')。反之，根据点的三面投影图也可确定空间点在投影体系中的位置，如已知点 A 的三面投影(a，a'，a'')，即可确定该点在空间的坐标值(X_A，Y_A，Z_A)。

由点的三面投影图的形成过程可知，点的三面投影之间存在着一定的投影联系，对图 2-11 进行分析可知，点在三投影面体系中的投影规律为：

(1) 点的各投影连线分别垂直于相应的投影轴，即

$$aa'\perp OX,\quad a'a''\perp OZ,\quad aa_{YH}\perp OY_H,\quad a''a_{YW}\perp OY_W$$

这条投影规律实际上是三面投影图"长对正、高平齐、宽相等"的投影规律在点的投影中的具体体现。

(2) 点的每一个投影到投影轴的距离，均反映了空间点到相邻投影面的距离。如 $a'a_x=a''a_{YW}=Aa$，反映了点 A 到 H 面的距离，即该点的 Z 坐标；$aa_x=a''a_z=Aa'$，反映了点 A 到 V 面的距离，即该点的 Y 坐标；$a'a_z=aa_{YH}=Aa''$，反映了点 A 到 W 面的距离，即该点的 X 坐标。

根据上述点的投影规律，若已知点的任何两面投影，就可作出第三面投影。

例 2-1 如图 2-12 所示，根据空间点 C 的两个投影 c'、c''，试求作其水平投影 c。

解 如图 2-12(a)所示，由已知条件，空间点 C 的两投影 c'、c''可确定该点的空间位置(X_C，Y_C，Z_C)，因此，运用点的投影规律，即可求作出点 C 的水平投影 c。具体的作图过程如下。

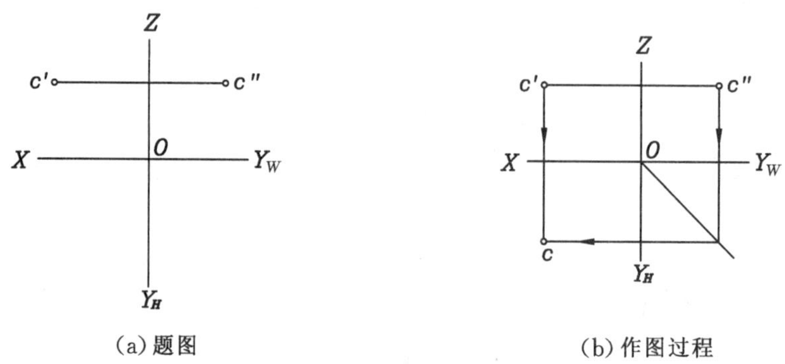

(a) 题图　　(b) 作图过程

图 2-12　作点的投影图

(1) 如图 2-12(b)所示，由原点 O 作 45°辅助线。

(2) 过 c' 作正面投影与水平投影的连线，即过 c'作垂直于 OX 轴的直线。

(3) 作侧面投影与水平投影的连线，即过 c''作垂直于 OY_W 的直线，与 45°辅助线相

交，再由该交点作与 OY_H 轴垂直的直线，两条投影连线的交点即为所求空间点 C 的水平投影 c。

3. 投影面和投影轴上的点的投影

在特殊情况下，点也可以位于投影面或投影轴上。如点的一个坐标为零，则点位于相应的投影面上；如点的两个坐标为零，则点位于相应的投影轴上；如点的三个坐标都为零，则点与坐标原点重合。如图 2-13 所示，A 点在 V 面上，其投影 a'与 A 重合，投影 a、a''分别在 OX、OZ 轴上；B 点在 H 面上，其投影 b 与 B 重合，投影 b'、b''分别在 OX、OY_W 轴上；C 点在 OX 轴上，其投影 c、c'与 C 重合，投影 c''与原点重合。表 2-2、表 2-3 中列出了投影面和投影轴上的点的立体图、投影图和投影特性。

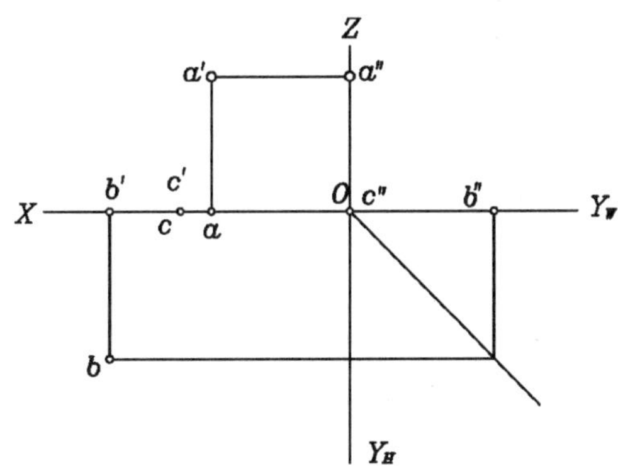

图 2-13　投影面和投影轴上的点的投影

表 2-2　投影面上的点

名　称	H 面上的点	V 面上的点	W 面上的点
立体图			
投影图			
投影特性	c'在 OX 轴上，c''在 OY_W 轴上	a 在 OX 轴上，a''在 OZ 轴上	b'在 OZ 轴上，b 在 OY_H 轴上

表 2-3　投影轴上的点

名　称	OX 轴上的点	OY 轴上的点	OZ 轴上的点
立体图	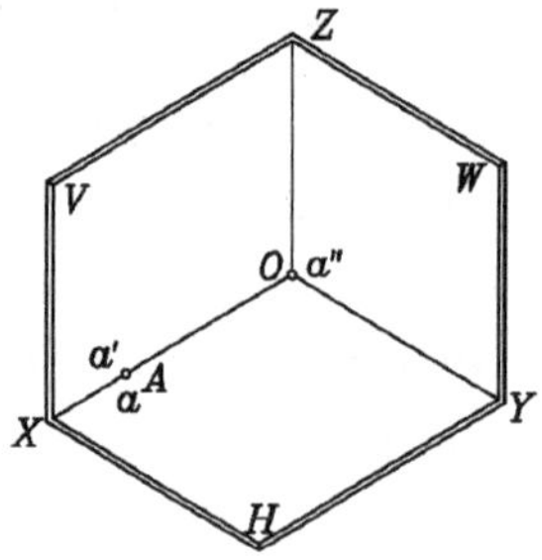	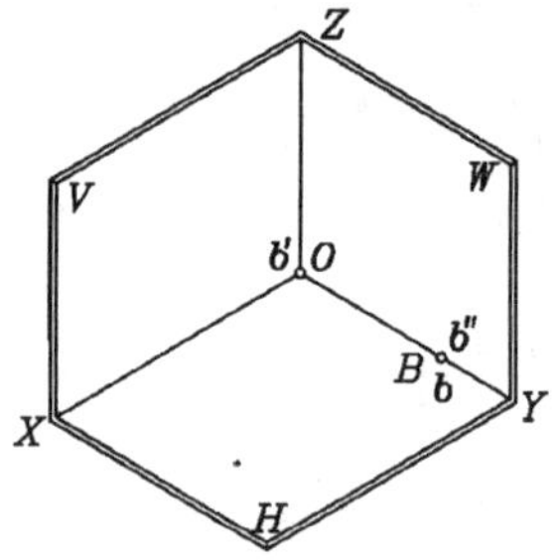	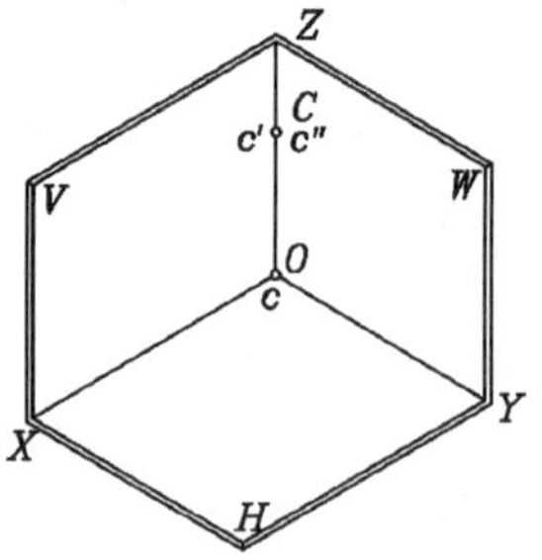
投影图	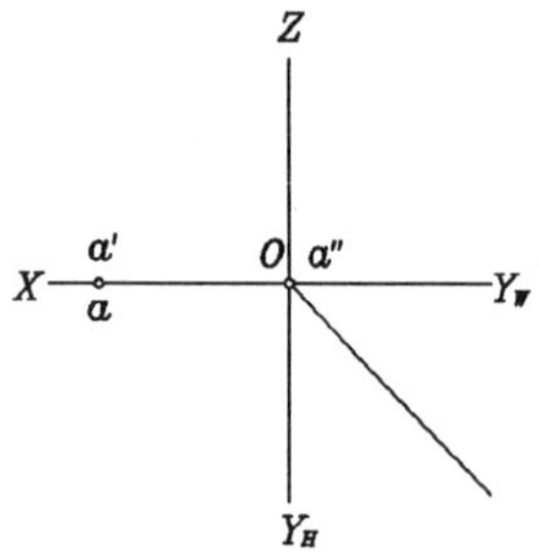	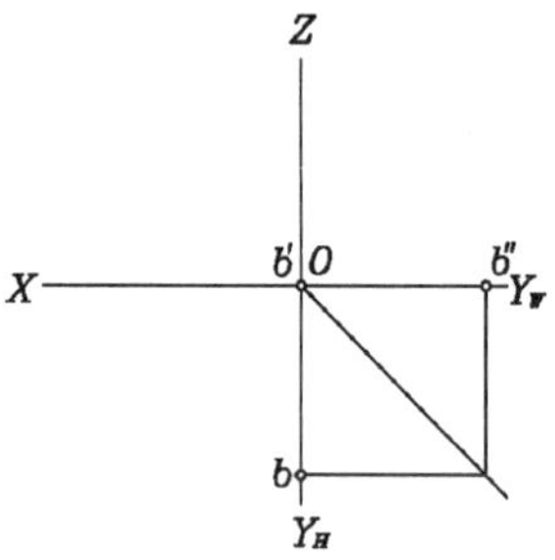	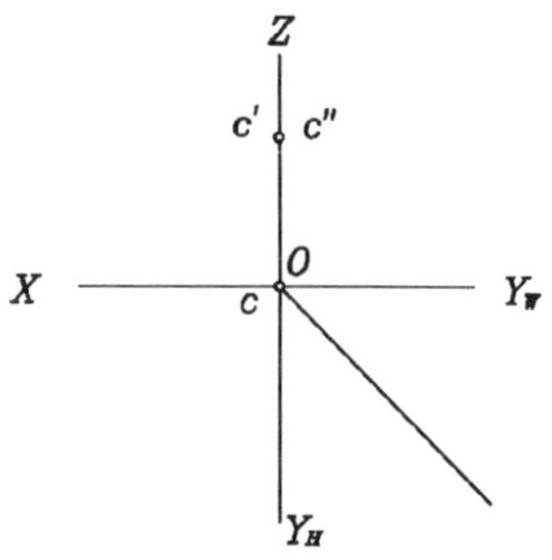
投影特性	a、a'均在 X 轴上，a''在原点	b 在 OY_H 轴上，b''在 OY_W 轴上，b'在原点	c'、c''均在 OZ 轴上，c 在原点

例 2-2　如图 2-14 所示，根据空间点 A、B、C、D 的两个投影，试求其第三面投影。

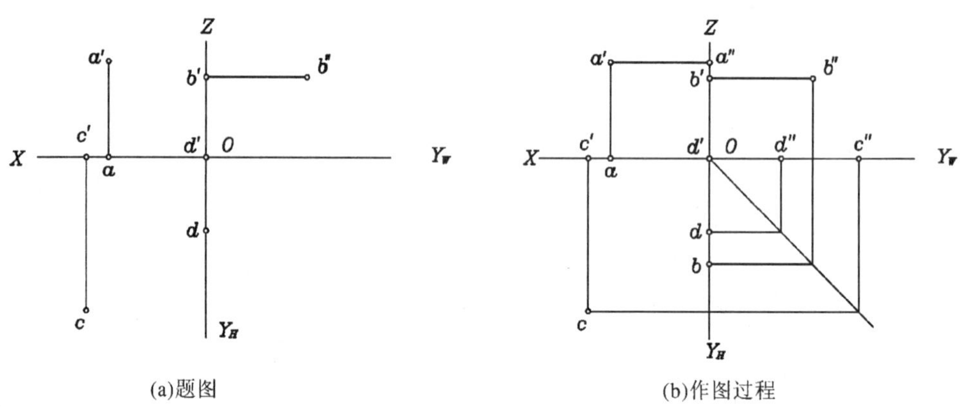

(a)题图　　(b)作图过程

图 2-14　根据空间点的两个投影求第三面投影

解　如图 2-14(a)所示，由已知条件，空间点的两个投影可确定该点的空间位置(X,Y,Z)。A 点的 Y 坐标为零，因此，A 点位于 V 投影面上；B 点的 X 坐标为零，故 B 点位于 W 投影面上；C 点的 Z 坐标为零，故 C 点位于 H 投影面上；D 点的 X，Z 坐标均为零，故 D 点位于 OY 轴上。运用投影规律，即可作出这些点的第三面投影。

作图时由原点 O 作 45°辅助线，作图过程如图 2-14(b)所示。

4. 两点的相对位置

在点的三面投影图中，能够清晰地表示空间两点之间“前后、上下、左右”的相对位置关系。如图 2-15 所示的空间两点 A、B，在投影图中可以看出。

(1) 由于 b'在 a'的左方(b 在 a 的左方)，说明 B 点在 A 点之左，两点间在左右方向的距离，就是其 X 坐标之差 $\Delta x = |X_B - X_A|$。

(2) 由于 b'在 a'的下方(b''在 a''的下方)，说明 B 点在 A 点之下，两点间在上下方向的距离，就是其 Z 坐标之差 $\Delta z = |Z_A - Z_B|$。

(3) 由于 b''在 a''的前方(b 在 a 的前方)，说明 B 点在 A 点之前，两点间在前后方向的距离，就是其 Y 坐标之差 $\Delta y = |Y_B - Y_A|$。

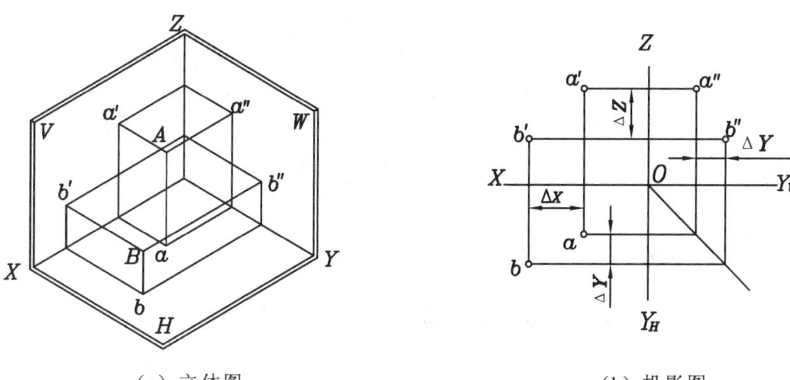

(a) 立体图　　(b) 投影图

图 2-15　两点的相对位置

由上述分析可知，空间两点的相对位置是由其坐标差确定的，也可由两点的投影确定，而与投影面设置的远近无关。

5. 重影点

当空间两点位于某投影面的同一条投射线上时，两点在该投影面上的投影就重合成一点，称为该投影面的重影点。在表 2-4 中列出了 H 面、V 面、W 面三类重影点的立体图、投影图和投影特性。根据重影点的相对位置，可判别几何元素的可见性，对不可见点的投影用加“()”来表示(参见表 2-4)。

表 2-4　重影点

名称	H 面重影点	V 面重影点	W 面重影点
立体图	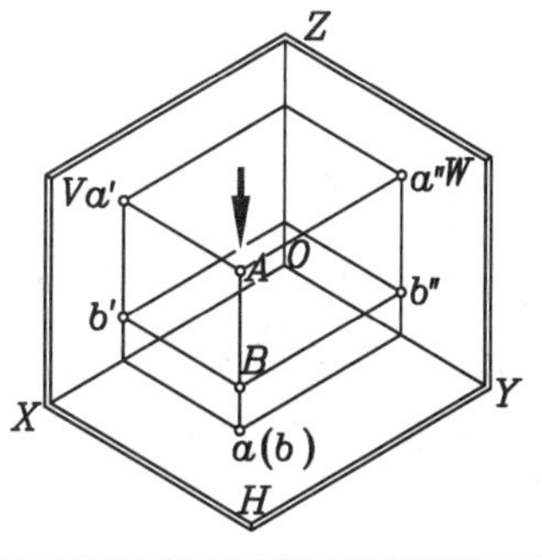	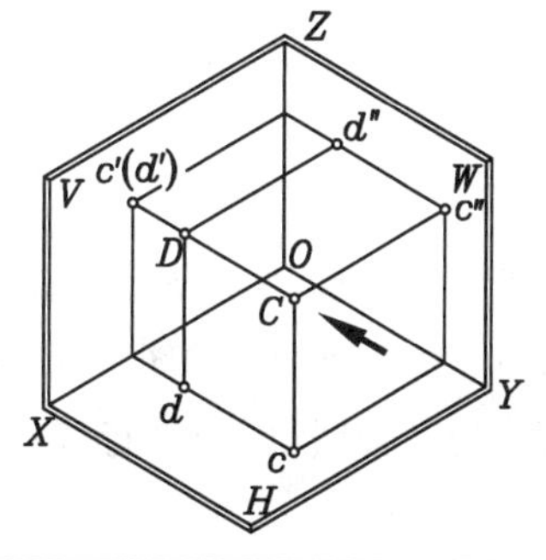	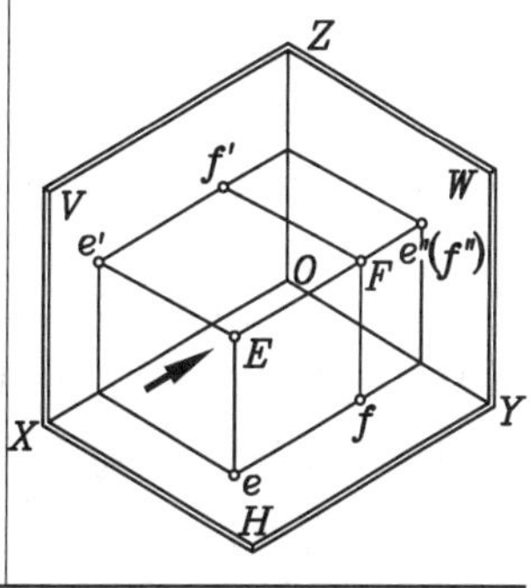

续表

名称	H 面重影点	V 面重影点	W 面重影点
投影图	Z, a′, a″, b′, b″, X, O, Y_W, a(b), Y_H	Z, c′(d′), d″, c″, X, O, Y_W, d, c, Y_H	Z, e′, f′, e″(f″), X, O, Y_W, e, f, Y_H
投影特征	① 两点位于同一条垂直于 H 面的投射线上 ② 两点的 H 面投影重影为一点 ③ 上点可见、下点不可见	① 两点位于同一条垂直于 V 面的投射线上 ② 两点的 V 面投影重影为一点 ③ 前点可见、后点不可见	① 两点位于同一条垂直于 W 面的投射线上 ② 两点的 W 面投影重影为一点 ③ 左点可见、右点不可见

2.3.2 直线的投影

由于不重合的两点能够唯一地确定一条直线，所以只要能作出直线上任意不重合的两个点(通常是直线的两个端点)的三面投影，那么连接两点的同面投影，就可得到直线的三面投影。在一般情况下，直线的投影仍为直线，如图 2-16 所示。

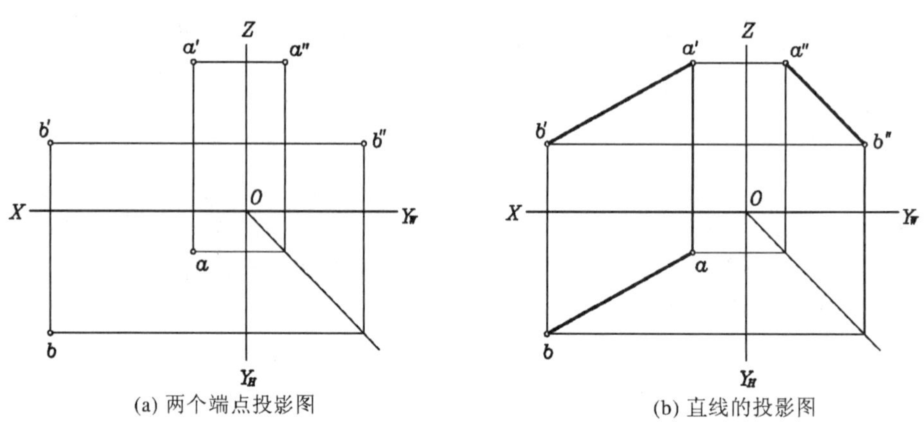

(a) 两个端点投影图　　(b) 直线的投影图

图 2-16　直线的投影

1. 各种位置直线的投影特性

在三投影面体系中，直线与三个投影面 H、V、W 之间的倾角，也就是直线与其在投影面上的投影的夹角，分别用 α、β、γ 表示，如图 2-17 所示。按照直线与三个投影面之间的相对位置关系，可将直线分为三种：投影面平行线、投影面垂直线和投影面倾斜线(也称一般位置直线)。

1）投影面平行线

平行于一个投影面相对另外两个投影面倾斜的直线，称为投影面平行线。根据所平行的投影面的不同，又分为水平线（平行于 *H* 面）、正平线（平行于 *V* 面）和侧平线（平行于 *W* 面）三种。如图 2-18 所示，物体表面上的直线 *AB*、*BC*、*AC* 均为投影面平行线，其中 *AB* 是水平线，*BC* 是正平线，*AC* 是侧平线。表 2-5 中列出了投影面平行线的三面投影及其投影特性。

从表 2-5 可以看出，投影面平行线具有以下投影特性。

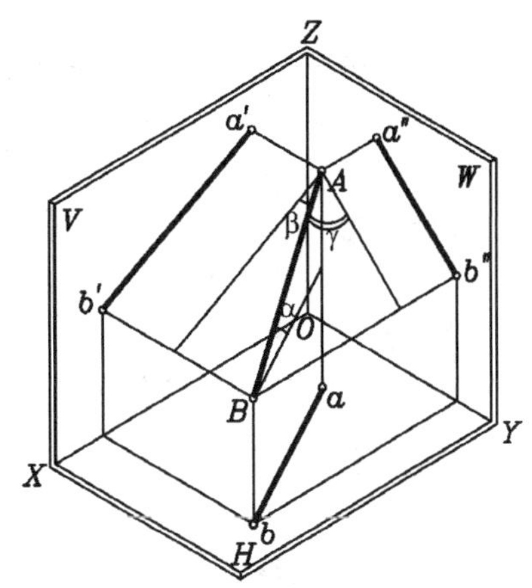

图 2-17　直线的投影及直线与投影面的夹角

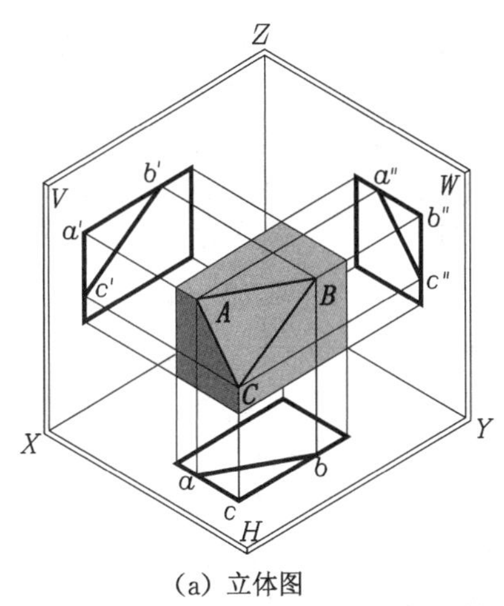

(a) 立体图

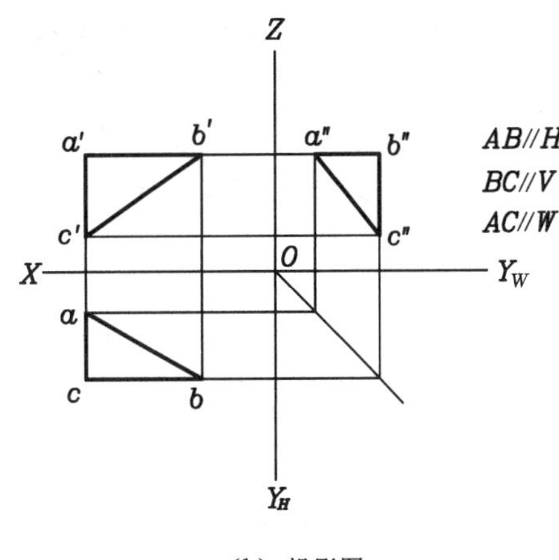

(b) 投影图

图 2-18　投影面平行线

表 2-5　投影面平行线的三面投影及其投影特性

名称	水平线	正平线	侧平线
立体图	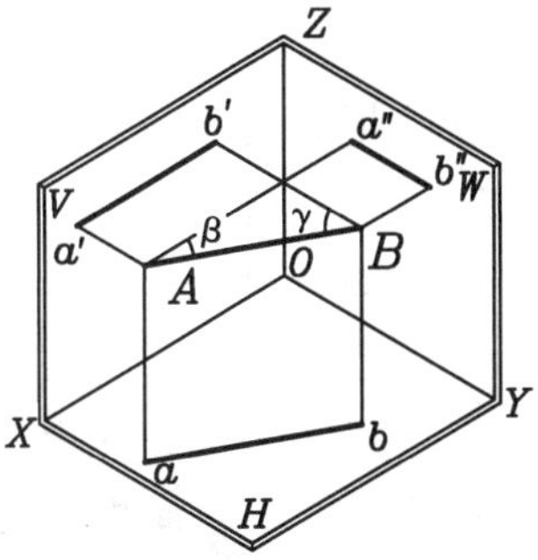	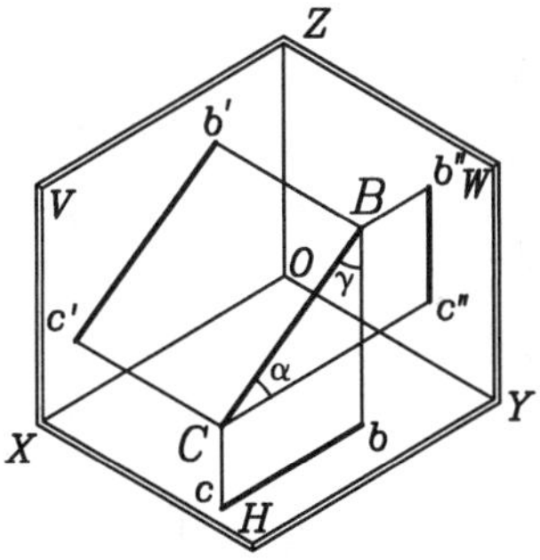	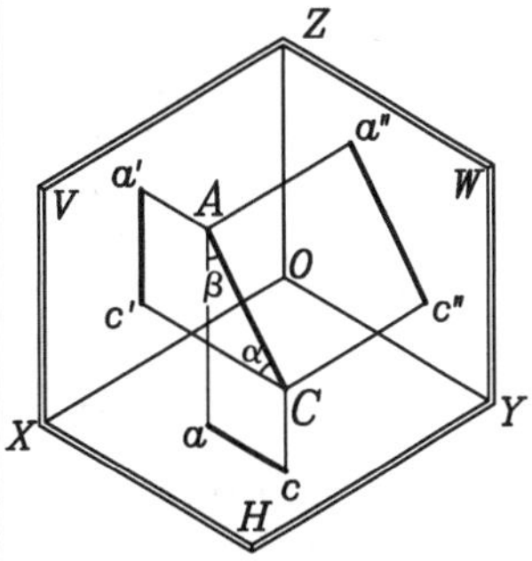

续表

名称	水平线	正平线	侧平线
投影图	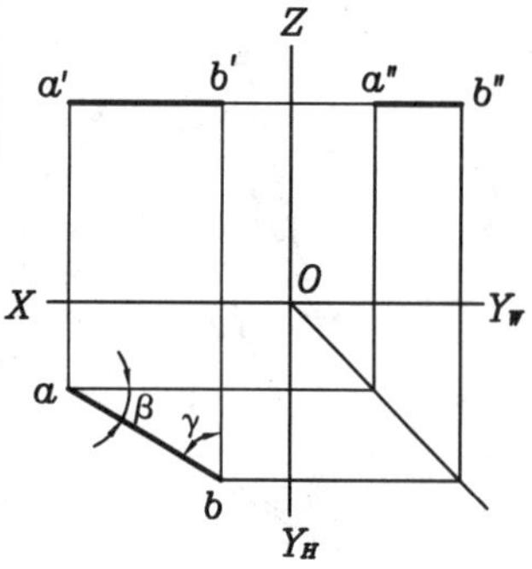	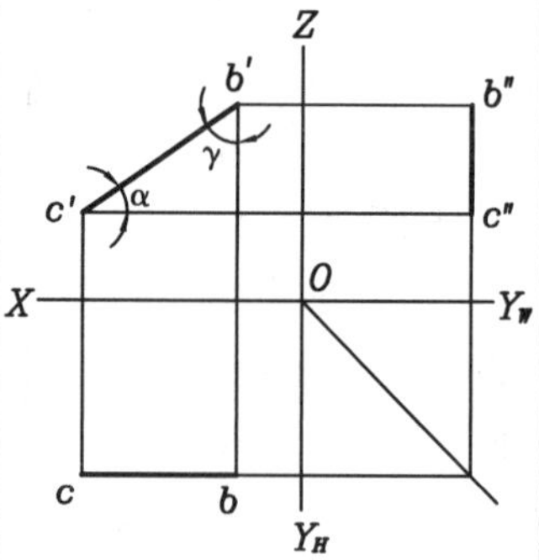	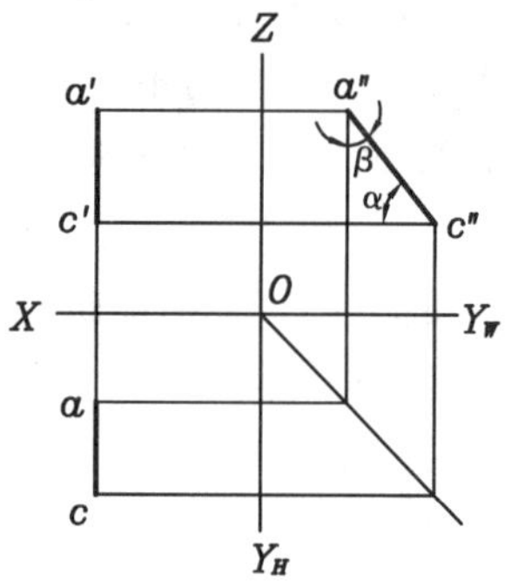
投影特性	① H 面投影 ab 反映实长 ② V、W 面投影 $a'b'$、$a''b''$ 分别平行于 OX 轴和 OY_W 轴 ③ ab 与 OX、OY_H 轴的夹角分别反映 β、γ 角	① V 面投影 $b'c'$ 反映实长 ② H、W 面投影 bc、$b''c''$ 分别平行于 OX 轴和 OZ 轴 ③ $b'c'$ 与 OX、OZ 轴的夹角分别反映 α、γ 角	① W 面投影 $a''c''$ 反映实长 ② H、V 面投影 ac、$a'c'$ 分别平行于 OY_H 轴和 OZ 轴 ③ $a''c''$、OY_W、OZ 轴的夹角分别反映 α、β 角
实例	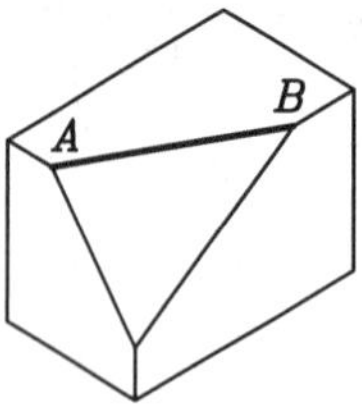	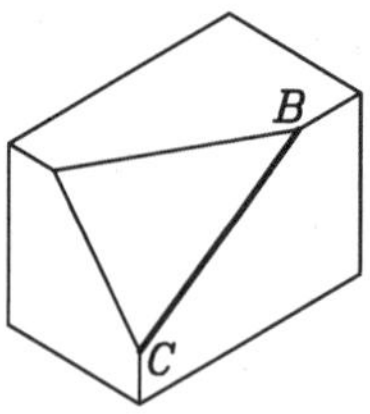	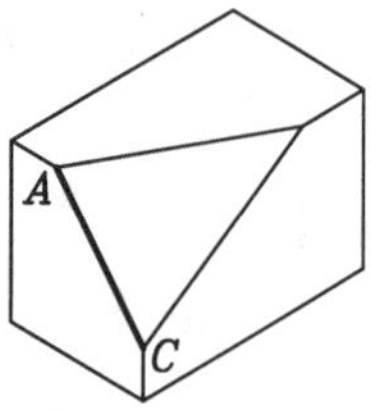

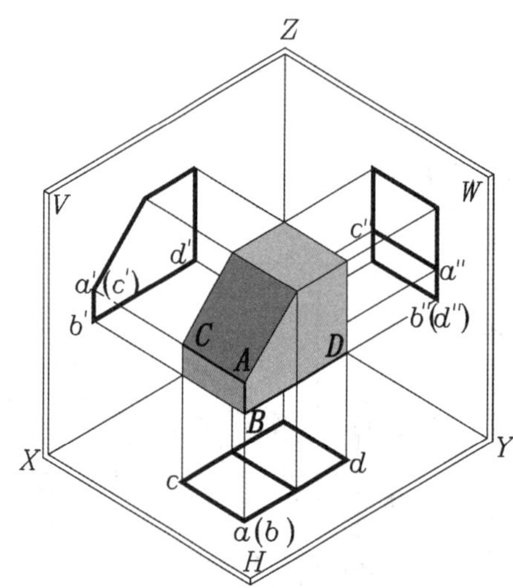

图 2-19　投影面垂直线

(1) 在所平行的投影面上，投影反映实长，投影与投影轴之间的夹角表示直线与另外两个投影面之间的实际倾角。

(2) 在另外两个投影面上，投影均平行于相应的投影轴，呈水平或铅垂状态。

2）投影面垂直线

垂直于一个投影面(必平行于另外两个投影面)的直线称为投影面垂直线。根据所垂直的投影面的不同，又分为正垂线(垂直于 V 面)、铅垂线(垂直于 H 面)和侧垂线(垂直于 W 面)。图 2-19 中立体(压块)表面上的直线 AB、AC、BD 均为投影面垂直线，其中 AB 是铅垂线，AC 是正垂线，BD 是侧垂线。表 2-6 中列出了投影面垂直线的三面投影及其投影特性。

表 2-6　投影面垂直线的三面投影及其投影特性

名称	铅垂线	正垂线	侧垂线
立体图			
投影图			
投影特征	① H 面投影 $a(b)$ 积聚为一点 ② V、W 面投影 $a'b'$、$a''b''$ 分别垂直于 OX 轴和 OY_W 轴 ③ $a'b'$、$a''b''$ 皆反映实长	① V 面投影 $a'(c)'$ 积聚为一点 ② H、W 面投影 ac、$a''c''$ 分别垂直于 OX 轴和 OZ 轴 ③ ac、$a''c''$ 皆反映实长	① W 面投影 $b''(d'')$ 积聚为一点 ② H、V 面投影 bd、$b'd'$ 分别垂直于 OY_H 轴和 OZ 轴 ③ bd、$b'd'$ 皆反映实长
实例			

从表 2-6 可以看出，投影面垂直线具有以下投影特性：

(1) 在所垂直的投影面上，投影积聚成一点；

(2) 在另外两个投影面上，投影均垂直于相应的投影轴，呈铅垂或水平状态，且反映实长。

3）一般位置直线

与 H、V、W 三个投影面既不平行也不垂直的直线称为投影面倾斜线或一般位置直线。如图 2-20(a)所示，四棱台上的四条棱线与三个投影面均处于倾斜位置，因此棱线的各个投影长度均小于棱线的实长，而且棱线的各面投影与投影轴既不平行也不垂直，如图 2-20(b)所示，由此可得出一般位置直线的投影特性：

(1) 三个投影的长度都小于实长；

(2) 三个投影都倾斜于投影轴；

(3) 投影与投影轴的夹角不反映直线与投影面的实际倾角。

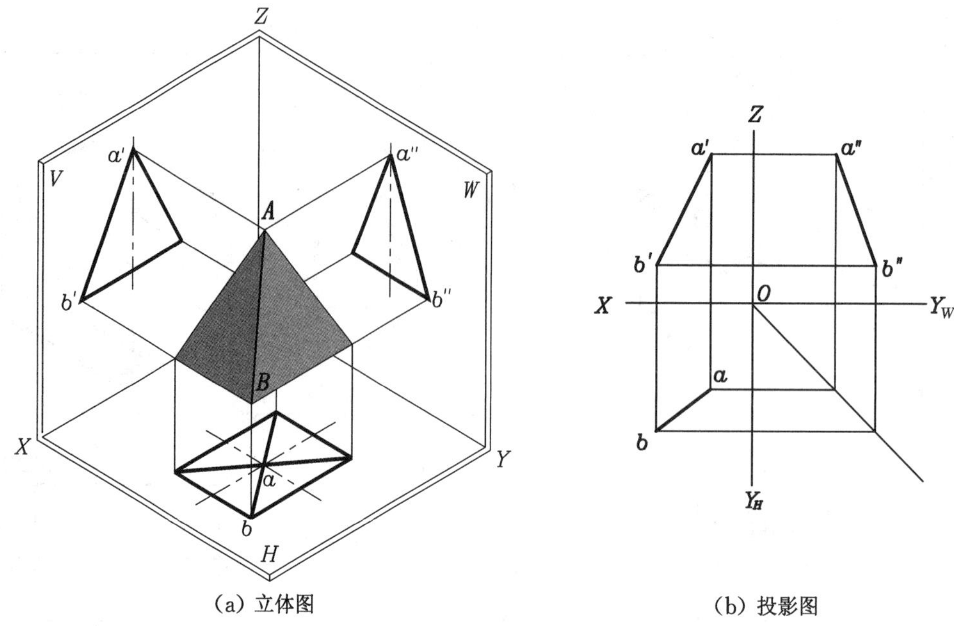

(a) 立体图　　　　(b) 投影图

图 2-20　投影面倾斜线(一般位置直线)

例 2-3　如图 2-21(a)、(c)所示,已知直线 AB 和 CD 的两面投影,试作出第三面投影,并指出直线的名称。

解　如图 2-21(b)所示,按照已知一点的两面投影求作第三面投影的方法,可求出 a'' 和 b'',连接 a''、b'',即为直线 AB 的第三面投影。由于 $ab /\!/ OX$ 轴,A、B 两点的 Y 坐标相等,则必有 $a''b'' /\!/ OZ$ 轴。根据直线 AB 的三面投影特征,可知 AB 是一条正平线。同理,如图2-21(d)所示,可作出 CD 的侧面投影 $c''(d'')$,由于 $c''(d'')$积聚成一点,根据直线 CD 的三面投影特征,可知 CD 是一条侧垂线。

由图 2-21(b)中求作直线 AB 的第三面投影 $a''b''$的过程可以看出,求作直线的投影时,仍然必须遵循三面投影图"长对正、高平齐、宽相等"的投影规律,只是这里的"长、宽、高",是指直线两端点的相应坐标差。

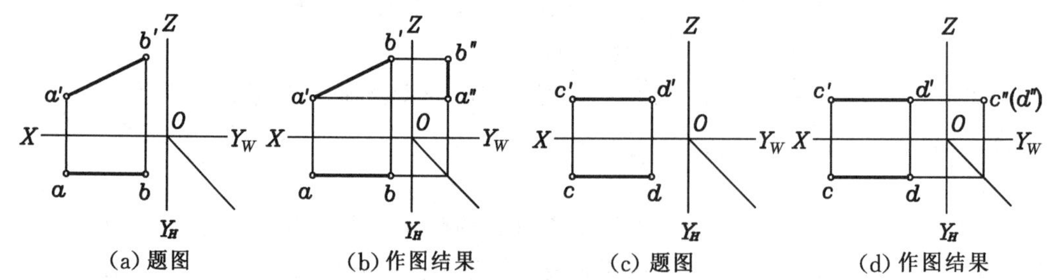

(a) 题图　　(b) 作图结果　　(c) 题图　　(d) 作图结果

图 2-21　根据直线的两面投影作第三面投影

思考题:只根据图 2-21(a)、(c)的已知条件,能否直接判断出直线 AB,CD 的空间位置特性?为什么?

2. 直线上点的投影

依据正投影法的“从属性”和“定比性”，直线上点的投影特性如下。

(1) 直线上的点的三面投影，必在该直线的同面投影上。反之，若已知一点的三面投影在某直线的同面投影上，则该点必在该直线上。如图 2-22(a)、(b)所示，点 K 在直线 AB 上，则 k 在 ab 上，k'在 $a'b'$上，k''在 $a''b''$上。因 k、k'、k''是点 K 的三面投影，故应符合点的三面投影规律。

(2) 点分割直线成定比。点分割直线之比，等于点的各面投影分割直线的同面投影之比。如图 2-22 所示，K 点将直线 AB 分成两段，则

$$\overline{AK}:\overline{KB}=\overline{ak}:\overline{kb}=\overline{a'k'}:\overline{k'b'}=\overline{a''k''}:\overline{k''b''}$$

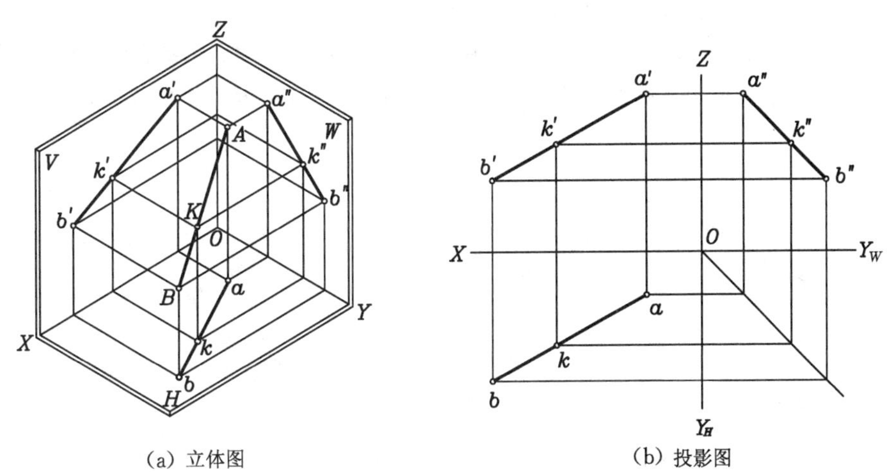

(a) 立体图　　(b) 投影图

图 2-22　直线上点的投影

例 2-4　如图 2-23(a)所示，试判断点 S 是否在直线 AB 上。

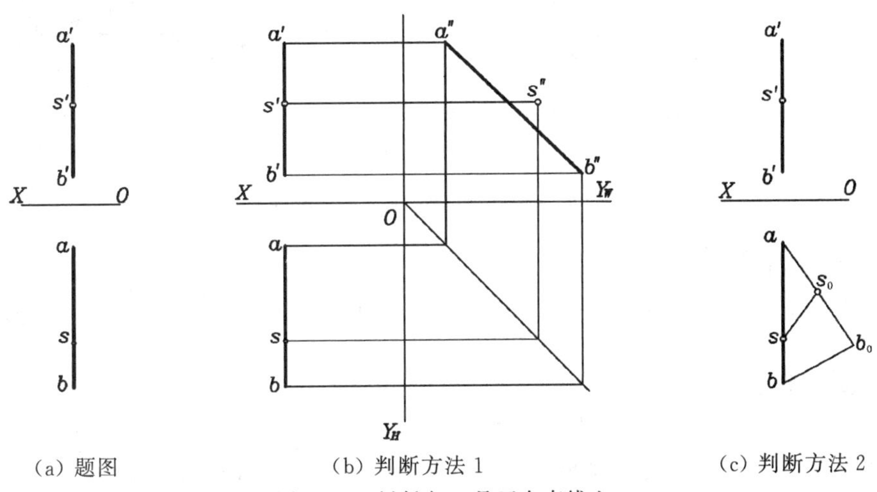

(a) 题图　　(b) 判断方法 1　　(c) 判断方法 2

图 2-23　判断点 S 是否在直线上

解　可用两种方法进行判断。

方法一：利用第三面投影进行判断。具体作法是：如图 2-23(b)所示，求出直线 AB 及 S 点的 W 面投影，从图中可见 s''不在 $a''b''$上，因此判断点 S 不在直线 AB 上。

方法二：利用定比性来判断。具体作法是：如图 2-23(c)所示，过点任作一条直线$\overline{ab_0}=\overline{a'b'}$，在 ab_0 上取$\overline{s_0b_0}=\overline{s'b'}$，连接 ss_0，由图可知 ss_0 不平行于 bb_0，因此判断点 S 不在直线 AB 上。

3. 两直线的相对位置

两直线的相对位置有平行、相交和交叉三种情况。平行两直线和相交两直线称为同面直线；而交叉两直线则称为异面直线。

1）平行两直线

相互平行的两直线，其三组同面投影一定分别相互平行；反之，若两直线的三组同面投影分别相互平行，则两直线在空间一定相互平行。如图 2-24(a)所示，直线 AB 平行于 CD，则两直线的三面投影分别平行，即 $ab \parallel cd$、$a'b' \parallel c'd'$、$a''b'' \parallel c''d''$，如图 2-24(b)所示。

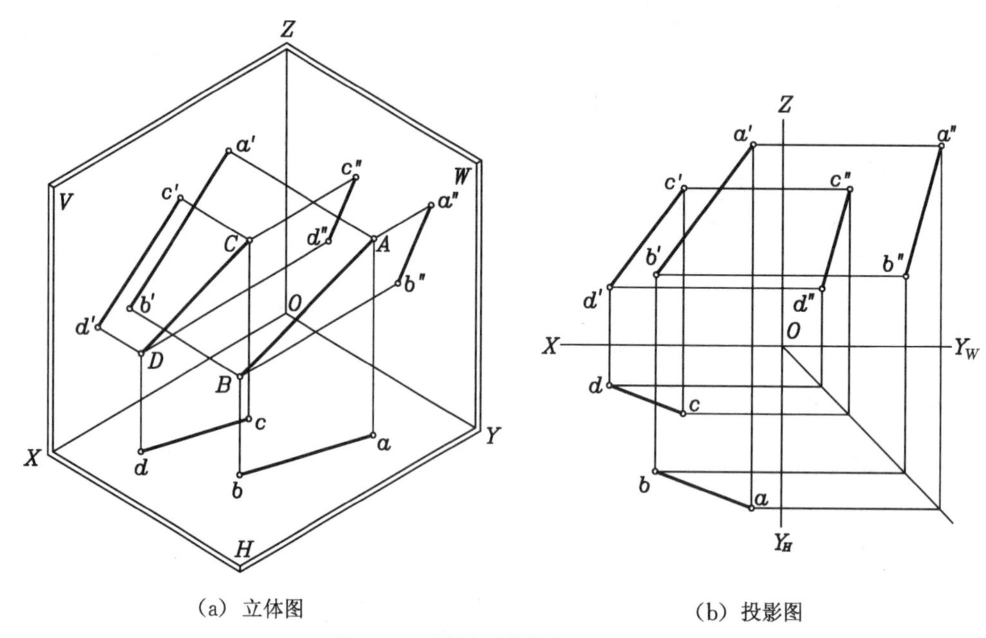

(a) 立体图　　(b) 投影图

图 2-24　平行两直线的三面投影

2）相交两直线

相交的两直线，其同面投影必定相交，而且各组同面投影的交点必定符合点的投影规律，如图 2-25 所示。

3）交叉两直线

在空间既不平行也不相交的两条直线称为交叉两直线，其各同面投影有可能都相交(或延长后相交)，但交点的连线必定不垂直于相应的投影轴(即不符合点的投影规律)；或者虽有一个或两个同面投影互相平行，但不可能三个同面投影都互相平行。如图 2-26 所示，直线 AB 和 CD 均为侧平线，它们的正面投影 $a'b' \parallel c'd'$，水平投影 $ab \parallel cd$，但侧面投影 $a''b''$与 $c''d''$相交，所以 AB 与 CD 是交叉两直线。

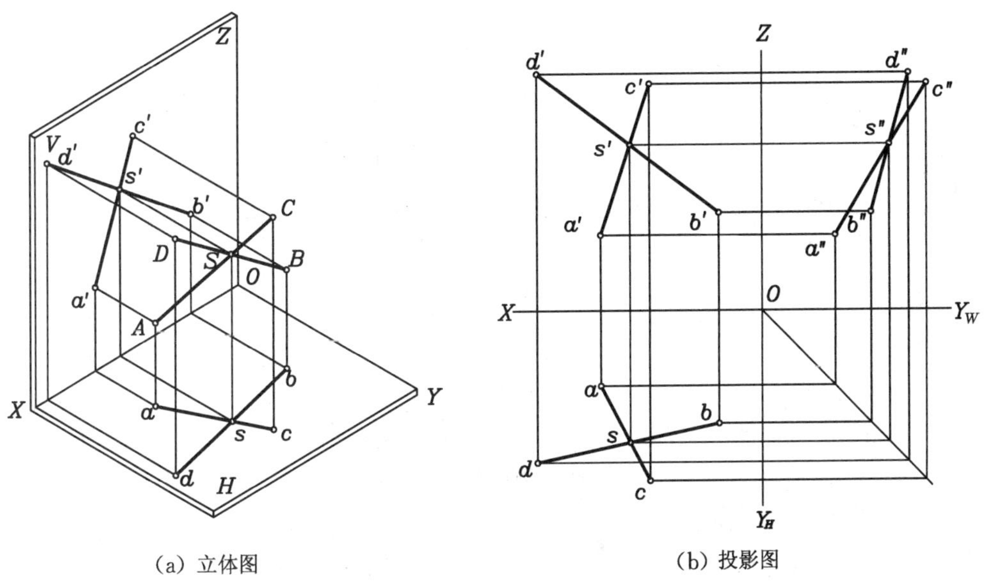

(a) 立体图　　(b) 投影图

图 2-25　相交两直线的三面投影

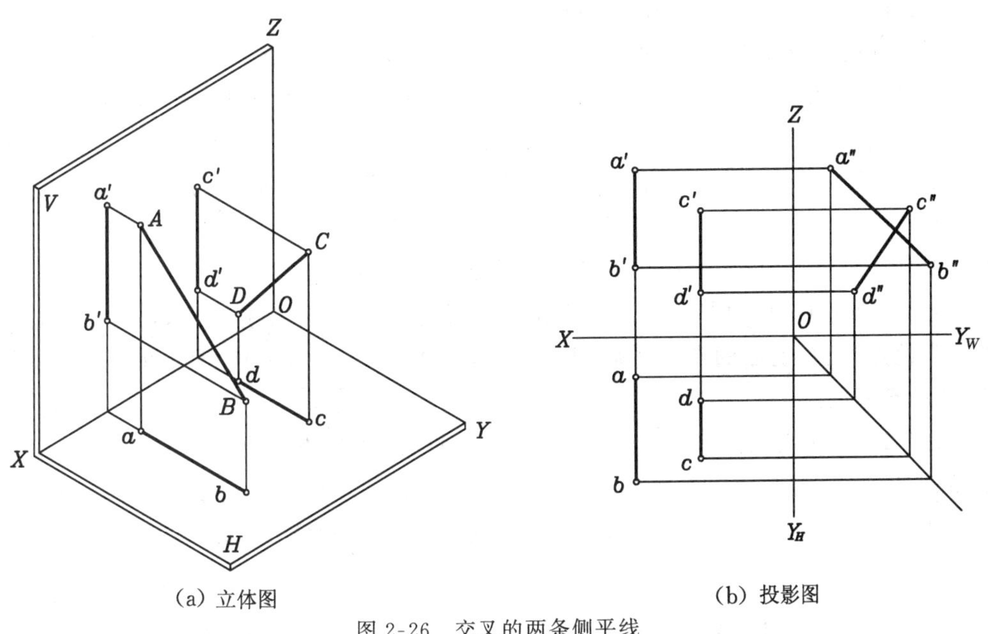

(a) 立体图　　(b) 投影图

图 2-26　交叉的两条侧平线

例 2-5　如图 2-27(a)所示，试判断直线 AB 与 CD 是否平行。

解　可用两种方法进行判断。

方法一：用第三面投影进行判断。由图 2-27(a)可知，AB 和 CD 为侧平线，故需分析 W 面投影。如图 2-27(b)所示，先作出 $a''b''$ 和 $c''d''$，由于其侧面投影不平行，所以可判断直线 AB 与 CD 不平行。

方法二：如图 2-27(c)所示，连接 AD、BC 的同面投影，如两直线平行，则两直线共面，若直线 AD，BC 相交，则其交点应符合点的投影规律。反之亦然。从图中可以看出：

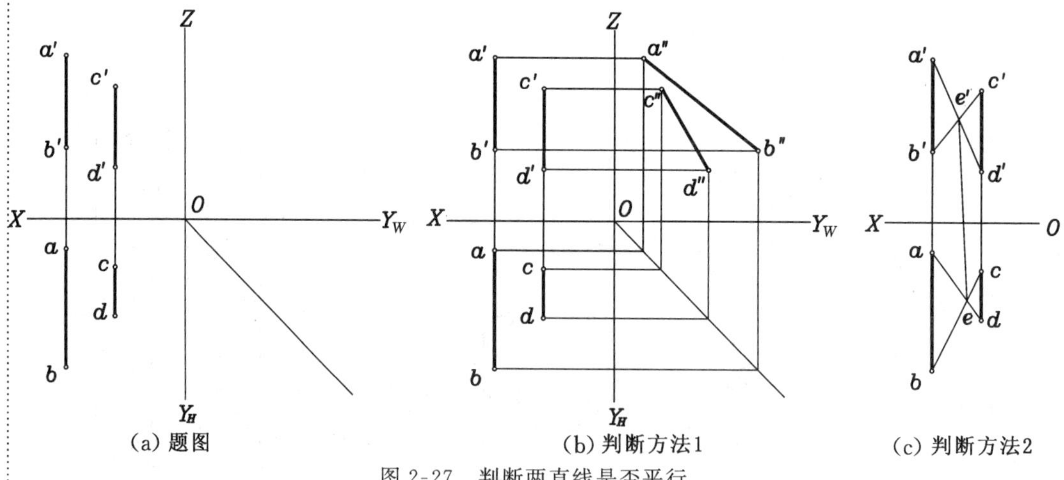

图 2-27　判断两直线是否平行

$a'd'$与$b'c'$的交点为e'，而ad与bc的交点为e，e'与e的投影连线不垂直于X轴，可见E不是交点，而是重影点，这就说明AD与BC两直线不共面，AB与CD两直线也不共面，因此可判断直线AB与CD不平行。

例 2-6　如图 2-28(a)所示，试判断直线AB和CD的相对位置。

解　可用两种方法进行判断。

方法一：用第三面投影进行判断。由图 2-28(a)可知CD为侧平线，故需分析W面投影。如图 2-28(b)所示，先作出$a''b''$和$c''d''$，它们虽也相交，但明显可见V面投影交点和W面投影交点的连线不垂直于OZ轴，因此可判断AB和CD是交叉两直线。投影的交点是直线上点的重影点。设AB上的点为II，CD上的点为I，侧面投影$1''$、$2''$重影。在判别可见性时，只需比较I，II两点的X坐标，由于$X_1>X_2$，侧面投影$1''$点遮住了$2''$点，故$2''$不可见。同理，若要判别正面投影的可见性，只需验证重影点的Y坐标，Y坐标大的点在前，前面的点遮住后面的点，如图 2-28(b)中 III，IV 两点的正面投影，$3'$可见，$4'$不可见。

方法二：利用定比性来判断。如图 2-28(c)所示，设E点为直线CD上的点，其水平投影e在ab，cd两投影的相交处，用点分割线段成定比的方法在正投影面上作图。求出e'可知，e'不在正面投影的相交处，可见E点不是直线AB、CD的交点，故AB、CD为交叉两直线。

2.3.3　平面的投影

平面是物体表面的重要组成部分，也是重要的空间几何元素之一，通常可用确定该平面的点、直线或平面图形等几何要素的投影来表示。根据“三点定面”这一平面构成的基本性质，平面可用不在同一直线上的三个点、一直线和直线外一点、相交两直线、平行两直线和任意平面图形等来表示，如图 2-29(a)～(e)所示。此外，平面还可以用迹线(平面与投影面的交线)来表示，如图 2-29(f)、(g)所示。

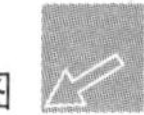

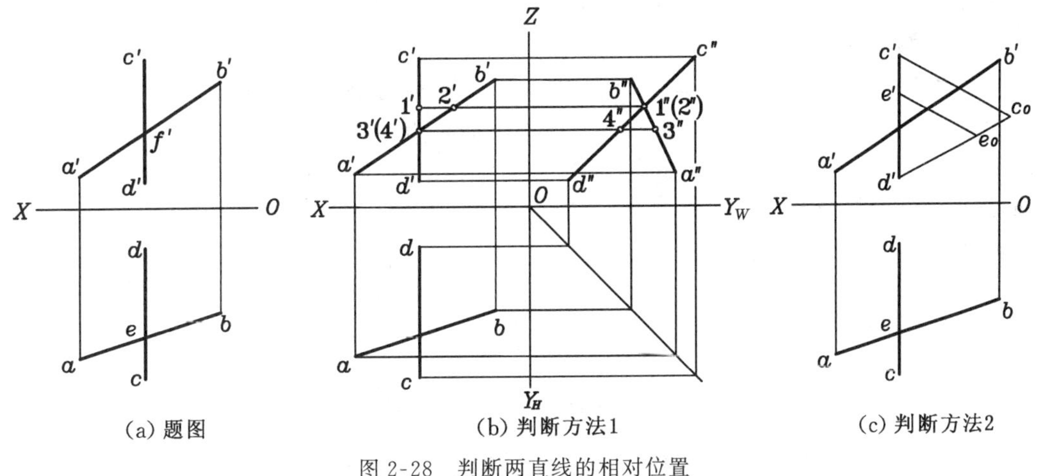

(a) 题图　(b) 判断方法1　(c) 判断方法2

图 2-28　判断两直线的相对位置

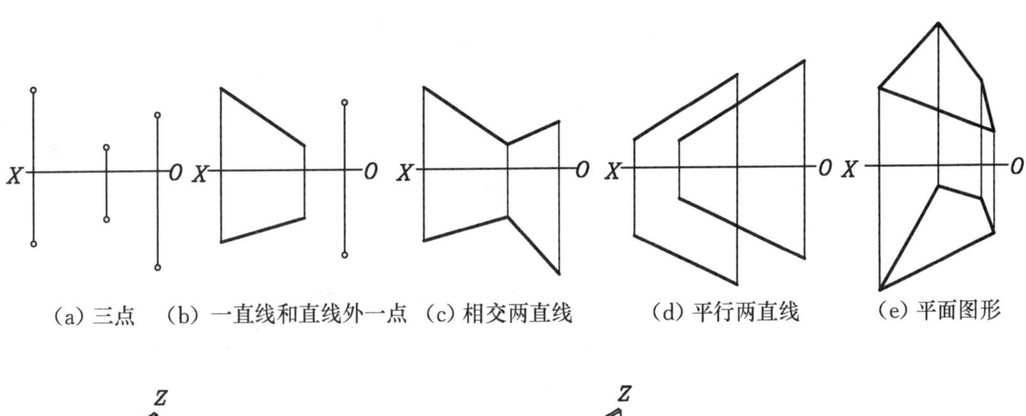

(a) 三点　(b) 一直线和直线外一点　(c) 相交两直线　(d) 平行两直线　(e) 平面图形

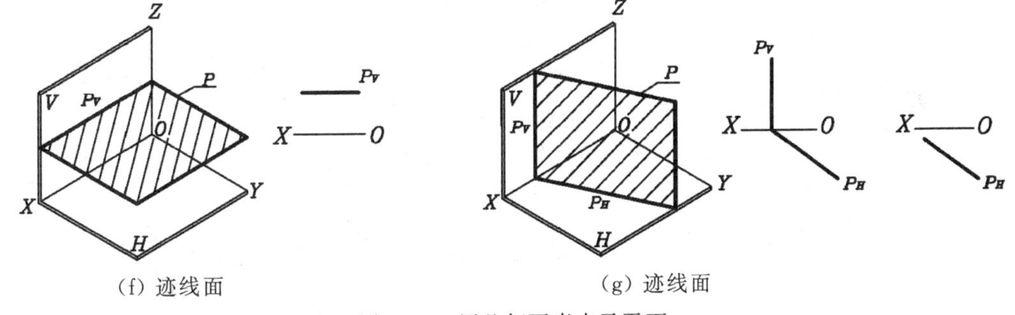

(f) 迹线面　(g) 迹线面

图 2-29　用几何要素表示平面

1. 各种位置平面的投影特性

在三投影面体系中，平面按其与投影面相对位置的不同，可分为三种：投影面垂直面、投影面平行面、投影面倾斜面。前两种平面称为特殊位置平面，后一种平面称为一般位置平面。

平面与投影面的两面角，称为该平面对投影面的倾角。在三投影面体系中，平面对 H 面、V 面、W 面的倾角分别用 α、β、γ 表示。当平面平行于投影面时，倾角为 0°；垂直于投影面时，倾角为 90°；倾斜于投影面时，倾角为 0°～90°。

1）投影面垂直面

垂直于一个投影面而与其余两个投影面皆倾斜的平面，称为投影面垂直面。如图 2-30中立体上的 A、B、C 三个平面均为投影面垂直面。垂直于 H 面而倾斜于 V，W 面的平面（如 A 面）称为铅垂面；垂直于 V 面而倾斜于 H，W 面的平面（如 B 面）称为正垂面；垂直于 W 面而倾斜于 H，V 面的平面（如 C 面）称为侧垂面。表 2-7 中分别列出了这三种投影面垂直面的三面投影及投影特性。

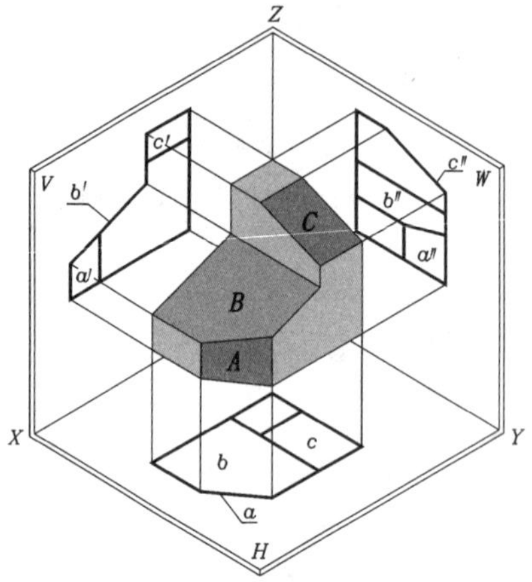

图 2-30　投影面垂直面

表 2-7　投影面垂直面的三面投影及投影特性

名称	铅垂面（垂直于 H 面）	正垂面（垂直于 V 面）	侧垂面（垂直于 W 面）
立体图	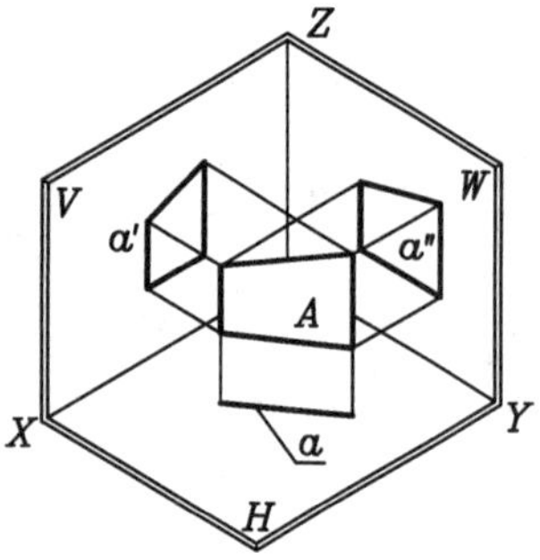	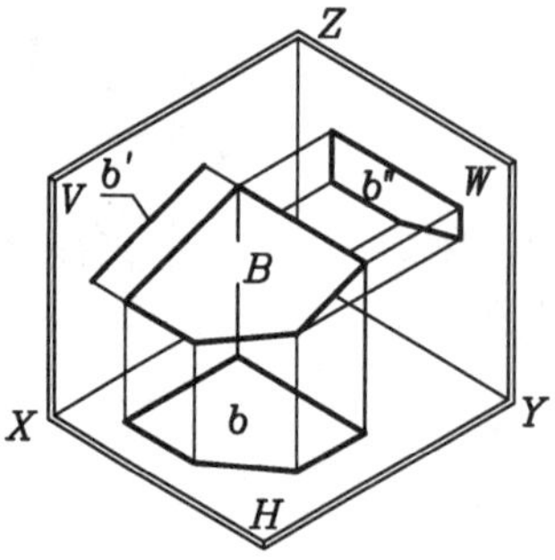	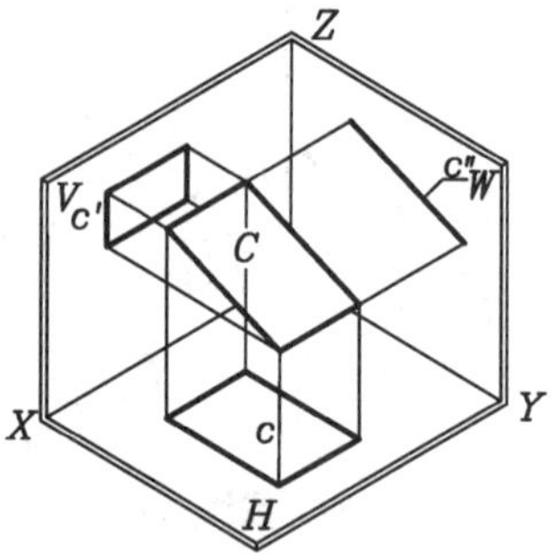
投影图	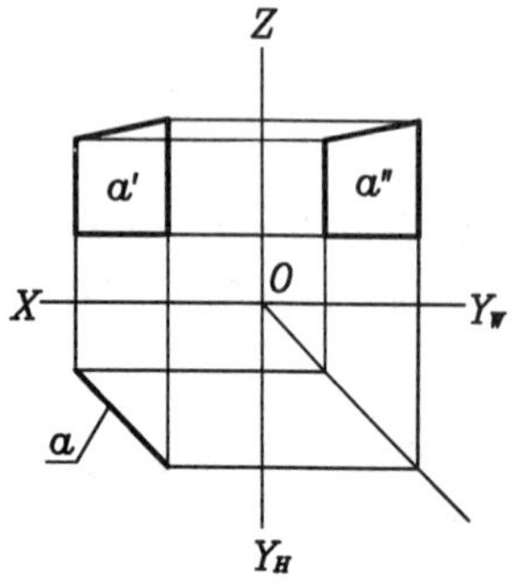	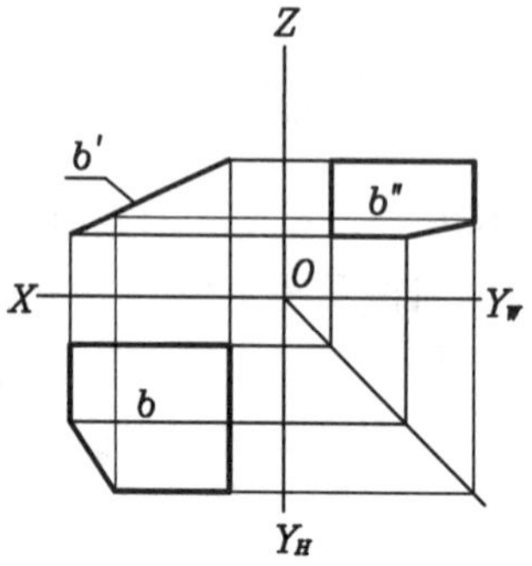	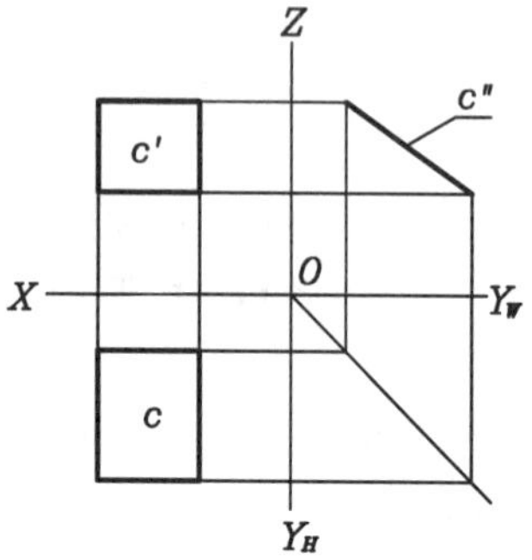

续表

名称	铅垂面(垂直于 H 面)	正垂面(垂直于 V 面)	侧垂面(垂直于 W 面)
用迹线表示	A	B	C
投影特征	① 水平投影(或水平迹线)有积聚性,并反映 β 角和 γ 角 ② 正面投影和侧面投影都是小于原形的类似形	① 正面投影(或正面迹线)有积聚性,并反映 α 角和 γ 角 ② 水平投影和侧面投影都是小于原形的类似形	① 侧面投影(或侧面迹线)有积聚性,并反映 α 角和 β 角 ② 正面投影和侧面投影都是小于原形的类似形
	① 平面在所垂直的投影面上的投影为一具有积聚性的斜线,与同面迹线重合,其与相应投影轴的夹角反映该平面与其他两个投影面的倾角 ② 平面的其他两个投影均为小于原形的类似形		

从表 2-7 可以看出,投影面垂直面具有以下投影特性:

(1) 在所垂直的投影面上,平面的投影积聚成一条与投影轴不平行(或不垂直)的直线;

(2) 在另外两个投影面上,平面的投影为其类似形。

2）投影面平行面

平行于一个投影面,必然同时垂直于另外两个投影面的平面,称为投影面平行面。如图 2-31 中立体上的 A、B、C 三个平面均为投影面平行面,其中平行于 H 面的平面(A 面)称为水平面;平行于 V 面的平面(B 面)称为正平面;平行于 W 面的平面(C 面)称为侧平面。表 2-8 中分别列出了这三种投影面平行面的三面投影及投影特性。

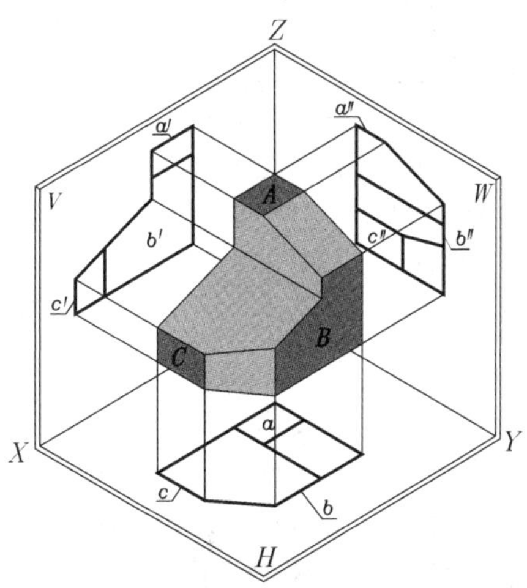

图 2-31　投影面平行面

表 2-8　投影面平行面的三面投影及投影特性

名称	水平面(平行于 H 面)	正平面(平行于 V 面)	侧平面(平行于 W 面)
立体图	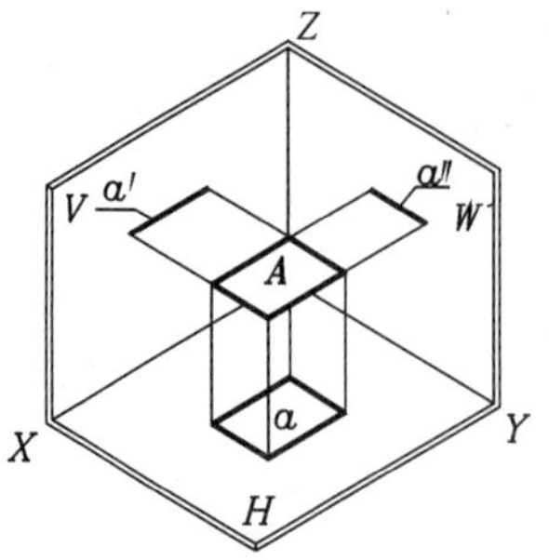	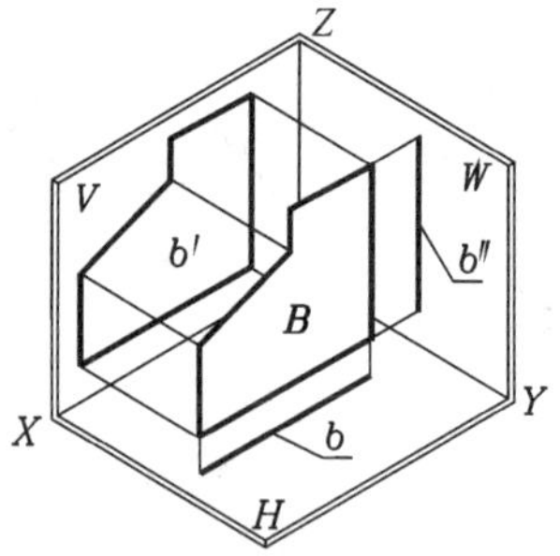	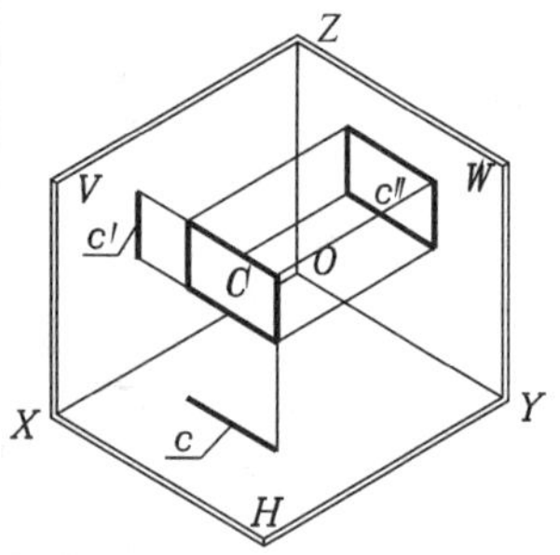
投影图	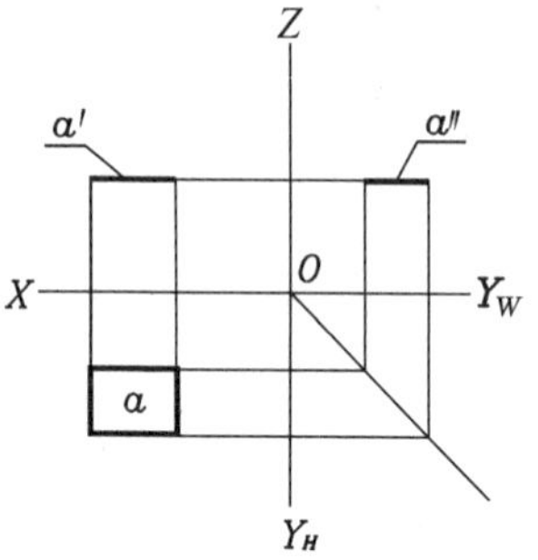	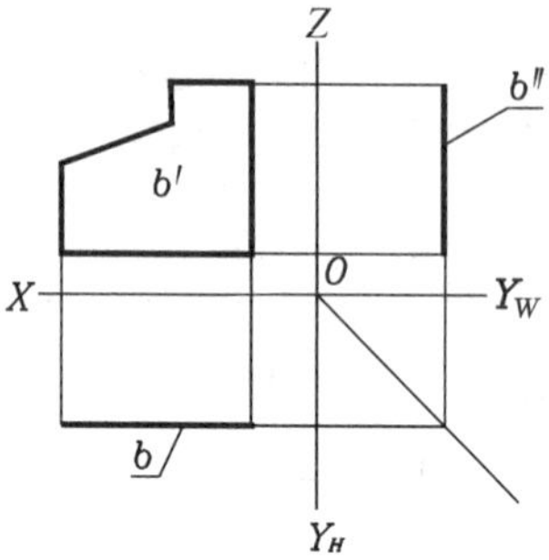	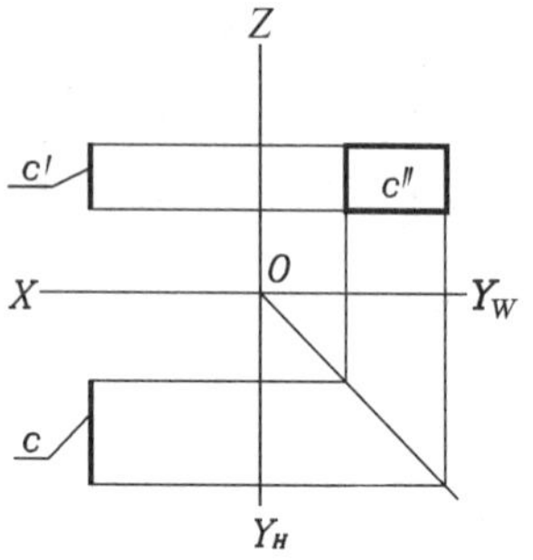
用迹线表示	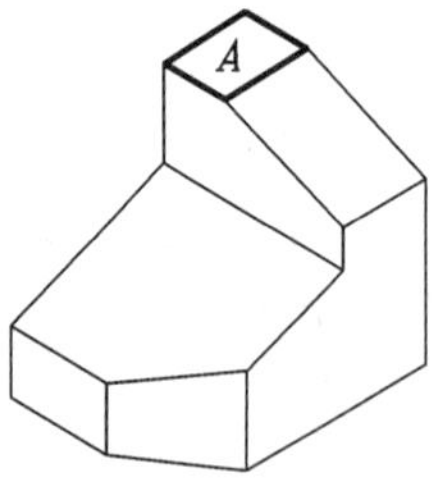	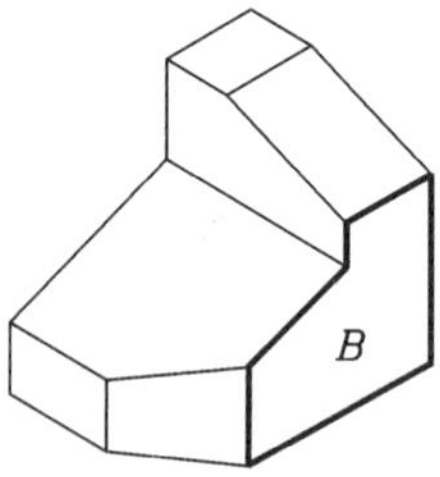	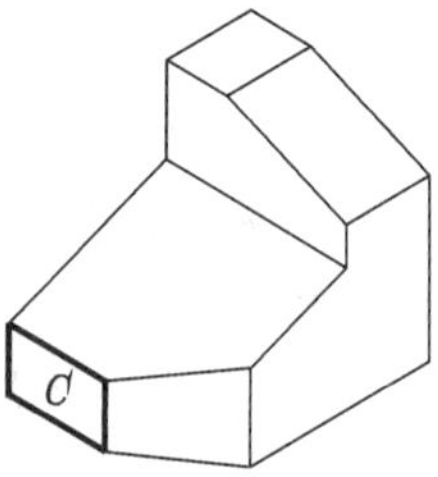
投影特征	① 水平投影反映实形(无水平迹线) ② 正面投影(或正面迹线)和侧面投影(或侧面迹线)有积聚性,并分别平行于 OX 轴、OY_W 轴	① 正面投影反映实形(无正面迹线) ② 水平投影(或水平迹线)和侧面投影(或侧面迹线)有积聚性,并分别平行于 OX 轴、OZ 轴	① 侧面投影反映实形(无侧面迹线) ② 水平投影(或水平迹线)和正面投影(或正面迹线)有积聚性,并分别平行于 OY_H 和 OZ 轴
	① 平面在所平行的投影面上的投影反映实形,在该投影面上无迹线 ② 在其他两个投影面上的投影(或同面迹线)有积聚性,且分别平行于相应的投影轴		

从表 2-8 可以看出,投影面平行面具有以下投影特性:

(1) 在所平行的投影面上,平面的投影反映实形;

(2) 在所垂直的其余两个投影面上,平面的投影分别积聚为直线,且与相应的投影轴平行。

3）投影面倾斜面

对三个投影面都倾斜的平面称为投影面倾斜面，也称为一般位置平面。因一般位置平面对三个投影面都处于倾斜位置，故其各个投影既不反映实形，也不积聚成一条直线，而是该平面的类似形。如图 2-32 所示立体上的△*ABC* 就是一般位置平面，其各个投影均为小于实形的三角形。

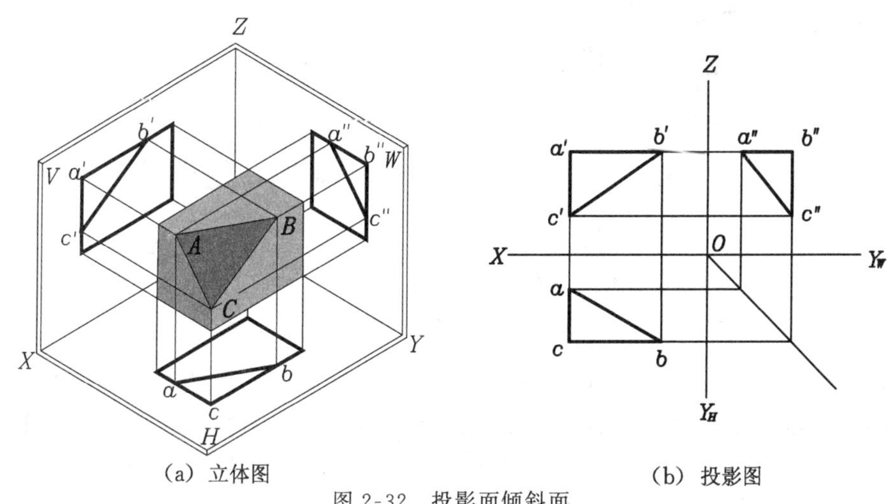

(a) 立体图　　(b) 投影图

图 2-32　投影面倾斜面

2. 平面上的直线和点

由初等几何可知，点和直线在平面内的几何条件是：

(1) 若点位于平面内的任一直线上，则此点在该平面内；

(2) 若一直线通过平面内的两点，或通过平面内的一点并平行于该平面内的另一直线，则此直线在该平面内。

上述几何原理是解决平面内直线和平面内点的投影问题的依据。

1）平面上的直线

如图 2-33(a)所示，已知平面△*ABC*，为在此平面上求作任意一直线，可在直线 *AB* 上任取一点 $E(e,e')$，在直线 *AC* 上任取一点 $F(f,f')$，连接两点的同面投影 ef 和 $e'f'$，即为平面上直线 *EF* 的两面投影。图 2-33(b)是在平面△*ABC* 上取直线的另一方法。先在直线 *AB* 上任取一点 $G(g,g')$，过点 *G* 作直线 *GH* 平行于已知直线 *BC*，即 $gh /\!/ bc$、$g'h' /\!/ b'c'$，则直线 *GH* 必在平面△*ABC* 上。

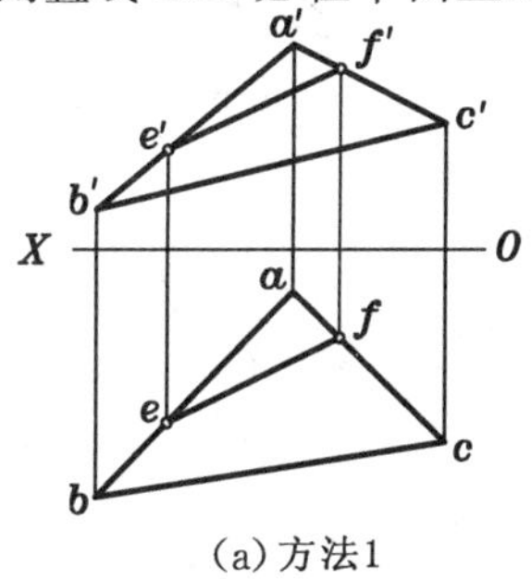

(a) 方法1

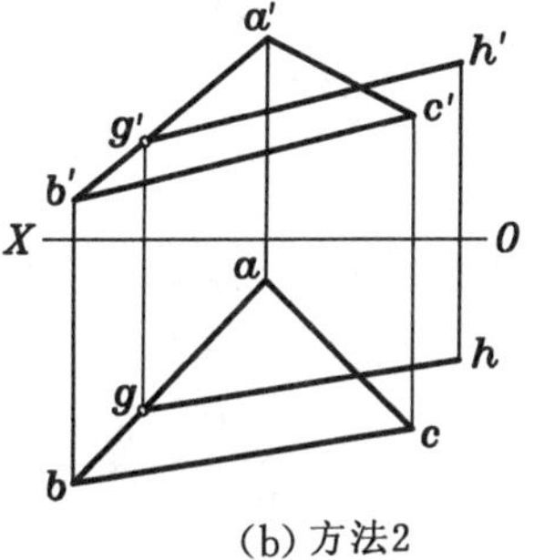

(b) 方法2

图 2-33　在平面上作任意一直线

例 2-7 如图 2-34 所示，试由△ABC 的顶点 A，作出该三角形的中线 AD。

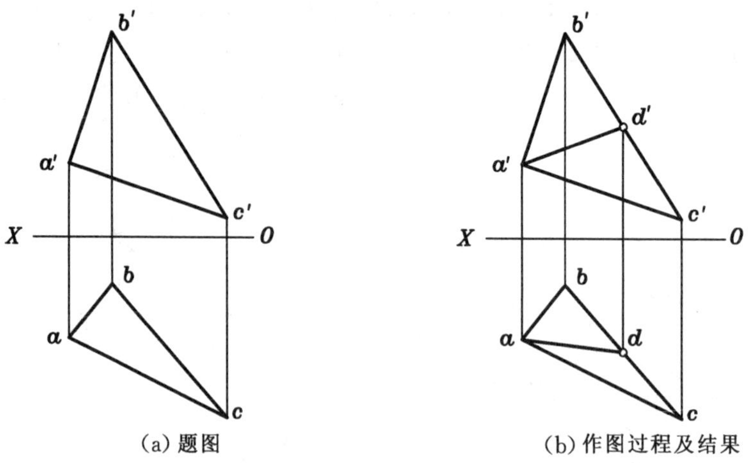

(a) 题图　　(b) 作图过程及结果

图 2-34　在平面上作直线

解　如图 2-34(a)所示，△ABC 是一般位置平面，为作其中线 AD，需在 BC 边上找出中点 D，然后按在平面上作直线的条件连接 A、D，即为所求的中线。作图过程如图 2-34(b)所示，先利用“定比性”在 bc 上作出中点 d，并由 d 作投影连线求出 d'；再将同面投影 a'、d' 及 a、d 用直线连接起来，即得中线 AD 的投影 $a'd'$、ad。

2）平面上的点

在一般情况下，若点在平面上，则点必在平面的某一直线上；反之亦然。因此，在平面上取点，必须先在平面上取直线，然后再在此直线上取点。

例 2-8 如图 2-35 所示，已知△ABC 上点 M 的水平投影 m，试求其正面投影 m'。

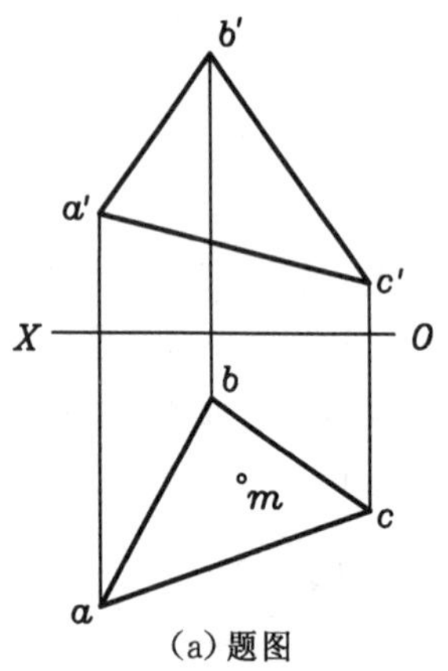

(a) 题图

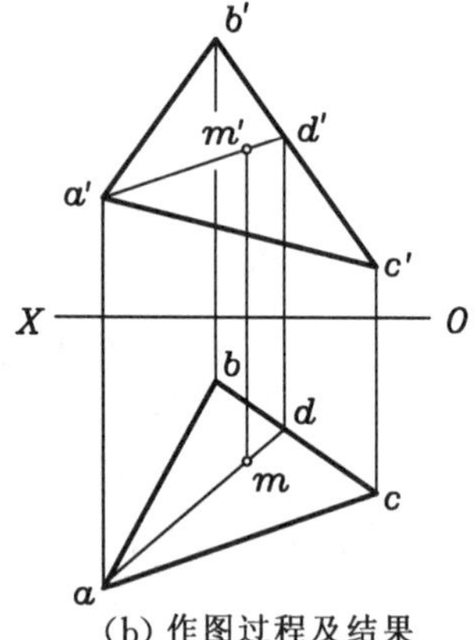

(b) 作图过程及结果

图 2-35　求平面上点的投影

解　求正面投影 m'的作图过程为：先在 H 面投影中，连接 am 并延长交 bc 于 d；再过 d 作投影连线求得 d'，连接 $a'd'$，则 m'一定在 $a'd'$上，过 m 作投影连线，与 $a'd'$的交点即为 m'。

3. 圆和多边形的投影

1）圆平面的投影

圆平面是由点集合而成的圆周所形成的平面，求其投影就是求作圆周的投影，在实际应用中，可以是完整的圆周，也可以是局部的圆弧。圆平面按其相对于投影面的位置可分为三种情况。

（1）圆平面为投影面平行面时，在其所平行的投影面上的投影为圆，另外两个投影分别积聚为平行于相应投影轴的直线，其长度就等于圆的直径。

（2）圆平面为投影面垂直面时，在其所垂直的投影面上的投影积聚成一直线，其长度也等于圆的直径，另外两个投影均为椭圆，其长轴等于圆的直径。

（3）圆平面为一般位置平面时，其三个投影均为椭圆。

例 2-9　如图 2-36(a)所示，已知圆平面 P 为铅垂面，对 V 面的倾角为β，直径为 D，圆心 O_1 的两个投影为 o_1、o_1'，试求作该圆平面的两面投影。

解　如图 2-36(a)所示，该圆平面为铅垂面，其水平投影积聚为一直线段，此线段的长度等于圆的直径 D；其正面投影为椭圆。具体的作图过程如图 2-36(b)所示：

（1）过点 O_1 的水平投影 o_1 作直线段与 OX 轴成β 角，且长度为直径 D，o_1 位于直线段的中点处。该线段即为圆的水平投影。

（2）过点 O_1 的直线 CD 为铅垂线，其水平投影积聚为一点 $c(d)$，正面投影 $c'd'$为椭圆的长轴，长度为直径 D，且 o_1'为 $c'd'$的中点。过点 O_1 的直线 AB 为水平线，其正面投影 $a'b'$为椭圆的短轴。

（3）求出椭圆的长、短轴后，再按第 1 章中的椭圆作图法作出椭圆。

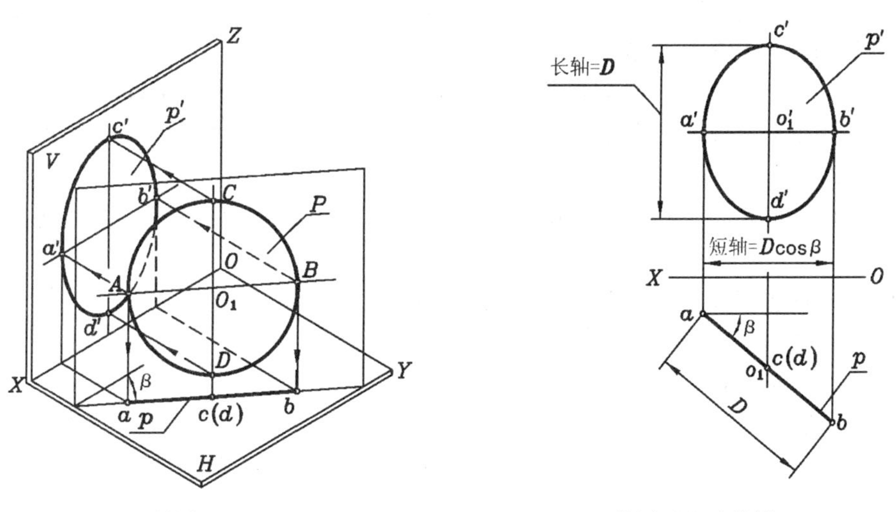

(a) 题图　　(b) 作图过程及结果

图 2-36　圆平面的投影

2）多边形的投影

平面多边形是由一些点和线构成的，因此，作多边形的投影图，就是应用点、直线和平面的投影特性以及在平面上作点和直线的方法作图。

例 2-10 如图 2-37(a)所示,在平行四边形平面 $ABCD$ 上有一燕尾形缺口 I II III IV,已知其正面投影,试求作其水平投影。

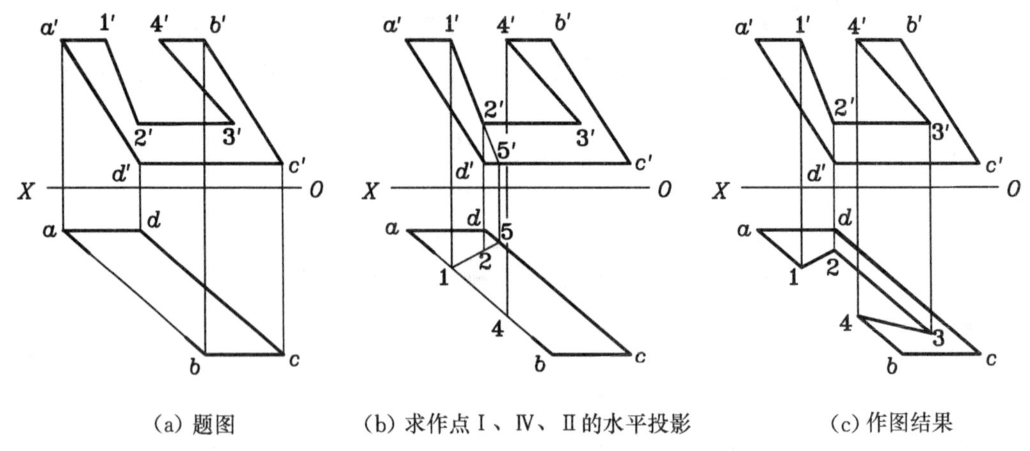

(a) 题图　　(b) 求作点 I、IV、II 的水平投影　　(c) 作图结果

图 2-37　求平面上燕尾形缺口的水平投影

解 可根据平面上取点和线的方法,求出平面上燕尾形缺口的水平投影。具体的作图过程如下:

(1) 因 I,IV 两点在直线 AB 上,故其水平投影 1,4 可在 ab 上直接求出,如图 2-37(b)所示;

(2) 延长 $1'2'$ 与 $c'd'$ 相交于 $5'$,求出 I,V 两点的水平投影 1,5,再按照投影规律,由 $2'$ 求出点 II 的水平投影 2,如图 2-37(b)所示;

(3) 由于 $2'3' /\!/ c'd'$,即 II III$/\!/CD$,所以过 2 作 cd 的平行线 23,与从 $3'$ 作的投影连线相交,可求得点 III 的水平投影 3,如图 2-37(c)所示;

(4) 连接 1-2-3-4,即为燕尾形缺口的水平投影,如图 2-37(c)所示;

(5) 补齐平面轮廓线的投影,连接 $a1$、$b4$ 线段,并擦除 1、4 之间多余的线段,即完成作图,如图 2-37(c)所示。

例 2-11 如图 2-38(a)所示,结合立体图看懂三面投影图,并完成以下三项内容:

(1) 在三面投影图上标出点 $A \sim H$ 的投影;

(2) 分析直线 AH、AB、BC 的位置;

(3) 分析平面 $ABGH$、$ABCDEF$ 的位置。

解 看懂三面投影图后,分析如下。

(1) 根据立体图上各点的位置,将各点的投影标注在三面投影图上,如图 2-38(b)所示。

(2) 分析直线的位置。

直线 AH:由于 $a'(h')$ 积聚为一点,$ah \perp OX$ 轴,$a''h'' \perp OZ$ 轴,所以 AH 为正垂线;

直线 AB:由于 ab、$a'b'$、$a''b''$ 皆倾斜于投影轴,所以 AB 为一般位置直线;

直线 BC:由于 $b'c' /\!/ OX$ 轴、$b''c'' /\!/ OY_W$ 轴,$\overline{bc}=\overline{BC}$,所以 BC 为水平线。

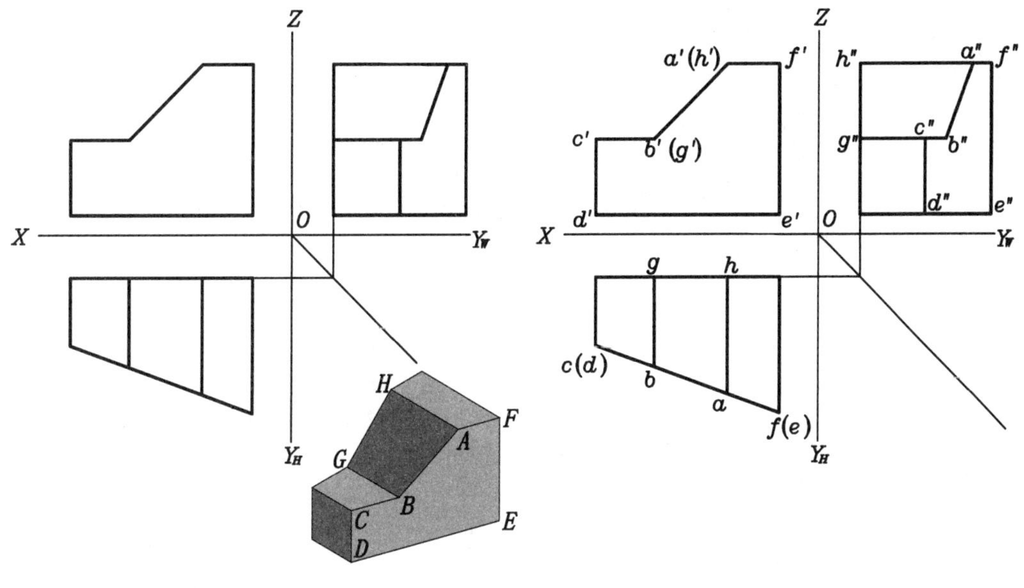

(a) 题图　　(b) 标出点A~H的三面投影

图 2-38　分析物体上的直线和平面

(3) 分析平面的位置。

由于平面 $ABGH$ 的 V 面投影积聚为一直线段 $a'b'(g')(h')$，H 面投影 $abgh$ 和 W 面投影 $a''b''g''h''$ 分别为 $ABGH$ 的类似形，所以平面 $ABGH$ 为正垂面。

由于平面 $ABCDEF$ 的 H 面投影积聚为一直线段 $abc(d)(e)f$，V 面投影 $a'b'c'd'e'f'$ 和 W 面投影 $a''b''c''d''e''f''$ 分别为 $ABCDEF$ 的类似形，所以平面 $ABCDEF$ 为铅垂面。

4. 用平面的迹线表示平面

除特殊位置的平面可用迹线表示外，一般位置的平面也可用平面的迹线表示，通常将用迹线表示的平面简称为迹线平面。如图 2-39(a)所示，平面 P 与 H 面的交线称为水平迹线，用 P_H 表示；与 V 面的交线称为正面迹线，用 P_V 表示；与 W 面的交线称为侧面迹线，用 P_W 表示。

由于迹线既是平面内的直线，又是投影面内的直线，所以迹线的一个投影与其本身重合，另外两个投影与相应的投影轴重合。在用迹线表示平面时，为简明起见，只画出并标注与迹线本身重合的投影，而省略与投影轴重合的迹线投影，如图 2-39(b)所示。

例 2-12　如图 2-40(a)所示，过直线 AB 作正垂面 Q，铅垂面 P，并用迹线表示。

解　因正垂面的正面迹线具有积聚性，且求作的正垂面 Q 包含直线 AB，故其正面迹线 Q_V 必通过直线 AB 的正面投影 $a'b'$，作图结果如图 2-40(b)所示。

同理，可作出铅垂面的迹线 P_H，如图 2-40(c)所示。

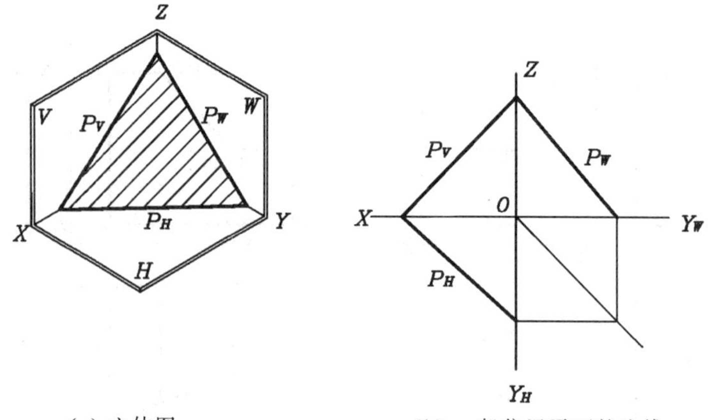

(a) 立体图　　(b) 一般位置平面的迹线

图 2-39　用平面的迹线表示平面

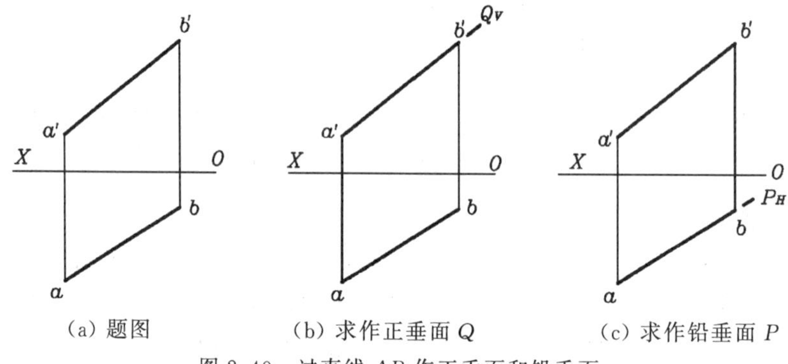

(a) 题图　　(b) 求作正垂面 Q　　(c) 求作铅垂面 P

图 2-40　过直线 AB 作正垂面和铅垂面

2.3.4　直线与平面及两平面的相对位置

直线与平面及两平面的相对位置,可分为平行和相交(包括垂直)两种。

1. 直线与平面平行、两平面互相平行

由立体几何可知:

(1) 直线与平面平行的条件是若一直线平行于平面内的一直线,则直线与平面平行,如图 2-41 所示;

(2) 平面与平面平行的条件是若一平面内有两条相交的直线平行于另一平面,则两平面互相平行,如图 2-42 所示。

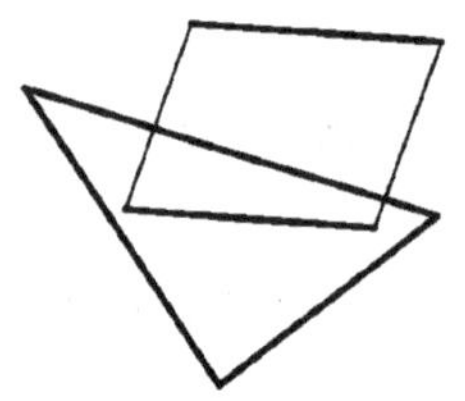

图 2-41　直线与平面平行

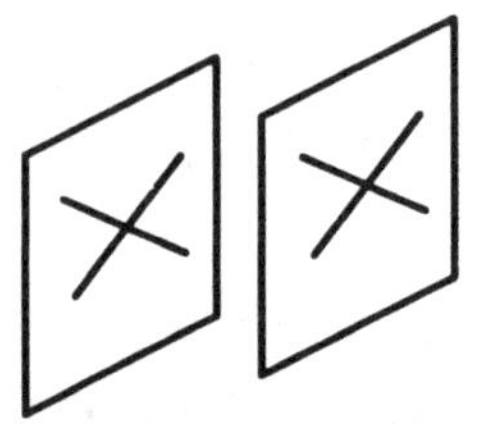

图 2-42　两平面互相平行

上述几何原理是解决直线与平面平行、两平面互相平行投影问题的依据。

1）特殊位置

当平面处于特殊位置，即平面的投影具有积聚性时，可利用投影的积聚性，解决直线与平面平行、两平面互相平行的投影问题。

(1) 直线与平面平行：当直线与投影面垂直面平行时，则直线与平面在该投影面上的投影一定平行。如图 2-43 所示，直线 AB 与铅垂面 P 平行，则 AB 与 P 的水平投影一定平行。

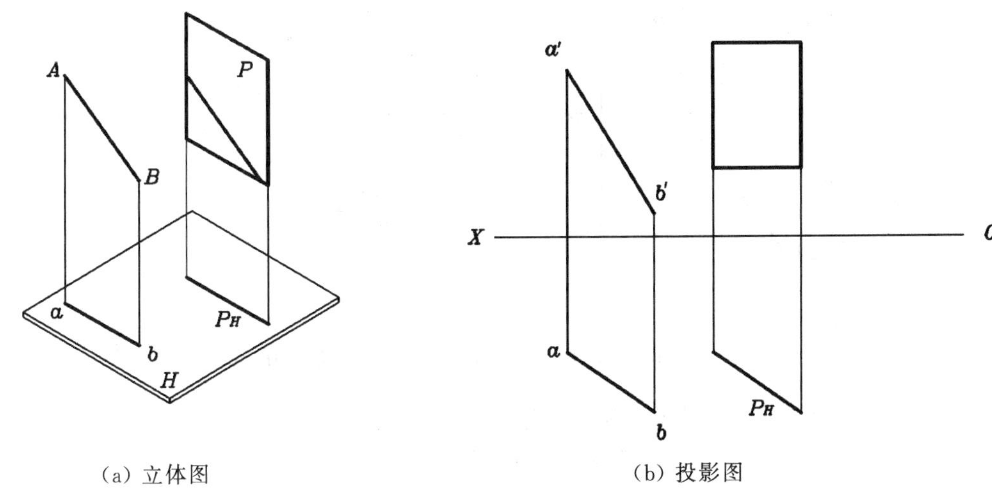

(a) 立体图　　(b) 投影图

图 2-43　直线与铅垂面平行

(2) 两平面互相平行：当两个互相平行的平面垂直于同一个投影面时，则两平面在该投影面上的投影也一定互相平行。如图 2-44 所示，当两个互相平行的平面 P，Q 均为铅垂面时，则平面 P，Q 在 H 投影面上的投影也一定互相平行。

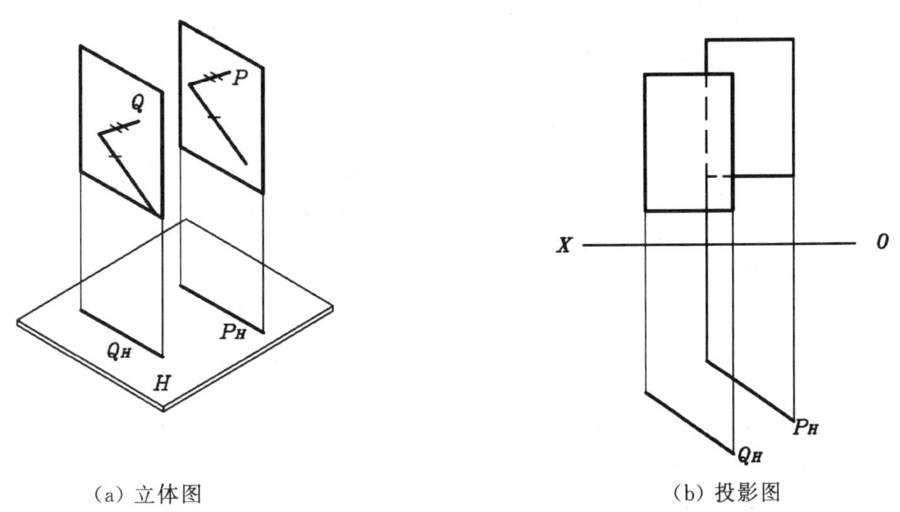

(a) 立体图　　(b) 投影图

图 2-44　两个铅垂面互相平行

2）一般位置

在直线和平面都不处于特殊位置的一般情况下，在投影图上就不能直接看出直线与平面或两平面是否平行，必须根据下列条件进行判断和作图：若一直线平行于平面内的一直线，则直线与平面平行；若一平面内有两条相交的直线平行于另一平面，则此两平面互相平行。

例 2-13 如图 2-45(a)所示，试过点 A 作一正平线 AB 平行于平面 CDE。

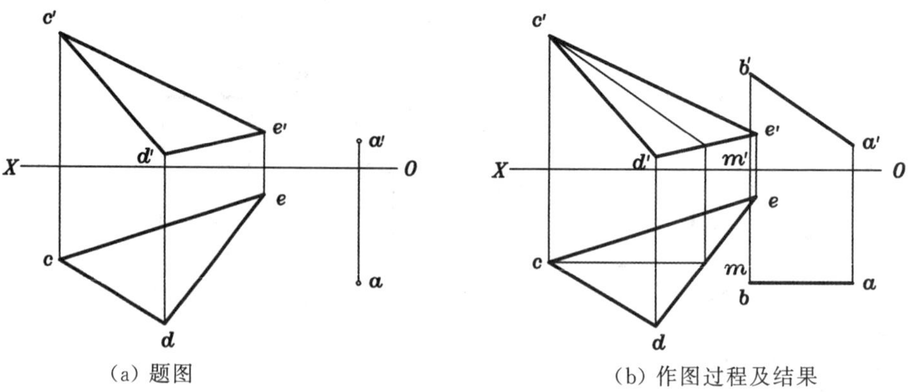

图 2-45 过点 A 作一正平线 AB 平行于平面 CDE

解 虽然平面上的正平线有无数条，但由于互相平行，其方向是确定的，所以过点 A 只能作一条正平线平行于已知平面，具体的作图过程如下。

如图 2-45(b)所示，在平面 CDE 内作一条正平线 CM，其两面投影为 cm、$c'm'$，若作 $AB /\!/ CM$，即作 $a'b' /\!/ c'm'$、$ab /\!/ cm$，则 AB 平行于三角形平面 CDE。

例 2-14 如图 2-46(a)所示，试过 D 点作一平面平行于△ABC。

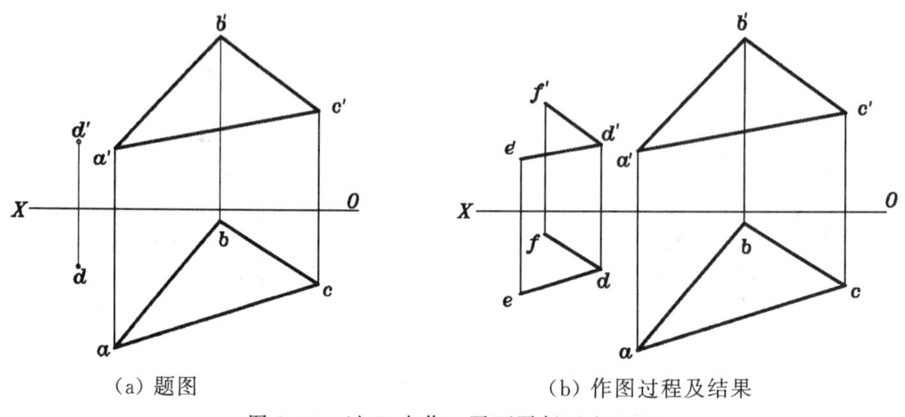

图 2-46 过 D 点作一平面平行于△ABC

解 由于两平面互相平行的条件是一平面内两条相交的直线必平行于另一平面，所以过 D 点作两条直线分别平行于△ABC 内任意的相交两直线即可。由相交两直线 DE、DF 所确定的平面，即为所求的平面。具体的作图过程如图 2-46(b)所示。

2. 直线与平面相交、两平面相交

直线与平面相交、两平面相交的问题，就是求直线与平面的交点和两平面的交线的问题。直线与平面的交点，是直线与平面的共有点；两平面的交线(直线)，是两平面的共有线。在作图时，除求出交点和交线的投影之外，还要判断直线或平面投影的可见性。

1）特殊位置

当平面处于特殊位置，即平面的投影具有积聚性时，可利用投影的积聚性，直接求出交点或交线的一个投影。

例 2-15　如图 2-47(a)所示，试求直线 AB 与铅垂面的交点。

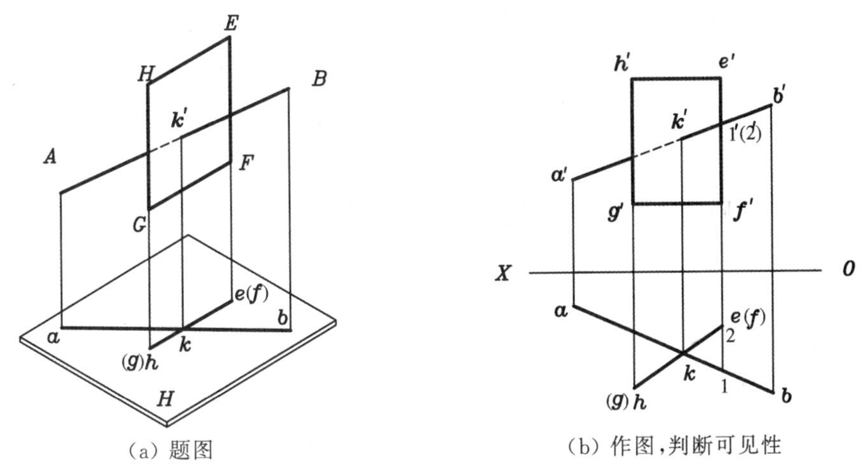

(a) 题图　　(b) 作图，判断可见性

图 2-47　求直线与铅垂面的交点

解　由于铅垂面的水平投影具有积聚性，所以直线 AB 的水平投影与铅垂面水平投影的交点 k，就是空间交点 K 的水平投影。具体作图时，可由交点的水平投影 k，求得其正面投影 k'。

判断可见性：由于交点是可见与不可见的分界点，所以水平投影不需要判断，只需要判断正面投影中直线 AB 与平面投影重叠部分的可见性，可采用重影点法进行判断。

在图 2-47(b)中，AB 和 EF 是交叉两直线，可利用 AB 和 EF 上对 V 面的重影点 I 和 II 进行判断，设点 I 在 AB 上，点 II 在 EF 上，因 $y_{\mathrm{I}}>y_{\mathrm{II}}$，表示 KB 段在平面之前，故其正面投影为可见，用粗实线表示；KA 段在平面之后，故与平面投影重影的部分应画成虚线。

例 2-16　如图 2-48(a)所示，试求两平面的交线。

解　由图 2-48(a)可知，矩形平面为铅垂面，而平面△ABC 为一般位置平面。由于求交线的问题可以归结为求交点，所以将平面△ABC 分解为两条直线 AC、BC，分别求出 AC、BC 与另一平面的交点，则交点的连线即为交线。

具体的作图过程如图 2-48(b)所示，因矩形平面的水平投影具有积聚性，故首先求出直线 AC、BC 与矩形平面的交点 K 和 L 的水平投影 k 和 l，再求得相应的正面投影 k' 和 l'，则 KL 即为交线。

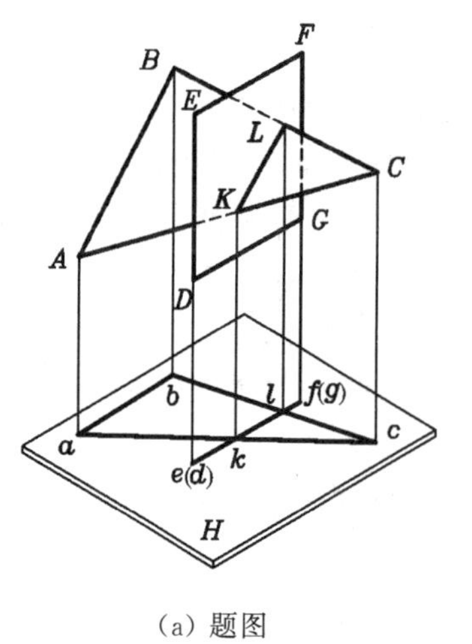

(a) 题图

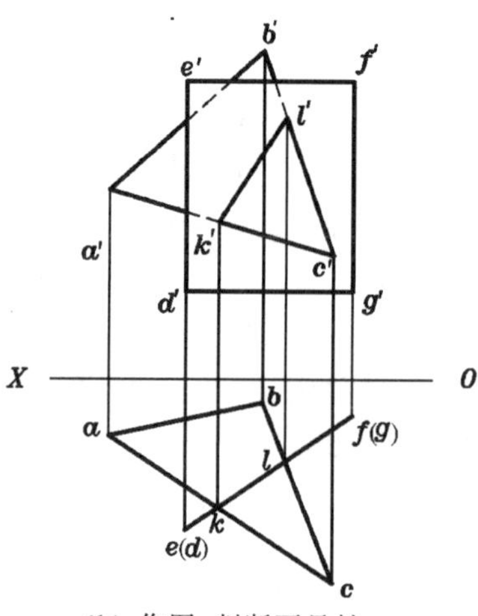

(b) 作图,判断可见性

图 2-48　求两平面的交线

判断可见性:由于两平面的交线是可见与不可见的分界线,所以水平投影不需判断,只需要判断正面投影中两平面投影重叠部分的可见性,可采用观察法进行判断。

从图 2-48(b)的水平投影可以看出,△*ABC* 的 *KLC* 部分在矩形平面之前,故 $k'l'c'$ 为可见。

2）一般位置

一般位置的直线与平面相交时,由于一般位置的直线和平面的投影都没有积聚性,其交点在投影图上就不能直接求出,必须利用辅助平面法求作。

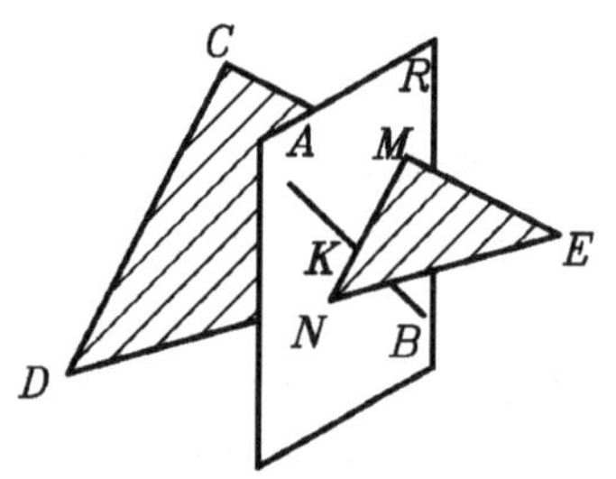

图 2-49　辅助平面法

辅助平面法的作图原理如图 2-49 所示,设已知空间一直线 *AB* 与平面△*CDE* 相交,交点为 *K*,过 *K* 点可以在平面上作无数条直线,这些直线与已知直线 *AB* 构成的平面 *R*,称为辅助平面,显然,这样的辅助平面有无数多个。辅助平面 *R* 与已知平面△*CDE* 的交线为 *MN*,*MN* 与已知直线 *AB* 的交点,即所求的交点 *K*。由此可得出用辅助平面法求交点的作图步骤如下:

(1) 过已知直线 *AB* 作一辅助平面 *R*,为使作图简便,一般采用投影面的垂直面;

(2) 求出辅助平面 *R* 与已知平面△*CDE* 的交线 *MN*;

(3) 求出交线 *MN* 与已知直线 *AB* 的交点 *K*,即为已知直线 *AB* 与已知平面△*CDE* 的交点。

例 2-17　如图 2-50(a)所示,试求一般位置直线 *AB* 与一般位置平面 *CDE* 的交线。

解　作图过程如图 2-50 所示。

(1) 过已知直线 *AB* 作铅垂面 *R* 为辅助平面,如图 2-50(b)所示。

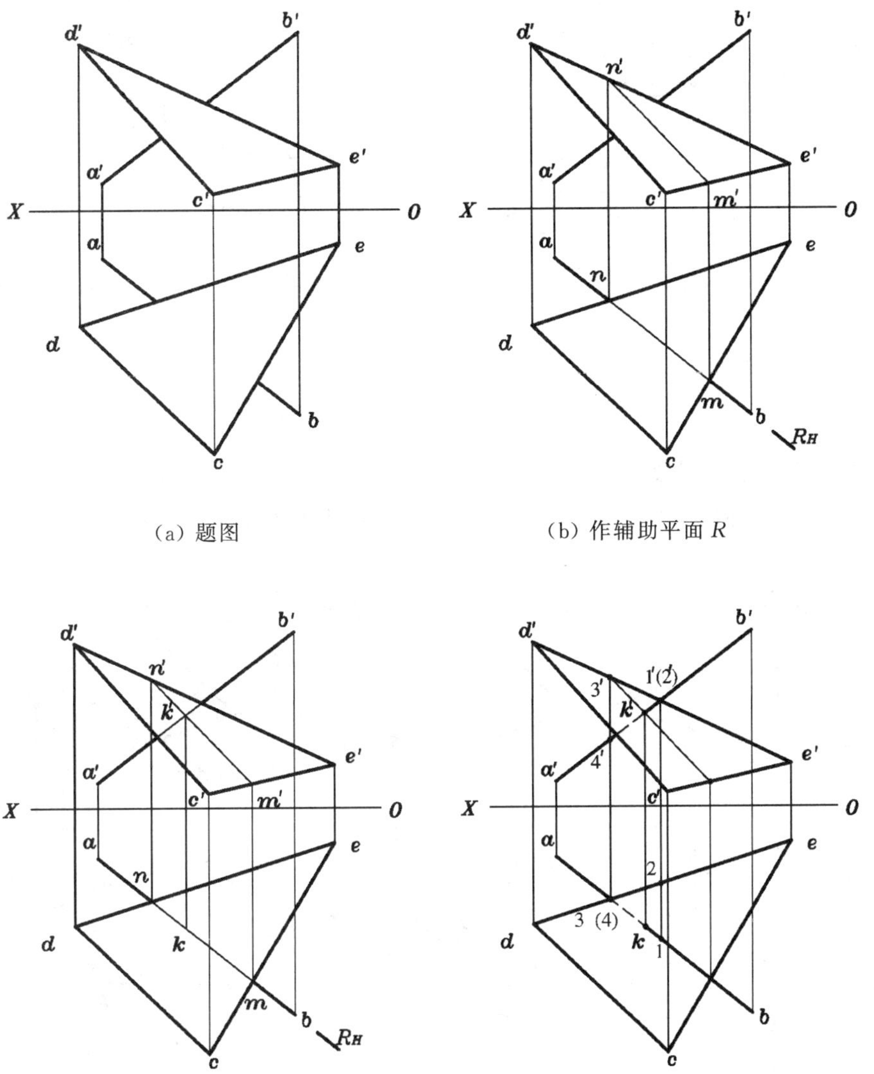

(a) 题图　　(b) 作辅助平面 R

(c) 求作交点　　(d) 判别可见性

图 2-50　求一般位置直线与一般位置平面的交线

(2) 分别求出直线 DE、CE 与 R 平面的交点 N、M，从而求出交点 K，如图 2-50(c)所示，然后还应分别判断正面投影和水平投影的可见性，如图 2-50(d)所示。图中正面投影的可见性，可利用交叉两直线 AB、DE 上的重影点 I 和 II 来判断，因 AB 上的点 I 位于 DE 上的点 II 之前，故 $b'k'$ 段为可见，而 $a'k'$ 中与 $\triangle c'd'e'$ 重影的一段不可见。水平投影的可见性，可利用交叉两直线 AB、DE 上的重影点 III 和 IV 来判断，因 DE 上的点 III 位于 AB 上的点 IV 之上，故 ak 中与 $\triangle cde$ 重影的一段不可见，而 bk 段为可见。

还可过已知直线 AB 作一正垂面作为辅助平面，读者可自行分析。

两个一般位置平面相交(如两个三角形平面相交)，存在两种可能：一种是一个三角形平面完全贯穿另一个三角形平面，如图 2-51(a)所示，称为全交；另一种是两个三角形平面互相贯穿，如图2-51(b)所示，称为互交。但不管是哪种情况，其实质是相同的，总是一个三角形平面有两条边线与另一个三角形平面相交，从而可求得两个交点 K、L，而两个交点的连线 KL，即为所求的交线。因此，两个一般位置平面相交的问题，实质上是求两条直线与平面交点的问题。

(a) 两个三角形平面全交　　(b) 两个三角形平面互交

图 2-51　两个一般位置平面相交的两种情况

注意　由于平面图形有一定的范围，所以其相交部分也有一定的范围。

例 2-18　如图 2-52(a)所示，试求两个一般位置平面的交线。

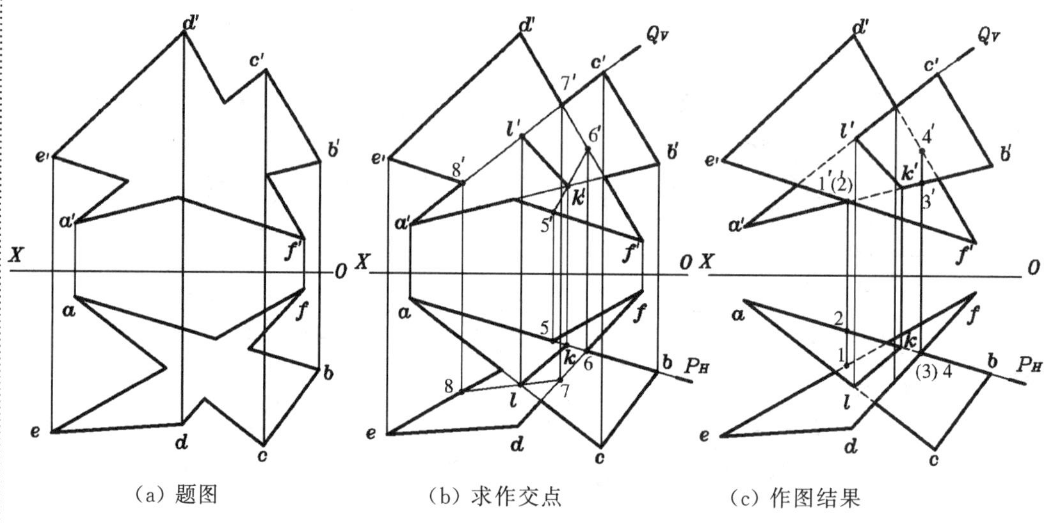

(a) 题图　　(b) 求作交点　　(c) 作图结果

图 2-52　求两个一般位置平面的交线

解　如图 2-52(b)所示，将△ABC 分解为两条直线 AB 和 AC，分别求出 AB、AC 与另一平面 DEF 的交点，最后还要利用重影点来判断可见性。作图结果如图 2-52(c)所示。

3. 直线与平面垂直、两平面互相垂直

直线与平面垂直、两平面互相垂直，是直线与平面相交、两平面相交的特殊情况。

由立体几何可知，若一直线垂直于一平面，则此直线垂直于平面内的所有直线。若一直线垂直于一平面，则包含此直线的所有平面，都垂直于该平面。

根据上述几何定理，可得出直线与平面垂直的条件：如图 2-53 所示，若一直线垂直于一平面，则此直线垂直于此平面内的所有直线，当然也垂直于平面上的投影面平行线(可简化作图)；反之，若直线垂直于平面上的任意两条相交直线，则直线垂直于该平面。

两平面互相垂直的条件：如图 2-54 所示，若一平面上有一条直线垂直于另一平面，则

包含此直线的所有平面都垂直于该平面；反之，若两平面互相垂直，则从一平面上的任一点向第二个平面作的垂线，必定在第一个平面内。

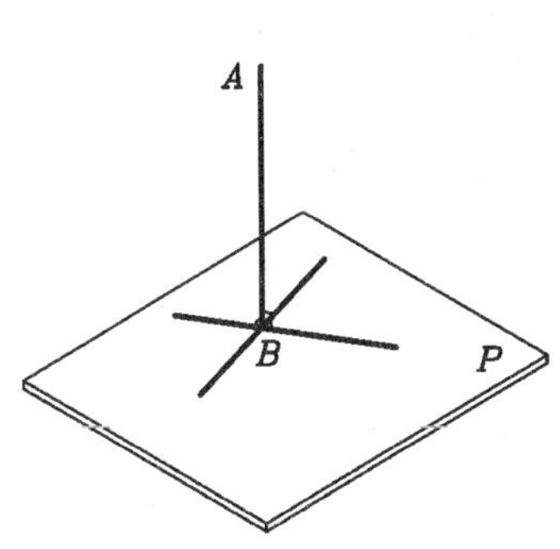

图 2-53　直线垂直于平面

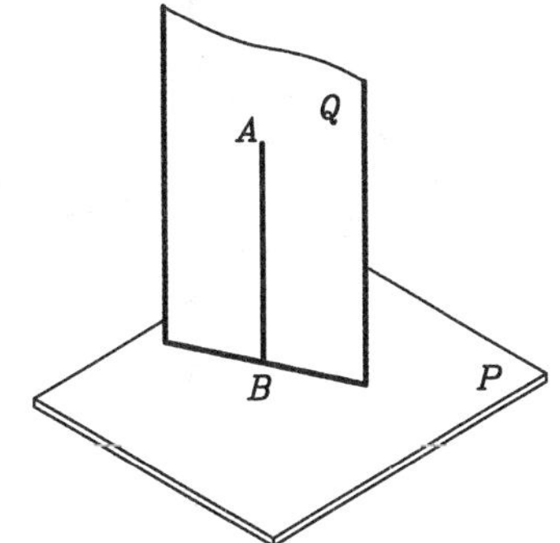

图 2-54　两平面互相垂直

1）特殊位置

当平面处于特殊位置，即平面的投影有积聚性时，可利用投影的积聚性，解决直线与平面垂直、两平面互相垂直的投影问题。

(1) 直线与投影面垂直面垂直的投影特性。如图 2-55(a)所示，直线 AK 垂直于正垂面 P，故 AK 为一正平线。由于正平线 AK 垂直于平面 P 内的所有直线，所以其正面投影 $a'k'$ 与平面 P 的正面投影也应互相垂直，如图 2-55(b)所示。由此可得出如下投影特性：当直线垂直于投影面垂直面时，此直线平行于该投影面，而此直线与平面在该投影面上的投影也互相垂直。

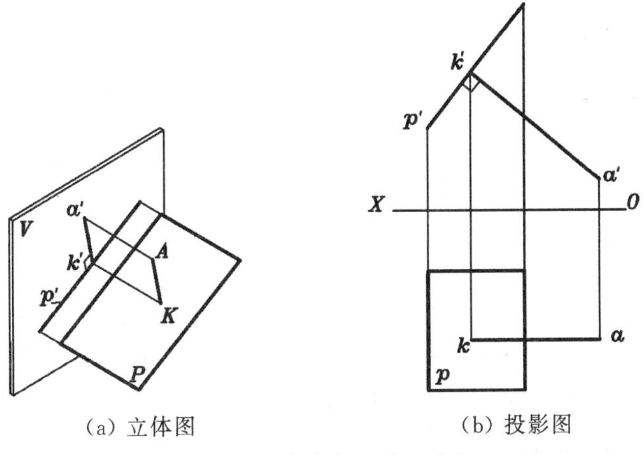

(a) 立体图　　(b) 投影图

图 2-55　直线与正垂面垂直

(2) 互相垂直的两平面垂直于同一投影面时的投影特性。如图 2-56(a)所示，Q 为一铅垂面，水平线 AK 垂直于平面 Q，则包含 AK 的铅垂面 P 一定垂直于平面 Q，因此这两个铅垂面的水平投影也互相垂直，如图 2-56(b)所示。由此可得出如下投影特性：互相垂直的两平面垂直于同一投影面时，它们在该投影面上的积聚性投影也互相垂直。

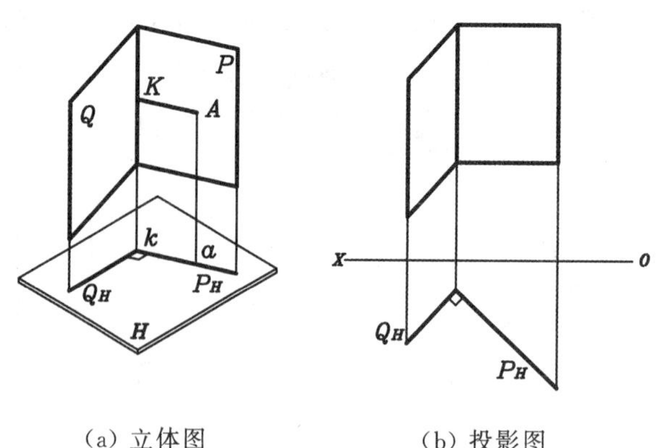

(a) 立体图 (b) 投影图

图 2-56 两个铅垂面互相垂直

例 2-19 如图 2-57(b)所示，试过点 D 作平面△ABC 的垂线。

解 因直线 DE 垂直于平面△ABC，而平面为铅垂面，故 DE 为一水平线。由于水平线 DE 垂直于平面 ABC 内的所有直线，所以其水平投影 ed 与平面△ABC 的水平投影也应互相垂直。作图过程及结果如图 2-57(c)所示。

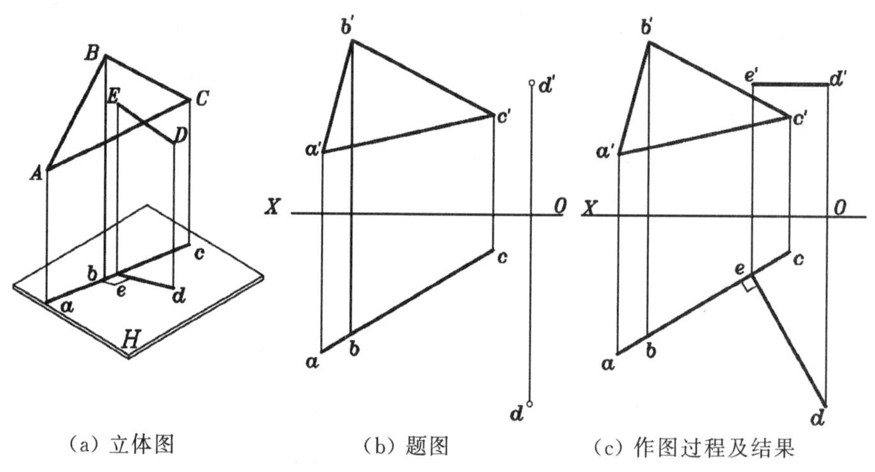

(a) 立体图 (b) 题图 (c) 作图过程及结果

图 2-57 过点 D 作平面△ABC 的垂线

2）一般位置

当平面处于一般位置时，从投影图上就不能直接看出直线与平面是否垂直。从立体几何可知，若一直线垂直于一平面内的任意两相交直线，则此直线垂直于该平面。因一般位置的两直线相互垂直时，在投影图上不会直接反映出直角，故需先在平面内任取一水平线和一正平线，然后根据“一边平行于投影面的直角投影”定理，过点作直线垂直于此水平线和正平线即可。

例 2-20 如图 2-58(a)(b)所示，试过 M 点求作一般位置平面△ABC 的垂线 MK。

解 在△ABC 内任取一水平线 AD 和一正平线 EF，再作 $mk \perp ad$，$m'k' \perp e'f'$，则直线 MK 垂直于 AD 和 EF，也垂直于△ABC，作图结果如图 2-58(c)所示。

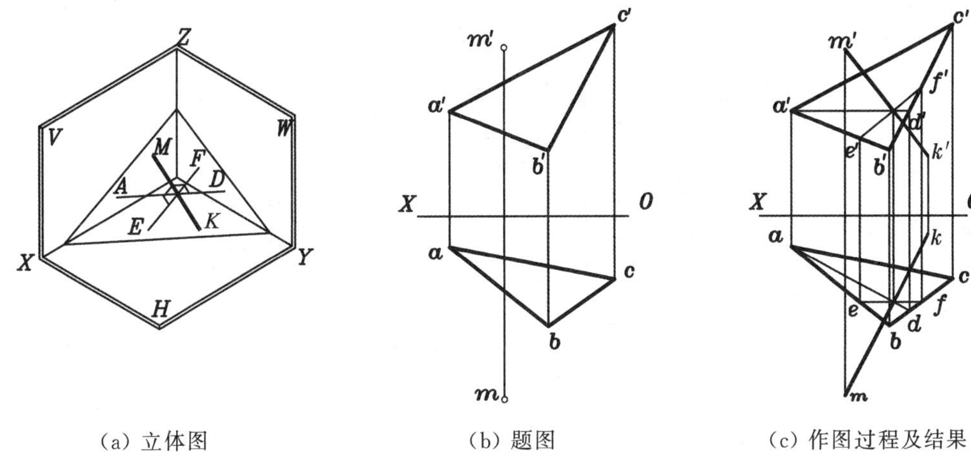

(a) 立体图　　(b) 题图　　(c) 作图过程及结果

图 2-58　过点作一般位置平面的垂线

2.4 投影变换

2.4.1 概述

如 2.3 节所述，当直线、平面等空间几何元素对投影面处于一般位置时，其投影既没有积聚性，也不反映实形，因而无法直接在投影图中求解直线的实长、平面的实形、倾角以及点到直线或平面的距离、两直线间的最短距离等空间几何元素的定位或度量问题；而当直线、平面等空间几何元素对投影面处于平行或垂直的特殊位置时，其投影或者具有积聚性，或者反映实形，因而可以直接在投影图中求解空间几何元素的定位或度量问题，如表 2-9所示。

表 2-9　直线、平面的定位或度量

定位或度量问题	特殊位置直线、平面的投影图	一般位置直线、平面的投影图
求直线的实长	Z, a', b', a", b", X, O, Y_W, a, β, γ, b, Y_H	Z, a', a", b', b", X, O, Y_W, a, b, Y_H
求平面的实形	Z, a', a", X, O, Y_W, a, Y_H	Z, a', a", X, O, Y_W, a

续表

定位或度量问题	特殊位置直线、平面的投影图	一般位置直线、平面的投影图
求点到直线的距离	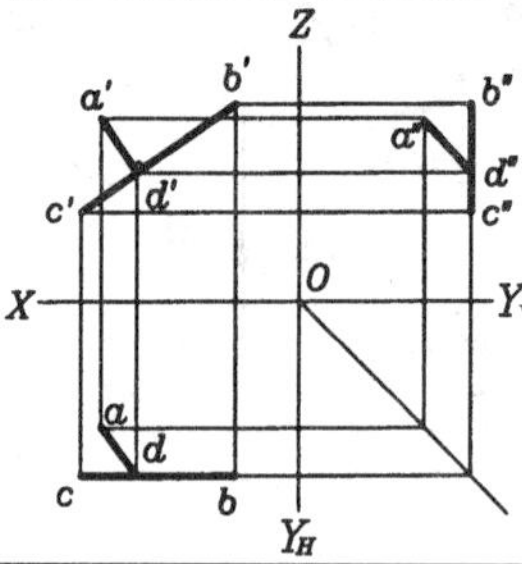	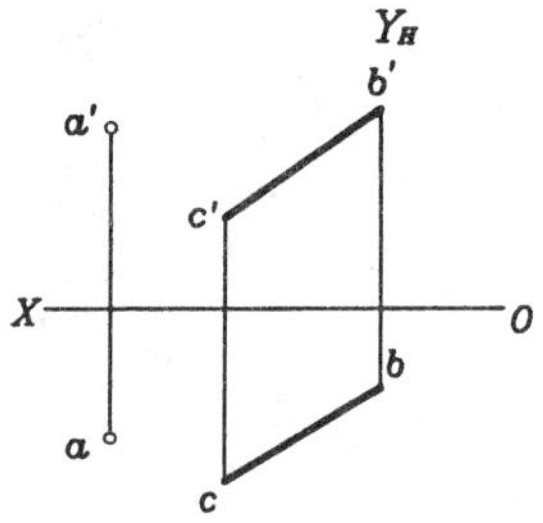
求点到平面的距离	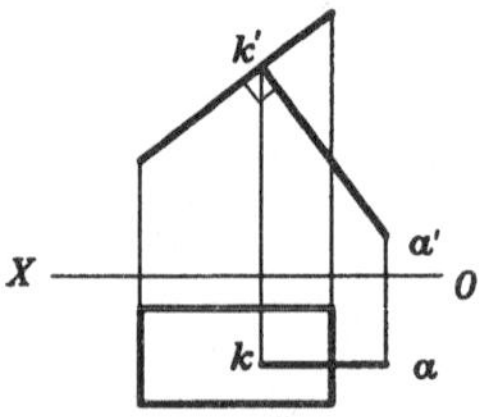	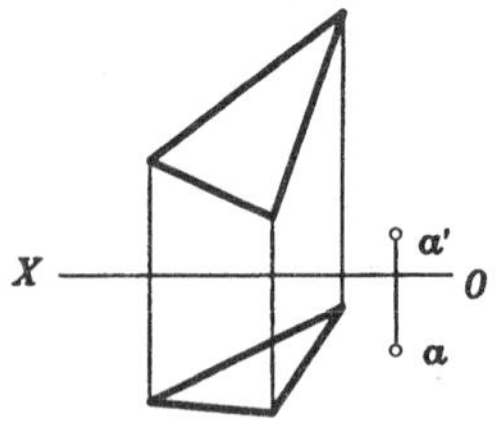
求两直线间的最短距离	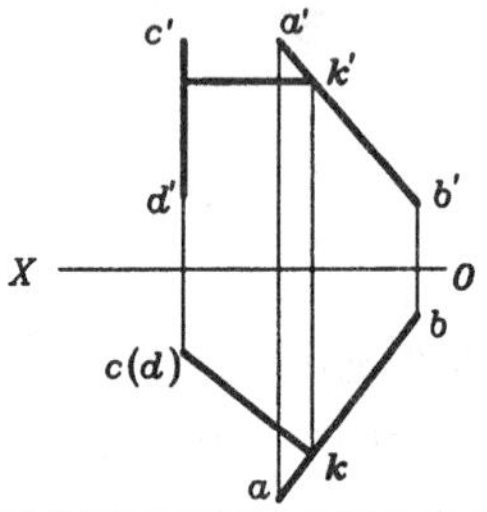	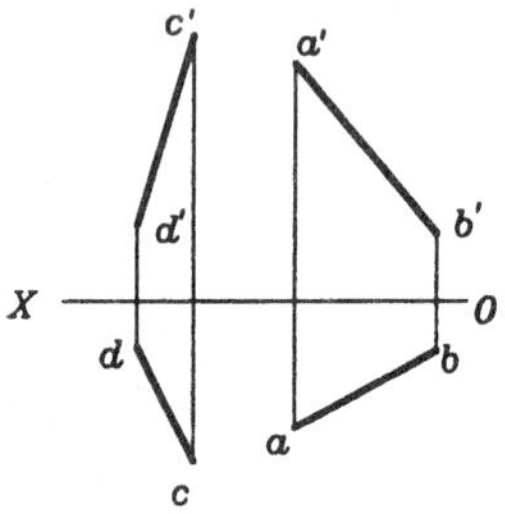
投影特性	实长、实形、倾角、距离及垂足等均能在投影图中直接显示出来	实长、实形、倾角、距离及垂足等均不能在投影图中直接显示出来

从以上的分析可以想到，如果能将处于一般位置的直线、平面等空间几何元素变换成对投影面处于平行或垂直的特殊位置，那么就有利于解决空间几何元素的定位或度量问题，而投影变换就是研究如何改变空间几何元素对投影面的相对位置，以利于求解其定位或度量问题。

为了实现投影变换，可以采用两种方法：变换投影面法和旋转法。

1. 变换投影面法

空间几何元素的位置保持不动，用新的投影面代替原来的投影面，使几何元素对新投影面处于平行或垂直的特殊位置，这种方法称为变换投影面法，简称为换面法。如图 2-59(a)所示，新设一个 H_1 面代替 H 面，使 H_1 面既垂直于 V 面，又平行于机件上的倾斜结构，则该倾斜部分在 H_1 面上的投影就显示实形。

2. 旋转法

投影面保持不动，将空间几何元素绕某一轴旋转到对投影面处于平行或垂直的特殊位置，这种方法称为旋转法。如图 2-59(b)所示，使平面图形绕垂直于 V 面的轴(AB)旋转，将其转到平行于 H 面的位置，则其新水平投影就显示实形。

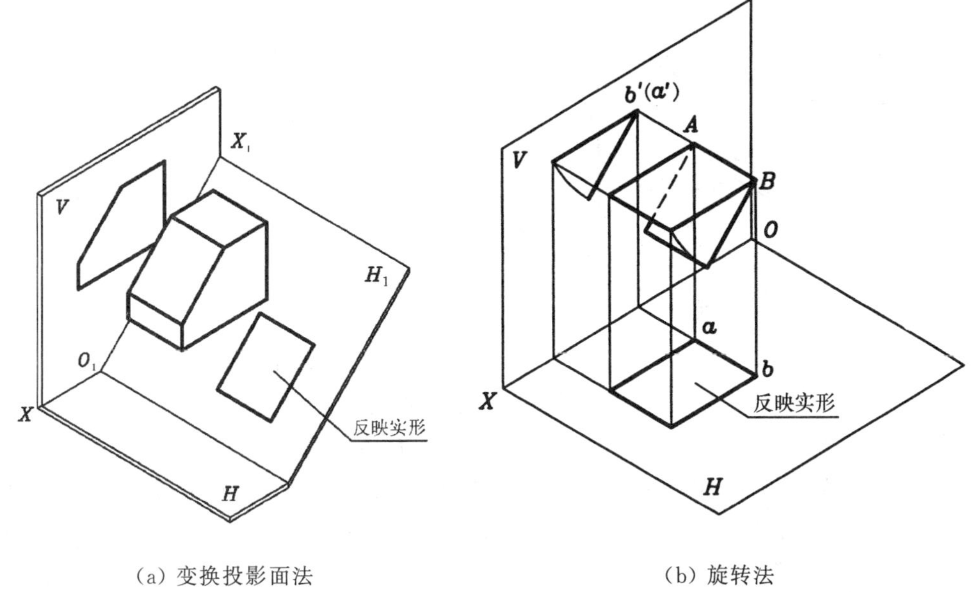

(a) 变换投影面法　　　　(b) 旋转法

图 2-59　投影变换

上述两种方法的实质是一样的，都是改变空间几何元素与投影面之间的相对位置，并且是从一般位置变换到平行或垂直于投影面的特殊位置，以有利于解决空间几何元素的定位或度量问题。本节只介绍变换投影面法。

2.4.2　变换投影面法

如上所述，变换投影面法是使空间几何元素的位置保持不动，而用新的投影面代替原来的投影面，但新投影面的选择不是任意的，选择的原则首先是要使空间几何元素对新投影面处于平行或垂直的特殊位置，以方便解题；其次是新的投影面必须与不变的那个投影面构成一个新的两投影面体系，因此，新投影面的选择应符合以下两个条件：

(1) 新投影面必须使空间几何元素处于平行或垂直的特殊位置；

(2) 新投影面必须垂直于原投影面体系中的某个投影面。

1. 变换投影面法的基本规律

由于直线、平面等空间几何元素归根结底都是由点构成的，所以，用变换投影面法求解空间几何元素的定位或度量问题时，必然要涉及点的投影变换。

1) 点的一次变换

(1) 变换 V 面。如图 2-60(a)所示，点 A 在 V、H 两投影面体系中的投影分别是 a'、a，令投影面 H 保持不变，作一个与 H 面垂直的新投影面 V_1 代替 V 面，建立新的 V_1/H 两投影面体系。V_1 面与 H 面的交线称为新的投影轴，用 O_1X_1 表示。将 A 点向 V_1、H 面投影，就得到新投影面上的投影 a_1'、a。将投影面旋转展开后，即可得到如图 2-60(b)所示的投影图。显然，在投影图上有如下关系：$aa_1' \perp O_1X_1$；a'到 OX 轴的距离 $a'a_x$ 等于 a_1'到新投影轴 O_1X_1 的距离 $a_1'a_{x1}$。

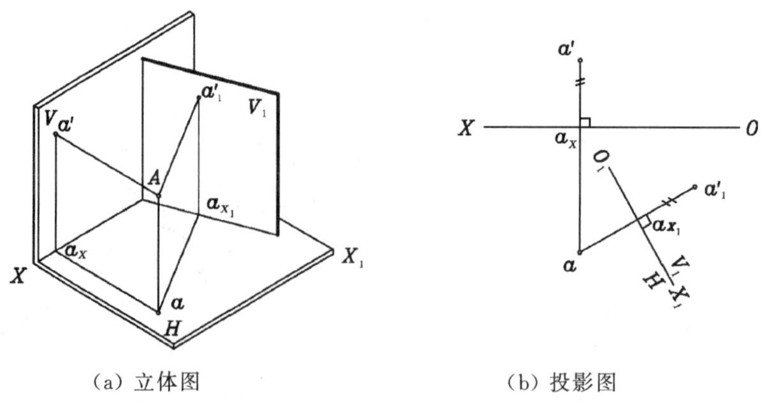

(a) 立体图　　　　　　(b) 投影图

图 2-60　变换 V 面

(2) 变换 H 面。如图 2-61(a)所示，点 A 在 V、H 两投影面体系中的投影分别是 a'、a，令投影面 V 保持不变，作一个与 V 面垂直的新投影面 H_1 代替 H 面，建立新的 V/H_1 两投影面体系。V 面与 H_1 面的交线称为新的投影轴，也用 O_1X_1 表示。将 A 点向 V、H_1 面投影，就得到新投影面上的投影 a'、a_1。将投影面旋转展开后，即可得到如图 2-61(b)所示的投影图。显然，在投影图上有如下关系：$a_1a' \perp O_1X_1$；a 到 OX 轴的距离等于 a_1 到新投影轴 O_1X_1 的距离。

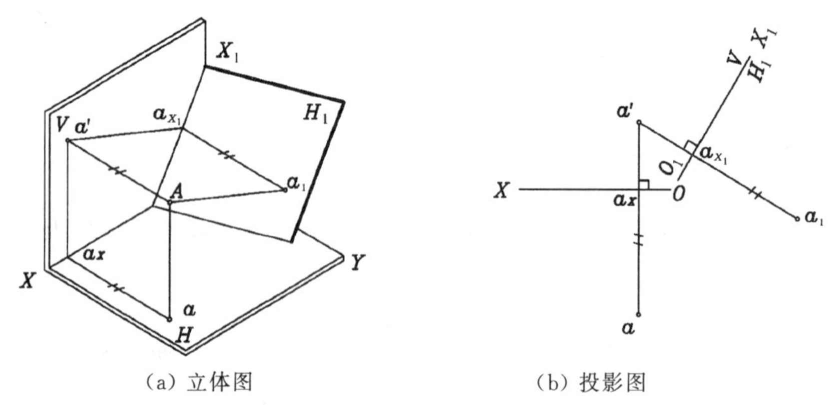

(a) 立体图　　　　　　(b) 投影图

图 2-61　变换 H 面

根据以上的分析，可以得出点的换面法的基本规律：

(1) 点的新投影与不变投影的连线，必须垂直于新投影轴；

(2) 点的新投影到新投影轴的距离等于被变换的旧投影到旧投影轴的距离。

具体地说，在 V/H 两投影面体系中，变换 H 面时 Y 坐标值不变，变换 V 面时 Z 坐标值不变。

2）点的二次变换

在求解空间几何元素的定位或度量问题时，只变换一次投影面有时还不能解决问题，而必须变换两次或更多次。点的二次变换是在一次变换的基础上，再变换一次投影面来求点的新投影的方法，其原理与一次变换相同，因此，无论变换几次，点的投影的作图规律仍然适用，如图 2-62 所示。

由于每变换一次投影面后，总是要以最新的两投影面体系为基础，再继续变换下去，

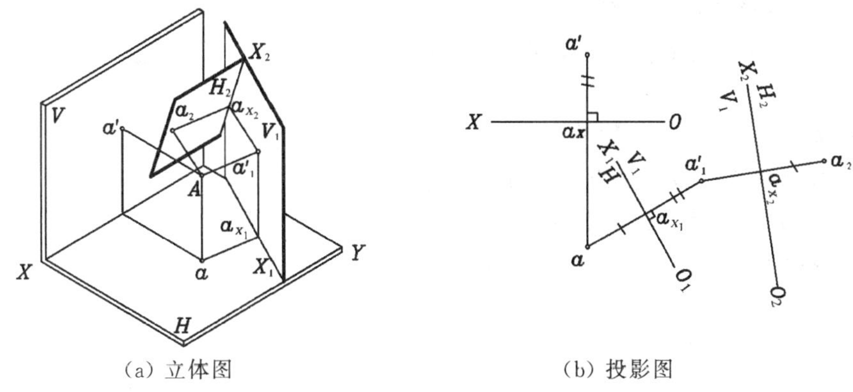

(a) 立体图　　(b) 投影图

图 2-62　点的二次变换

所以,V 面和 H 面的变换必须交替进行。在实际应用二次变换投影面时,可先变换 V 面、再变换 H 面,也可先变换 H 面、再变换 V 面,变换投影面的先后次序,可按求解的需要而定。

2. 六个基本作图问题

在求解空间几何元素的定位或度量问题时,如何将处于一般位置的直线和平面,通过换面法变为处于特殊位置的直线和平面,是经常要遇到的问题,这个问题可以通过六个基本作图得到解决。

1）将一般位置直线变换为投影面平行线

如图 2-63 所示,直线 AB 为一般位置直线,变换 V 面,使新投影面 V_1 平行于直线 AB,于是 AB 在新的两投影面体系 V_1/H 中就变成了正平线。求出 AB 在 V_1 面上的投影 a_1'、b_1',则线段 $a_1'b_1'$反映 AB 的实长,且线段 $a_1'b_1'$与 O_1X_1 轴的夹角 α 反映直线 AB 对 H 面的倾角。具体的作图过程如下:

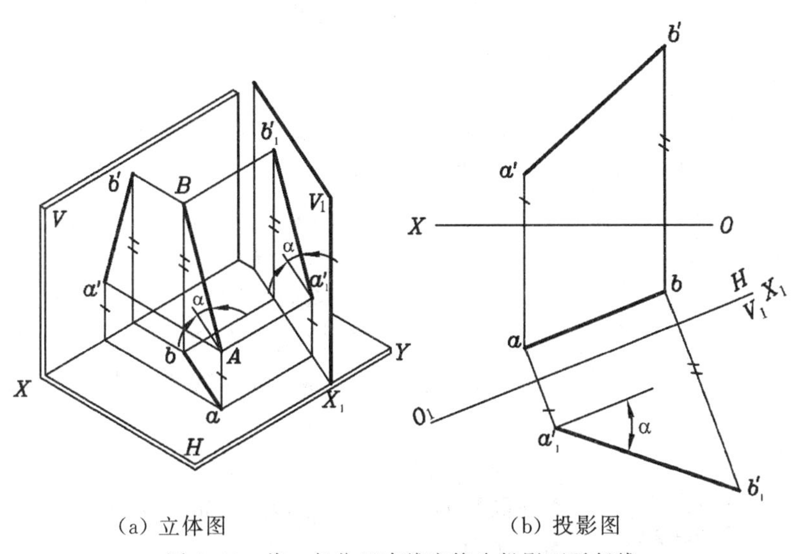

(a) 立体图　　(b) 投影图

图 2-63　将一般位置直线变换为投影面平行线

(1) 作新投影轴 O_1X_1,使 $O_1X_1 /\!/ ab$;

(2) 求出线段 AB 两端点的新投影 a_1'、b_1';

(3) 连接 a_1'、b_1'。

思考题 试与 2.3.2 中的“直角三角形法”进行比较。

2)将投影面平行线变换为投影面垂直线

如图 2-64 所示,AB 为水平线,作垂直于直线 AB 的新投影面 V_1,于是直线 AB 在新的 V_1/H 两投影面体系中就变成了投影面垂直线。

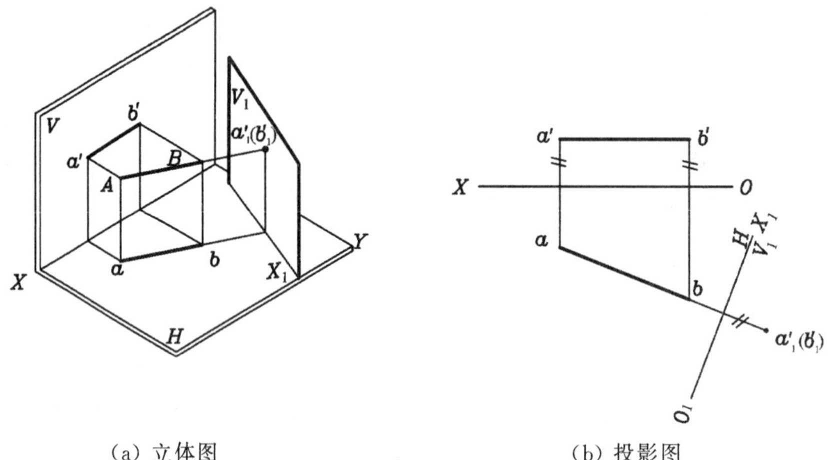

(a) 立体图　　(b) 投影图

图 2-64　将投影面平行线变换为投影面垂直线

作图时取 $O_1X_1 \perp ab$,然后求出 AB 在 V_1 面上的新投影 a_1'、b_1'和 a_1'、b_1'必重合为一点。

3)将一般位置直线变换为投影面垂直线

由上述可知,将一般位置直线变换为投影面垂直线,必须经过二次变换:第一次将一般位置直线变换为投影面平行线;第二次再将投影面平行线变换为投影面垂直线。具体的作图方法如图 2-65 所示。

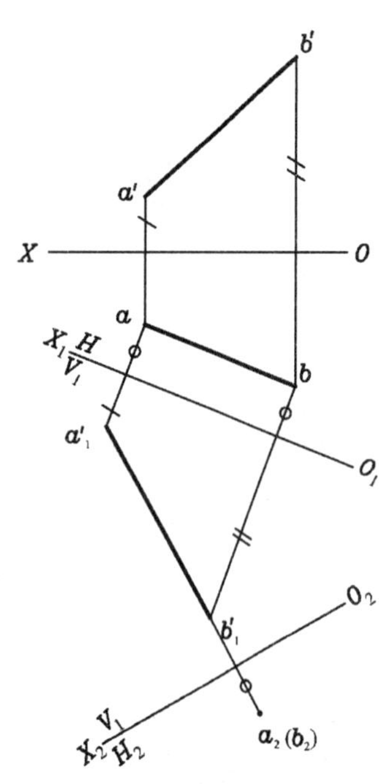

图 2-65　将一般位置直线变换为投影面垂直线

4)将一般位置平面变换为投影面垂直面

如图 2-66 所示,平面△ABC 为一般位置平面,如要将其变换为正垂面,必须取新投影面 V_1代替 V 面,且 V_1 面既垂直于△ABC,又垂直于H 面。为此,可在△ABC 上先任取一水平线,然后作 V_1面与该水平线垂直,则△ABC 也一定垂直于V_1面。具体的作图过程如下:

(1) 在△ABC上取一水平线 AD,其投影为 $a'd'$ 和 ad;

(2) 作 $O_1X_1 \perp ad$;

(3) 求出△ABC 的新投影 a_1'、b_1'、c_1',则 a_1'、b_1'、c_1'三点必在同一直线上,且与 O_1X_1 轴的夹角反映△ABC 与 H 面的倾角 α。

如果要求平面△ABC 与 V 面的倾角 β,可在△ABC 上

取一正平线 BD，并作 H_1 面垂直于 BD，则 $\triangle ABC$ 在 H_1 面上的投影为 a_1、b_1、c_1，这三点必在同一直线上，且与 O_1X_1 轴的夹角就反映 $\triangle ABC$ 与 V 面的倾角 β。

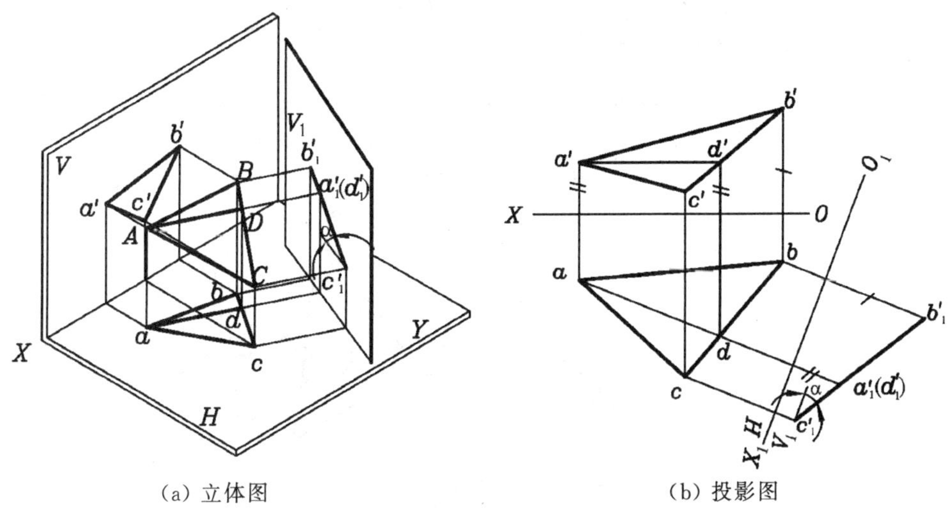

(a) 立体图　　(b) 投影图

图 2-66　将一般位置平面变换为投影面垂直面

5）将投影面垂直面变换为投影面平行面

如图 2-67 所示，要求将铅垂面 $\triangle ABC$ 变换为投影面平行面，可作平行于 $\triangle ABC$ 的新投影面 V_1 代替 V 面（即作 $O_1X_1 /\!/ abc$），则 $\triangle ABC$ 在 V_1 面上的投影 $\triangle a'_1b'_1c'_1$ 反映 $\triangle ABC$ 的实形，即将 $\triangle ABC$ 变换成了投影面平行面。

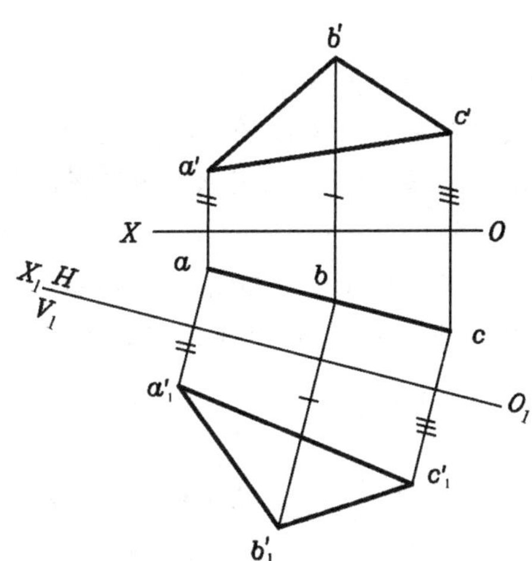

图 2-67　将投影面垂直面变换为投影面平行面

6）将一般位置平面变换为投影面平行面

将一般位置平面变换为投影面平行面，必须经过二次变换：第一次将一般位置平面变换为投影面垂直面；第二次再将投影面垂直面变换为投影面平行面。

如图 2-68 所示，将平面 $\triangle ABC$ 变换为投影面平行面的作图过程如下：

(1) 在 $\triangle ABC$ 上取水平线 AD（ad、$a'd'$）；

(2) 作新投影面 V_1 垂直于 AD，即作轴 $O_1X_1 \perp ad$，求出 $\triangle ABC$ 的新投影 a'_1、b'_1、c'_1，

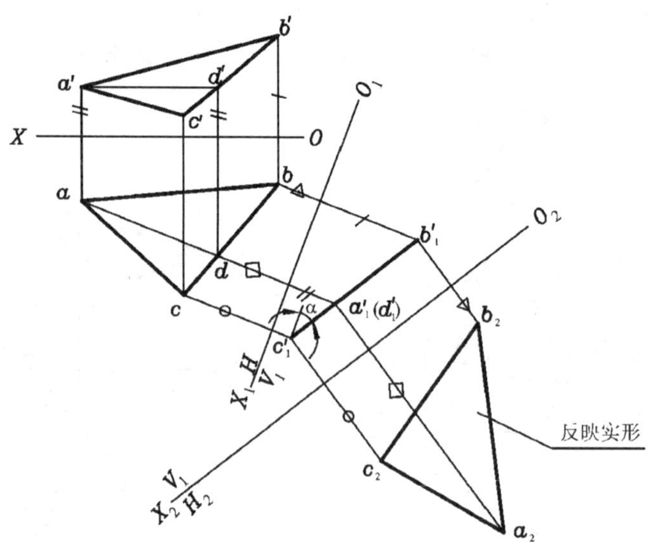

图 2-68　将一般位置平面变换为投影面平行面

则 a'_1、b'_1、c'_1三点必在同一直线上；

(3) 作新投影面H_2平行于$\triangle ABC$，即作轴 O_2X_2 平行于积聚性的投影 $a'_1b'_1c'_1$，作出$\triangle ABC$ 在 H_2 面上的新投影 a_2、b_2、c_2，则$\triangle a_2b_2c_2$ 反映$\triangle ABC$ 的实形，即将$\triangle ABC$ 变换成了投影面平行面。

3. 变换投影面法的综合举例

例 2-21　如图 2-69 所示，试求点 C 到直线 AB 的距离。

解　由于点到直线的距离就是点到直线的垂线实长，所以，过点 C 作直线 AB 的垂线 CK($CK\perp AB$)，求出 CK 的实长即可。又根据直角投影定理可知，当直线 AB 平行于某一投影面时，则垂直两直线 AB、CK 在该投影面上的投影反映直角，因此可将直线 AB 变换为投影面平行线求解。具体的作图过程如图 2-69 所示：

(1) 将直线 AB 变换为 V_1 面的平行线，并求出点 C 在 V_1 面上的投影 c'_1；

(2) 根据直角投影定理，过 c'_1作 $c'_1k'_1\perp a'_1b'_1$，k'_1是直线 AB 与其垂线 CK 的交点 K 在 V_1 面上的投影；

(3) 为求 CK 的实长，将其变换为 H_2 面的平行线(即将直线 AB 变换为 H_2 面的垂直线)，作轴 O_2X_2 // $c'_1k'_1$(即 $O_2X_2\perp a'_1b'_1$)，求出 AB、CK 在 H_2 面上的投影 a_2、b_2 和 c_2、k_2，以及 a_2、b_2、k_2 重影为一点，c_2k_2反映点 C 到直线 AB 的距离；

(4) 由 k'_1可反求出 V/H 两投影面体系中的k'、k。

例 2-22　如图 2-70 所示，试求点 S 到平面 ABC 的距离。

解　如果将平面 ABC 变换为投影面垂直面，那么过点 S 作平面 ABC 积聚性投影的垂线 SK，其实长即为点 S 到平面 ABC 的距离。具体的作图过程如图 2-70 所示：

(1) 将平面 ABC 变换为 V_1 面的投影面垂直面 $a'_1(b'_1)(c'_1)$，并求出点 S 在 V_1 面上的投影 s'_1；

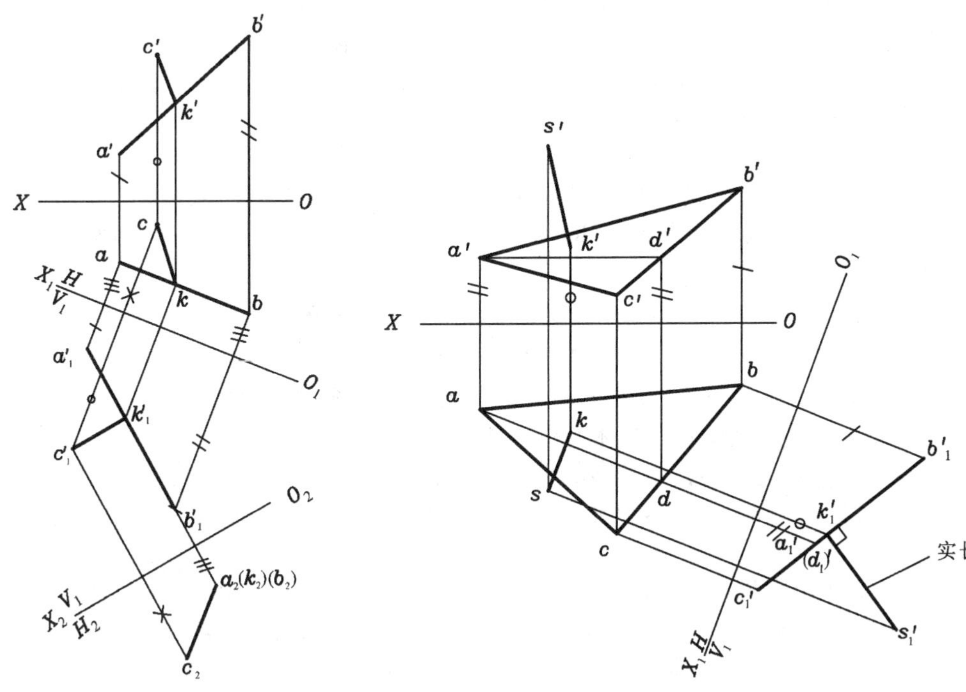

图 2-69　求点 C 到直线 AB 的距离　　　　图 2-70　求点 S 到平面 ABC 的距离

(2) 过 s'_1 作 $s'_1k'_1 \perp a'_1d'_1$，则 $s'_1k'_1$ 即是点 S 到平面 ABC 的距离；

(3) 由于垂线 SK 是平行于 V_1 面的直线，所以可由 k'_1 反求得 k，再由 k 求得 k'。

例 2-23　如图 2-71 所示，求点 E 在平面 $ABCD$ 上的正投影。

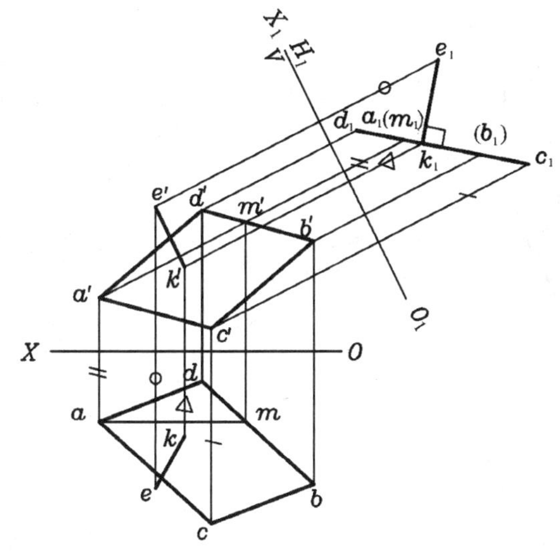

图 2-71　求点 E 在平面 $ABCD$ 上的正投影

解　点 E 在平面 $ABCD$ 上的正投影，就是过 E 点向平面 $ABCD$ 作垂线的垂足，因此，若将平面 $ABCD$ 变换为投影面的垂直面，则垂足与距离均可直接在投影图上作出。具体的作图过程如图 2-71 所示：

(1) 将平面 $ABCD$ 变换为H_1面的垂直面，在平面$ABCD$ 上作一正平线 AM，使 $O_1X_1 \perp a'm'$，求出点 E 及平面 $ABCD$ 在H_1面上的新投影 e_1 和 $a_1(b_1)c_1d_1$；

(2) 过点 E 作平面$ABCD$ 的垂线EK，即过 e_1 作 $e_1k_1 \perp a_1(b_1)c_1d_1$，则 e_1k_1 即为点 E 到平面 $ABCD$ 的距离，k_1 即为垂足 K 的投影；

(3) 由于平面 $ABCD$ 垂直于H_1面，EK 又垂直于平面 $ABCD$，所以 EK 必平行于 H_1 面，因此，由 $e'k' /\!/ O_1X_1$（水平线的投影特点），可反求出 k'，再量 k_1 到 O_1X_1 轴的距离等于 k 到 OX 轴的距离，可反求得点 K 的水平投影 k，点 K 就是点 E 在平面 $ABCD$ 上的正投影。

例 2-24 如图 2-72 所示，求交叉两直线 AB、CD 间的最短距离。

解 交叉两直线 AB、CD 间的最短距离，即是 AB 与 CD 之间公垂线 ST 的实长，如果使交叉两直线中的一条(如 CD)变换为投影面垂直线，则公垂线 ST 必平行于该投影面，TS 的投影就反映实长。具体的作图过程如图2-72所示：

(1) 将直线 CD 经过二次变换，先变换为 V_1 面的平行线，再变换为 H_2 面的垂直线，求出其投影 $c_1'd_1'$ 和 $c_2(d_2)$；并将直线 AB 同时进行变换，相应地求出其投影 $a_1'b_1'$ 和 a_2b_2；

(2) 根据直角投影定理，从 $c_2(d_2)$作 $s_2t_2 \perp a_2b_2$、s_2t_2 是公垂线 ST 在 H_2 面上的投影，反映公垂线 ST 的实长，也就是交叉两直线 AB、CD 间的最短距离；

(3) 由 t_2 可反求出 t_1'、t、t'；

(4) 由于公垂线 ST 必平行于 H_2 面，所以，过 t_1'作 $t_1's_1' /\!/ O_2X_2$，可求出 s_1'，然后再反求出s、s'。

例 2-25 如图 2-73 所示，试求两平面间的夹角。

解 作图步骤如图 2-73 所示。

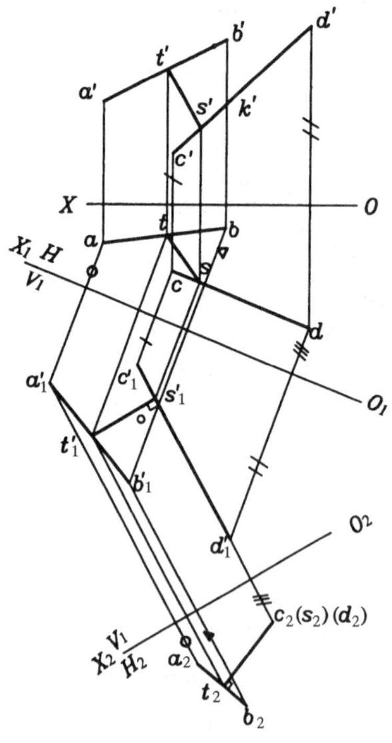

图 2-72 求两直线间的最短距离

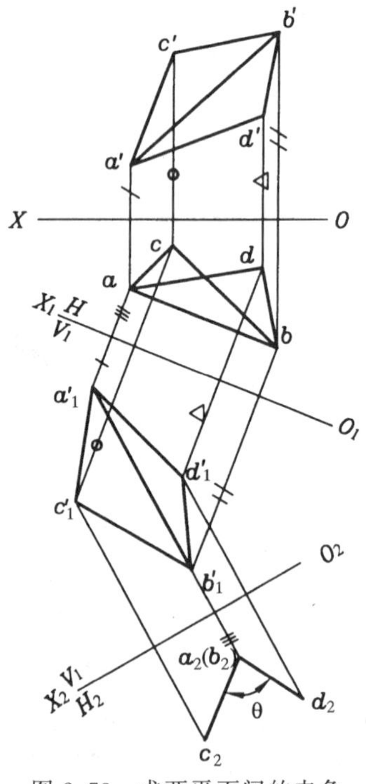

图 2-73 求两平面间的夹角

第 3 章　基本立体及其切割

主要内容：本章主要介绍基本立体及其切割的相关知识和求作投影的方法，以及有关轴测图的基本知识及绘制基本立体轴测图的方法。通过本章的学习和训练，读者初步掌握基本平面立体和基本回转体的基础知识，并能绘制基本平面立体和基本回转体及其切割体的三面投影图和轴测图。

知识点：截交线。

思政元素：辩证唯物主义。

思政培养目标：培养学生分析问题的能力。

思政素材：通过讲解投影规律，引导学生用联系的全面的观点看问题。

立体的内外表面都是由若干个"面"组成的，这些"面"可分为平面和曲面两大类，而曲面又可分为回转曲面和非回转曲面两种。按照组成立体的"面"的种类来划分，可将立体分为平面立体和曲面立体两大类。所有表面均为平面的立体称为平面立体，而部分或全部表面为曲面的立体，则称为曲面立体，其中由回转曲面或由回转曲面与平面构成的立体则称为回转体。由于回转体结构简单、制作方便，所以在机械工程中所用的曲面立体，绝大部分都是回转体。

另外，机械工程中所采用的立体，不论其形状和结构如何复杂，都可看成是由一些基本立体按不同的方式组合而成的。基本立体是构成工程形体的基本要素，也是绘图、读图时进行形体分析的基本单元。机械工程中常用的基本平面立体是棱柱和棱锥（棱台），而常用的基本回转体则是圆柱体、圆锥体、圆球体和圆环体，简称为圆柱、圆锥、圆球和圆环，本章主要介绍这些基本立体及其切割体在三投影面体系中的投影及作图问题。

3.1　基本平面立体及其切割

在基本平面立体中，最常用的是棱柱，其次是棱锥（棱台）。棱柱的表面由一组棱面和上下底面组成，其特点是所有的棱线互相平行，上下底面也互相平行；而棱锥的表面则由一组棱面和底面组成，其特点是所有的棱线均相交于锥顶点。

3.1.1　棱柱

1. 棱柱的投影

棱柱的特点是所有棱线互相平行，如图 3-1(a)所示，正六棱柱的顶面、底面均为水平面，其水平投影反映实形，正面及侧面投影积聚为一直线。六个棱面中，前后棱面为正平面，其正面投影反映实形，而水平投影和侧面投影均积聚为直线；其余四个侧棱面均为铅垂面，其水平投影均积聚为直线，而正面投影和侧面投影均为棱面的类似形。

图 3-1

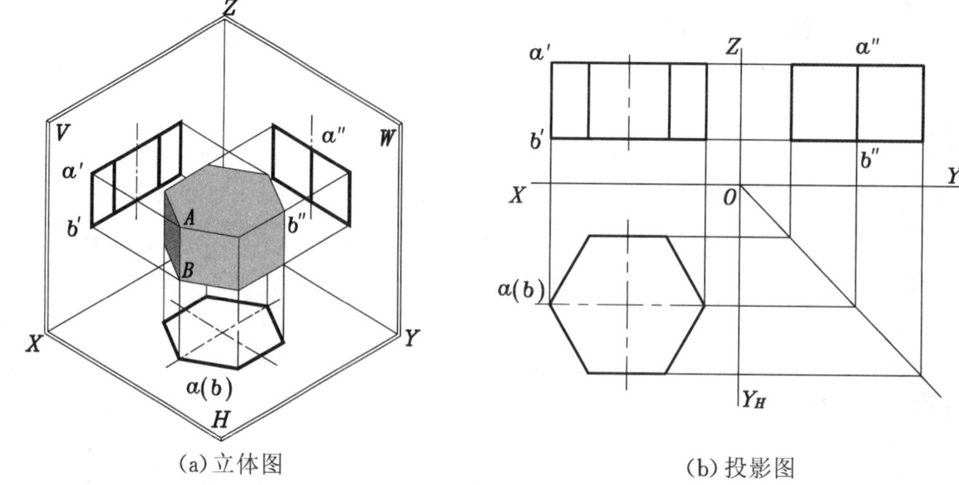

(a)立体图　　(b)投影图

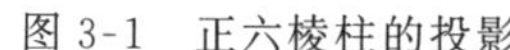
图 3-1　正六棱柱的投影

图 3-1(b)是正六棱柱的投影图，六条棱线均为铅垂线，例如棱线 AB，其水平投影积聚为一点 $a(b)$，正面投影 $a'b'$ 和侧面投影 $a''b''$ 均反映实长（$a'b' = a''b'' = AB$）。其余棱线及顶面、底面的投影，读者可自行分析。作图时，应先画出各投影的中心线，再画六棱柱的水平投影正六边形，最后按投影规律作出其他投影。

由于改变物体与三个投影面之间的距离并不影响三个投影之间的投影关系，所以在作投影图时投影轴可省去不画(但必须保持各投影之间的投影关系)。本书从这里开始，在投影图中一般都不画出投影轴。在实际应用中，只要按照各点的正面投影与水平投影应在铅垂的投影连线上“长对正”、正面投影与侧面投影应在水平的投影连线上“高平齐”、水平投影与侧面投影之间保持前后方向对应“宽相等”这三条原则绘图，就不必画出投影轴。

应当特别注意：在水平投影与侧面投影之间必须符合宽度（相对 Y 坐标）相等和前后对应的关系。必要时，可用与水平线成 45°的斜线为作图辅助线[图 3-1(b)]，也可用圆弧为作图辅助线[图 3-2(c)]。待作图熟练后，可直接用分规在水平投影与侧面投影之间量取“宽度”画图。

2. 表面上的点

由于基本平面立体的表面都是平面，所以求作基本平面立体表面上点和线的三面投影，实际上就是求平面上点和线的投影的问题，又因为直线可由两个端点确定，所以归根结底是求平面上点的投影的问题，在求作棱柱表面上点的投影时，要充分利用棱面的积聚性进行作图。

例 3-1　如图 3-2(a)所示，已知正六棱柱的三面投影和表面上的点 M、O 的正面投影 m'、o'，试作出其水平投影和侧面投影。

解　从图 3-2(a)的正面投影可以看出：由于 M 点和 O 点的正面投影 m'、o' 为重影点，且 m' 可见 o' 不可见，所以，M 点必位于左前的棱面 $ABDC$ 上，而 O 点则位于左后的棱面 $ABHG$ 上，由此可作出 M 点、O 点的水平投影和侧面投影。作图过程如图 3-2(b)、(c)所示：

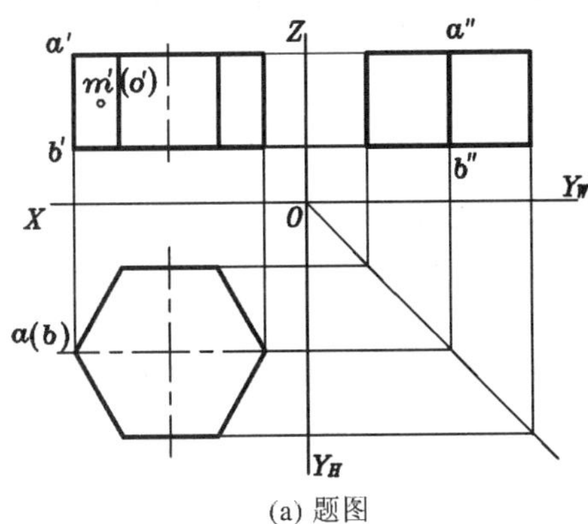

(a) 题图

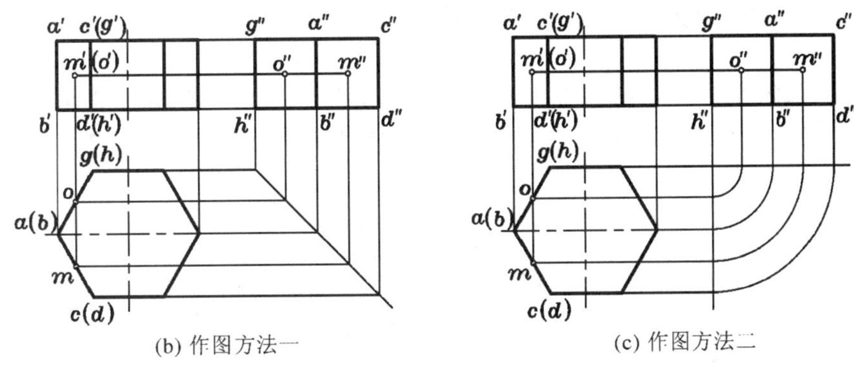

(b) 作图方法一　　(c) 作图方法二

图 3-2　正六棱柱表面上点的三面投影

(1) 因左前的棱面 $ABDC$ 和左后的棱面 $ABHG$ 的水平投影具有积聚性，故可直接作出 M 点和 O 点的水平投影 m、o；

(2) 由 m' 和 m 作出 m''；

(3) 由 o' 和 o 作出 o''。

由于棱面 $ABDC$ 和棱面 $ABHG$ 都位于正六棱柱的左边，所以 M 点和 O 点的侧面投影 m''、o'' 均为可见。

3. 平面与立体相交——截交

截交是平面与立体相交形成组合体的方式，该平面称为截平面，截平面与立体表面的交线称为截交线，由截交线所围成的平面图形称为截断面(断面)，如图 3-3 所示。由截交线的定义可知，它具有以下性质：

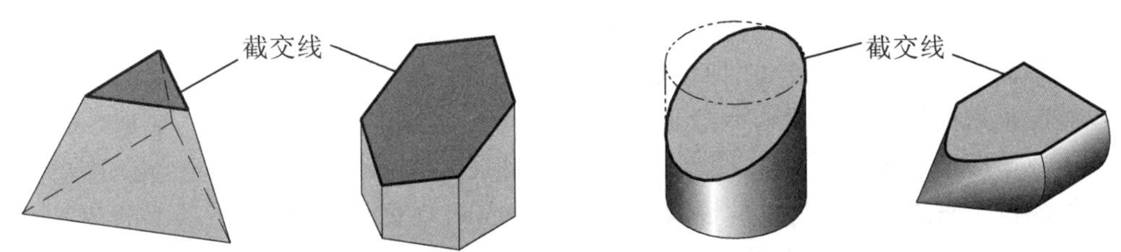

图 3-3　截交的基本概念

(1) 截交线既在截平面上，又在立体表面上，是截平面与立体表面的共有线，截交线上的点是截平面与立体表面的共有点；

(2) 单个截平面与立体表面产生的截交线一定是封闭的平面图形。

因此可知，求作截交线的实质就是求平面与立体表面的共有点，而截交线的形状则取决于立体的形状及截平面与立体的相对位置。

平面与平面立体的截交线，通常为平面多边形。由于平面立体的表面由平面和棱线构成，因此，求作平面与平面立体相交的截交线的方法，可归结为以下两种：

(1) 求出各棱面与截平面的交线，并判断各投影的可见性，即得截交线的投影；

(2) 求出各棱线与截平面的交点，然后依次连接各交点，并判断各投影的可见性，即得截交线的投影。

以上两种方法可根据平面立体的形状及截平面与立体的相对位置等具体情况灵活选用。当截平面与平面立体的底(顶)面相交时，还应求出底(顶)面与截平面的交线，最后补齐立体的轮廓线。

例 3-2 如图 3-4 所示，已知正六棱柱的正面投影和水平投影，并用正垂面 P 截切(图中用双点画线表示被切掉的部分)，试求作正六棱柱被截切后的三面投影。

图 3-4

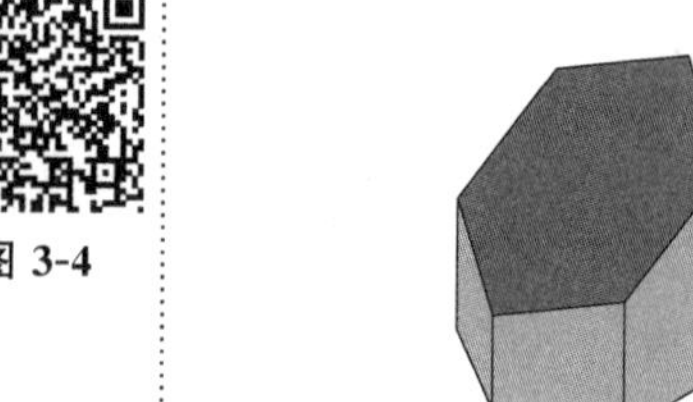

(a) 立体图

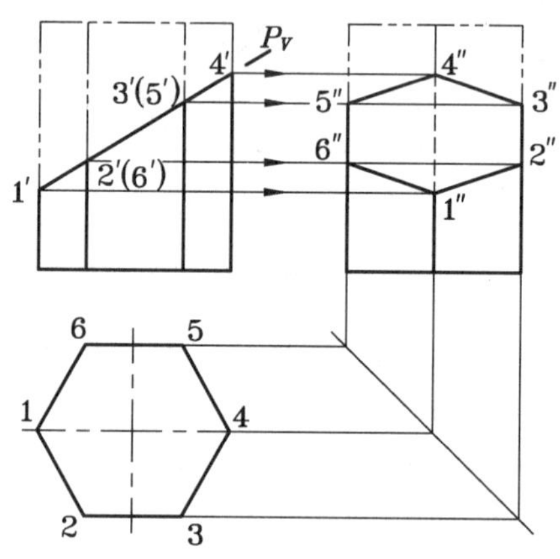

(b) 三面投影图

图 3-4 求作正六棱柱被截切后的投影

解 从 V 面投影可知，截平面 P 与正六棱柱的六个侧面均相交，因此，只要求出六条棱线与 P 面的六个交点，这些交点的连线即为截交线。由于正六棱柱的六条棱线均为铅垂线，其水平投影具有积聚性，截交线的水平投影重合在六棱柱的水平投影上；而截平面 P 为正垂面，正面投影具有积聚性，截交线的正面投影重合在 P_V 上，所以，只需求出截交线的侧面投影即可。具体的作图过程如下。

P 平面与六条棱线的交点、即截交线六个顶点的正面投影为 1′、2′、3′、4′、5′、6′，其水平投影与正六棱柱的水平投影六边形的六个顶点重合，即 1、2、3、4、5、6。根据“高平齐”的投影规律即可求出 1″、2″、3″、4″、5″、6″，连线即可求出截交线的侧面投影。由于 IV 点所在的棱线位于右边，IV 点以下的棱线未被切割，所以，在侧面投影中，4″以下的棱线不可见，用虚线表示。

例 3-3 求图 3-5(a)中三棱柱被穿孔后的侧面投影。

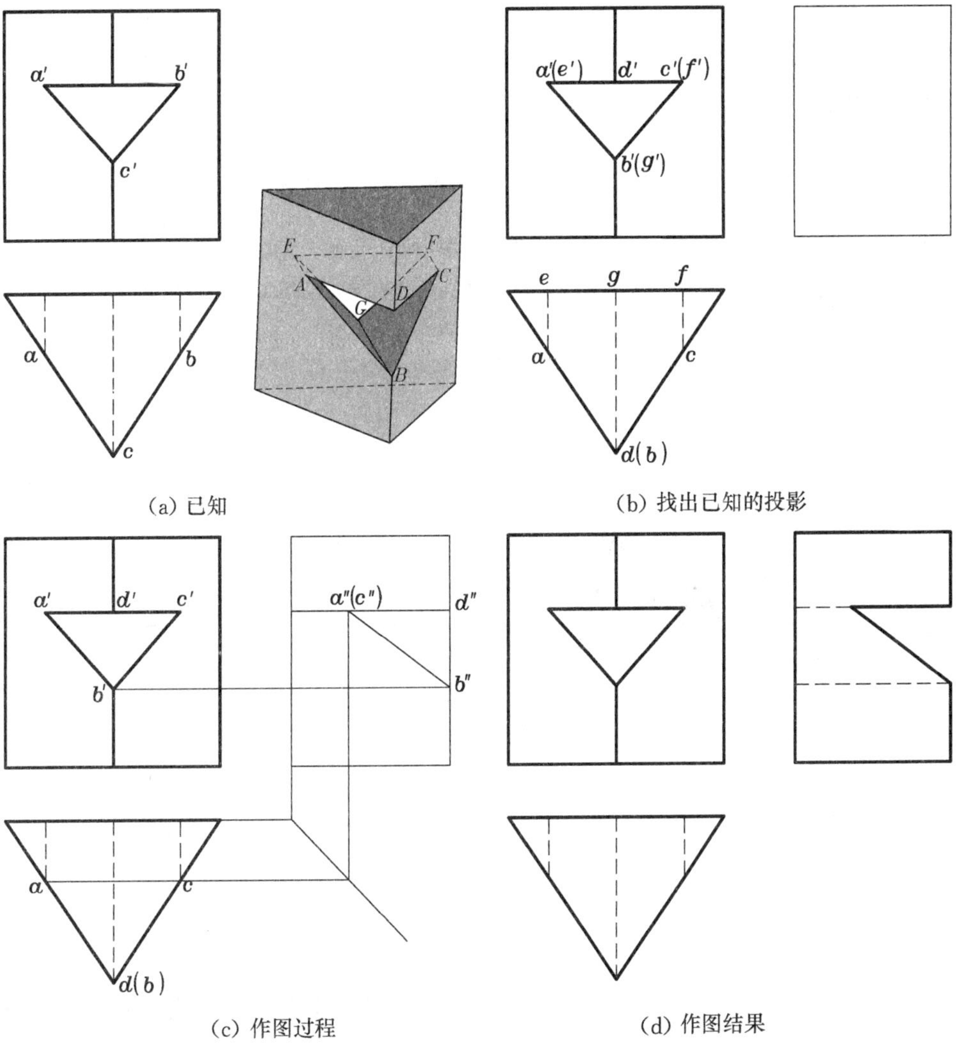

(a) 已知　　(b) 找出已知的投影

(c) 作图过程　　(d) 作图结果

图 3-5　求三棱柱被穿孔后的侧面投影

解　由图 3-5(a)可知这是在直立的大三棱柱上穿了一个小三棱柱孔，为两平面立体表面相交求交线的问题。小三棱柱孔的前方与大三棱柱的两前表面相交，有 4 条交线封闭形成前端口 $ABCD$，后方与大三棱柱后表面相交，形成封闭的三角形后端口 EFG。小三棱柱孔的正面投影具有积聚性，交线 $ABCD$ 和 EFG 的正面投影重合在其正面投影三角形上，可直接找出 a'、b'、c'、d'、e'、f'、g'；大三棱柱的三个侧表面的水平投影具有积聚性，交线 $ABCD$ 与 EFG 的水平投影重合在其水平投影三角形上，可直接找出 a、b、c、d、e、f、g，因此只需求出交线上点的侧面投影。分析过程如图 3-5(b)所示。

大三棱柱的后表面为正平面，其侧面投影具有积聚性，交线 EFG 的侧面投影重合在其积聚性的投影上，则不需专门求出，如图 3-5(c)所示。因为物体左、右对称，所以左、右表面上的交线的侧面投影重合，则只需求出左半部分交线的侧面投影即可。

作图步骤：

(1) 求表面交线。由分析后得到的如图 3-5(c)所示，已知 a'、b'、c'、d' 和 a、b、c、d 可直接求出 a''、b''、c''、d''。

(2) 连线并补全投影。擦去被切割掉的棱线的投影,并补画存在的棱线的投影。由于小三棱柱的三条棱线均不可见,所以画虚线,作图结果如图 3-5(d) 所示。

3.1.2 棱锥

1. 棱锥的投影

图 3-6(a)所示的正三棱锥由四个面组成,从图中可见:底面(△ABC)是水平面,其水平投影反映实形,正面和侧面投影均积聚为直线;左棱面(△SAB)、右棱面(△SBC)都是一般位置平面,其三面投影均为原三角形的类似形;后棱面(△SAC)是侧垂面,其侧面投影积聚为直线,正面投影和水平投影均为△SAC 的类似形。因此,作图时只要求出△ABC 及锥顶点 S 的投影即可。

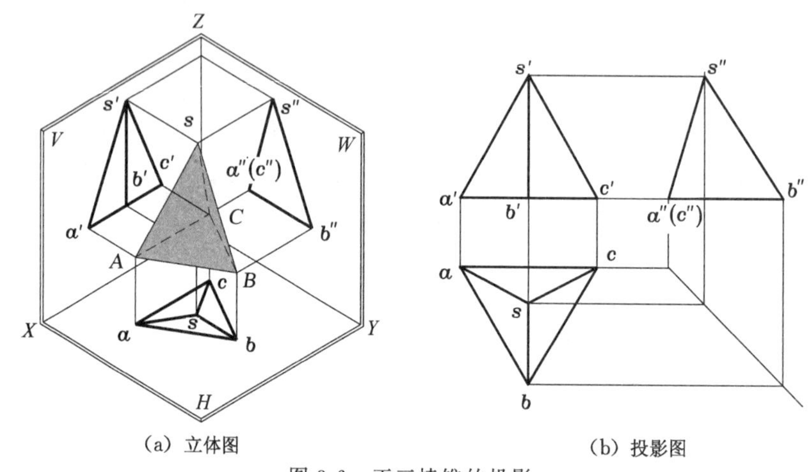

(a) 立体图　　(b) 投影图

图 3-6　正三棱锥的投影

例 3-4　作出图 3-7(a)所示平面立体的三面投影图。

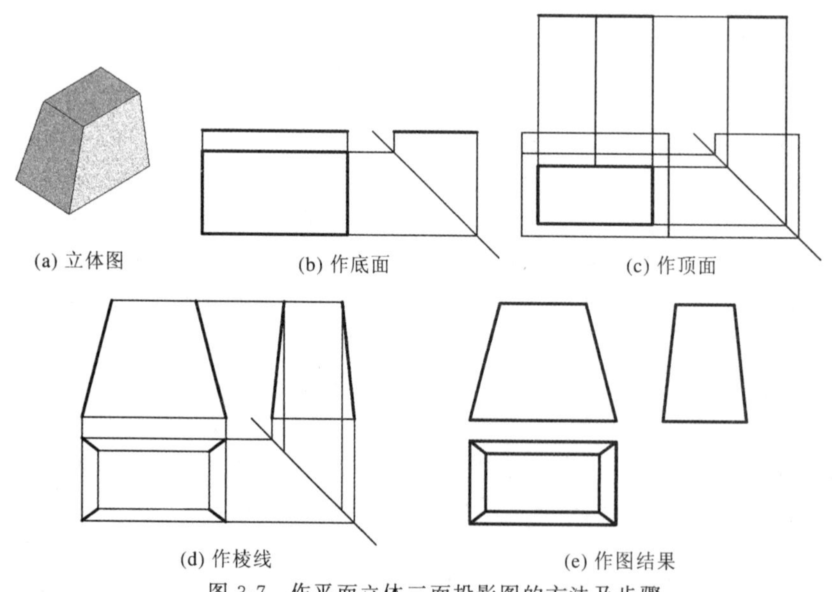

(a) 立体图　(b) 作底面　(c) 作顶面

(d) 作棱线　(e) 作图结果

图 3-7　作平面立体三面投影图的方法及步骤

解　从图 3-7(a)所示的立体图可见，平面立体为一个四棱台，其三面投影图的作图过程：(1) 作四棱台的三面投影图。作图的步骤如图 3-7(b)、(c)、(d)所示；(2) 擦去作图过程线，将可见轮廓线画成粗实线，如图 3-7(e)所示。

2. 表面上的点

例 3-5　如图 3-8(a)所示，已知正三棱锥的三面投影和表面上点 M 的正面投影 m'，试作出其水平投影 m 和侧面投影 m''。

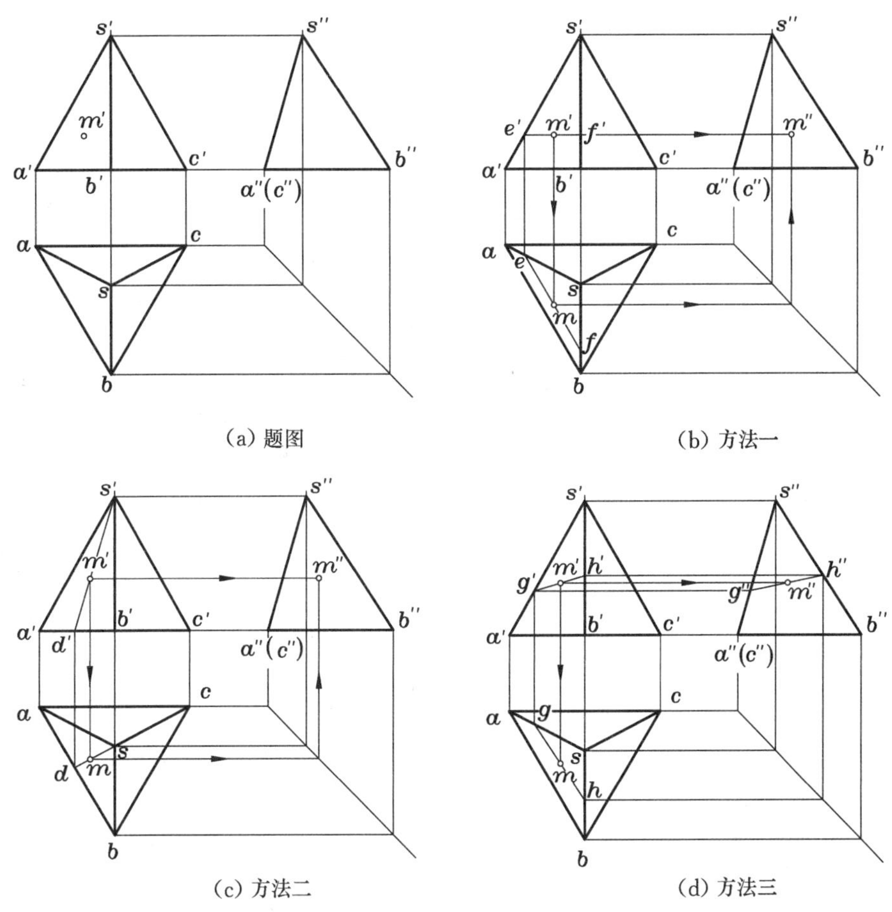

(a) 题图　(b) 方法一　(c) 方法二　(d) 方法三

图 3-8　正三棱锥表面上点的三面投影

解　从图 3-8(a)的正面投影可以看出：由于 m' 可见，M 点必在左前棱面△SAB 上，所以这实际上是已知三角形平面上一点的正面投影、求其水平投影和侧面投影的问题，可通过点 M 在△SAB 上作辅助直线来求解。

方法一：过点 M 作底边 AB 的平行线。如图 3-8(b)所示，过 m' 作平行于 $a'b'$ 的直线，与 $s'a'$、$s'b'$ 分别交于 e'、f'，因 e 在 sa 上，故由 e' 可求出 e。作 ef 平行于 ab 且交 sb 于 f，再从 m' 向下引投影连线与 ef 相交，即可求得 m。再由 m' 和 m 即可求得 m''。由于左前棱面△SAB 在侧面投影中为可见，所以 m'' 可见。

方法二：将点 M 与顶点 S 相连。如图 3-8(c)所示，将 s' 与 m' 相连，并延长到与底

边 $a'b'$ 相交于 d'，可得 $s'd'$，从而求出 D 点的水平投影 d。将 s 与 d 相连，再从 m' 向下引投影连线与 sd 相交，即可求得 m。再由 m' 和 m 即可求得 m''。

方法三：过点 M 作棱面上的任意直线。如图 3-8(d)所示，过 m' 作任意直线，与 $s'a'$ 交于 g'，与 $s'b'$ 交于 h'。因 G，H 两点分别位于棱线 SA、SB 上，故可作出 g''、h''，连接 g'' 与 h''，然后求出其水平投影 g、h，连接 g 与 h。再从 m' 分别向右、向下引投影连线，与 $g''h''$ 相交可求得 m''，与 gh 相交可求得 m（此方法较为复杂）。

3. 平面与棱锥相交

例 3-6 如图 3-9(a)所示，完成三棱锥被水平面截切后的投影。

图 3-9

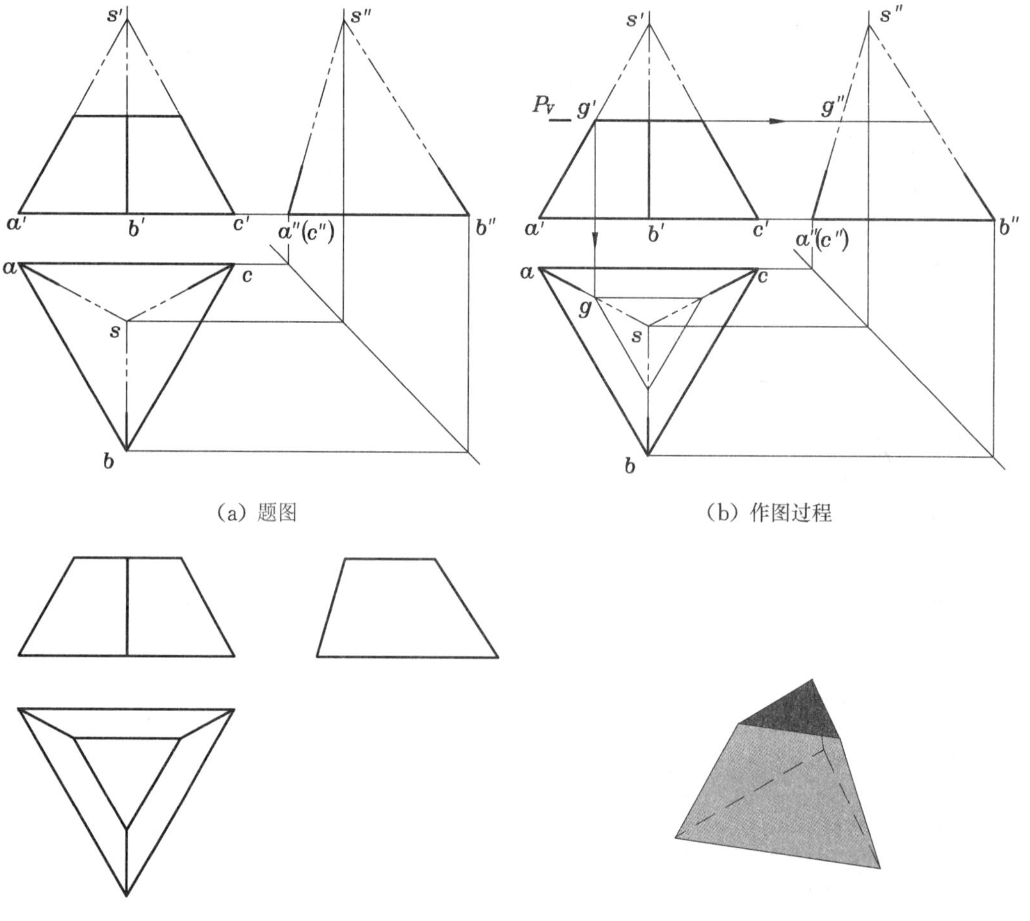

(a) 题图

(b) 作图过程

(c) 作图结果

(d) 立体图

图 3-9 求作三棱锥被水平面截切后的投影

解 由于截平面平行于三棱锥的底面 ABC，所以三棱锥被截切后所形成的截交线是一个与底面三角形 ABC 的边分别对应平行的相似三角形，求出这个三角形的投影，即截交线的投影。具体的作图过程如图 3-9(b)所示：

(1) P_V 与 $s'a'$ 交于点 g'，点 G 在 SA 上，根据直线上点的投影规律，求出点 G 的水

平投影 g；

(2) 过 g 作一三角形，其三边分别与 ab、bc、ac 平行；

(3) 过 g' 向右作投影连线得 g''，过 g'' 作一直线与 $s''b''$ 相交；

(4) 加粗截交线的投影以及存留的棱线投影，作图结果如图 3-9(c)所示。

例 3-7　如图 3-10(a)所示，完成三棱锥被两平面截切后的投影。

解　从图 3-10(a)中三棱锥的正面投影可以看出：三棱锥被一个水平面和一个正垂面截切，三棱锥的三条棱线被切掉的一段画成双点画线，而在水平投影和侧面投影中，在未确定被切掉的一段棱线的投影之前，三条棱线的投影也都画成双点画线。

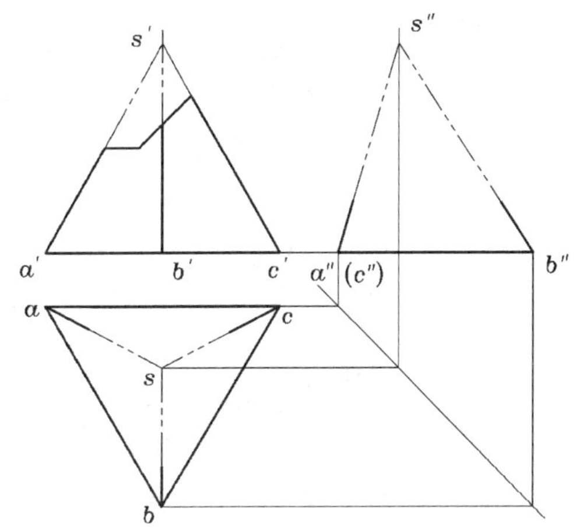

(a) 题图

(b) 求水平截面的截交线

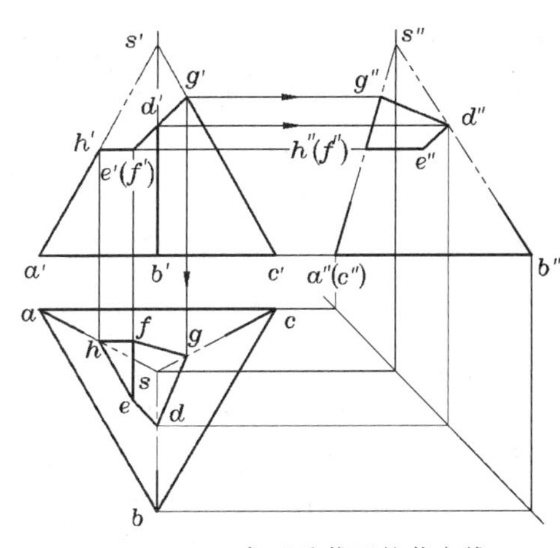

(c) 求正垂截面的截交线

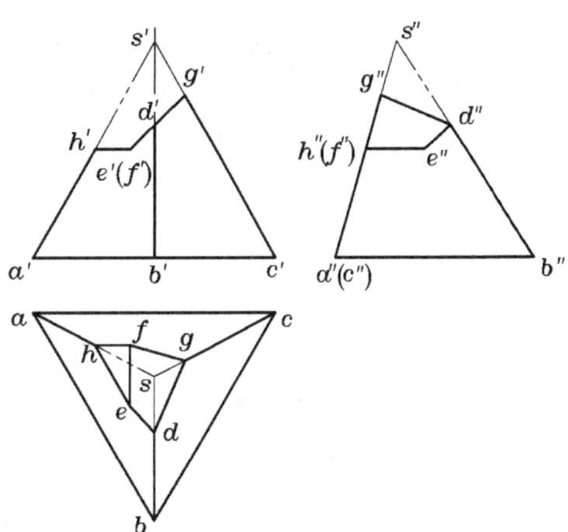

(d) 作图结果和立体图

图 3-10　求作三棱锥被两平面截切后的投影

求作两个及两个以上的平面截切平面立体的截交线时，应分别求出每个平面与立体表面的交线和平面与平面之间的交线。可采用扩大截平面的方法，先假想一个截平面将立体全部截切，求出断面的投影，再根据“三等规律”，留取截平面有限范围的投影。

水平面只切割了部分三棱锥，与棱面 SAB、SAC 的交线分别为 HE、HF，正垂面分别与棱线 SB、SC 相交于 D、G 两点，即与棱面 SAB、SBC、SAC 相交于直线 ED、DG、FG。由于两个截平面都垂直于正投影面，所以它们的交线 EF 一定是正垂线。画出这些交线的投影，也就完成了截交线的投影。具体的作图过程如图 3-10 所示。

(1) 求水平截平面与三棱锥表面的交线，作图过程如图 3-10(b)所示。由于水平截平面平行于三棱锥的底面，所以，截平面与三棱锥表面的交线应分别平行于底面的底边。假想将水平面扩大，三棱锥被全部截切，则截交线为与底面 ABC 平行的三角形 HIJ，即 $HI /\!/ AB$、$HJ /\!/ AC$、$IJ /\!/ BC$。由已知的正面投影，根据“三等规律”，在 H 面投影中留取截平面有限的范围，即 hf、he 线段。水平面的侧面投影具有积聚性，为一直线，由 f、f' 和 e、e' 分别求出 f''、e''，连接 $f''e''$，即求出水平面与三棱锥表面的交线。

(2) 求正垂截平面与三棱锥表面的交线，作图过程如图 3-10(c)所示。先求出正垂截平面与棱线 SB、SC 的交点，在正面投影中，正垂截平面与 $s'b'$ 交于 d' 点，与 $s'c'$ 交于 g' 点，由 d'、g' 求出 d、d''、g、g''。分别连接 ED、DG、GF 的水平投影和侧面投影，即求出正垂截平面与三棱锥表面的交线。

(3) 求两个截平面的交线。两个截平面都垂直于正投影面，所以交线 EF 为正垂线，正面投影积聚为一点 $e'(f')$，水平投影为 ef 连线，侧面投影为 $e''f''$ 连线，与水平截平面重合。

(4) 用粗实线加粗保留部分的棱线 AH、DB、GC 段的水平投影和侧面投影，作图结果和立体图如图 3-10(d)所示。

3.2 基本曲面立体及其切割

回转体是由回转面或由回转面与平面所围成的一种曲面立体，而回转面则是由平面图形绕与其共面的轴线回转而成。如图 3-11(a)所示，定线 O-O 称为回转轴线，动线 AB 称为母线，母线绕轴线回转所形成的曲面就是回转面。母线在回转面上的任意位置称为素线，母线上任意一点的轨迹都是圆，称为纬圆，其半径就等于母线上该点到轴线的距离。在所有的纬圆中，比相邻纬圆都大的圆，称为赤道圆；而比相邻纬圆都小的圆，则称为喉圆。由于纬圆所在的平面垂直于回转轴线，因此纬圆也可看成是垂直于回转轴线的平面与回转体表面的交线。

图 3-11(a)所示回转体的表面由回转面和上、下底面构成，其三面投影如图 3-11(b)所示。在水平投影面上，赤道圆、喉圆和上、下底面的投影都是反映实形的同心圆，喉圆和下底面圆被上底面和赤道圆档住，为不可见，用虚线表示。因赤道圆和喉圆分别确定了回转体 H 面投影的最大、最小轮廓，故被称为该回转体对 H 面的转向轮廓线(由可见转向不可见的线)，简称为转向线。在正投影面上，上、下底圆面的投影积聚为直线 $a'c'$ 和 $b'd'$，左右两条轮廓线 $a'b'$ 和 $c'd'$ 是最左、最右的两条素线 AB、CD 的投影，显然，AB、CD 是该回转体对 V 面的转向线。同理，EF、GH 是该回转体对 W 面的转向线。

转向线是回转体表面上可见部分与不可见部分的分界线，对求作点的投影和判断其

可见性非常有用。转向线的投影特点是：对不同的投影面，其转向线是各不相同的，而且一个投影图上的转向线的投影，往往对应于另外的投影图上的轴线或对称中心线，如图 3-11(b)中对 V 面的转向线的投影 $a'b'$ 和 $c'd'$，在侧面投影图中对应轴线，在水平投影图中则对应对称中心线。

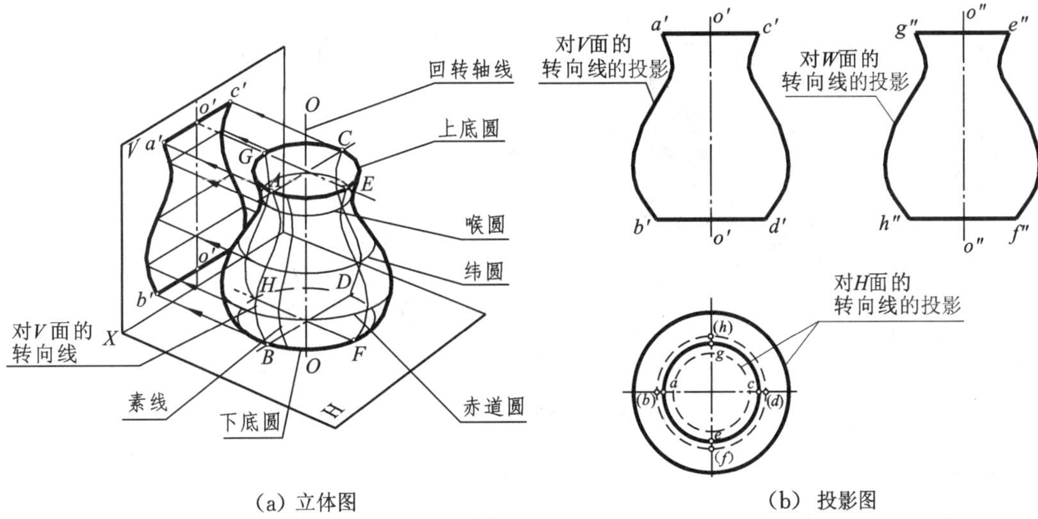

(a) 立体图　　(b) 投影图

图 3-11　回转体的形成及投影

3.2.1　圆柱体

1. 圆柱体(简称圆柱)的形成

如图 3-12(a)、(b)所示，圆柱由圆柱面和上、下两个底面(圆形平面)所围成，其中圆柱面可以看成是直线 AA_1 绕与其平行的 OO_1 轴线旋转一周而形成。直线 OO_1 称为回转轴，直线 AA_1 称为母线，母线的任意位置线称为素线。

2. 圆柱的投影

图 3-12(c)所示的圆柱轴线是铅垂线。因此，圆柱面上的素线都是铅垂线，其水平投影为一圆周，具有积聚性。圆柱面上的任何点和线的水平投影都积聚在这个圆周上。

圆柱正面投影的左右两条轮廓线 $a'a_1'$ 和 $b'b_1'$ 是圆柱面上最左、最右素线 AA_1 和 BB_1 的投影，我们称之为对 V 面的转向轮廓线。其水平投影为积聚在圆周上的左右两点，侧面投影与圆柱面轴线的侧面投影重合，图上不必画出。

圆柱侧面投影的轮廓线 $c''c_1''$ 和 $d''d_1''$ 是圆柱面上最前、最后素线 CC_1 和 DD_1 的投影，也称圆柱面对 W 面投影的转向轮廓线。其水平投影积聚在圆周上的前后两点，正面投影和圆柱轴线的正面投影重合，图上不必画出。

因圆柱的上下底面平行于水平面，故其水平投影反映实形(与圆柱面的水平投影重合)，正面和侧面投影分别积聚为直线，直线的长度等于圆的直径，而两直线之间的距离即

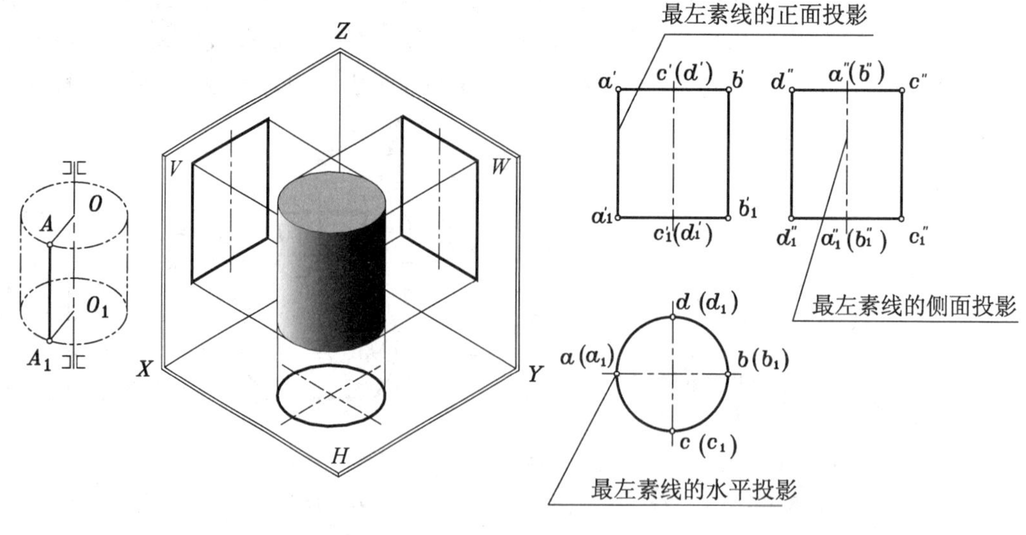

（a）形成方式　　（b）立体图　　（c）投影图

图 3-12　圆柱的形成及投影

为圆柱的高度。

关于圆柱投影的可见性问题，从图 3-12(c)可知，对正面投影来说，以最左、最右素线 AA_1、BB_1(转向轮廓线)为界，前半部分圆柱面可见，后半部分圆柱面不可见；对侧面投影来说，以最前、最后素线 CC_1、DD_1(转向轮廓线)为界，左半部分圆柱面可见，右半部分圆柱面不可见。

画图时，应先画出圆柱体各个投影的中心线、轴线，然后画出投影为圆的水平投影，最后画出投影为矩形的正面投影和侧面投影。

3. 表面上的点

在求作圆柱表面上点的投影时，除了可以利用转向线的投影特点之外，还可利用圆柱面的积聚性进行作图。

例 3-8　如图 3-13(a)所示，已知圆柱面上 A、B、C、D、E、F 点的正面投影，试求作其水平投影和侧面投影。

解　由图 3-13(a)所示的题图可知，A、B、C、D 点为特殊点，利用转向线的投影特点和“长对正、高平齐、宽相等”的投影规律，再注意到点的投影的可见性，就能很容易地求出 A、B、C、D 点的水平投影 a、b、c、d 和侧面投影 a''、b''、c''、d''，因 D 点位于右半圆柱上，故其侧面投影(d'')为不可见，如图 3-13(b)所示。

对 E、F 这两个一般点，可利用圆柱面水平投影的积聚性，先按照“长对正”求出其水平投影 e、f，再按照“高平齐”和“宽相等”求出其侧面投影 e''、f''。

根据 F 点的正面投影(f')，可以判断F 点位于圆柱面的右后方，因此其水平投影必在圆柱水平投影的后半个圆周上，而且其侧面投影(f'')为不可见，如图 3-13(c)所示。

思考题：在图 3-13(a)中，若已知点的水平投影，能否唯一地确定其他两个投影？为什么？

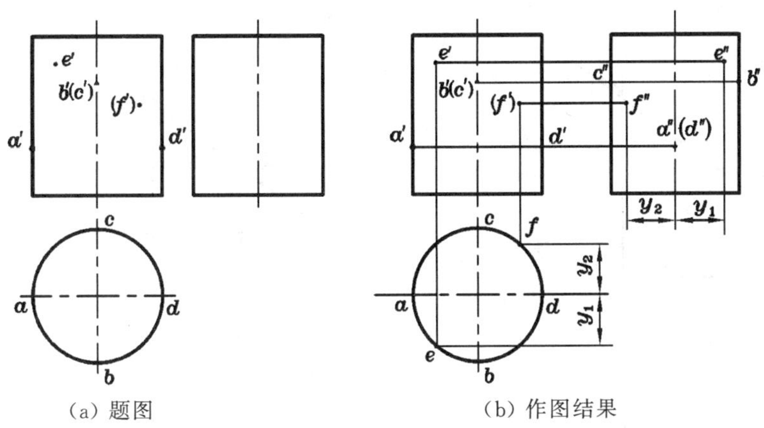

(a) 题图　　(b) 作图结果

图 3-13　圆柱表面上点的投影

4. 平面与圆柱相交

平面截切圆柱时，根据截平面与圆柱轴线所处的相对位置不同，截交线可能有三种不同的形状：圆、椭圆或两条平行直线，具体的图例如表 3-1 所示。

表 3-1　平面截切圆柱的截交线

截平面位置	与轴线垂直	与轴线平行	与轴线倾斜
立体图			
投影图			
截交线	圆	矩形	椭圆

例 3-9　如图 3-14(a)所示，根据圆柱的正面投影和水平投影，画出其侧面投影。

解　由图 3-14(a)可见，圆柱被倾斜于圆柱轴线的平面P截切，截交线的空间形状为椭圆，但由于圆柱的轴线垂直于 H 面，所以圆柱面的水平投影具有积聚性，而截交线是圆柱面上的线，所以截交线的水平投影与圆柱面的水平投影圆周重合。又因截平面 P 为正垂面，其正面投影具有积聚性，而截交线又是 P 面上的线，所以截交线的正面投影重合在 P_V 上。由于截平面 P 对侧投影面倾斜，所以截交线的侧面投影是椭圆，必须求出截平面 P 与圆柱面的若干共有点才能画出。具体的作图过程如下。

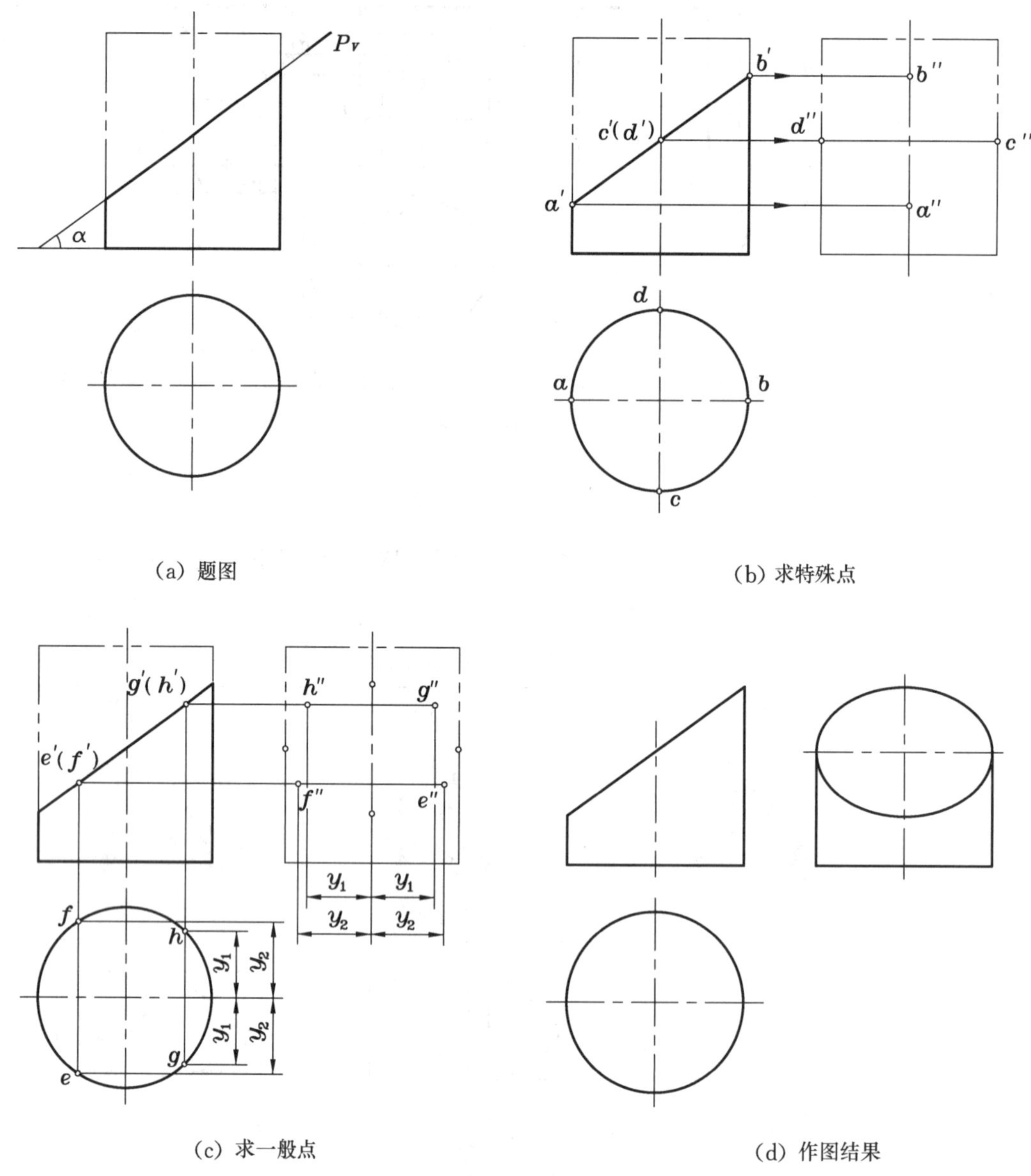

(a) 题图

(b) 求特殊点

(c) 求一般点

(d) 作图结果

图 3-14 平面斜截圆柱的截交线的画法

(1) 求特殊点。补画出完整圆柱体的侧面投影后，先求出截交线上的特殊点。特殊点是指截交线上能决定其大致范围的最高、最低、最前、最后、最左、最右点以及转向轮廓线上的点(有时可能重合)，如图 3-14(b)中，转向轮廓线上的点 A、B、C、D 既是椭圆长短轴的端点，也是截交线上的最低(最左)、最高(最右)、最前、最后点。根据它们的正面投影，可求得椭圆上特殊点的侧面投影。特殊点对确定截交线的范围、趋势、判断可见性以及准确地求作截交线具有重要的作用，作图时必须首先求出。

(2) 求一般点。截交线上除特殊点以外的点均称为一般点，求出一定数量的一般点可使作图较为准确。图 3-14(c)表示了求一般点 E、F、G、H 的作图方法，先在已知截交线的正面投影上任取两对重影点的正面投影 $e'(f')$、$g'(h')$，然后根据“三等规律”作出

e、f、g、h 及 e''、f''、g''、h''。

(3) 完成截交线的侧面投影。在求出足够共有点的侧面投影后，光滑连接各点，擦去多余线条，即完成作图，如图 3-14(d)所示。

此外还应注意，在本例中，虽然截交线的空间形状是椭圆，但椭圆的侧面投影会随着截平面与 H 面的夹角 α 的大小而变化(其中 $c''d''$的长度不变，恒等于圆柱的直径)：

当 $\alpha<45°$时，$c''d''>a''b''$，侧面投影是以 $c''d''$为长轴、$a''b''$为短轴的椭圆；

当 $\alpha>45°$时，$c''d''<a''b''$，侧面投影是以 $a''b''$为长轴、$c''d''$为短轴的椭圆；

当 $\alpha=45°$时，$c''d''=a''b''$，侧面投影为圆，其半径就是圆柱的半径。

例 3-10　如图 3-15(a)所示，试求作空心圆柱被平面截切后的投影。

解　空心圆柱有内、外两个圆柱面，外圆柱面截交线的求法与第 4 章中例 4-4 相同。用同样的方法也可作出 P 平面与内圆柱面截交线的侧面投影(注意内圆柱面的 W 面转向轮廓线要画成虚线)，作图结果及立体图，如图 3-15(b)所示。

图 3-15

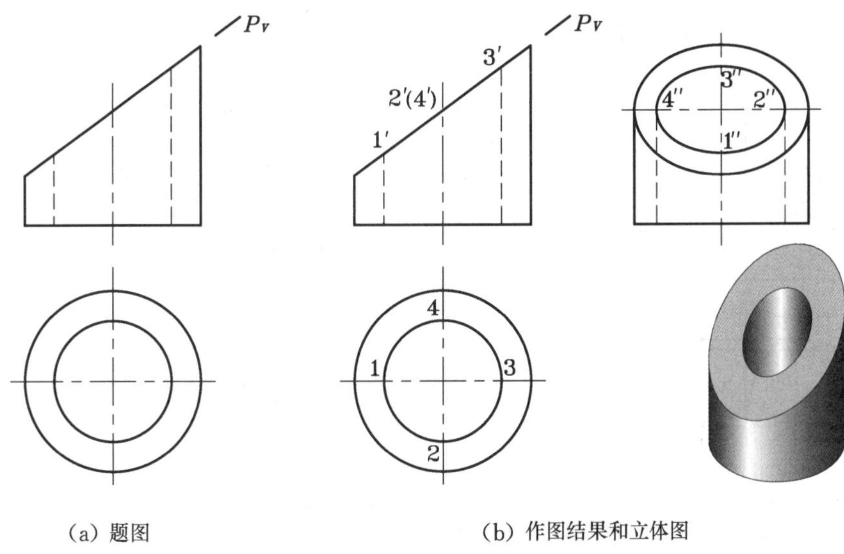

图 3-15　求作空心圆柱的截交线

例 3-11　画出图 3-16(a)所示圆柱被截切以后的投影。

解　完整圆柱的轴线垂直于侧投影面，圆柱被正垂面 Q 和水平面 R 截切，截平面 R 与轴线平行，其截交线为两条平行的素线；截平面 Q 与轴线倾斜，其截交线为椭圆。截平面 R 与 Q 相交于直线段 BD，如图 3-16(b)所示。因为各截平面的正面投影都具有积聚性，所以各条截交线的正面投影分别与 Q_V、R_V 重合，只要作出圆柱被截切以后的水平投影和侧面投影即可。具体的作图过程如下。

(1) 求截平面 Q 的截交线。截平面 Q 倾斜于圆柱的轴线，与圆柱表面的截交线是完整椭圆的一部分。由于圆柱的侧面投影具有积聚性，所以，截交线上点的侧面投影 b''、h''、e''、g''、d''都在圆周上。根据部分椭圆的正面投影和侧面投影，可以作出其水平投影，如图 3-16(c)所示。

(2) 求截平面 R 的截交线。截平面 R 平行于圆柱的轴线，与圆柱表面的截交线是两条与轴线平行的素线 AB、CD。根据其侧面投影 $c''(d'')$、$a''(b'')$和正面投影 $a'(c')$、

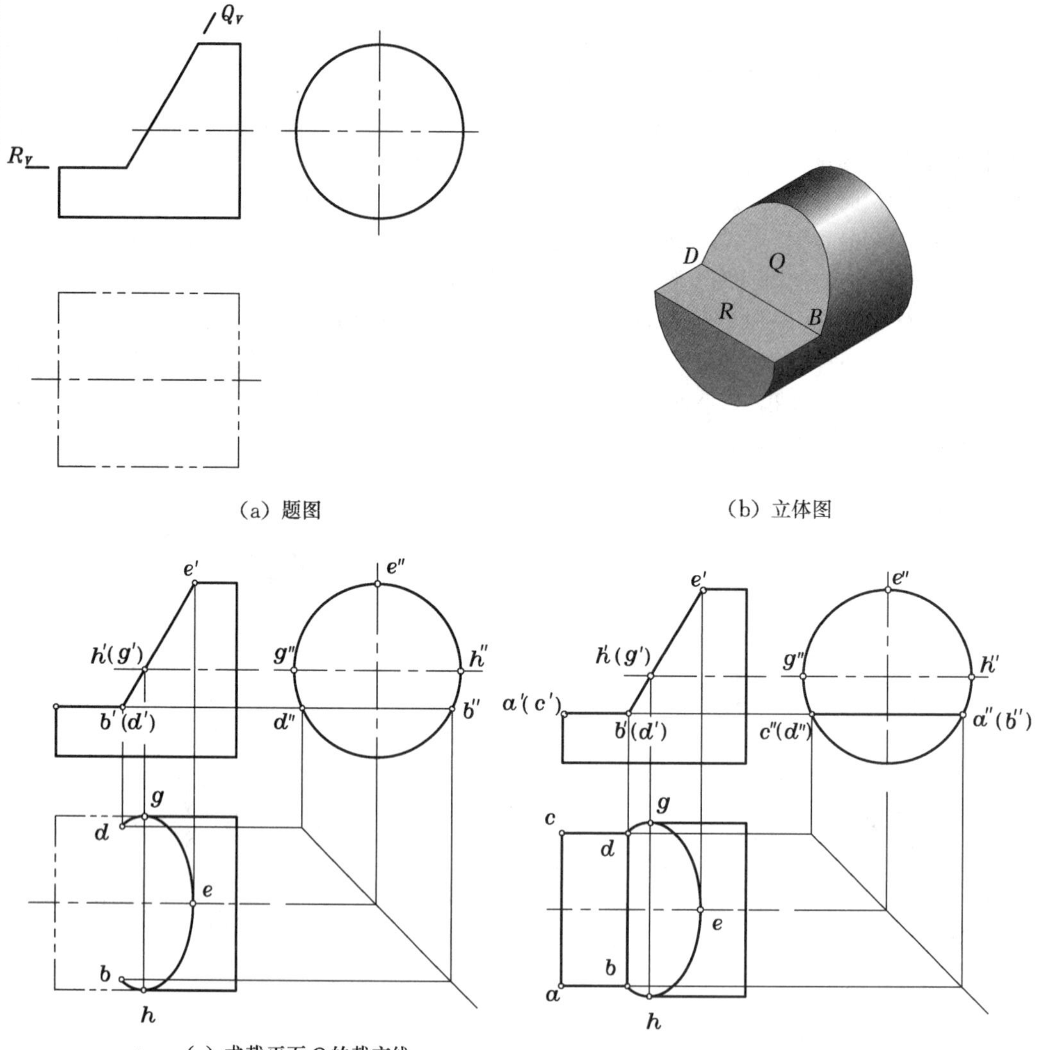

(a) 题图

(b) 立体图

(c) 求截平面Q的截交线

(d) 求截平面R的截交线及作图结果

图 3-16

图 3-16　求作圆柱被二个平面截切的投影

$b'(d')$，可求得 AB、CD 两条素线的水平投影 ab、cd，如图 3-16(d)所示。

(3) 作截平面 R 与截平面 Q 的交线。由于截平面 R，Q 均垂直于正投影面，所以 R、Q 平面的交线 BD 为正垂线，连接 bd，如图 3-16(d)所示。

(4) 完成轮廓线的投影。擦去水平投影上被切去的两段轮廓线，即完成截交线的投影。

例 3-12　如图 3-17(a)所示，已知带矩形切口的圆柱的正面投影和侧面投影，试求作其水平投影。

解　由图 3-17(a)、(b)可以看出，圆柱的矩形切口是由两个平行且对称于圆柱轴线的截平面 Q、R 和一个垂直于圆柱轴线的截平面 S 截切而成，所以圆柱上的截交线是由这三个平面截切的三段截交线所组成。截平面 Q、R 平行于圆柱的轴线，其截交线为圆柱面上的四条素线，截平面 S 垂直于圆柱的轴线，其截交线为圆的一部分，如图 3-17(b)所示。因 Q、R 是水平面，S 是侧平面，所以 Q_V、R_V、S_V 都具有积聚性，故截交线的正面

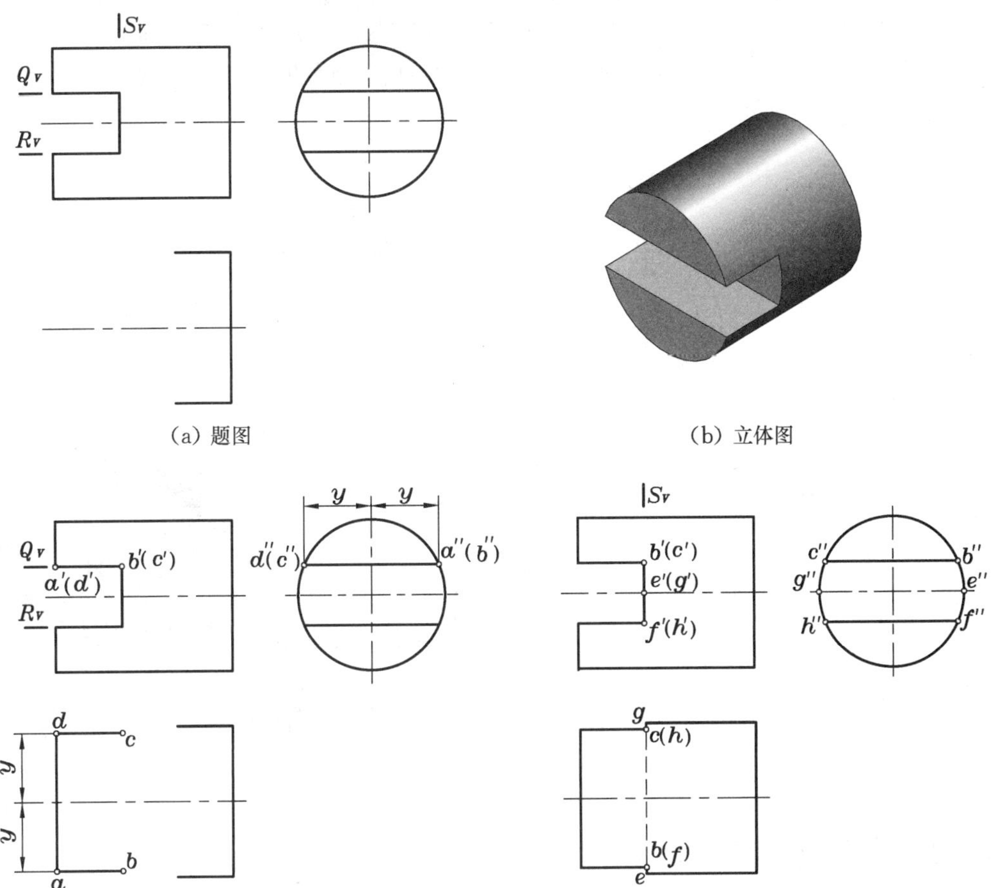

(a) 题图　　(b) 立体图

(c) 求截平面 Q、R 平面的截交线　　(d) 求截平面 S 的截交线及作图结果

图 3-17　求作圆柱矩形切口的投影

图 3-17

投影与 Q_V、R_V、S_V 重合。又因圆柱的侧面投影具有积聚性，截交线的侧面投影与圆周重合，故只需求出截交线的水平投影即可。具体的作图过程如下。

(1) 作截平面 Q、R 的截交线。如图 3-17(a)、(b)所示，截平面 Q、R 与圆柱的轴线上下对称，其截交线的水平投影互相重合，故只需求出截平面 Q 与圆柱的截交线 AB、CD 即可。素线 AB 和 CD 的正面投影 $a'b'$、$c'd'$ 积聚在 Q_V 上，侧面投影积聚在圆周上成为两个点 $a''(b'')$ 和 $d''(c'')$。根据 $a'b'$、$c'd'$ 和 $a''(b'')$、$d''(c'')$ 可求出 ab、cd，如图 3-17(c)所示。

(2) 作截平面 S 的截交线。截平面 S 与圆柱的截交线为前、后两段圆弧 BEF、CGH，其侧面投影 $b''e''f''$ 和 $c''g''h''$ 重合于圆周上，正面投影 $b'e'f'$ 和 $(c'g'h')$ 积聚在 S_V 上，水平投影积聚为一条直线 $be(f)$ 和 $cg(h)$。因切口是前后穿通的，截平面 S 水平投影的中间有一部分不可见，故 bc 段应画成虚线，作图结果如图 3-17(d)所示。

例 3-13　如图 3-18(a)所示，已知带矩形切口的空心圆柱的正面投影和侧面投影，试求作其水平投影。

解　与例 3-12 进行比较可知，本例的圆柱体只是增加了一个内圆柱面，因此在作图时，只需在例 3-12 结果的基础上，用同样的方法作出截平面 Q、R、S 与内圆柱面相交后产生的截交线的水平投影即可。在作图时应注意：截平面 S 分为前、后两部分，虚线 bc 只画 $c(1)$ 和 $b(2)$ 两段直线；内外圆柱面水平投影的转向轮廓线在切口范围内的一段都已被切去，如图3-18(b)所示。

图 3-18

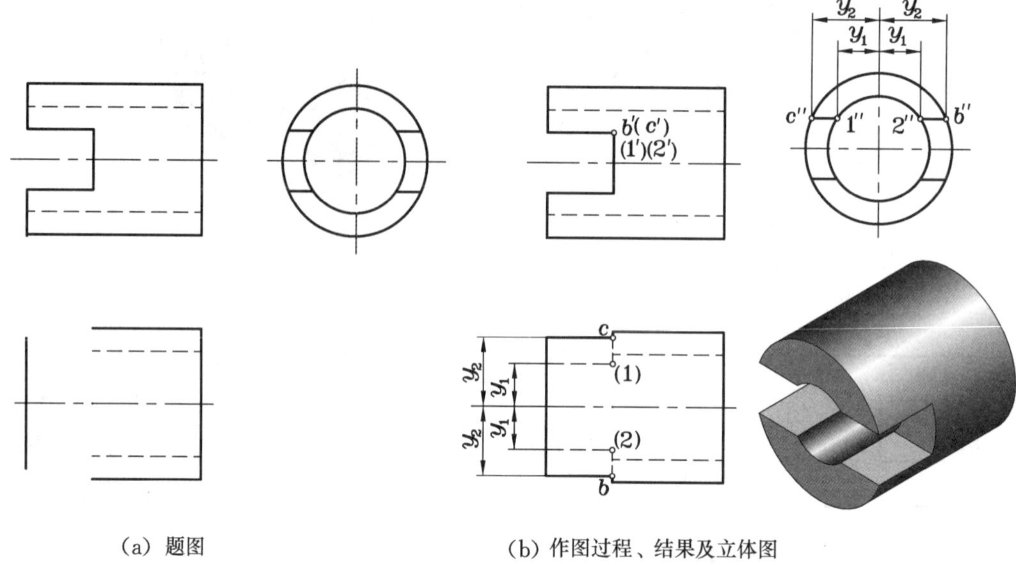

(a) 题图

(b) 作图过程、结果及立体图

图 3-18 求作空心圆柱矩形切口的投影

3.2.2 圆锥体(简称圆锥)

1. 圆锥的形成

如图 3-19(a)所示，圆锥由圆锥面和底面所围成。圆锥面可以看成是由直线 SA 绕与它相交的轴线 SO 旋转一周而形成。SA 称为圆锥的母线，圆锥面上通过顶点 S 的任一直线称为素线。

2. 圆锥的投影

图 3-19(b)、(c)所示为一轴线垂直于水平面的正圆锥。

圆锥的水平投影是与底面相等的圆。

圆锥正面投影的轮廓线 $s'a'$、$s'b'$是圆锥面上最左、最右素线 SA、SB 的投影，也称为圆锥面上对 V 面投影的轮廓转向线。这两条素线是正平线，其水平投影与圆锥面水平投影的圆的横向中心线重合，侧面投影与圆锥轴线的侧面投影重合，图上不必画出。

圆锥侧面投影的轮廓线 $s''c''$、$s''d''$是圆锥面上最前、最后素线 SC、SD 的投影，也称为圆锥面上对 W 面的轮廓转向线。这两条素线是侧平线，它们的水平投影和圆的竖向中心线重合，正面投影和圆锥轴线的正面投影重合，图上不必画出。

圆锥底面平行于水平面，其水平投影反映实形，其余两个投影都积聚为直线段，画图时，先用点画线画出各个投影的中心线、轴线，其次画出圆的投影，再按圆锥体高度画出其

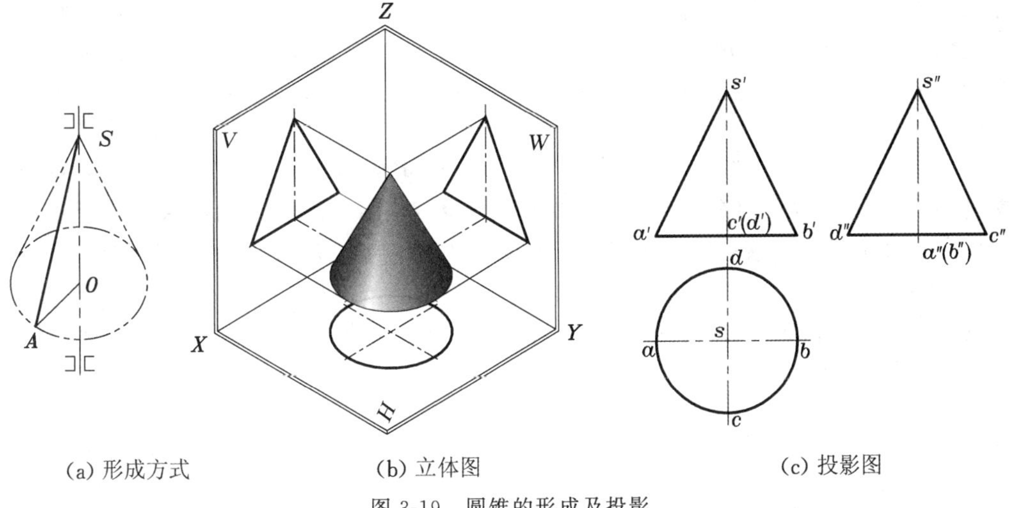

(a) 形成方式　　(b) 立体图　　(c) 投影图

图 3-19　圆锥的形成及投影

余两个投影。

关于圆锥投影的可见性问题，从图 3-19(c)可知，对正面投影来说，以最左、最右素线 SA、SB(转向轮廓线)为界，前半部分圆锥面可见，后半部分圆锥面不可见；对侧面投影来说，以最前、最后素线 SC、SD(转向轮廓线)为界，左半部分圆锥面可见，右半部分圆锥面不可见；圆锥面的水平投影可见，而底面的水平投影则不可见。

3. 表面上的点

由于圆锥面的投影没有积聚性，所以在求作圆锥面上一般点的投影时，必须利用辅助素线法或辅助平面法，先在圆锥面上作包含这个点的投影的直线(辅助素线)或圆(纬圆)，并求出这条直线(或圆)的其他投影，然后再利用点在线上投影的“从属性”，求出点的其他投影。

例 3-14　如图 3-20(b)所示，已知圆锥面上 K 点的正面投影 k'，试求作其水平投影和侧面投影。

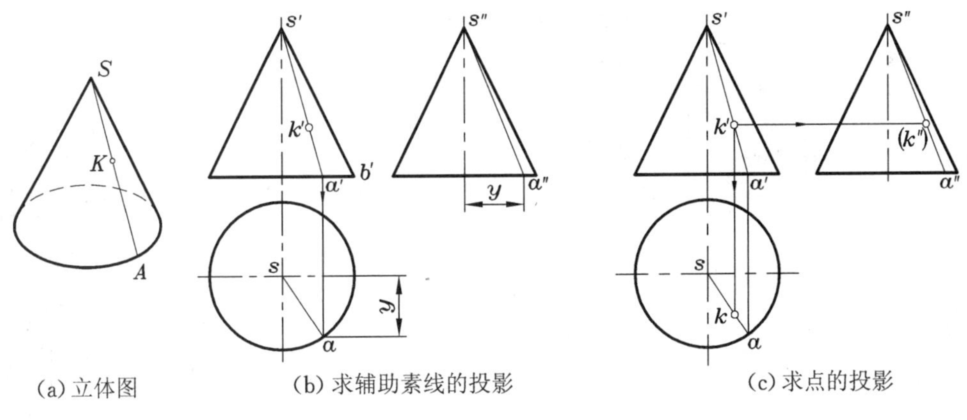

(a) 立体图　　(b) 求辅助素线的投影　　(c) 求点的投影

图 3-20　用素线法求圆锥面上点的投影

解　因 K 点是圆锥面上的一般点，故可用辅助素线法或辅助平面法求解。

(1) 辅助素线法(素线法)。如图 3-20(a)所示，在圆锥面上过锥顶 S 和 K 点作一辅助素线 SA，相当于在正面投影图上连接 $s'k'$，并延长交底圆于 a'，根据 k' 为可见判断出

辅助素线 SA 位于锥面的右前方，由此可求出其水平投影 sa；并可按照“宽相等”求出其侧面投影$s''a''$，如图 3-20(b)所示。然后利用点在线上投影的“从属性”(即 K 点在 SA 上，其投影也在 SA 的同面投影上)，可由 k'求出k 和k''。因为 K 在右半圆锥面上，所以(k'')为不可见，如图3-20(c)所示。

(2) 辅助平面法(纬圆法)。如图 3-21(a)所示，过 K 点作一辅助水平面，与圆锥面的交线是一个水平圆(即纬圆)，相当于在正面投影图上过 k'作水平线，得水平圆的正面投影$1'2'$，并根据投影关系求得水平圆的水平投影(以 $s1$ 为半径的圆)和侧面投影 $1''2''$，如图 3-21(b)所示。然后利用“长对正、高平齐、宽相等”的投影规律，可由 k'求得其水平投影 k 和侧面投影 k''。根据 k'为可见，判断出 K 点位于锥面的右前方，故(k'')为不可见，如图3-21(c)所示。

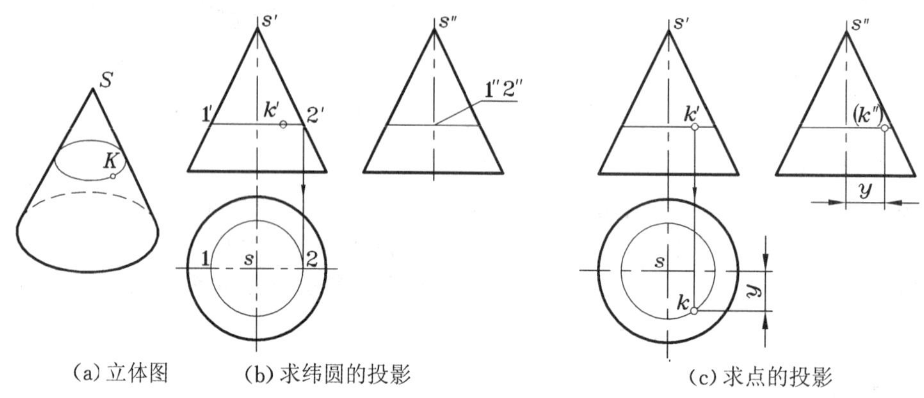

图 3-21　用纬圆法求圆锥面上点的投影

4. 平面与圆锥相交

当平面与圆锥相交时，由于截平面与圆锥轴线相对位置的不同，其截交线可能是圆、椭圆、抛物线、双曲线或两条相交直线，具体的图例如表 3-2 所示。

表 3-2　平面截切圆锥的截交线

截平面位置	与轴线垂直	与轴线倾斜	与素线平行	与轴线平行	过锥顶
立体图	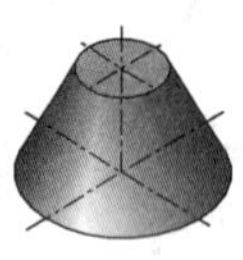	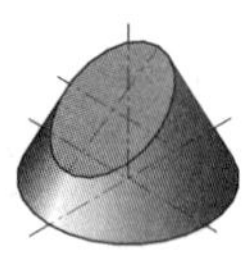	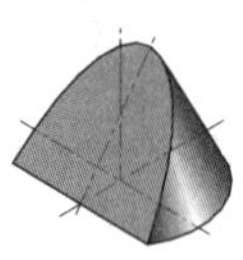	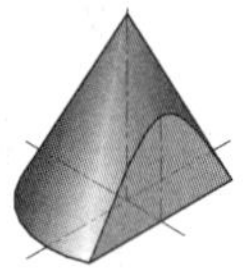	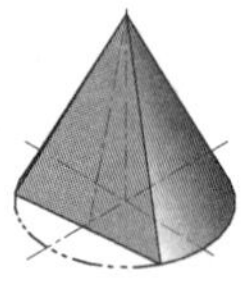
投影图	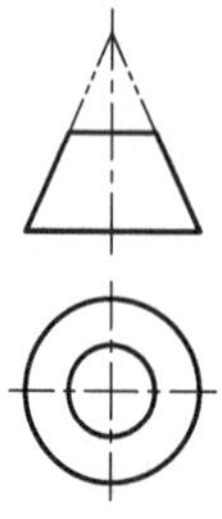	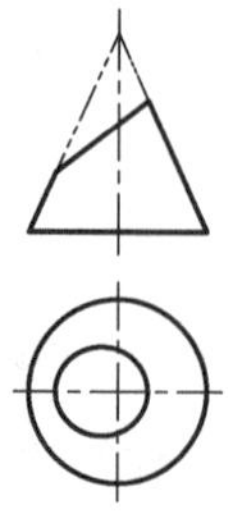	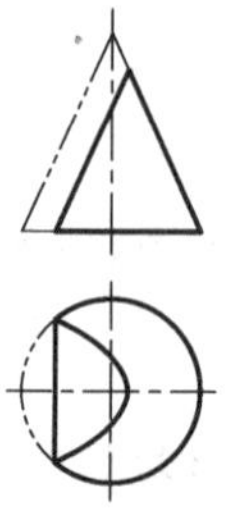	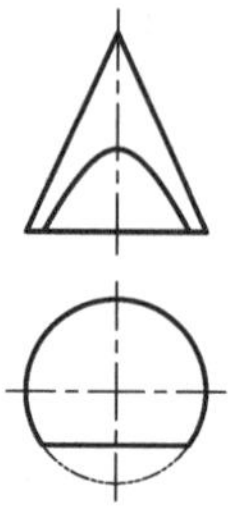	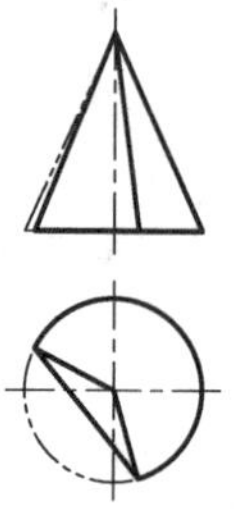
截交线	圆	椭圆	抛物线	双曲线	三角形

例 3-15　如图 3-22(a)所示，试求作正平面与圆锥的截交线。

解　如图 3-22(a)、(b)所示，圆锥的轴线为铅垂线，因为截平面 P 与圆锥的轴线平行，所以截交线 AEB 是双曲线；又因截平面 P 为正平面，故双曲线的正面投影反映实形，水平投影积聚在 P_H 上。具体的作图过程如下。

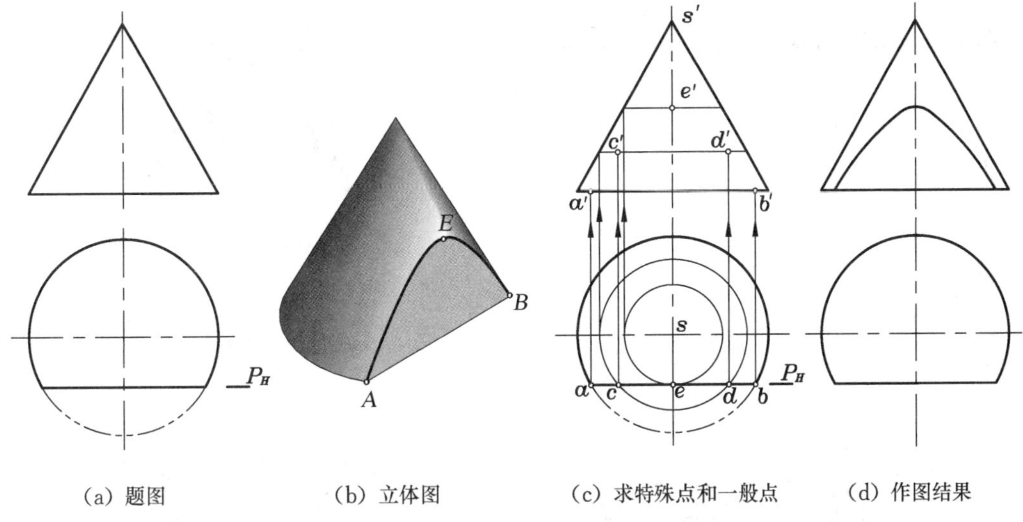

(a) 题图　(b) 立体图　(c) 求特殊点和一般点　(d) 作图结果

图 3-22　求作正平面与圆锥的截交线

(1) 求特殊点。最低点 A、B 是 P 平面与圆锥底圆的交点，可确定其水平投影 a、b，并由此求得 a'、b'。最高点 E 的水平投影位于 ab 的中点处，为了求得 e'，可在圆锥表面上过 E 点作一水平辅助纬圆，即在水平投影上以 s 为圆心、se 为半径作圆，然后求出辅助纬圆的正面投影，即可求得 e'点，如图 3-22(c)所示。

(2) 求一般点。一般点可先在截交线的已知投影中选取，然后过所取的点在圆锥面上作辅助线(素线或纬圆)，求出其他投影。如在截交线的水平投影中取 c、d 两点，过点 c、d 作出纬圆的水平投影，即可求出 c、d 两点的正面投影 c'、d'，如图 3-22(c)所示。

(3) 依次光滑连接所求各点的正面投影，即完成截交线投影的作图，作图结果如图 3-22(d)所示。

例 3-16　如图 3-23(a)、(b)所示，试求作正垂面截切圆锥后截交线的投影。

解　如图 3-23(a)所示，圆锥的轴线为铅垂线，因为截平面 P 与圆锥的轴线斜交，所以截交线 $ACBD$ 为一椭圆。如图 3-23(c)所示，AB 为椭圆的长轴，CD 为椭圆的短轴。椭圆的正面投影积聚为一直线 $a'b'$，水平投影和侧面投影仍为椭圆，需要求作若干点的投影后才能画出。求作一般点的投影时，可利用素线法或纬圆法进行作图。利用纬圆法的作图过程如下。

(1) 求特殊点。椭圆的长轴 AB 的正面投影 $a'b'$反映 AB 的实长，A、B 两点是圆锥正面转向轮廓线上的点，可直接求出 a、b 和 a''、b''；椭圆短轴 CD 为正垂线且与长轴垂直平分，求短轴两端点的投影，可过正面投影 $c'(d')$作纬圆，求出与之对应的水平投影并在其上得到 cd，然后求出 c''、d''。圆锥侧面转向轮廓线上的点 E，F，是截交线的侧面投影与侧面转向轮廓线的连接点，由 $e'(f')$求出 e''、f''，再求得 e、f，如图 3-23(c)所示。

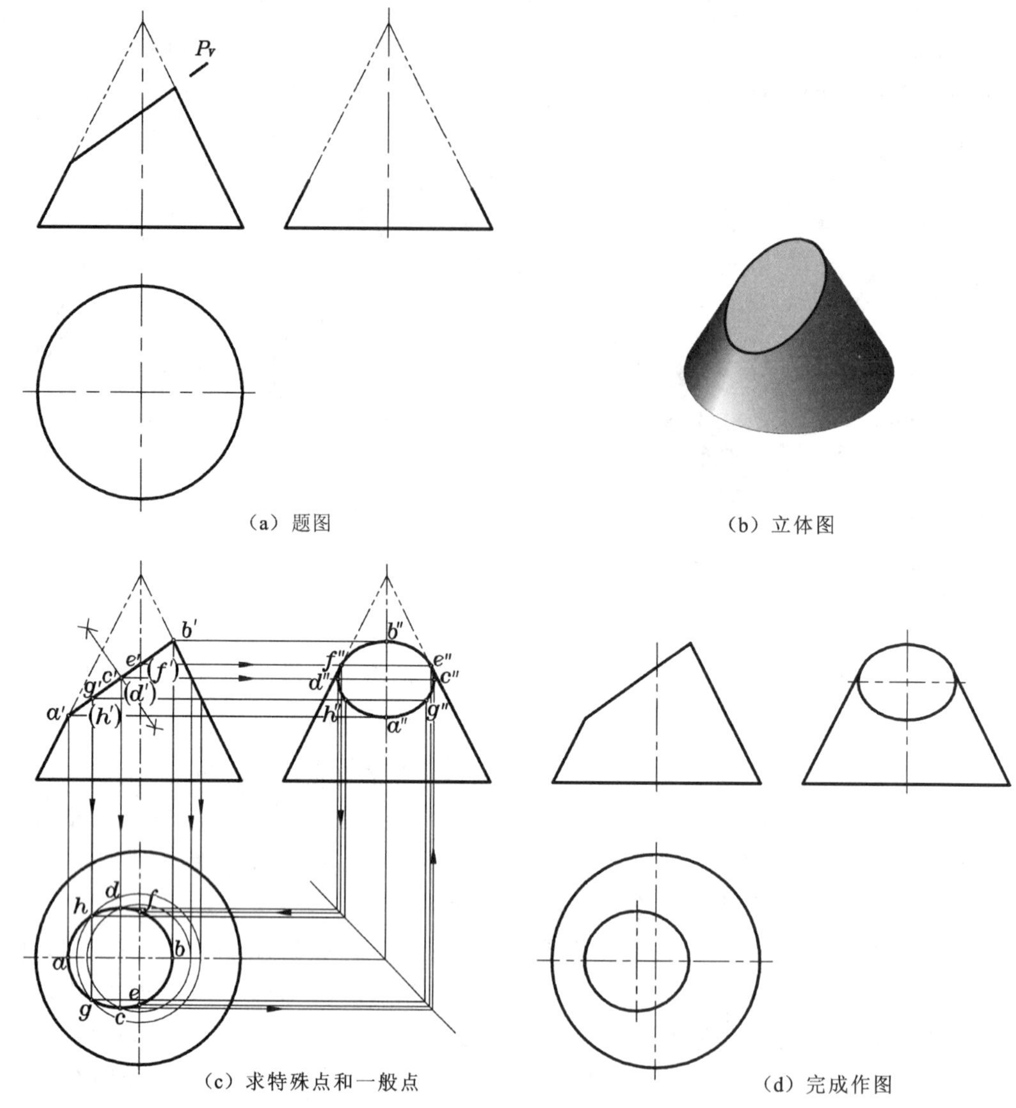

(a) 题图

(b) 立体图

(c) 求特殊点和一般点

(d) 完成作图

图 3-23　求作正垂面与圆锥的截交线

(2) 求一般点。一般点可先在截交线的已知投影中选取，用纬圆法可求得其他两面投影，如由 $g'(h')$ 求得 g、h 和 g''、h''，如图 3-23(c)所示。

(3) 判别可见性并连线。根据平面 P 的位置，可判断截交线的水平投影和侧面投影都可见，可依次光滑连接所求各点的水平投影和侧面投影，即完成截交线的作图，如图 3-23(d)所示。

例 3-17　如图 3-24(a)、(b)所示，试求作两平面截切圆锥的截交线的投影。

解　因为截平面 P 通过圆锥的锥顶，所以截交线是两条过锥顶的直线；截平面 Q 与圆锥的轴线垂直，截交线为圆的一部分。因 P 为正垂面，Q 为水平面，P、Q 的正面投影均具有积聚性，截交线的正面投影积聚在 P_V、Q_V 上，故只需求出其水平投影及侧面投影即可。具体的作图过程如下。

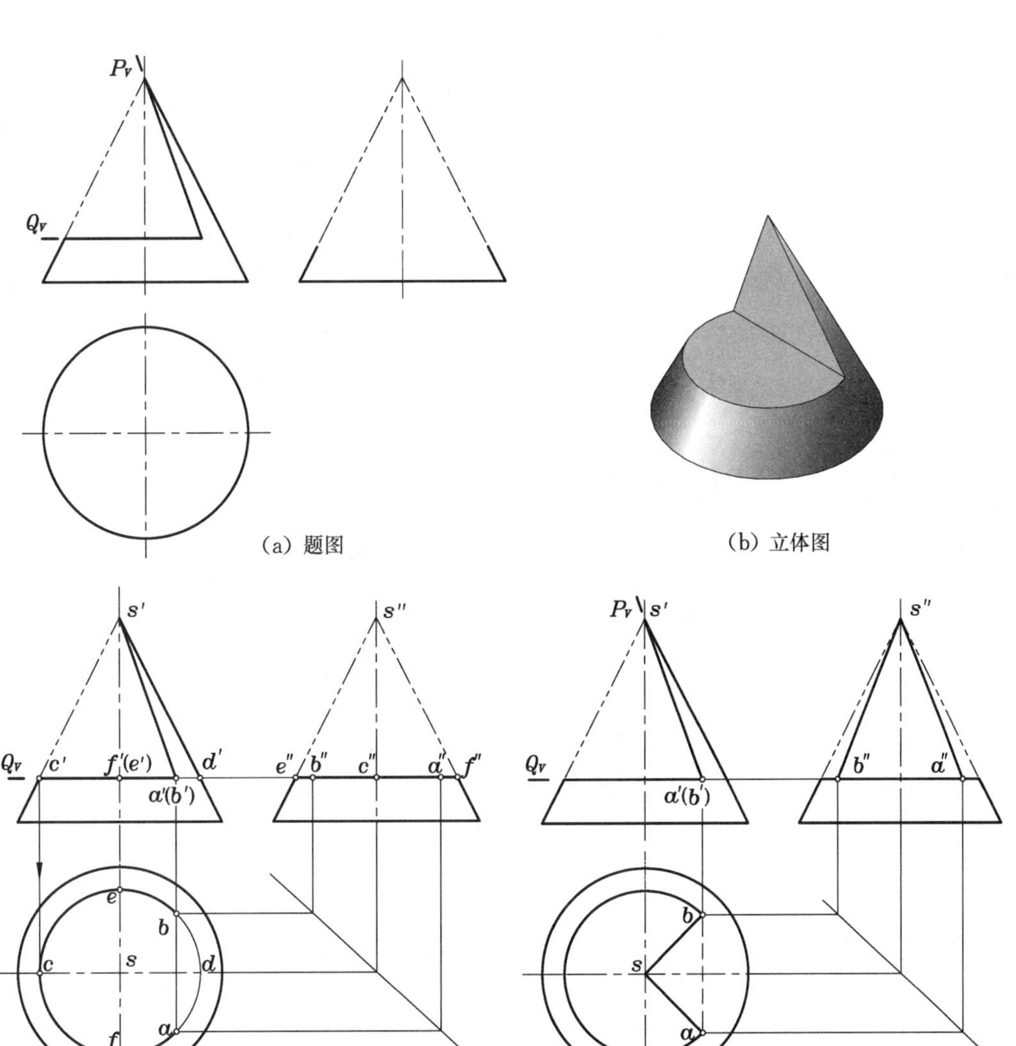

(a) 题图　(b) 立体图

(c) 作截平面 Q 的截交线　(d) 作截平面 P 的截交线及作图结果

图 3-24　求作两平面截切圆锥的截交线

(1) 求截平面 Q 与圆锥的截交线。如图 3-24(c)所示，采用平面扩大法，假想水平面 Q 将圆锥全部截切，则截交线为一水平圆，其水平投影反映实形。在正面投影中延长 Q_V 投影，作出直线 $c'd'$，求出水平投影 c，以 s 点为圆心、sc 为半径作圆，根据“三等”规律，保留平面 Q 范围的部分，即圆弧 $afceb$。由截交线的正面投影和水平投影，可作出其侧面投影为直线 $e''f''$。

(2) 求截平面 P 与圆锥表面的截交线。如图 3-24(d)所示，截交线为直线，连接水平投影 sa、sb，根据 a'、b' 和 a、b，求出 a''、b''，连接 $s''a''$、$s''b''$。

(3) 求截平面 P 与 Q 的交线。因为截平面 P、Q 均垂直于正投影面，所以其交线 AB 为正垂线，正面投影积聚为一点 $a'(b')$，水平投影 ab 为不可见，连成虚线，如图 3-24(d)所示。

3.2.3 圆球体(简称圆球)

1. 圆球的形成

如图 3-25(a)所示,圆球由圆球面围成,而圆球面可以看成是圆母线绕其直径旋转而形成的。

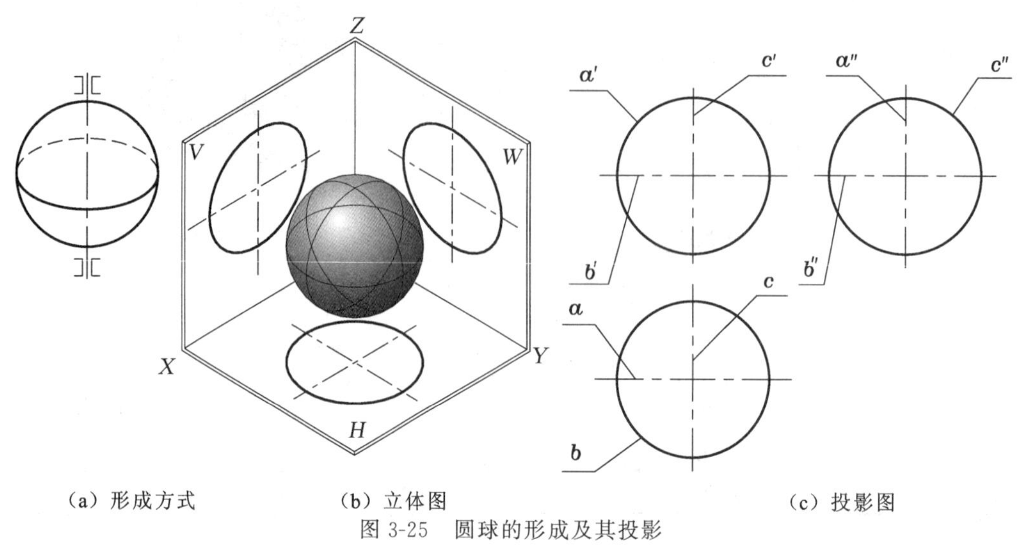

(a) 形成方式　　(b) 立体图　　(c) 投影图

图 3-25　圆球的形成及其投影

2. 圆球的投影

如图 3-25(b)、(c)所示,球的三个投影均为大小等于球直径的圆。这三个圆是分别从三个方向投射所得,即三个方向外形轮廓线的投影,而不是球面上某一个圆的三个投影。由图 3-25(c)可以看出,球面上轮廓线圆 A 的正面投影是圆 a'(即对 V 面的转向轮廓线),而其水平投影和侧面投影均与中心线重合,不必画出。其他两个轮廓线圆的三个投影的对应关系也与此类似,读者可根据图 3-25(c)自行分析。

关于圆环投影的可见性问题,从图 3-25(c)可知,正投影面以 A 圆为界,前半部分球面可见,后半部分球面不可见;侧面投影以 C 圆为界,左半部分球面可见,右半部分球面不可见;水平投影以 B 圆为界,上半部分球面可见,下半部分球面不可见。

3. 表面上的点

由于圆球面的投影没有积聚性,而且在圆球面上也不能作出直线,所以在求作圆球面上一般点的投影时,必须利用辅助平面法,先通过这个点的投影作一辅助平面(必须是投影面平行面),并求出辅助平面与圆球面的交线,即包含这个点的投影的纬圆,再求出这个纬圆的其他投影,然后利用点在线上投影的“从属性”,求出点的其他投影。

例 3-18　如图 3-26(b)所示,已知圆球面上 K 点的水平投影 k,试求作其正面投影和侧面投影。

解 因 K 点是圆球面上的一般点，故必须用辅助平面（水平面）法求解。

如图 3-26(a)所示，过 K 点作一辅助水平面，与圆球面的交线是一个水平圆（即纬圆），相当于在水平投影图上，以球心的水平投影 o 为圆心、ok 为半径作圆 12，再根据投影关系求出水平圆的正面投影 $1'2'$（积聚为直线）和侧面投影 $1''2''$，如图 3-26(b)所示。然后利用"长对正、高平齐、宽相等"的投影规律，可由 k 求得其正面投影 k' 和侧面投影 k''。根据 k 为可见，判断出 K 点位于圆球面的左前方，故 k' 和 k'' 均为可见，如图 3-26(c)所示。

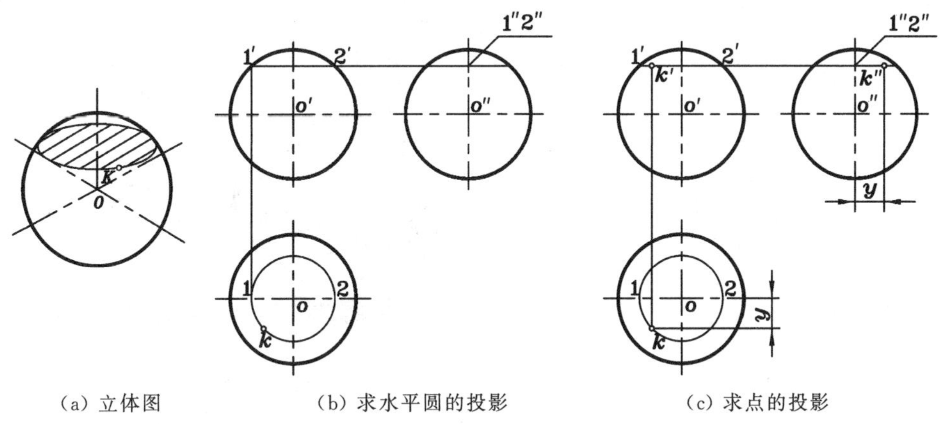

(a) 立体图　　(b) 求水平圆的投影　　(c) 求点的投影

图 3-26 用辅助平面（水平面）法求圆球面上点的投影

本例也可过 K 点作一辅助正平面求解，其作图过程如图 3-27 所示；还可过 K 点作一辅助侧平面求解，其作图过程读者可自行思考。

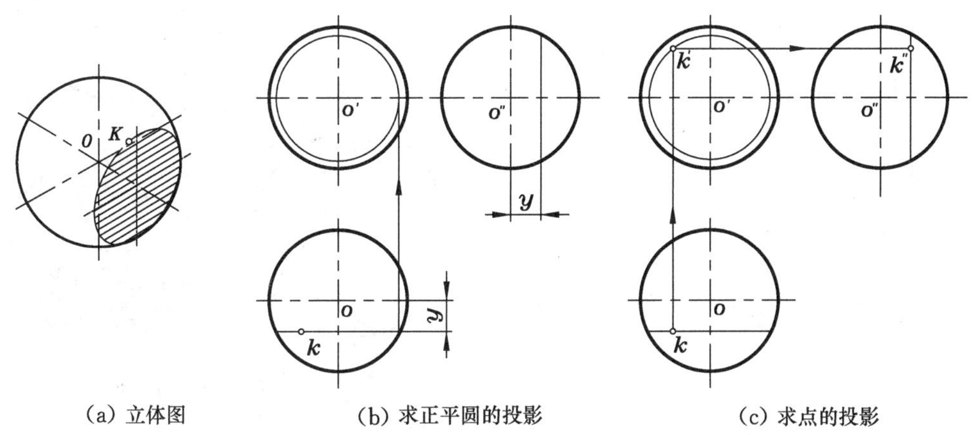

(a) 立体图　　(b) 求正平圆的投影　　(c) 求点的投影

图 3-27 用辅助平面（正平面）法求圆球面上点的投影

4. 平面与圆球相交

平面与圆球相交，不管截平面处于什么位置，截交线的空间形状都是圆。但由于截平面相对于投影面位置的不同，所得截交线（圆）的投影也不同。当截平面平行于投影面时，截交线（圆）在该投影面上的投影反映实形，而在其他两个与截平面垂直的投影面上的投影，都积聚为长度等于圆的直径的直线；当截平面倾斜于投影面时，在该投影面上的投影为椭圆。

例 3-19 如图 3-28(a)所示,试求作正垂面 P 与圆球的截交线。

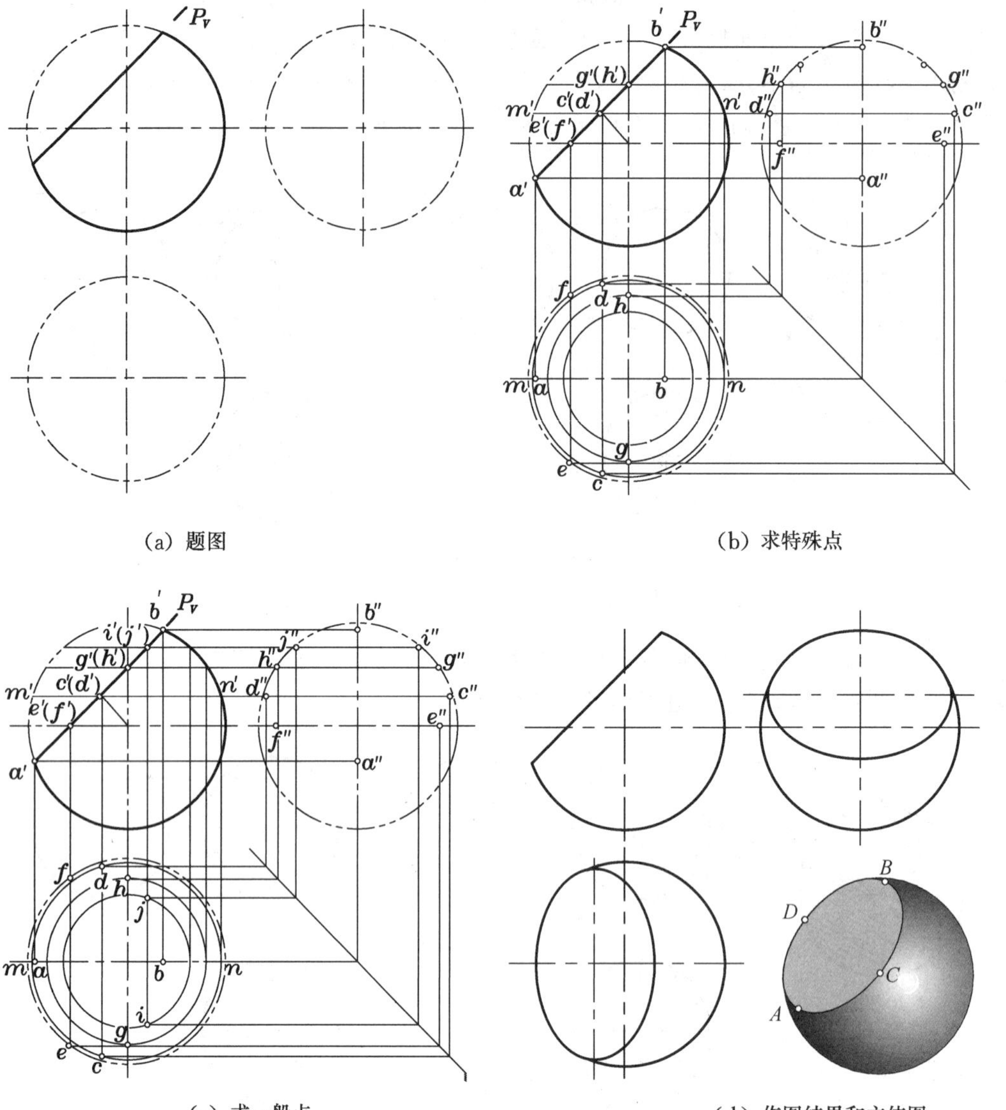

(a) 题图

(b) 求特殊点

(c) 求一般点

(d) 作图结果和立体图

图 3-28 求作正垂面截切圆球的截交线

解 由于截平面 P 是正垂面,所以截交线(圆)的正面投影重合在 P_V 上,又因截平面 P 倾斜于水平投影面和侧投影面,所以截交线(圆)的水平投影和侧面投影都是椭圆。

如图 3-28(b)所示,在 V 投影面中,截交线上的特殊点有:P_V 与圆的交点 a' 和 b',与轴线的交点 $e'(f')$ 和 $g'(h')$ 以及 $a'b'$ 的中点 $c'(d')$(是椭圆另一轴线的投影),必须求出这些特殊点在 H、W 面中的投影。具体的作图过程如下。

(1) 求转向线上的点。在正面投影中,如图 3-28(b)所示,P_V 与圆的交点以及与圆的

轴线的交点分别为 a'、b'、$e'(f')$、$g'(h')$，由于这些点都在球的转向线上，所以可以直接求得这些点的水平投影和侧面投影。

(2) 求其他特殊点。点 $c'(d')$ 是截交线的水平投影椭圆及侧面投影椭圆一条轴线的两个端点。利用辅助平面法求 C、D 点的其他两个投影。过 C、D 点作辅助水平圆，即过 $c'(d')$ 作一条水平线交圆周于 m'、n'，在水平投影中，求得 m、n；以 mn 为直径作圆，因 C、D 点的水平投影必在此圆上，故可求得 c、d；根据 $c'(d')$ 和 c、d，可求得 c''、d''，如图 3-28(b)所示。

(3) 求一般点。在任意两个特殊点的中间，可求作一个一般点，如图 3-28(c)中 I、J 两点。I、J 点的求作过程与 C、D 点相同，如图 3-28(c)所示。

(4) 连线、整理、完成作图。将各点的水平投影及侧面投影依次光滑地连接起来，就得到截交线的投影。擦去各投影图中被切掉部分的投影，加粗留存部分转向线的投影，作图结果如图 3-28(d)所示。

例 3-20　如图 3-29(a)所示，半球被三个截平面截切成一个切口，已知切口的正面投影，试求其水平投影和侧面投影。

解　从图 3-29(a)的正面投影可以看出，构成切口的三个截平面是一个水平面和两个左右对称的侧平面。因三个截平面均为投影面平行面，故其截交线的投影都是圆的一部分；又因为三个截平面均垂直于正投影面，所以三个截平面两两之间的交线都是正垂线。

由于三个截平面均未全部截切圆球，所以可采用平面扩大法。假想平面扩大后，将圆球全部截切，分别求出截交线的投影。再根据"三等规律"，留取截平面范围内的一段截交线。具体的作图过程如下。

(1) 求水平截平面的截交线。在图 3-29(b)的正面投影中，延长水平截平面的正面投影交圆周于 m'、n'，求得 m、n；在水平投影中，以 o 为圆心，mn 为直径作圆，根据"三等"规律，留取截平面范围内的部分圆弧 beg、adf；而水平截平面的侧面投影则积聚为一直线 $e''d''$，如图 3-29(b)所示。

(2) 求侧平截平面的截交线。两个侧平截平面左右对称，其截交线的侧面投影互相重合，故只需求出左侧平截平面的截交线即可。延长侧平截平面的正面投影至半球的边界，由 c' 求得 c''。在侧面投影中，以 o'' 为圆心、$o''c''$ 为半径作半圆，留取截平面范围内的部分圆弧 $b''c''a''$。两个侧平截平面的水平投影分别积聚为一直线，连接 bca 及 gf 即可求得。

由于水平截平面侧面投影的中间一段不可见，所以将 $b''(g'')$ 与 $a''(f'')$ 之间的连线画成虚线，作图结果如图 3-29(c)所示。

3.2.4　圆环体(简称圆环)

1. 圆环的形成

如图 3-30(a)所示，圆环面是以圆为母线、绕与圆共面但又不过圆心的轴 OO_1 旋转一周而形成的。靠近轴的半圆 CDA 形成内环面，离轴较远的半圆 ABC 形成外环面。圆环

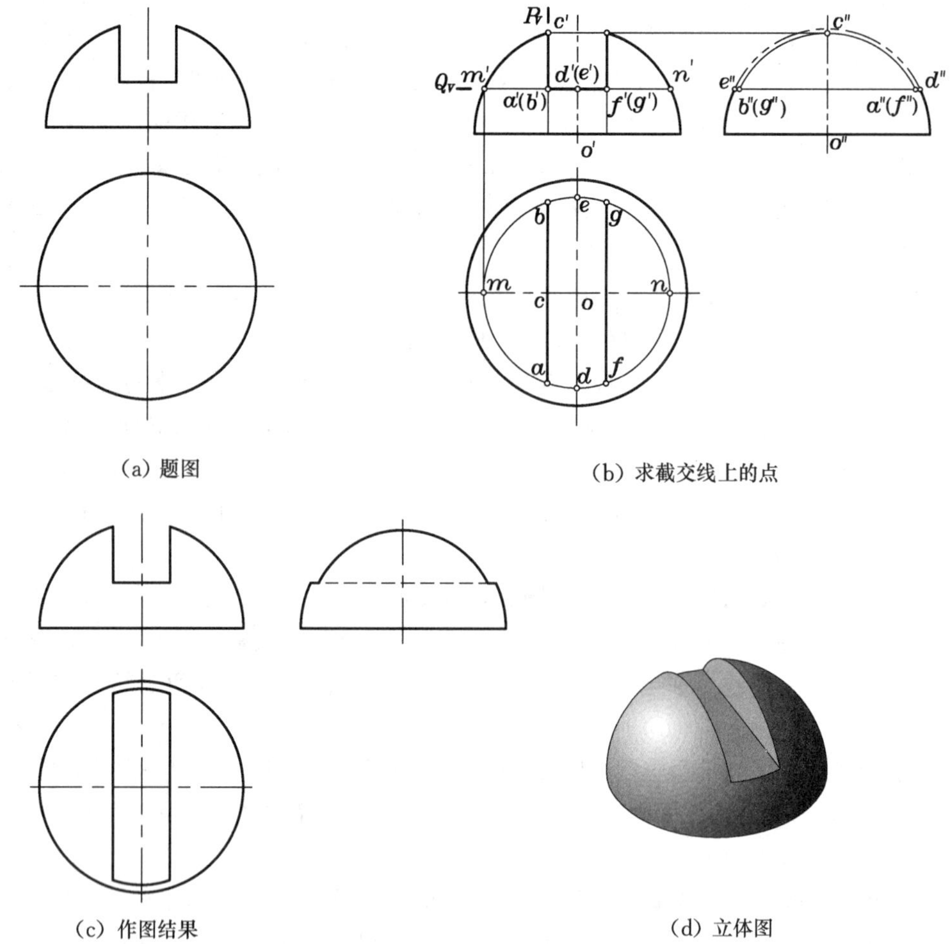

图 3-29

图 3-29　求作半圆球切口的投影

面所围成的空间为圆环体。

2. 圆环的投影

图 3-30(b)是轴线垂直于 H 面的圆环的两面投影图。

正面投影上的左、右两个圆是圆环面上平行于 V 面的两素线圆 $ABCD$ 与 $EFGH$ 的投影。因为在正面投影中内环面是不可见的,所以这两个素线圆中靠近轴线的半圆画成虚线。这两个圆的水平投影与圆环的水平投影的水平方向中心线重合,图上可不必画出。

正面投影中的上、下两直线是圆母线最上点和最下点的运动轨迹的投影,其水平投影与点画线圆重合(圆母线圆心的运动轨迹),在图中不画出。

在水平投影上应画出最大和最小两个水平圆及中心点画线圆的投影。最大、最小圆也是上、下圆环表面在水平投影方向上的两条转向轮廓线的投影,其正面投影与圆环的正面投影水平方向的中心线重合,在图中不画出。

画图时应先画出圆环各个投影上的中心线及轴线,然后画出其正面投影,最后画出其水平投影。

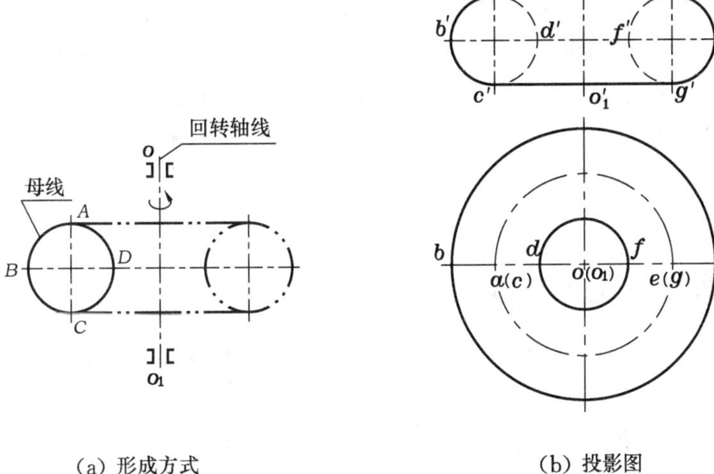

(a) 形成方式　　　　(b) 投影图

图 3-30　圆环的形成方式及其二面投影图

关于圆环投影的可见性问题，从图 3-30(b)中可知，正面投影以左右两个圆所在的平面分界(前、后对称面)，前半部分外环面可见，其余部分不可见；水平投影以 BH、DF 圆分界(上、下对称面)，上半部分环面可见，下半部分环面不可见。

3. 表面上的点

圆环面与圆球面一样，其投影既没有积聚性，在圆环面上也不能作出直线，所以在求作圆环面上一般点的投影时，也必须利用辅助平面法。

例 3-21　如图 3-31(a)、(b)所示，已知圆环面上 K 点的正面投影 k'，试求作其水平投影和侧面投影。

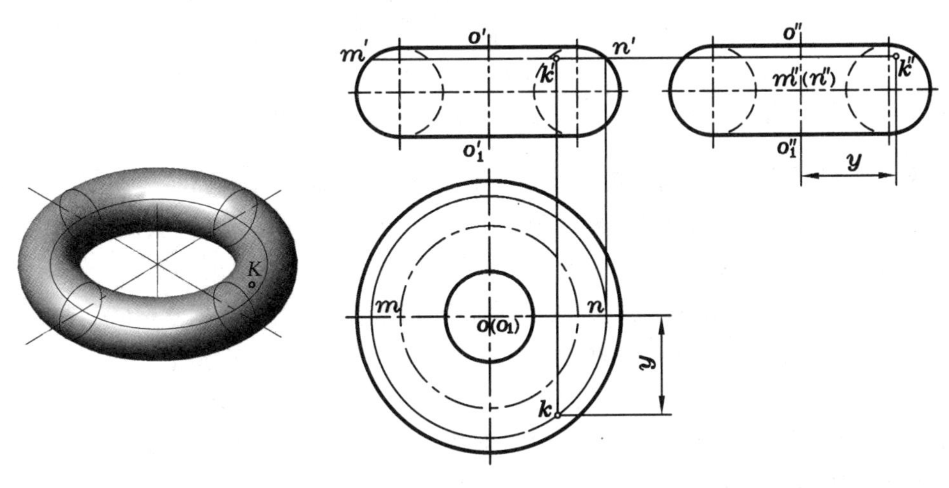

(a)立体图　　　　(b) 三面投影图

图 3-31　用辅助平面(水平面)法求圆环面上点的投影

解 因 K 点是圆环面上的一般点，故必须用辅助平面法求解。

如图 3-31(b)所示，过 K 点作一辅助水平面，与圆环面的交线是一个水平圆(即纬圆)，相当于在正面投影图上过 k' 点作水平线 $m'n'$，再根据投影关系求出水平圆的水平投影(以 $o(o_1)$ 为圆心、on 为半径的圆 mn)和侧面投影 $m''(n'')$，如图 3-31(b)所示。然后利用"长对正、高平齐、宽相等"的投影规律，可由 k' 求得其水平投影 k 和侧面投影 k''。根据 k' 为可见，判断出 K 点位于圆环面的右上方，故(k'')不可见，而 k 可见，如图 3-31(b)所示。

3.2.5 平面与其他回转体相交

在机械工程中应用的回转体，除常用的圆柱、圆锥、圆球和圆环之外，还有母线为任意曲线的其他回转体(如手轮的手把，见图 1-20)。下面以母线为圆弧的圆弧回转体为例，说明求作截交线投影的方法。

例 3-22 如图 3-32(a)所示，试求作圆弧回转体被铅垂面 Q 截切后的投影。

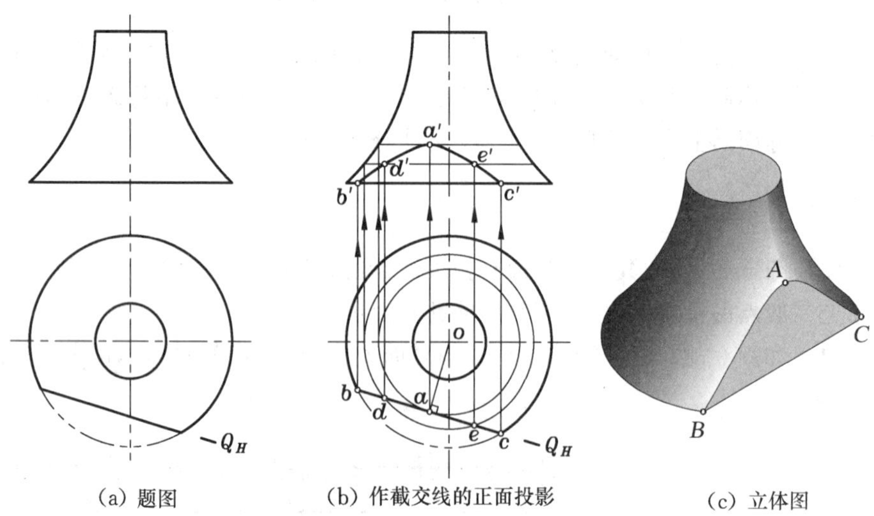

(a) 题图　(b) 作截交线的正面投影　(c) 立体图

图 3-32 求作铅垂面截切圆弧回转体的截交线的投影

解 圆弧回转体的轴线垂直于水平投影面，铅垂面 Q 与圆弧回转体相交时，截交线为平面曲线(双曲线)，其水平投影重合在 Q_H 上，因此只需求作其正面投影即可。具体的作图过程如下。

(1) 求特殊点。最高点 A 是圆弧回转体上纬圆与截平面相切的点(纬圆与截平面一般有两个交点，只有最高点所在的纬圆与截平面相切于一点)，可通过水平投影 o 向 Q_H 作垂线，如图 3-32(b)所示，垂足 a 即最高点 A 的水平投影，利用辅助纬圆求出其正面投影 a'。最低点 B、C 的水平投影 b、c，可根据截平面的水平投影 Q_H 与圆弧回转体底圆水平投影的交点直接求得，然后可求其正面投影 b'、c'。

(2) 求一般点。在最高、最低点之间，利用纬圆法再作适当数量的一般点，如 D、E 点，作图过程如图 3-32(b)所示。

(3) 光滑连接所求得各点的正面投影 b'、d'、a'、e'、c'，即完成圆弧回转体被铅垂面 Q

截切后截交线的正面投影，如图 3-32(b)所示。

3.2.6　平面与组合回转体相交

组合体可分解为若干个基本立体，因此，求平面与组合体的截交线，实际上就是求平面与各个基本立体的截交线。

为方便而准确地绘制组合体的截交线，必须先对组合体进行形体分析，了解组合体是由哪些基本立体组成，并找出基本立体之间的分界线，然后逐个作出基本立体的截交线，并在分界点处将相邻的截交线连接起来。

例 3-23　如图 3-33(a)所示，试求作平面截切组合回转体的截交线。

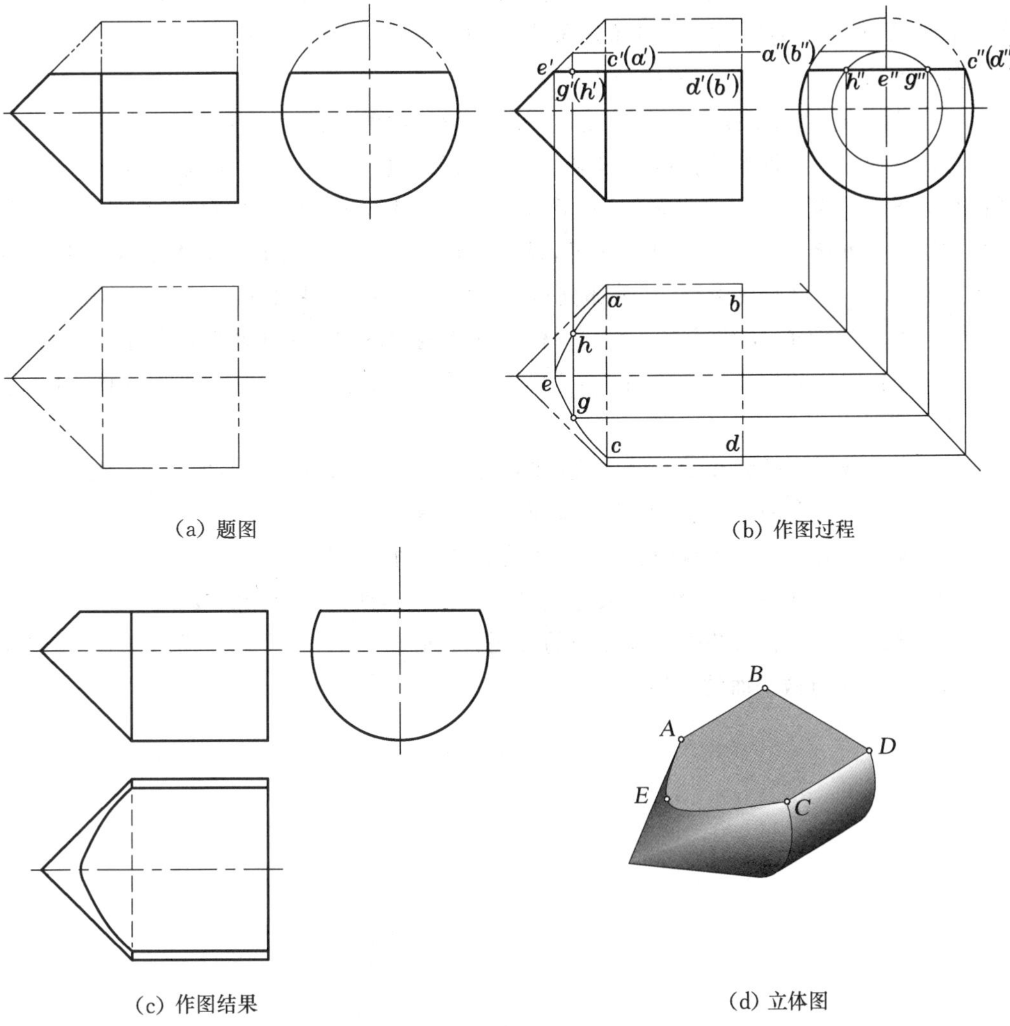

(a) 题图

(b) 作图过程

图 3-33

(c) 作图结果

(d) 立体图

图 3-33　求作平面截切组合回转体的截交线

解　由图 3-33(a)可知，组合回转体由圆柱和圆锥组成，其公共轴线垂直于侧投影面，并被一个水平面截切，应分别求出截平面与圆柱、圆锥的截交线。具体的作图过程如下。

(1) 求截平面与圆柱的截交线。因为截平面平行于圆柱的轴线，所以截交线为圆柱表面上的两条素线。两条素线的侧面投影积聚在圆周上，即侧面投影中直线与圆的交点 $a''(b'')$，$c''(d'')$。根据水平投影与侧面投影的相对 Y 坐标相等(即“宽相等”)，可以求出其水平投影 ab、cd，如图 3-33(b)所示。

(2) 求截平面与圆锥的截交线。因为截平面平行于圆锥的轴线，所以截交线为双曲线，其水平投影反映实形，求作的方法与例 3-15 相同。

① 作特殊点。由正面投影 e'，可求得 e、e''。A、C 点是圆柱与圆锥截交线的分界点，也是双曲线上的特殊点。

② 作一般点。在正面投影中圆锥范围内的切平面上任取重影点 $g'(h')$，过 $g'(h')$ 作侧平圆，即作一条直线垂直于圆锥的轴线，在侧面投影中作出此圆的投影实形，圆与截平面的侧面投影交于 g''、h''，根据 $g'(h')$ 和 g''、h''，可求得 g、h。

③ 光滑地连接水平投影 a、h、e、g、c，如图 3-33(b)所示。

(3) 作圆柱与圆锥的分界线的投影。由于截平面切去了组合回转体上方的一部分，圆柱与圆锥在这部分的交线也被切去，但截平面以下部分的交线仍然存在，而且截平面与过公共轴线的水平面之间的交线为可见，过公共轴线的水平面以下的交线为不可见，所以在水平投影中，ac 段画成虚线，其余部分画成粗实线，作图结果如图 3-33(c)所示。

通过上面的例子，可将求作平面与立体截交线的作图方法及步骤归纳如下。

(1) 分析立体的构成方式、形状、结构及空间位置(即立体是哪一种基本立体，处于空间的什么位置)。

(2) 分析截平面的组成及空间位置(即有几个截平面，各处于空间的什么位置)。

(3) 求截交线上的特殊点(即棱线、转向线与截平面的交点)。

(4) 求截交线上的一般点(运用辅助素线法或辅助平面法)。

(5) 判别可见性，顺次光滑连接各交点的同面投影，即得截交线的投影。

(6) 整理、加深图线，补画未被截切的棱线、转向线。如有多个截平面截切，还应特别注意画出截平面与截平面的交线。

第 4 章　组合体的投影

主要内容：本章在介绍组合体的形成方式及分析方法的基础上，通过大量的实例说明求作相贯线的方法及步骤，还介绍绘制、阅读组合体投影图及组合体尺寸标注的基础知识和方法。通过本章的学习和训练，读者初步掌握组合体的基础知识，并能绘制、阅读简单组合体的三面投影图。

知识点：组合体读图、画图及尺寸标注。

思政元素：科学精神，科学情怀，辩证唯物主义。

思政培养目标：不断突破自我，树立竞取精神，培养学生认识问题、解决问题的能力。

思政素材：前几届学生的创新项目，引导学生学习工程制图，投入创新设计，通过讲解读图方法，不能只看一个视图或两个视图，要将三视图联系起来看，才能表达物体的形状，引导学生用联系的全面的观点看问题。

在机械工程中，直接利用基本立体作为机器的零件是很少见的，绝大部分零件的形状都比较复杂，但可以看成是由若干基本立体经组合而成，这种由基本立体组合而形成的立体称为组合体。

4.1　组合体的形成方式

将基本立体进行组合而形成组合体的方式主要有叠加和切割两种，而对图 4-1(a)所示的组合体，既可以看成是在一个四棱柱底板上叠加一个四棱柱而形成[见图 4-1(b)]，也可以看成是由一个四棱柱在两边各切掉一个小四棱柱而形成[见图 4-1(c)]。由此可见，同一个组合体，既可看成是由叠加方式形成，也可看成是由切割方式形成，而对于比较复杂的组合体，其组合方式则往往是叠加与切割的综合运用。因此，在分析具体的组合体时，应以便于理解和作图简便为原则。

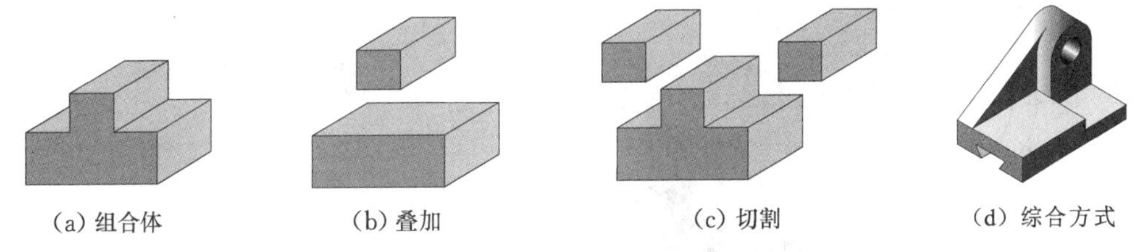

(a) 组合体　(b) 叠加　(c) 切割　(d) 综合方式

图 4-1　组合体的形成方式(叠加与切割)

4.1.1　组合体上相邻表面之间的连接关系

组合体中的基本体经过叠加、切割或穿孔后，叠加部分的内部成为一体，叠加前立体的轮廓线在叠加部分就不再存在；而在叠加部分外部的相邻表面之间，则存在着平齐、相切和相交三种基本形式。组合体各形成方式的投影特性如图 4-2 所示。

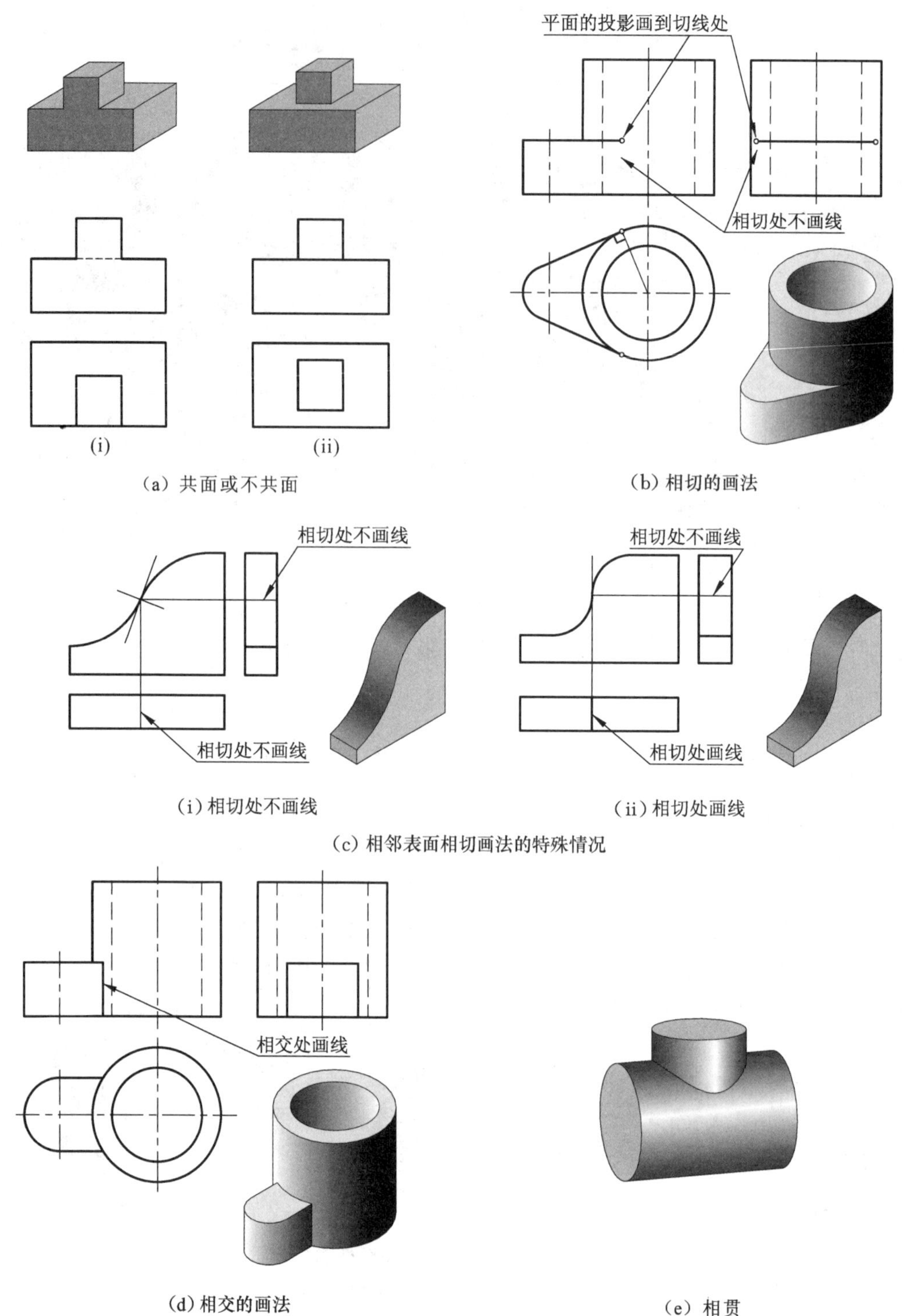

图 4-2 组合体各形成方式的投影特性

1. 共面

当两形体表面共面时，在共面处不应有邻接表面的分隔线，如图 4-2(a)所示。

2. 相切

相切的相邻表面之间是光滑过渡的，不存在交线，因此相切处一般不画相切两立体表面的分界线，如图 4-2(b)所示。但对图 4-2(c)所示的组合体，其曲面由两圆柱面相切形成，在正面投影图上积聚成两段相切的圆弧。通过两圆弧的切点作切线，即是两圆柱面公切平面的正面投影。若此公切平面平行或倾斜于某个投影面，则不画出相切处在该投影面上的分界线；若公切平面垂直于某个投影面，则相切处在该投影面上的投影就应该画出，如图 4-2(c)中的水平投影所示。

3. 相交

当两形体相交时，其相邻表面必产生交线，在相交处应画出交线的投影。如图 4-2(d)、(e)所示。

4.1.2　立体与立体相交——相贯

立体与立体相交称为相贯，其表面的交线称为相贯线。按照相贯立体的种类，可分为以下三种形式(见图 4-3)：

(1) 平面立体与平面立体相贯；

(2) 平面立体与曲面立体相贯；

(3) 曲面立体与曲面立体相贯。

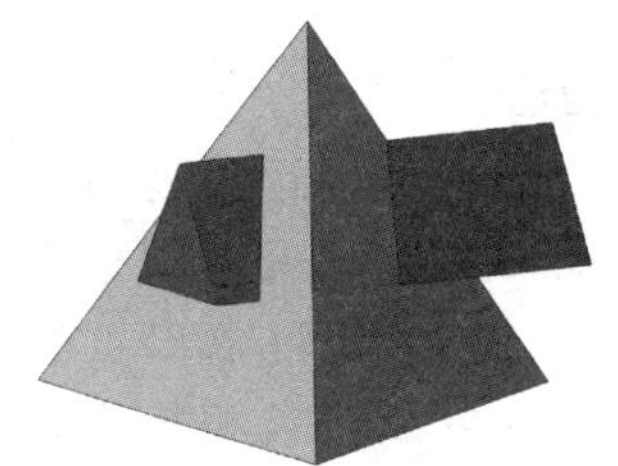
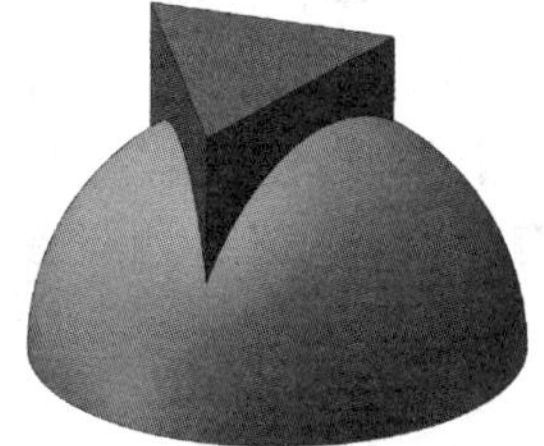
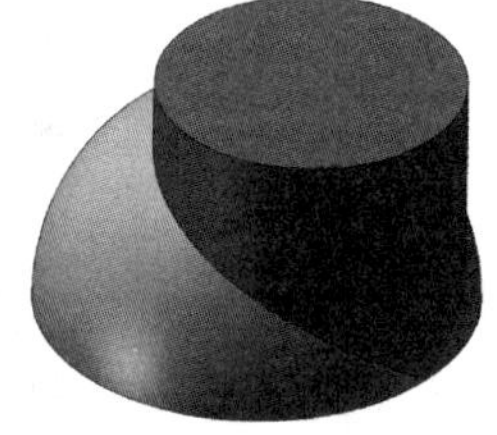

图 4-3　相贯线的形式

由于平面立体的表面均为平面，所以平面立体与平面立体(或曲面立体)相贯，其实质就是平面与平面立体(或曲面立体)相交，也就是“截交”，故只需讨论曲面立体与曲面立体相贯的问题；又因为机械工程中常见的曲面立体就是回转体，所以本节只介绍回转体与回转体相贯时相贯线的求作方法。

1) 相贯线的性质

由于相贯线是两相贯回转体表面的交线，所以两相贯回转体的形状、大小及空间的相对位置不同，相贯线的形状及投影特征也不同，但不同的相贯线也有以下共同的基本性质。

(1) 相贯线是两回转体表面的共有线，且为两回转体表面的分界线。相贯线上的点是两回转体表面的共有点。

(2) 两回转体的相贯线一般是封闭的空间曲线，在特殊情况下也可能是平面曲线或直线，如图 4-4 所示。

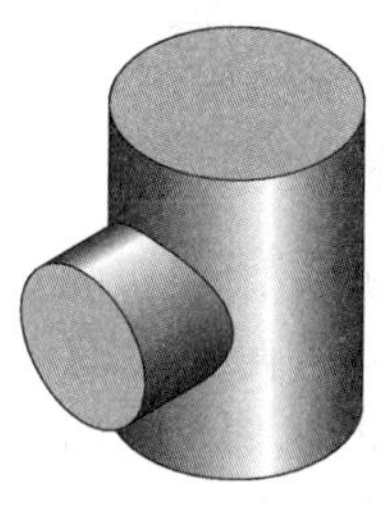

(a) 相贯线为封闭的空间曲线

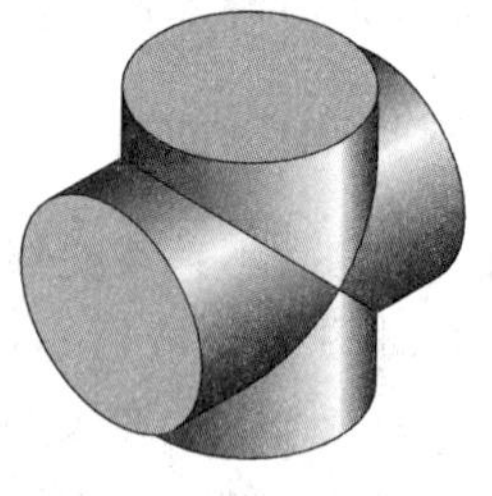

(b) 相贯线为封闭的平面曲线

(c) 相贯线为直线

图 4-4　回转体相贯线的形状

从相贯线的基本性质可以看出，求作两回转体的相贯线，其实质可归结为求两回转体表面上共有点的问题。

2) 相贯线的求法

求作相贯线的作图方法及步骤，与求作截交线类似，大致可归纳为：

(1) 分析两相贯回转体的形状、相对大小及其轴线的相对位置，从而判定相贯线及其各个投影的特点；

(2) 求相贯线上的特殊点(位于转向轮廓线上的点以及最高、最低、最前、最后、最左、最右等极限位置的点)，确定相贯线投影的大致形状；

(3) 运用表面取点法或辅助平面法求相贯线上的一般点，以便使连线光滑、作图准确；

(4) 判断可见性，顺次光滑连接各点的同面投影，即得相贯线的投影；

(5) 整理、加深图线，补画未参与相贯部分的转向线。

求作相贯线上一般点的方法主要有表面取点法和辅助平面法。

当相贯的两回转体中有一个是轴线垂直于投影面的圆柱时，可以运用表面取点法。由于圆柱的一个投影具有积聚性，那么相贯线的一个投影必定积聚在圆柱具有积聚性的投影上。利用这个投影的积聚性，以在表面取点的方法，便可求出点的其他投影。如果相贯的两个回转体都有积聚性的投影，运用表面取点法求相贯线就更为方便。

辅助平面法是利用三面共点的原理，具体的作图步骤可归纳如下：

(1) 在已知两回转体相贯的范围内，作一投影面平行面作为辅助平面，使之与两个回转体相交；

(2) 作出辅助平面与两个回转体的截交线(圆或直线)；

(3) 求出上述两组截交线的交点，即为两回转体的共有点，也就是相贯线上的点。

判断可见性的原则是：只有同时位于两回转体可见表面的相贯线的投影才是可见的，否则是不可见的。

1. 平面立体与平面立体相贯

例 4-1　完成两立体相交后的投影，如图 4-5(a)所示。

解　由投影图分析可知这是一个三棱锥和一个三棱柱相交，求表面交线的问题。从

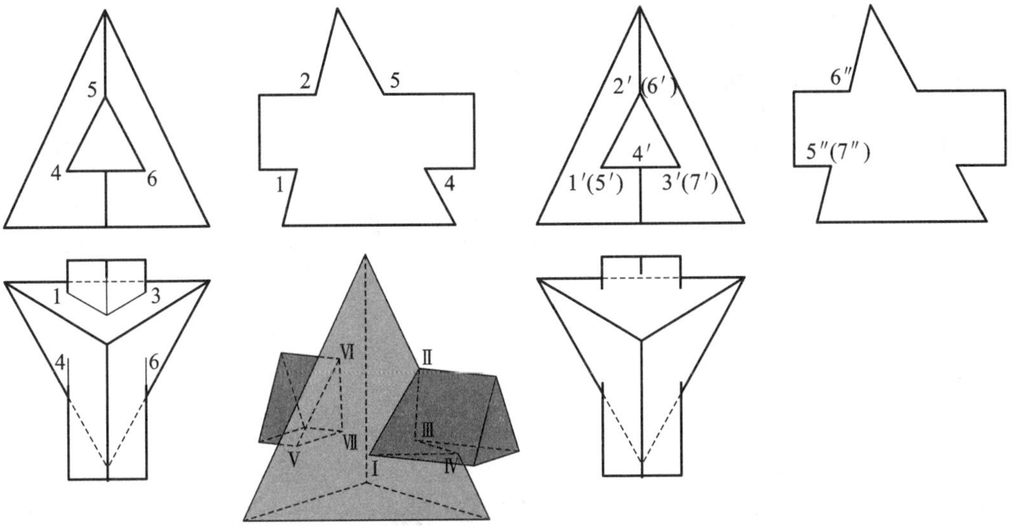

（a）已知

（b）找出已知的投影

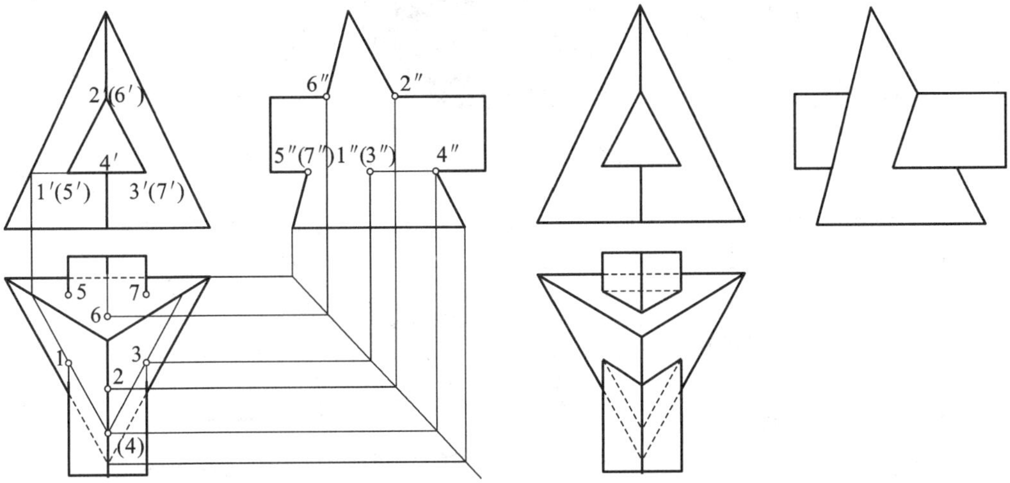

（c）求各点的投影

（d）连线并完成立体的投影

图 4-5　求两平面立体表面相交的交线

立体图上看：三棱柱的前端分别与三棱锥的两表面相交，有四条交线形成封闭的线框 I-II-III-IV，且左右对称；后端与三棱锥的一个表面相交，有三条交线形成封闭线框 V-VI-VII。由于三棱柱的正面投影具有积聚性，所以交线的正面投影重合在其正面投影三角形上，顶点为 1′、2′、3′、4′、(5′)、(6′)、(7′)；又由于三棱锥的后表面为侧垂面，可直接找到 5″、6″、(7″)，如图 4-5(b)所示。接着只需求出交线的其他投影即可。

作图步骤如下。

(1) 求交线上的点 V、VI、VII 的水平投影 5、6、7。

(2) 求交线上的点 I、II、III、IV。用表面取点法求得 1、3、1″、(3″)的投影；由于点 II、IV 在棱线上，可直接求出 2″、4″，然后求出投影 2、4。求解过程如图 4-5(c)所示。

(3) 判别可见性、连线并补全投影。作图结果如图 4-5(d)所示。

2. 平面立体与曲面立体相贯

例 4-2 完成两立体相交后的正面投影,如图 4-6(a)中所示。

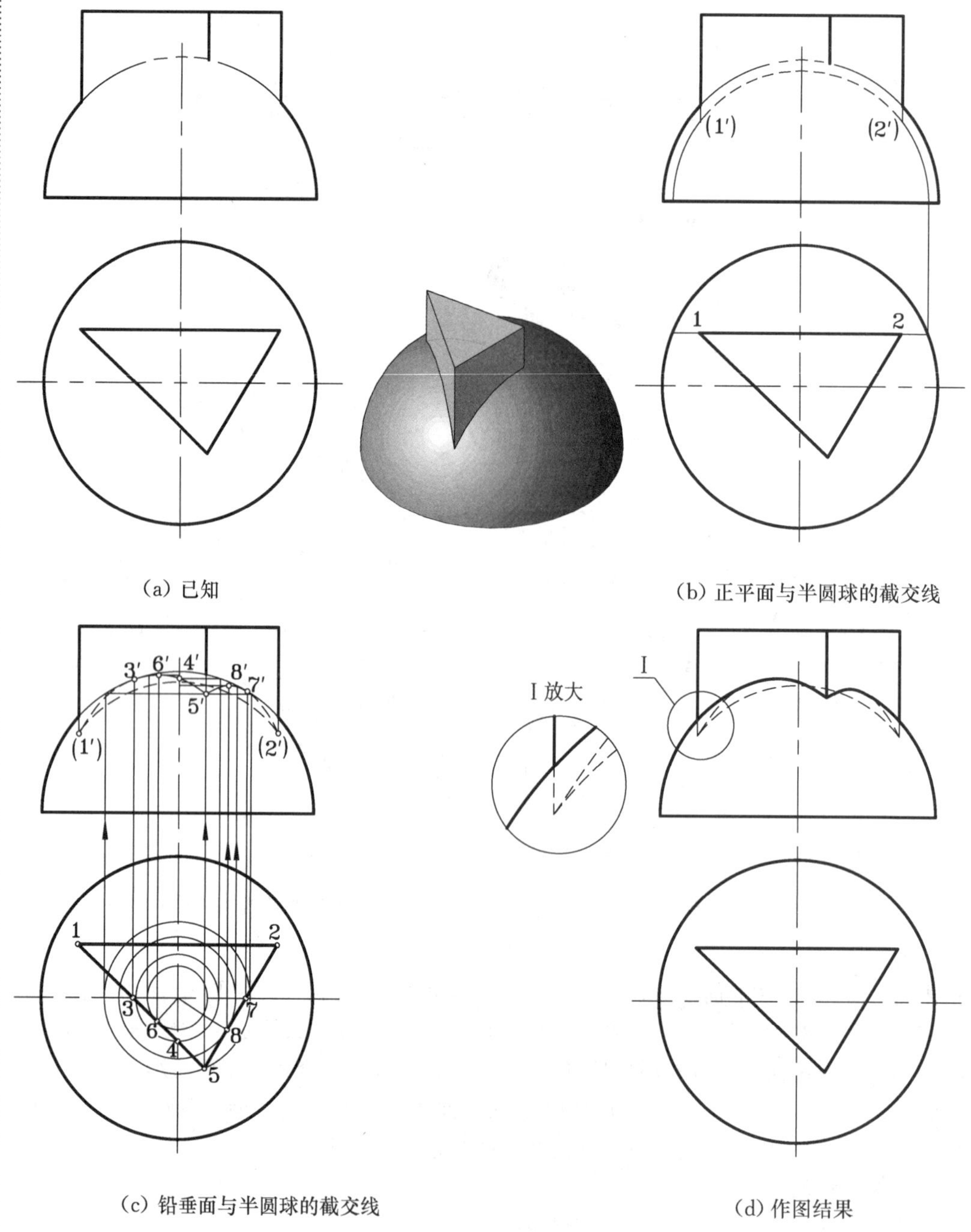

(a) 已知

(b) 正平面与半圆球的截交线

(c) 铅垂面与半圆球的截交线

(d) 作图结果

图 4-6 两相交立体的投影

解 由投影图可知,该立体为半球与三棱柱贯穿,为曲面立体与平面立体相交而成。两相贯体表面的交线求解过程,可分解为三个平面分别与球表面相交求交线的过程。

由已知条件可知三个平面分别为一个正平面和两个铅垂面,它们与球表面的截交线都为圆的一部分。根据它们所在面的投影特性，正平面上的截交线的正面投影反映实形，其水平投影和侧面投影在具有积聚性的正平面投影上；铅垂面上截交线的水平投影在该面具有积聚性的水平投影上，其正面投影和侧面投影为圆(部分)的类似性椭圆(部分)。

作图步骤如下。

(1) 求正平面与半圆球的截交线，如图 4-6(b)所示。

(2) 求铅垂面与半圆球的截交线，用表面取点的方法求出特殊位置上的点，如图 4-6(c)所示。其中，VI、VIII 点分别为两圆正面投影上的最高点。

(3) 完成立体的投影，结果如图 4-6(d)所示。

3. 圆柱与圆柱相贯

在机械工程中应用的回转体，绝大部分是圆柱，而圆柱与圆柱相贯也是机械工程中最常见的相贯形式。

两圆柱相贯时，按照参与相贯的表面是外表面(称为实圆柱)还是内表面(圆柱孔、称为虚圆柱)，可分为“实、实圆柱相贯”(两外表面相交)、“实、虚圆柱相贯”(外表面与内表面相交)和“虚、虚圆柱相贯”(两内表面相交)等三种形式，如表 4-1 所示。由表 4-1 可见，圆柱的虚实状态并不影响相贯线的形状，只影响相贯线及转向线的可见性。

表 4-1　两圆柱相贯的三种形式

相交形式	两外表面相交	外表面与内表面相交	两内表面相交
立体图	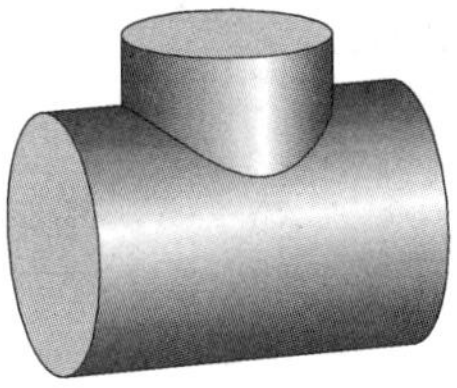	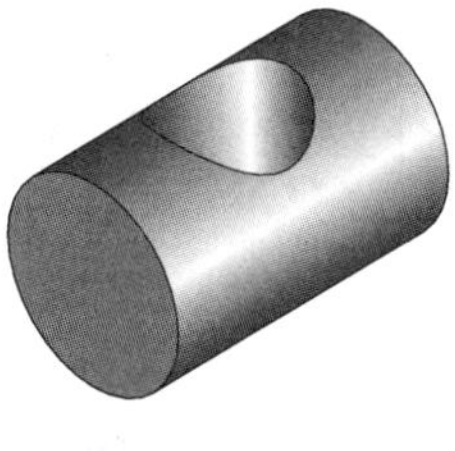	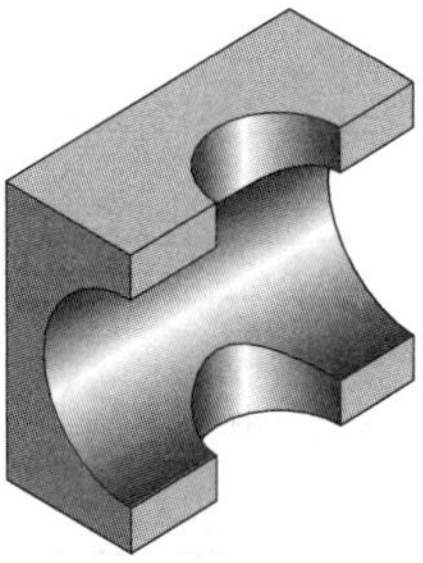
投影图	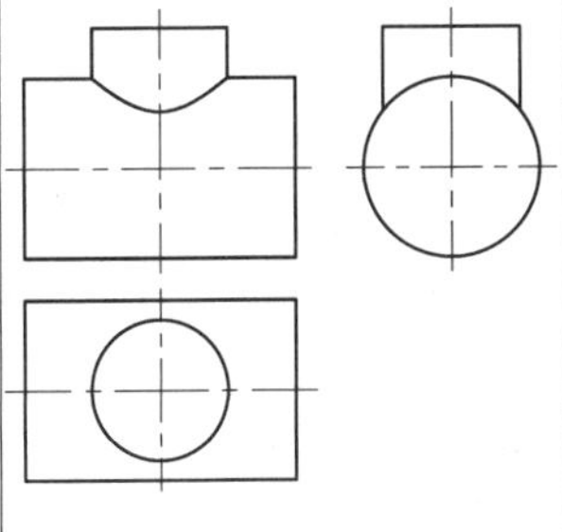	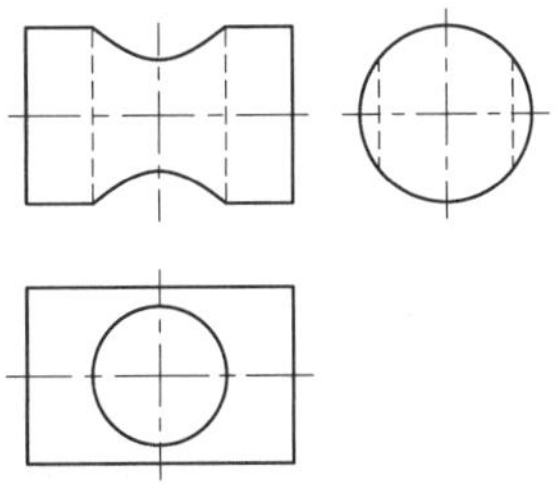	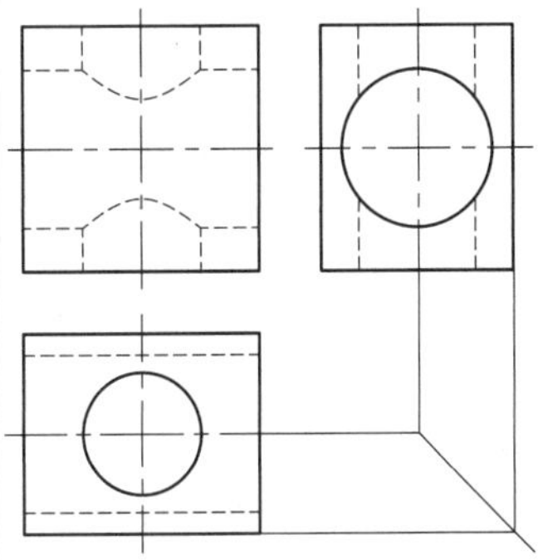

例 4-3　如图 4-7(a)所示，试求作两个相贯圆柱的相贯线。

解　由题图可知，两相贯圆柱的轴线正交，直立圆柱的轴线垂直于水平投影面，其水平投影积聚为圆，由相贯线的性质可知，相贯线的水平投影必定积聚在这个圆周上。同样，水平圆柱的轴线垂直于侧投影面，其侧面投影积聚为圆，相贯线的侧面投影必定积聚在这个圆周上。因此，只需根据投影规律，求出相贯线的正面投影即可。具体的作图过程如下。

(1) 求特殊点。从图 4-7(a)的水平投影和侧面投影可以看出，直立圆柱面上的所有素线都与水平圆柱面的上部相交，其中最左、最右、最前、最后四条素线与水平圆柱的共有点为 A、B、C、D，点 A 为相贯线上的最左、最高点；点 B 为相贯线上的最前、最低点；点 C 为相贯线上的最右、最高点；点 D 为相贯线上的最后、最低点。A、C 两点是两圆柱正面投影转向线的交点，因而是相贯线正面投影可见与不可见的分界点。同理，B、D 两点位于直立圆柱侧面投影的转向线上，因而是相贯线侧面投影可见与不可见的分界点。立体图如图 4-7(b)所示。

根据上述分析可知，两圆柱正面投影转向线的交点为共有点，可直接标出 a'、c'。在有积聚性的水平投影(圆)上，直接标出特殊点的水平投影 a、b、c、d；在有积聚性的侧面投影上对应地标出 a''、b''、c''、d''，由 b、d 和 b''、d'' 可求出 $b'(d')$。这样就得到相贯线正面投影上的四个点 a'、$b'(d')$、c'，如图 4-7(c)所示。

(2) 求一般点(用表面取点法)。如图 4-7(c)所示，在相贯线的水平投影上取点 e、f，根据投影关系求得 e''、f''后，即可求得 e'、f'。同样，还可以再求出若干个一般点。

(3) 将所求各点的正面投影光滑地连接起来，即得相贯线的正面投影。由于相贯体前后对称，所以前后两部分相贯线的正面投影重合，那么只用粗实线表示可见部分的相贯线即可，如图 4-7(d)所示。

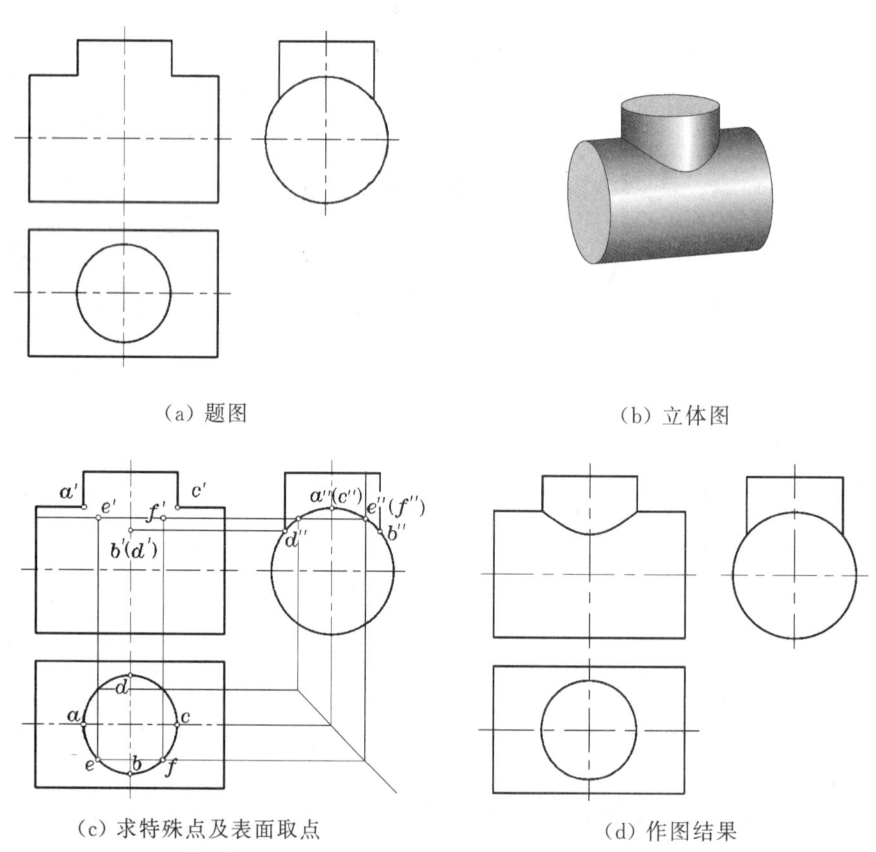

(a) 题图　　(b) 立体图

(c) 求特殊点及表面取点　　(d) 作图结果

图 4-7　求作两圆柱的相贯线

两圆柱垂直相贯时，相贯线的形状取决于两圆柱直径的相对大小和轴线的相对位置，具体情况如表 4-2、表 4-3 所示。

表 4-2　两圆柱直径相对大小的变化对相贯线的影响

两圆柱直径的关系	水平圆柱直径较大	两圆柱直径相等	水平圆柱直径较小
相贯线的特点	上、下各一条空间曲线	两个相互垂直的椭圆	左、右各一条空间曲线
立体图			
投影图			

表 4-3　两圆柱相对位置的变化对相贯线的影响

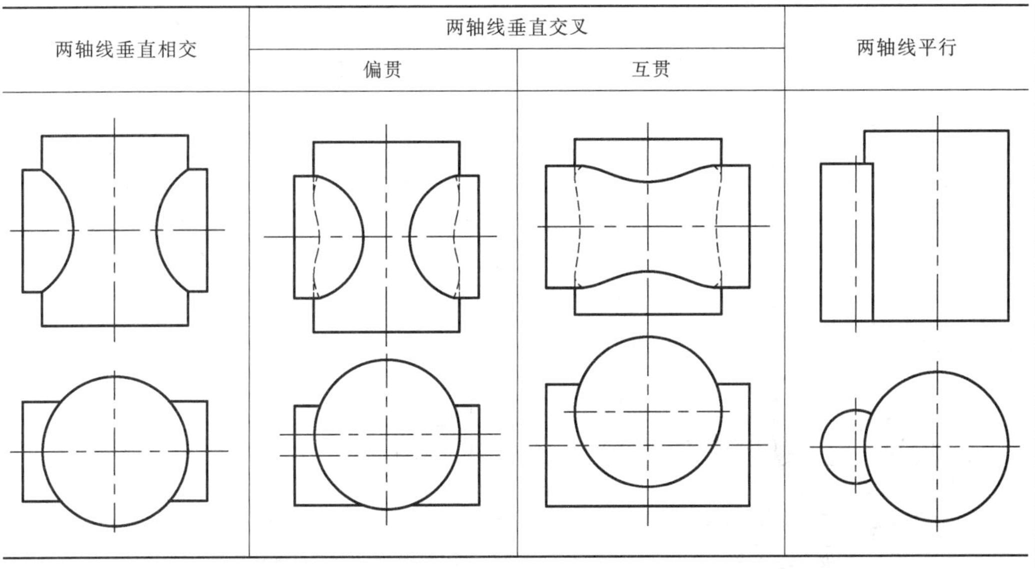

两轴线垂直相交	两轴线垂直交叉		两轴线平行
	偏贯	互贯	

4. 圆柱与圆锥相贯

例 4-4　如图 4-8(a)所示,试求作轴线正交的圆柱与圆锥的相贯线。

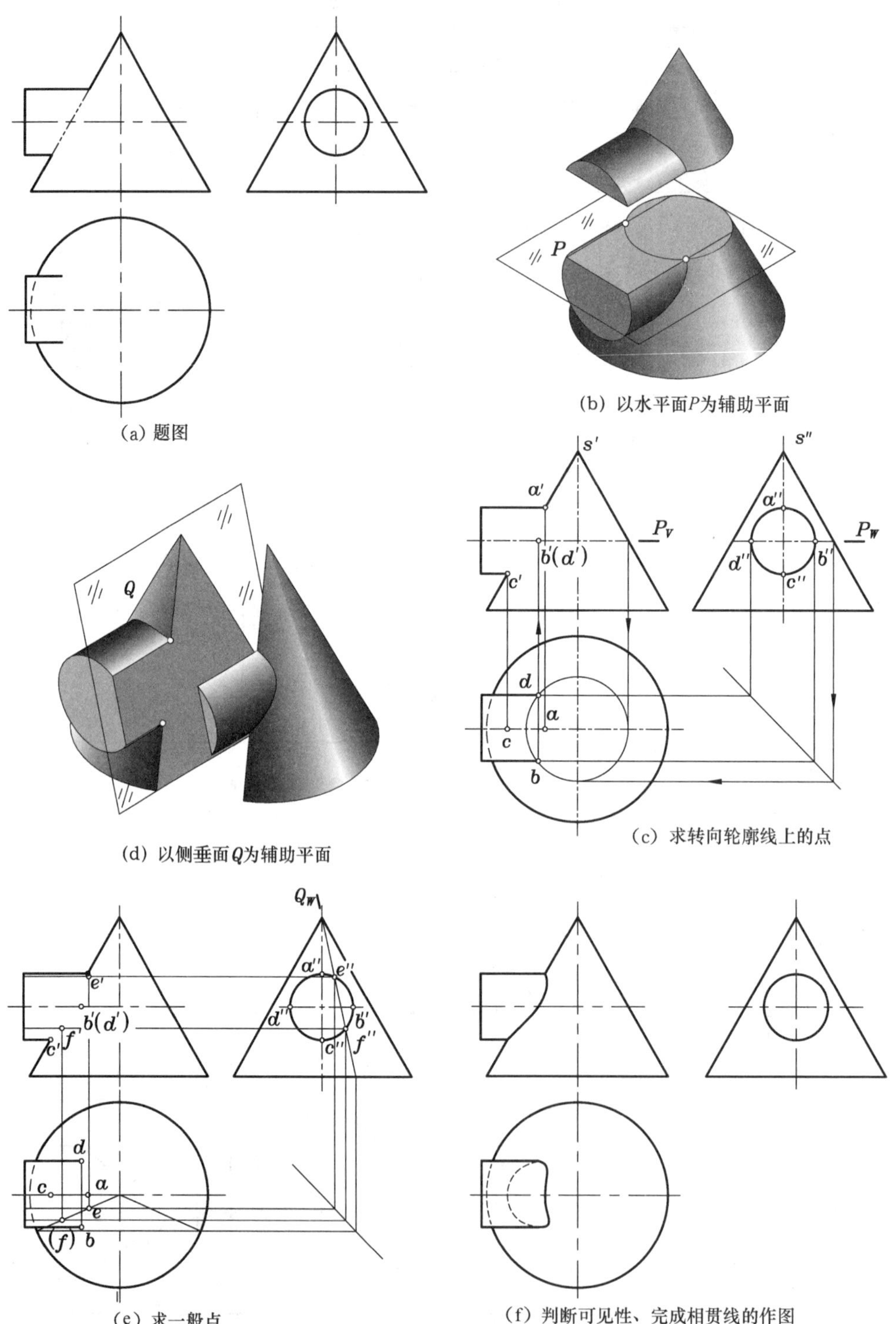

(a) 题图

(b) 以水平面P为辅助平面

(c) 求转向轮廓线上的点

(d) 以侧垂面Q为辅助平面

(e) 求一般点

(f) 判断可见性、完成相贯线的作图

图 4-8　求作轴线正交的圆柱与圆锥的相贯线

解 如图 4-8(a)所示,圆柱的侧面投影积聚为圆,相贯线的侧面投影与该圆重合,故只需求出相贯线的正面投影和水平投影即可。

在侧面投影中,表示圆柱侧面投影的圆全部在圆锥侧面投影轮廓线的范围内,说明圆柱上的全部素线都与圆锥相交,因此可以判断相贯线是封闭的,并且其侧面投影分布在整个圆周上,相贯线上的最高、最低、最前、最后点可直接从该圆周上定出。

一般点可用辅助平面法求出。由于圆锥的轴线垂直于水平投影面,而圆柱的轴线垂直于侧投影面,若作一水平面 P 为辅助平面,同时截切两回转体,则 P 平面与圆锥面的截交线为圆,与圆柱面的截交线为两条平行直线,如图 4-8(b)所示。另外,若通过锥顶作一侧垂面 Q(必平行于圆柱轴线),则 Q 平面与圆锥面的截交线为过锥顶的相交两直线,与圆柱面的截交线为平行两直线,如图 4-8(c)所示。因此,水平面和过锥顶的侧垂面都符合选择辅助平面的要求,但前者比后者作图更为方便,故选用水平面作为辅助平面更好。具体的作图过程如下。

(1) 求特殊点。如图 4-8(d)所示,在侧面投影的圆周上,可直接得到最高、最低点 A、C 的投影 a''、c'';在正面投影的轮廓线交点处直接标出 a'、c',从而可求得 a、c。同时在侧面投影上还可直接得到最前、最后点 B、D 的侧面投影 b''、d'',用一水平面 P 作为辅助平面通过点 B、D 进行截切,即可求得 b、d 和 $b'(d')$。其中,b、d 是相贯线水平投影的可见与不可见的分界点。由上述所求得的这些点的投影,可大致确定相贯线投影的范围。

(2) 求一般点。根据需要可在适当的位置再作一些辅助水平面,求出相贯线上的一般点。在图 4-8(e)中表示用一个过锥顶的侧垂辅助平面求共有点 E、F 的作图过程。

(3) 判断可见性,依次光滑地连线。由于相贯体前后对称,所以相贯线也前后对称,那么前后两半的正面投影重合在一起,正面投影画成粗实线。在水平投影中,圆柱面的上半部和圆锥面都是可见的,因此,相贯线的水平投影以 b、d 点为界,曲线 $b(f)(c)d$ 段应画成虚线,$bead$ 段画成粗实线。完成后的相贯线的三面投影图如图 4-8(f)所示。

本例也可用表面取点法求解,作图时所作的辅助线与辅助平面法相似。

同两圆柱相贯一样,由于圆柱与圆锥相贯的相对位置及圆柱、圆锥的大小不同,相贯线的形状也不相同,图 4-9 表示圆柱与圆锥的轴线垂直相贯时,圆柱直径的变化对相贯线形状的影响。

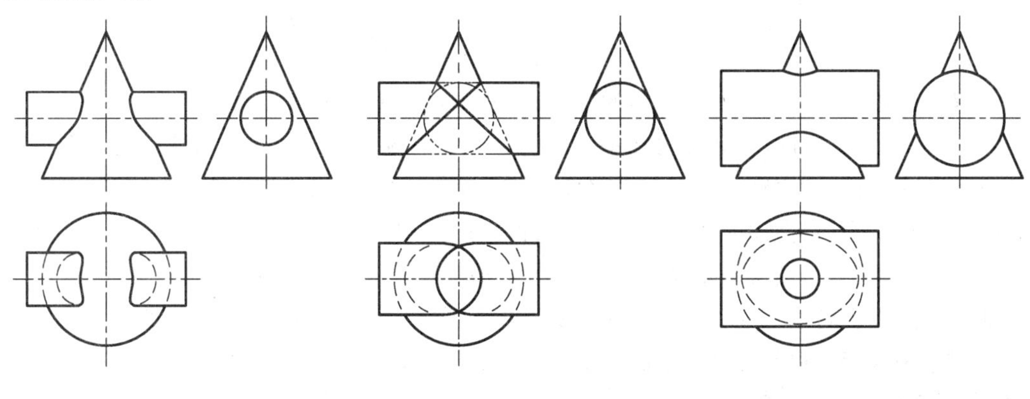

(a) 圆柱贯穿圆锥　　(b) 圆柱与圆锥公切于一圆球　　(c) 圆锥贯穿圆柱

图 4-9 圆柱与圆锥轴线垂直相贯时的三种相贯线

由图 4-9 可见，图中(a)表示相贯线为左右两条空间曲线，(b)表示相贯线为两个相同的椭圆，其正面投影积聚为直线，(c)表示相贯线为上下两条空间曲线。

5. 圆柱与圆球相贯

例 4-5 如图 4-10(a)、(b)所示，试求作圆柱与半圆球的相贯线。

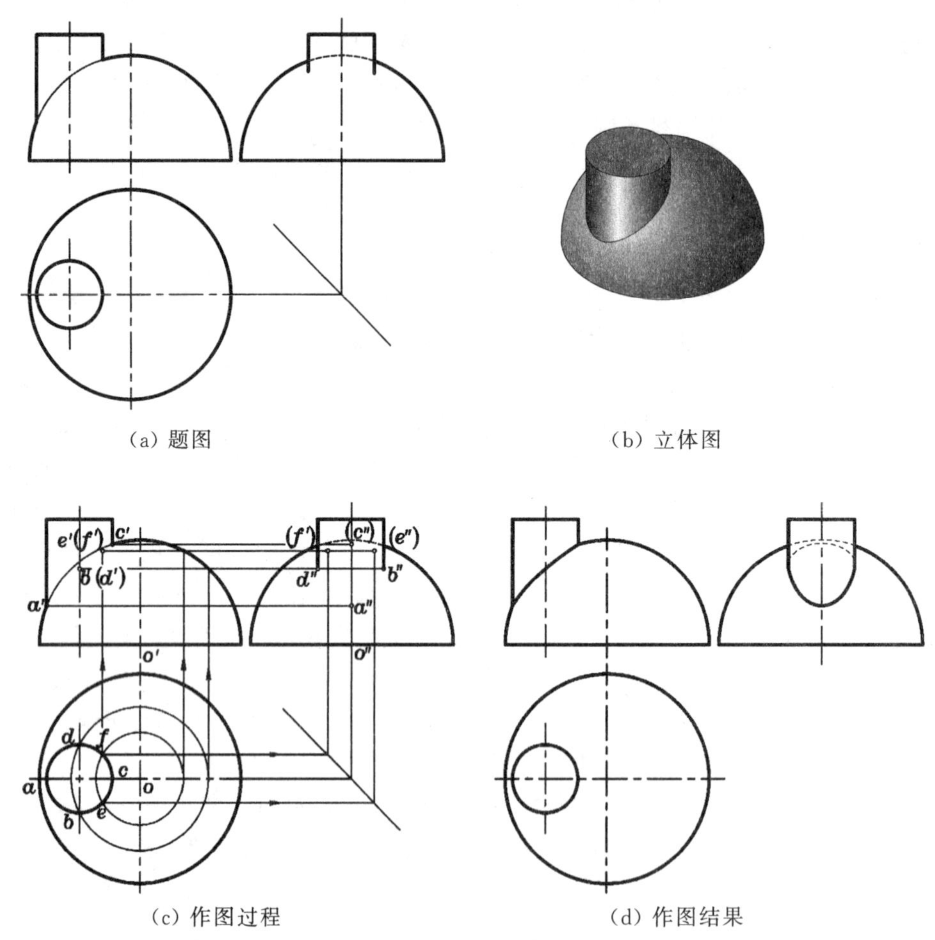

(a) 题图　(b) 立体图

(c) 作图过程　(d) 作图结果

图 4-10　求作圆柱与半圆球的相贯线

解 因圆柱的轴线不通过圆球的球心，圆柱轴线与圆球轴线组成相贯体的前后对称面，并与正投影面平行，故其相贯线是一条前后对称的封闭空间曲线。因圆柱的水平投影具有积聚性，相贯线的水平投影与积聚性的圆周重合，故只需求出相贯线的正面投影和侧面投影。本例可用表面取点法求解，具体的作图过程如下。

(1) 求特殊点。在水平投影中，圆周上的 a、b、c、d 四点为特殊点，由于 A、C 点位于圆球的正面投影转向线上，可直接作出 a'、c'，再求 a''、c''。在水平投影中，以 o 为圆心，od 为半径作纬圆，求出此圆的正面投影(一条直线)，求得 d'，再根据 d、d' 求 d''，同时求出 b'、b''，如图 4-10(c)所示。

(2) 求一般点。求一般点 E、F 的方法与求 B、D 两点相同，如图 4-10(c)所示。

(3) 判断可见性，依次光滑地连接各点的同面投影，如图 4-10(d)所示。由于相贯线前后对称，所以正面投影前后重合，只需要画出可见部分。从水平投影可知，B、D 为侧面投影的分界点，故将投影 d''、a''、b''连成粗实线，d''、c''、b''连成虚线。

(4) 整理外形轮廓，圆球的侧面投影被圆柱挡住的部分也应用虚线表示。

注意　本例也可用辅助平面法求解，辅助平面可选取投影面平行面，作图过程读者可自行练习。

例 4-6　如图 4-11(a)、(b)所示，试求作半圆球穿圆柱孔后相贯线的投影。

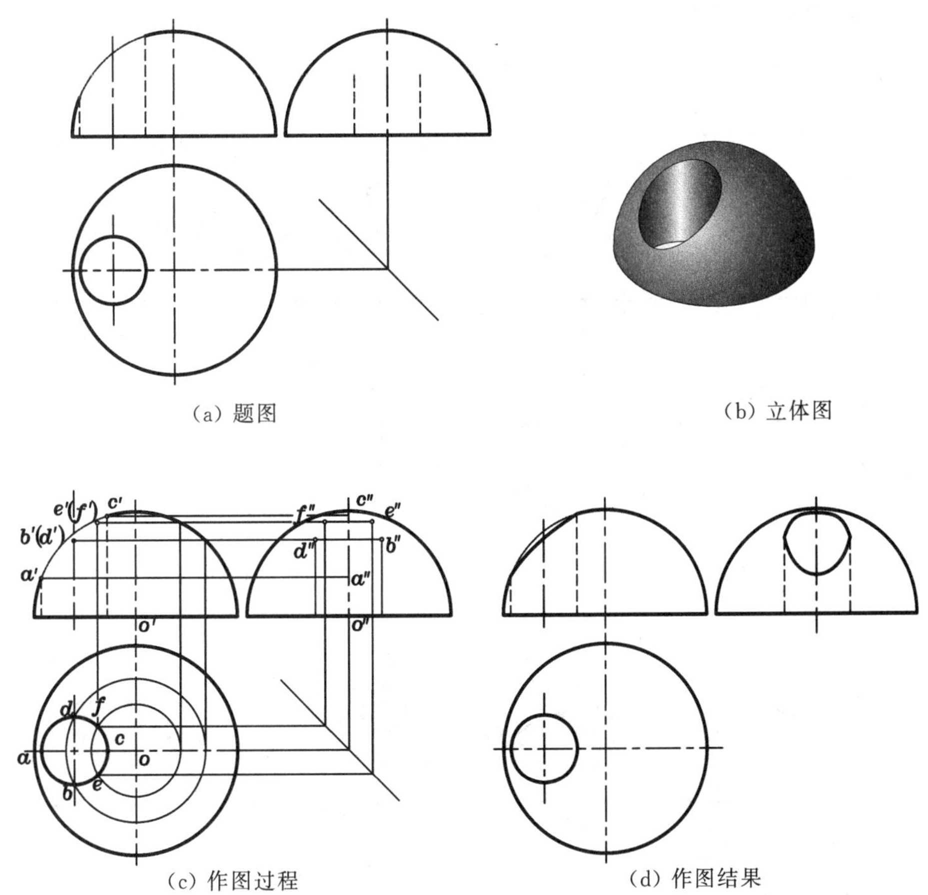

(a) 题图　　(b) 立体图

(c) 作图过程　　(d) 作图结果

图 4-11　求作半圆球穿圆柱孔后的相贯线

解　本例与例 4-5 都是圆柱与圆球相贯，并且大小和位置都相同，故其相贯线的形状和特征也应相同，不同的是本例的圆柱为“虚圆柱”(圆孔)，因此，相贯线的求法与例 4-5 一样，只是相贯线的虚实有所变化(相贯线的侧面投影全部可见，应画成粗实线)。作图过程见图 4-11(c)，作图结果如图4-11(d)所示。

图 4-12 说明无论是圆球和圆柱实体相交，还是在圆球上穿圆柱孔，只要二者轴线相交的位置和直径大小不变，且立体上的相贯线在空间中是一样的曲线，则其投影的求法就是一样的。

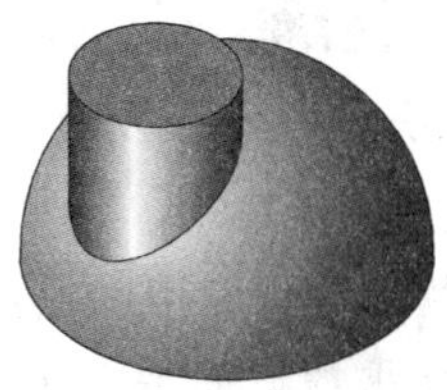
(a) 圆球与圆柱两实体相贯

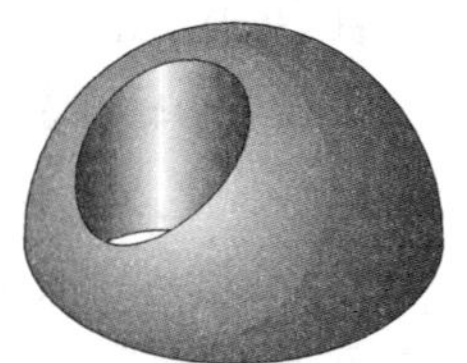
(b) 圆球上穿圆柱孔

图 4-12 实体相贯和穿孔

6. 圆锥与圆球相贯

例 4-7 如图 4-13(a)所示,试求作圆锥(台)与半圆球的相贯线。

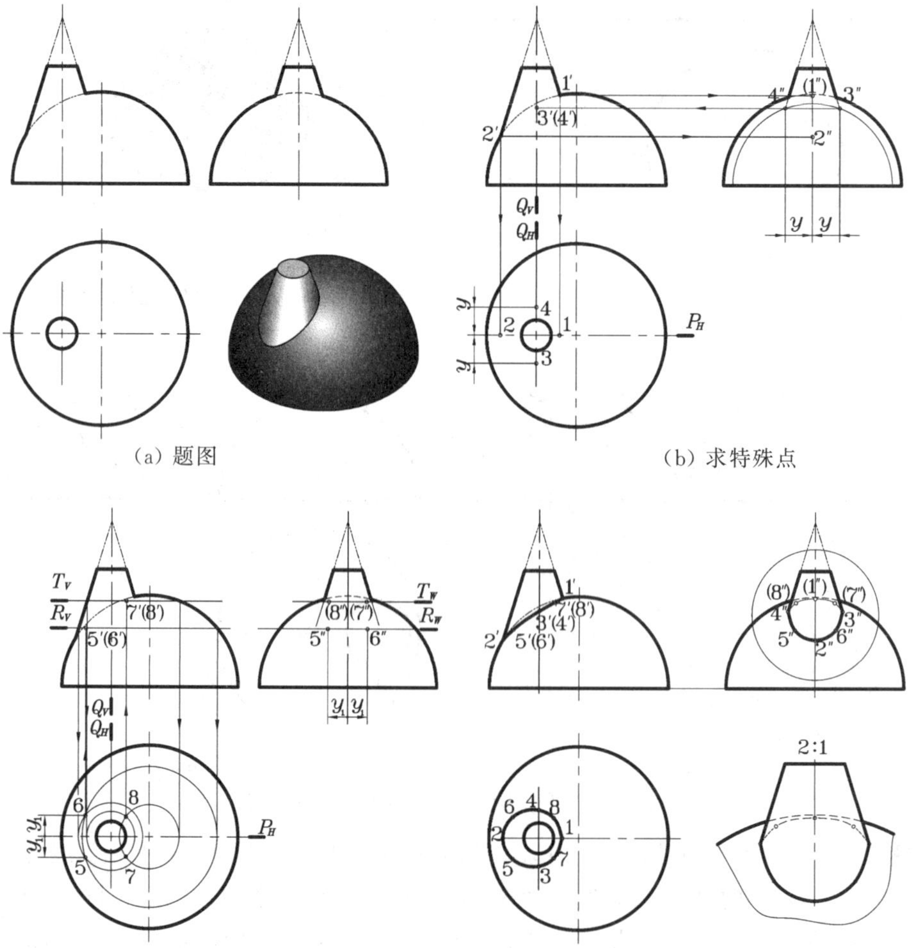

(a) 题图

(b) 求特殊点

(c) 求一般点

(d) 作图结果

图 4-13 求作圆锥与半圆球的相贯线

解 从图中可知,圆锥的轴线与圆球的轴线组成的平面为正平面,相贯线是一条前、后对称的空间曲线。由于圆锥与圆球的三个投影均无积聚性,所以需要画出相贯线的三面投影,而且必须用辅助平面法求作一般点。辅助平面可选用水平面,或过锥顶的正平面、侧平面。具体的作图过程如下。

(1) 求特殊点。过锥顶作辅助正平面 P，如图 4-13(b)所示，水平投影中的 P_H 与圆锥面的截交线为圆锥正面投影的转向轮廓线，与圆球的截交线为球面正面投影的轮廓圆，两者交于 I,II 两点，得到 1′、2′，并由此求得 1、2 及 1″、(2″)。过锥顶作辅助侧平面 Q，如图 4-13(b)中的 Q_H、Q_V、Q 平面与圆锥面的截交线为圆锥侧面投影的转向轮廓线，与球面的截交线为侧平圆，由此可求出侧面投影的 3″、4″，并求得 3′(4′)及 3、4。

(2) 求一般点。在 I、II 两点之间合适的位置用水平面 R 作辅助平面，如图 4-13(c)中正面投影的 R_V。R 平面与圆锥面及圆球的交线均为水平圆，且两圆交于 V、VI 点，求解过程如图 4-13(c)所示。同样，在适当的位置用辅助水平面 T 也可求出 VII、VIII 两点的投影。

(3) 判断可见性，依次光滑地连接各点。

(4) 整理外形轮廓线，补齐部分轮廓线的投影，可见轮廓画成粗实线，不可见轮廓画成虚线，作图结果如图 4-13(d)所示。

7. 圆柱与圆环相贯

例 4-8　如图 4-14(a)所示，试求作 1/4 圆环面穿圆柱孔后相贯线的投影。

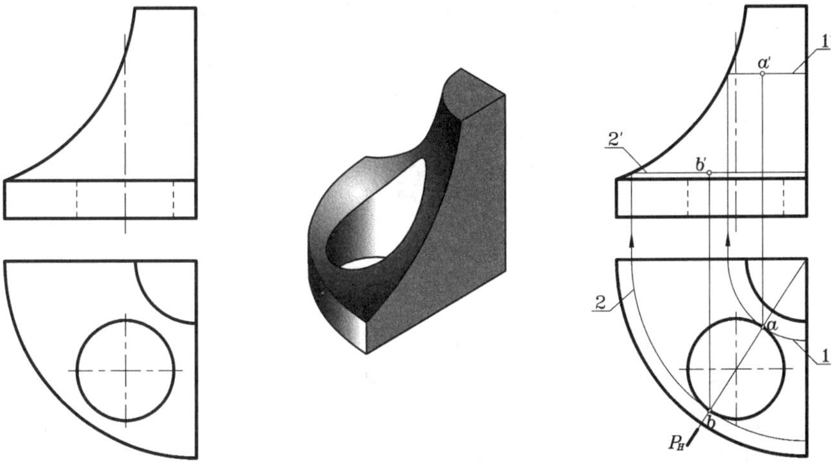

(a) 题图　　(b) 求特殊(最高、最低)点

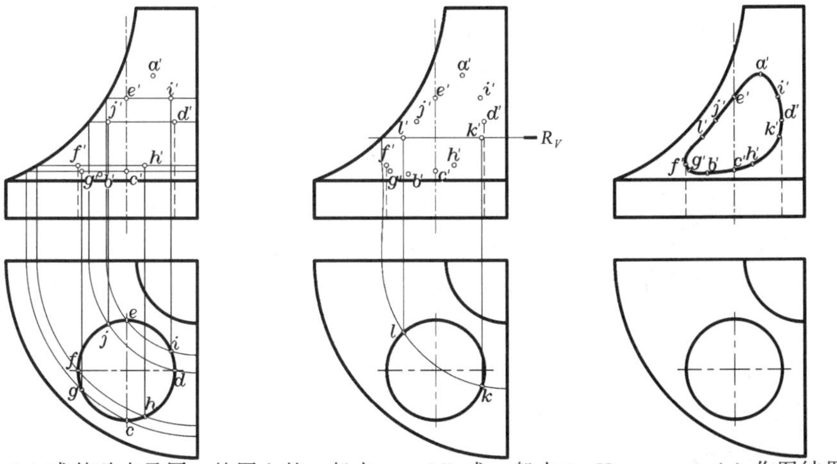

(c) 求特殊点及同一纬圆上的一般点　　(d) 求一般点 L,K　　(e) 作图结果

图 4-14　求作圆柱孔与圆环面的相贯线

解 从题图的投影可知，圆柱孔与圆环面相贯产生的相贯线，其水平投影积聚在圆柱面的积聚性投影上，故只需求出其正面投影即可。

圆柱孔的轴线与圆环面的轴线是铅垂的平行两直线，可组成一个铅垂面，也就是相贯线的对称面，在该面上存在相贯线的最高点 A 和最低点 B。求相贯线上的共有点时，可用表面取点法在圆环面上用纬圆法作图求出，亦可用辅助平面法（水平面）作图求出。具体的作图过程如下。

(1) 求特殊点。在两轴线组成的平面 P 上有特殊点，如图 4-14(b)中的 P_H，在此位置上有 a、b，分别为最高点和最低点。在环面上作纬圆，分别求出 a'、b'，如图 4-14(b)中的 I、II 两圆。

同时由水平投影可知，c、d、e、f 为特殊位置上的点，同样可用在圆环面上作纬圆的方法求出其正面投影 c'、d'、e'、f'，如图 4-14(c)所示。此外，与点 C、D、E、F 分别位于圆环面同一纬圆上的点 G、J、I、H，虽然是一般点，但也可同时求出其水平投影 g、j、i、h 和正面投影 g'、j'、i'、h'，如图 4-14(c)所示。

(2) 求一般点。可用纬圆法、也可用辅助平面法来求一般点。图 4-14(d)是用水平面 R_V 作辅助平面求一般点 L、K 的过程。

(3) 判断可见性，依次光滑地连接各点。因 1/4 圆环面的正面投影可见，而且圆柱面为孔，故相贯线的投影为可见，画成粗实线。

(4) 整理外形轮廓线，补齐圆柱孔轮廓线的投影，虚线画到 d'、f' 处，作图结果如图 4-14(e)所示。

8. 相贯线的特殊情况

如前所述，两回转体相贯时，在特殊情况下，其相贯线可能是平面曲线或直线，可根据两相贯回转体的形状、大小和相对位置来直接判断，以便简化作图过程。

1）相贯线是平面曲线

(1) 两相贯回转体同轴时，其相贯线一定是与轴线垂直的圆。如图 4-15(a)所示，圆柱与圆锥同轴相贯，相贯线为圆，其正面投影积聚为一直线，水平投影与圆柱的水平投影重合，相贯线就可直接求得。如图 4-15(b)所示，圆球穿圆柱孔，当圆柱孔的轴线通过球心时，相贯线为圆，其正面投影积聚为一直线，相贯线也可直接求得。如图 4-15(c)所示，圆锥与圆球同轴相贯，相贯线为上、下与轴垂直的圆。当轴线平行于 V 面时，其正面投影为一对平行直线。

(2) 当轴线相交的两圆柱或圆柱与圆锥公切于一个球面时，相贯线是椭圆。若公共对称面平行于投影面，则在所平行的投影面上的投影积聚为直线。图 4-16(a)所示为外切于同一球面的两等直径圆柱正交，相贯线是两个形状相同的椭圆，其正面投影为直线。图 4-16(b)所示为外切于同一球面的圆柱与圆锥正交，相贯线也是两个形状相同的椭圆，其正面投影也是直线。

应用辅助同心球面法的条件是：相贯两回转体的轴线相交，并且两相交轴线所确定的平面（两回转面的公共对称面）平行于投影面。

2）相贯线是直线

(1) 两相贯圆柱的轴线平行时，相贯线是直线，如图 4-17(a)所示。

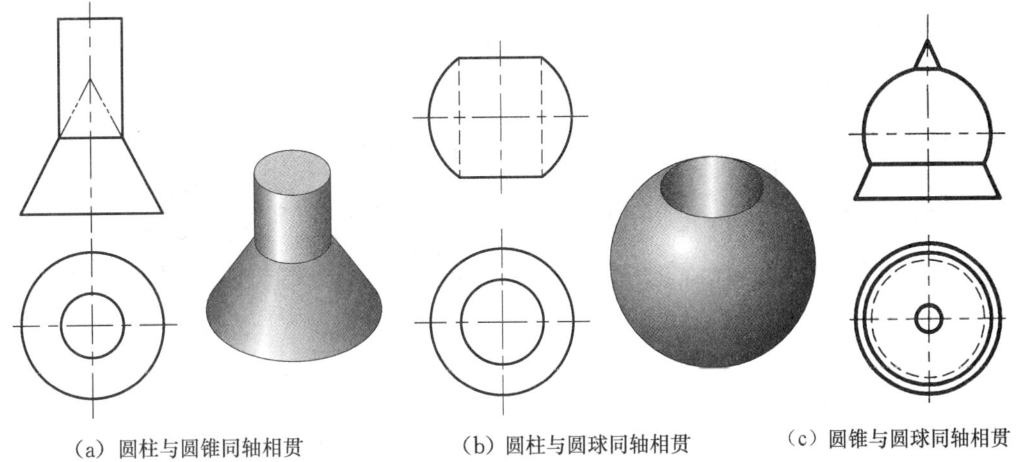

图 4-15　同轴回转体的相贯线——圆

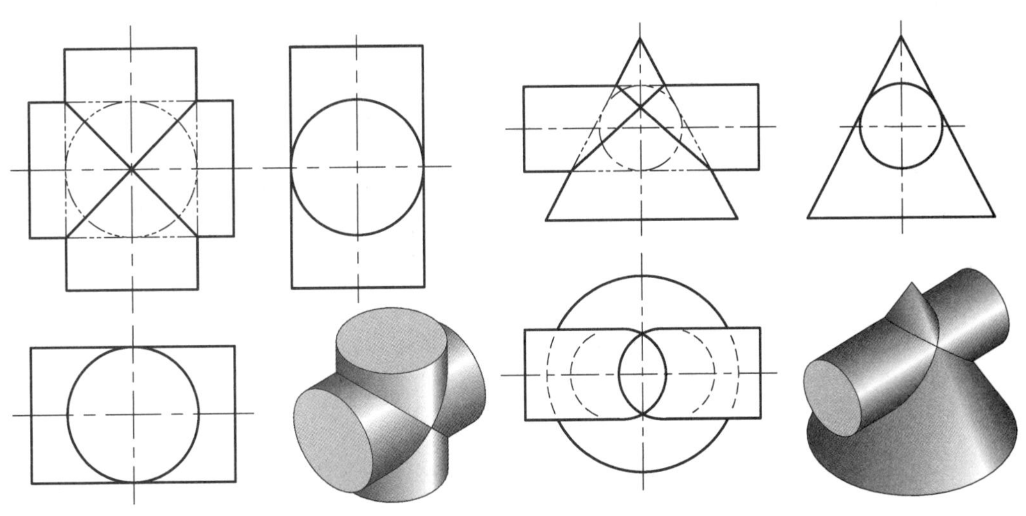

图 4-16　两相贯回转体公切于一圆球

(2) 两相贯圆锥共顶点时，相贯线是直线，如图 4-17(b)所示。

9. 相贯线的简化画法

两直径不等的圆柱相贯时，若其轴线正交，则在不致引起误解的前提下，允许采用简化画法。具体的作图方法是：以相贯两圆柱中较大圆柱的半径为半径，以圆弧代替相贯线，如图 4-18 所示。

此外，国家标准《技术制图 简化表示法 第 1 部分：图样画法》(GB/T 16675.1—2012)规定：在不致引起误解时，图形中的相贯线可以简化，例如用圆弧或直线代替非圆曲线。

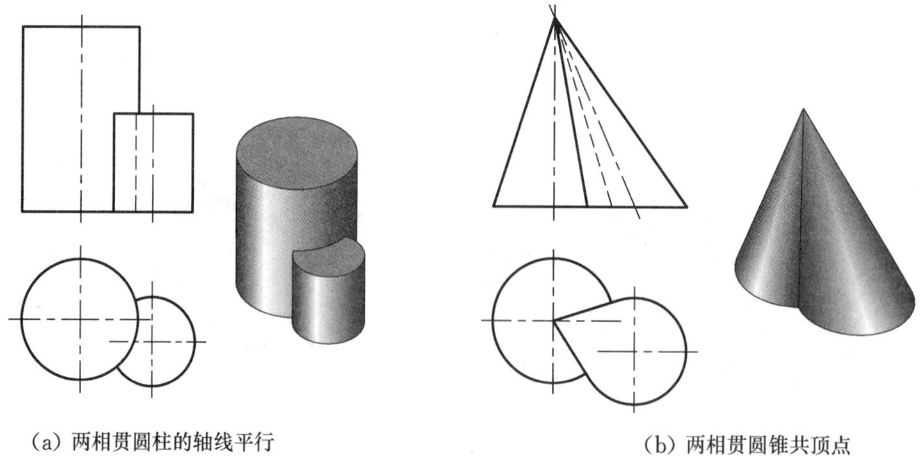

图 4-17 两相贯回转体的相贯线为直线

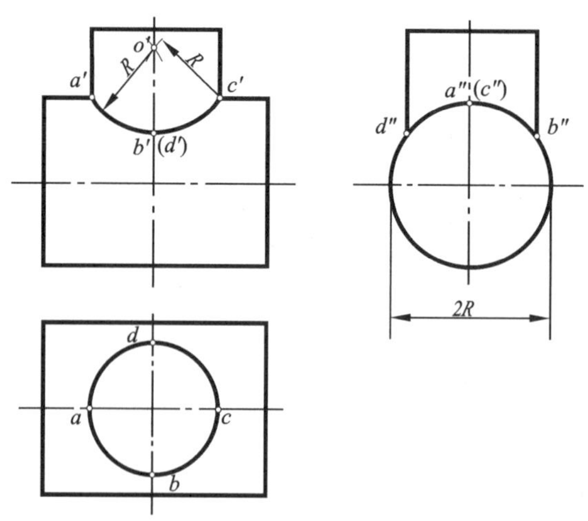

图 4-18 两正交异径圆柱相贯线的简化画法

10. 组合相贯线

在机械工程中实际使用的机器零件，往往是由两个以上的基本立体组合而形成的复杂组合体，图 4-19 中所示的多回转体相贯的组合体即是一例。复杂组合体的相贯线虽然比较复杂，但可将其分解为两两相贯的若干部分，再逐个分析各部分相贯体的形状及其相对位置，求出其相贯线，然后根据各部分之间的连接关系，判断可见性，将各部分的相贯线连接起来即可。

例 4-9 如图 4-19(a)所示，试求作多回转体相贯组合体的相贯线。

解 由图 4-19(a)中的已知投影，可想像出多回转体相贯组合体由圆柱 I、III、IV 和圆锥(台)II 组成，其中 I、II、III 三个回转体同轴相贯，其相贯线是与轴线垂直的圆 A、B、C；而圆柱 IV 的上半部分与圆锥 II 相贯、下半部分与圆柱 III 相贯，其相贯线为两段空间曲线，必须分别求出。具体的作图过程如下。

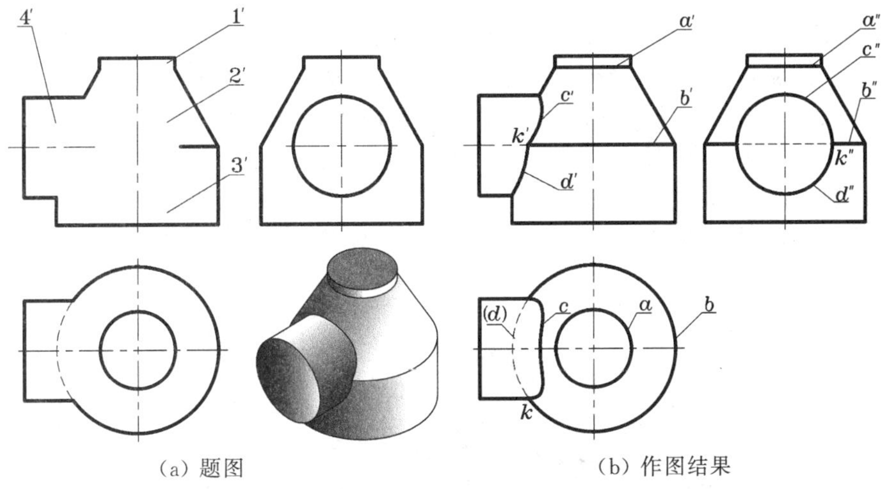

(a) 题图　　　　　　　　　　　　(b) 作图结果

图 4-19　求作多回转体相贯组合体的相贯线

(1) 求 I、II、III 三个回转体之间的相贯线。因三个回转体同轴，且轴线为铅垂线，故两两之间的相贯线为水平圆，正面投影和侧面投影具有积聚性，为一直线，水平投影积聚在圆柱面的投影上，如图 4-19(b)所示。作图时要注意 B 圆上的 $K(k, k', k'')$ 点。

(2) 求 II、IV 的相贯线。圆柱 IV 的侧面投影具有积聚性，相贯线的侧面投影可直接求出，用表面取点法或辅助平面法可求出相贯线的正面投影和水平投影，如图 4-19(b)中的 C 曲线。

(3) 求 III、IV 的相贯线。III，IV 为两正交的圆柱，因两圆柱的水平投影和侧面投影分别有积聚性，故只需求出相贯线的正面投影即可。可用表面取点法作图，作图结果如图 4-19(b)中的 D 曲线。

例 4-10　如图 4-20(a)所示，试求作组合相贯体的相贯线。

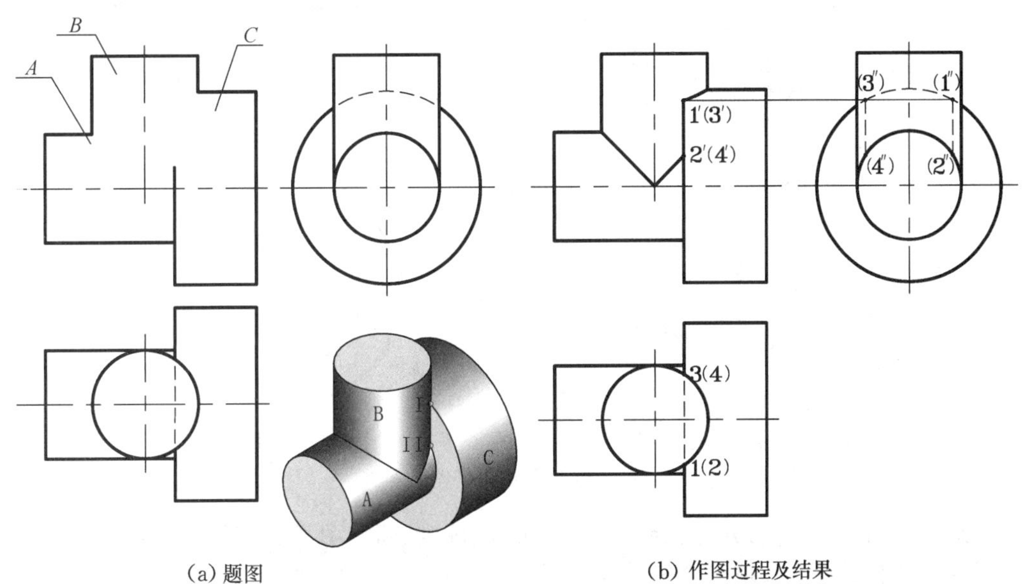

图 4-20

(a) 题图　　　　　　　　　　　　(b) 作图过程及结果

图 4-20　求作组合相贯体的相贯线

解 组合相贯体由圆柱 A、B、C 两两相贯组合而成。圆柱 A 和圆柱 C 为同一轴线上直径不相等的叠加体，其分界处在圆柱 C 的左端面（接合面）；圆柱 B 分别与圆柱 A、圆柱 C 及其左端面相交。圆柱 B 的大部分与圆柱 A 相贯，二者的直径相等、两轴线正交且平行于正投影面，故其相贯线是两个相同的部分椭圆，正面投影是相交的两直线。圆柱 B 的另一部分与圆柱 C 也是正交，圆柱 C 的左端面与圆柱 B 的交线为 I 和 II、III 和 IV，圆柱 C 的左端面是表面分界线，它与圆柱 B 的交点 I、II 是结合点，所以圆柱 B 与圆柱 C 的相贯线要画到 I、II 两点。作图过程及结果如图 4-20(b)所示。

例 4-11 如图 4-21(a)所示，试求作组合相贯体的相贯线。

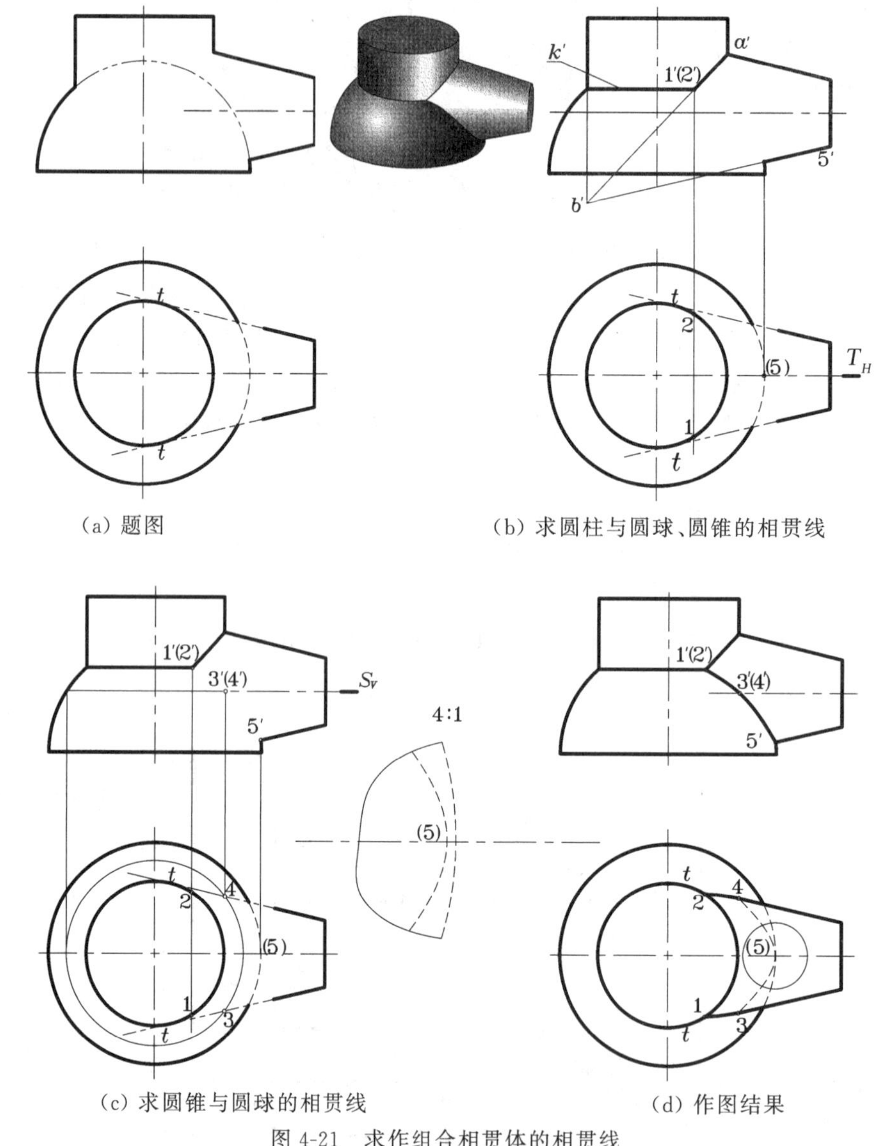

(a) 题图　　(b) 求圆柱与圆球、圆锥的相贯线

(c) 求圆锥与圆球的相贯线　　(d) 作图结果

图 4-21 求作组合相贯体的相贯线

解 由图 4-21(a)可知，组合相贯体为圆柱、圆锥、圆球两两相贯后组合而成，应分别求出各段的相贯线。具体的作图过程如下。

(1) 求圆柱与圆球的相贯线。因圆柱面与圆球面共轴，故相贯线为一圆，正面投影为

一直线 k'，水平投影为一圆弧 k，与圆柱面的积聚性投影重合，如图 4-21(b)所示。

(2) 求圆柱与圆锥的相贯线。圆锥的水平投影转向线与圆柱的水平投影相切，意味着二者在空间中同时切于一圆球面。由相贯线的性质可知，二者的相贯线为一平面曲线，其正面投影为一直线，水平投影积聚为一圆弧，与圆柱面的水平投影重合。作图时需将圆柱和圆锥的正面投影转向线延长，求出完整的相贯线 $a'b'$后，与 k'交于 1′、(2′)，并由此求得 1、2，即结合点 I、II，如图 4-21(b)所示。

(3) 求圆锥与圆球的相贯线。圆锥与圆球具有平行于 V 面的公共对称面，故相贯线的正面投影前后重合，水平投影中圆锥的上半部分为可见，下半部分为不可见，作图过程如图4-21(c)所示。应当注意的是，圆锥水平投影的转向线只能画到 3、4 处，$3t$ 及 $4t$ 处无线，作图结果如图 4-21(d)所示。

4.2　组合体的分析方法

为便于绘制、阅读组合体的三面投影图，标注组合体的尺寸，经常要用到形体分析法，有时还要用到线面分析法。

1. 形体分析法

组合体可看成是由若干基本立体经组合而形成，那么为便于准确地理解组合体的形状和结构，可假想将组合体按其组合方式逆向还原成组合前的基本立体形态，也就是将一个复杂的组合体分解为若干基本立体，并且分析这些基本立体之间的组合形式和相对位置，这种分析方法称为形体分析法。图 4-22 所示的组合体，由底板、肋板、U 形块、直立圆筒和水平圆筒等部分组成。肋板是个三棱柱(基本立体)，叠加在底板上；直立圆筒是由圆柱(基本立体)经穿孔(切割)而成，与底板相接；水平圆筒也是由圆柱(基本立体)经穿孔(切割)而成，与直立圆筒相贯(叠加)。U 形块与直立圆柱筒相交，上面共面。经过这样的分析之后，该组合体就比较容易理解，绘制其三面投影图也比较方便。

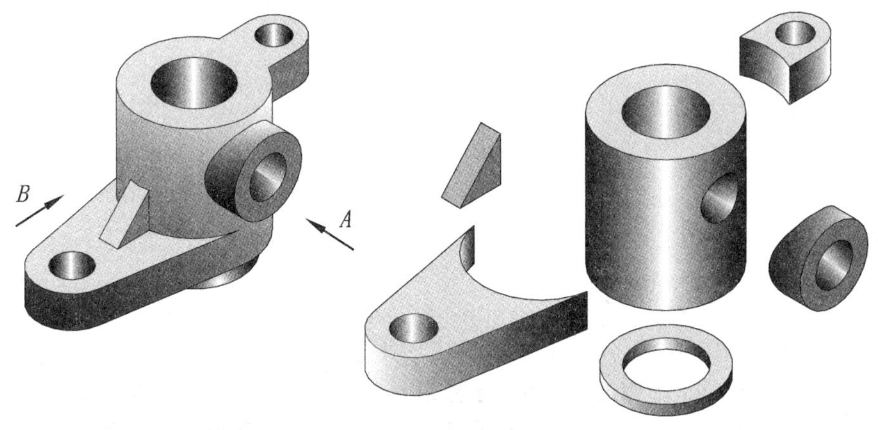

(a) 组合体　　(b) 形体分析

图 4-22　组合体的形体分析法

形体分析法主要适合分析以叠加方式为主形成的组合体，是贯穿于绘制、阅读机械图样及尺寸标注全过程的重要方法，其实质和核心就是将复杂的形体简单化。因此，形体分析法不仅是一种绘图和读图的分析方法，还是一种普遍的思维方式。

2.线面分析法

当采用形体分析法基本了解组合体的形成方式和结构之后，如果还不能清晰地理解构成组合体的基本立体之间的关系或基本立体被切割后的交线等内容，就应该进行更深入的分析，即对构成组合体的表面、棱线、交线等几何要素的空间位置、形状、相互关系、投影特征等进行分析，从而全面理解组合体结构，这种分析方法称为线面分析法。图4-23(a)所示的是由切割方式形成的组合体，水平投影图上有 r、s 两个线框，其正面投影图上的对应投影为 r'、s'，由此可知 R、S 为水平面；正面投影图上有 p'、q'、u'、(t') 四个线框，其水平投影图上的对应投影为 p、q、u、t，由此可知 Q 为正平面，P、U、T 为铅垂面，P、T 平面的交线为 AB。综合以上分析可知，该组合体为一四棱柱被一个水平面和三个铅垂面切割而得，从而就可以看懂组合体的形状，如图 4-23(b)所示。由此可见，线面分析法是运用视图中的线框和线的投影，分析立体表面的空间形状及位置的方法，主要适合于分析以切割方式为主形成的组合体。

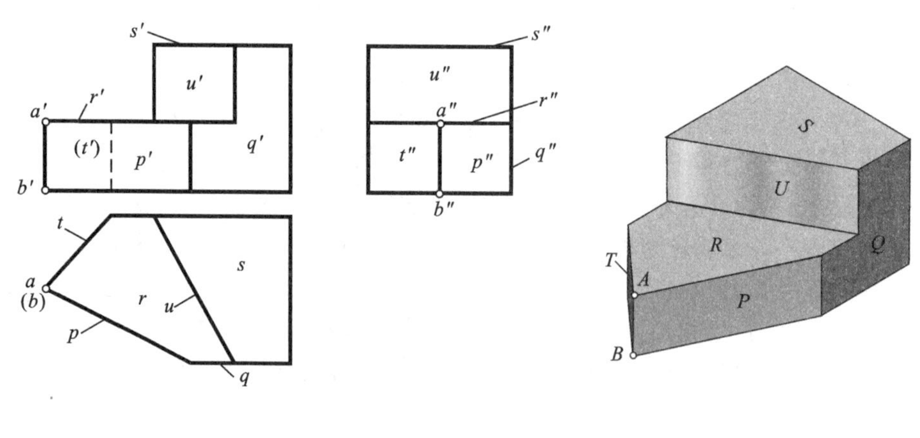

(a) 线面分析法　　(b) 立体图

图 4-23　组合体的线面分析法

4.3　组合体投影图的画法

4.3.1　概述

画组合体投影图的过程，实质上就是运用形体分析法及线面分析法，在理解组合体的形成方式及各部分形状、结构的基础上，选择最佳的表达方案，正确、完整、清晰地表示组合体的过程。“正确”是指投影和线型要正确；“完整”是指组合体内外结构应全部完整地表达出来；“清晰”是指正面投影图的投射方向要合理、绘图比例要适当，并且布图匀称、线型分明、图面整洁。

画组合体投影图的一般方法和步骤有以下几点。

(1) 运用形体分析法(或线面分析法)分析组合体的形成方式、各部分的形状和结构。首先,抓住构成组合体的主要部分,并在进行形体分析时理解组合体各部分结构的功能,从而迅速了解组合体的主要部分及其特征。其次,根据理解和画图的需要,将组合体假想分解成若干个部分,理解各部分的形状、结构及其相互关系;若某一部分没有看清,可进一步将其分解,直到全部理解为止。

(2) 选择正面投影图的投射方向。在三个投影图中,正面投影图是最主要的投影图,应能清晰地反映组合体的主要结构特征及各组成部分的关系,并能使其他投影图中的不可见轮廓线尽可能地少,便于画图和读图。确定正面投影图的投射方向时,首先要考虑组合体的安放位置,一般应使组合体的主要表面平行于投影面,主要结构的轴线或对称平面垂直或平行于投影面;其次要选择合适的投射方向,既使正面投影图能反映组合体的主要形状和结构特征,又使其他投影图的虚线较少。

(3) 画组合体的三面投影图。利用形体分析法分析的结果,按照"先主后次、先外后内"的顺序,用细实线逐个地画出各部分三面投影图的底稿。同一部分的三个投影图,应按投影规律联系起来一起同步画,而且要先画反映形状特征的投影图(如画圆柱、圆锥时,应从投影为圆的投影图开始画),切忌单独画完整个组合体的一个投影图之后再画其他的投影图;在画某个部分的投影图时,还要注意它与其他部分之间表面连接和过渡的形式,正确画出相邻部分表面的连接关系,这样既能保证各部分的投影关系正确,又能减少量取尺寸的次数、提高画图的速度。

画完底稿之后,必须仔细检查,改正错误的图线,擦去多余的图线,然后将所有的图线加深成规定的线型。

为了能尽快地理解比较复杂的组合体,掌握组合体的画法,除要记住棱柱、棱锥、圆柱、圆锥、圆球、圆环等基本立体的三面投影图之外,还要熟悉机械零件中常见的一些简单组合体(可当作基本立体对待)及其三面投影图,在图 4-24 中列举了一些常见简单组合体的例子,都是基本立体的简单组合。记住这些常见的简单组合体及其三面投影图,对理解比较复杂的组合体并画出其三面投影图会有很大的帮助。

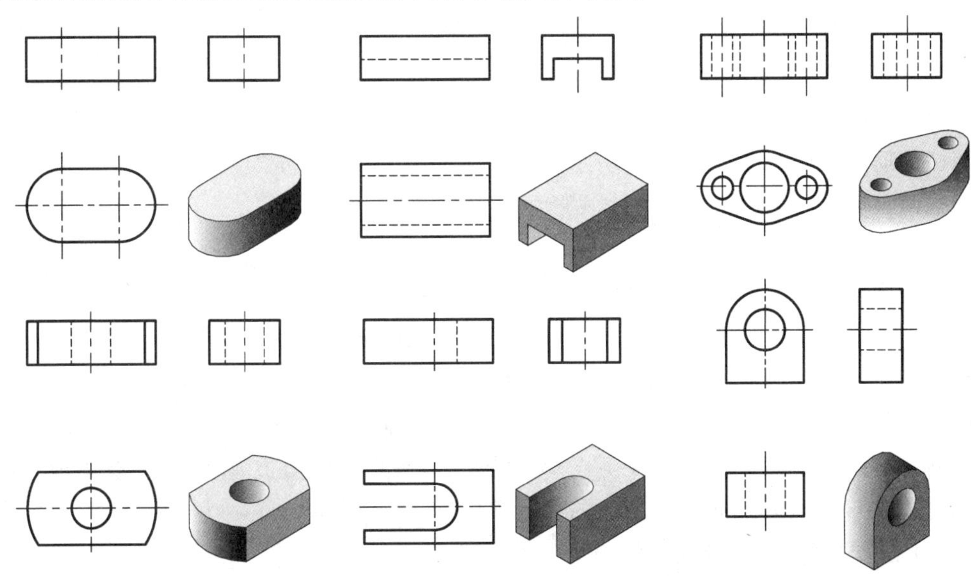

图 4-24　常见的简单组合体及其三面投影图

4.3.2 组合体投影图的画法举例

图 4-25

例 4-12 画出图 4-25(a)所示支架的三面投影图。

解 图 4-25(a)所示支架的形体分析及画图步骤如下。

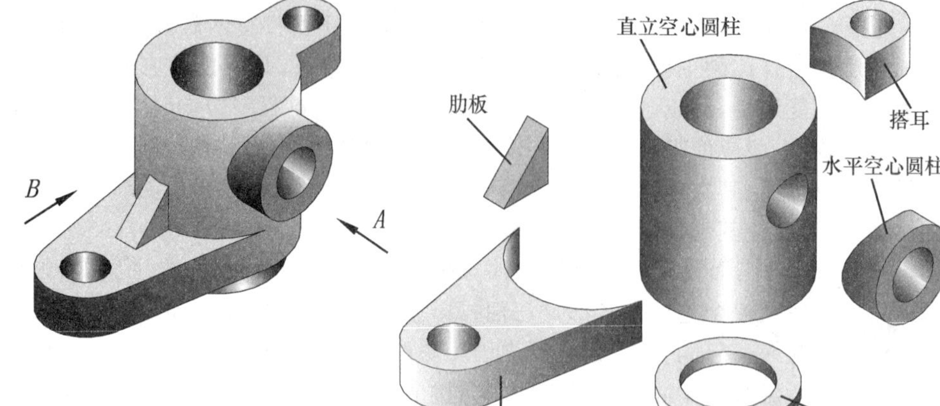

(a) 立体图 (b) 形体分析

图 4-25 支架的立体图及形体分析

(1) 分析支架的形成方式及各部分的形状和结构。从已知的立体图可以看出,支架是以叠加为主的方式形成的,可分为 6 个部分。支架的中部是一个直立的空心圆柱,下部是一个稍小一点的薄空心圆柱,二者之间的组合方式为简单的叠加。左下方的底板由四棱柱经切割和穿孔形成,其上下表面与直立空心圆柱垂直相交,截交线为圆弧,而前后的倾斜表面则与直立空心圆柱的外圆柱面相切。左方的肋板为三棱柱,叠加在底板上,其前后表面与直立空心圆柱相交,截交线为直线,而其斜面与直立空心圆柱的截交线则是一段椭圆弧。前方的水平空心圆柱与直立的空心圆柱垂直相交,两孔穿通,其内外表面均产生相贯线。右上方的搭耳由四棱柱经切割和穿孔形成,与直立的空心圆柱相交,其前后表面与直立空心圆柱的截交线为直线,底面与直立空心圆柱的截交线为圆弧,而顶面与直立空心圆柱的顶面共面,如图 4-25(b)所示。通过上述分析得知,支架的结构特征是:由棱柱及圆柱两种基本立体以叠加为主方式形成,为前后对称的结构。

(2) 选择正面投影图的投射方向。对于图 4-25(a)所示的支架,通常将直立空心圆柱的轴线安放成铅垂位置,并将底板、肋板、搭耳的对称平面置于与投影面平行的位置上。显然,选取图中的 A 方向作为正面投影图的投射方向较好,因为按此方向投射,组成支架的各基本立体及其相对位置关系表示最为清晰,从而能较好地反映支架的主要形状和结构特征。如果选择 B 方向作为正面投影图的投射方向,则底板、肋板的形状及其与直立空心圆柱间的位置关系没有像 A 方向那样清晰,而且搭耳完全被遮住,全部要画成虚线,故不应选取 B 方向作为正面投影图的投射方向。

(3) 画支架的三面投影图。

① 确定比例及图幅。画图时应尽可能采用 1∶1 的比例,如组合体太大或太小,则应

采用缩小或放大的比例。根据支架和图幅的大小，估算出三个投影图所占图面的大小(包括三个投影图之间的适当间隔)，选择合适的比例。

② 画底图。

- 确定画图的基准。根据形体分析，在组合体长、宽、高三个方向上各选定一个最重要的几何要素(点、直线、平面)作为画图的基准，通常以圆心、组合体的对称中心线(面)、回转轴线、底面、重要的端面等作为基准。
- 布图。当基准确定后，即可布图，也就是在适宜的位置画出三个投影图的定位线，如图 4-26(a)所示。
- 根据形体分析法分析的结果，按照先主后次的顺序，用细实线逐个地画出各个部分三面投影图的底稿，如图 4-26(b)～(e)所示。

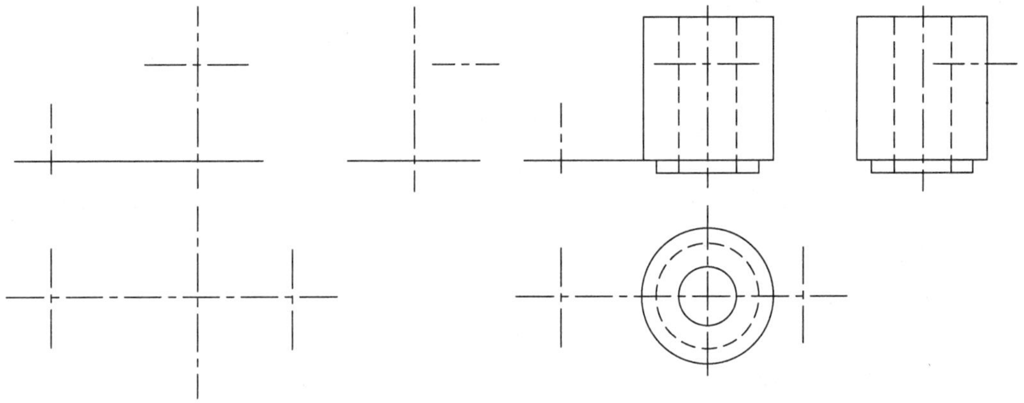

(a) 画定位线　　(b) 画直立空心圆柱和下方扁空心圆柱

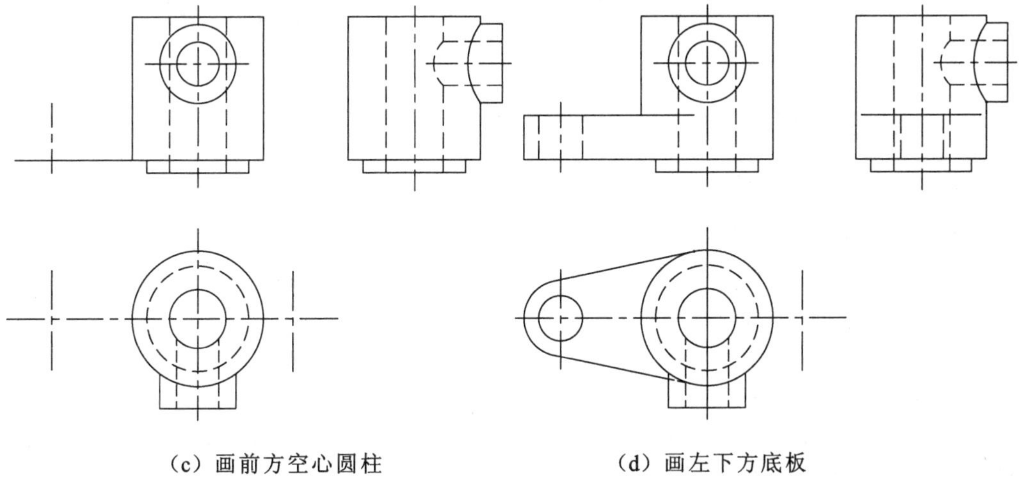

(c) 画前方空心圆柱　　(d) 画左下方底板

图 4-26　画支架三面投影图的步骤

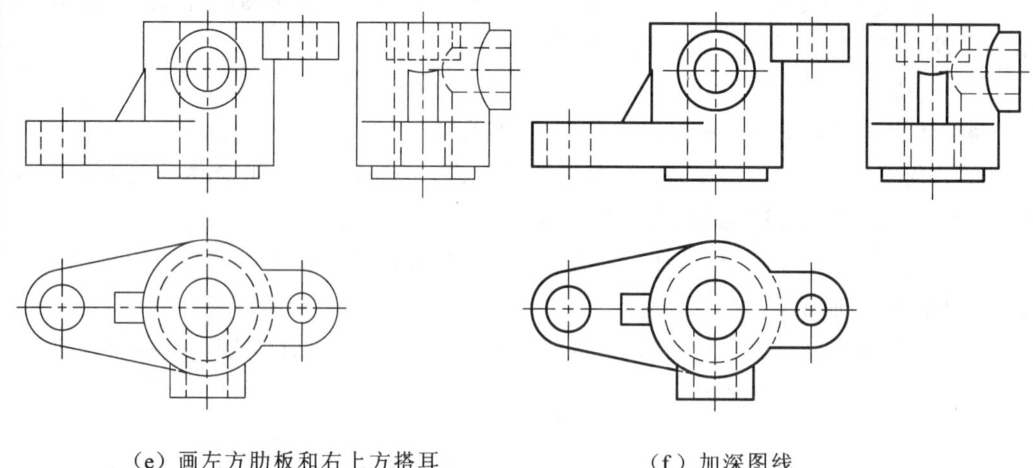

（e）画左方肋板和右上方搭耳　　　　（f）加深图线

图 4-26　画支架三面投影图的步骤(续)

③ 检查、整理、加深图线，完成全图，如图 4-26(f)所示。

通过以上例题可以看出，对同一个组合体可以采用不同的表达方案，但为了能够“正确、完整、清晰”地表示组合体，且使读图者容易读懂，应在进行比较之后，选择一个比较合理的表达方案。

在画完三面投影图之后，首先要对照所给的立体图或实物，按每一个投射方向进行仔细的对照检查，特别要注意检查不可见部分的投影，看是否有错画或漏画的图线。其次，要利用“长对正、高平齐、宽相等”的“三等”规律，对照三面投影图进行检查，一个投影图上的任一几何要素，都必然可以在其他投影图上找到其对应的投影，否则一定存在着错误。对于对称结构或回转结构的组合体，还应注意不要漏画中心线或轴线。

4.4　组合体的尺寸标注

4.4.1　组合体尺寸标注的基本要求

组合体的三面投影图只能表示组合体的形状和结构，不能表示组合体的真实大小。组合体与机器零件一样，其真实大小要根据图样上所注的尺寸来确定，加工时也是按照图样上的尺寸制造，因此，尺寸标注也是构成工程图样的重要内容之一。

在投影图上标注组合体的尺寸时，一般应达到以下基本要求。

(1) 尺寸标注要正确。在投影图上标注的尺寸，不仅数值要正确，而且还应符合《技术制图》中有关尺寸注法的规定。

(2) 尺寸标注要完整。在投影图上不仅应当标注出确定组合体中每个部分形状的定形尺寸，而且应当标注出确定各部分之间相对位置的定位尺寸，既不允许遗漏某个尺寸，也不允许有重复和多余的尺寸。

(3) 尺寸布置要清晰。尺寸应标注在最能反映形体特征的投影图上，而且应恰当地布置投影图上所有尺寸的位置，使图面清晰，便于读图。

此外，尺寸标注还要合理，也就是要尽量考虑到设计和加工工艺方面的要求，这部分的内容将在第 7 章介绍。

4.4.2　简单几何形体的尺寸标注

简单几何形体主要包括常用的基本立体、由叠加或切割形成的简单组合体以及板状形体。这些简单几何形体在机器零件中会经常见到，熟悉并掌握其尺寸标注的形式和方法，对于标注复杂组合体乃至机器零件的尺寸都会有很大的帮助。

1. 基本立体的尺寸标注

基本立体的尺寸标注是组合体各部分定形尺寸标注的基础，在表 4-4 中列出了常用基本立体的尺寸标注示例。

表 4-4　基本立体的尺寸标注示例

		(　)
φ	φ	φ φ
Sφ	SR	φ φ R

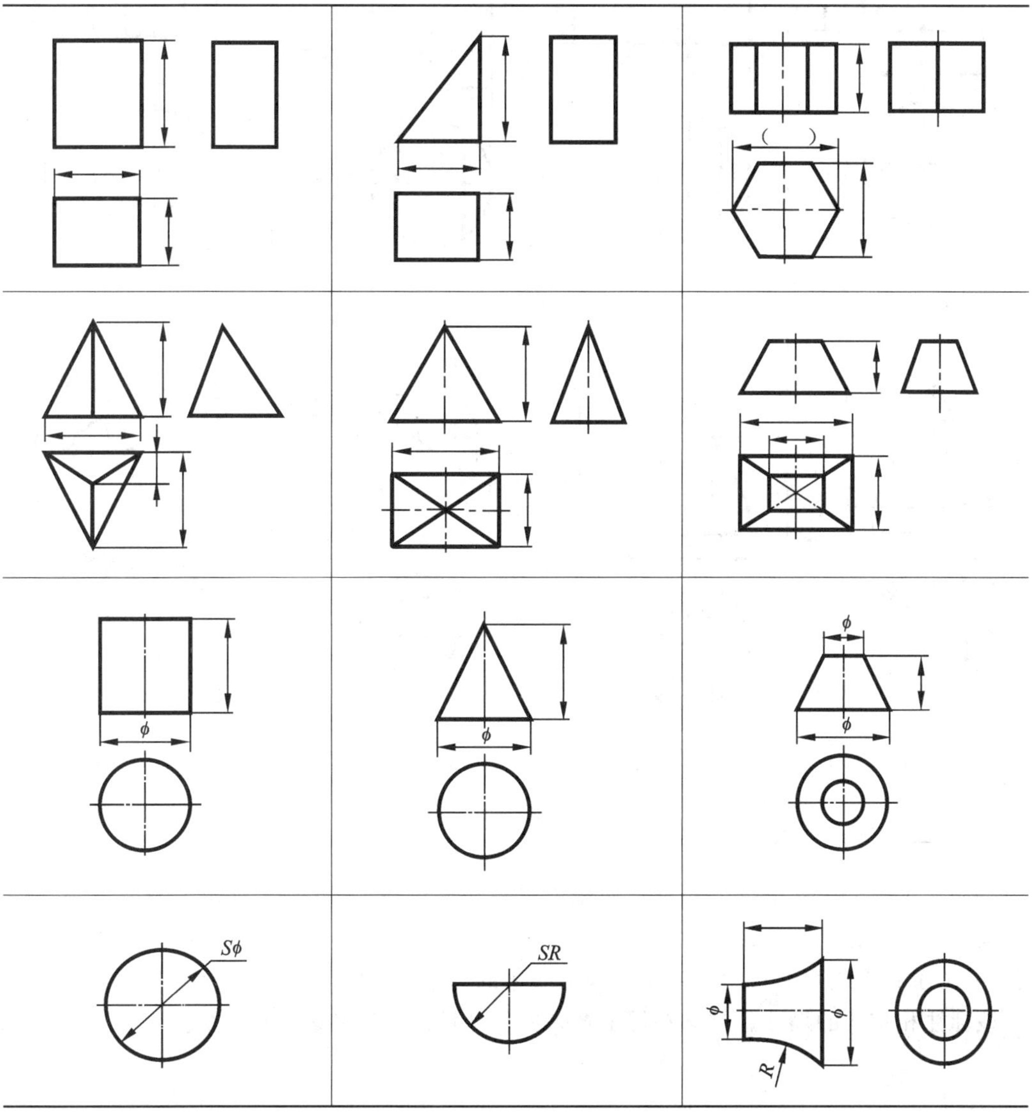

2. 截切组合体的尺寸标注

截切组合体由基本立体被平面截切而形成，因此除了要标注基本立体的形状尺寸，还要标注确定截平面位置的定位尺寸。由于截交线的形状和位置是由基本立体和截平面确定的，所以，在标注基本立体的形状尺寸和确定截平面位置的尺寸之后，就不用再标注截交线的尺寸。常见截切组合体的尺寸标注示例如表 4-5 所示。

表 4-5　截切组合体的尺寸标注示例

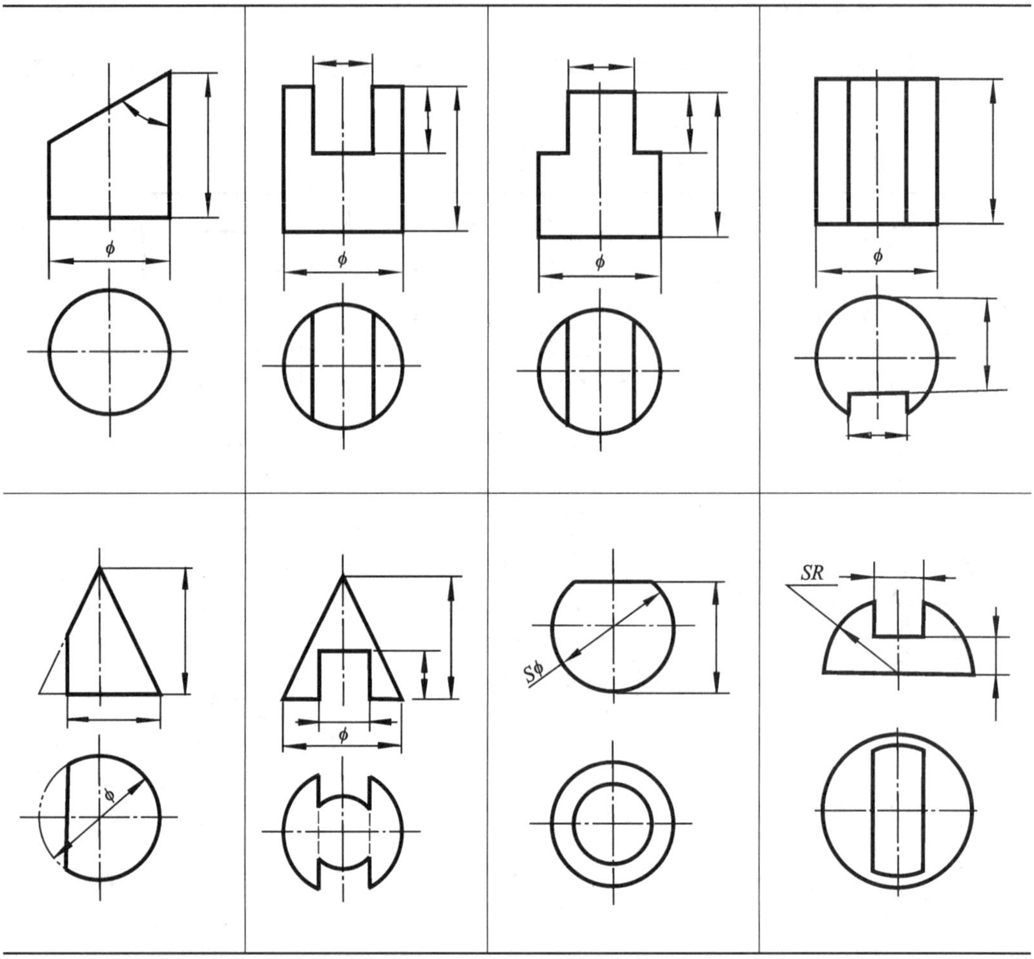

3. 相贯组合体的尺寸标注

相贯组合体由两个以上的基本立体相贯叠加而形成，因此除了要分别标注各基本立体的形状尺寸之外，还要标注它们之间的相对位置尺寸（通常标注其轴线之间的相对位置）。由于相贯线的形状和位置是由基本立体的形状、大小及其相对位置确定的，所以不应该标注相贯线的尺寸。常见相贯组合体的尺寸标注示例如表 4-6 所示。

表 4-6　相贯组合体的尺寸标注示例

4. 常见板状形体的尺寸标注

常见板状形体的尺寸标注示例如表 4-7 所示，其中有些尺寸的标注方法属于规定标注方法或习惯标注方法，如表 4-7 中的第一块底板，四个直径相同的圆孔采用 4×ϕ 表示，而四个半径相同的圆角则只标出其中的一个 R 即可，如果四个圆角都标注 R，就成了重复标注。此外，如果从尺寸数据计算的角度来看，在标注了底板的长、宽(L_1，B_1)以及四孔的中心距(L_2，B_2)之后，R 就成了多余的尺寸，之所以允许这样标注，是因为在加工底板时，R 只能表示底板圆角的大小，不能通过 R 来确定圆孔轴线的位置；反之，圆孔的定位尺寸 L_2，B_2 也只能确定圆孔轴线的位置，而不能用来确定圆角 R 的位置。

表 4-7　常见板状形体的尺寸标注示例

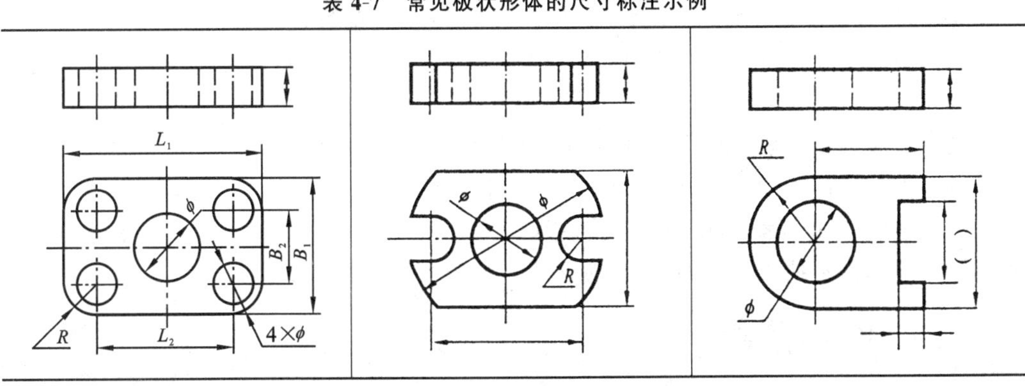

续表

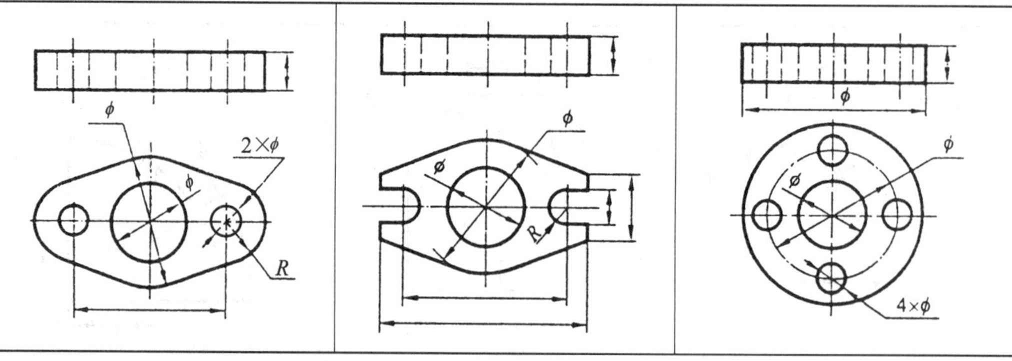

通过以上几种尺寸标注的示例可知，在组合体的尺寸中，根据其功能的不同可分为两类：一类是确定组合体各组成部分形状大小的尺寸，称为定形尺寸；另一类是确定组合体各组成部分相对位置的尺寸，称为定位尺寸。但对于具体的组合体来说，定形尺寸与定位尺寸有时并不能截然分开，定位尺寸可能同时具有定形的功能，而定形尺寸同时也可能又是定位尺寸，需要根据具体情况分析确定。

4.4.3 组合体的尺寸标注

1.组合体尺寸标注的方法及步骤

(1) 对组合体进行形体分析。可直接利用画组合体投影图时形体分析的结果。

(2) 选择尺寸基准。尺寸基准是标注和测量定位尺寸的起点，在组合体的长、宽、高三个方向上，应当各选择一个尺寸标注的主要基准，而且通常也就是画组合体三面投影图时的基准。如果需要的话，在组合体的长、宽、高三个方向上还可以再选择一个或几个辅助基准。

(3) 标注组合体的尺寸。标注组合体尺寸的方法有两种。

① 按形体标注法。用形体分析法将组合体分成若干简单体，然后逐个标注各简单体的定形和定位尺寸的方法。这种方法与用形体分析法画组合体三面投影图的方法及步骤相一致，比较容易理解，也便于画完图后立即进行尺寸标注。

② 按特征标注法。直接根据组合体投影图的特征，将组合体的尺寸分成长(X)、宽(Y)、高(Z)三个方向的直线尺寸、倾斜直线尺寸及圆弧(ϕ、R)、角度尺寸等特征的尺寸进行标注。

注意 在最后一般应标出组合体的总体尺寸，如总长、总宽、总高。如总体尺寸与前面已标注的尺寸产生冲突，可以将总体尺寸用括号括起来，作为参考尺寸，如表 4-7 所示。

(4) 校核。对已标注的尺寸，应按“正确、完整、清晰”的要求进行检查，如有重复多余或因配置不当而不便于读图的尺寸，应作适当的修改或调整。

2. 组合体尺寸标注示例

例 4-13 标注图 4-26(f)所示支架的尺寸。

解 标注图 4-26(f)所示支架尺寸的步骤如下。

(1) 形体分析(参见例 4-12)。

(2) 选定尺寸标注的主要基准。如图 4-27 所示,长向以直立空心圆柱的轴线为主要尺寸基准;宽向以对称平面为主要尺寸基准;高向以底板的底平面为主要尺寸基准。

(3) 按形体标注法标注尺寸。

① 标注各部分的定形尺寸。如图 4-28 所示,逐个标注出各部分的定形尺寸,如直立空心圆柱的定形尺寸 $\phi72$,$\phi40$,80,底板的定形尺寸 $R22$,$\phi22$,20 等。至于这些尺寸应标注在哪一个投影图上,则要根据具体情况而定。如直立空心圆柱的尺寸 $\phi40$ 和 80 应标注在正面投影图上,而 $\phi72$ 则更适合于标注在侧面投影图上。底板的尺寸 $R22$,$\phi22$ 标注在反映其形状特征的水平投影图上最为适宜,而厚度尺寸 20 则应标注在正面投影图上。其余的定形尺寸,读者可自行分析。

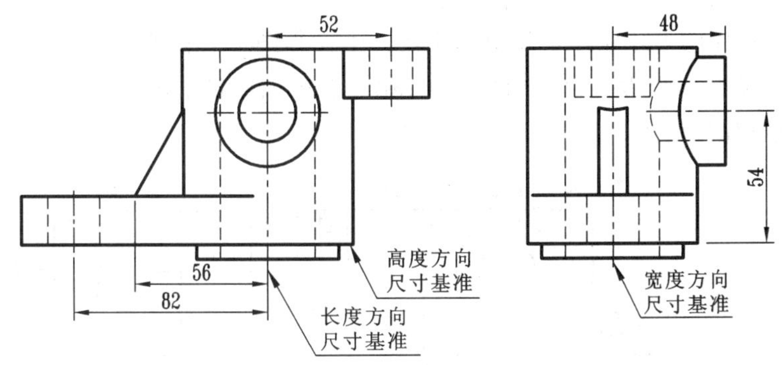

图 4-27　支架的尺寸基准及定位尺寸分析

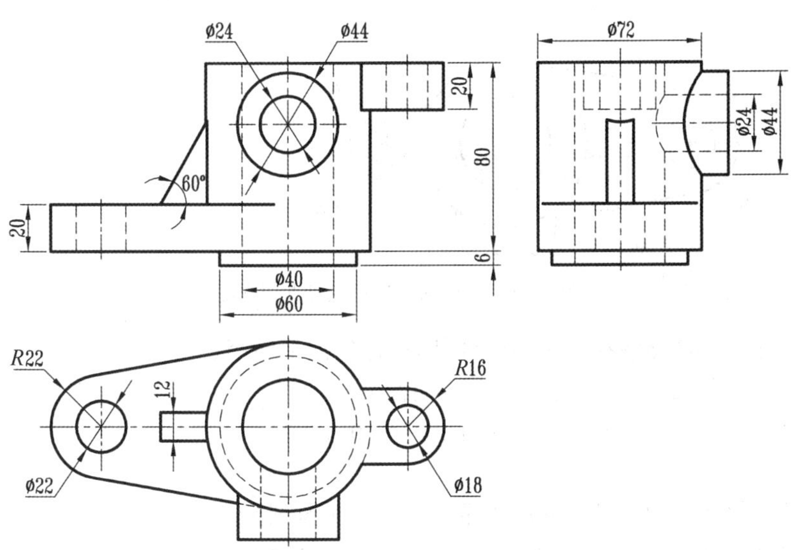

图 4-28　支架的定形尺寸分析

② 标注各部分之间的定位尺寸。图 4-27 表示组合体各部分之间的 5 个定位尺寸:底板孔、肋板、搭耳与长度方向基准(直立空心圆柱轴线)之间在左右方向的定位尺寸分别为 82,56,52,水平空心圆柱与直立空心圆柱在上下方向的定位尺寸 54 及前后方向的定位尺

寸 48。一般来说,两部分之间在前后、左右、上下方向均应考虑是否有定位尺寸。

通过以上分析,将图 4-27 与图 4-28 标注的尺寸结合起来,即能完整地标注支架的全部尺寸。

③ 标注出组合体的总体尺寸。值得注意的是:如果已经完整地标注出了组合体的定形、定位尺寸,则标注总体尺寸时,可能会出现尺寸重复或多余的现象,此时应该进行检查,并重新对尺寸进行调整。经过调整后的支架尺寸标注如图 4-29 所示。

3. 组合体尺寸标注时应该注意的问题

为了使图面清晰,便于读图,在布置尺寸时应注意以下几点。

(1) 尺寸应尽量标注在表示形体特征最明显的投影图上。如图 4-29 所示,底板的高度尺寸 20,水平空心圆柱高度方向的定位尺寸 54,将其标注在正面投影图上要比标注在侧面投影图上更好。

(2) 同一形体的尺寸应尽量集中标注在一个投影图上。在图 4-29 中,将水平空心圆柱的定形尺寸 $\phi24$,$\phi44$ 从图 4-27 的正面投影图移到侧面投影图上,与其定位尺寸 48 集中在一起,这样比较清晰,也便于尺寸的阅读。

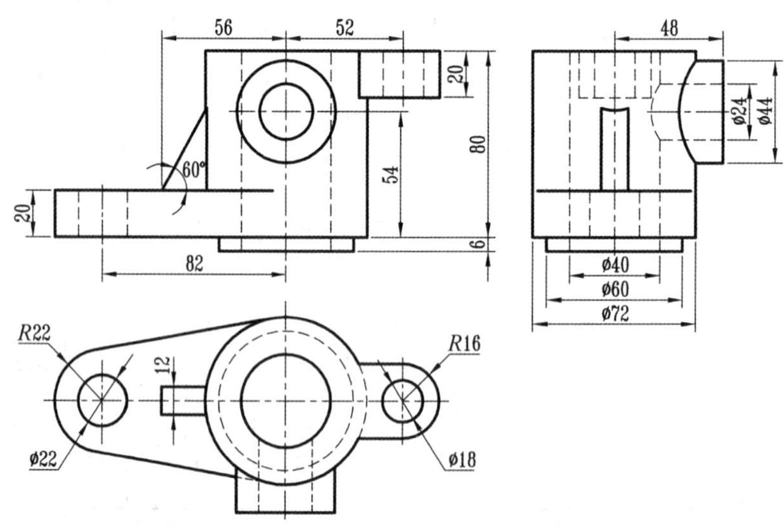

图 4-29 经过调整后的支架尺寸标注

(3) 尺寸应尽量标注在投影图的外部,以保持图形清晰。

(4) 为了避免尺寸标注零乱,同一方向的几个连续尺寸应尽量放在一条线上。如薄空心圆柱的高度 6 与直立空心圆柱的高度 80 标在一条线上,可使尺寸标注显得较为整齐。

(5) 同轴回转体的直径尺寸应尽量标注在反映轴线的投影图上。如上面所述的水平空心圆柱的直径 $\phi24$,$\phi44$ 标注在侧面投影图上,也是考虑了这一要求。

(6) 尺寸应尽量避免标注在虚线上。在图 4-29 中,若将搭耳的高度 20 标注在侧面投影图上,则该尺寸将从虚线处引出,故应标注在正面投影图上。

(7) 应尽量避免尺寸线与尺寸界线、尺寸界线与轮廓线相交。如定位尺寸 54 若标注在侧面投影图上会与尺寸界线相交,因此将其标注在正面投影图上更为清晰;直立空心圆

柱的直径 $\phi 72$ 若标注在正面投影图上，会产生尺寸界线与底板或搭耳的轮廓线相交，影响图面的清晰，因此将其标注在侧面投影图上比较恰当，同时考虑到与薄空心圆柱的直径 $\phi 40$，$\phi 60$ 集中在一起，故将这两个直径全部标注在侧面投影图的下面，并将较小的尺寸 $\phi 40$ 标注在里面（靠近投影图）、较大的尺寸 $\phi 72$ 标注在外面，以避免尺寸线与尺寸界线相交。又如定位尺寸 56，若标注在正面投影图与水平投影图之间，则尺寸界线会与底板的轮廓线相交，因此该尺寸还应标注在正面投影图的上方，与尺寸 52 并列成一条直线较为清晰。

4.5　读组合体的投影图

4.5.1　读组合体投影图的基本方法

如前所述，画组合体的投影图，是按照投影的基本特性和投影规律，运用形体分析法及线面分析法，将空间的形体表示在平面上，是由空间到平面的表现过程，是将复杂问题抽象化、简单化的思维方法的体现，有利于培养绘图能力。而读组合体的投影图，则是要根据组合体的三面投影图，想像出其空间的形状和结构，是由平面到空间的思维过程，有利于培养空间分析能力和空间想像能力。读图与画图一样，也要按照投影的基本特性和投影规律，运用形体分析法和线面分析法。因为组合体是从机械零件中几何抽象出来的，所以掌握组合体的读图方法，是读懂机械零件图的基础。

1. 读组合体投影图应注意的问题

（1）应将三个投影图联系起来。由于一个投影图只能表示形体两个方向的尺寸，不能完全确定空间形体的形状和结构，所以在读图时，要将几个投影图联系起来思考，才能了解所表达形体的全部信息。如图 4-30 所示的 5 组投影图，虽然其水平投影图完全相同，但由于正面投影图不同，所表示的形体也就不同。

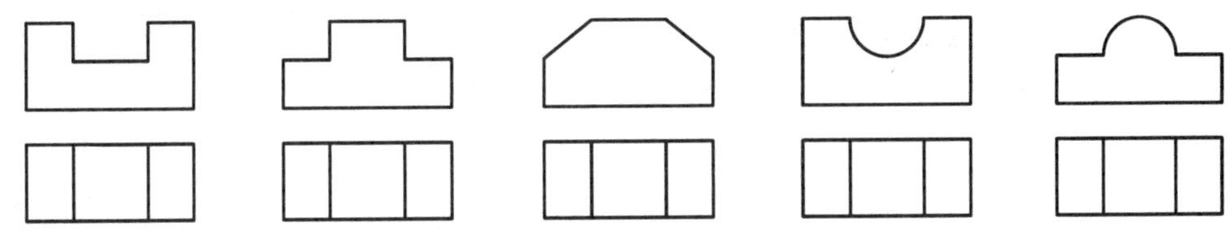

图 4-30　同一个水平投影图可能表示不同的形体

即使是用两个投影图来表示一个形体，有时由于投影图选择不适当，也不能确定形体的空间形状。如图 4-31 所示，尽管三个形体的正面、水平投影图都相同，但由于侧面投影图不同，表示的是三个不同的形体。

（2）要从读特征投影图开始。所谓特征投影图，就是最能反映形体的形状特征的投影图，如圆柱、圆锥的三面投影图中，反映圆的投影图就是特征投影图；而对于棱柱、棱锥来说，反映多边形的投影图就是其特征投影图。读图时，抓住特征投影图非常重要，是读懂投影图的突破口。组成组合体的各个基本形体，由于其类型不同，组合形式各异，所以

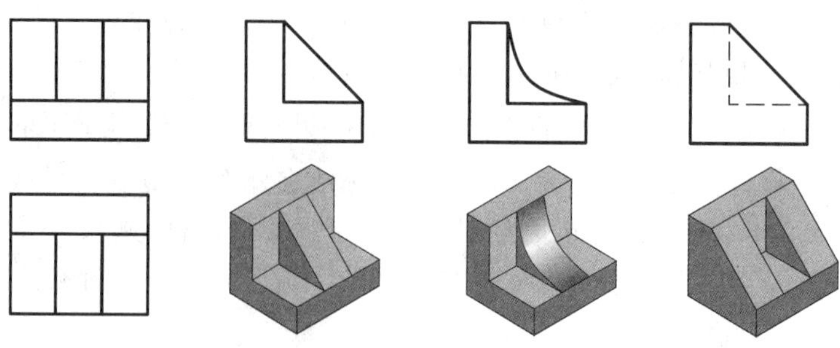

图 4-31　相同的正面和水平投影图可能表示不同的形体

各基本形体的形状特征不可能集中在同一个投影图上，所以在读图时，对每个简单的基本形体都要找到反映其形状特征的投影图。如图 4-32 所示，形体 I 和 II 的特征投影图在正面投影图上，而形体 III 的特征投影图则在侧面投影图上。找到每个基本形体的特征投影图之后，要分析这个基本形体的特征投影图反映了哪两个方向的尺寸，然后根据“长对正、高平齐、宽相等”的投影规律，找到这个基本形体在其他投影图上的投影，从而确定其形状和大小。如图 4-32 中，形体 I 的特征投影在正面投影图中，反映了高度和长度两个方向的尺寸，可以将其想像成一个 U 形形体，根据投影规律，找到其水平投影，由于水平投影图反映形体的长度和宽度，所以第三个方向的尺寸应是宽度 y，即 U 形块的厚度。

图 4-32

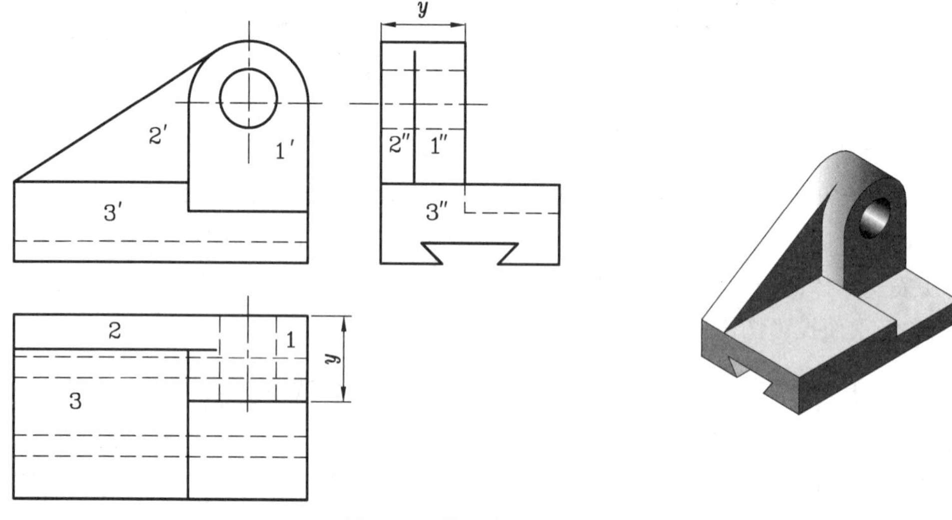

图 4-32　特征投影图的示例

2. 读组合体投影图的基本方法及步骤

(1) 看整体，抓特征。首先要将所给的几个投影图联系起来看，从而把握形体的整体形状和结构特征，如构成形体的基本部分是平面立体还是曲面立体、是以切割方式为主形成还是以叠加方式为主形成、有没有对称平面等。

(2) 分部分，定形状。在对形体的整体特征有所认识的基础上，对以叠加方式为主形成的组合体，运用形体分析法，“抓大放小”，将形体划分为几个主要部分，根据投影对应关系，看清各主要部分的基本形状和形成方式。如果还不能清楚理解形体的形状和结构，则

可将各部分再细分下去，直到能完全理解该组合体的全部形状和结构为止。这种运用形体分析法读图的方法，应用最为广泛，适合于复杂组合体和以叠加为主形成的组合体。

为了确定组合体各主要部分的形状，可将各投影图划分成若干个封闭的线框，再按照“长对正、高平齐、宽相等”的投影规律，从具有特征投影图的线框开始，找到该线框在其他投影图上相应的投影，构成一组线框。根据一组线框对应的三个投影，读懂每组线框所表示的形体的形状和结构。最后再分析出各部分形体之间的相对位置关系，综合想像出整个组合体的形状和结构。

(3) 分线框，对投影。对以切割方式为主形成的组合体，或者构成组合体的各部分不易划分或运用形体分析法划分后仍有局部的形状和结构不能清楚理解时，可运用线面分析法，将各投影图划分成若干个封闭的线框，然后按照“长对正、高平齐、宽相等”的投影规律，找到各线框在其他投影图上对应的投影(线或线框)。

与以叠加方式为主形成的组合体不同，投影图中的一个封闭线框，一定是组合体上一个表面(包括相切的表面)的投影，这个表面可能是平面，也可能是回转面(或圆孔)；而同一投影图中任何两个相邻的封闭线框，则一定是组合体上具有相交或前后、左右、上下位置关系的两个不同表面的投影。投影图中的一条图线(粗实线或虚线)，可能是立体的棱线或转向轮廓线的投影、面与面的交线的投影，也可能是具有积聚性的平面或柱面的投影。通过对投影图中各线框和图线的分析，可想像出每个线框和每条图线在空间对应的形状及相互关系。例如，在图 4-33 中：

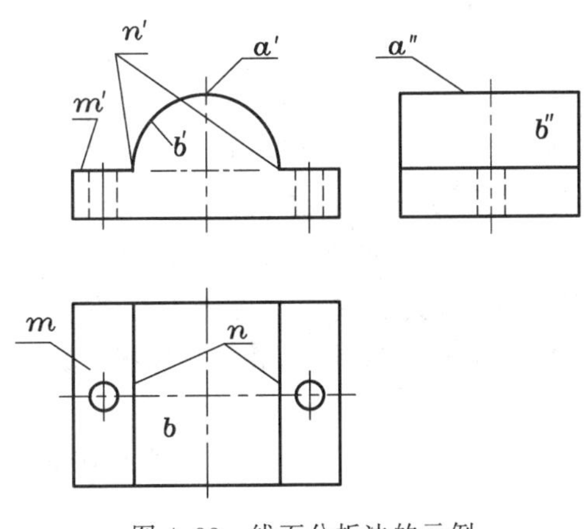

图 4-33 线面分析法的示例

① 图线：n 为水平面 M 与圆柱面 B 的交线 N 的水平投影，n' 为 N 的正面积聚性投影；a'' 为圆柱面 B 的侧面转向轮廓线的投影；m' 为水平面 M 的正面积聚性投影；b' 为圆柱面 B 的正面积聚性投影。

② 线框：线框 b、b'' 分别表示圆柱面 B 的水平投影和侧面投影；线框 m 表示水平面 M 的水平投影；水平投影图中的两个小圆表示圆柱通孔的投影。

③ 相邻两线框：线框 b 与 m 为相交的两表面，b 高于 m 并位于 m 的右边，二者前后的位置平齐。

在运用线面分析法时，还应特别注意平面图形“类似形”的概念，因为任何平面图形的投影，要么垂直于投影面而使投影积聚为直线，要么为该平面图形的实形或类似形。有时还可通过分析投影图中的虚线和实线来判断各部分之间的相对位置关系。

运用线面分析法的一般步骤是先想像出组合体被切割之前的形状，再分析这个组合体被哪些面切割和切割产生的截交线，然后一个面一个面地求出其投影。

(4) 综合起来想像整体。将以上分析的结果综合起来，想像出组合体的整体形状和结构。

4.5.2 读组合体投影图举例

例 4-14 如图 4-34(a)所示，已知组合体的三面投影图，试想像出其空间的形状和结构。

解 读图 4-34(a)所示组合体三面投影图的方法和步骤如下。

(1) 看整体，抓特征。从已知的投影图可以看出，该组合体是以叠加方式为主(有部分切割和穿孔)形成的，而且左右对称，可采用形体分析法读图。

(2) 分部分，定形状。该组合体大致可分为四个部分：下部的底板、上部后面带圆孔的直立板、前面的四棱柱和两边的三棱柱肋板。

(3) 分线框，对投影。如图 4-34(b)所示，将正面投影图划分成 1′、2′、3′、4′、5′五个线框(假设线框 1′、5′之间有分界线)和 a'、b'两个线框，按照投影规律，在水平投影图中分别找出相应的投影 1、2、3、4、5 和 a、b，在侧面投影图中分别找出相应的投影 1″、2″、3″、4″、5″和 a''、b''，即得到各个线框组。

(4) 按投影，定形状。根据各个线框组的三个投影，想像出各部分形体的形状。由线框组 1、1′、1″并结合线框组 a、a'、a''可知，形体 I 是一个四棱柱底板，中、下部从前到后开有长方形通槽，前方左、右角为圆角(1/4 圆周)和圆柱形的通孔(线框组 a、a'、a'')，如图 4-34(c)所示。由线框组 2、2′、2″并结合线框组 b、b'、b''可知，形体 II 是一直立板，上部是半圆柱，下部是四棱柱，在半圆柱的轴线位置上有一圆柱形的通孔(线框组 b、b'、b'')，直立 U 形板叠加在底板 I 上面的中后方，并且二者的后表面平齐，如图 4-34(d)所示。由线框组 3、3′、3″和 4、4′、4″的投影可知，形体 III，IV 是两个三棱柱，对称地分布在直立板 II 的两侧，其斜面与直立板 II 的半个圆柱面相切，其后表面与形体 I、II 的后表面平齐，如图 4-34(e)所示。由线框组 5、5′、5″可知，形体 V 是四棱柱，叠加在底板 I 的正上方和直立板 II 的正前方，且其前表面与底板 I 平齐，如图 4-34(f)所示。

(5) 综合起来想像整体。根据以上分析，可以想像出组合体的整体形状和结构，如图 4-34(g)所示。

例 4-15 如图 4-35(a)所示，已知组合体的正面投影和水平投影，试补画其侧面投影图。

解 读图 4-35(a)所示组合体的投影图、补画其侧面投影图的方法和步骤如下。

(1) 看整体，抓特征。从已知的投影图可以看出，该组合体也是以叠加方式为主(有部分切割和穿孔)形成的，而且左右对称，可采用形体分析法读图。

(2) 分部分，定形状。该组合体大致可分为两个部分：下部的半圆柱形底板和上部后面带圆孔的直立板。

(3) 分线框，对投影。如图 4-35(b)所示，将正面投影图划分成 1′、2′、3′三个线框，按照投影规律，可以很容易地找到水平投影图中相应的由半圆周线和直径构成的线框 1。由于线框 2′、3′的长度相等，所以单凭“长对正”的投影规律，还不能在水平投影图中直接

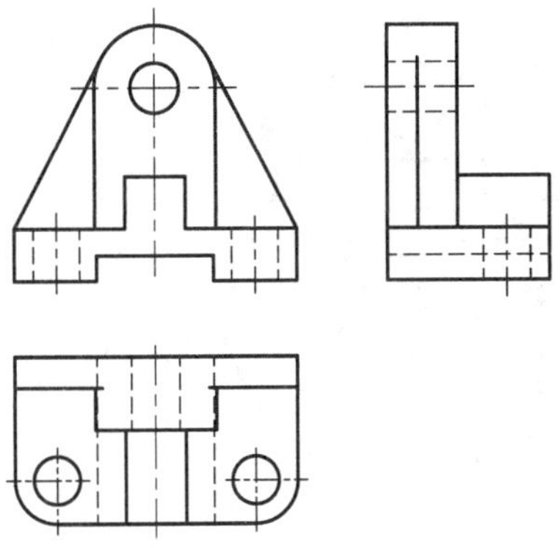

(a) 题图

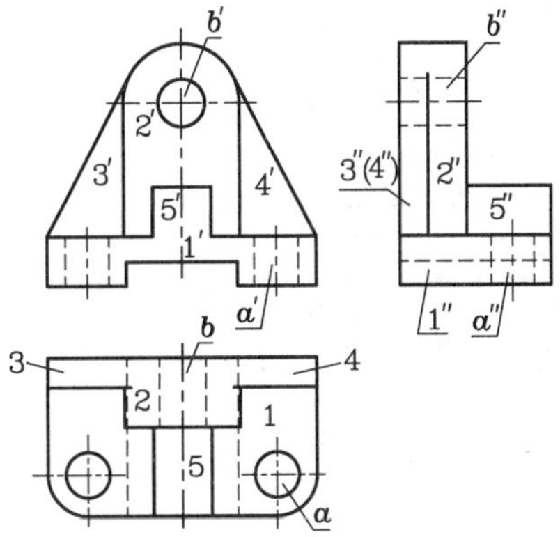

(b) 分线框，对投影

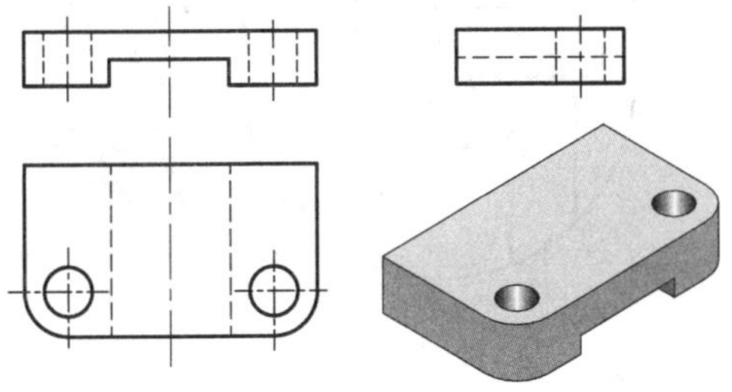

(c) 按投影定形体Ⅰ的形状

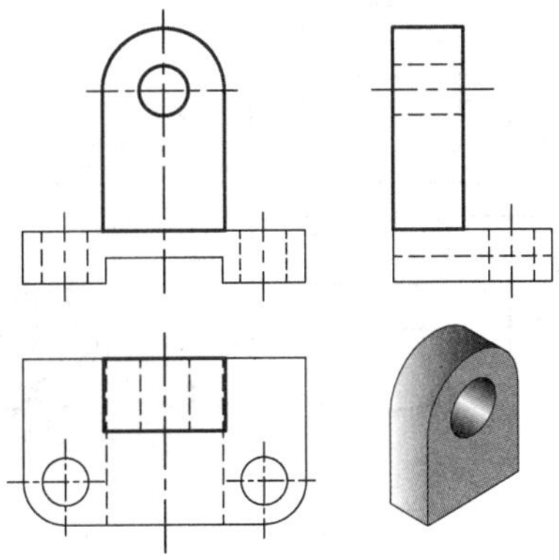

(d) 按投影定形体Ⅱ的形状

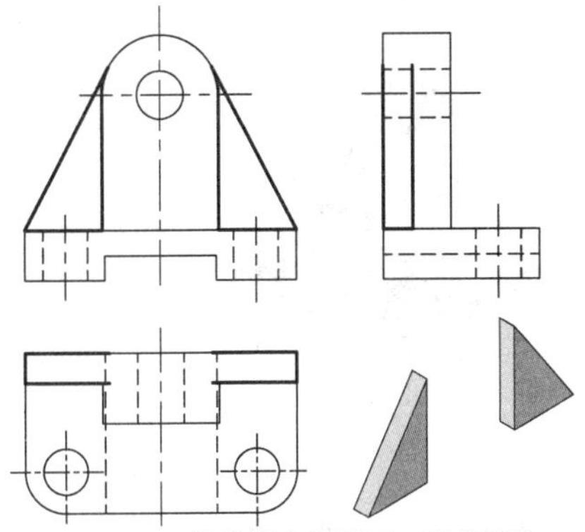

(e) 按投影定形体Ⅲ，Ⅳ的形状

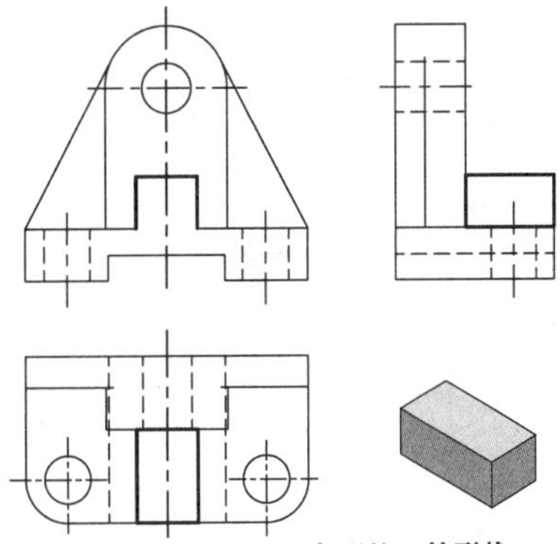

(f) 按投影定形体Ⅴ的形状

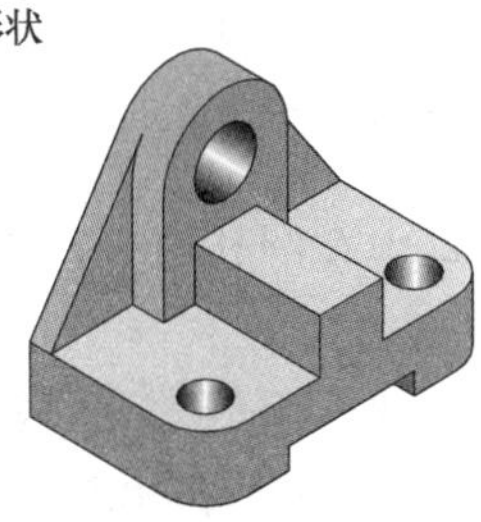

(g) 立体图

图 4-34　用形体分析法读组合体的投影图(一)

图 4-34

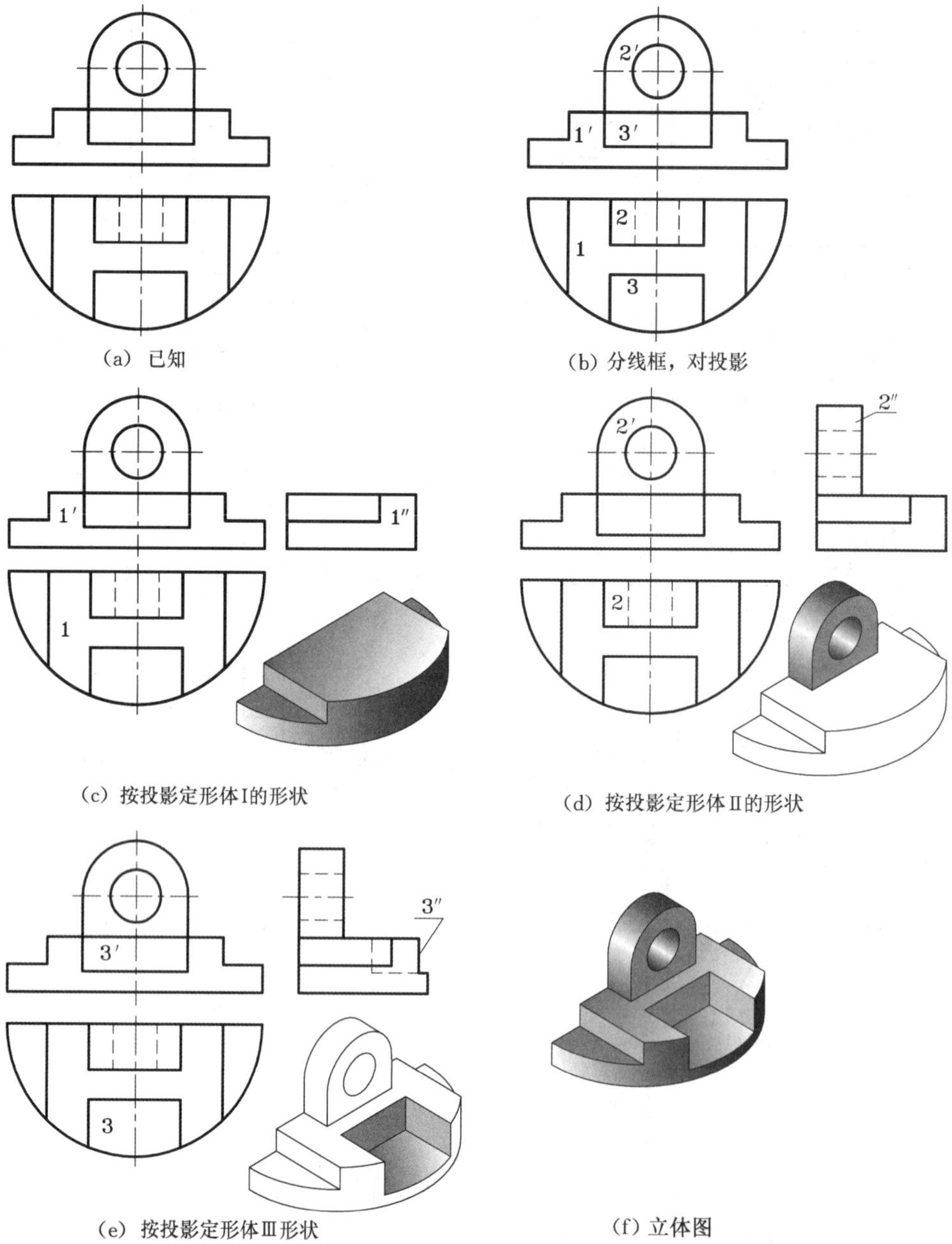

(a) 已知

(b) 分线框，对投影

(c) 按投影定形体Ⅰ的形状

(d) 按投影定形体Ⅱ的形状

(e) 按投影定形体Ⅲ形状

(f) 立体图

图 4-35

图 4-35　用形体分析法读组合体的投影图(二)

找出对应的线框 2、3，要利用线框 2′中有圆孔这一特点，在水平投影图中确定线框 2、3，从而得到各个线框组。

(4) 按投影，定形状。根据各个线框组的三个投影，想像出各部分形体的形状。由线框组 1、1′可知，形体 I 是一半圆柱底板，左、右各切掉一部分，如图 4-35(c)所示，补画其侧面投影图。由线框组 2、2′可知，形体 II 是一直立 U 形板，在半圆柱的轴线位置上有一圆柱形的通孔，直立 U 形板叠加在底板 I 上面的正中后方，并且二者的后表面平齐，如图 4-35(d)所示，补画其侧面投影图。由线框组 3、3′可知，形体 III 是在底板 I 上用四个平

面截切后形成的凹槽（可看成是“虚形体”），因此应有截交线，如图 4-35(e)所示，补画其侧面投影图。

(5) 综合起来想像整体。根据以上分析，可以想像出组合体的整体形状和结构，如图 4-35(f)所示。

例 4-16　如图 4-36(a)所示，根据组合体的正面投影和水平投影，试补画其侧面投影。

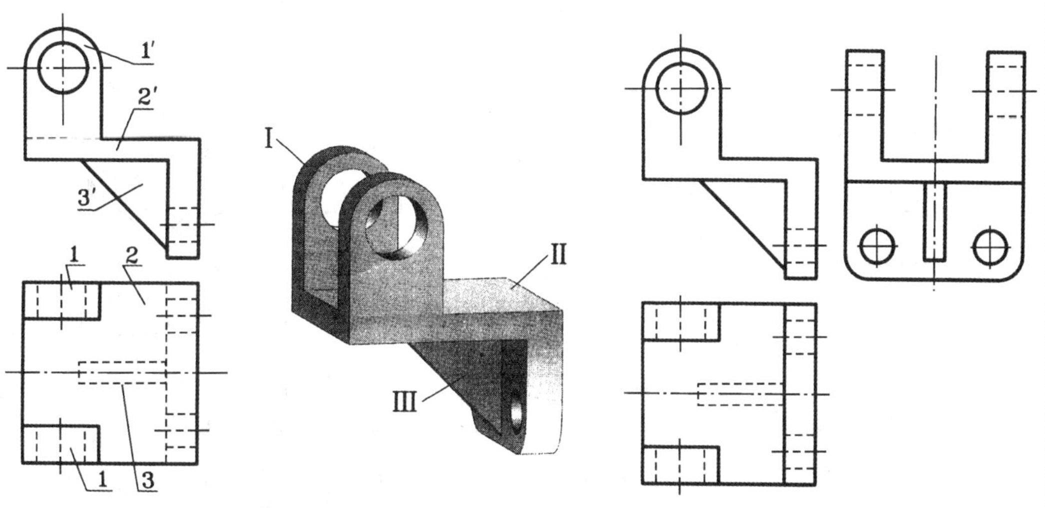

(a) 题图，分线框，对投影　　(b) 立体图　　(c) 综合起来想像整体，完成侧面投影

图 4-36　用形体分析法读组合体的投影图(三)

解　分析已知的投影图，从整体上运用空间想像力可知，该组合体是以叠加方式为主形成的，可采用形体分析法读图。具体的分析、作图步骤如下：

(1) 分线框，对投影。在特征投影图(正面投影图)上将组合体分为 I、II、III 三个部分，对应投影图中 1′、2′、3′三个线框，如图 4-36(a)所示。

(2) 按投影，定形状，补画投影图。按照“长对正、高平齐、宽相等”的投影规律，在水平投影图中逐一找出各个线框对应的投影，并确定其空间几何形状。线框 I 表示的形体是上部为半圆柱、下部为四棱柱并带有圆孔的立体(有两个)；线框 II 表示的形体是弯板，弯板的下部有圆角(按结构设计的要求)和两个小孔；线框 III 表示的形体是一个三棱柱(肋板)，如图 4-36(b)所示。分别补画出形体 I、II、III 部分的侧面投影图，如图 4-36(c)所示。

(3) 综合起来想像整体。确定各个线框所表示的简单几何形体之后，再分析各部分的相对位置，就可以想像出组合体的整体形状：两个相同形状的形体 I 分别与形体 II 前后端面平齐，形体 III 在形体 II 的下面，如图 4-36(b)、(c)所示。

以上介绍的是用形体分析法读组合体投影图的例子，是从“体”的角度将组合体分解为若干部分，并以此为出发点进行读图的。此外，还可以从“面”和“线”的角度对组合体进行分析，分析组合体是由哪些面、线围成的，并运用线面分析法确定组合体表面的面、线的形状和相对位置，进而想像出组合体的整体形状和结构。以下介绍用线面分析法读组合体投影图的例子。

例 4-17 如图 4-37(a)所示,已知组合体的正面投影和水平投影,试补画其侧面投影。

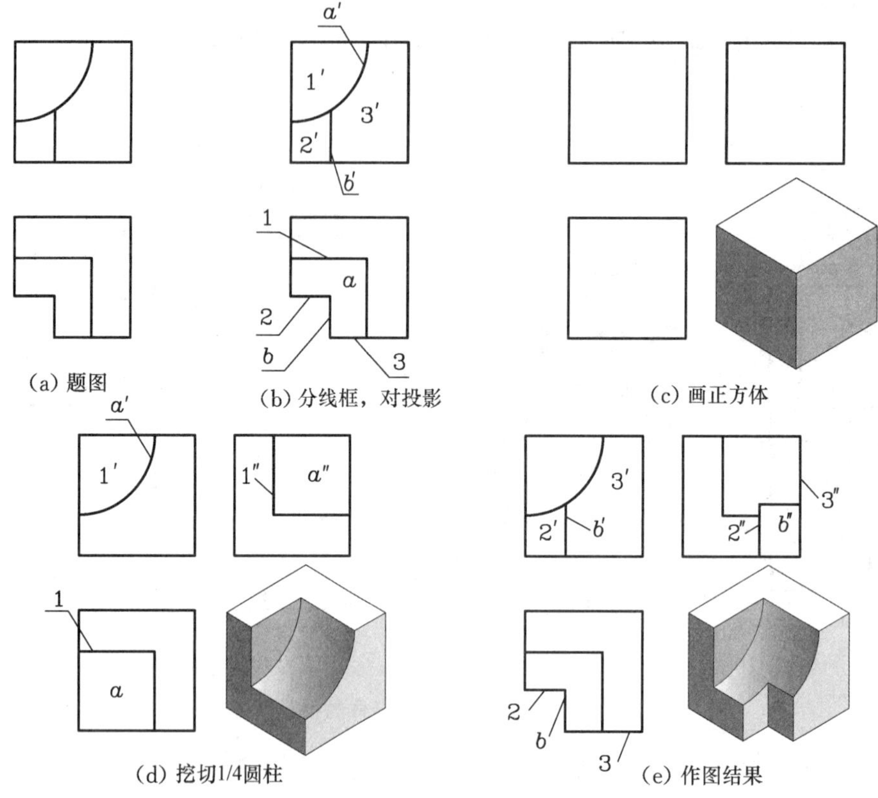

图 4-37 用线面分析法读组合体的投影图(一)

解 由于正面投影图的边框是正方形,水平投影图的边框也接近于正方形(只是在左前方缺了一块),则可以看出,该组合体是由一正方体经切割而成,是典型的以切割方式形成的组合体,应采用线面分析法读图。具体的读图和补画侧面投影的步骤如下。

(1) 分线框,对投影。将正面投影图分成 1′、2′、3′三个线框和 a'、b'两线段,并按照投影规律,找出在水平投影图上的对应投影,如图 4-37(b)所示。

(2) 按投影,定形状,补画侧面投影图。根据投影关系,确定对应线框和线段表示的组合体表面的形状和位置,补画侧面投影图。

① 因为正面投影图的边框为正方形,水平投影图的边框也接近于正方形,所以可以想像其基本形体为正方体,补画正方体的侧面投影,如图 4-37(c)所示。

② 由圆弧线 a'和对应的线框 a 可知,A 面是一个轴线垂直于正投影面的 1/4 圆柱面,其侧面投影为矩形线框,作出 a'',如图 4-37(d)所示;由线框 1′和对应的线段 1 可知,I 面是一个正平面,正面投影 1′反映实形,侧面投影积聚为直线 1″。

将以上两点联系起来看,可以想像是在正方体的左上角前方挖切了一个 1/4 圆柱,如图 4-37(d)所示。

③ 水平投影图的左前方缺了一个角,对照线段 2 及线框 2′、线段 b 及 b'可知,此缺

口由正平面 II 和侧平面 B 切割而成。正平面 II 的正面投影 $2'$反映实形，侧面投影积聚为直线段 $2''$；侧平面 B 的侧面投影反映实形，作出侧面投影 b''；由线框 $3'$及线段 3 可知，III 为一个正平面，其正面投影 $3'$反映实形，侧面投影积聚为直线段 $3''$，如图 4-37(e)所示。

(3) 综合想像，补全投影图。根据以上的分析，想像该组合体的形状和结构，并补画其侧面投影如图 4-37(e)所示。

例 4-18　如图 4-38(a)所示，已知压板的正面投影图和水平投影图，试想像出其形状和结构，并补画其侧面投影图。

解　由压板已知的投影可见，其正面投影和水平投影的外围轮廓均为不完整的矩形，由此可以想像，压板是由长方体经多次切割后形成的前后对称的组合体。此外，从水平投影图的两个同心圆和正面投影图中对应的虚线可以看出，在压板的前后对称面上有一个阶梯形的圆柱孔。在大致了解压板的形状之后，还需要进行详细的线面分析。具体的读图和补画侧面投影图的步骤如下。

(1) 分线框，对投影。将正面投影图分成 b'、c'、e'三个线框和 a'、d'两线段，并按照投影规律，找到水平投影图上对应的投影，如图 4-38(b)所示。

(2) 按投影，定形状，补画侧面投影图。根据投影关系，确定对应线框和线段表示的组合体表面的形状和位置，补画侧面投影图。

① 因为正面投影图和水平投影图的边框均接近于长方形，所以可以想像其基本立体为长方体，补画出长方体的侧面投影，如图 4-38(c)所示。

② 由线段 a'和线框 a 可知，平面 A 是正垂面，其正面投影 a'具有积聚性，水平投影和侧面投影为类似形。根据点的投影规律，作出侧面投影(梯形 $1''2''3''4''$)。可以想像，此处的缺口是由正垂面 A 截去长方体的左上角而形成的，如图 4-38(d)所示。

③ 由线框 b'和线段 b 可知，平面 B 是铅垂面，其水平投影 b 具有积聚性，正面投影和侧面投影为类似形。由于线框 b'为七边形 $5'6'7'8'9'10'11'$，可对应地求出其侧面投影 $5''6''7''8''9''10''11''$。可以想像，此处是由铅垂面 B 在长方体的左前方切去一角而形成的，如图 4-38(e)所示。

④ 由线框 c'和虚线段 c 可知，平面 C 是正平面；由线段 d'和线框 d 可知，平面 D 是水平面。由此可见，长方体的前下方被一个正平面 C 和一个水平面 D 切去一角，如图 4-38(f)所示。

⑤ 由线框 e'和线段 e 可知，平面 E 是正平面。其侧面投影积聚为一线段，并与 $7''8''$重合，如图 4-38(g)所示。

⑥ 从水平投影图上的两个同心圆对应正面投影图上的虚线可知，在长方体的前后对称面上有一个轴线为铅垂线的阶梯孔，如图 4-38(g)所示。

⑦ 因压板具有前后对称面，故后面被切割的部分与前面被切割的部分完全一样，其正面投影完全重合，对称地补画出其侧面投影，得到的作图结果如图 4-38(h)所示。

(3) 综合想像，补全投影图。根据以上分析，该组合体的形状和结构如图 4-38(a)的立体图所示。

例 4-19　补画图 4-39(a)中组合体的侧面投影图，并想像其形状和结构。

解　从图 4-39(a)可以看出，该组合体由切割方式形成，左右对称，从上到下分为三部

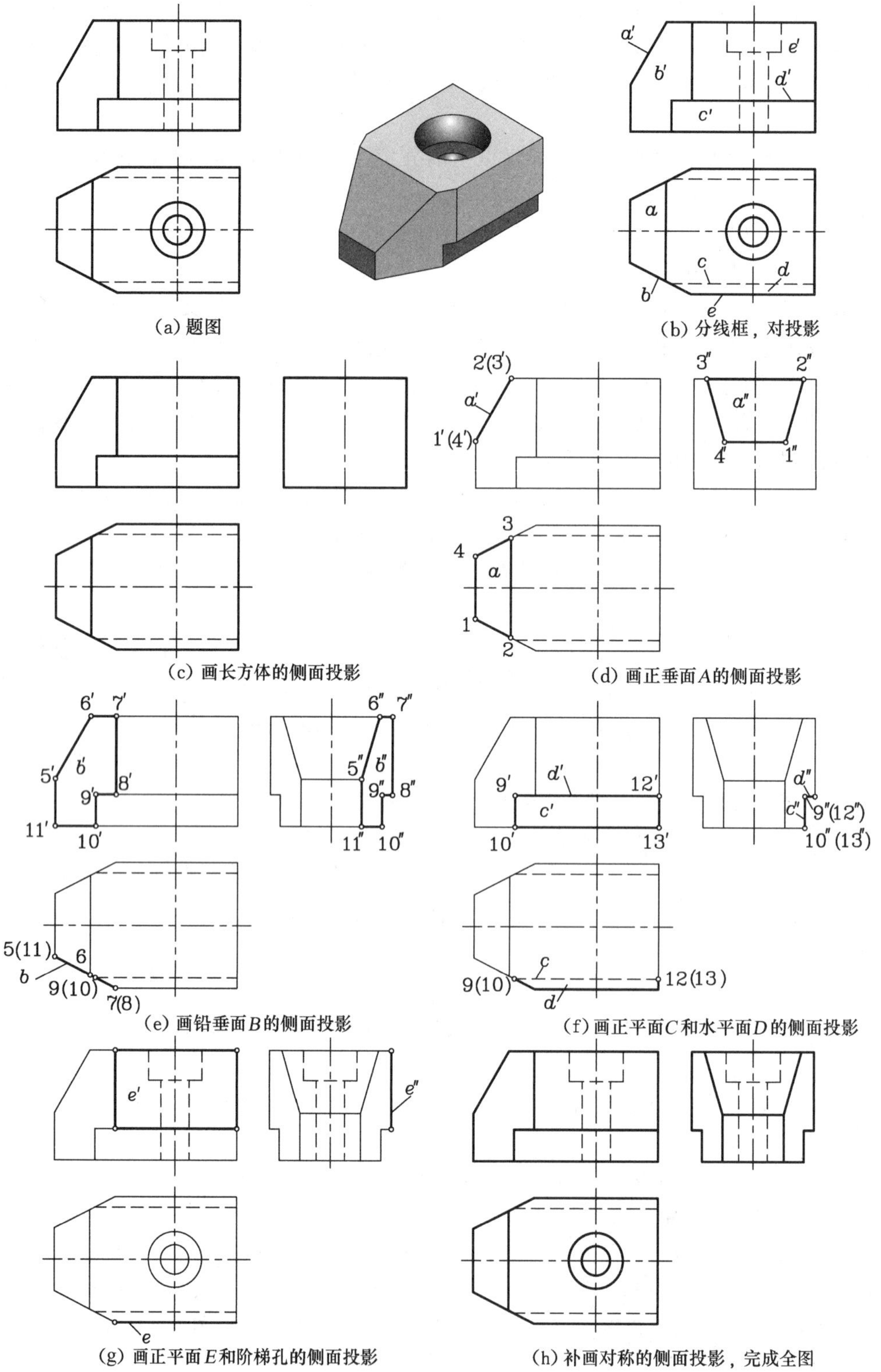

(a) 题图

(b) 分线框，对投影

(c) 画长方体的侧面投影

(d) 画正垂面A的侧面投影

(e) 画铅垂面B的侧面投影

(f) 画正平面C和水平面D的侧面投影

图 4-38

(g) 画正平面E和阶梯孔的侧面投影

(h) 补画对称的侧面投影，完成全图

图 4-38　用线面分析法读组合体的投影图(二)

分，从前到后分为三层。正面投影图上的四个线框 1′、2′、3′、4′均为可见，而且线框 1′、2′、4′的长度相同，对于这样的组合体就要分清层次，即分清前后的位置关系，而且要找到分清层次的突破口。

通过圆线框 3′在水平投影图中对应的虚线投影可以看出，形体 III 表示圆柱孔，而且位于形体 II 上，由此可以确定形体 II 在水平投影图中的位置，线框 2′对应于水平投影图中的线段 2。

确定了形体 II、III 在水平投影图中的投影之后，怎样才能确定形体 I 和形体 IV 的前后位置关系呢？从正面投影图可知，形体 I 位于形体 IV 的上方，如果形体 I 同时又位于形体 IV 的前方，那么形体 IV 的水平投影就会被遮住，应画成虚线，与给定的水平投影图不符，于是可以判断形体 I 位于形体 IV 的后方。由此可知，线框 1′对应于线段 1，线框 4′对应于线段 4，如图 4-39(a)所示。

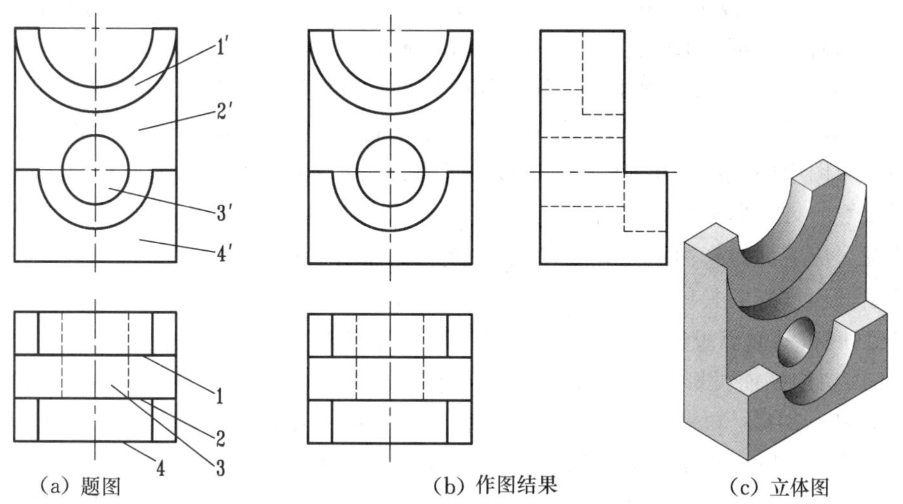

图 4-39

图 4-39 用线面分析法读组合体的投影图(三)

通过上述分析可以想像，组合体的形状是一个长方体被正平面和水平面切成的“L 形”。在 L 形的上部，以左右对称面与顶面的交线为轴线，切割出一个半圆形的台阶孔，大的半圆孔切到 I 面为止，小的半圆孔为通孔；在 L 形的下部，以左右对称面与形体 IV 的顶面的交线为轴线，从前面切割出一个半圆形的孔到 II 面为止，然后再钻一个直径较小的圆形通孔，如图 4-39(c)所示。想清楚组合体的形状之后，就可以补画组合体的侧面投影图(步骤从略)，作图结果如图 4-39(b)所示。

通过上述读组合体投影图的例子，可作如下小结。

(1) 运用形体分析法和线面分析法读组合体的投影图，虽然二者读图的步骤相同，但形体分析法是从“体”的角度出发，首先找到一个线框在其他投影图上相应的投影，构成一组线框(三个投影)，然后逐个地想像出构成组合体的各部分的形状，以及这些部分之间的相对位置。而线面分析法则是从“线”和“面”的角度出发，分析线框和线的含义，想像线、面的形状和相对位置。运用这两种分析方法，最后都能综合起来想出组合体的整体形状和结构。

(2) 形体分析法适用于以叠加方式为主形成的组合体，或切割部分的形体比较明显

(如穿孔等)的情形;线面分析法适用于以切割方式为主形成的组合体,而且切割后的形体既不完整、形体特征又不明显,还包含一些切割面之间的交线,难以用形体分析法读图的情形。线面分析法往往要在形体分析法的基础上运用,在分析组合体的大致形状时,应先运用形体分析法。

(3) 比较复杂的组合体的形成方式,往往是既有叠加,又有切割,所以读比较复杂的组合体的投影图时,往往不是孤立地使用某种方法,而是需要综合应用上述两种方法,互相配合、互相补充。

下面列举两个综合应用形体分析法和线面分析法读组合体投影图的例子。

例 4-20 如图 4-40(a)所示,已知支架的正面投影和水平投影,试作出其侧面投影图。

解 从已知的投影图可以看出,这是一个左右对称且集叠加和切割于一体的组合体,所以读图时既要用到形体分析法,也要用到线面分析法。

(1) 分线框,对投影。将正面投影图划分为 1′、2′、3′、4′、5′五个线框,分别找出水平投影图中的对应线框 1、2、3、4、5,如图 4-40(b)所示。

(2) 按投影,定形状。根据各组线框的两面投影,想像出各部分的形状。由 1、1′和 2、2′可知,形体 I 为圆柱,在圆柱上挖了一个孔 II;由 3、3′可知,形体 III 是支撑板,其厚度可从水平投影图中的宽度看出;由 5、5′可以看出,形体 V 是一个长方体的底板,从 4 和 4′的投影可以看出,IV 是一个倾斜面,说明在底板前方的左右各削掉了一个角。从水平投影图中的圆对应正面投影图中的虚线可知,在底板的左右对称面上还挖了一个圆柱孔。

补画侧面投影的具体步骤如下。

① 画底板的侧面投影,如图 4-40(c)所示,先画底板及底板上圆柱孔的侧面投影,再画倾斜面 IV 的侧面投影。画倾斜面 IV 的侧面投影时要用到线面分析法,先找出正面投影图的类似形 $a'b'c'$ 和水平投影图的类似形 abc,再根据投影规律,求出侧面投影图中的类似形 $a''b''c''$。在求类似形 $a''b''c''$ 时,要注意判断 A 点与 B 点的前后位置关系。由于在正面投影图中,A 点在 B 点之上,如果 A 点又在 B 点之前,那么 B 点在水平投影图中就会被遮住,水平投影图中的斜线就应该是虚线,与给定的水平投影图不符,于是可以判断 A 点在 B 点之后。

② 画空心圆柱的侧面投影,如图 4-40(d)所示,注意圆柱与底板的后表面应对齐。

③ 画支撑板的侧面投影,如图 4-40(e)所示,画图时要找出切线的位置。

④ 根据各形体的表面结合情况调整线条,作图结果如图 4-40(f)所示。

例 4-21 如图 4-41(a)所示,已知支承座的三面投影图,试想像出其形状和结构。

解 从已知的三面投影图中可以看出,支承座是由左右两部分组成的前后对称结构,左边的部分可以看成是由长方体切割而形成的底座,右边的部分为一直立的空心圆柱,二者以简单的叠加相交方式形成组合体。由于直立空心圆柱的投影比较简单,也很容易理解,所以读图时主要分析左边的底座。

(1) 分线框,对投影。在正面投影图中,与底座部分的投影相关的有三个线框 p'、r'、s' 和多条投影线 k'、l'、m'、n'、o'、q'、t',如图 4-41(b)所示。

(2) 按投影,定形状。首先要确定三个线框在底座上表示的是什么面,然后再判断其他投影线表示什么几何要素。

① 在图 4-41(c)中,由 r'、r、r'' 可知,平面 R 是铅垂面,可见底座的左前方被铅垂面

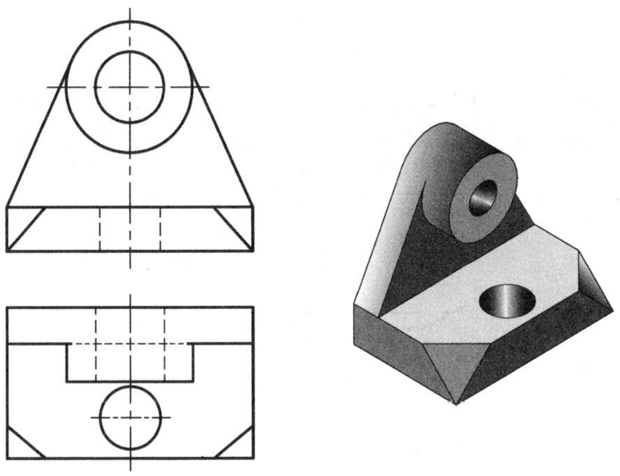

(a) 题图 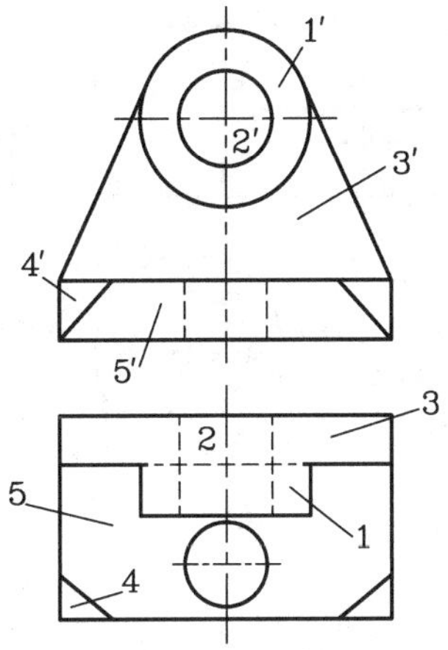　　(b) 分线框，对投影

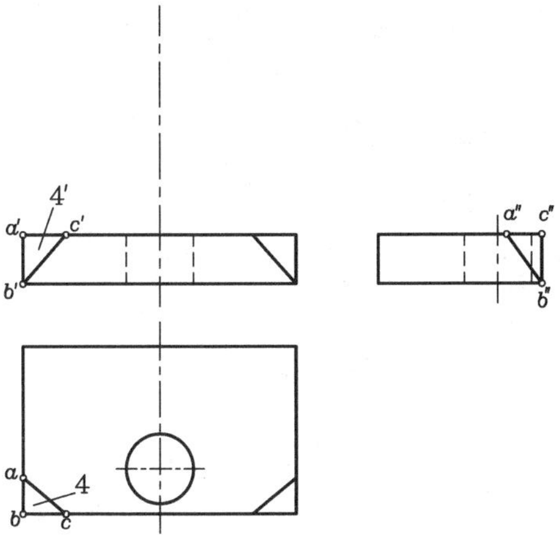

(c) 画底板 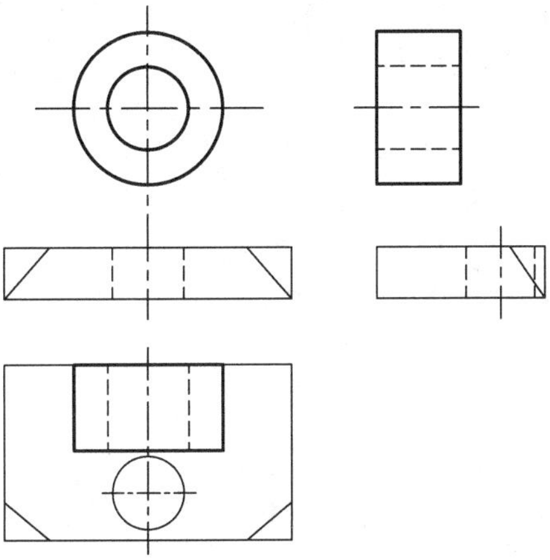　　(d) 画空心圆柱的侧面投影

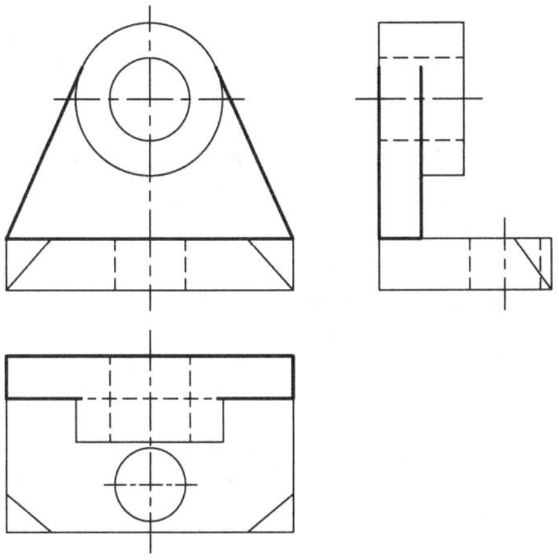

(e) 画支撑板的侧面投影 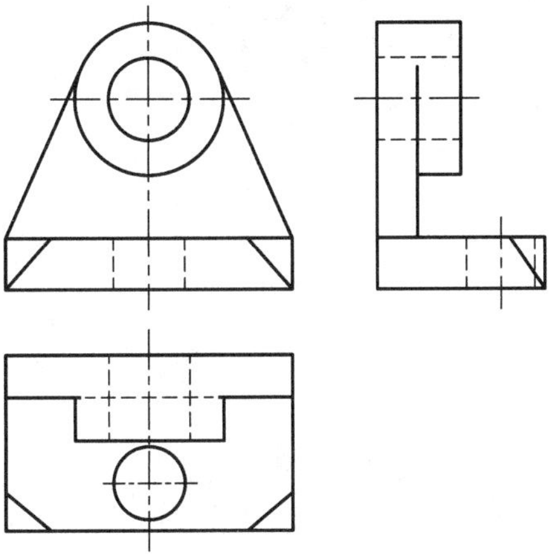　　(f) 作图结果

图 4-40　综合分析读组合体投影图(一)

图 4-40

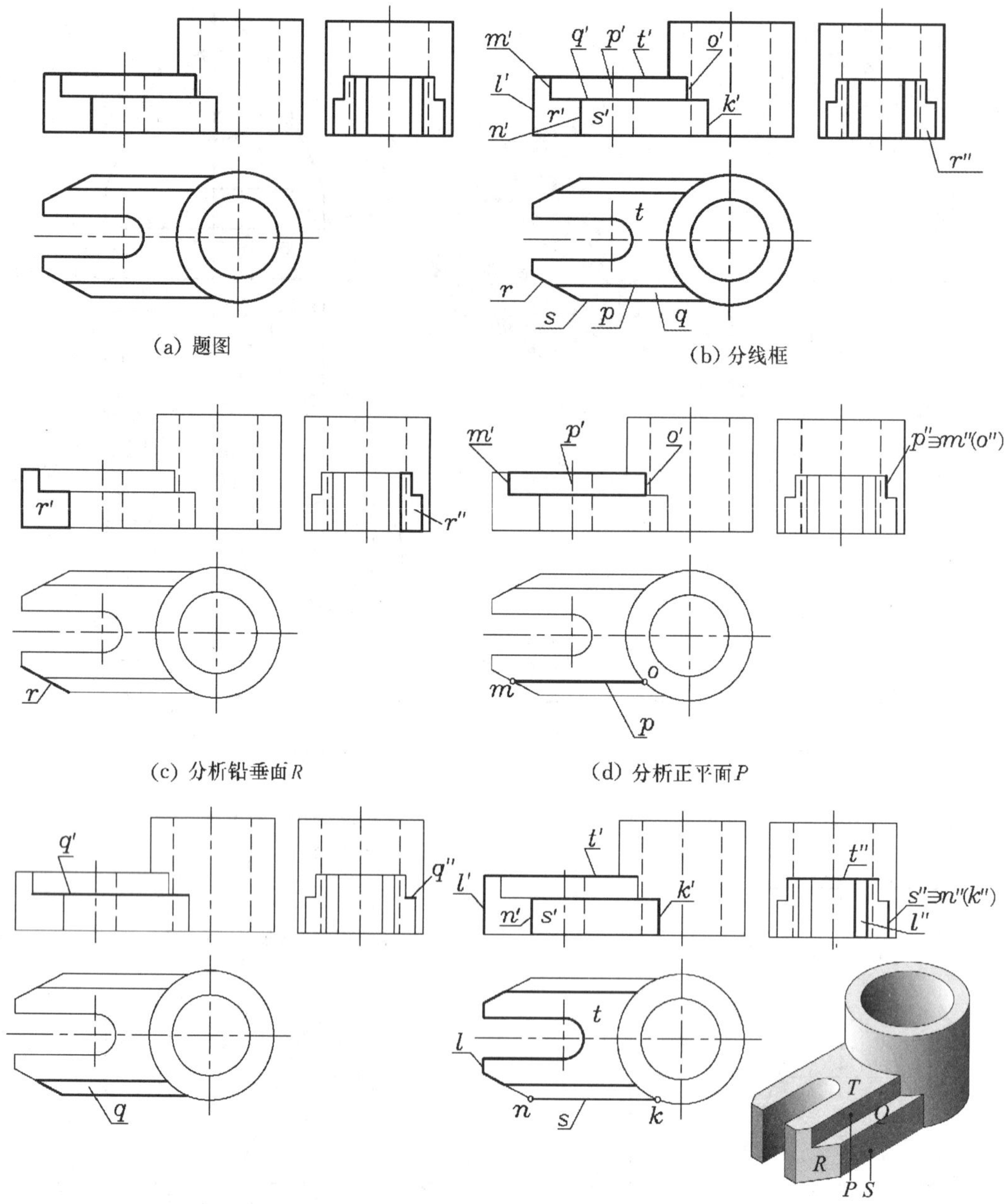

(a) 题图

(b) 分线框

(c) 分析铅垂面R

(d) 分析正平面P

(e) 分析水平面Q

(f) 分析正平面S、水平面和立体图

图 4-41

图 4-41　综合分析读组合体投影图(二)

R 切去了一角；

② 在图 4-41(d)中，由 p'、p、p''可知，平面 P 为正平面，线段 $M(m,m',m'')$是正平面 P 与铅垂面 R 的交线，线段 $O(o,o',o'')$是正平面 P 与圆柱面的截交线。在图 4-41(e)中，由 q'、q、q''可知，平面 Q 为水平面，可见底座的前上方被正平面 P 和水平面 Q 切去了一块。

③ 在图 4-41(f)中，由 s'、s、s''可知，平面 S 是正平面，是底座的前表面经上述切割后留下的部分。线段 $N(n,n',n'')$是正平面 S 与铅垂面 R 的交线，而线段 $K(k,k',k'')$则是

正平面 S 与圆柱面的截交线。底座左端的中间还开有一 U 形槽，侧平面 $L(l, l', l'')$ 是底座的左端面开槽后留下的部分，而由 t'、t、t'' 可知，平面 T 是水平面，是底座开槽后留下的上表面。

④ 根据投影关系，分析底座上各平面之间的相对位置。平面 P 和平面 S 同为正平面，平面 P 在上、后方，平面 S 在前、下方；平面 T 和平面 Q 同为水平面，平面 T 在上方中部、平面 Q 在下前方；铅垂面 R 在左、前方。

(3) 综合归纳想像整体。综合以上形体分析和线面分析的结果，加上支承座又具有前后对称面，于是可总结归纳出支承座的整体形状和结构，如图 4-41(f)中的立体图所示。

第5章　工程形体常用的基本表示法

主要内容：本章主要介绍视图、剖视图、断面图、局部放大图和常用简化画法等工程形体常用的基本表示方法及其应用，以及轴测剖视图的画法，还简要介绍了第三角画法。通过对本章的学习和训练，读者熟悉工程形体常用基本表示法的基础知识，初步掌握工程形体常用基本表示法的应用及画法，为绘制和阅读机械图样打下良好的基础。

知识点：各种表示法。

思政元素：科学分析方法。

思政培养目标：掌握正确的分析方法，培养学生团队协作精神。

思政素材：通过讲解机件的常用表示法，引导学生用正确的方法思考问题，把握事物的共性与个性，具体问题具体分析，提高解决问题的能力。

前几章介绍了基于正投影法的三投影面体系及用三面投影图表示空间形体的相关知识，为表示机械图样提供了投影法的理论基础。但是，仅仅运用这些知识，还不能表示机械图样，因为机械图样的表示法要涉及正投影法、画法和注法三个方面的内容，而以上只是介绍了关于正投影法的知识，因此还需要介绍机械图样的画法和注法。

在机械图样的表示法中，可分为基本表示法和特殊表示法。基本表示法中的图样画法是以真实投影为基础的画法，但画出的图形又不完全是机件的真实投影；而特殊表示法中的图样画法则是采用特殊的规定画法来表示机件或结构要素的，故画出的图形就完全不是机件或结构要素的真实投影。本章仅介绍常用的基本表示法，特殊表示法将在第6章中介绍。

如前所述，机械图样表示的对象是机械零件、部件或机器，可统一简称为机件，也可称为工程形体。在机械工程中，机件（工程形体）的形状和结构是多种多样的，对于形状和结构比较复杂的机件，若采用三面投影图表示，往往会出现虚线过多、层次不清、投影失真等问题，如图5-1所示。为方便、清晰、简洁地表示机件的内外形状和结构，国家标准《技术制图 图样画法 视图》(GB/T 17451—1998)、《技术制图 图样画法 剖视图和断面图》(GB/T 17452—1998)、《技术制图 图样画法 剖面区域的表示法》(GB/T 17453—2005)，以及《机械制图 图样画法 视图》(GB/T 4458.1—2002)、《机械制图 图样画法 剖视图和断面图》(GB/T 4458.6—2002)的图样画法中规定了5类常用的基本表示法：视图、剖视图、断面图、局部放大图和简化画法，规定这些基本表示法的原则是：在完整、清晰地表示机件形状和结构的前提下，应力求使绘图简便且便于读图。

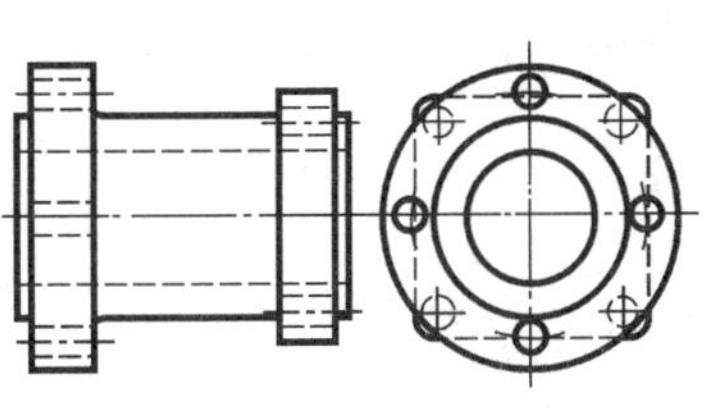

(a) 虚线过多、层次不清

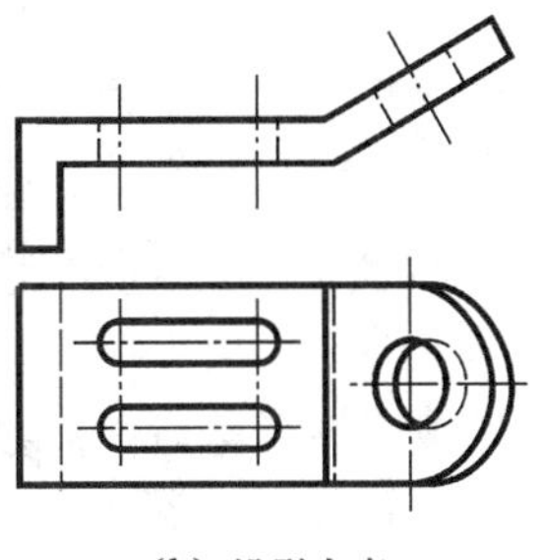

(b) 投影失真

图 5-1　用投影图表示工程形体的缺点

5.1　视图(GB/T 17451—1998,GB/T 4458.1—2002)

视图是将机件向投影面投射所得到的图形,主要用于表示机件的外部形状和结构(简称为外形),一般只画出机件的可见部分,必要时才画出其不可见部分,这一点与投影图不同,需要特别注意。国家标准规定的视图包括基本视图、向视图、局部视图和斜视图。此外,用正投影法按照有关标准和规定绘制的物体图形也统称为视图,其含义更加广泛。而本节的视图则是专指主要用于表示机件外形的图形,要注意区分二者的含义和应用场合。

5.1.1　基本视图和向视图

为适应表示复杂机件的需要,国家标准规定,在正投影法的三投影面体系的基础上,再增加三个投影面,组成一个正六面体,就构成了六投影面体系。这六个投影面称为基本投影面,机件向基本投影面投射所得到的视图,就称为基本视图。

如图 5-2(a)所示,将机件置于六投影面体系中,并向六个基本投影面投射,可得到六个基本视图:

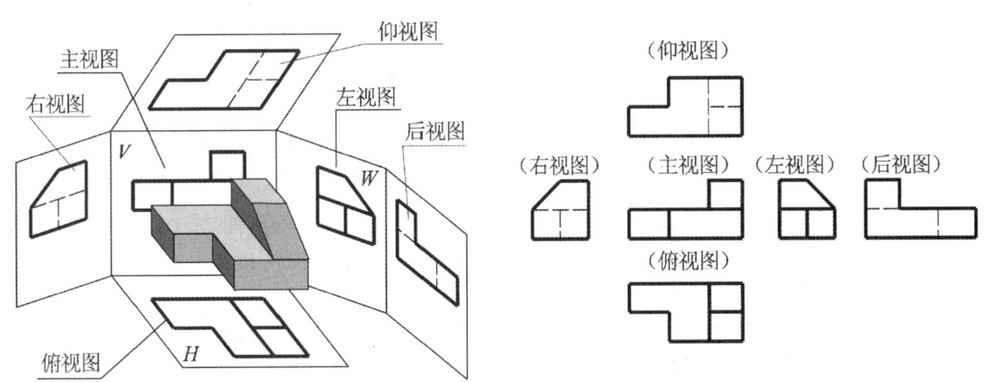

(a) 基本视图的形成　　(b) 基本视图的配置

图 5-2　六个基本视图的形成及配置

图 5-2

主视图——由前向后投射所得到的视图(相当于三面投影图中的正面投影);

俯视图——由上向下投射所得到的视图(相当于三面投影图中的水平投影);

左视图——由左向右投射所得到的视图(相当于三面投影图中的侧面投影);

右视图——由右向左投射所得到的视图;

仰视图——由下向上投射所得到的视图;

后视图——由后向前投射所得到的视图。

将各基本投影面按图 5-2(a)展开到同一个平面上,六个基本视图的配置关系如图 5-2(b)所示。显然,六个基本视图仍然符合“长对正、高平齐、宽相等”的投影规律,即:

主、俯、仰、后视图之间符合“长对正”的关系;

主、左、右、后视图之间符合“高平齐”的关系;

左、右、俯、仰视图之间符合“宽相等”的关系。

由图 5-2(b)可以看出,主—后视图、俯—仰视图和左—右视图形成了三对形状类似、但方向相反的图形。此外,还要特别注意的是,俯、左、右、仰视图靠近主视图的一边表示机件的后面,而远离主视图的一边则表示机件的前面。

当基本视图按规定的展开位置配置时,可不标注视图的名称,如图 5-3(a)所示。画图时应尽量按规定的位置配置视图,否则,就应在视图的上方标出视图的名称“×”(“×”为大写字母,如“*A*”),同时还要在相应视图的附近用箭头表明投射的方向,并标注相同的字母“×”,如图 5-3(b)所示,这种可自由配置的视图称为向视图。

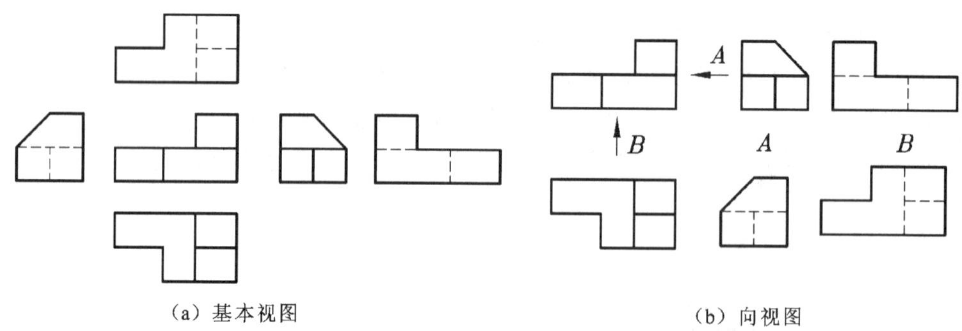

(a) 基本视图　　(b) 向视图

图 5-3　基本视图与向视图

选用恰当的基本视图,可以较清晰地表示机件的形状。对图 5-1(a)所示的机件,由于左、右两端凸缘的形状不同,如果只采用主、左两个视图,那么左视图中必将出现许多虚线,给读图和标注尺寸带来困难;如果如图 5-4 所示,采用主、左、右三个视图,分别表示机件的主体和左、右凸缘的形状,就可不画左视图中的虚线,使机件的表达更为清晰。

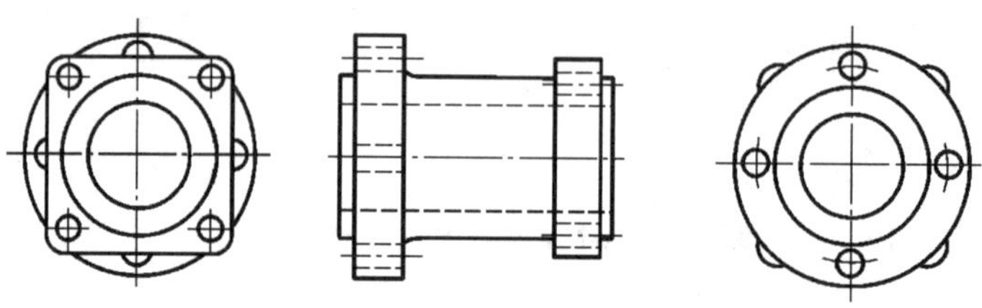

图 5-4　基本视图的应用

对图 5-5 所示的阀体，可采用四个基本视图的表达方案，除主视图中用虚线表示阀体的内腔结构和各孔的深度及通透状况之外，俯、左、右三个视图中均可不画虚线，整个表达方案比较清晰、合理。如果将右视图作为向视图配置在左视图的下方，则图面布置就会更加紧凑、合理，读者可自行练习并标注。

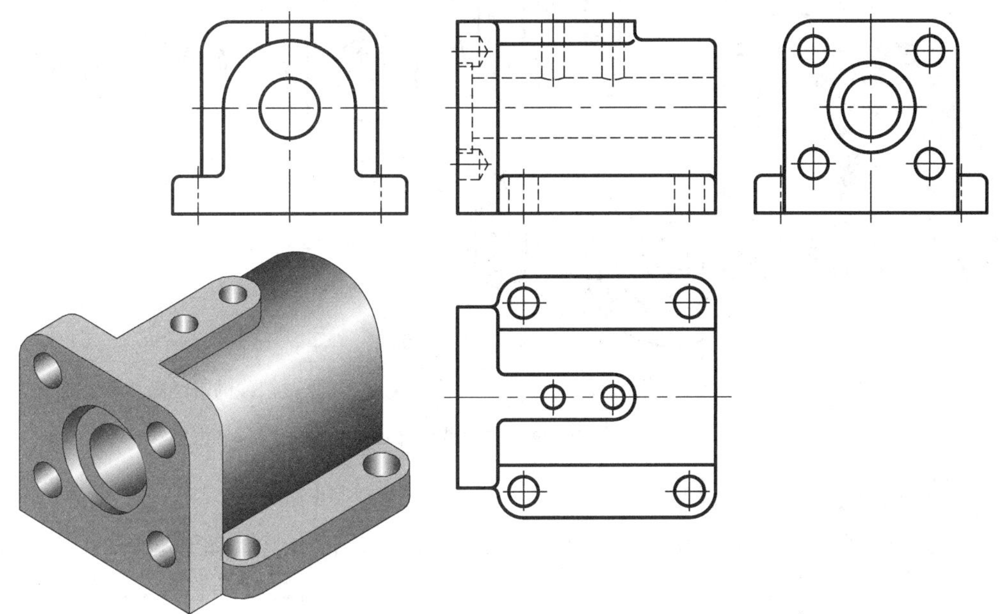

图 5-5

图 5-5　阀体的基本视图

画基本视图和向视图时要注意以下几点。

(1) 对于机件上的某个结构，如果在某个视图中为不可见，但在其他视图中已经表示清楚，那么在该视图中的虚线就可省略不画；反之，如果该结构在其他视图中不能确定或表示不清楚，那么在该视图中的虚线就不能省略，如图 5-4 和图 5-5 所示，在主视图中必须画出虚线。

(2) 为了表示某个机件，并非要同时采用六个基本视图，具体应选用哪几个基本视图，要根据机件的形状特点和复杂程度而定。选用基本视图时，一般应优先选用主、俯、左三个基本视图，且最好按规定的位置配置。

(3) 向视图是基本视图的另一种表达形式，是移位(但不旋转)配置的基本视图，其投射方向必须与六个基本视图一致，而且必须画出完整的视图，还必须进行标注。由于向视图配置灵活，若使用得当，可使图面布置紧凑、合理。

5.1.2　局部视图

将机件的某一部分向基本投影面投射所得到的视图，称为局部视图。机件在某个方向上仅有局部的外形需要表示时，便可采用局部视图。

如图 5-6 所示，通过主、俯视图已经清楚地表示了机件的主要结构，唯有左右两侧凸台的形状和左侧肋板的厚度尚未表示，因此，只需采用两个局部视图就可将该机件完全表示清楚，而不必画出完整的左、右视图。由此可以看出，利用局部视图，不但可以减少基本视图的数量、节省图幅和绘图工作量，而且可使表达更加清晰、简洁。

图 5-6

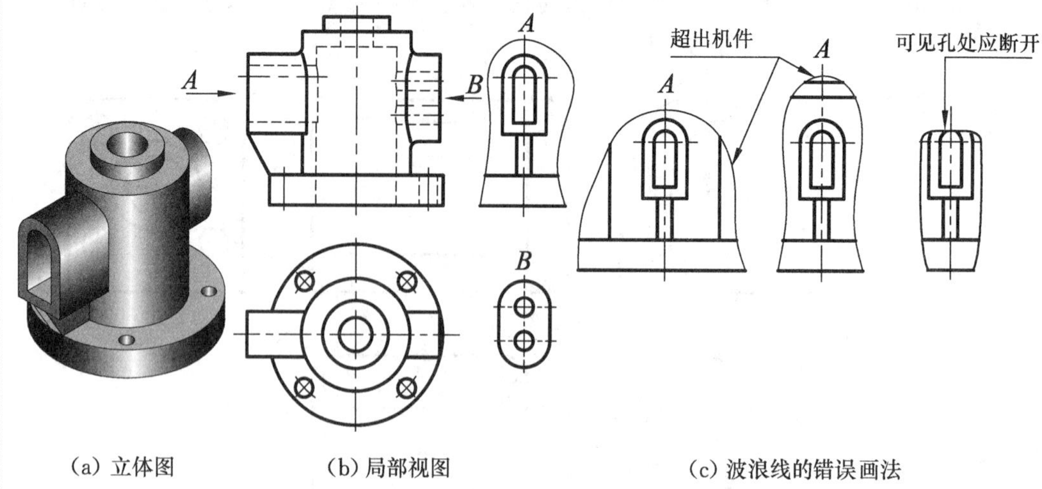

(a) 立体图　　(b) 局部视图　　(c) 波浪线的错误画法

图 5-6　局部视图

画局部视图时要注意以下几点。

(1) 局部视图可按基本视图的配置形式配置，若中间没有其他图形隔开，可省略标注，如图 5-6(b)中的俯视图所示；也可按向视图的配置形式配置并标注，如图 5-6(b)所示。

(2) 局部视图的断裂界线用波浪线(或双折线)表示，如图 5-6(b)中的局部视图 *A* 所示；当所表示的局部结构是完整的、且外形轮廓线封闭时，可不画波浪线，如图 5-6(b)中的局部视图 *B* 所示。

(3) 由于波浪线表示的是机件的局部断裂边界，所以，在机件视图的轮廓线外部和可见孔处就不能画波浪线，如图 5-6(c)所示。

5.1.3　斜视图

将机件向不平行于基本投影面的平面投射所得到的视图，称为斜视图。

当机件上具有不平行于任何基本投影面的倾斜结构时，显然无法用基本视图表示倾斜结构的真实形状，这样就给绘图、读图和标注尺寸带来不便，因此必须采用斜视图来表示倾斜结构的实形。如图 5-7(a)中所示机件的倾斜结构，在俯、左视图上均不能反映其真实形状，如果增设一个与倾斜部分平行的辅助投影面 H_1，将倾斜部分向该投影面投射，就可得到反映其实形的斜视图，如图 5-7 中的视图 *A* 所示。

画斜视图时应注意以下几点。

(1) 斜视图只用于表示机件上倾斜结构的实形，其他部分不必也不能画出，所以，在斜视图上要用波浪线(或双折线)隔开机件的其他部分，如图 5-7(b)、(c)所示。当所表示机件的倾斜结构是完整的、且外形轮廓线封闭时，波浪线可省略不画。

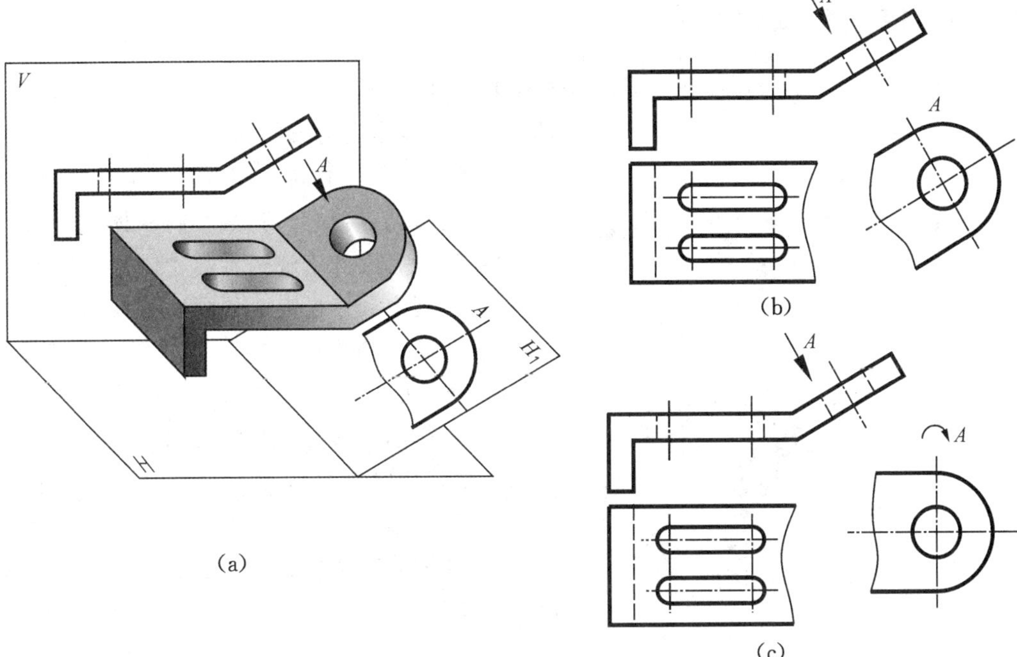

(a)

(b)

(c)

图 5-7　斜视图

(2) 斜视图与向视图一样，必须进行标注，标注的方法是：在斜视图的上方用大写字母标出斜视图的名称“×”(如“A”)，并在相应的视图附近，用箭头和相同的字母“×”表明投射的方向。斜视图上方的名称(字母)和表示投射方向的字母都应水平书写(字头向上)，如图5-7(b)所示。

(3) 斜视图一般按投影关系配置，必要时可平移。为画图方便，在不致引起误解时，也允许将斜视图旋转，但应加注旋转符号“⌒”或“⌒”，以表示旋转的方向。如图 5-7(c)所示的“⌒ A”，表示斜视图名称的大写字母应靠近旋转符号的箭头端。需给出旋转的角度时，角度应注写在字母之后。旋转符号的画法和旋转角度的标注方法如图 5-8 所示。

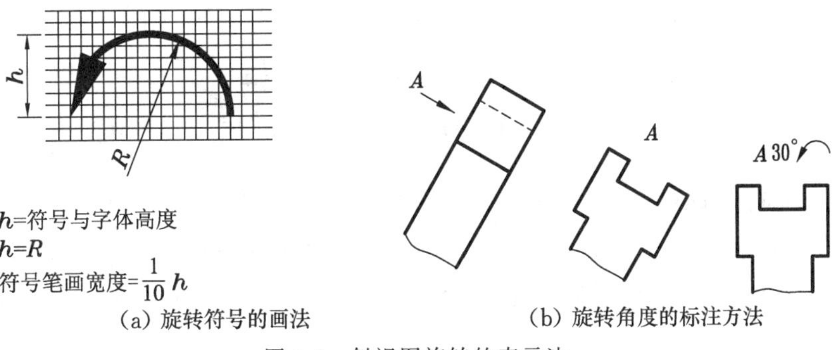

(a) 旋转符号的画法　　(b) 旋转角度的标注方法

图 5-8　斜视图旋转的表示法

5.1.4　第三角画法简介

三个互相垂直的投影面在空间可构成八个分角(见图 5-9),将物体置于第一分角内,即物体处于观察者与投影面之间进行投射,然后按规定展开投影面的画法称为第一角画法(也称为第一角投影),简称为 E 法;而将物体置于第三分角内,即投影面处于观察者与物体之间进行投射,然后按规定展开投影面的画法称为第三角画法(也称为第三角投影),简称为 A 法。俄罗斯、英国、德国、法国等较多的国家普遍采用第一角画法绘制图样,而美国、日本、加拿大、澳大利亚等国家则采用第三角画法。我国的国家标准规定,优先采用第一角画法,必要时(如按合同规定等)允许使用第三角画法。为了适应国际技术交流的需要,机械工程技术人员应当对第三角画法有所了解。

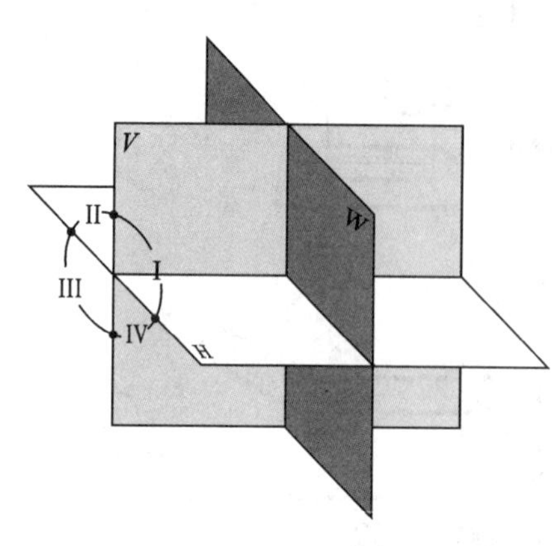

图 5-9　八个分角

采用第三角画法时,六个基本视图的形成及投影规律如图 5-10 所示,而其展开后的配置则如图 5-11 所示,此时各基本视图的名称可以省略。

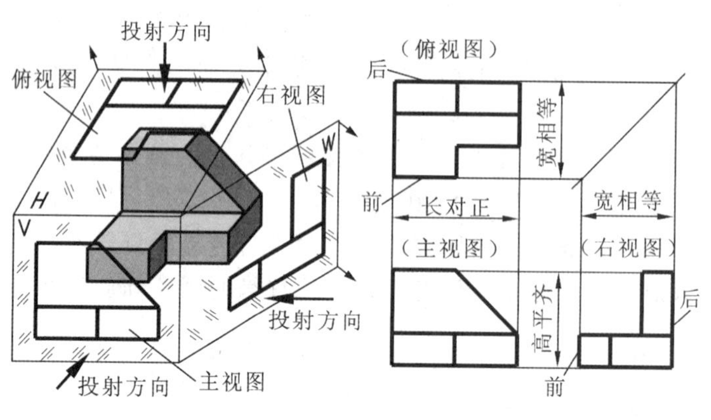

(a) 第三角画法　(b) 三视图及其投影规律

图 5-10　第三角画法中三视图的形成

将第三角画法与第一角画法进行比较可知,这两种画法的共同点是:

(1) 都采用正投影法,都有六个基本投影面和六个基本视图,各基本视图之间都符合“长对正、高平齐、宽相等”的投影规律,如图 5-10(b)所示。因此,这两种画法的表达功能完全相同。

(2) 六个基本视图的名称相同(还有一种俗称,将第三角画法的主视图称为前视图、俯视图称为顶视图、仰视图称为底视图)。

两种画法的不同点是:

(1) 观察者、物体、投影面的位置关系不同(但投影方向均与观察者的视线方向一致)：第一角画法是观察者和物体位于投影面的同一侧(人—物—面)；而第三角画法是观察者和物体分别位于投影面的两侧(人—面—物)，并假想投影面是透明的，如图 5-10(a)所示。

(2) 六个基本视图的展开方法不同，故其配置也不同，如图 5-2 和图 5-10(a)、图 5-11 所示。

(3) 在第三角画法中，俯、左、右、仰视图靠近主视图的一边表示物体的前面，而远离主视图的一边则表示物体的后面(见图 5-10)，与第一角画法正好相反。

(4) 若采用第三角画法，必须在标题栏的右上角图样中画出第三角画法的投影识别符号[见图 5-12(a)]；而采用第一角画法时，则一般不必画出第一角画法的投影识别符号，如图 5-12(b)所示。

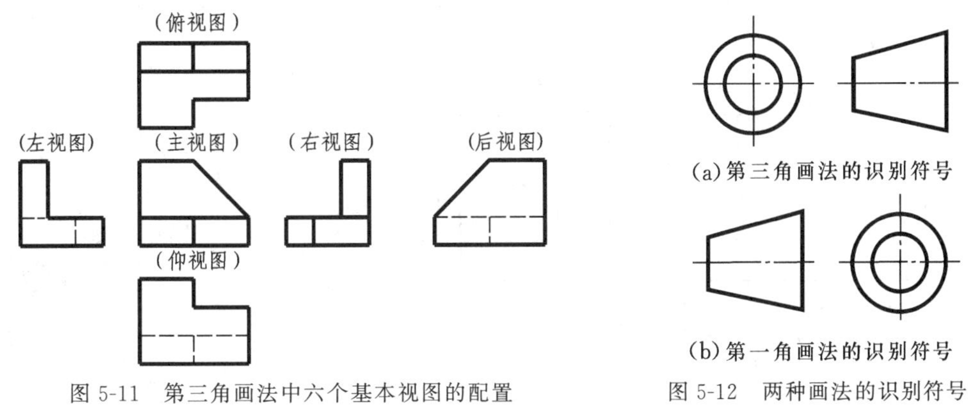

图 5-11　第三角画法中六个基本视图的配置

图 5-12　两种画法的识别符号

综上所述，当需要将两种画法的机械图样互相转换时，可按“主后不变，上下左右互换”的方法进行，也就是使主视图和后视图保持原来的位置不变，将俯视图与仰视图、左视图与右视图互相调换位置即可。

5.2　剖视图(GB/T 17452—1998，GB/T 4458.6—2002)

视图主要用于表达机件的外部形状和结构，当机件的内部形状和结构(简称为内形)比较复杂时，若采用视图表示，则在某些视图中就会出现较多的虚线，不但给读图和标注尺寸带来不便，而且图面也不清晰。因此，国家标准(GB/T 17452—1998)(GB/T 44565—2002)中规定用剖视图来表示机件内部的形状和结构。

5.2.1　剖视图的基本概念

1. 剖视图的形成

如图 5-13(a)所示的机件，其内部结构比较复杂，若采用视图表示，则主视图中虚线较多。假想用剖切面剖开机件，将处于观察者与剖切面之间的部分移去，而将其余部分向投影面投射所得的图形，称为剖视图，简称为剖视。

在图 5-13(d)中，假想用一正平面沿机件的前后对称面剖开机件，移去前半部分(挡住视线的部分)，使机件的内部结构显现出来，再向正投影面投射就得到剖视图，可以代替图 5-13(a)中的主视图。采用剖视图的表示方法，使原来不可见的内部结构转化为可见，视图中的虚线在剖视图中就变成了实线，从而可使机件的内部结构表示得更为清楚，如图 5-13(c)所示。剖视图中的基本要素包括：

剖切面——假想的剖切平面或圆柱面；

剖面区域——剖切面与机件的接触部分；

剖面符号——指填充剖面区域的图形；

剖切线——指示剖切面位置的线(为细点画线，一般可省略不画，在图 5-13(c)中，与前后对称中心线重合)；

剖切符号——指示剖切面的起、迄和转折位置(用粗短画表示)及投射方向(用箭头表示)的符号。

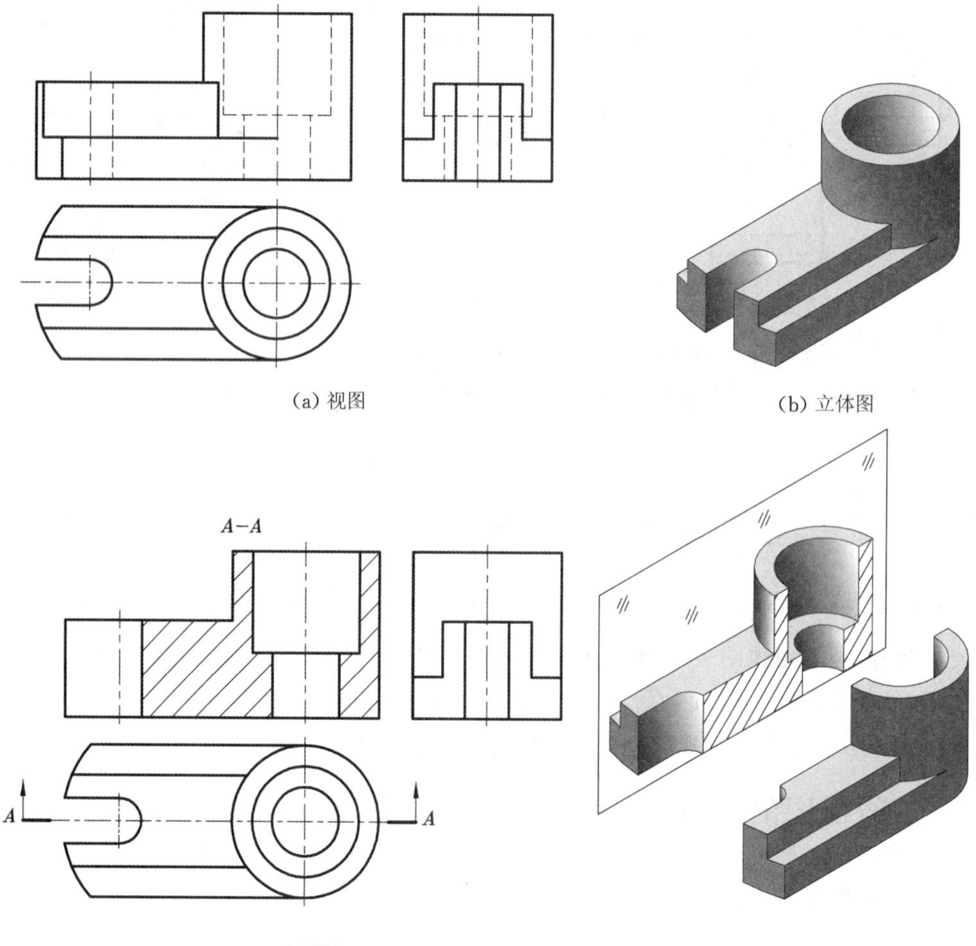

(a) 视图

(b) 立体图

图 5-13

A—A

(c) 剖视图

(d) 剖切立体图

图 5-13　剖视图的形成

2. 剖面符号

剖面区域内应画出剖面符号，国家标准(GB/T 17453—2005)、《机械制图 剖面区域的表示法》(GB/T 4457.5—2013)对剖面符号的规定如下。

(1) 若需在剖面区域中表示材料的种类，则应采用特定的剖面符号表示。常用材料的剖面符号如表 5-1 所示，其中金属材料的剖面符号最好用与主要轮廓或剖面区域的对称线成 45°(或 135°)且间隔均匀的细实线画出。

表 5-1　常用材料的剖面符号

<table>
<tr><th colspan="2">常用材料</th><th>剖面符号</th><th>常用材料</th><th>剖面符号</th></tr>
<tr><td colspan="2">金属材料(已有规定剖面符号者除外)</td><td></td><td>本质胶合板(不分层数)</td><td></td></tr>
<tr><td colspan="2">线圈绕组元件</td><td></td><td>基础周围的泥土</td><td></td></tr>
<tr><td colspan="2">转子、电枢、变压器和电抗器等的叠钢片</td><td></td><td>混凝土</td><td></td></tr>
<tr><td colspan="2">非金属材料(已有规定剖面符号者除外)</td><td></td><td>钢筋混凝土</td><td></td></tr>
<tr><td colspan="2">型砂、填砂、粉末冶金、砂轮、陶瓷刀片、硬质合金刀片等</td><td></td><td>砖</td><td></td></tr>
<tr><td colspan="2">玻璃及供观察用的其他透明材料</td><td></td><td>格网(筛网、过滤网等)</td><td></td></tr>
<tr><td rowspan="2">木材</td><td>纵剖面</td><td></td><td rowspan="2">液体</td><td rowspan="2"></td></tr>
<tr><td>横剖面</td><td></td></tr>
</table>

(2) 不需要在剖面区域中表示材料的类别时，可采用通用剖面符号表示。通用剖面符号应以适当角度的细实线绘制，最好与主要轮廓或剖面区域的对称线成 45°，且剖面线

应尽量不与轮廓线平行，即应倾斜于轮廓线，故可以用大于或小于45°的细实线绘制剖面符号，如图5-14(a)所示。

(3) 对于大面积的剖面区域，允许按图5-14(b)绘制，还允许采用点阵或涂色代替通用剖面符号，如图5-14(c)所示。

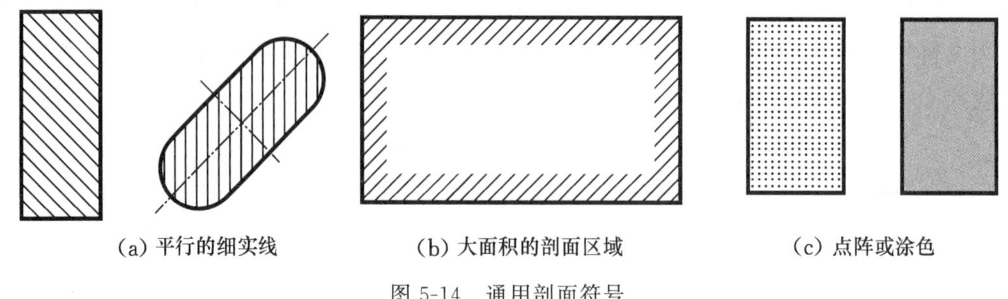

(a) 平行的细实线　(b) 大面积的剖面区域　(c) 点阵或涂色

图5-14　通用剖面符号

5.2.2　剖视图的画法及种类

1. 剖视图的画法及标注

1）画剖视图的步骤

(1) 形体分析。分析机件的内、外形状和结构，弄清哪些内部形状需要用剖视图表示，哪些外部形状需要保留。

(2) 确定剖切面的位置及剖切范围。在形体分析的基础上，确定从何处剖切才能反映机件内部的真实形状，并确定选用何种剖切范围以确定剖视图的表达方案。剖切面一般应选平行于相应投影面的平面，并应通过机件的对称面或者孔、槽等结构的轴线或对称面。

(3) 画剖视图。先画剖切平面与机件实体接触部分的投影，即剖面区域的轮廓线，然后再画出剖面区域之后机件可见部分的投影。

(4) 画剖面符号。在剖面区域上画出剖面符号，以便能清楚地区分机件的实体和空心部分。为方便读图，同一机件在同一张图纸上的所有剖视图的剖面线应相同，而同一张图纸上的相邻不同机件的剖面线则应不同。

(5) 剖视图的标注。剖视图一般应当进行标注，以表明剖切的位置和视图间的投影关系。剖视图标注的三要素是：剖切线(可省略)、剖切符号和字母。进行标注时，要在剖视图的上方用大写字母标注剖视图的名称“×－×”(如“$A-A$”)，并在相应的视图上用剖切符号表示剖切面的位置，在剖切符号的起、迄处用箭头标出投射方向，并注上相同的字母“×”(如“A”)，如图5-13(b)所示。除了完整的标注之外，在下列情况下可省略或部分省略标注：

- 当剖视图按投影关系配置、中间又无其他图形隔开时，可以省略表示投射方向的箭头，如图5-17所示；
- 当剖切面通过机件的对称平面(或基本对称平面)，且剖视图按投影关系配置、中间又无其他图形隔开时，可省略标注，如图5-16所示。

2）画剖视图的注意事项

（1）由于剖切是假想的，所以当机件的一个视图画成剖视图后，其他视图的完整性不受影响，仍应完整地画出。

（2）画剖视图的目的在于清楚地表示机件内部结构的实形，因此，剖切平面应尽量通过较多的内部结构的轴线或对称平面，并平行于某一投影面。

（3）位于剖切平面之后的可见部分应全部画出，但不可画出假想被移去的部分，避免漏线或多线，如图 5-15 所示。

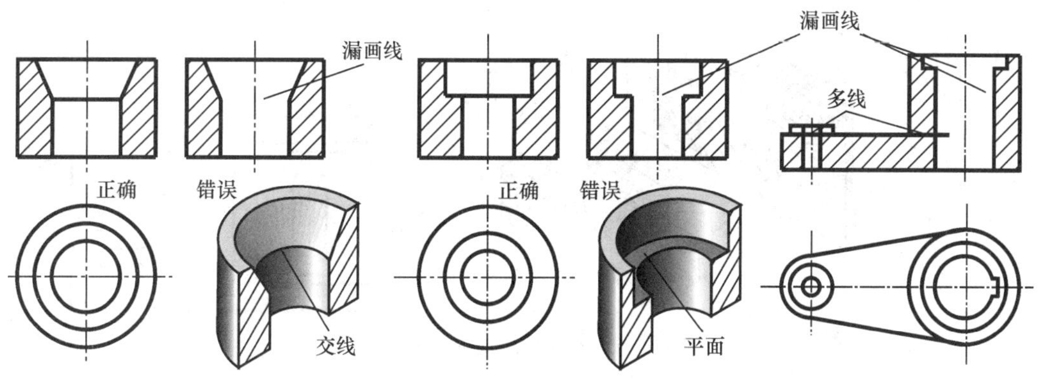

图 5-15　剖视图中漏线、多线的示例

（4）对于剖切平面之后的不可见部分，若在其他视图上已经表示清楚，则虚线应当省略（一般情况下剖视图中不画虚线），如图 5-16(a)所示。但是，如果省略某些虚线，机件就不能定形，或者画出少量虚线，就能节省一个视图，那么就应当画出这些虚线，如图 5-16(b)所示。

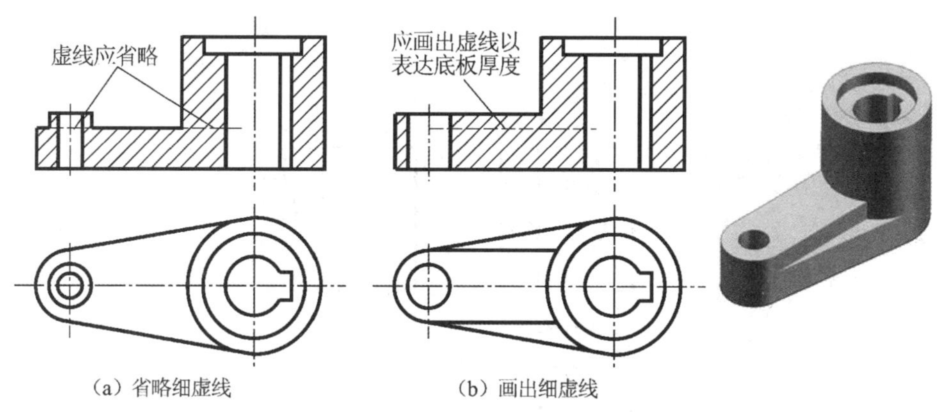

（a）省略细虚线　　（b）画出细虚线

图 5-16　剖视图中虚线的处理

2. 剖视图的种类及其应用

剖视图按照剖切的范围可分为：全剖视图、半剖视图和局部剖视图。

1）全剖视图

用剖切面完全地剖开机件所得到的剖视图称为全剖视图，如图 5-13(c)、图 5-15、

图 5-16所示。当机件的外形简单(或外形已在其他视图中表示清楚)而内部结构比较复杂时,常采用全剖视图表示机件的内部结构,如图 5-17 所示。

在图 5-17 中,由于剖切平面的位置不是机件的对称平面,所以应当标注;但又因剖视图按投影关系配置,且中间无其他图形隔开,故箭头可以省略。

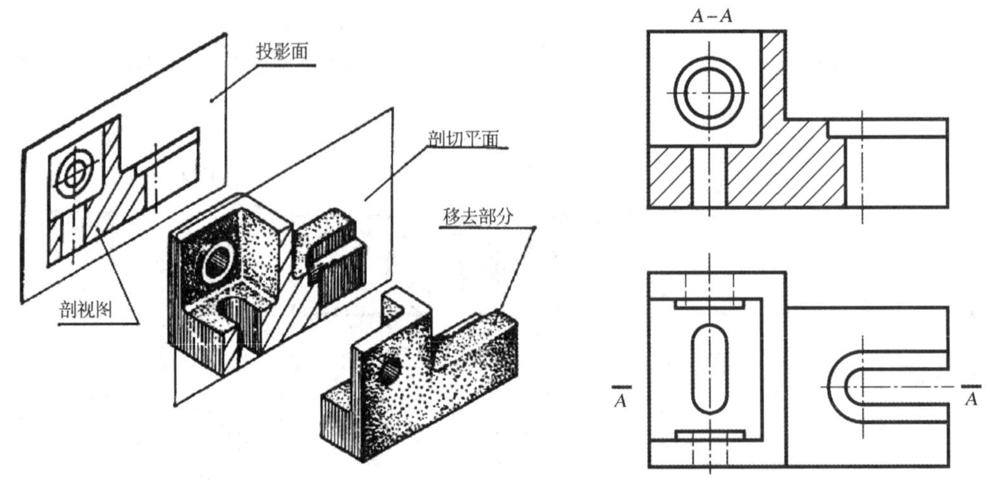

图 5-17　全剖视图的形成及示例

2）半剖视图

当机件具有对称平面时,向垂直于对称平面的投影面投射所得到的图形,可以对称中心线为界,一半画成剖视图(表示内部结构),另一半画成视图(表示外部形状),这种剖视图称为半剖视图。如图 5-18 所示的机件具有左右对称面,其主视图为左右对称的图形,因此,可以用半剖视图表示,一半表示中心通孔的结构,另一半表示前部凸台的外形和位置。

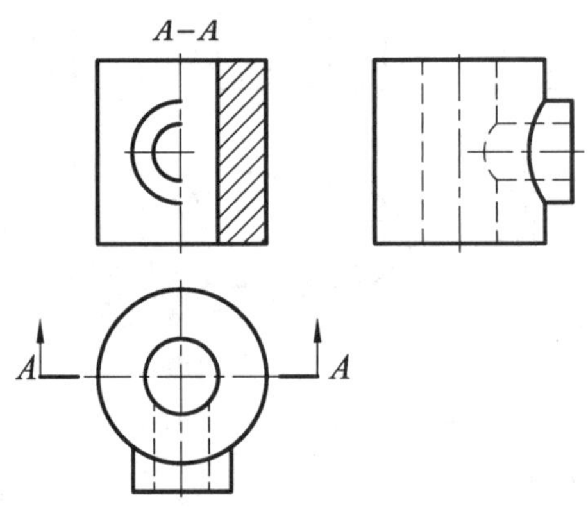

图 5-18　半剖视图的示例

半剖视图能在同一个视图上兼顾表示机件的内外构状,适用于内外构状都需要表示且具有对称平面的机件。如图 5-19 所示的支座,内外构状都比较复杂,如果主视图采用全剖视,则支座前方的凸台就被剖掉了,在主视图中就不能完整地表示支座的外形。由于支座左右、前后都对称，因而可将主视图和俯视图都画成半剖视图，这样既可反映支座的内部结构，又可保留支座的外部形状。

画半剖视图时应注意以下几点。

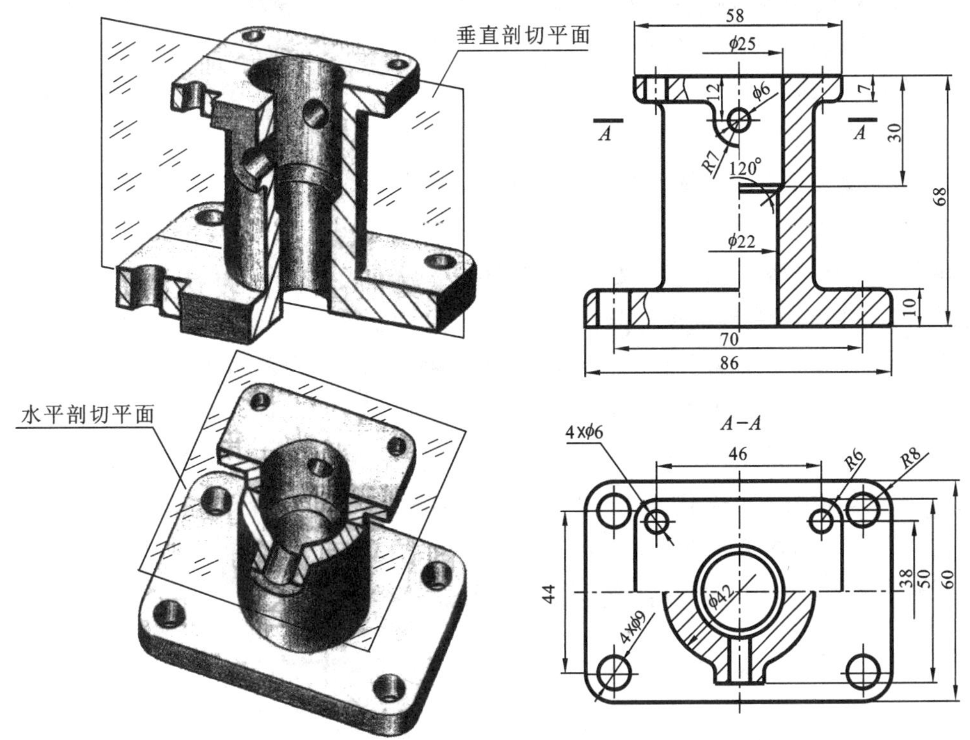

图 5-19　支座的半剖视图

(1) 对称机件的对称视图都可画成半剖视图。当机件接近于对称且不对称部分已在其他视图中表示清楚时，也可采用半剖视图，如图 5-20 所示。

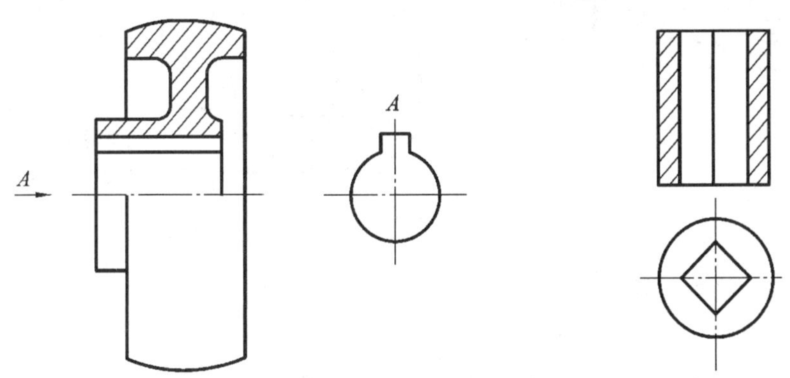

图 5-20　机件形状接近对称的半剖视图　　　图 5-21　不适合采用半剖视图的机件

(2) 半个视图和半个剖视图的分界线是对称中心线，用细点画线表示，不能画成粗实线。

(3) 轮廓线与对称中心线重合的机件不宜采用半剖视图(可采用局部剖视图或全剖视图替代),如图5-21所示。

(4) 由于视图对称,机件的内形在半个剖视图中已经表示清楚,所以,在表示机件外形的半个视图中,不能再画出表示内形的虚线;同理,由于机件的外形在半个视图中已经表示清楚,所以,在表示机件内形的半个剖视图中,也不能画出表示不可见外形的虚线。

半剖视图的标注与全剖视图相同。在图 5-19 中,因主视图所采用的剖切平面通过支座的前后对称面,故可省略标注;而俯视图所用的剖切平面没有通过支座的上下对称平面,故应标出剖切位置和剖视图的名称“$A-A$”,但箭头可以省略。

3) 局部剖视图

用剖切平面局部(非一半)地剖开机件所得到的剖视图,称为局部剖视图。一个局部剖视图可以兼顾表示机件的内外形状和结构,适合于机件仅有局部的内形需要表示、不宜采用全剖视(需要表示部分外形)、也不能采用半剖视(非对称机件)的情况。

如图 5-22 所示的箱体,其顶部有一凸台和矩形孔,底部是一块有四个安装孔的底板,左下方有一凸台和轴承孔,箱体上下、左右、前后都不对称。为了兼顾表示箱体的内外形状和结构,将主视图画成两个不同剖切位置的局部剖视图,一个表示箱体的内腔和顶部的矩形孔,另一个表示底板上的安装孔。在俯视图上,为了保留顶部凸台的外形,采用“$A-A$”剖切位置的局部剖视图,表示箱体左下方的轴承孔。

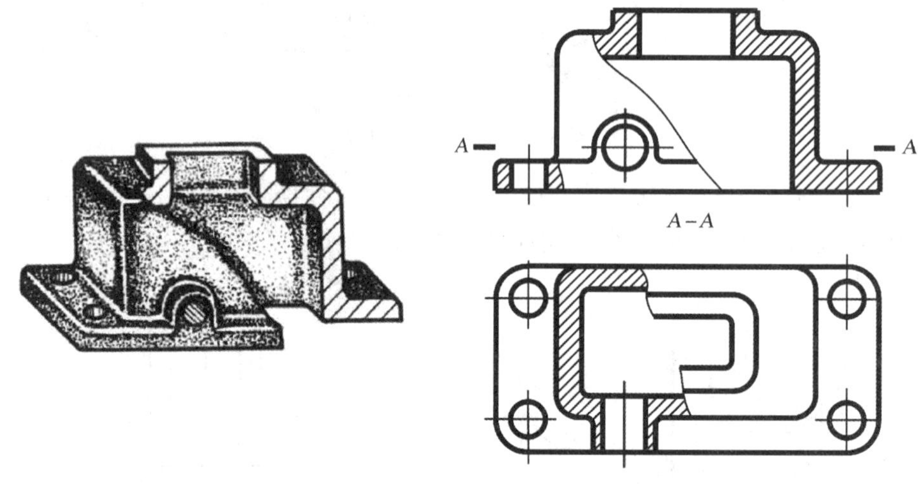

图 5-22 局部剖视图

画局部剖视图时应注意以下几点。

(1) 在同一视图中,局部剖视部分要用波浪线(或双折线)与视图分开。波浪线可看成是剖切机件时的断裂线,既不能超出视图的轮廓线,也不能与视图上的其他图线重合或画在轮廓线的延长线上,遇到可见的孔、槽等空心结构时应断开,如图 5-23 所示。

(2) 局部剖视图是一种比较灵活的表示方法,其剖切位置和范围可根据需要而定,若运用得当,可使图形简明、清晰,但是在一个视图中,局部剖视图的数量不宜过多,否则会

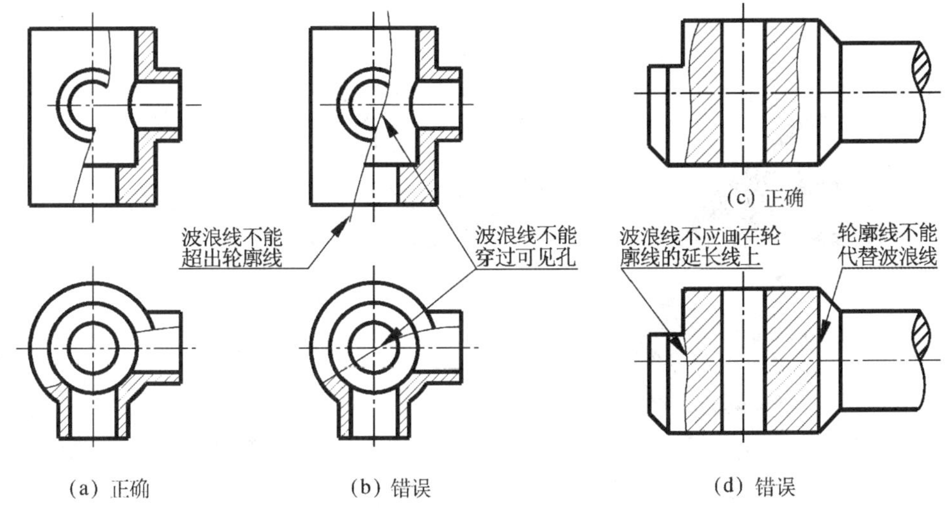

图 5-23　局部剖视图中波浪线的正、误画法

使图形显得过于零碎。

(3) 在不适合采用半剖视图的情况下，可改用局部剖视图代替，如图 5-21 所示的机件可改成用局部剖视图表达。

局部剖视图的标注与全剖视图相同，对剖切位置明显的局部剖视图，一般不必标注，如图 5-22 的主视图中两个局部剖视图就没有标注。

5.2.3　剖切面的种类及相应剖视图的画法

根据剖切面相对于投影面的位置及其组合的数量，其种类有：单一剖切面、几个平行的剖切平面、几个相交的剖切面(交线垂直于某一投影面)。

1. 单一剖切面

单一剖切面包括单一正剖切平面(“正”字可省略)、单一斜剖切平面和单一剖切柱面。

1) 单一剖切平面

采用平行于基本投影面的单一剖切平面剖切机件而得到剖视图的方式，应用最为广泛，以上介绍的全剖视图、半剖视图和局部剖视图都是用单一剖切平面剖得的。

2) 单一斜剖切平面

如图 5-24 所示的弯管接头，因有倾斜部分的内部结构(凸台孔)需要表示，如采用平行于投影面的剖切平面剖切，就不能反映倾斜部分的内部结构和顶部方形法兰的实形，因此要用图 5-24 中“$A-A$”所示的剖视图。这种剖视图是用单一斜剖切平面(不平行于基本投影面)将机件剖开，并向平行于剖切平面的新投影面投射而得到的，常用于表示倾斜部分的内部结构，既可画成全剖视图，也可画成半剖视图(见图 5-25)或局部剖视图(见图 5-26)。

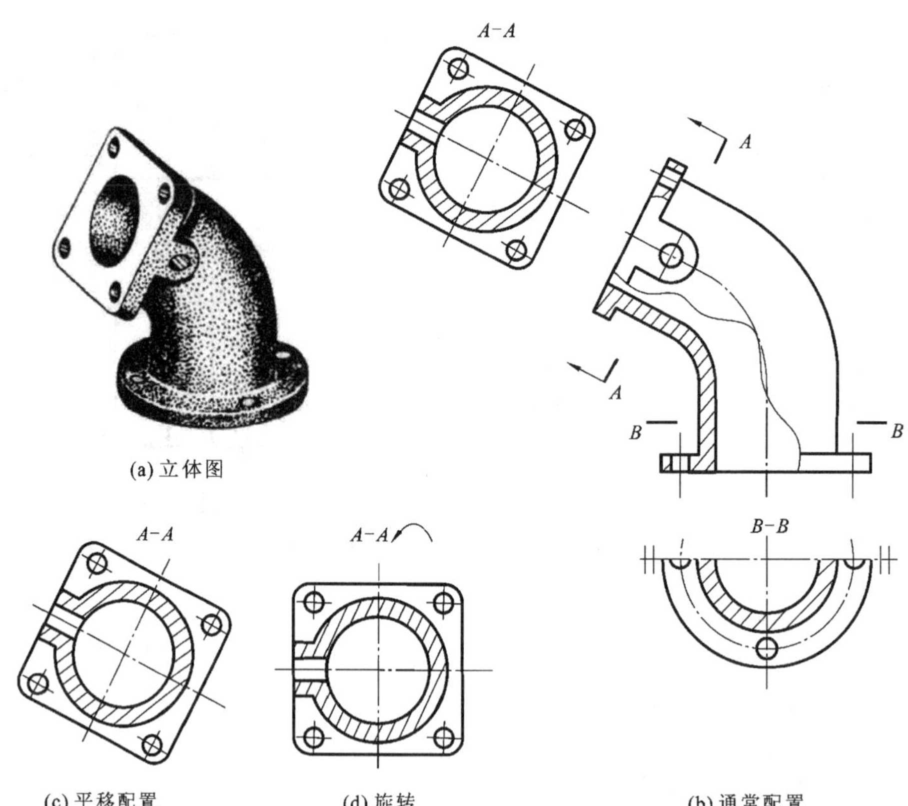

(a) 立体图

(c) 平移配置　　(d) 旋转　　(b) 通常配置

图 5-24　不平行于基本投影面的单一剖切面剖切的全剖视图

图 5-24

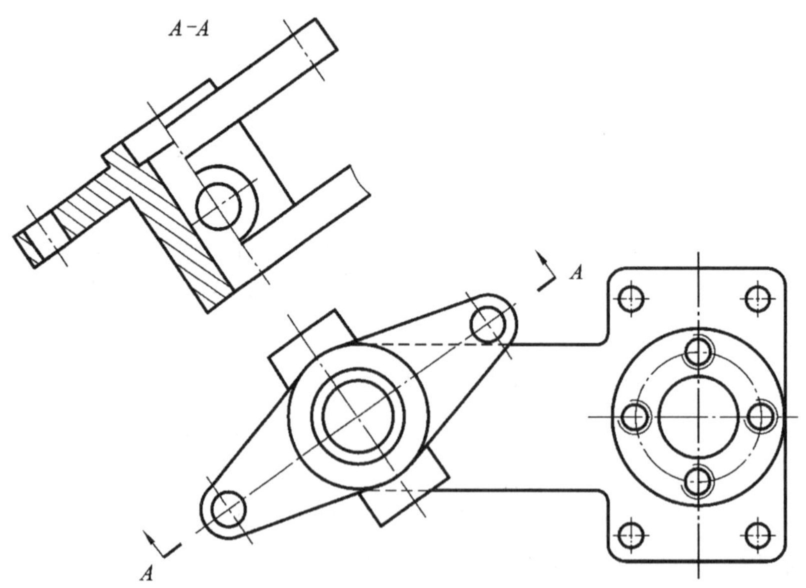

图 5-25　用单一斜剖切平面剖得的半剖视图

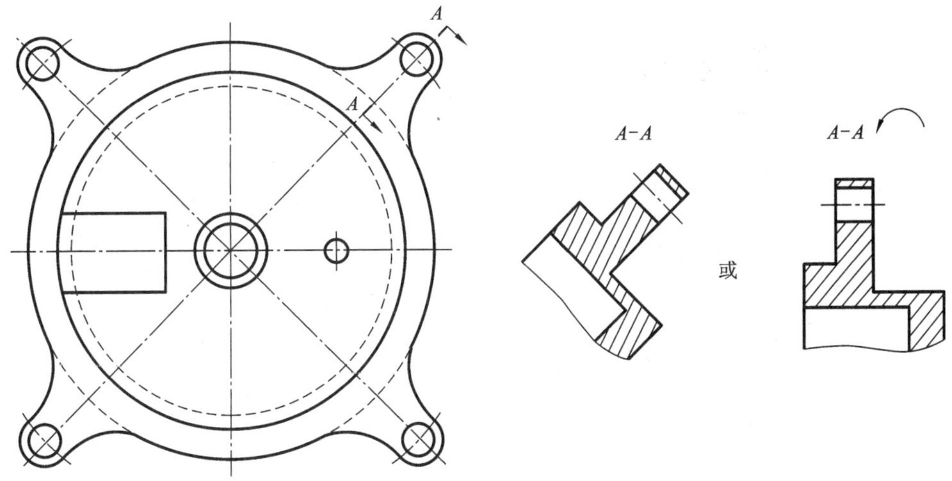

图 5-26　用单一斜剖切平面剖得的局部剖视图

这种剖视图的标注方法(可与斜视图的标注方法进行对照比较)如图 5-24 所示。剖视图一般应配置在箭头所指的方向上,并与基本视图保持相应的投影关系,但必要时允许平移,如图5-24(c)所示。在不致引起误解时,也可将图形旋转,这时要加注旋转符号"↶"或"↷",如图5-24(d)所示。此外,虽然剖切平面是倾斜的,但字母必须水平书写。

3）单一剖切柱面

在一般情况下,剖切面都是采用平面,但有时必须采用圆柱面。如图 5-27 所示,机件上有两种内部结构需要采用剖视图表示,因这两种内部结构的轴线和对称面位于同一个圆周上,故不能采用剖切平面,而应采用单一剖切柱面。采用剖切柱面剖得的剖视图一般都要采用展开画法,因此标注时要在剖视图的名称之后加注"展开"二字,如图 5-27 所示。由于图 5-27 所示的机件左右对称,所以也可以采用单一剖切柱面的半剖视图。此外,用单一剖切柱面还可剖得局部剖视图,如图 5-28 所示。

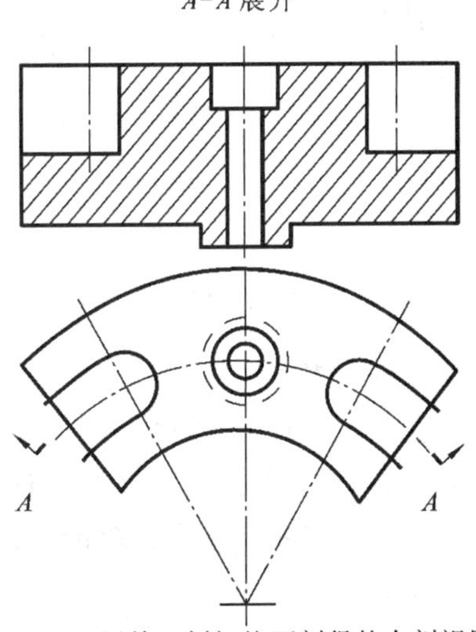

图 5-27　用单一剖切柱面剖得的全剖视图

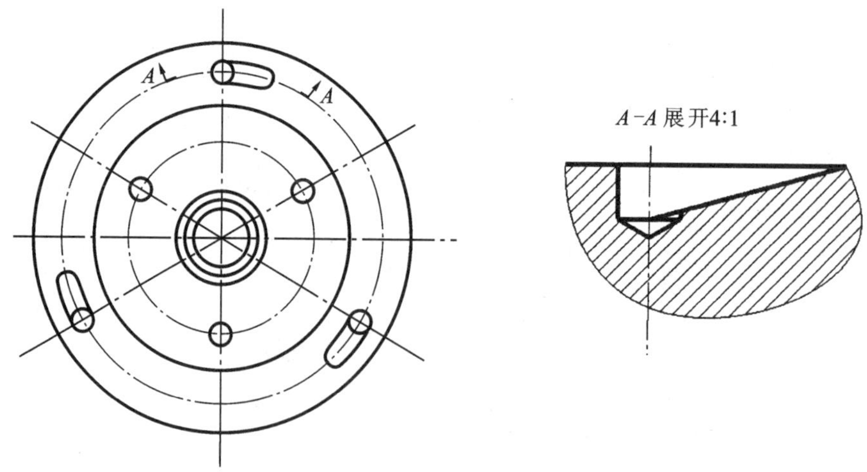

图 5-28　用单一剖切柱面剖得的局部剖视图

2. 几个平行的剖切平面

如图 5-29 所示的机件，有三种内部结构(阶梯孔、孔、槽)需要采用剖视图表示，由于其轴线和对称面不在同一个平面内，若仅用一个剖切平面剖切，就不可能将三种内部结构全部表示出来。为此，可采用两个互相平行的剖切平面进行剖切，如图 5-29 所示，就可以在一个剖视图上同时表示这三种内部结构。

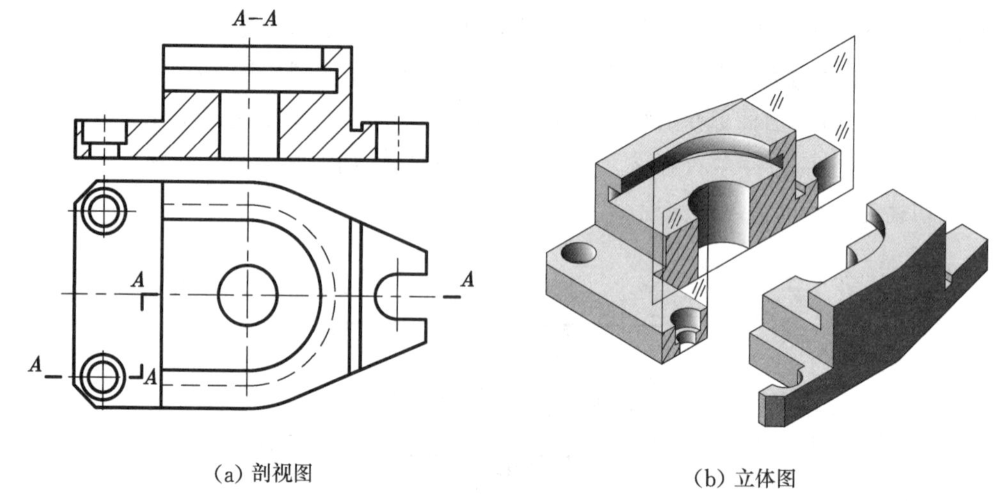

图 5-29　用两个平行的剖切平面剖得的全剖视图

用几个平行的剖切平面得到的剖视图必须进行标注，标注的方法如图 5-29(a)所示，由于图中的剖视图按投影关系配置，中间又无其他图形隔开，故可省略箭头。

当机件的孔、槽等内部结构层次较多，且其轴线或对称面不在同一个平面内、但互相平行时，宜采用几个平行的剖切平面同时表示机件的孔、槽等内部结构；按照机件的结构特点，也可画成半剖视图或局部剖视图，如图 5-30 和图 5-31 中的“$A-A$”剖视图所示。

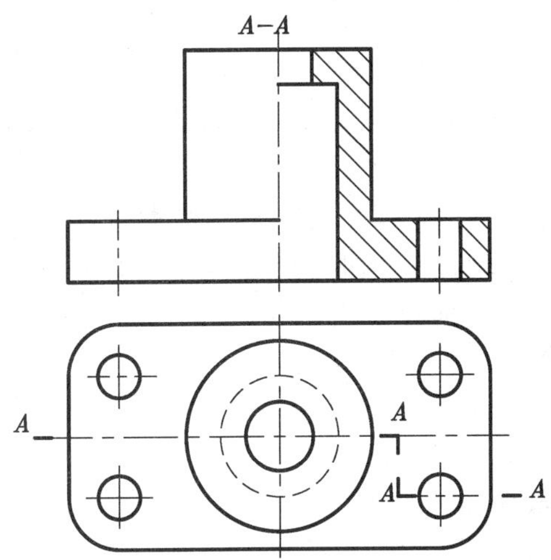

图 5-30　用平行的剖切平面剖得的半剖视图

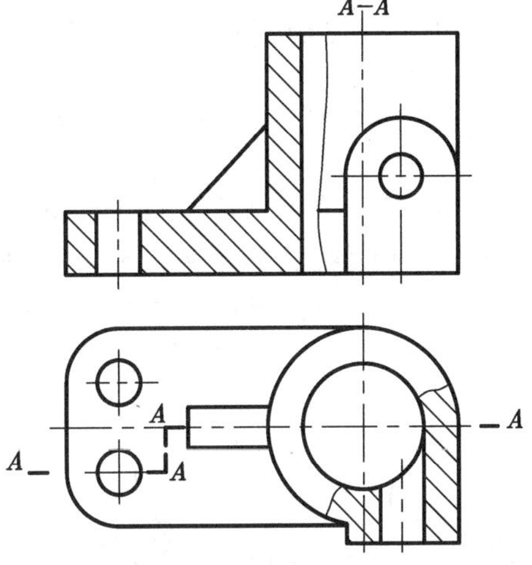

图 5-31　用平行的剖切平面剖得的局部剖视图

画几个平行的剖切平面的剖视图时应注意以下几点。

(1) 由于剖切是假想的，所以在剖视图上剖切平面的转折处不应画出分界线，如图 5-32(a)所示。

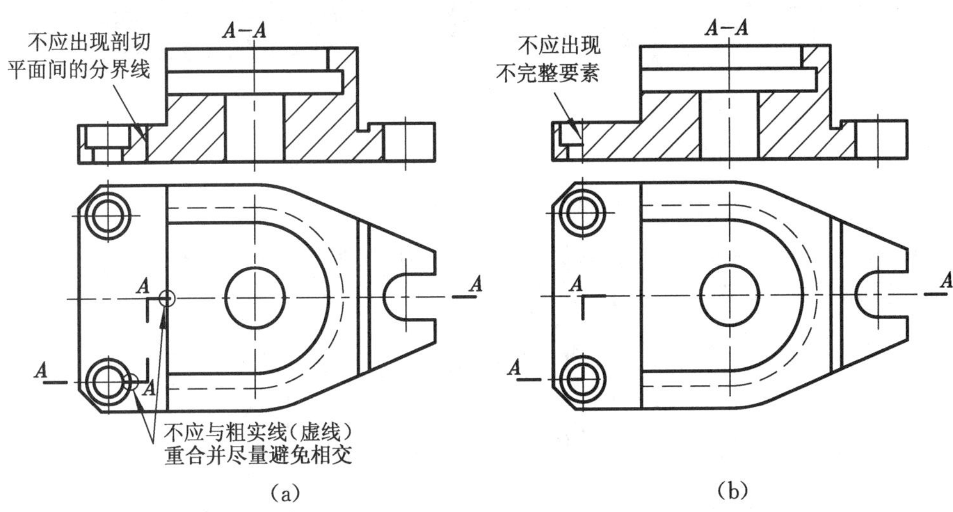

图 5-32　剖视图的错误画法示例

(2) 剖切平面的转折处不应与图中的轮廓线重合，标注在剖切平面转折处的粗短画线不应与图中的粗实线相交。

(3) 在剖视图上不应出现不完整的要素，如图 5-32(b)所示；但如果两个要素在图形中具有公共的对称中心线或轴线，则可以各画出一半，此时剖视图应以对称中心线或轴线为界，如图 5-33 所示。

(4) 相同的内部结构只能剖切一次。

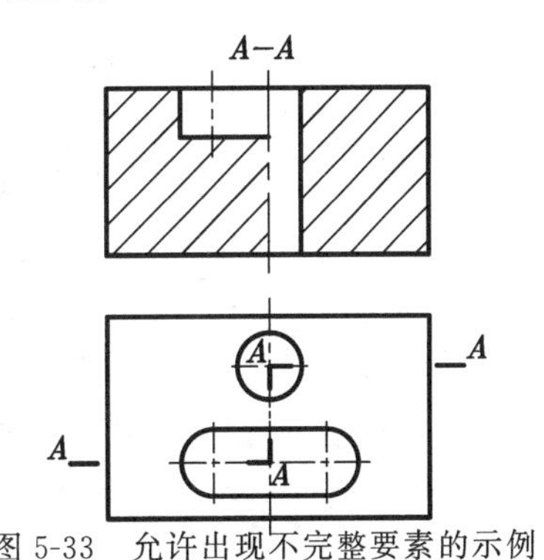

图 5-33　允许出现不完整要素的示例

3. 几个相交的剖切面

几个相交的剖切面包括剖切平面相交及剖切平面与剖切柱面相交两种情况,但后者应用极少。

采用几个相交的剖切平面时,先按各剖切平面的位置剖开机件,然后将被倾斜剖切平面剖开的结构及有关部分旋转到与选定的投影面平行后,再进行投射,如图 5-34(a)、(b)中的"$A-A$"剖视图所示。这种剖视图必须进行完全的标注(不能省略),标注方法如图 5-34所示。注意,图中箭头所指的方向是投射方向,而不是倾斜部分旋转的方向。

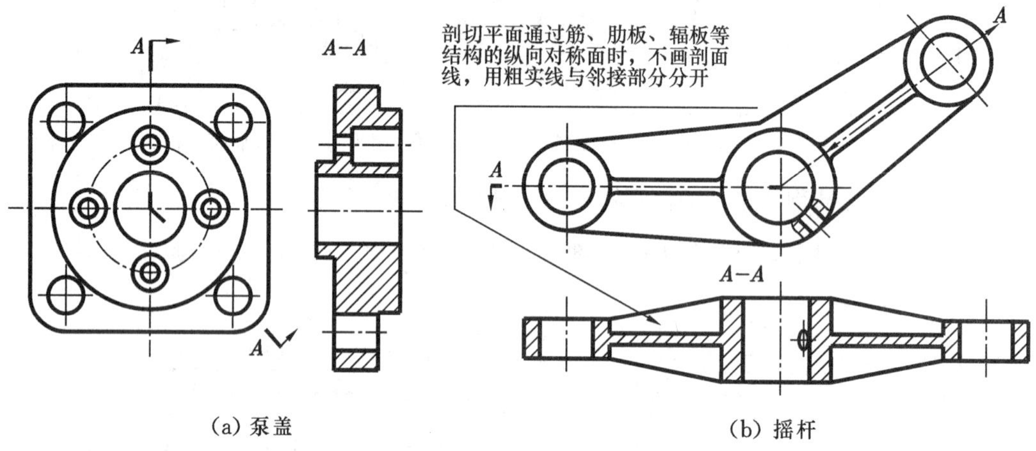

图 5-34 用两个相交的剖切平面剖得的全剖视图

当机件的内部结构用一个剖切平面不能完全表示、而机件在整体上又具有回转轴时,可采用几个相交的剖切面同时表示机件的内部结构;按照机件的结构特点,也可画成半剖视图或局部剖视图,如图 5-35 和图 5-36 所示。

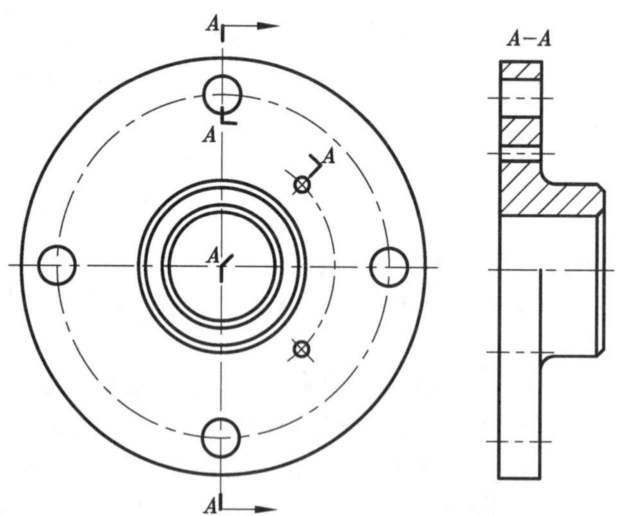

图 5-35 用相交的剖切平面剖得的半剖视图

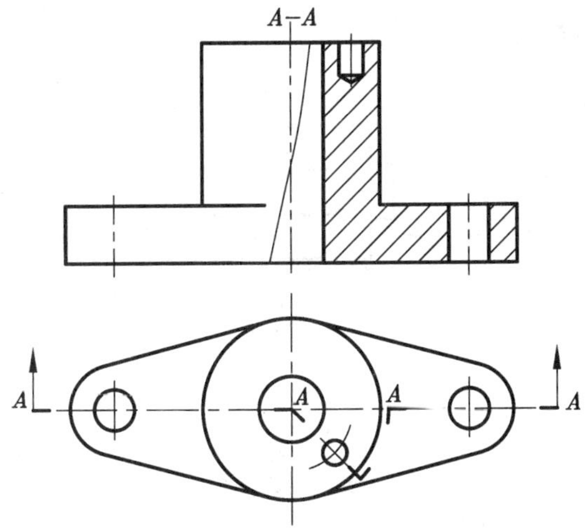

图 5-36　用相交的剖切平面剖得的局部剖视图

画几个相交的剖切面的剖视图时应注意以下几点。

(1) 剖切面的相交处不能画分界线。

(2) 两剖切平面的交线要与机件的回转轴线重合。

(3) 位于剖切平面后的结构仍按原来(或旋转后)的位置进行投射,如图 5-34(b)中的油孔。

(4) 当剖切平面通过筋、肋板、辐板等结构的纵向对称面时,不画剖面线,但要用粗实线将邻接部分隔开,如图 5-34(b)所示。

(5) 由于被倾斜剖切平面剖开的结构及有关部分要旋转到与选定的投影面平行后再进行投射,所以两个视图之间就不完全符合"长对正"、"高平齐"的投影规律,如图 5-34所示。

5.3　断面图(GB/T 17452—1998,GB/T 4458.6—2002)

5.3.1　断面图的基本概念

假想用剖切平面将机件的某处切断,仅画出剖切平面与机件接触部分的图形,称为断面图,简称为断面。画断面图时,可以采用单一的剖切平面(应用最广),也可以采用几个平行或相交的剖切平面,无论采用哪种剖切平面,都应与被切断部分的轴线或主要轮廓线垂直,以便反映断面的实形。断面图常用于表示轴、杆类零件和具有变形截面零件(如起重钩)的断面形状,也用于表示零件上肋板、轮辐等结构的断面形状。

对于图 5-37(a)所示的轴,采用断面图表示轴上键槽的深度,如图 5-37(b)所示;若采用剖视图表示,则如图 5-37(c)所示。将断面图与剖视图进行比较可知,对于仅需要表示断面形状的结构,采用断面图表示比剖视图更为简洁、方便。

5.3.2　断面图的种类及画法

断面图分为移出断面图和重合断面图两种。

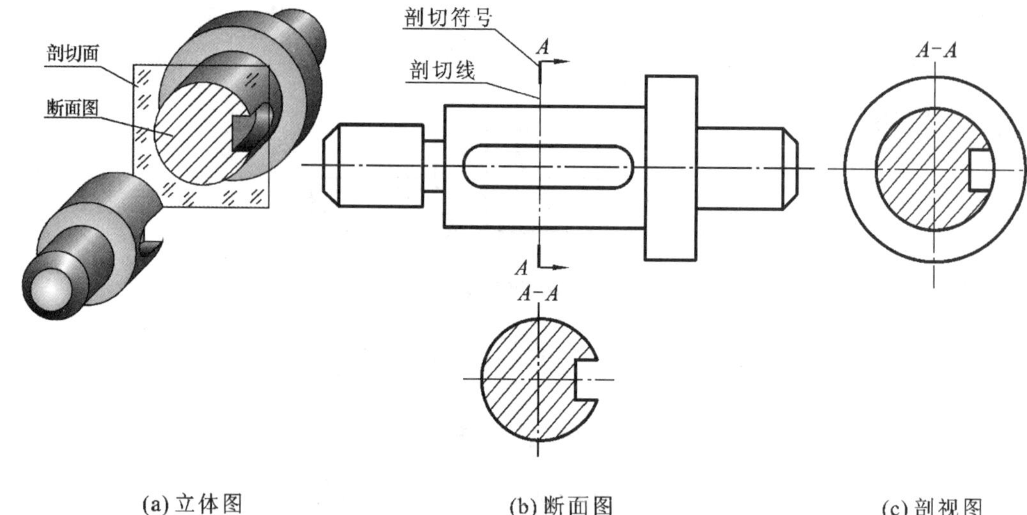

图 5-37

(a) 立体图　　(b) 断面图　　(c) 剖视图

图 5-37　断面图的形成及与剖视图的区别

1. 移出断面图

画在视图之外的断面图，称为移出断面图，如图 5-37(b)、图 5-38 所示。移出断面图的轮廓线用粗实线绘制。画移出断面图时应注意以下几点。

(1) 为了读图方便，应尽量画在剖切线的延长线上，如图 5-37(b)所示。

(2) 当断面图的图形对称时，允许画在视图的中断处，如图 5-38(a)所示。

(3) 由两个(或多个)相交的剖切平面剖切得到的移出断面图，中间一般应断开，如图 5-38(b)所示。

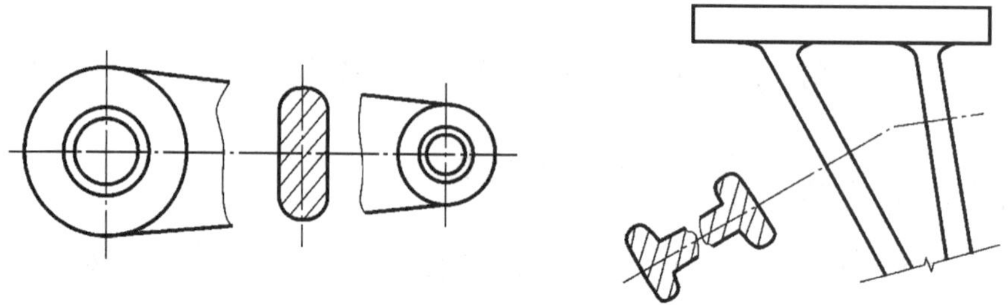

(a) 移出断面图画在视图中的中断处　　(b) 用相交的剖切平面剖得的移出断面图

图 5-38　移出断面图

2. 重合断面图

画在视图内的断面图称为重合断面图，如图 5-39 所示。重合断面图的轮廓线用细实线绘制。当视图中的轮廓线与重合断面图的图形重叠时，视图中的轮廓线仍应连续画出，不可间断，如图 5-39(b)、(c)所示。

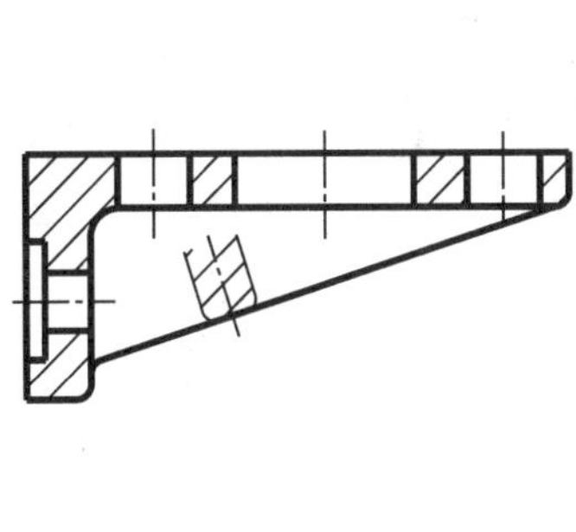

(a) 肋板

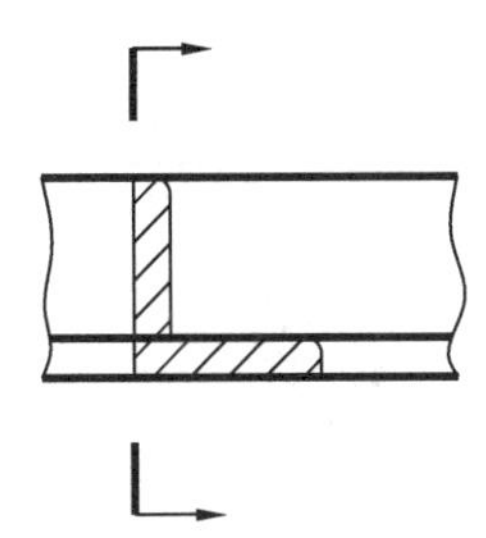

(b) 角钢

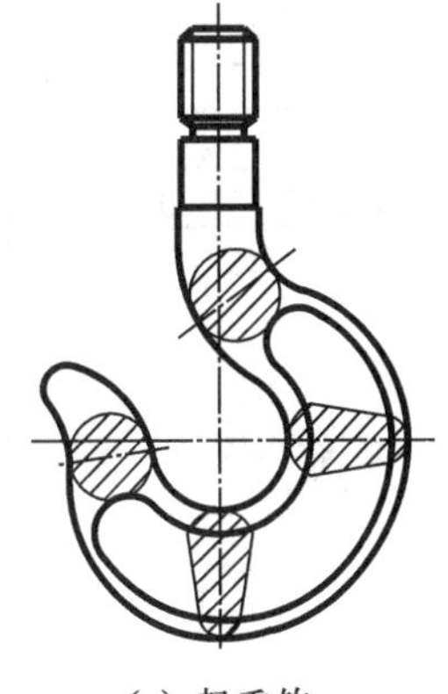

(c) 起重钩

图 5-39

图 5-39　重合断面图

3. 断面图的规定画法

(1) 当剖切平面通过回转面形成的孔或凹坑的轴线时，这些结构应按剖视图绘制，如图 5-40(a)所示。

(2) 当剖切平面通过非圆孔且造成断面图分离时，这些结构应按剖视图绘制，如图 5-40(b)所示。

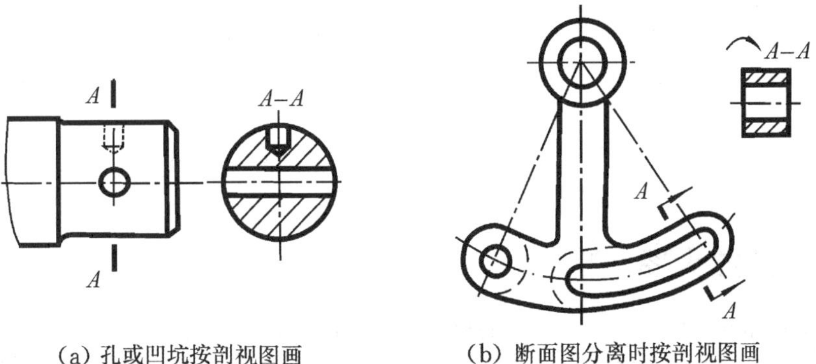

(a) 孔或凹坑按剖视图画　　(b) 断面图分离时按剖视图画

图 5-40　断面图的规定画法

4. 断面图的标注

1) 移出断面图的标注

移出断面图一般要用剖切符号或剖切线表示剖切的位置，用箭头表明投射方向，并注上大写字母“×”(如“A”)，还要在断面图的上方标注相应的名称“×－×”，如图 5-37(b)所示。

根据移出断面图配置位置的不同和图形是否对称，其标注可作以下相应的省略。

(1) 当移出断面图配置在剖切线的延长线上时：若断面图不对称，则只可省略字母，如图 5-41(a)所示；若断面图对称，则可省略标注，只需画出剖切线(用细点画线表示)以表明剖切位置即可，如图 5-41(b)所示。

(2) 当移出断面图不配置在剖切线的延长线上时：若断面图不对称，则剖切符号、箭头、字母应全部注出，如图 5-41(c)所示；若断面图对称，则可以省略箭头，如图 5-41(d)所示。

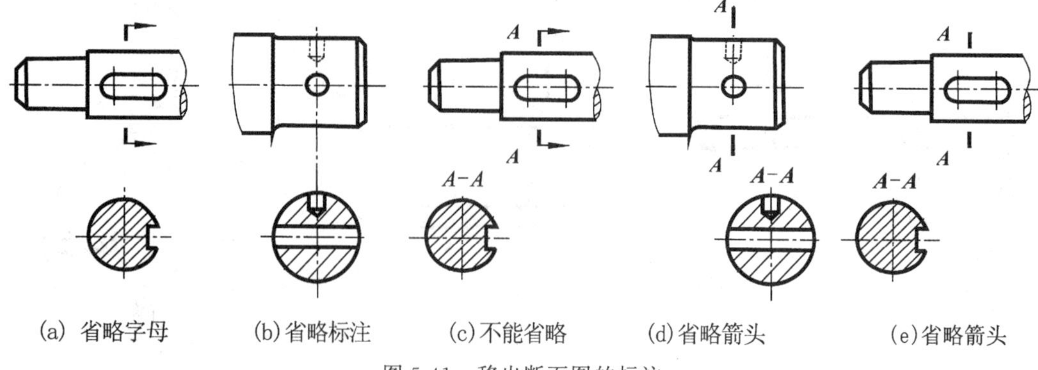

图 5-41　移出断面图的标注

(3) 配置在视图中断处的移出断面图,不需要标注,如图 5-38(a)所示。

(4) 当移出断面图画在符合投影关系的位置上时,无论断面图是否对称,都可省略箭头,如图 5-40(a)和图 5-41(e)所示。

2) 重合断面图的标注

由于重合断面图直接画在视图内的剖切位置,所以,若断面图不对称,只可省略字母,如图 5-39(b)所示;若断面图对称,则不需标注,如图 5-39(a)、(c)所示。

移出断面图和重合断面图的画法基本相同,二者的区别仅在于画在图上的位置不同和轮廓线采用的线型不同。移出断面图的主要优点是视图比较清晰,配置也比较灵活,因此应用较多;而重合断面图由于与视图重合,虽然可使图形布局紧凑,但会影响视图的清晰程度,因此,一般只在断面图形比较简单时才采用。

5.4　局部放大图和常用简化画法

5.4.1　局部放大图

将机件的部分结构以大于原图形的比例画出的图形,称为局部放大图,如图 5-42 所示。采用局部放大图可以更清楚地表示机件上某些较小的结构,使读图和标注尺寸更加方便。

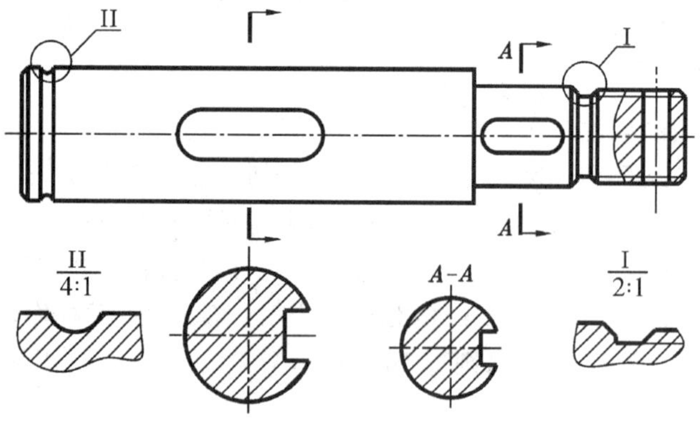

图 5-42　局部放大图应用示例

画局部放大图时应注意以下几点。

(1) 局部放大图可画成视图、剖视图、断面图，与被放大部位在原视图中的表示方法无关，并应尽量配置在被放大部位的附近。

(2) 要用细实线圈出被放大的部位。当同一机件上有几处被放大部位时，必须用大写罗马数字依次标明，并在局部放大图的上方标出相同的数字和放大的比例；若放大部位仅有一处，则只需标明放大的比例即可。局部放大图的比例是放大图的图形与机件相应要素的线性尺寸之比，与原视图的比例无关。

(3) 同一机件上不同部位的局部放大图，若图形相同或对称，则只需画出一个。

5.4.2　常用简化画法(GB/T 16675.1—2012)

简化机械图样的画法，不仅可以缩短绘图时间，提高设计效率，还可以使图面更加清晰。国家标准《技术制图 简化表示法 第 1 部分：图样画法》(GB/T 16675.1—2012)规定的简化画法共有 43 条，其中常用的有以下几种。

(1) 对于机件上的肋、轮辐等薄壁结构，若按纵向对称平面剖切，则这些结构在剖视图中不画剖面符号，而且要用粗实线将邻接部分隔开，如图 5-43(a)、(b)所示。

(2) 当回转体上均匀分布的肋、轮辐、孔等结构不处于剖切平面位置时，可将这些结构旋转到剖切平面的位置再画出，如图 5-43(a)、(b)所示。

(3) 当机件具有对称面时，可以对称线为界，只画一半，另一半可省略不画，但在对称线两端应标出对称符号(两条细短画线)，如图 5-43(a)所示；若图形具有两个对称面，则可只画四分之一。

(4) 当机件具有若干相同结构(齿、槽、孔等)、并按规律分布时，只需画出几个完整的结构，而其余的结构可用点画线表示其中心位置(如孔)或用细实线将其连接起来即可，但在图中要注明结构的总数，如图 5-43(c)、(d)所示。

(5) 对于机件上的滚花等结构或网状编织物，可在轮廓线附近用细实线示意画出(也可不画)，但应在图上或技术要求中注明对这些结构的具体要求，如图 5-43(e)所示。

(6) 圆柱形法兰和类似机件上均匀分布的孔，可按图 5-43(f)的形式绘制(由机件法兰的外向端面方向投射)。

(7) 图形中的过渡线、相贯线、截交线等，在不致引起误解时，允许简化，例如用圆弧或直线代替非圆曲线等，如图 5-43(g)、(h)所示。

(8) 机件上对称的局部视图，如键槽、方孔，可用图 5-43(h)所示的方法表示。

(9) 与投影面的夹角小于或等于 30°的圆或圆弧，其投影可用圆或圆弧来代替，如图 5-43(i)所示。

(10) 当表示平面的图形不能很容易地被理解(可能会产生误解)时，可用平面符号(相交的两条细实线)表示，如图 5-43(j)所示。

(11) 对于机件的移出断面图，在不致引起误解的情况下，允许省略剖面符号，但剖切位置和断面图的标注必须遵照原来的规定，如图 5-43(k)所示。

(12) 对于机件上的小圆角，锐边的小倒角或 45°小倒角，在不致引起误解时，允许不画，但必须注明尺寸或在技术要求中加以说明，如图 5-43(l) 所示。

(13) 对于机件上较小的结构，如果在一个视图中已经表示清楚了，则在其他视图中可简化或省略，如图 5-43(m)、(n)所示。

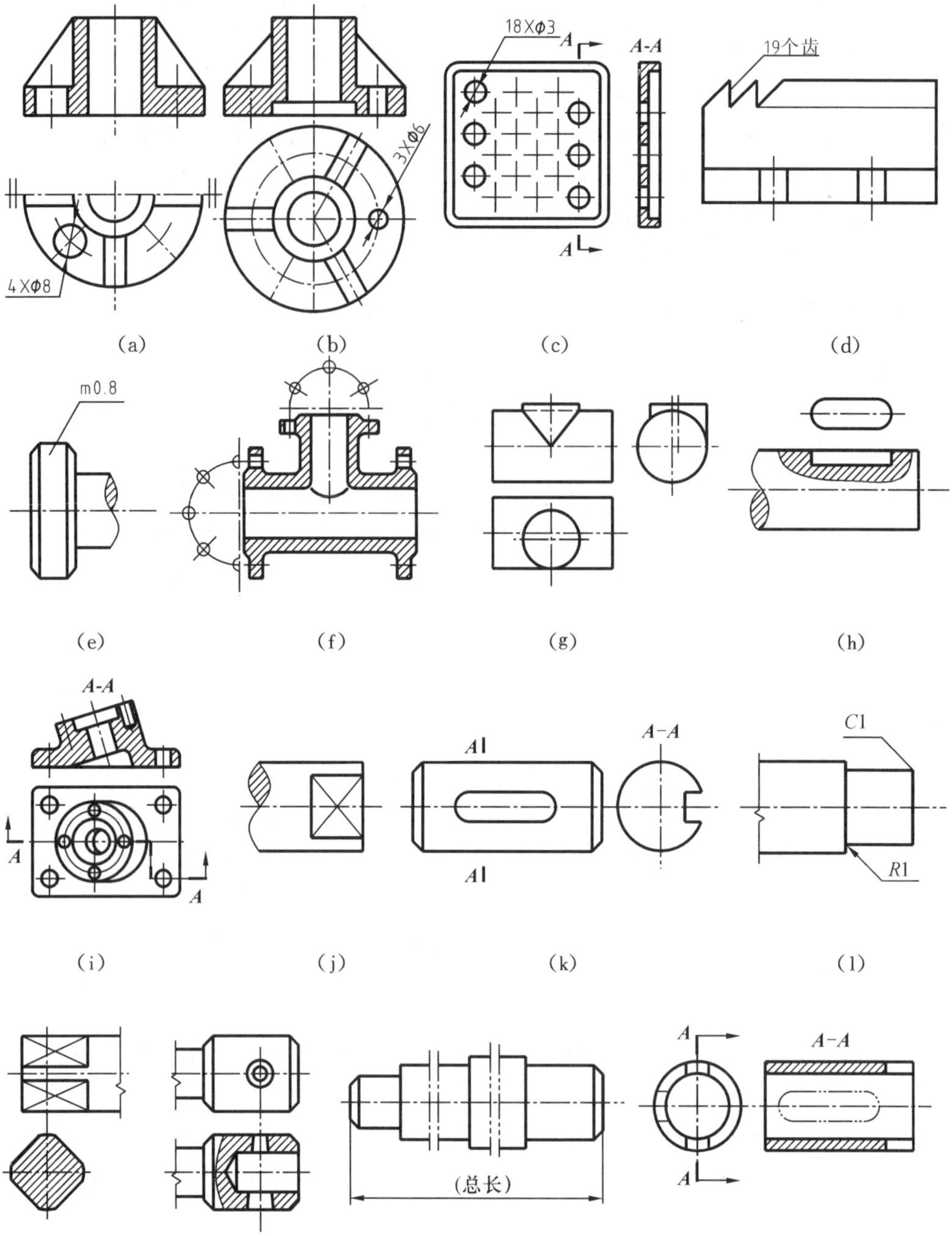

(a) (b) (c) (d)

(e) (f) (g) (h)

(i) (j) (k) (l)

(m) (n) (o) (p)

图 5-43 常用简化画法的示例

(14) 较长的机件(轴、杆、型材、连杆等)沿长度方向的形状一致或按一定规律变化时,可以断开(断开处可用细双点画线或波浪线表示)后缩短绘制,但要标注实际尺寸,如图 5-43(o)所示。

(15) 需要表示位于剖切面之前的结构时,可按照假想投影轮廓线,用细双点画线绘制,如图 5-43(p)所示。

5.5　表示方法的综合应用举例

以上介绍了机件(工程形体)的各种常用的基本表示法。对于每一种表示方法,不仅要了解其用途和应用条件,掌握其画法、配置和标注,而且更重要的是在绘制机械图样时,要根据机件的形状和结构特点,灵活运用各种基本表示法,以构成比较合理的表达方案,达到完整、清晰、简洁地表示机件的目的。

例 5-1　根据图 5-44 所示壳体的立体图,试选择适当的表达方案。

解　选择壳体表达方案的步骤如下。

(1) 形体分析,选定主视图的投射方向。从立体图可知,壳体由中间的圆柱形主体和顶部方形凸缘、底板、前凸台及侧接管五个部分组成,其主体结构是一个阶梯形的空腔圆柱体。壳体主体部分的外形相对比较简单,需要表示的部分主要有:顶部方形凸缘、底板、前凸台、侧接管凸缘的形状和孔的大小及其分布;壳体的内形则比较复杂,圆柱形主体的空腔结构和上、下及右端面的孔都需要表示。

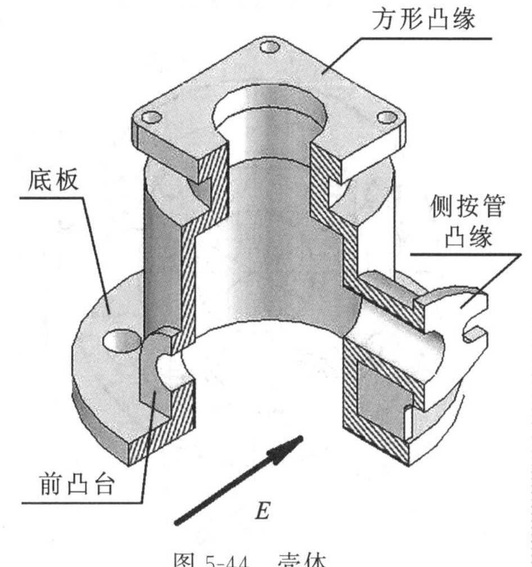

图 5-44　壳体

若将壳体按 E 向投射,即可较好地反映其结构特征和各组成部分的形状、结构及其相对位置,而且与通常的安装位置一致。所以,选 E 向为主视图的投射方向较好。

(2) 表达方案的比较与选择。

方案一:如图 5-45(a)所示,主视图兼顾表示了壳体的内外形,采用了三个局部剖视,主要表示主体的空腔结构(着重表示主体的内腔及与右侧接管的贯通情况)、顶部方形凸缘和底板上孔的内部结构,同时保留了主体筒体和前凸台的外形。

俯视图以表示外形为主,主要表示顶部方形凸缘、底板的形状和孔的大小及其分布,同时采用局部剖视来表示前凸台内孔与主体空腔连通的情况。

此外,还采用 A 向局部视图表示右端端面的形状,采用断面图表示右端加强筋板的截面形状。

采用上述方案,就可以完整、清晰、简洁地表示出壳体的内外形状和结构。

方案二:如图 5-45(b)所示,与方案一相比较,方案二的变化是将俯视图改为用三个视图来代替,即表示顶部方形凸缘和底板外形的 C、D 向局部视图和表示前凸台内孔与主体空腔连通情况的 B-B 局部剖视图。显然,这种方案视图数量较多,表达较为分散。

方案三:如图 5-45(c)所示,将方案一中的断面图和 A 向局部视图综合起来,改为由一个局部右视图表达。虽然这种方案视图数量较少,但加强筋板的截面形状表达不充分。

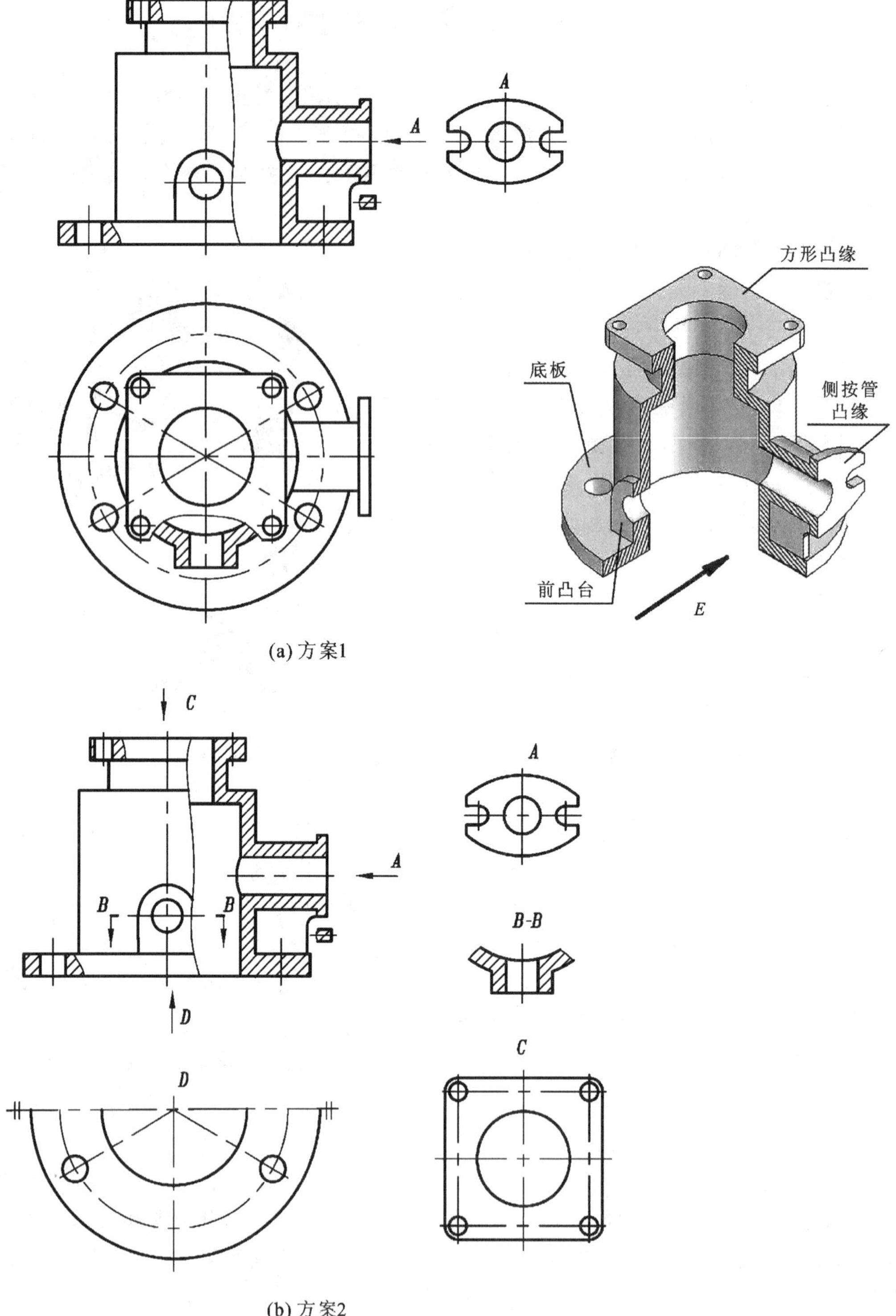

(a) 方案1

(b) 方案2

图 5-45　壳体三种表达方案的比较

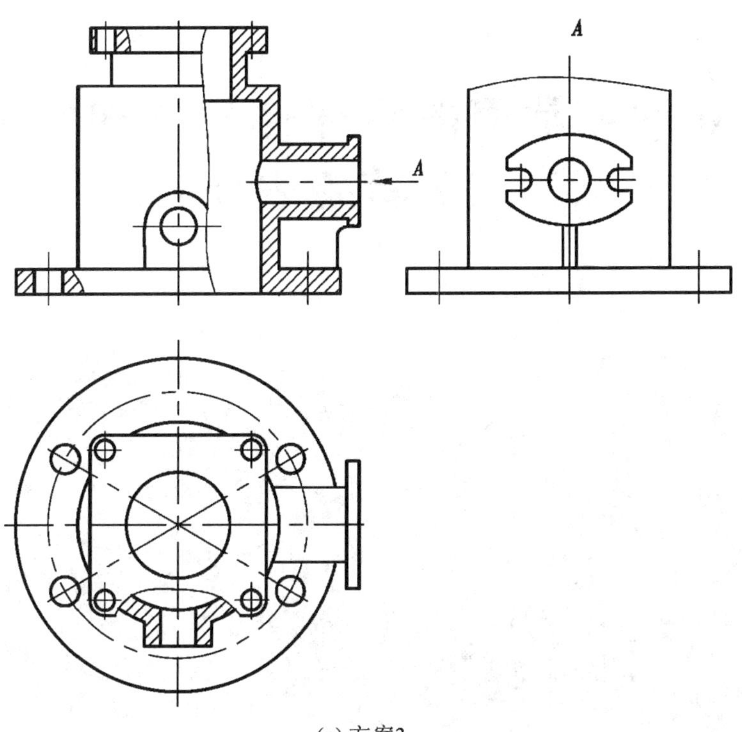

(c) 方案3

图 5-45　壳体三种表达方案的比较(续)

第 6 章　常用的零部件和结构要素的特殊表示法

主要内容：常用的零部件(常用机件)包括标准件(紧固件、滚动轴承等)和常用非标准件(齿轮、弹簧等)，而常用的结构要素则包括多次重复出现的结构要素(螺纹、轮齿、键齿、滚花等)和重复出现的次数较少但却经常使用的结构要素(中心孔等)。视图、剖视图、断面图等表示法是按投影要求对表达机件所作的基本规定，是图样的基本表示法，常用于表示一般零件(专用件)的内外形状和结构。但对常用的零部件和结构要素，国家标准规定了图样的特殊表示法，从画法和标注两个方面进行了标准化处理，不仅规定了比真实投影简单得多的画法，而且还可用规定的符号、代号或标记进行图样标注。

采用图样的特殊表示法来表达常用的零部件和结构要素，可以减少绘图工作量，提高绘图效率，缩短设计周期。

知识点：常用零部件和结构要素的画法。

思政元素：家国情怀，遵守规法。

思政培养目标：增加民族自豪感，养成良好的学习习惯和行为规范。

思政素材：精细操作，成就“中国天眼”。

6.1　标准件的表示法

1. 螺纹(GB/T 4459.1—1995)

1) 螺纹的形成

匀速圆周运动与匀速直线运动的合成是一种螺旋运动，点在圆柱(锥)面上作螺旋运动时形成螺旋线，一段直线在圆柱(锥)面上做螺旋运动就形成螺旋面，而一个与圆柱(锥)轴线共面的平面图形(三角形、梯形等)在圆柱(锥)面上做螺旋运动形成的螺旋体就叫作螺纹。在外圆柱(锥)面上形成的螺纹叫作外螺纹，在内圆柱(锥)面上形成的螺纹叫作内螺纹(螺孔)；螺纹凸起的顶部(用手摸得到的部位)称为牙顶，沟槽的底部(用手摸不到的部位)称为牙底。

螺纹是零件上常用的一种结构要素，在实际应用中，一般都是将外螺纹与内螺纹成对使用，即将外螺纹旋入内螺纹之中，称为旋合。

螺纹的各种加工方法，都是根据其形成原理，通过刀具与工件的相对运动来实现的，如图 6-1 所示。

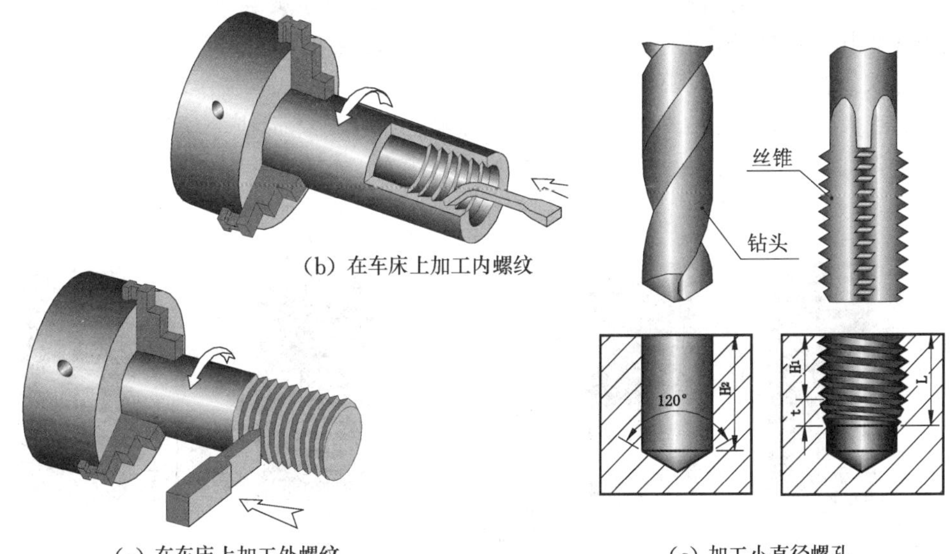

图 6-1　螺纹的加工方法示例

2）螺纹的基本要素

(1) 牙型。牙型是螺纹轴向剖面轮廓的形状，也就是形成螺纹的平面图形。常见的牙型有三角形、梯形、锯齿形和矩形等。不同牙型的螺纹有不同的用途，如三角形螺纹用于连接紧固，梯形、矩形螺纹用于传动等。

(2) 直径。螺纹的直径分为大径、中径和小径，如图 6-2 所示。

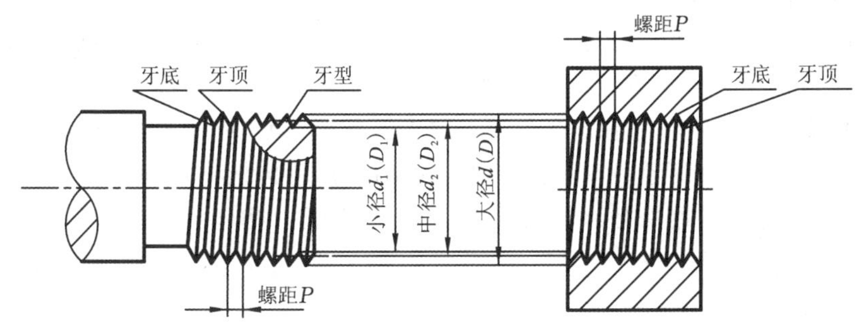

图 6-2　螺纹的直径

外螺纹的牙顶(或内螺纹的牙底)所在的假想圆柱面的直径称为螺纹大径(简称为大径)，是螺纹的公称直径，内、外螺纹的大径分别用 D、d 表示。

外螺纹的牙底(或内螺纹的牙顶)所在的假想圆柱面的直径称为螺纹小径(简称为小径)，内、外螺纹的小径分别用 D_1、d_1 表示。

螺纹中径(简称为中径)位于大径与小径之间,是一个假想圆柱的直径,其母线位于牙型上沟槽和凸起宽度相等之处,内、外螺纹的中径分别用 D_2、d_2 表示。

(3) 旋向。螺纹有右旋和左旋之分。当内、外螺纹旋合时,按顺时针方向旋入的为右旋螺纹,按逆时针方向旋入的为左旋螺纹;或将外螺纹的轴线铅垂放置,螺纹的可见部分从左下向右上倾斜的为右旋螺纹,从右下向左上倾斜的为左旋螺纹(见图 6-3)。在实际应用中多采用右旋螺纹,而左旋螺纹仅用于有特殊要求之处,如自行车的中轴端盖、煤气坛的管接头、修正液的瓶盖等。

(4) 线数 n。螺纹还有单线和多线之分。由一条螺旋体形成的螺纹称为单线螺纹,由两条或两条以上的螺旋体形成的螺纹称为多线螺纹,如图 6-3 所示。在实际应用中多采用单线螺纹。

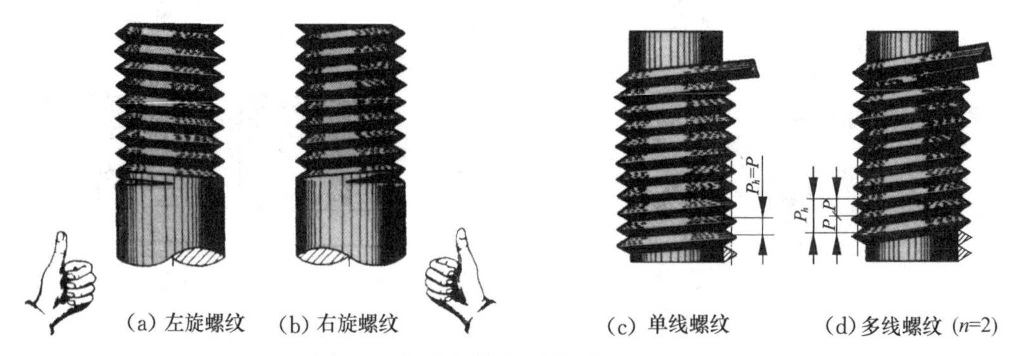

图 6-3　螺纹的旋向、线数、螺距和导程

(5) 螺距 P 和导程 P_h。螺纹的相邻两个牙型在中径线上对应点间的轴向距离称为螺距,而同一条螺旋体的相邻两个牙型在中径线上对应点间的轴向距离称为导程。对于单线螺纹,$P=P_h$,而对于多线螺纹,$P=P_h/n$(见图 6-3)。

只有当螺纹的 5 个基本要素(牙型、公称直径、旋向、线数和螺距)都相同时,内、外螺纹才能够正确旋合。

3) 螺纹的局部结构

(1) 螺纹的末端。为了便于内、外螺纹的旋合并防止螺纹起始处的损坏,通常将螺纹起始处加工成倒角等形式的螺纹末端,如图 6-4(a)所示。

(2) 螺纹的螺尾和退刀槽。在车床上加工螺纹时,由于车刀在螺纹的收尾处不可能立即退出,会加工出一段牙型不完整的螺纹收尾部分,称为螺尾,如图 6-4(b)所示。通常为了避免产生螺尾,可在螺纹的终止处预先加工出退刀槽[见图 6-4(c)],然后再加工螺纹。

4) 螺纹的种类

螺纹可以从各种不同的角度进行分类,通常按其用途可分为 4 类。

(1) 紧固连接用螺纹,简称紧固螺纹,如普通螺纹、细牙螺纹、过渡配合螺纹等。

(2) 传动用螺纹,简称传动螺纹,如梯形螺纹、锯齿形螺纹和矩形螺纹等。

(3) 管用螺纹,简称管螺纹,如 55°密封管螺纹、55°非密封管螺纹、60°密封管螺纹和米制锥螺纹等。

(4) 专门用途螺纹,简称专用螺纹,如自攻螺钉用螺纹、木螺钉螺纹和气瓶专用

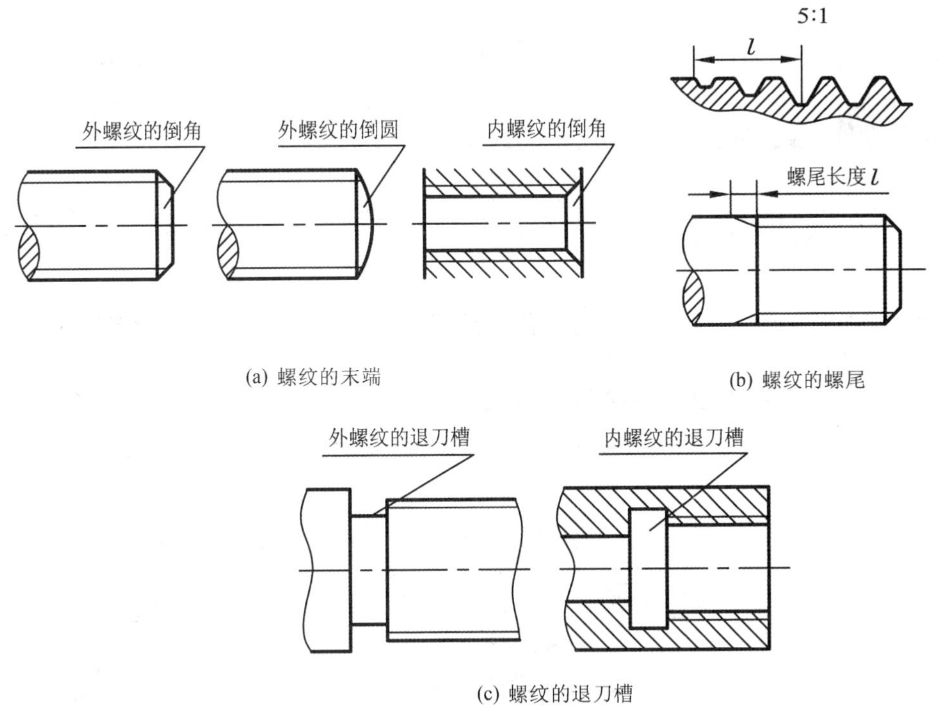

(a) 螺纹的末端

(b) 螺纹的螺尾

(c) 螺纹的退刀槽

图 6-4　螺纹的局部结构

螺纹等。

此外，按螺纹要素是否符合标准还可分为标准螺纹、特殊螺纹和非标准螺纹。牙型、公称直径和螺距都符合国家标准的螺纹称为标准螺纹，仅牙型符合标准的螺纹称为特殊螺纹，牙型不符合标准的螺纹称为非标准螺纹。

5）螺纹的表示法

螺纹的表示法分为画法和标注两个方面。由于螺纹属于多次重复出现的结构要素，其真实投影比较复杂，为简化作图，国家标准规定，不管是什么种类的螺纹，都采用统一的规定画法，而用标注来区别不同种类的螺纹，并表示螺纹的各基本要素。

（1）螺纹的规定画法。

① 外螺纹的规定画法。如图 6-5 所示，外螺纹的大径（牙顶）线和有效螺纹的终止界线（简称螺纹终止线）用粗实线绘制，小径（牙底）线（约为大径的 0.85 倍）用细实线绘制，且应画至螺杆的倒角（或倒圆）之内。在垂直于螺纹轴线的视图（简称为端视图）中，表示小径的细实线圆只画约 3/4 圈，螺纹的倒角省略不画。在剖视图或断面图中，剖面线应画到粗实线处。螺纹的螺尾一般不必画出，当需要表示螺尾时，可用与轴线成 30°的细实线绘制。

② 内螺纹的规定画法。内螺纹一般多画成剖视图，如图 6-6 所示，大径（牙底）线用细实线绘制，小径（牙顶）线（约为大径的 0.85 倍）和螺纹终止线用粗实线绘制。在端视图中，表示大径的细实线圆只画约 3/4 圈，螺纹孔的倒角省略不画。在剖视图或断面图中，剖面线也应画到粗实线处。对于视图中的内螺纹，所有的图线均用虚线绘制。

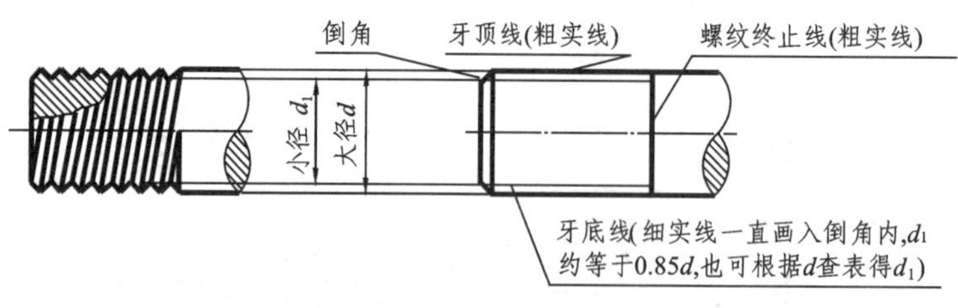

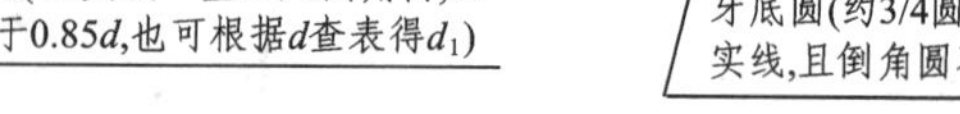

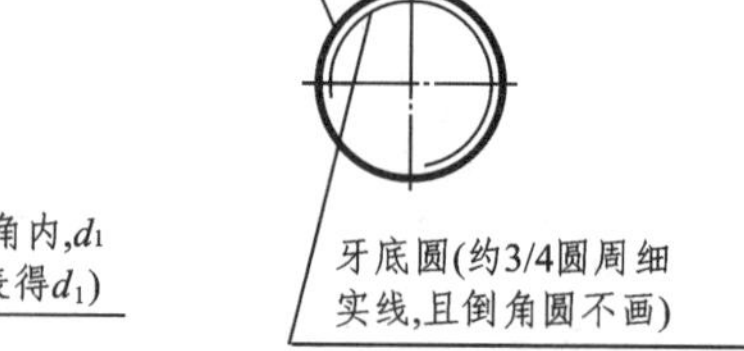

(a) 外螺纹的画法

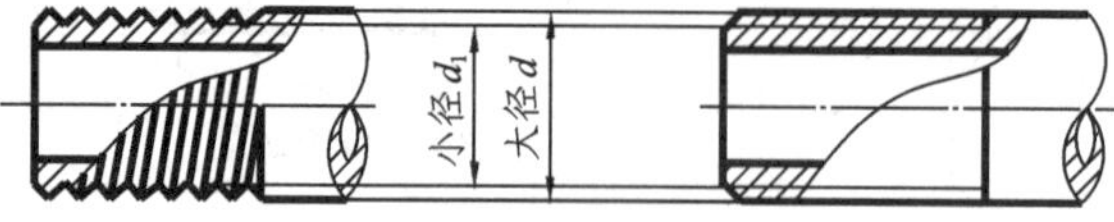

(b) 螺纹制作在管子外表面的剖开画法

图 6-5　外螺纹的规定画法

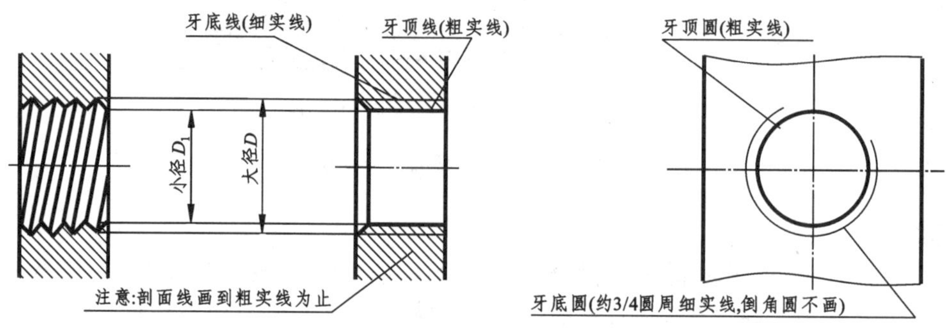

(a) 内螺纹通孔的画法

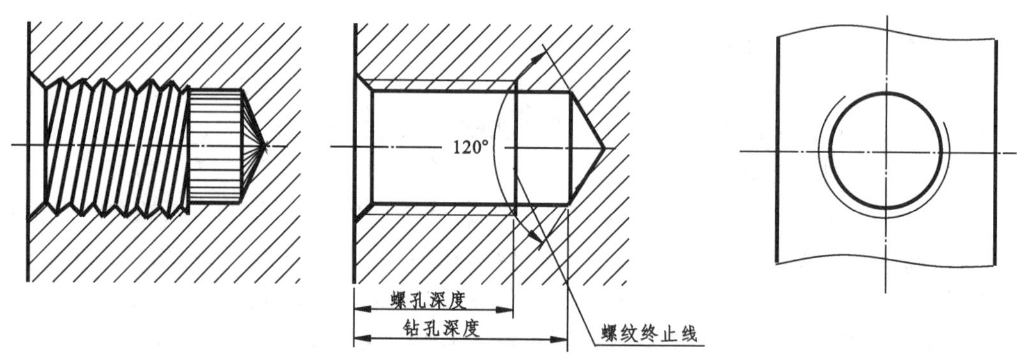

(b) 内螺纹不通孔(盲孔)的画法

图 6-6　内螺纹的规定画法

绘制不穿通的螺孔时,应分别画出钻孔深度和螺孔深度,钻孔深度比螺孔深度大 $0.2D \sim 0.5D$。由于钻孔时所用钻头的端部接近于 120°,所以不通端应画成约 120°的圆锥角,如图 6-6(b)所示。

为便于记忆,内、外螺纹的画法可总结为:表示螺纹两条线,用手来摸可分辨,接触到的画粗实线，接触不到的画细实线。

③ 内、外螺纹连接的规定画法。内、外螺纹的连接应画成剖视图，其旋合部分按外螺纹的规定画法绘制，其余部分仍按各自的规定画法绘制，且表示内、外螺纹的大、小径的粗实线和细实线应分别对齐，剖面线也应画到粗实线处，如图 6-7 所示。

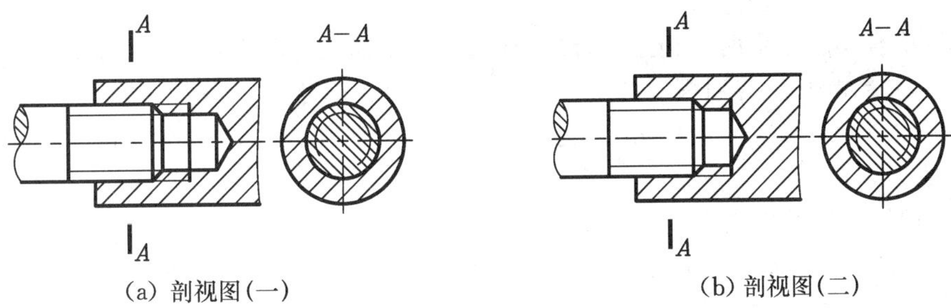

(a) 剖视图(一)　　(b) 剖视图(二)

图 6-7　内外螺纹连接的规定画法

④ 其他规定画法。对于圆锥内、外管螺纹，在投影为圆的视图上，不可见端面上的牙底圆以及不可见的牙顶圆均可省略不画，如图 6-8 所示。

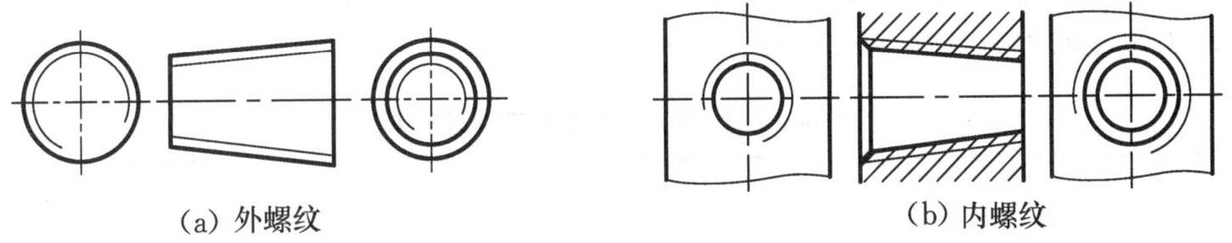

(a) 外螺纹　　(b) 内螺纹

图 6-8　圆锥内、外管螺纹的规定画法

当需要表示螺纹的牙型或表示非标准螺纹(如矩形螺纹)时，可用局部剖视图绘出部分牙型，如图 6-9 所示。

当两螺纹孔或螺纹孔与光孔相贯时，其相贯线按螺纹小径画出，如图 6-10 所示。

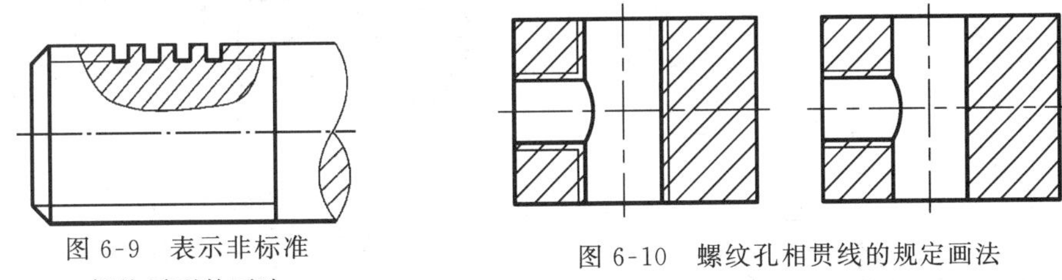

图 6-9　表示非标准螺纹牙型的画法

图 6-10　螺纹孔相贯线的规定画法

(2) 螺纹的标注。由于螺纹采用了统一的规定画法，所以需要通过标注来识别螺纹的种类和基本结构要素。

① 标准螺纹标注的格式为

螺纹代号—螺纹公差带代号(中径、顶径)—螺纹旋合长度代号

a. 普通螺纹、梯形螺纹、锯齿形螺纹标注的格式为

螺纹特征代号　公称直径 ×螺距(单线)　　旋向—公差带代号—旋合长度代号

导程(P 螺距)(多线)

说明　粗牙普通螺纹的螺距省略标注；左旋螺纹用“LH”表示，右旋螺纹省略标注。

螺纹公差带代号由数字和字母(大写字母表示内螺纹,小写字母表示外螺纹)组成,如7H,6g。螺纹的中径公差带与顶径(指外螺纹的大径和内螺纹的小径)公差带的代号若相同,只标注一个代号;若不同则分别标注,中径公差带在前,顶径公差带在后,如6H7H,5h6h。最常用的中等公差精度(公称直径≥1.6mm的6H和5g)省略标注。梯形螺纹、锯齿形螺纹只标注中径公差带代号。

螺纹旋合长度是指两个相互旋合的螺纹,沿螺纹轴线方向相互旋合部分的长度(螺纹端倒角不包括在内)。普通螺纹的旋合长度分S(短)、N(中)、L(长)三组,旋合长度为N时省略标注;梯形螺纹分N,L两组,旋合长度为N时省略标注,必要时,也可用数值注明旋合长度。

b.管螺纹标注的格式为

螺纹特征代号　尺寸代号　公差等级代号—旋向

说明　管螺纹采用指引线的形式进行标注,指引线从大径线引出;尺寸代号单位为英寸,但不是表示螺纹大径,而是表示管的内径;公差等级代号仅外螺纹分A,B两级标注,内螺纹不标注;旋向为右时省略标注。

② 特殊螺纹应在螺纹特征代号前加注“特”字。

③ 非标准螺纹(如矩形螺纹),应标注出大径、小径、螺距和牙型尺寸。

常用螺纹的种类及标注示例如表6-1所示。

表6-1　常用螺纹的种类及标注示例

类型		牙型放大图	特征代号	标注示例	用途及说明
普通螺纹	粗牙	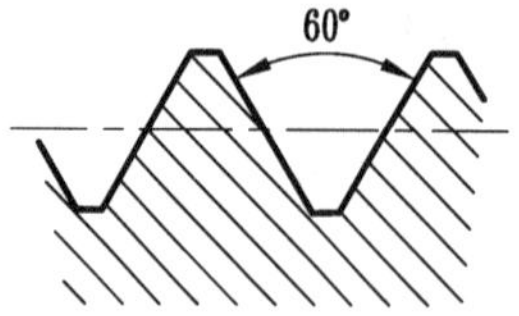 60°	M	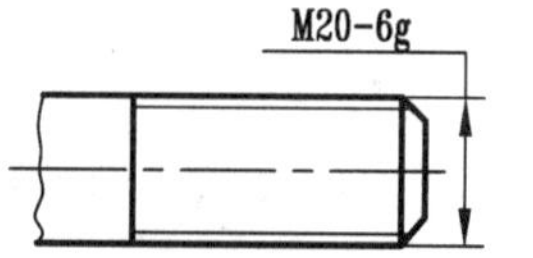 M20-6g	最常用的一种连接螺纹,直径相同时,细牙螺纹的螺距比粗牙螺纹的螺距小,粗牙螺纹不注螺距,右旋不标注。中径和顶径公差带相同时,只注一个代号
	细牙			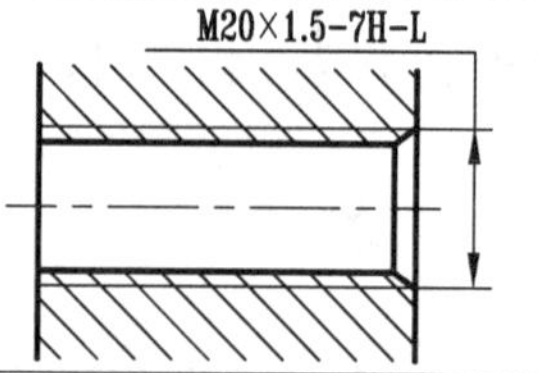 M20×1.5-7H-L	
管螺纹	非螺纹密封	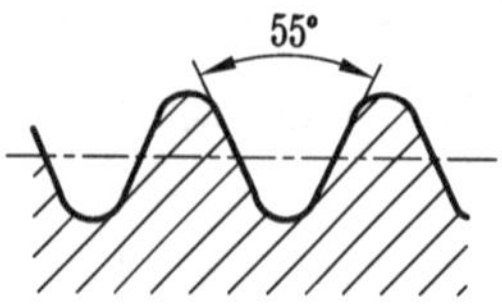 55°	G	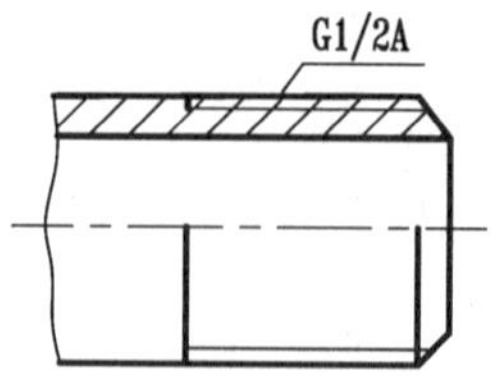 G1/2A	管道连接中的常用螺纹,螺距及牙型均较小,其尺寸代号以英寸为单位,近似地等于管子的孔径。螺纹的大径应从有关标准中查出,代号R表示圆锥外螺纹,R_C表示圆锥内螺纹,R_P表示圆柱内螺纹
	螺纹密封	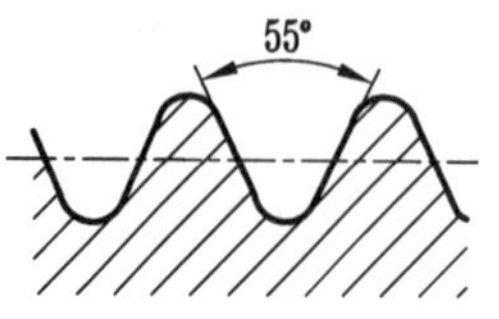 55°	R R_P R_C	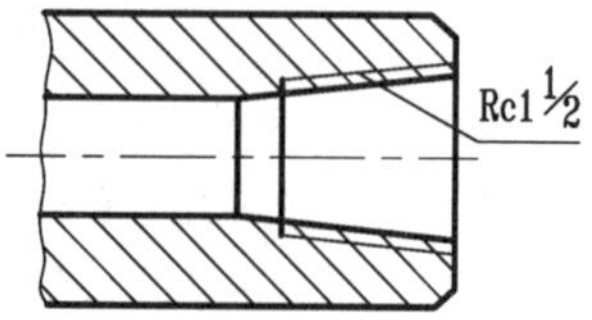 Rc1½	

续表

类　型	牙型放大图	特征代号	标注示例	用途及说明
梯形螺纹	30°	Tr	Tr40×14(P7)LH-7H	常用的两种传动螺纹，用于传递运动和动力，梯形螺纹可传递双向动力，锯齿型螺纹用于传递单向动力
锯齿型螺　纹	3°　30°	B	B32×6LH	

2. 螺纹紧固件

用螺纹起连接和紧固作用的零件称为螺纹紧固件。螺纹紧固件是最常用的标准件，一般由标准件厂大量生产。根据螺纹紧固件的规定标记，就能在相应的标准中查出有关的尺寸。

1）螺纹紧固件的种类

常用的螺纹紧固件有螺栓、双头螺柱、螺钉、螺母和垫圈等，如表 6-2 所示。

表 6-2　常用的螺纹紧固件及其标记示例

种类及标准号	轴测图	结构形式和规格尺寸	标记示例	说　明
六角头螺　栓 GB/T 5782—2016		d　l	螺栓 GB/T 5782 M12×80	螺纹规格 d = M12，l = 80mm（当螺杆上为全螺纹时，应选取国标代号为 GB/T 5783—2016）
双头螺柱 GB/T 7897.898，899，900—1988		d　l	螺柱 GB/T 897 AM10×50	两端螺纹规格均为 d = M10，l = 50mm，按 A 型制造（若为 B 型，则省去标记“B”）
开　槽圆柱头螺　钉 GB/T 65—2016		d　l	螺钉 GB/T 65 M5×30	螺纹规格 d = M5，公称长度 l = 30mm

续表

种类及标准号	轴测图	结构形式和规格尺寸	标记示例	说明
开槽沉头螺钉 GB/T 768—2016			螺钉 GB/T 68 M5×20	螺纹规格 d=M5，公称长度 l=20mm
开槽锥端紧定螺钉 GB/T 71—2018			螺钉 GB/T 71 M5×20	螺纹规格 d=M5，公称长度 l=20mm
1型六角螺母 GB/T 6170—2015			螺母 GB/T 6170 M8	螺纹规格 D=M8 的1型六角螺母
平垫圈 GB/T 97.1—2002			垫圈 GB/T 97.1 8-140HV	与螺纹规格 M8 配用的平垫圈，性能等级为140HV
标准型弹簧垫圈 GB/T 93—1987			垫圈 GB/T 93 16	规格16mm、材料为65Mn，表面氧化的标准型弹簧垫圈

2）单个螺纹紧固件的表示法

螺纹紧固件的结构型式及尺寸均已标准化，设计时只需用规定的标记表示即可，一般不必画出单个螺纹紧固件的零件图，需要时可用查表法或比例法画出，而且通常采用国家标准规定的简化画法。

查表法是按照查表（参见附表8～附表16）获得的螺纹紧固件各部分的尺寸将其画出的方法；比例法是以螺纹紧固件的公称直径（d，D）为基准、用不同比例确定各部分的尺寸并将其画出的方法，图6-11是用比例法绘制单个螺纹紧固件的示例。

螺纹紧固件规定的标记格式为

名称　标准编号　型式|规格、精度|型式与尺寸的其他要求

性能等级或材料及热处理—表面处理

螺纹紧固件一般采用简化标记，允许省略标准的年代号和仅有一种的产品型式、性能等级、产品等级、表面处理等内容。如：螺纹规格 d=M12、公称长度 l=80mm、性能等级为10.9级、产品等级为A、表面氧化处理的六角头螺栓，完整标记为

螺栓　GB/T 5782—2016—M12×80—10.9—A—O

其简化标记为

螺栓　GB/T 5782 M12×80

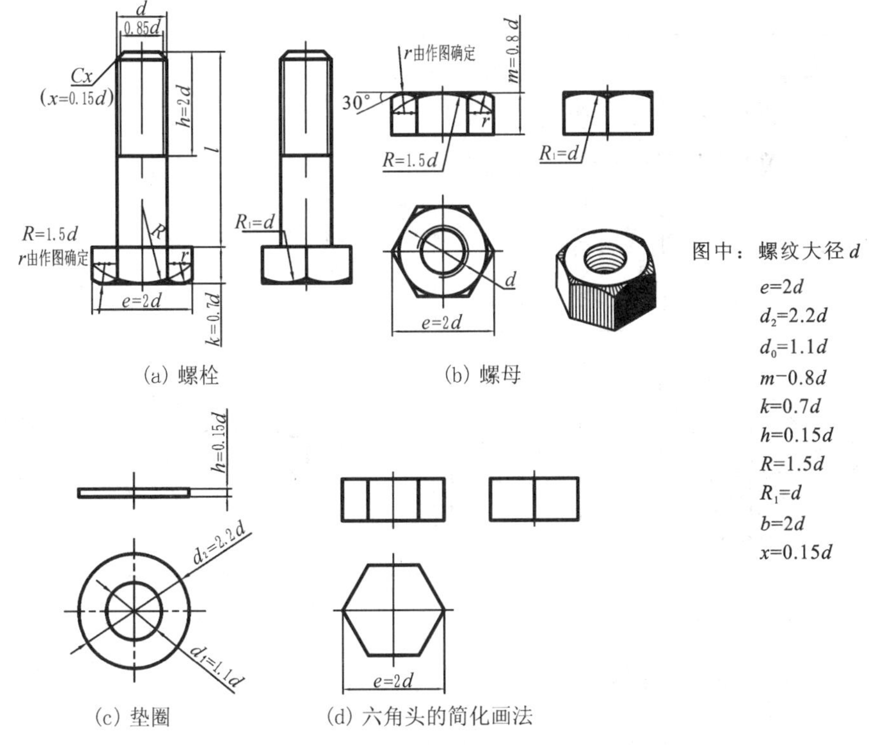

图 6-11　用比例法绘制单个螺纹紧固件的示例

常用螺纹紧固件的简化画法如表 6-3 所示。

表 6-3　常用螺纹紧固件的简化画法

序号	种类	简化画法	序号	种类	简化画法
1	六角头螺栓		6	沉头一字槽螺钉	
2	方头螺钉		7	圆柱头一字槽螺钉	
3	圆柱头内六角螺钉		8	半沉头一字槽螺钉	
4	无头内六角螺钉		9	沉头十字槽螺钉	
5	无头一字槽螺钉		10	半沉头十字槽螺钉	

续表

序号	种类	简化画法	序号	种类	简化画法
11	盘头十字槽螺钉		13	方形螺母	
12	六角形螺母		14	开槽六角形螺母	
螺栓连接简化画法示例			螺钉连接简化画法示例		

3. 其他常用的标准件

标准件中除了最常用的螺纹紧固件之外，其他常用的标准件(或部件)还有键、销和滚动轴承(部件)，如图 6-12 所示。

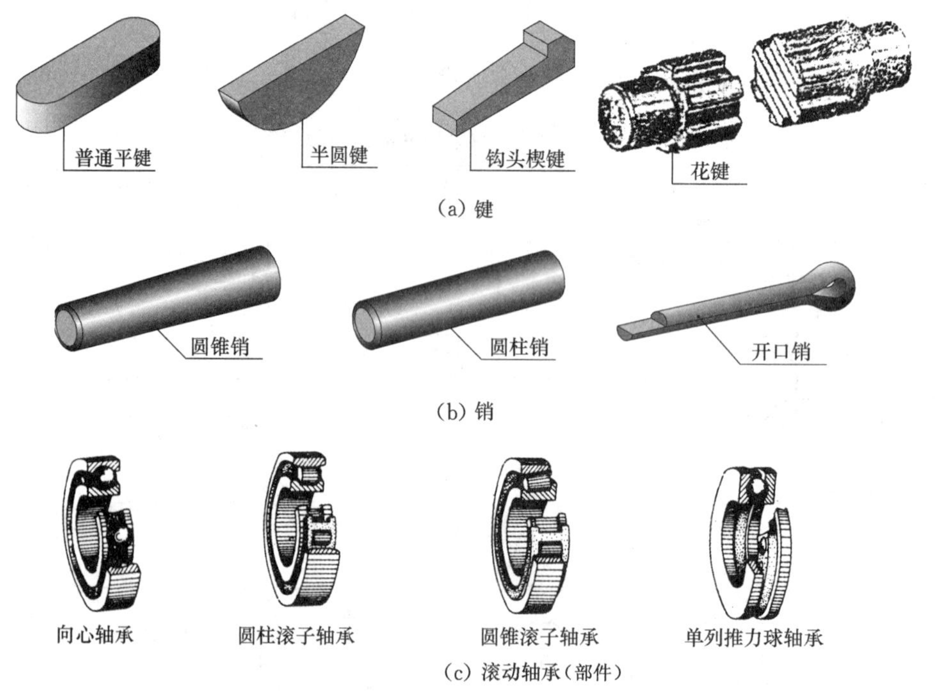

图 6-12　常用的标准件

1) 键

键用于连接轴和轴上的传动件(如齿轮、带轮等)，使其与轴一起转动，起传递扭矩的

作用，这种连接称为键连接。

键的种类很多，有普通平键、半圆键、钩头楔键和花键等，常用的是普通平键和矩形花键（普通平键最为常见），其画法和标记示例列于表 6-4 中，其中普通平键采用的是以真实投影为基础的画法。

表 6-4　普通平键、矩形花键的画法和标记示例

名称	标准编号	画法示例	标记示例
普通平键	GB/T 1096—2003	A型 B型 C型 A—A	b = 18mm、h = 11mm、L = 100mm 的 A 型普通平键标记为 GB/T 1096　键　18×11×100； b = 18mm、h = 11mm、L = 100mm 的 B 型普通平键标记为 GB/T 1096　键　B18×11×100
矩形花键	GB/T 4459.3—2000	终止端用细实线 尾部末端用细实线 大径用粗实线 小径用细实线 花键代号 L工作长度 6齿 或 花键代号 剖开大径用粗实线 小径用粗实线 大径用细实线	键数为 6、小径为 23、大径为 26、键宽为 6 的外花键标记为 6×23f7×26a11×6d10 GB/T 1144—2001 （内花键的基本偏差用大写字母表示） 由内外花键组成的花键副标记为 6×23H7/f7×26H10/a11×6H11/d10 GB/T 1144—2001

2）销

销可用于连接零件，也可用于零件间的定位，还可作为安全装置中的过载剪断元件，这种连接称为销连接。

常用的销有圆柱销、圆锥销、开口销等，其画法（以真实投影为基础）和标记示例列于表 6-5 中，结构尺寸参见附录 6。

表 6-5　销的画法和标记示例

名称	标准编号	图例	规定标记示例
圆锥销	GB/T 117—2000	A型　直径公差m6　1:50　Ra0.8　R_1　R_2　d　a　l　6.3	公称直径 d=10mm、公称长度 l=60mm、材料为 35 钢、热处理硬度 HRC28～38、表面氧化处理的 A 型圆锥销： 销　GB/T 117 A10×60

续表

名称	标准编号	图例	规定标记示例
圆柱销	GB/T 119.1—2000	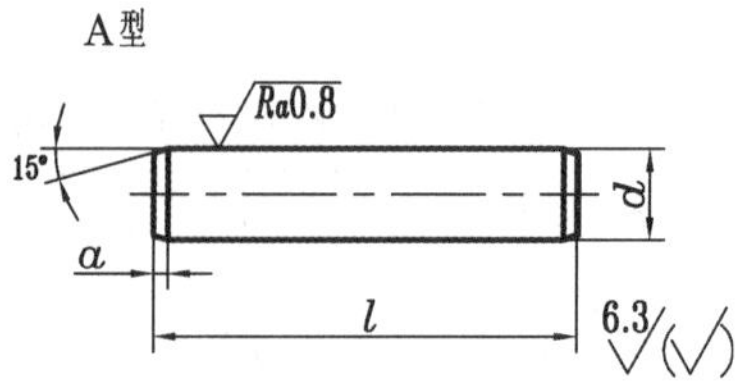	公称直径 $d=10$mm、公称长度 $l=30$mm、材料为 35 钢、热处理硬度 HRC28～38、表面氧化处理的 A 型圆柱销： 销 GB/T 119.1 A10×30
开口销	GB/T 91—2000	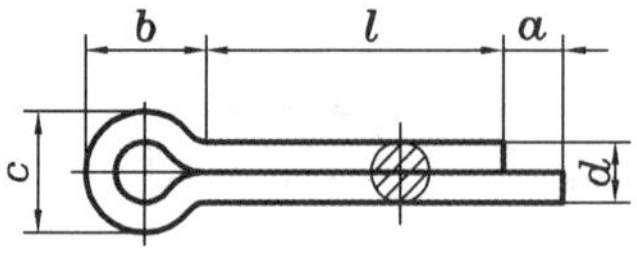	公称直径 $d=5$mm、公称长度 $l=50$mm、材料为碳钢、不经热处理的开口销： 销 GB/T 915×50

3）滚动轴承(GB/T 4459.7—2017)

支承回转轴的部件称为轴承，按照回转件与固定件之间摩擦的形式，轴承可分为滑动轴承和滚动轴承。滑动轴承的摩擦阻力较大，应用较少，也没有标准化；滚动轴承由于结构紧凑、摩擦阻力很小，所以在机械工程上被广泛采用。滚动轴承的种类很多，几种常用的滚动轴承如表 6-6 所示，结构尺寸参见附录 7。

表 6-6 常用滚动轴承的结构、画法及应用

轴承类型	深沟球轴承 (GB/T 276—2013)	单向推力球轴承 (GB/T 301—2015)	圆锥滚子轴承 (GB/T 297—2015)
立 体 结构图	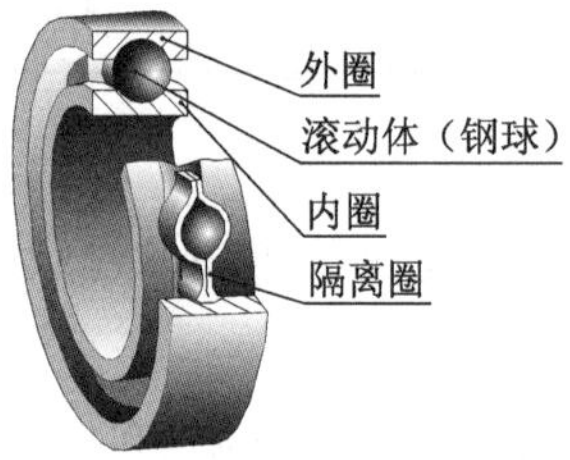	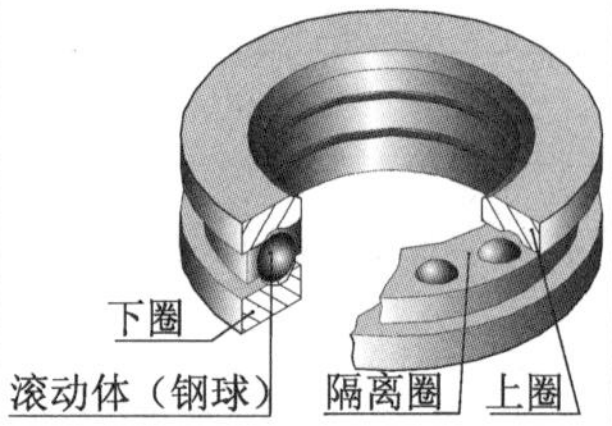	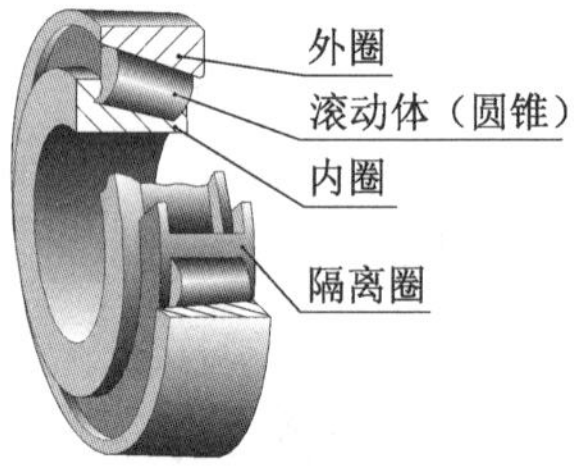
规定 画法	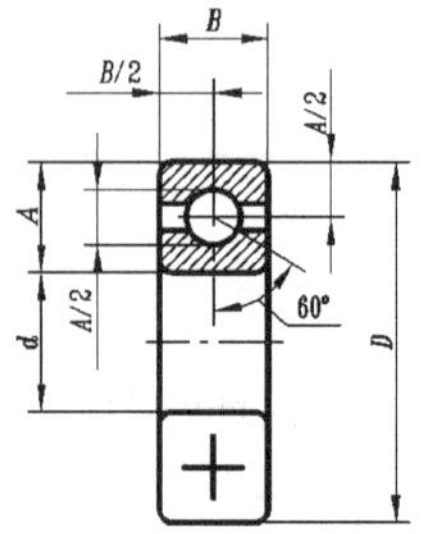	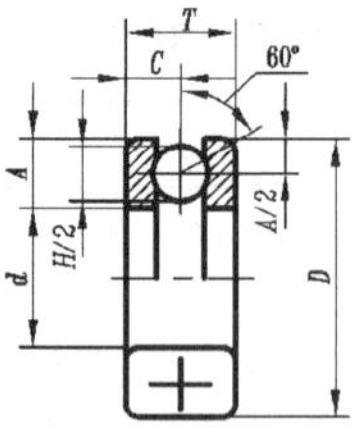	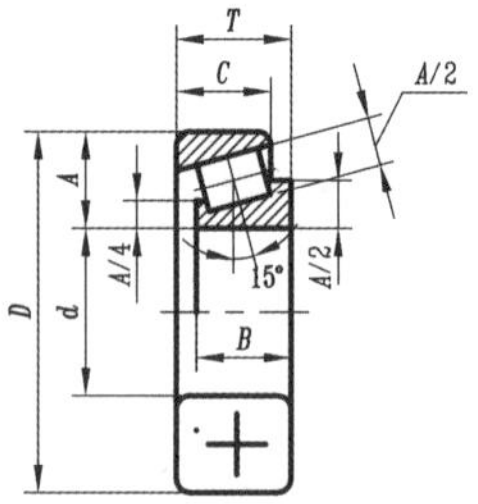
	在不致引起误解时，允许省略剖面符号		

续表

轴承类型	深沟球轴承 (GB/T 276—2013)	单向推力球轴承 (GB/T 301—2015)	圆锥滚子轴承 (GB/T 297—2015)
简化画法 特征画法			
简化画法 通用画法			
载荷特征及应用	主要承受径向载荷，同时也可承受不大的轴向载荷。适用于刚性较大、转速较高的场合	只承受轴向载荷，不承受径向载荷，只适用于转速较低的场合	可同时承受较大的径向载荷和轴向载荷

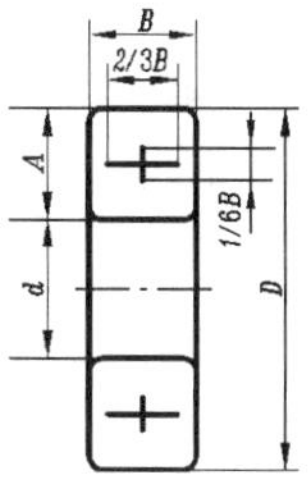

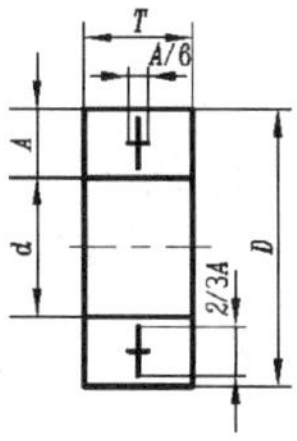

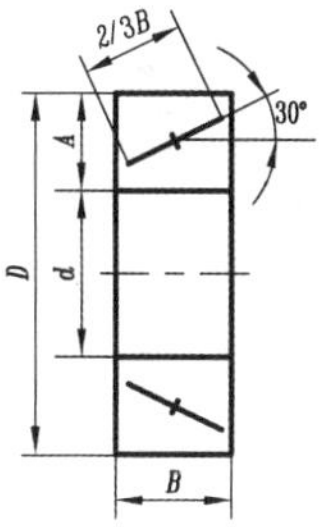

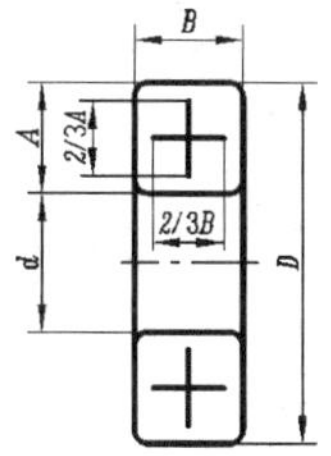

(1) 滚动轴承的结构。滚动轴承的种类虽然很多，但结构大致相同，主要由外圈、内圈、滚动体和隔离圈等部分组成(见表 6-6)。滚动轴承与其他零件装配时，在一般情况下，其外圈装在机座的轴承孔内，固定不动，而内圈则装在回转轴上，与轴一起转动。

(2) 滚动轴承的代号。滚动轴承是标准件，其结构型式、特点、承载能力、类型和内径尺寸等均采用代号来表示。轴承代号由基本代号、前置代号和后置代号构成，其中基本代号是表示滚动轴承的基础。轴承代号的排列顺序是：前置代号、基本代号、后置代号。

① 基本代号。由轴承类型代号、尺寸系列代号和内径代号构成，其排列顺序是：轴承类型代号、尺寸系列代号、内径代号。

轴承类型代号用数字或字母表示，几种常用滚动轴承的轴承类型代号如表 6-7 所示。

表 6-7　常用滚动轴承的轴承类型代号

轴承类型	圆锥滚子轴承	深沟球轴承	推力球轴承	圆柱滚子轴承
轴承类型代号	3	6	5	N

尺寸系列代号由滚动轴承的宽(高)度系列代号和直径系列代号组合而成，用两位数字表示，其主要作用是区别内径相同而宽度和外径不同的滚动轴承，如表 6-8 所示。

表 6-8 常用滚动轴承的尺寸系列代号

	直径系列				宽度系列			
名称	特轻	轻	中	重	窄	正常	宽	特宽
代号								

内径代号表示滚动轴承的公称内径，一般用两位数字表示。公称内径为 10～495mm 的滚动轴承比较常用，其内径代号如表 6-9 所示。滚动轴承的内径代号用公称内径的毫米数直接表示，但与尺寸系列代号之间用“/”隔开，如推力球轴承 511/500 的内径 d =500mm。

表 6-9 滚动轴承的内径代号

内径代号	00	01	02	03	04 及以上
内径数值/mm	10	12	15	17	内径代号乘以 5

② 前置和后置代号是补充代号，是滚动轴承在形状结构、尺寸、公差、技术要求等改变时，在其基本代号左、右添加的代号。前置代号用字母表示、后置代号用字母(或加数字)表示。

(3) 滚动轴承代号示例。

① 深沟球轴承 6206 的规定标记为：轴承 6206 GB/T 276—2013，其基本代号为

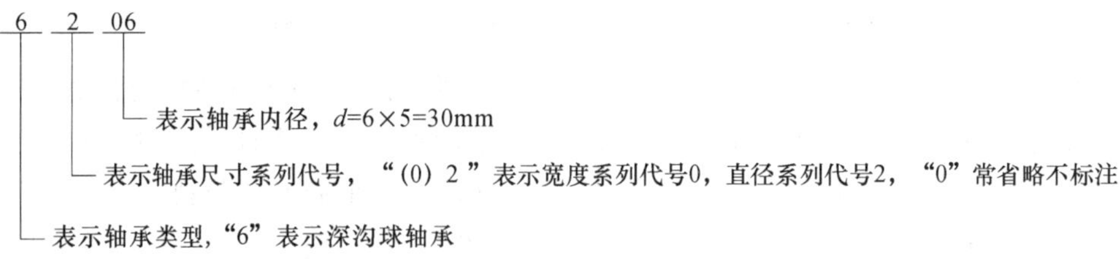

② 推力球轴承 51107 的规定标记为：轴承 51107 GB/T 301—2015，其基本代号为

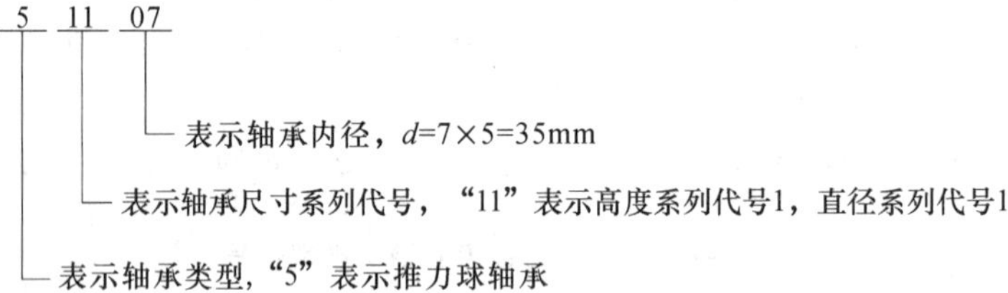

(4) 滚动轴承的画法。按照国家标准的规定，表示滚动轴承可采用规定画法或简化画法。规定画法比较接近于滚动轴承的真实投影，一般绘制在轴的一侧，另一侧可按通用画法绘制。简化画法又分为通用画法和特征画法如表 6-6 所示，在同一图样中一般只采用其中的一种画法。

在装配图中表示滚动轴承时，应先根据轴承代号查出轴承的外径 D、内径 d 和宽度 B 等主要尺寸，如果需要较详细地表示滚动轴承的主要结构，可采用规定画法，将其他部

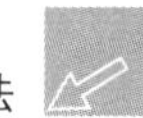

分的尺寸按照与主要尺寸的比例关系画出；如果不需要表示滚动轴承的载荷特性和结构特征，可采用通用画法；如果需要表示滚动轴承的外形轮廓、载荷特性和结构特征，则可采用特征画法。几种常用滚动轴承的规定画法、通用画法和特征画法如表 6-6 所示。

6.2　常用非标准件的表示法

1. 齿轮（GB/T 4459.2—2003）

齿轮在机器中用于传递运动和动力、改变轴的回转速度或方向，还可实现回转运动与直线运动的相互转换，是应用十分广泛的常用非标准件，其模数、压力角等主要参数已标准化。一对齿轮通过轮齿的相互啮合可实现齿轮传动，常见的齿轮传动可分为三种：

（1）圆柱齿轮传动——用于两平行轴之间的传动；

（2）圆锥齿轮传动——用于两相交轴之间的传动；

（3）蜗杆与蜗轮传动——用于两交叉轴之间的传动；

如图 6-13 所示。

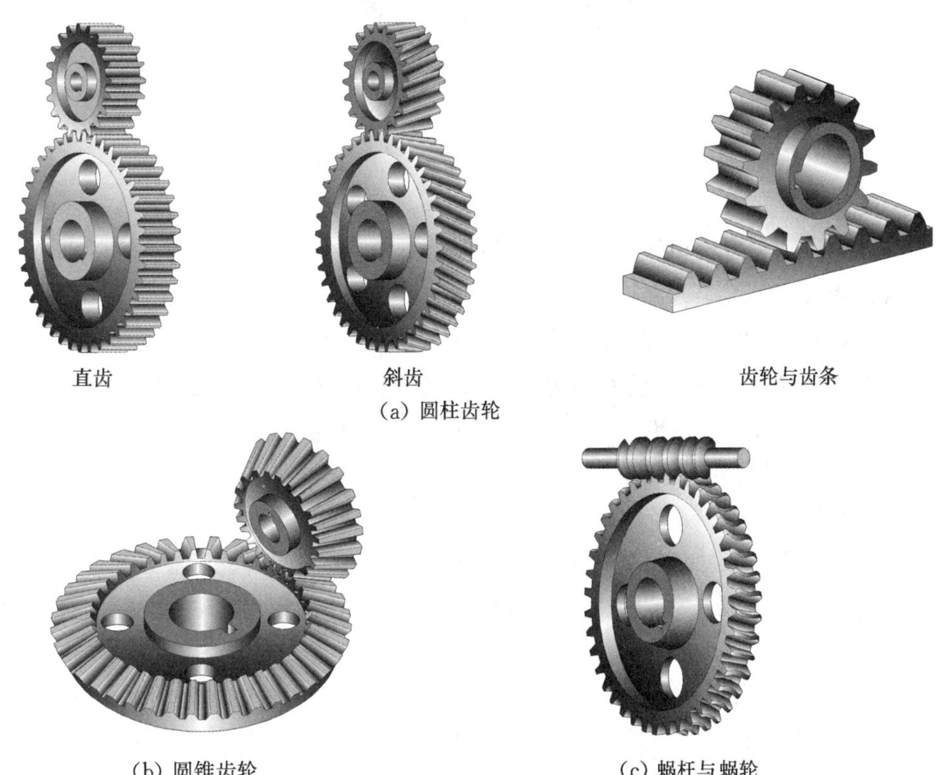

直齿　　斜齿　　齿轮与齿条

(a) 圆柱齿轮

(b) 圆锥齿轮　　(c) 蜗杆与蜗轮

图 6-13　常见的齿轮传动

1）圆柱齿轮传动

轮齿制作在圆柱体上的齿轮称为圆柱齿轮，圆柱齿轮传动在机械传动中应用最为广泛。圆柱齿轮按照轮齿齿廓曲线的形状，可分为渐开线齿轮、摆线齿轮和圆弧齿轮，其中渐开线齿轮最为常用;按照轮齿与轴线的相对位置,可分为直齿、斜齿和人字齿,其中直齿最为常用;按照轮齿制作的表面,可分为外齿轮和内齿轮,通常使用的都是外齿轮。以下介绍渐开线直齿圆柱外齿轮(简称为圆柱齿轮)的有关参数和规定画法。

(1) 圆柱齿轮的参数及其计算。如图 6-14 所示,圆柱齿轮的主要参数有:

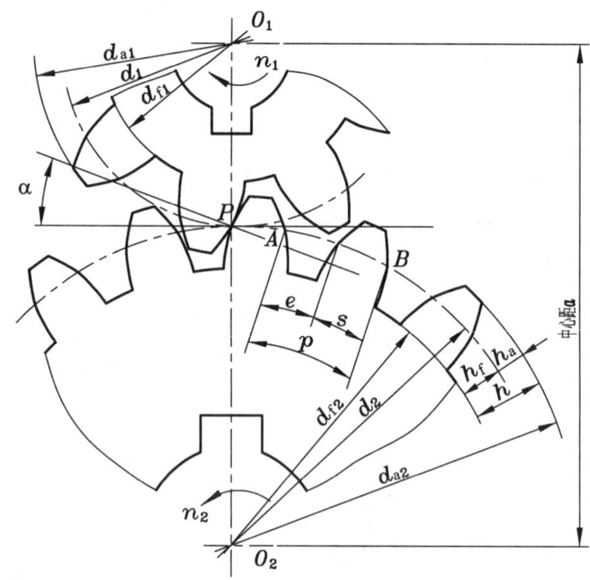

图 6-14　圆柱齿轮的主要参数

图 6-14

① 齿顶圆——通过齿轮各齿顶端的圆称为齿顶圆,其直径用 d_a 表示。

② 齿根圆——齿轮相邻两齿廓的空间称为齿槽,通过齿轮各齿槽底部的圆称为齿根圆,其直径用 d_f 表示。

③ 节圆、分度圆——当两齿轮啮合时,两齿廓曲线的公法线与两轮中心连线 O_1O_2 的交点 P 称为节点,以 O_1(或 O_2)为圆心、O_1P(或 O_2P)为半径的圆,分别称为齿轮 1(或齿轮 2)的节圆,其直径用 $d'(d'_1,d'_2)$表示。在设计、加工齿轮时,为了便于计算和分齿而设定的基准圆称为分度圆,其直径用 d 表示。当标准齿轮按标准中心距安装时,节圆与分度圆重合,即 $d'=d$。

④ 齿距 p、齿厚 s、槽宽 e——在分度圆上,相邻两齿同侧齿廓对应点间的弧长称为齿距 p;轮齿齿廓间的弧长称为齿厚 s;齿槽齿廓间的弧长称为槽宽 e。在标准齿轮中,$s=e$,$p=s+e$。

⑤ 齿顶高 h_a、齿根高 h_f、齿全高 h——介于分度圆与齿顶圆之间的部分称为齿顶,其径向高度称为齿顶高,用 h_a 表示;介于分度圆与齿根圆之间的部分称为齿根,其径向高度称为齿根高,用 h_f 表示;而齿顶高与齿根高之和则称为齿全高,用 h 表示,$h=h_a+h_f$。

⑥ 齿数 z——在齿轮整个圆周上轮齿的总数。

⑦ 齿宽 b——沿齿轮轴线量得的轮齿宽度。

⑧ 模数 m——由分度圆的周长 $l=\pi d=zp$,可得分度圆直径 $d=z(p/\pi)$,由于 π 为无理数,不便于齿轮的设计计算和制造检验,所以令 $p/\pi=m$(m 称为模数),则分度圆直

径 $d=mz$。模数 m 是齿轮设计计算中的重要参数，其单位为 mm，模数 m 越大，轮齿和齿距就越大，模数 m 越小，轮齿和齿距就越小。两个互相啮合的齿轮，由于齿距应相等，所以其模数也应相等。为便于设计计算和减少加工齿轮的刀具的数量，国家标准《通用机械和重型机械用圆柱齿轮 模数》(GB/T 1357—2008)规定了圆柱齿轮的标准模数，如表 6-10 所示。

表 6-10　圆柱齿轮的标准模数 m　　（单位：mm）

第一系列	1，1.25，1.5，2，2.5，3，4，5，6，8，10，12，16，20，25，32，40，50
第二系列	1.25，1.375，1.75，2.25，2.75，3.5，4.5，5.5，(6.5)，7，9，(11)，14，18，22，28，36，45

注：选用时，应优先采用第一系列，括号内的模数尽可能不用

⑨ 压力角、齿形角 α——在节点 P 处，两齿廓曲线的公法线（正压力的方向）与两节圆的公切线（速度方向）所夹的锐角，称为压力角；而加工齿轮用的基本齿条的法向压力角，则称为齿形角。压力角、齿形角均用 α 表示。我国标准规定，标准压力角为 20°。

⑩ 传动比 i——主动齿轮转速 n_1 与从动齿轮转速 n_2 之比，由于主动齿轮 1(分度圆直径 d_1、齿数 z_1)与从动齿轮 2(分度圆直径 d_2、齿数 z_2)作纯滚动，故有

$$i=n_1/n_2=d_2/d_1=z_2/z_1$$

⑪ 中心距 a——两齿轮中心的距离，$a=m(z_1+z_2)/2$。

在计算齿轮的各种参数时，要以模数 m 作为基本参数。标准圆柱齿轮几种主要参数的计算公式列于表 6-11 中。

表 6-11　标准圆柱齿轮参数的计算公式

名　称	代　号	计算公式	名　称	代　号	计算公式
分度圆直径	d	$d=mz$	齿顶高	h_a	$h_a=m$
齿顶圆直径	d_a	$d_a=m(z+2)$	齿根高	h_f	$h_f=1.25m$
齿根圆直径	d_f	$d_f=m(z-2.5)$	齿全高	h	$h=2.25m$

(2) 圆柱齿轮的规定画法。

① 单个圆柱齿轮的画法。在外形视图上，圆柱齿轮的齿顶线和齿顶圆用粗实线绘制，齿根线和齿根圆用细实线绘制，分度线和分度圆用细点画线绘制，如图 6-15(a)、(b)所示。当非圆视图画成剖视时，轮齿部分按不剖绘制，齿根线用粗实线绘制，如图 6-15(c)、(d)所示。

② 圆柱齿轮啮合的画法：在外形视图中，非圆视图的齿顶线与齿根线在啮合区内不必画出，而节圆线用粗实线绘制，如图 6-16(a)、(b)所示。在投影为圆的视图中，节圆应画成相切，其余部分按单个齿轮的画法绘制，如图 6-16(d)所示，也可将齿根圆及啮合区内的齿顶圆省略不画，如图 6-16(e)所示。

在剖视图中，啮合区内的两节圆线重合，用细点画线绘制，一个齿轮的齿顶线画成粗实线，另一个齿轮的齿顶线画成虚线(也可省略不画)。一个齿轮的齿顶线与另一个齿轮

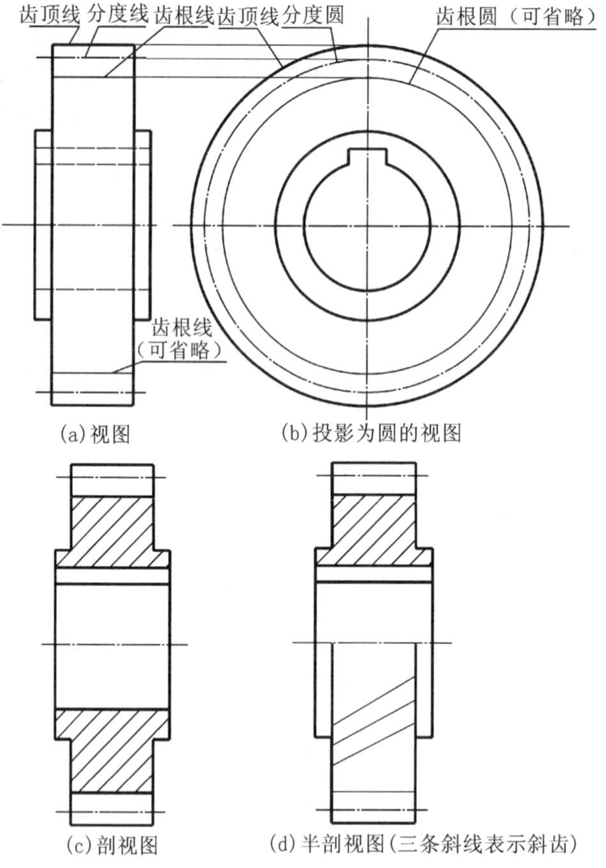

图 6-15　单个圆柱齿轮的画法

的齿根线之间应留有 0.25m（m 为模数）的间隙，如图 6-16(c)所示。

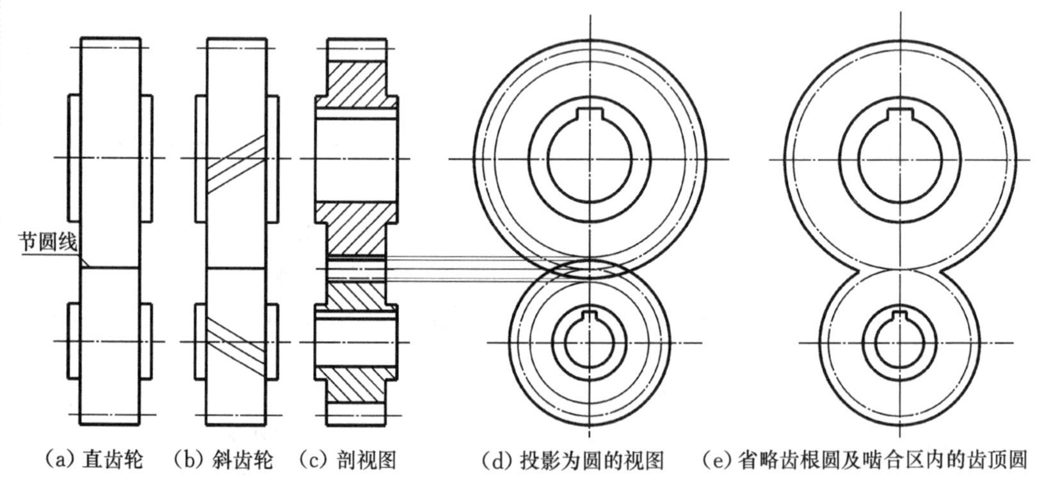

图 6-16　圆柱齿轮啮合的画法

(3) 圆柱齿轮的零件图举例。图 6-17 是减速器从动轴齿轮的零件图。在表示齿轮的零件图中，除了应当包含表示一般零件图的全部内容之外，还应在图的右上角列出齿轮参数表。从图 6-17 的齿轮参数表可知，该齿轮的模数 m 为 2，齿数 z 为 55，齿形角为 20°(标准值)，由此可计算出齿轮的分度圆直径 $d=mz=110$ 和齿顶圆直径 $d_a=m(z+2)=114$，并将其标注在零件图上，齿根圆直径 $d_f=m(z-2.5)=105$(不标注)，精度等级 8-7-7HK 的含义是，该齿轮的第一公差组精度为 8 级，第二、三公差组精度为 7 级，齿厚极限偏差代号为 HK。利用孔的公称直径 $\phi32$ 经查附表 16，可得到键槽的宽度 $b=10$，并选其极限偏差为 JS9(±0.018)，在零件图上标注为 10±0.018；键槽的深度 $t_2=3.3$，极限偏差为($^{+0.2}_{0}$)，在零件图上标注为$35.3^{+0.2}_{0}$(32+3.3=35.3)。

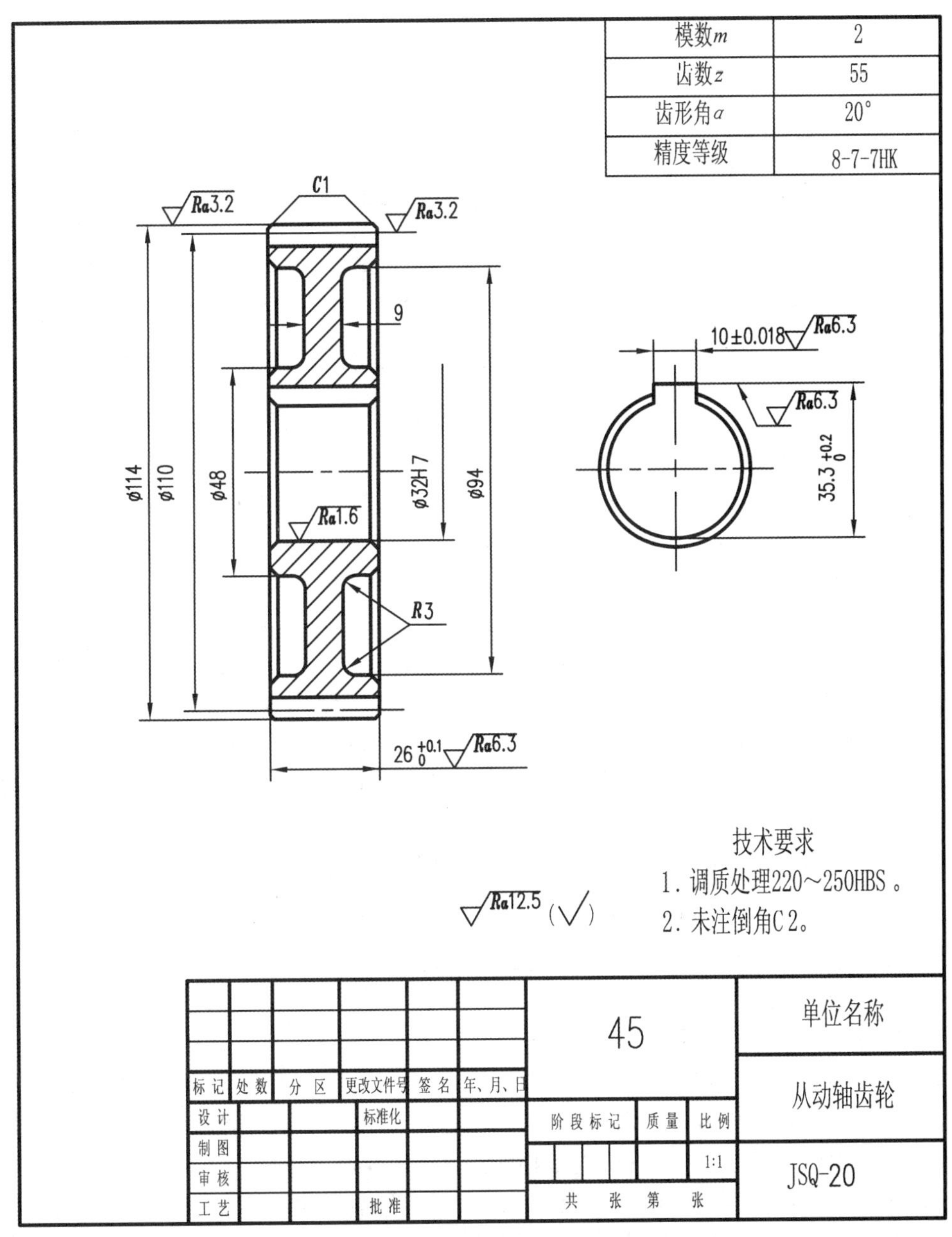

图 6-17　从动轴齿轮的零件图

2）齿轮与齿条传动

当圆柱齿轮的齿数增大到无穷多、直径为无限大时，分度圆、齿顶圆和齿根圆都变成直线，相应地成为分度线、齿顶线和齿根线，齿廓曲线（渐开线）也变成了直线，齿轮的一部分就成为了齿条。齿条的齿距、齿厚、槽宽、齿顶高、齿根高及齿全高等参数的设计与圆柱齿轮完全相同。齿轮与齿条啮合时，二者的模数应当相等，齿轮作回转运动，而齿条则作直线运动（平动）。

齿轮与齿条啮合的画法如图 6-18 所示，齿轮的分度圆应与齿条的分度线相切；剖视图的画法与圆柱齿轮啮合的画法相似。

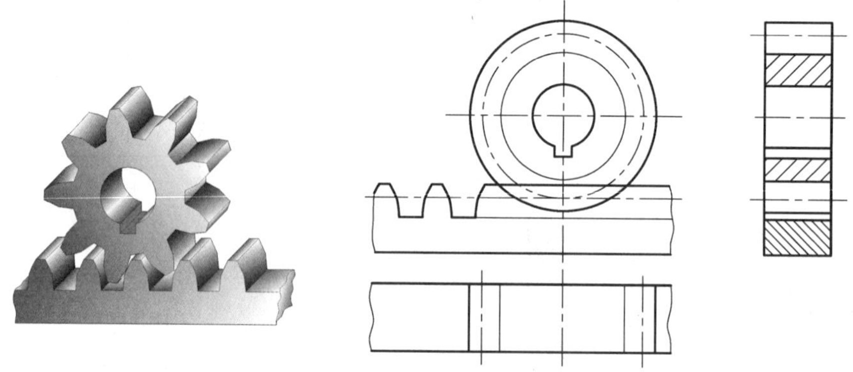

图 6-18　齿轮与齿条啮合的画法

3）圆锥齿轮传动

轮齿制作在圆锥体上的齿轮称为圆锥齿轮，圆锥齿轮用于传递两相交轴（通常是垂直相交）间的回转运动和动力。圆锥齿轮的轮齿有直齿、斜齿、螺旋齿和人字齿之分，其中直齿最为常用。这里仅简要介绍渐开线直齿圆锥齿轮（简称为圆锥齿轮）有关参数的名称，单个圆锥齿轮和圆锥齿轮啮合的规定画法，有关参数的定义和计算公式可查阅相关的资料。

因圆锥齿轮的轮齿分布在一个圆锥体上，故轮齿有大、小端之分。为便于设计计算和制造，国家标准规定，以大端模数 $m(m=d/z)$ 为基准来计算和确定其他的参数。

圆锥齿轮的主要参数及其规定画法如图 6-19 所示，由图可见，圆锥齿轮的齿顶圆直径 d_a、齿根圆直径 d_f（未标注）、分度圆直径 d、齿顶高 h_a、齿根高 h_f、齿全高 h 和齿宽 b 等参数与圆柱齿轮相同，此外，圆锥齿轮还有外锥距 R、分度圆锥角 δ、顶锥角 δ_a、根锥角 δ_f、齿顶角 θ_a 和齿根角 θ_f 等参数。由于圆锥齿轮通常用于两垂直相交轴间的传动，所以主动圆锥齿轮 1 的分度圆锥角 δ_1 与从动圆锥齿轮 2 的分度圆锥角 δ_2 之和 $\sum\left(\sum=\delta_1+\delta_2\right)$ 应为 90°。此外，在圆锥齿轮的零件图中，与圆柱齿轮一样，也应在图的右上角列出齿轮参数表。

4）蜗杆与蜗轮传动

蜗杆与蜗轮用于传递空间两交叉轴（通常是垂直交叉）间的回转运动和动力，蜗杆为主动件，蜗轮为从动件。蜗杆与蜗轮传动的最大优点是单级传动比大，一般为 10～100，而齿轮传动的单级传动比则一般为 1～6。按照蜗杆形状的不同，蜗杆与蜗轮传动可分为圆柱面蜗杆传动、圆弧面蜗杆传动和锥面蜗杆传动，普通圆柱蜗杆又可分为阿基米德蜗杆、渐开线蜗杆和法向直廓蜗杆等多种，其中阿基米德蜗杆传动最为常用。这里仅简要介绍阿基米德蜗杆（简称为蜗杆）传动有关参数的名称，单个蜗杆、蜗轮及蜗杆与蜗轮啮合的规定画法，有关参数的定义和计算公式可查阅相关的资料。

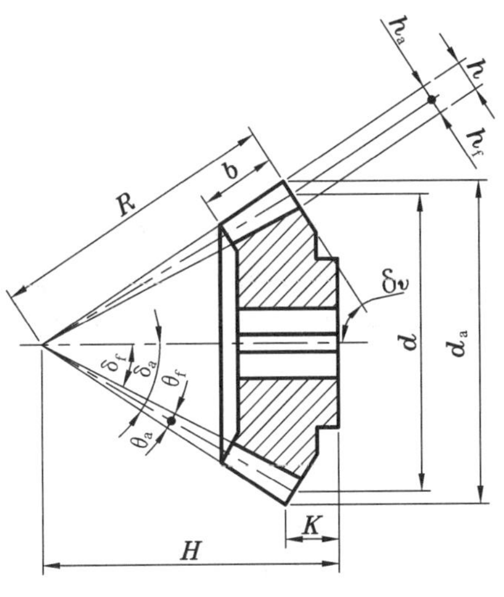

(a) 单个圆锥齿轮的主要参数

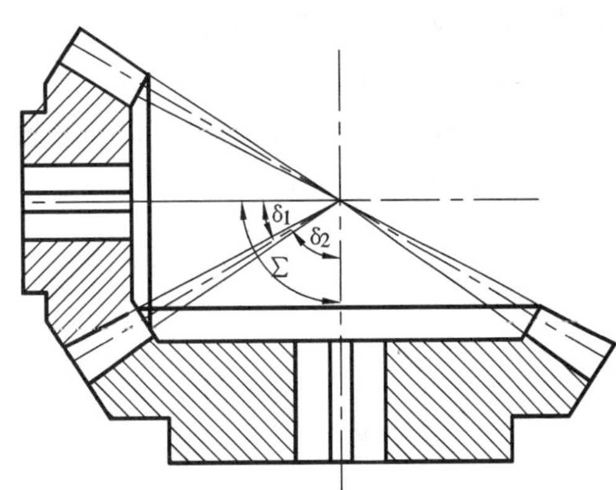

(b) 圆锥齿轮啮合的规定画法

图 6-19　圆锥齿轮的主要参数及其规定画法

蜗杆、蜗轮的主要参数及其规定画法如图 6-20 所示，由图可见，蜗杆的主要参数有：分度圆直径 d_1、齿顶圆直径 d_{a1}、齿根圆直径 d_{f1}（未标注）、轴向齿距 p_x、齿顶高 h_a、齿根高 h_f、齿全高 h 和蜗杆宽度（螺纹部分的长度）b_1；蜗轮的主要参数有：分度圆直径 d_2、喉圆直径 d_{a2}、喉面半径 r_{a2}、齿顶外圆直径 d_{ae}、齿根圆直径 d_{f2}、蜗轮宽度 b_2 等。此外，图 6-20 中没有表示的主要参数还有：蜗杆的轴面模数和蜗轮的端面模数 m、蜗杆的头数（相当于主动齿轮的齿数 z_1）、蜗杆的导程 p_z（对于多头蜗杆，即蜗杆的头数 z_1 不为 1 时）、蜗轮的齿数 z_2 等参数。

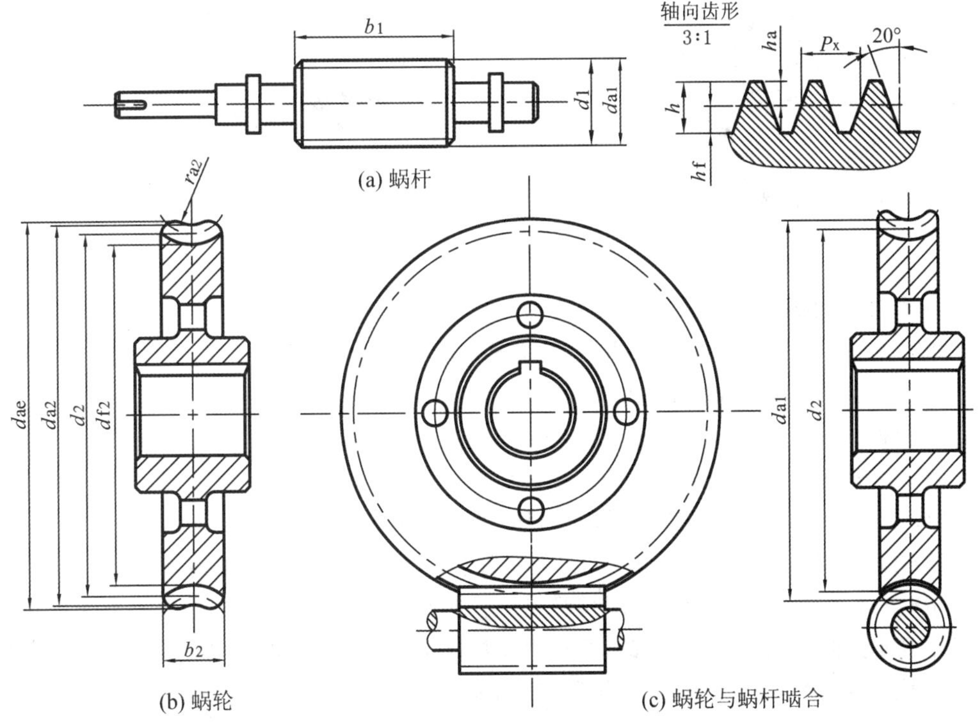

(b) 蜗轮　　(c) 蜗轮与蜗杆啮合

图 6-20　蜗杆、蜗轮的主要参数及其规定画法

2. 弹簧(GB/T 4459.4—2003)

弹簧是一种储存能量的零件，在机器中广泛用于减振、夹紧、储能、测力等，其特点是外力去除后能立即恢复原状。

弹簧的种类很多，按弹簧受力的性质可分为压缩弹簧、拉伸弹簧、扭转弹簧和弯曲弹簧等；按弹簧的形状可分为圆柱弹簧、圆锥弹簧、螺旋弹簧、板弹簧、环形弹簧和碟形弹簧等。常用的弹簧有螺旋压缩弹簧、螺旋拉伸弹簧、扭转弹簧、蜗卷弹簧和板弹簧等，如图 6-21所示。这里仅简要介绍普通圆柱螺旋压缩弹簧有关参数的名称和规定画法，有关参数的定义和计算公式可查阅相关的资料。

(a) 螺旋压缩弹簧　(b) 螺旋拉伸弹簧　(c) 扭转弹簧

(d) 蜗卷弹簧　(e) 板弹簧

图 6-21　弹簧的种类

1）普通圆柱螺旋压缩弹簧的参数

如图 6-22(a)所示，普通圆柱螺旋压缩弹簧的主要参数有：

(1) 线径 d——制造弹簧的钢丝直径；

(2) 弹簧外径 D_2——弹簧的最大直径；

(3) 弹簧内径 D_1——弹簧的最小直径，$D_1=D_2-2d$；

(4) 弹簧中径 D——弹簧的平均直径，$D=(D_2+D_1)/2$；

(5) 弹簧节距 t ——相邻两圈间的轴向距离(除两端的支承圈外)；

(6) 支承圈数 n_0——为了使压缩弹簧工作时受力均匀、并且使其轴线垂直于支承面，需将压缩弹簧的两端各压紧 0.75～1.25 圈，并将两端面磨平，被压紧的几圈在压缩弹簧工作时不产生变形，只起到支承的作用，故称为支承圈数；

(7) 有效圈数 n——除支承圈外，参加弹簧的工作并保持节距相等的圈数；

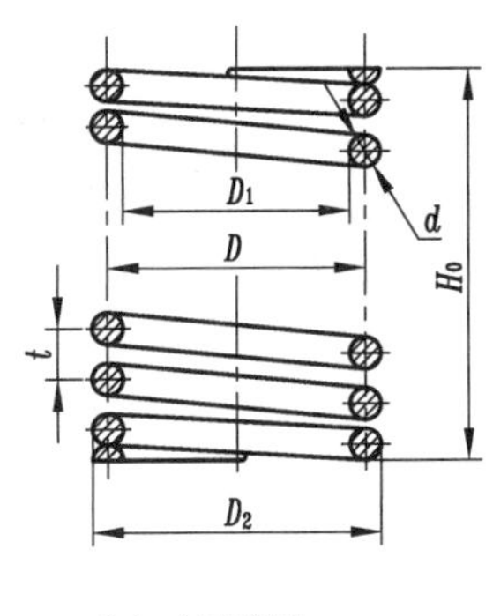

(a) 主要参数

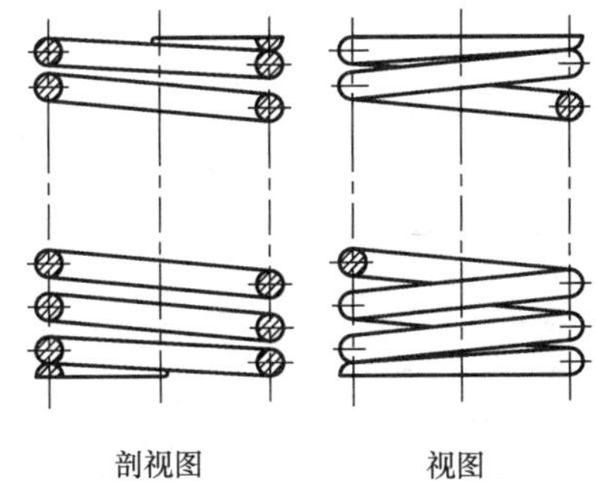

(b) 规定画法

图 6-22 普通圆柱螺旋压缩弹簧的参数和规定画法

(8) 总圈数 n_1——支承圈数与有效圈数之和称为总圈数，$n_1 = n + n_0$；

(9) 自由高度 H_0——弹簧未受到负荷时的高度，$H_0 = nt + (n_0 - 0.5)d$；

(10) 展开长度 L——弹簧钢丝展开后的长度，即制造弹簧时所需的钢丝的长度：

$$L \approx n_1(\pi^2 D_2^2 + t^2)^{\frac{1}{2}}$$

(11) 旋向——螺旋的旋向，分为左旋和右旋两种。

在上述普通圆柱螺旋压缩弹簧的参数中，线径 d、弹簧中径 D、弹簧节距 t、有效圈数 n、自由高度 H_0、展开长度 L 等均已标准化，设计时可查阅相关的资料。

2）普通圆柱螺旋压缩弹簧的规定画法

普通圆柱螺旋压缩弹簧的规定画法如图 6-22(b)所示，画图时应注意：

(1) 在非圆投影的视图中，弹簧各圈的轮廓线应画成直线；

(2) 无论螺旋弹簧的旋向是左还是右，其投影均可按右旋绘制，对于左旋弹簧，可标注旋向“左”；

(3) 无论螺旋弹簧两端并紧磨平的圈数是多少，其投影均可按图 6-22(b)绘制；

(4) 螺旋弹簧的有效圈数大于 4 圈时，可以只画出两端的 1～2 圈，中间部分可用通过弹簧钢丝截面中心的两条细点画线表示。

3）普通圆柱螺旋压缩弹簧的零件图

普通圆柱螺旋压缩弹簧的零件图如图 6-23 所示，在零件图中应直接标注弹簧的主要参数，有些不便于直接标注的参数如展开长度 L、旋向、圈数等，可在技术要求中说明。当需要表示弹簧所受的负荷与其高度之间的关系时，可在视图的上方用图解法表示。

6.3 螺纹紧固件及键、销连接(装配图)的画法

1. 螺纹紧固件连接的画法

按照紧固件种类的不同，螺纹紧固件的连接可分为螺栓连接、螺钉连接和双头螺柱连接(见图 6-24)，此外还有紧定螺钉连接。在装配图中需要表示螺纹紧固件的连接时，常采用简化画法，而且国家标准规定：

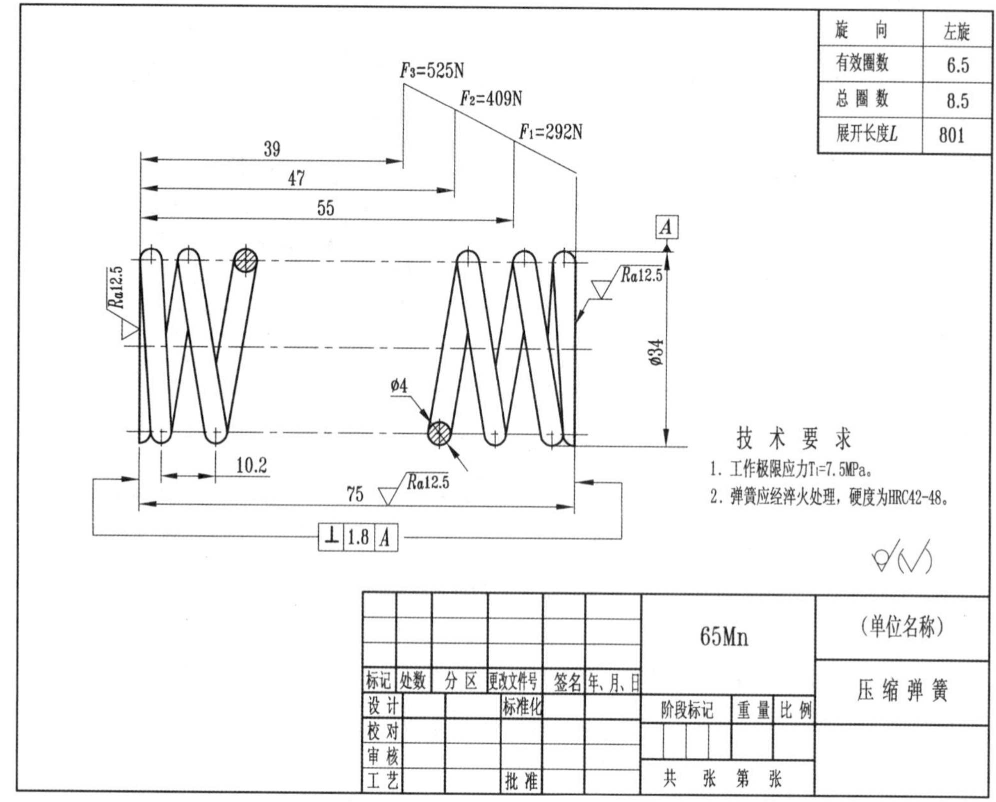

图 6-23　普通圆柱螺旋压缩弹簧的零件图

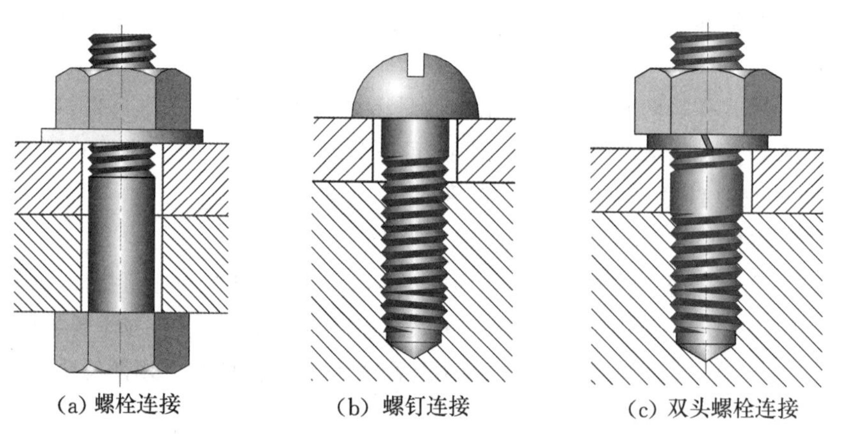

(a) 螺栓连接　(b) 螺钉连接　(c) 双头螺栓连接

图 6-24　螺纹紧固件的连接

(1) 两相邻零件接触的表面画成一条线,不接触的表面画成两条线。

(2) 当剖切平面通过实心零件或标准件的轴线(或对称中心线)时,这些零件均按不剖绘制;需要时,可采用局部剖视图来表示。

(3) 同一个零件在各个剖视图中剖面线的方向和间隔均应相同,而相邻两零件的剖面线则应不同(方向相反或间隔不等)。

① 螺栓连接的画法。当被连接的零件厚度较小、可加工成通孔且要求连接力较大

时，常采用螺栓连接，通孔的尺寸比螺栓的直径稍大。

例 6-1　用 M10 的螺栓(GB/T 5782)、螺母(GB/T 6170)和垫圈(GB/T 97.1)连接两块厚度分别为 $t_1=10\text{mm}$、$t_2=17\text{mm}$ 的板，试完成其作图。

解　由螺纹正确旋合的条件可知，互相旋合的螺栓、螺母以及垫圈的公称直径应相等，故螺母和垫圈相应的标记为

螺母　GB/T 6170　M10，　　垫圈　GB/T 97.1　10－140HV

从附表 14 查得螺母的厚度 $m_{max}=8.4$，从附表 15 查得垫圈的厚度 $h=2$，而螺栓的公称长度(螺杆长)l 应大于或等于连接板的厚度、螺母厚度、垫圈厚度以及超出螺母部分的长度 a(一般取 a 为 $0.2d\sim0.3d$，本例取 $0.25d$)之和，即

$$l\geqslant t_1+t_2+m_{max}+h+a=10+17+8.4+2+2.5=39.9(\text{mm})$$

从附表 10 中可知，M10 螺栓对应的 l 公称长度为 40～100，从 l 公称系列值中选取与 39.9 接近的数，即选 $l=40$，由此可得螺栓的规格为 M10×40。其余作图需要的尺寸可从相应的附表中查得，也可由图 6-30 的相应比例算出。完成后的螺栓连接图如图 6-25 所示。

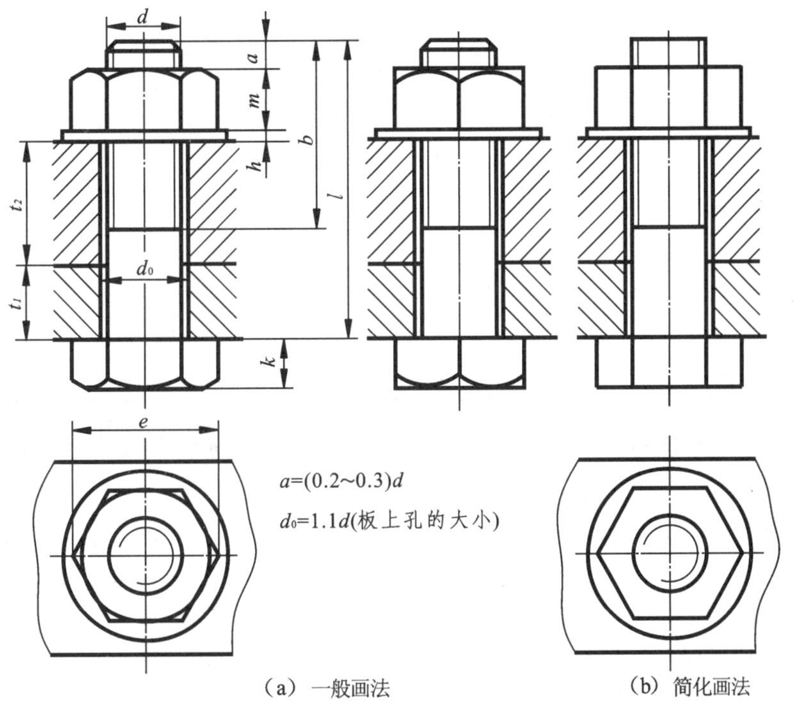

图 6-25

图 6-25　螺栓连接的画法

② 螺钉连接的画法。当被连接的零件中有一个较厚(或不允许钻成通孔)、不经常拆装且连接力不大时，多采用螺钉连接。在较薄的零件上加工出通孔，在较厚的零件上加工成螺孔，然后将螺钉穿过通孔，并在螺孔中旋紧即可。螺钉连接的画法如图 6-26 所示。螺钉的旋入端 b_m 与被连接件的材料有关，可参照表 6-12 的 b_m 值近似选取。

图 6-26

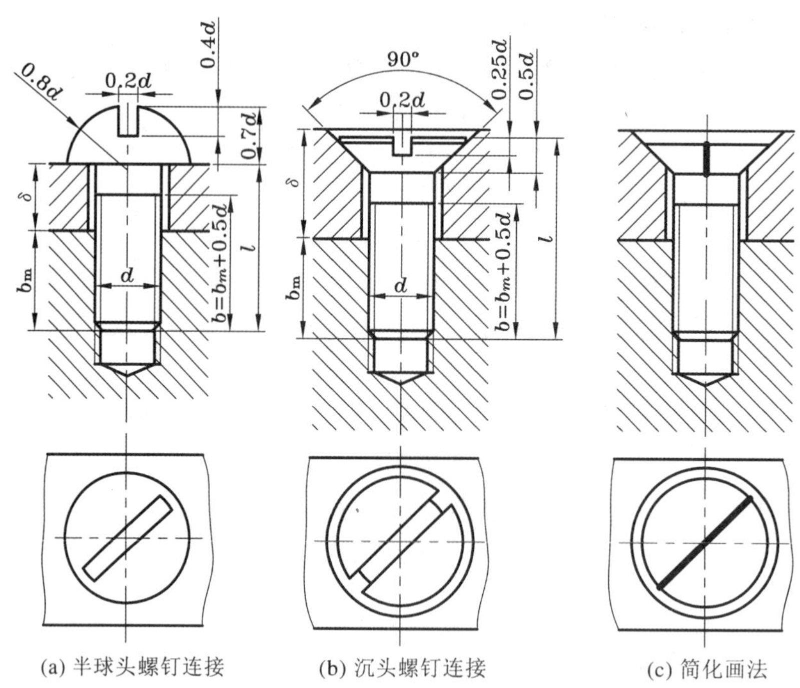

图 6-26　螺钉连接的画法

表 6-12　螺纹旋入深度参考值

被旋入零件的材料	旋入端长度
钢	$b_m=d$
青铜	$b_m=1.25d$
铸铁	$b_m=1.5d$
铝	$b_m=2d$

③ 紧定螺钉连接的画法。紧定螺钉连接常用于定位、防松且受力较小的场合，其画法如图 6-27 所示。

④ 双头螺柱连接的画法。当被连接的零件中有一个较厚(或不允许钻成通孔)但经常拆装或连接力较大时，多采用双头螺柱连接。双头螺柱的两端都带有螺纹，一端为旋入端，螺纹长度 b_m 较短；另一端为紧固端，其有效长度为 l，螺纹长度为 b。在较薄的零件上加工出通孔，在较厚的零件上加工成螺孔，先将双头螺柱螺纹长度较短的旋入端旋紧在螺孔中，然后装上制有通孔的零件，套上垫圈，旋紧螺母即可。双头螺柱连接的旋入端类似于螺钉连接，而紧固端则类似于螺栓连接，其画法如图 6-28 所示。

在绘制螺纹紧固件连接的装配图时应注意：

(1) 被连接件的通孔直径 d_0 必须大于螺纹大径 d(作图时一般取 $d_0=1.1d$)，因此通孔与螺纹紧固件要按不接触的表面绘制；

(2) 六角螺母和螺栓六角头的投影应符合视图之间的投影关系；

(3) 螺栓的螺纹终止线必须画在被连接零件的厚度范围之内，并靠近垫圈一侧；

(4) 螺钉的螺纹长度和螺孔的螺纹深度都应大于螺钉的旋入深度，即螺钉的螺纹终

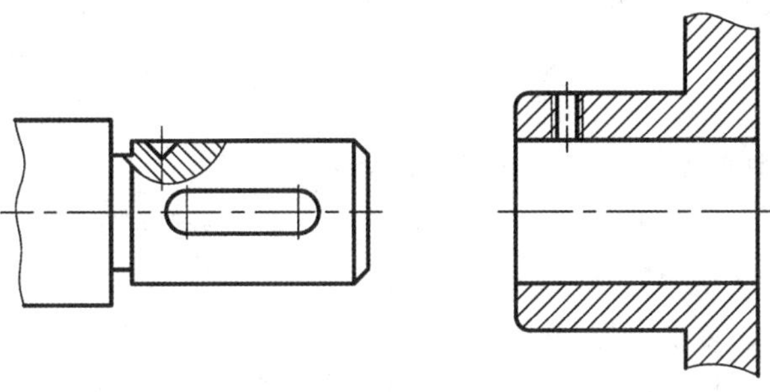

(a) 被连接的零件

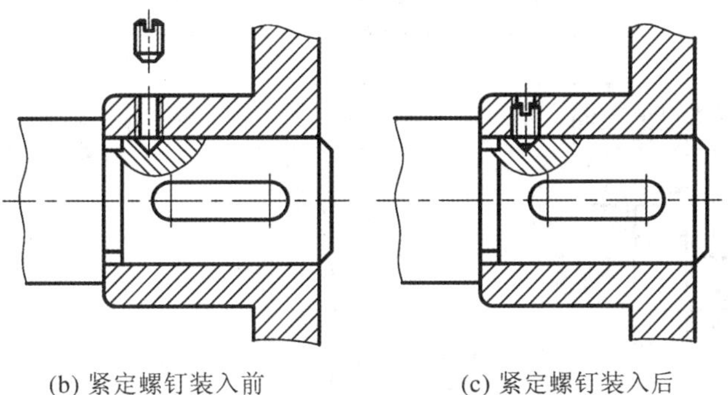

(b) 紧定螺钉装入前　　(c) 紧定螺钉装入后

图 6-27　紧定螺钉连接的画法

图 6-27

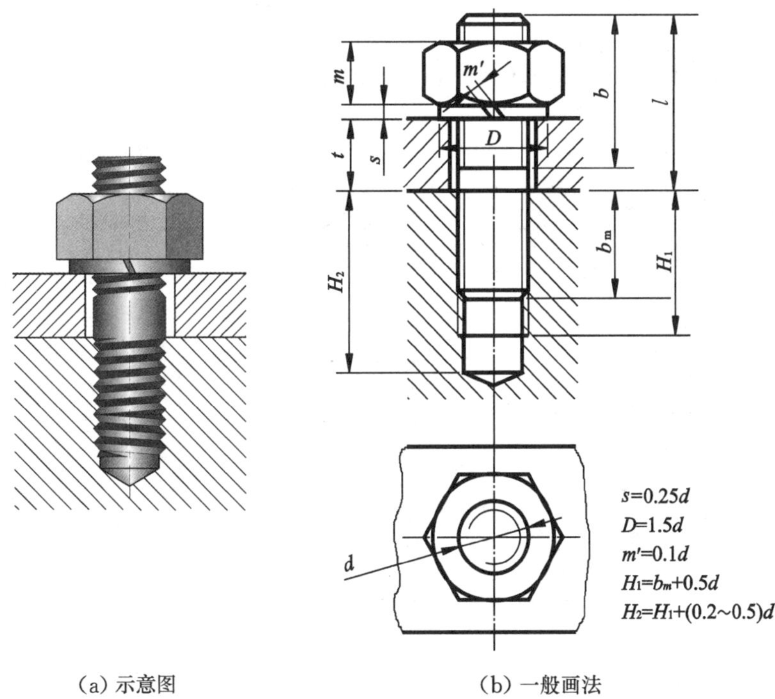

(a) 示意图　　(b) 一般画法

图 6-28　双头螺柱连接的画法

图 6-28

止线必须位于螺孔之外(也可采用全螺纹的螺钉);螺钉末端的端面至螺纹孔终止线的距离应大于 0.5d;

(5) 螺钉头部开的槽在表示螺钉轴线的视图上,应画成垂直于投影面;在投影为圆的视图上,则应画成与中心线成 45°角,并且方向为左下右上;

(6) 双头螺柱旋入端的螺纹终止线,应与螺孔顶面(被连接零件的接触面)的投影线重合;

(7) 弹簧垫圈开口的方向为:顺时针拧紧螺母的方向应对着弹簧垫圈开口的钝边。

绘制螺纹紧固件连接的装配图时常见的错误,如表 6-13 所示。

表 6-13　绘制螺纹紧固件连接的装配图时常见的错误

连接种类	正确画法	错误画法	说　　明
六角头螺栓连接	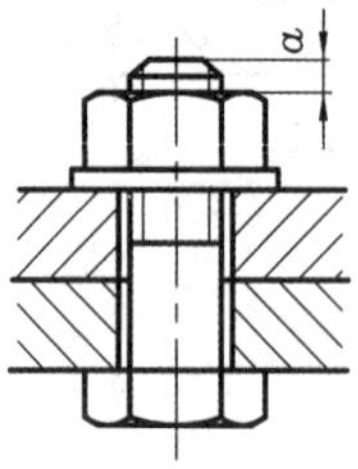 a	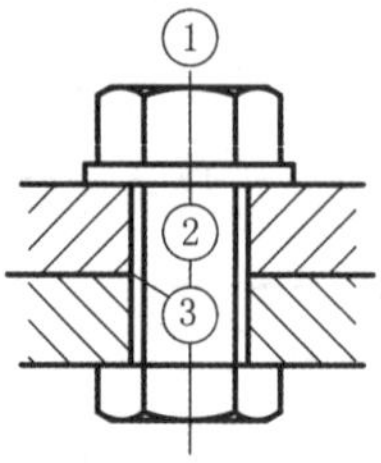 ① ② ③	①螺栓长度选择不当,螺纹末端应超出螺母(0.2～0.4)d; ②螺纹漏画,终止线漏画; ③光孔部分漏画连接零件之间的分界线
双头螺柱连接	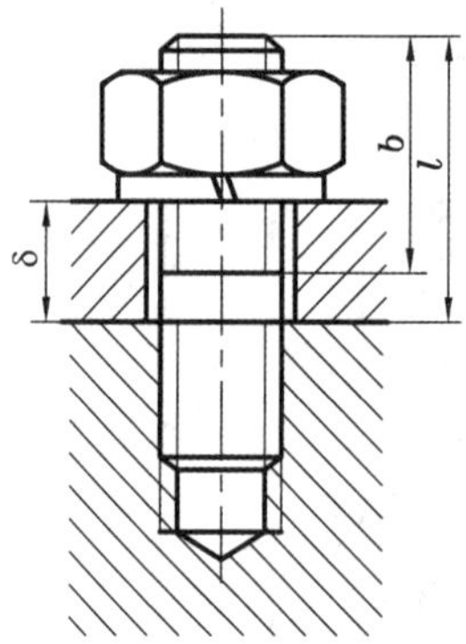 b l δ	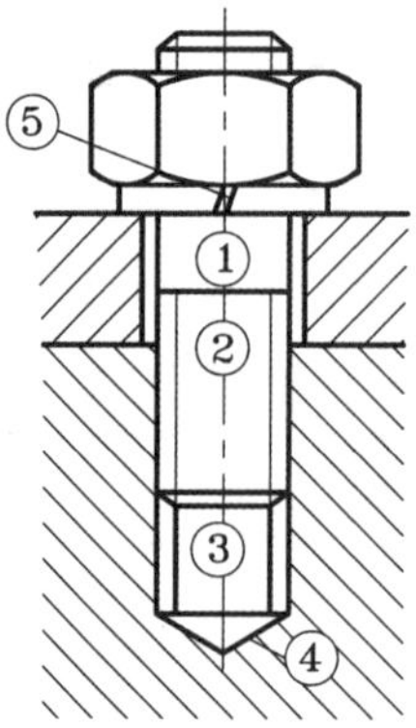 ⑤ ① ② ③ ④	①螺纹长度 b 太短,螺纹不能把被连接零件并紧,必须使 $l-b<\delta$; ②双头螺柱必须将拧入金属端的螺纹拧到底,即螺纹终止线与螺孔顶面投影线对齐; ③螺孔画错; ④120°锥坑应画在钻孔直径上; ⑤弹簧垫圈开口槽方向画错
螺钉连接	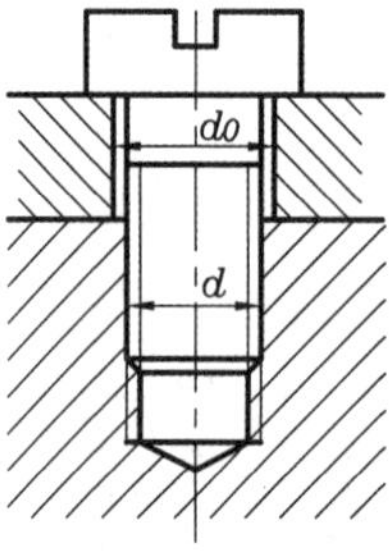 d_0 d	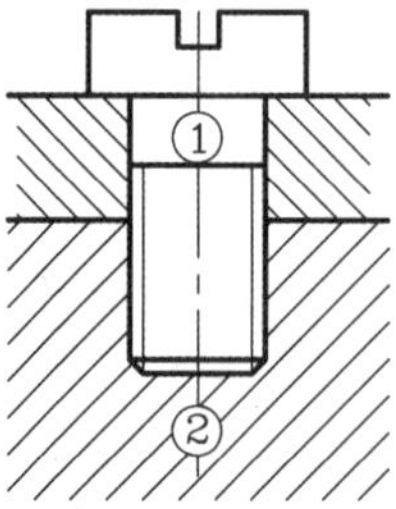 ① ②	①光孔直径要大于螺纹大径,$d_0=1.1d$,这样便于装配,不会损伤螺纹。图上漏画光孔的投影; ②螺孔深度不够,并漏画钻孔结构

2. 键连接的画法

(1) 普通平键连接的画法。画普通平键连接时,应根据轴的直径 d 查阅标准(附表 17),确定普通平键以及轴、轮毂键槽的剖面尺寸及其极限偏差,普通平键的长度按轮

毂长度在标准系列中选用。

普通平键的工作面是其侧面，与轴和轮毂的键槽接触(画成一条线)，而顶面与轮毂的键槽则留有一定的间隙(画成两条线)。普通平键连接的画法如图 6-29 所示，键的倒角或小圆角一般不画。

图 6-29

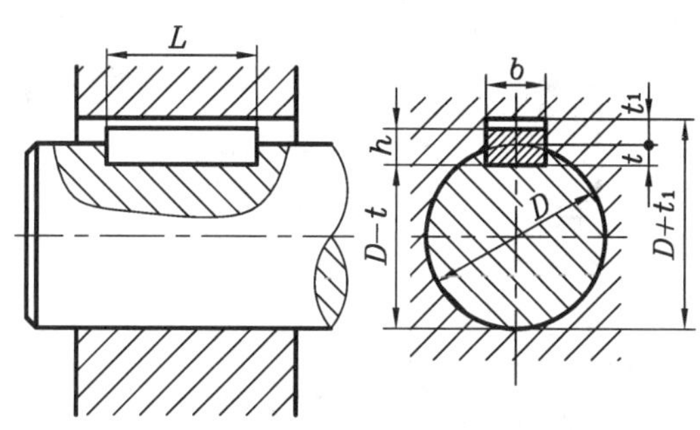

图 6-29　普通平键连接的画法

(2) 矩形花键连接的画法(GB/T 4459.3—2000)。花键不是标准件，而是一种结构和尺寸都已标准化的、多次重复的结构要素，常用于需承受较大扭矩时的运动传递。花键按齿的形状可分为矩形花键和渐开线花键，其中矩形花键比较常用；按制作齿的表面可分为外花键和内花键，外花键的齿制作在轴的外表面上，而内花键的齿则制作在齿轮等传动件孔的内表面上。花键在使用时是内外花键组成花键副成对使用，称为花键连接。矩形花键连接的画法如图 6-30 所示，矩形花键副的标记为

6×23H7/f7×26H10/a11×6H11/d10　GB/T 1144—2001

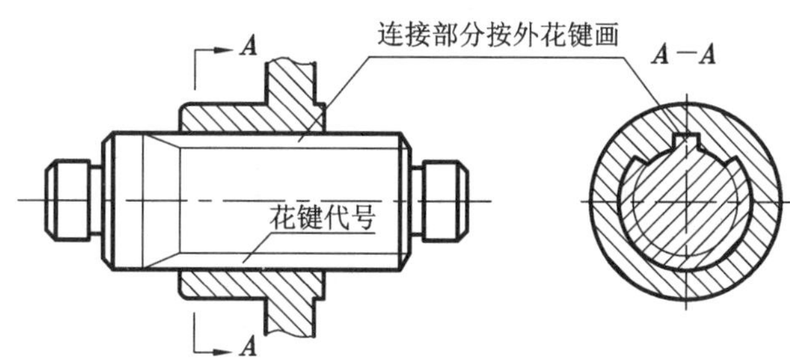

图 6-30　矩形花键连接的画法

由表 6-4 和图 6-30 可见，花键的画法与螺纹有些相似(如外花键的大径用粗实线、小径用细实线，花键的连接部分按外花键画等)，但二者画法的不同之处也较多，对外花键和外螺纹的画法进行比较可知：

① 螺纹一般不画出收尾部分，而花键则应画出收尾部分；

② 螺纹的尾部只画一条粗实线，而花键的尾部则应画两条细实线；

③ 在投影为圆的视图中，螺纹的小径只画成约 3/4 圈的细实线圆，而花键的小径则应画成完整的细实线圆，并且在投影为圆的剖视图中，一般应画出一个以上的齿形；

④ 表示螺纹牙型的粗实线与细实线相距较近，而表示花键键齿的粗实线与细实线则相距较远，应按照大小径的尺寸画出。

3. 销连接的画法

用销连接两个零件时,被连接零件上的销孔应当一起加工[见图 6-31(a)],因此,标注销孔尺寸时一般要注写“配作”或“装配时作”,如图 6-31(b)所示。销连接的画法如图 6-31(c)所示,当剖切平面通过销的轴线时,销按不剖绘制。

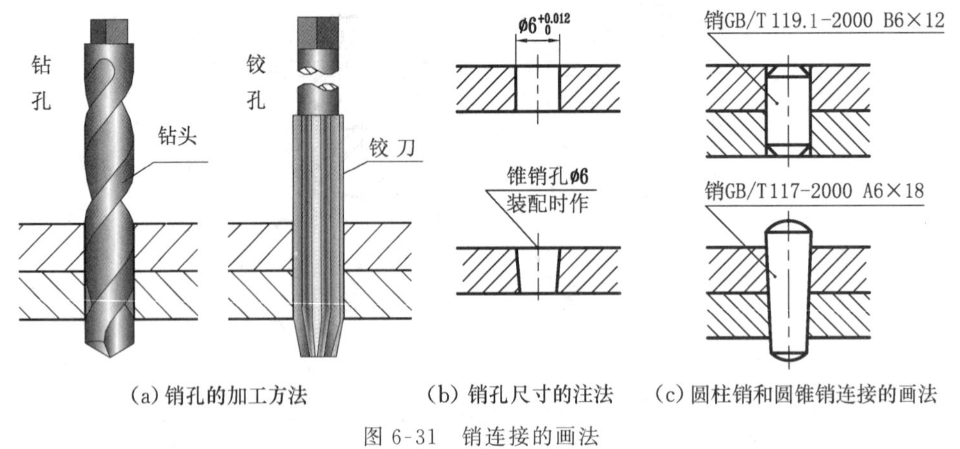

(a) 销孔的加工方法　(b) 销孔尺寸的注法　(c) 圆柱销和圆锥销连接的画法

图 6-31　销连接的画法

第7章 零 件 图

主要内容：本章在主要介绍零件图的内容、画法、尺寸标注及极限、配合、形状位置公差、表面粗糙度、表面处理、热处理等技术要求的基础上，还介绍了读零件图和零件测绘方面的相关知识和方法。通过本章的学习和训练，读者初步掌握零件图的基础知识，并能阅读、绘制简单的零件图。

知识点：零件图表达。

思政元素："工匠"精神，科学家的责任担当。

思政培养目标："精益求精""孜孜以求""一丝不苟"工匠精神。

思政素材：各种工程事故案例(例如美国"挑战者号"航天飞机爆炸事故等)，这些案例的共同点均是因为一个小零件的设计失误而造成的重大工程事故。

机械零件(简称零件)是装配机器或部件的基本单元，任何机器或部件(如阀门等)都是由若干个零件按照一定的装配关系和技术要求组装而成的。

零件图是表示一个零件的形状结构、尺寸大小和技术要求的图样，是表达和传递零件设计思想的载体，是加工和检验零件的依据，是机械设计和制造中最重要的技术文件之一。

7.1 零件的分类

零件按用途和标准化程度的不同，可分为专用零件(简称专用件)和通用零件(简称通用件)。

1. 专用件

专用件又叫作一般零件，是专门为某台机器或部件设计的零件(如图7-1中的泵体等)。这类零件的形状结构和尺寸大小，要根据零件在机器或部件中的作用和制造工艺要求进行设计，都需要画出相应的零件图。

2. 通用件

通用件是常用的零(部)件，又可分为标准件和常用非标准件。

(1) 标准件——是国家标准将其型式、结构、材料、尺寸、精度等都标准化了的零(部)件(如螺栓、双头螺柱、螺钉、螺母、垫圈，以及键、销、滚动轴承等)。标准件不需要按真实投影画出，可按国家标准的规定，用图样的特殊表示法来表示，但一般不需要绘制专门的零件图。标准件通常由专业生产厂家使用标准的切削工具或专用机床进行生产，在设计机器或部件时,可根据需要选用,并按国家标准的规定进行标注。

(2) 常用非标准件——简称为常用件(如齿轮、弹簧等),是国家标准只对其部分结构要素进行了标准化的零件。常用件也不需要按真实投影画出,同样可按国家标准的规定,用图样的特殊表示法来表示,但通常需要画出其零件图,其详细的结构和尺寸可以查阅相应的国家标准得出。

7.2 零件图的内容

由于零件图是表达和传递零件设计思想的载体,是加工和检验零件的依据,所以,零件图一般应包括以下几个方面的内容(见图 7-1)。

(1) 图形——为了正确、完整、清晰地表示零件各部分的形状和结构,需要采用适当的表示法,绘出相应的一组图形(视图、剖视图、断面图等)。

(2) 尺寸——为了确定零件各部分结构的大小及相对位置,需要正确、完整、清晰、合理地标注零件的全部尺寸。

(3) 技术要求——为了表示零件在制造、检验、装配、调试等过程中应达到的要求(包括对零件的几何形状和尺寸精度的要求、表面质量和材料性能的要求等),需要用规定的符号、文字进行标注或说明。

(4) 标题栏——在标题栏中可以表明零件的名称、图号、材料、质量(重量)、绘图比例、设计单位名称及设计、绘图、审核等人员的签名和日期等信息。

7.3 零件图的画法

7.3.1 零件表达方案的选择

为正确、完整、清晰、简洁地表示机械零件,除要遵循一般空间形体表达方案的选择原则之外,还要考虑到读图、加工、测量、装配的方便,合理地选择主视图和其他视图,以综合确定零件的表达方案。

1. 主视图的选择

主视图是零件图的核心部分,其选择合理与否,会直接影响到零件图的表达效果。在选择主视图时,首先必须考虑零件的安放位置,在确定零件的安放位置之后,还要考虑投射的方向。一般应以零件的工作位置或加工位置作为零件的安放位置,在此基础上,选择最能表达零件形状结构特征的方向,作为主视图中零件的投射方向,并根据零件的形状结构特征,确定主视图采用何种表达方案(视图、全剖视图、半剖视图等)。

(1) 零件的安放位置。零件的安放位置应尽量符合零件的主要加工位置,即零件在机床上加工时的装夹位置。由于零件的每道加工工序都有一定的加工位置,所以,为了使操作者在加工时看图方便,应尽量使零件的安放位置与其主要加工位置一致。

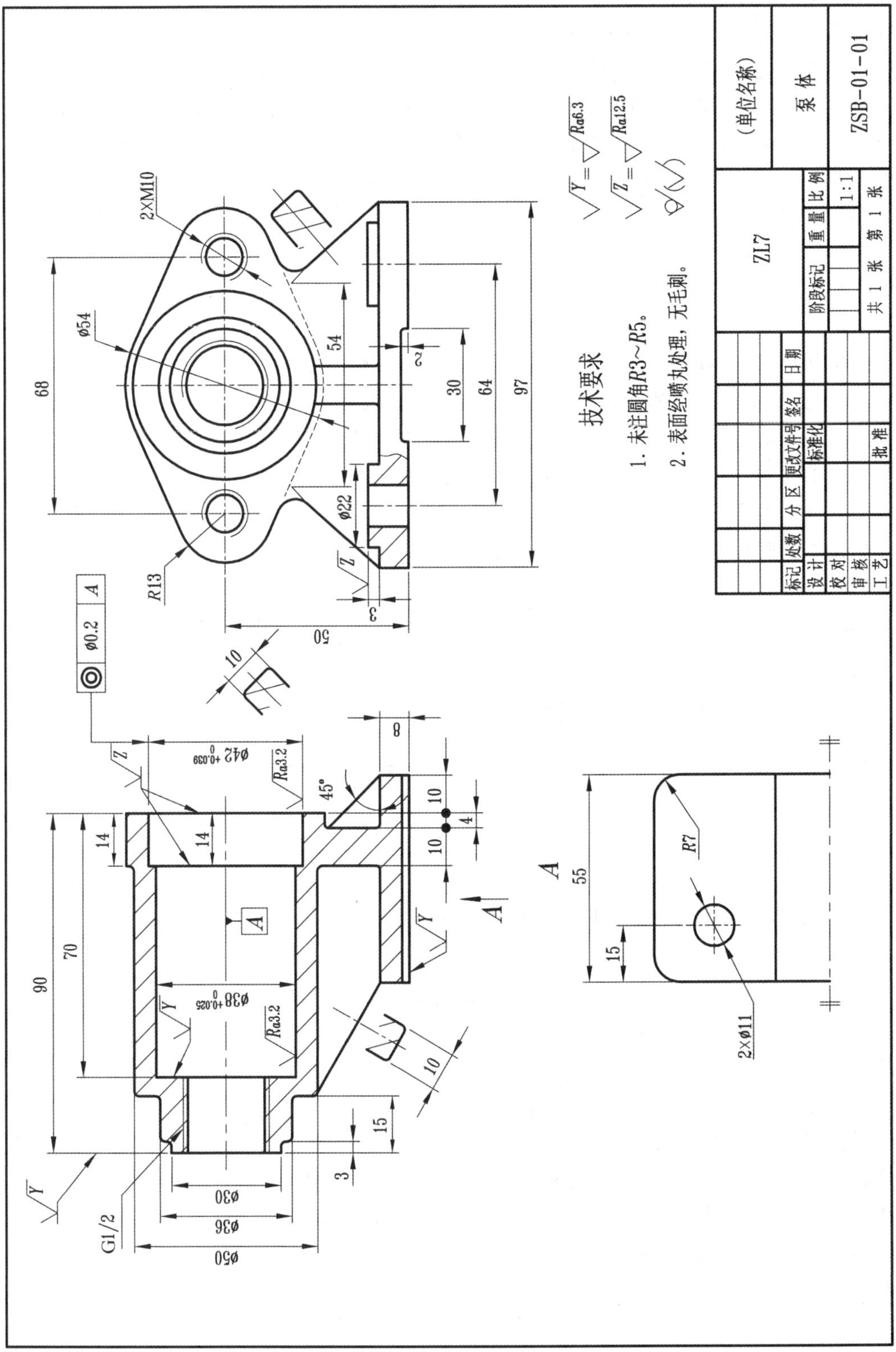

技术要求

1. 未注圆角$R3\sim R5$。
2. 表面经喷丸处理，无毛刺。

$\sqrt{Y} = \sqrt{Ra6.3}$

$\sqrt{Z} = \sqrt{Ra12.5}$

标记	处数	分区	更改文件号	签名	日期	ZL7			(单位名称)
设计			标准化			阶段标记	重量	比例	泵体
校对								1:1	ZSB-01-01
审核						共 1 张 第 1 张			
工艺			批准						

图 7-1 泵体的零件图

图 7-1

对于支座、叉架、箱体等形状和结构比较复杂的零件，在加工不同的表面时，其加工位置往往也不同，因此就不能按某一个加工位置来确定其安放位置。为便于对照装配图来绘制和阅读零件图，这类零件的安放位置应尽量符合零件的工作位置，即零件安装在机器或部件中工作时的位置。如果零件的工作位置是倾斜的，或者零件的位置在工作时是变化的（如手柄类零件），那么通常应将零件"摆正"，使其大多数的表面平行或垂直于基本投影面。

(2) 主视图中零件的投射方向。为了充分发挥主视图表示零件主要形状和结构的作用，应尽量选择最能够反映零件的形状结构特征及各部分之间相对位置关系的方向作为主视图中零件的投射方向。同时，还应使其他视图的虚线最少，以使整个表达方案清晰、简洁。

2. 其他视图的选择

对结构比较简单的零件，如果用主视图（或主视图加上断面图、局部放大图等）可以表示清楚，那么就不必增加其他的视图。但对于结构比较复杂的零件，仅用一个主视图往往不能完全表示清楚，那就需要增加其他的视图，这时可根据零件的内外形状和结构，进行多种方案的比较，力求采用最少的视图、最小的绘图工作量，将零件的内外形状和结构完整、清晰、简洁地表示出来。

根据主视图对零件表达的程度，应按照正确、完整、清晰、简洁的原则，选择其他的视图（包括剖视图、断面图等）。一般情况下，可优先选用左视图和俯视图，再根据需要选用其他视图。视图的配置首先应考虑读图方便，还应考虑绘图方便及图幅的合理使用等要求。

7.3.2 不同类型零件的表达方案

根据形状结构特征和加工方法的不同，零件大致可分为轴（套）、盘（盖）、叉架和箱体四种类型。

1. 轴、套类零件（如轴、丝杆、轴套、衬套等）

轴、套类零件的基本形状是同轴回转体，主要用车床加工，这类零件应按其主要加工位置，将轴线水平放置（通常把直径较小的一端放在右面），并使投射方向垂直于轴线。

对于轴类零件，只用主视图（一般采用基本视图）加上表示直径的字母"ϕ"，就能表示其主要形状和结构，至于零件上的键槽、销孔、螺纹退刀槽、砂轮越程槽等局部结构，可采用断面图、局部放大图等方法来表示。对于轴套一类的零件，因其内部结构比较复杂，外部结构比较简单，主视图则可采用全剖视图来表示。

对于图 7-2 所示的轴（减速器用），仅用一个主视图，就不仅表示了各个轴段的直径和长度，而且还表示了两个键槽、砂轮越程槽及倒角的位置和形状。因此，只需要再采用两个移出断面图（分别表示两个键槽的深度）和一个局部放大图（表示砂轮越程槽的细部结构），即可构成轴的表达方案，完整、清晰、简洁地将轴表示出来。

2. 盘、盖类零件（如法兰、端盖、齿轮、手轮等）

盘、盖类零件的基本形状是扁平的圆盘形，主要也是用车床加工，这类零件也应按其主要加工位置，将轴线水平放置，并使投射方向垂直于轴线。由于盘、盖类零件的结构比

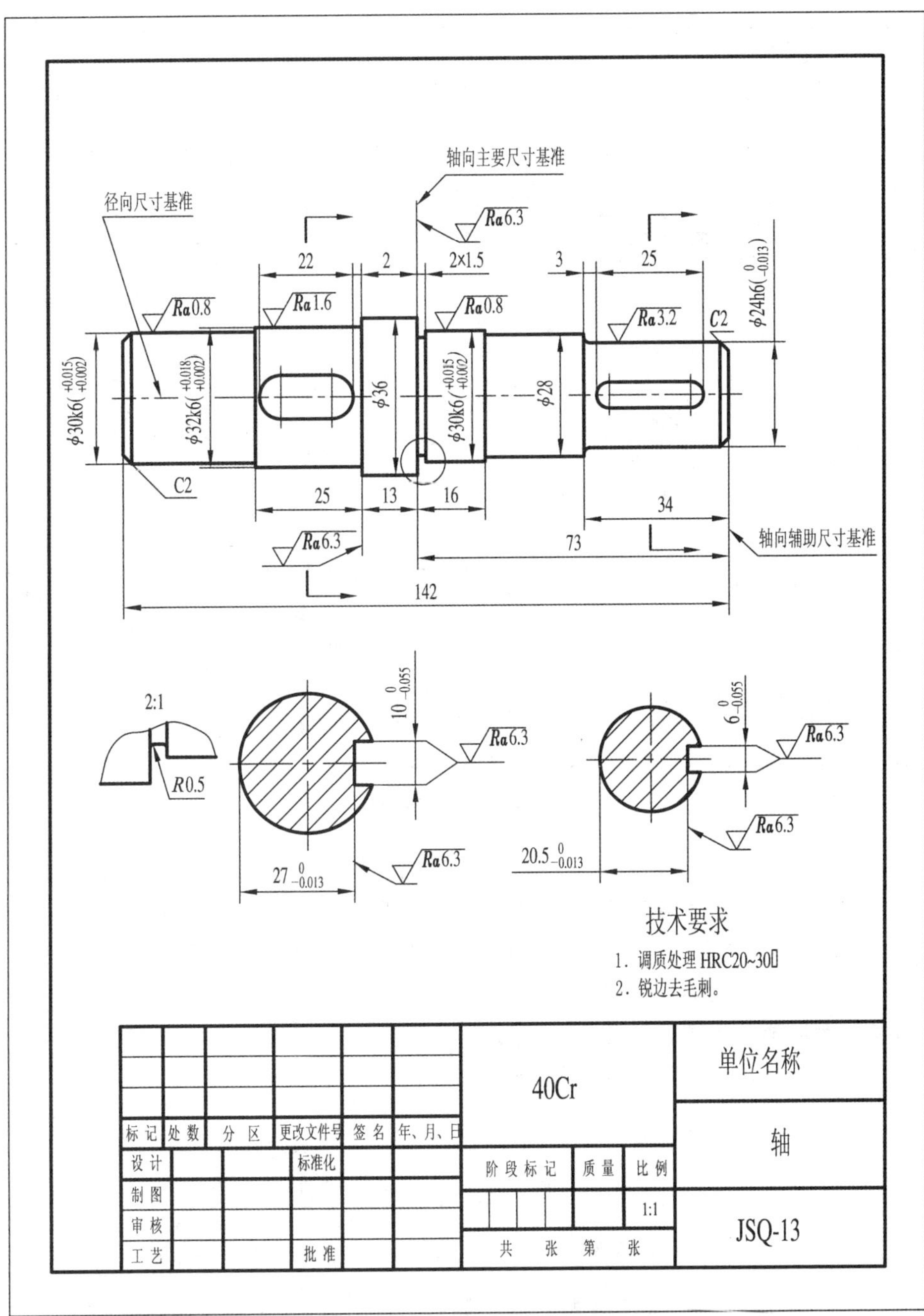

图 7-2 轴的零件图

轴类零件复杂，只用一个主视图往往不能表示清楚，所以还需要增加一个基本视图，对于某些细部结构，有时还要采用局部放大图等表示方法。

如图 7-3 所示的阀盖，除用主视图表示零件的主要结构(外螺纹、各台阶及内孔)之外，还增加了一个左视图，用以表示带圆角的方形凸缘以及凸缘上 4 个通孔的形状及位置。

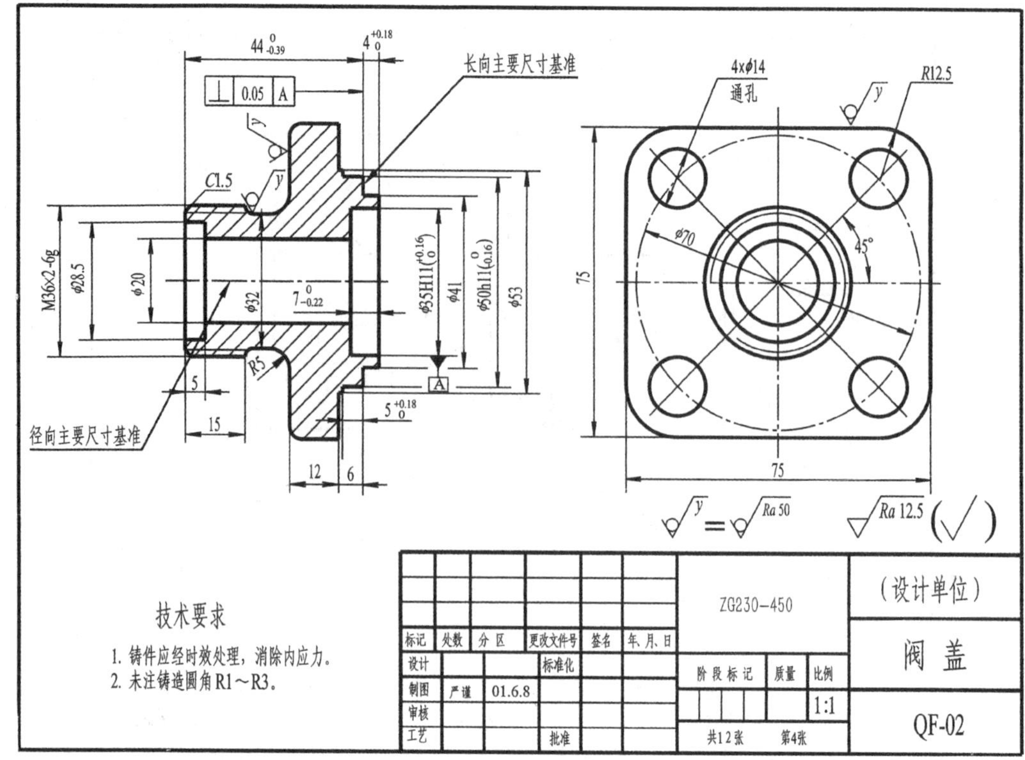

图 7-3 阀盖的零件图

手轮是盘、盖类零件中比较复杂的一种，通常由轮毂、轮辐和轮缘三个部分组成。如图 7-4所示的手轮，轮毂和轮缘不在同一平面上，中间用三根均布的轮辐相连。手轮主要是在车床上加工，通常根据其加工位置将轴线水平放置。主视图采用全剖视图，表示手轮的宽度和轮毂、轮缘、轮辐的相对位置；左视图采用基本视图，表示轮缘的内外轮廓、轮辐的分布和轮毂上轴孔的键槽。此外，还采用移出断面图表示轮辐的截面形状，并用局部放大图表示轮缘与轮辐连接处的细节部分。

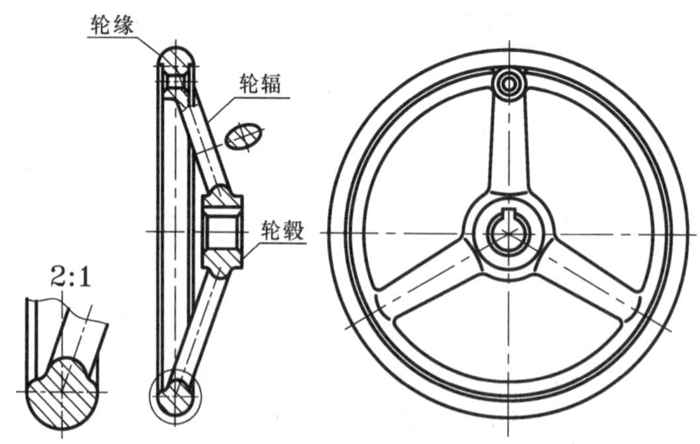

图 7-4 手轮的视图表达方案

在盘、盖类零件中，还有一种基本形状为扁平板形的盖，不在车床上进行加工，因此其主视图应按工作位置放置。图 7-5 所示的减速箱视孔盖，就是这种平板形的零件，其主视图采用全剖视图，表示视孔盖的厚度和观察孔、螺孔的内部形状；俯视图采用基本视图，并采用了对称结构的简化画法，表示视孔盖上面的外形及凸台、观察孔、凸台上的 4 个螺孔、4 个角上的安装孔的位置和形状。此外，还采用 $A-A$ 局部剖视图，表示安装孔的结构和沉孔的深度。

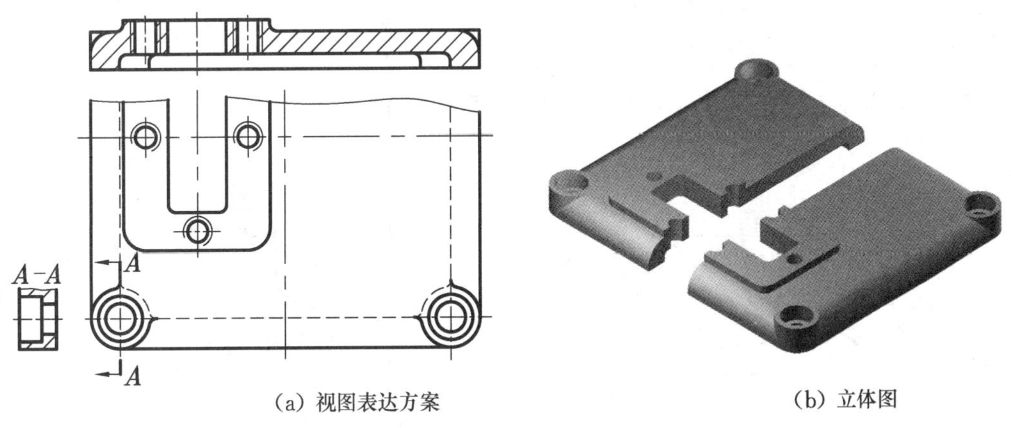

(a) 视图表达方案 (b) 立体图

图 7-5 减速箱视孔盖的视图表达方案

3. 叉架类零件(如拨叉、连杆、支座等)

叉架类零件的形状和结构比较复杂，由于其加工位置在不同的工序中是不固定的，所以选择主视图时，一般按工作位置放置，而投射方向则应根据其形状特征、主要结构之间的相对位置确定。叉架类零件常常需要采用两个或两个以上的基本视图，再加上必要的斜视图、局部剖视图、断面图等表示方法，才能形成完整的表达方案。

如图 7-6 所示的拨叉，主视图表示拨叉的整体结构并用局部剖视图表示下部的轴孔；左视图采用相交剖切的全剖视图来反映各部位厚度及其相对位置；另外用 B 向局部视图和两个移出断面、一个重合断面表达出拨叉后方及肋板等细部结构。

4. 箱体类零件(如阀体、泵体、减速器箱体等)

箱体类零件的形状和结构最为复杂，而且加工位置在不同工序中的变化也较多。在选择箱体类零件的主视图时，一般要按工作位置放置，而投射方向则应根据其结构特点，选在最能反映其形状特征、主要结构以及结构之间的相对位置并能使其他视图虚线最少的方向。对于箱体类零件，一般需要采用三个或三个以上的视图来表示。在选用其他视图时，应根据零件的具体结构，适当采用基本视图、剖视图、断面图、局部视图和斜视图等多种表示方法，清晰地表示其内外的形状和结构。

图 7-1 所示的泵体就是一种箱体类零件，按工作位置放置，并以最能表示其形状结构特征、主要结构和各组成部分相互关系的方向作为主视图的投射方向。因泵体主体部分外形简单、内形较复杂，故其主视图采用全剖视图，表示泵体主体的内腔结构及主体与底板之间的连接结构；左视图采用基本视图，表示了泵体主体部分圆柱的形状特征及主体与

图 7-6

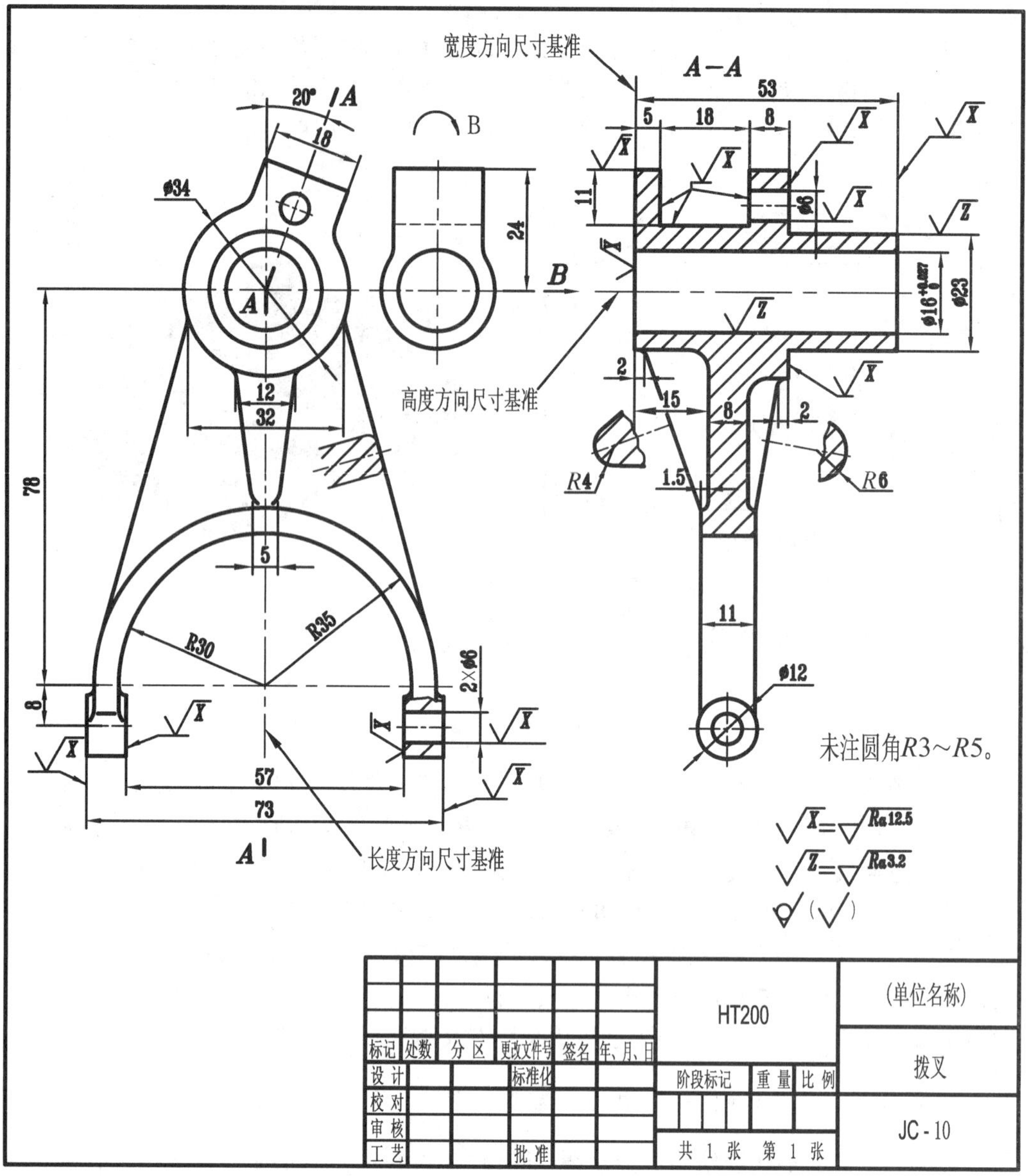

图 7-6　拨叉零件图

底板之间连接结构的形状特征，左视图上的局部剖视表示底板上安装孔的结构；由于主视图与左视图已经表达清楚大多数的结构特征，只有底板的表达还不清晰，所以采用仰视的局部视图（简化化法），表示底板的形状及底板下部凹槽的结构特征。

图 7-7 所示的减速器箱体是更加复杂的箱体类零件，按工作位置放置，也是以最能表示其形状结构特征、主要结构和各组成部分相互关系的方向作为主视图的投射方向。主视图采用基本视图，主要表示减速器箱体的前面的外形，再用几个局部剖视图分别表示箱体的壁厚、箱体左端安装油面指示片的凸台、箱体右端的放油螺孔以及安装孔和定位销孔

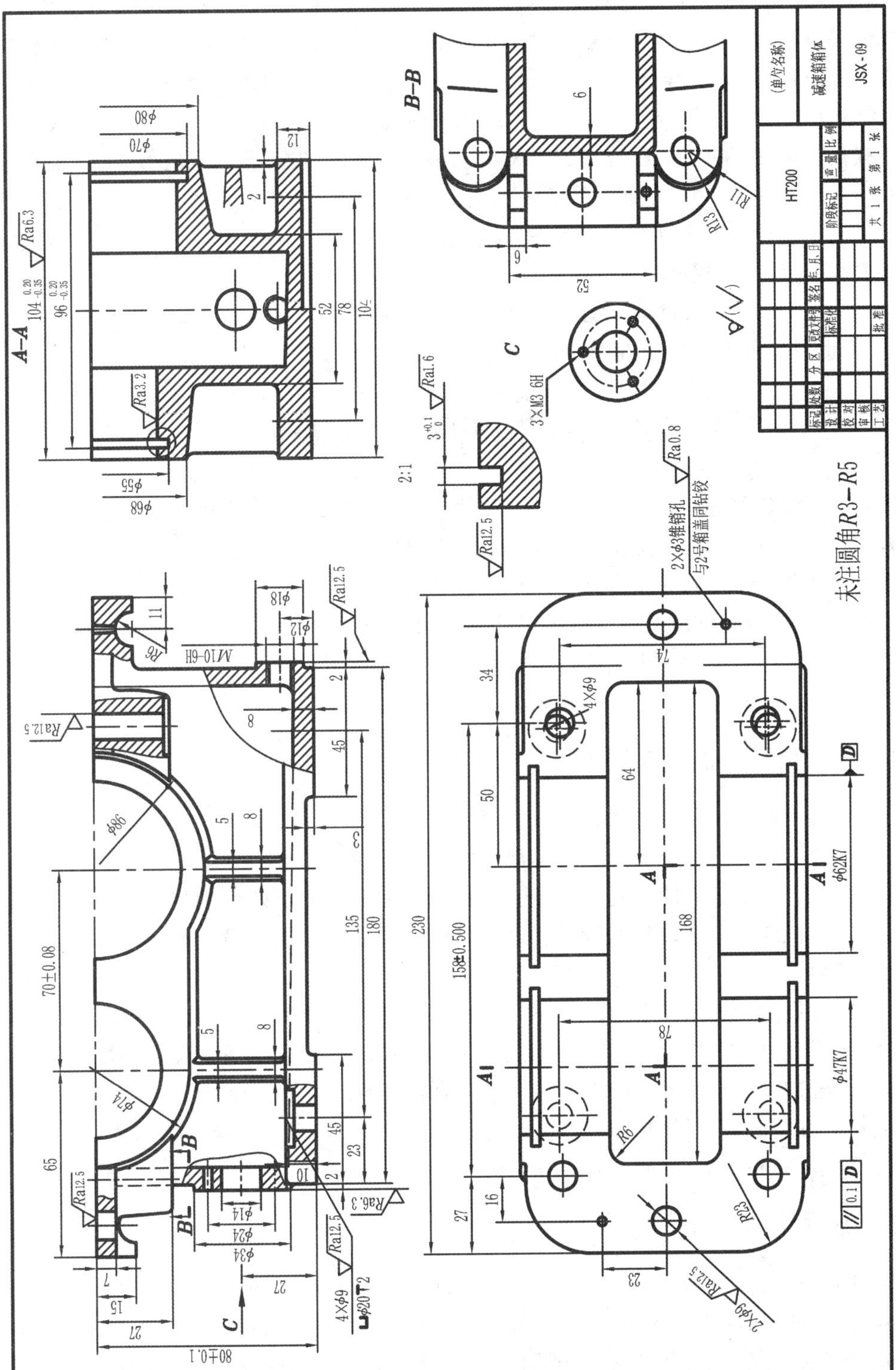

图 7-7 减速器箱体的零件图

的穿通状态等细部结构；俯视图也采用基本视图，表示减速器箱体上部的外形、箱体内腔的形状、两级齿轮轴的轴承孔以及安装孔和定位销孔的位置；因减速器箱体前后对称，故其左视图采用两个平行剖切平面剖切的全剖视图，除分别表示两个轴承孔及端盖安装槽的结构之外，还表示减速器箱体左面的外形、壁厚、内腔的形状以及底板、前后肋板的形状和厚度(用重合断面)。此外，还采用 *C* 向局部视图表示减速器箱体左端凸台的形状及三个安装螺孔的位置，采用 *B-B* 局部剖视图表示箱体的壁厚、安装孔凸台的形状、左右两端肋板的位置和厚度，并用局部放大图 I 表示端盖安装槽的细部结构和尺寸。

通过上述 4 种类型零件的表达方案可以看出，为了完整、清晰、简洁地表示一个零件，在选定主视图以后，要根据零件的结构特点和复杂程度，确定是否要增加其他视图、增加几个视图以及采用什么样的表示方法。在选择其他视图时，应使每个视图都有一个表示的重点，尽量减少视图的数量，避免同一部分结构的重复表示。

7.4 零件图的尺寸标注

为确定零件各部分结构的大小及相对位置，在零件图上必须标注尺寸，而且要严格按照所标注的尺寸对零件进行加工和检验。对零件图尺寸标注的总体要求，除与组合体的尺寸标注一样，应当正确、完整、清晰之外，还应当根据设计和加工工艺的要求，力求做到使零件图上的尺寸标注合理，既能满足设计要求，又便于加工、测量和检验。

合理标注尺寸的关键在于正确地选择尺寸基准，并遵循尺寸标注的一般原则，需要进一步学习机械设计和加工工艺方面的知识，并在设计绘图的实践过程中不断积累经验。

7.4.1 尺寸基准的选择

尺寸基准是确定尺寸位置的点、线、面等几何元素，也就是标注尺寸的起点。设计时，由尺寸基准确定零件各部分的大小及其相对位置(设计基准)；制造、检验时，也是由尺寸基准确定零件的加工表面的位置(工艺基准)。为使加工工艺更好地满足设计要求，设计基准与工艺基准应当重合；当二者不能重合时，所注尺寸应在保证设计要求的前提下，尽量满足工艺要求。

每个零件在长、宽、高三个方向上必须各有一个主要尺寸基准，简称为主要基准。有时为了满足设计、加工、测量、检验上的要求，还要增加一个或几个辅助尺寸基准，简称为辅助基准。辅助基准与主要基准之间必须标有直接联系的尺寸。常用的尺寸基准有基准面(如底板的安装面、重要的端面、装配结合面、零件的对称面等)、基准线(如零件上主要回转面的轴线等)和基准点(如圆心、球心等)。

7.4.2 尺寸标注的一般原则

零件图上标注的所有尺寸，对零件质量的影响并不相同。影响零件工作性能和装配技术要求的尺寸(如零件的装配尺寸、安装尺寸、特性尺寸等)，称为重要尺寸；而对零件质量影响不大的尺寸(如不需要进行切削加工的表面的尺寸、无相对位置要求的尺寸等)，称为非重要尺寸。在标注零件的尺寸时，应先了解零件各组成部分的形状、结构、作用及与其相连接的零件之间的关系，分清重要尺寸和非重要尺寸，然后选定尺寸基准，并按形体

分析的方法，确定必需的定形和定位尺寸，再按如下的原则进行标注。

(1) 重要尺寸直接标注。为了保证零件的质量，避免不必要的尺寸换算和误差积累，重要尺寸必须从设计要求出发直接标注。如图 7-8 所示的零件 I 与零件 II，通过凹槽和凸台定位进行装配，并要求装配后右端面对齐，因此尺寸 B 和尺寸 C 是重要尺寸。合理的尺寸标注如图 7-8(b)所示；图 7-8(c)的标注方法没有直接标注重要尺寸 B，不能保证定位装配；而图 7-8(d)的标注方法则没有直接标注重要尺寸 C，不能保证右端面对齐。

(2) 非重要尺寸按形体分析法进行标注。表示零件某个部分形状、结构的定形尺寸应尽量集中标注。

(3) 尺寸标注应尽量符合零件的加工顺序。如图 7-9 所示的阶梯轴，应先加工 ϕ10×36(长度)，再加工螺纹 M8-6g×20，故图 7-9(a)的标注方法合理，而图 7-9(b)的标注方法则不合理。

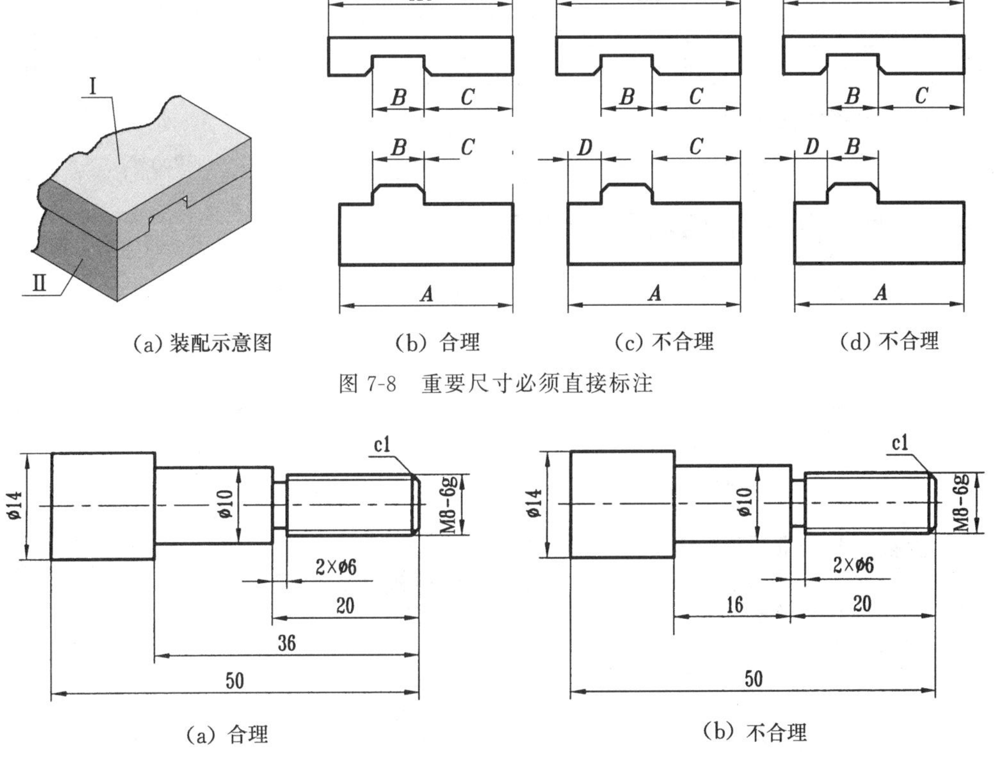

(a) 装配示意图 (b) 合理 (c) 不合理 (d) 不合理

图 7-8 重要尺寸必须直接标注

(a) 合理 (b) 不合理

图 7-9 尺寸标注应符合零件的加工顺序

(4) 尺寸标注应考虑检测的方便。如图 7-10 所示的轴套，考虑到检测的方便，(a)的标注方法比较合理，而(b)的标注方法则不合理。

(5) 不允许标注成封闭尺寸链。零件上在同一方向依次首尾相接的尺寸标注形式称为尺寸链，而形成一个整圈的尺寸链称为封闭尺寸链，如图 7-11(a)所示。由于封闭尺寸链的标注形式存在一个多余的尺寸，不仅不利于保证主要尺寸的精度，还会增加加工的难度，因此，应当选一个最不重要区段的尺寸作为开口(即不标注尺寸)，使其他区段的加工误差都积累在这个区段上，如图 7-11(b)所示；或将最不重要区段的尺寸作为参考尺寸，

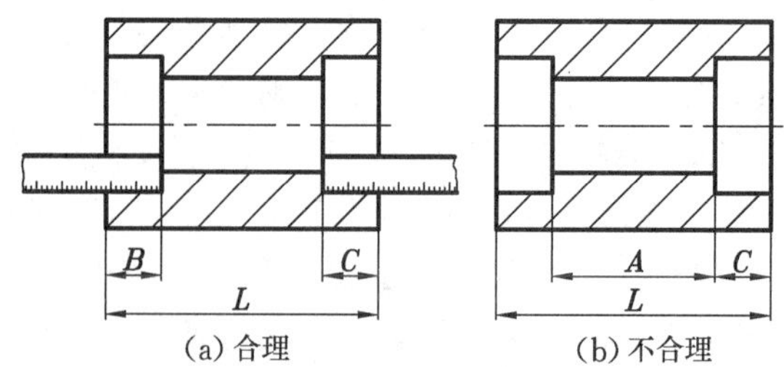

(a) 合理　　(b) 不合理

图 7-10　尺寸标注应考虑检测的方便

加上括号标注出来，如图 7-11(c)所示。

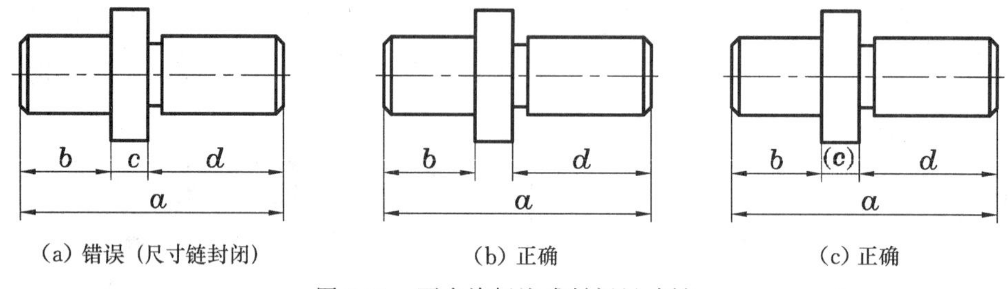

(a) 错误（尺寸链封闭）　　(b) 正确　　(c) 正确

图 7-11　不允许标注成封闭尺寸链

7.4.3　零件常见结构的尺寸注法

零件上的键槽、退刀槽、螺孔、销孔、沉孔、中心孔等常见结构要素的尺寸可按表 7-1 进行标注。

表 7-1　常见结构要素的尺寸注法(GB/T 16675.2-2012)

零件结构类型		标注方法	说明
螺孔	通孔	3×M6-6H　3×M6-6H　3×M6-6H	3×M6 表示大径为 6，有规律分布的三个螺孔。可以旁注，也可以直接注出
	不通孔	3×M6-6H ↧10　3×M6-6H ↧10　3×M6-6H　10	螺纹深度可与螺孔直径连注，也可分开注出
	不通孔	3×M6-6H ↧10 ↧12　3×M6-6H ↧10 ↧12　3×M6-6H　10　12	需要注出孔深时，应明确标注孔深尺寸

续表

零件结构类型		标 注 方 法	说 明
光孔	一般孔	4×ø5↧10　4×ø5↧10　4×ø5　10	4×ϕ5 表示直径为 5，有规律分布的 4 个光孔。孔深可与孔径连注，也可分开标注
	精加工孔	$4\times\phi5^{+0.012}_{0}$↧10 ↧12　$4\times\phi5^{+0.012}_{0}$↧10 ↧12　$4\times\phi5^{+0.012}_{0}$　10　12	光孔深为 12，钻孔后需精加工，深度为 10
光孔	锥销孔	锥销孔ø5 装配时作　锥销孔ø5 装配时作	ϕ5 为与锥销孔相配的圆锥销小头直径。锥销孔通常是相邻两零件装配后一起加工的
沉孔	锥形沉孔	6×ø7 ⌵ø13×90°　6×ø7 ⌵ø13×90°　90° ø13 6×ø7	6×ϕ7 表示直径为 7 有规律分布的 6 个孔。锥形部分尺寸可以旁注，也可直接注出
	柱形沉孔	4×ø6 ⌴ø10↧3.5　4×ø6 ⌴ø10↧3.5　ø10 3.5 4×ø6	4×ϕ6 的意义同上。柱形沉孔的直径为 ϕ10，深度为 3.5，均需注出
	锪平面	4×ø7⌴ø16　4×ø7⌴ø16　⌴4×ø16 4×ø7	锪平面 ϕ16 的深度不需标注，一般锪平到不出现毛面为止

续表

零件结构类型		标 注 方 法	说 明
键槽	平键键槽	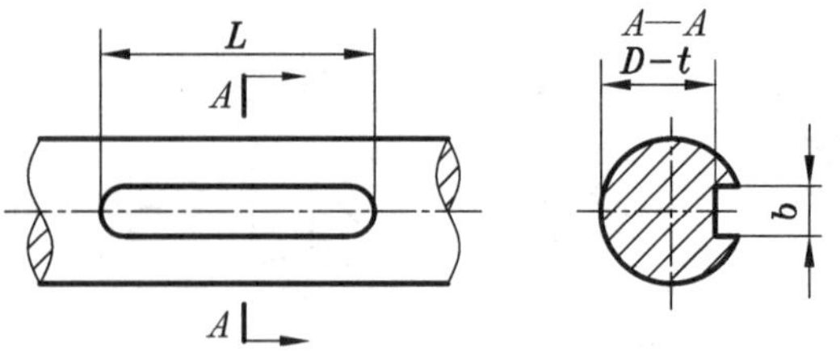 A—A, L, A, D-t, b	标注 D-t 便于测量
	半圆键键槽	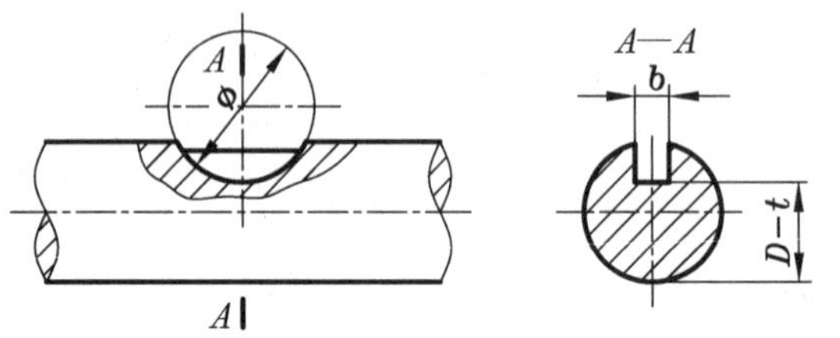 A—A, A, ϕ, b, D-t	标注直径 ϕ 便于选择铣刀，标注 D-t 便于测量
锥轴与锥孔		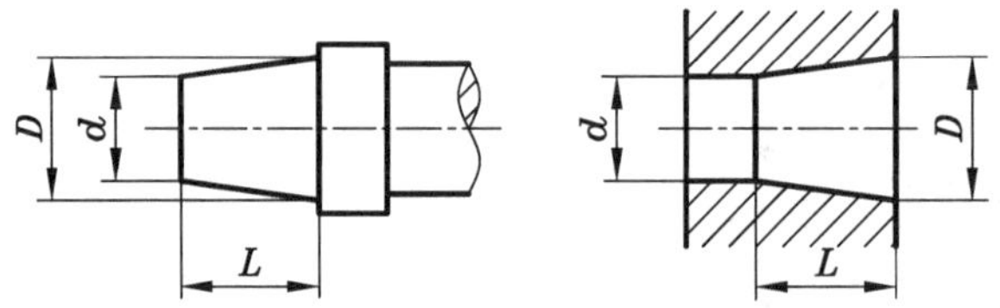 D, d, L	当锥度要求不高时，这样标注便于制造木模
		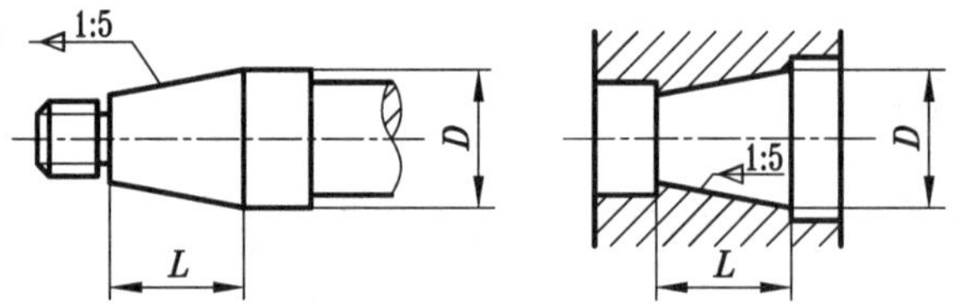 1:5, D, L	当锥度要求准确并为保证一端直径尺寸时的标注形式
退刀槽及砂轮越程槽		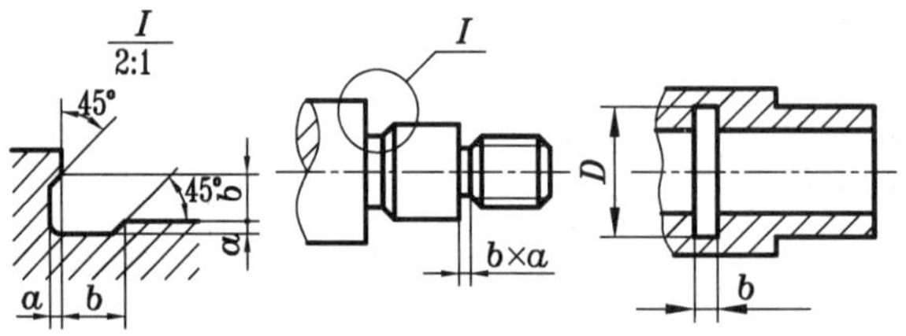 I, 2:1, 45°, b, a, b×a, D	为便于选择槽刀，退刀槽宽度应直接注出。直径 D 可直接注出，也可注出切入深度 a
倒角		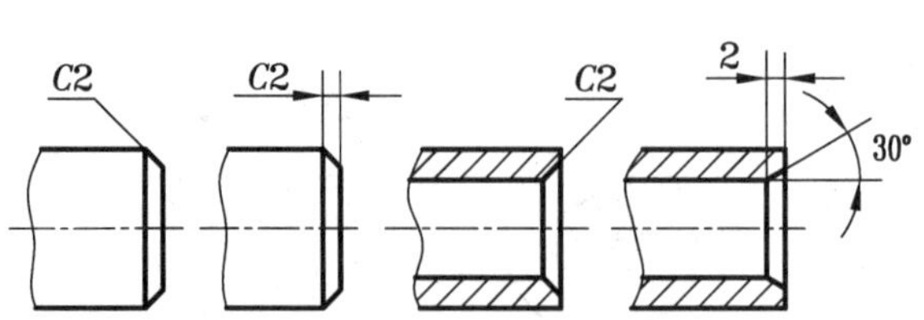 C2, 2, 30°	倒角 45°时，倒角用 C 表示；倒角不是 45°时，要分开标注

续表

零件结构类型	标 注 方 法	说 明
滚花	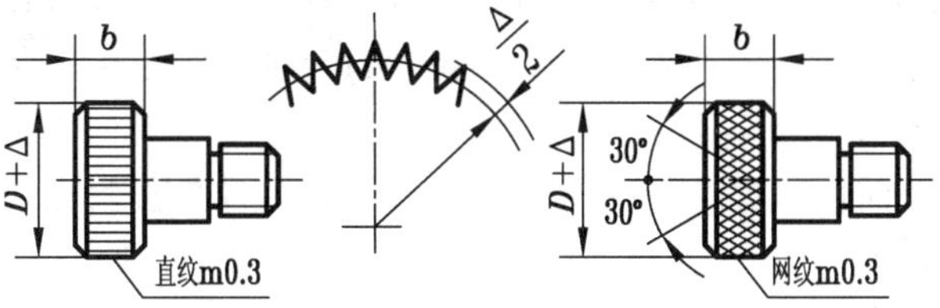 b　D+Δ　直纹m0.3　Δ/2　b　D+Δ　30°　30°　网纹m0.3	滚花有直纹与网纹两种标注形式。滚花前的直径尺寸为 D，滚花后为 $D+\Delta$，Δ 应按模数 m 查相应的标准确定
平面	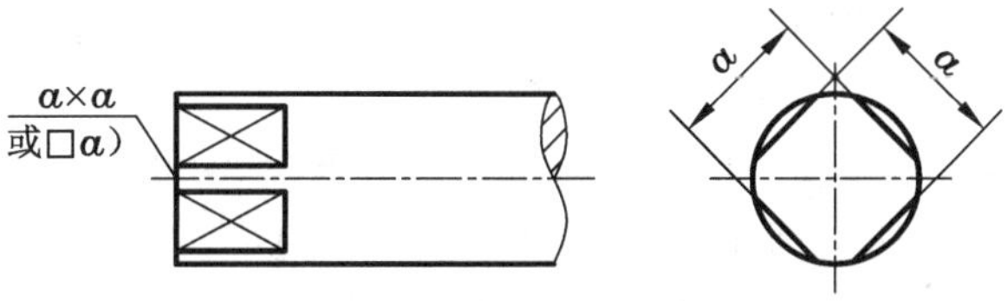 a×a（或□a）　a　a	在没有表示出正方形实形的图形上，该正方形的尺寸可用 $a\times a$（a 为正方形边长）或□a 表示；否则要直接标注
中心孔	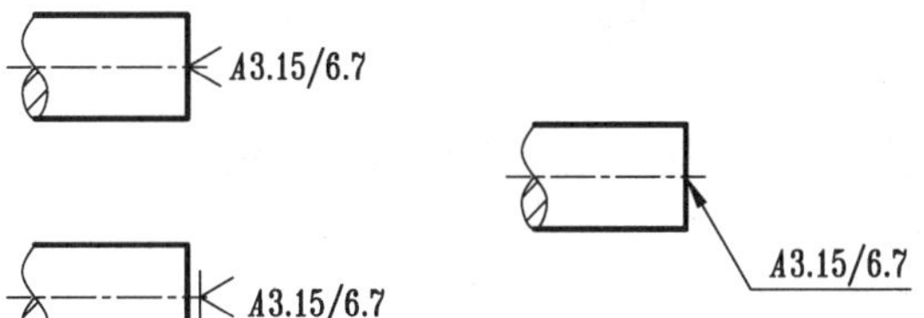 A3.15/6.7　A3.15/6.7　A3.15/6.7	中心孔是标准结构，在图纸上可用符号表示中心孔的要求。左上图为在完工零件上要求保留中心孔的标注示例。左下图为在完工零件上不可以保留中心孔的标注示例。右图为在完工零件上是否保留中心孔都可以的标注示例
	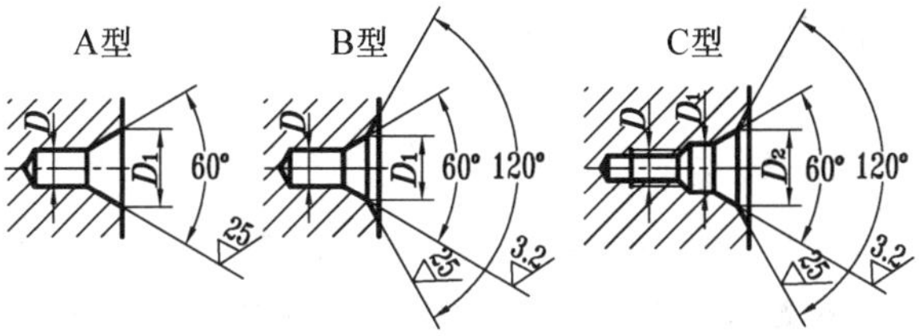 A型　D　D1　60°　25　B型　D　D1　60°　120°　25　3.2　C型　D　D2　60°　120°　25　3.2	中心孔分 A 型、B 型、C 型等。B 型、C 型有保护锥面的中心孔，C 型为带螺纹的中心孔。标注示例中 A 3.15/6.7 表示采用 A 型中心孔，$D=3.15$，$D_1=6.7$

7.4.4 尺寸标注举例

对于轴类零件，常以回转轴线作为径向主要基准（即宽度与高度方向的基准），而轴向（即长度方向）的主要基准，则常选用重要的端面、接触面（轴肩）或加工面。如图 7-2 所示的轴，因 ϕ30k6 轴段左端的轴肩是安装滚动轴承的接触面（定位），故选为长度方向的主要基准，其长度方向的主要尺寸 16，73 等均从主要基准直接标注。轴的右端面可选为长度方向的辅助基准，右端 ϕ24h6 轴段的长度 34 和轴的总长就是从右端面进行标注的。径向的主要尺寸 ϕ24 h6，ϕ30 k6 及 ϕ32 k6 等则是从径向基准（轴线）进行标注的。

对于盘、盖类零件，通常也选用通过轴孔的轴线作为径向主要基准，而长度方向的主要基准，则常选用重要的端面。如图 7-3 所示的阀盖，选用零件安装时接触的端面作为长度方向的主要基准，长度方向的定位尺寸 $44^{0}_{-0.39}$、$4^{+0.18}_{0}$ 和 6 应从主要基准直接标注；左端的孔深 5 和右端的孔深 $7^{0}_{-0.22}$ 分别从两端面（长度方向的辅助基准）进行标注，是为了便于检测和符合零件的加工顺序。径向的主要尺寸 ϕ35H11 和 ϕ50h11（配合尺寸）、M36×2－6g（安装尺寸）、ϕ20（特性尺寸）、ϕ70（安装孔的定位尺寸）等，均从径向基准（轴线）进行标注。此外，因在长度方向已经标注 $44^{0}_{-0.39}$ 和 $4^{+0.18}_{0}$，为避免标注成封闭尺寸链，故不能再标注总长。

对于叉架类零件，通常选用安装基面或零件的对称面作为主要基准。如图 7-6 所示的拨叉，长度方向以叉部的对称面为主要基准，宽度方向以轴孔键槽的对称面为主要基准，高度方向则以轴孔轴线所在的水平面为主要基准。

对于箱体类零件，通常选用零件的对称面或重要的轴线、安装面、接触面（或加工面）等作为主要基准。如图 7-1 所示的泵体，选用右端面作为长度方向主要基准（装配结合面），前后对称面作为宽度方向的主要基准，而高度方向的主要基准则选用泵体的底面（安装面）。

7.5 零件图的技术要求

在零件图上除用一组视图表示零件的形状和结构、标注尺寸表示零件的大小之外，还必须注写零件在制造、装配、检验时所应达到的技术要求，如尺寸精度、表面结构、几何公差、材料的热处理等。技术要求应采用规定的代（符）号标注在视图中，当用代（符）号标注有困难时，也可在“技术要求”的标题下，用简要的文字进行说明。此外，有些尺寸相同且数量较多的工艺结构（如圆角、倒角等），也可在技术要求中予以说明。

7.5.1 极限与配合（GB/T 1800.1—2020，GB/T 1800.2～1800.4—2020，GB/T 1801—2020）

1. 互换性

在按设计要求加工出来的一批零件中，任取一件，不经任何修配，就能装到机器或部件上去，并能达到规定的技术要求，这种性质称为零件的互换性。零件的互换性是机械产品批量化生产的基础，给机器的装配和维修带来了极大的方便，并有利于组织大规模、高效率的专业化生产，具有很大的经济效益。

2. 尺寸公差

在制造零件时，由于受到机床、刀具、量具、操作、测量等许多因素的影响，零件的实际尺寸与设计尺寸之间总会存在一定的误差。为了使零件既具有互换性、能满足使用的要求，又不过多地增加制造成本，就必须允许零件的尺寸在一个合理的范围内变动，这个允许的尺寸变动量就是尺寸公差。有关尺寸公差的术语、定义和基本概念如图 7-12 所示。

(1) 基本尺寸（公称尺寸）——由设计确定的尺寸，如图 6-35(a)中的 ϕ30。

(2) 实际尺寸——零件加工后通过实际测量得到的尺寸。

(3) 极限尺寸——允许实际尺寸变化的两个极限值，较大的一个称为最大极限尺寸，

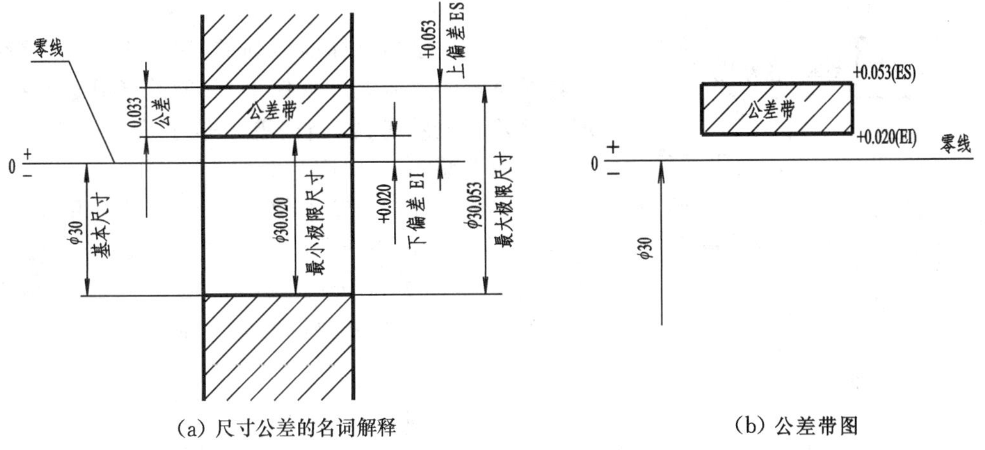

(a) 尺寸公差的名词解释

(b) 公差带图

图 7-12 尺寸公差的示意图

较小的一个称为最小极限尺寸,在图 7-12(a)中分别为 ϕ30.053 和 ϕ30.020。

(4) 尺寸偏差(简称为偏差)——某一尺寸(实际尺寸或极限尺寸)减去其基本尺寸所得的代数差。最大极限尺寸和最小极限尺寸减去其基本尺寸所得的代数差,分别称为上偏差和下偏差。孔的上、下偏差分别用 ES,EI 表示,而轴的上、下偏差则分别用 es,ei 表示。上、下偏差统称为极限偏差,其数值可能为正、负或零。

在图 7-12(a)中,上、下偏差可各用一条直线表示,上偏差(ES)=30.053－30=＋0.053,下偏差(EI)=30.020－30=＋0.020。

(5) 尺寸公差(简称为公差)——允许尺寸的变动量。因公差是最大极限尺寸与最小极限尺寸之差(即上偏差与下偏差之差),故其数值只能为正,在图 7-12(a)中为 0.033。

(6) 尺寸公差带(简称为公差带)——由代表上、下偏差的两条直线所限定的区域[见图 7-12(a)],在实际运用中常用公差带图来表示,如图 7-12(b)所示。

(7) 零线——在公差带图中确定偏差的一条基准线,即零偏差线。通常以零线表示基本尺寸,零线之上的偏差为正,零线之下的偏差为负,如图 7-12 所示。

公差带与公差的区别在于:公差带既表示了公差(公差带的大小),又表示了公差相对于零线的位置(公差带的位置)。

3. 标准公差与基本偏差

为了满足零件互换性的要求,国家标准对公差和偏差进行了标准化,制定了相应的制度,这种制度称为极限制。国家标准《产品几何技术规范(GPS) 线性尺寸公差 ISO 代号体系 第 1 部分:公差、偏差和配合的基础》(GB/T 1800.1—2020)规定,公差带由标准公差和基本偏差两个要素组成,公差带的大小由标准公差确定,而公差带的位置则由基本偏差确定。

1) 标准公差

标准公差是国家标准所列的、用以确定公差带大小的公差,用 IT 表示,共分为 20 个等级,即 IT01,IT0,IT1,…,IT18。IT 后面的数字表示公差等级,也就是确定尺寸精度的等级。IT01 级的精度最高(公差最小),以下依次降低。标准公差的数值取决于公差等级和基本尺寸,可由查表确定。

2）基本偏差

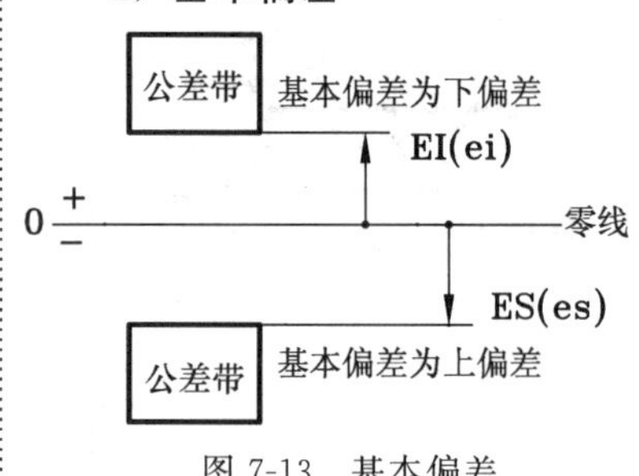

图 7-13　基本偏差

基本偏差是国家标准所列的、用以确定公差带相对零线位置的上偏差或下偏差，一般是指靠近零线的那个偏差。也就是说，当公差带位于零线上方时，基本偏差为下偏差，反之则为上偏差，如图 7-13 所示。

国家标准规定的基本偏差系列，其代号用拉丁字母表示，大写字母表示孔，小写字母表示轴，各有 28 个基本偏差，如图 7-14 所示（图中的 ES，EI 表示孔的上、下偏差，而 es，ei 则表示轴的上、下偏差）。

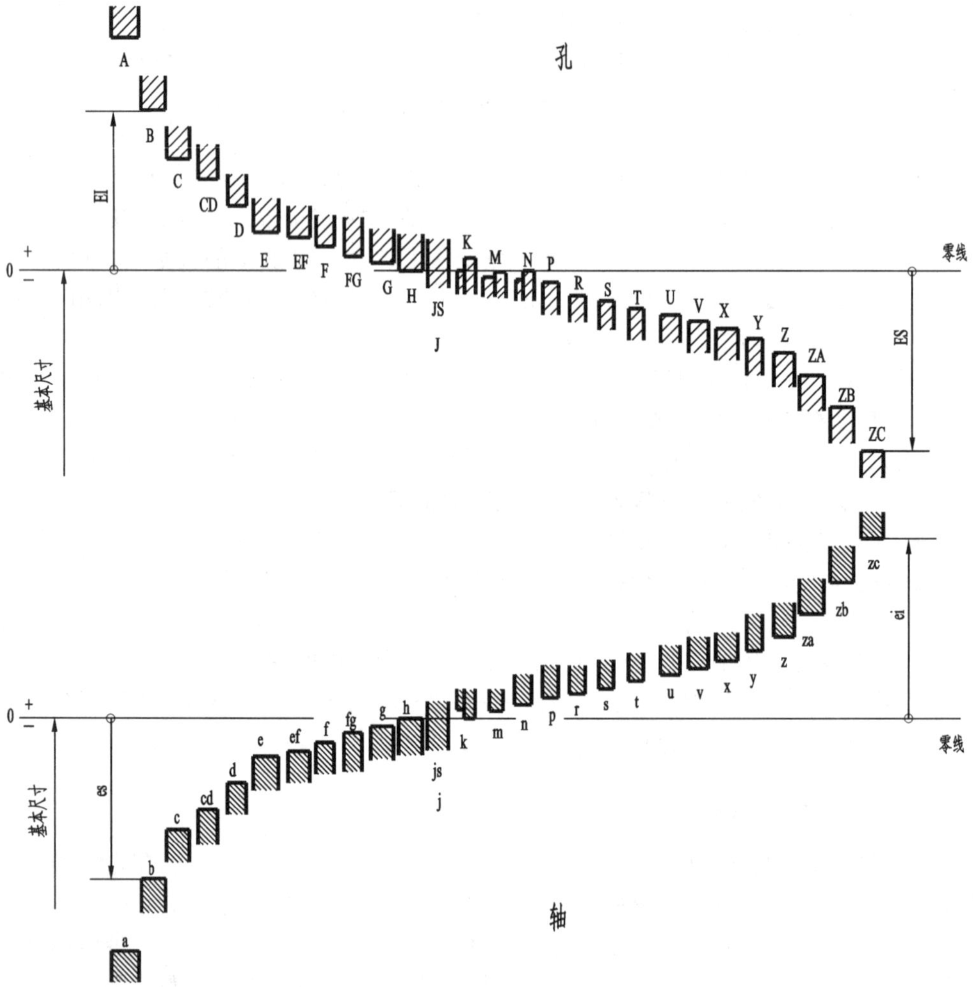

图 7-14　基本偏差系列示意图

由图 7-14 可以看出：由于基本偏差只表示公差带相对于零线的位置，不表示公差带的大小，所以图中的公差带仅靠近零线的一端为基本偏差，而另一端则为“开口”。孔的基本偏差从 A 至 H 为下偏差 EI，从 J 至 ZC 为上偏差 ES；轴的基本偏差则相反，从 a 至 h 为上偏差 es，从 j 至 zc 为下偏差 ei；而 JS 和 js 的公差带则对称分布于零线的两边。此

外，孔 A～H 与轴 a～h 相应的基本偏差对称于零线，即 EI ＝－es。

3）孔和轴的公差带

(1) 公差带的上、下偏差。因基本偏差仅表示公差带中靠近零线的一端的偏差，故其另一端的偏差值要根据孔、轴的基本偏差和所选的标准公差 IT 算出(在实际使用中可查表)。

对于孔 A～H，下偏差 EI 为已知，上偏差 ES＝EI＋IT；对于孔 J～ZC，上偏差 ES 为已知，下偏差 EI＝ES－IT；而对于孔 JS，其上偏差 ES＝IT/2，下偏差 EI＝－IT/2。

对于轴 a～h，上偏差 es 为已知，下偏差 ei＝es－IT；对于轴 j～zc，下偏差 ei 为已知，上偏差 es＝ei＋IT；而对于轴 js，其上偏差 es＝IT/2，下偏差 ei＝－IT/2。

(2) 公差带的代号。孔和轴的公差带代号由基本偏差代号和公差等级代号组成，如图 7-15 所示。

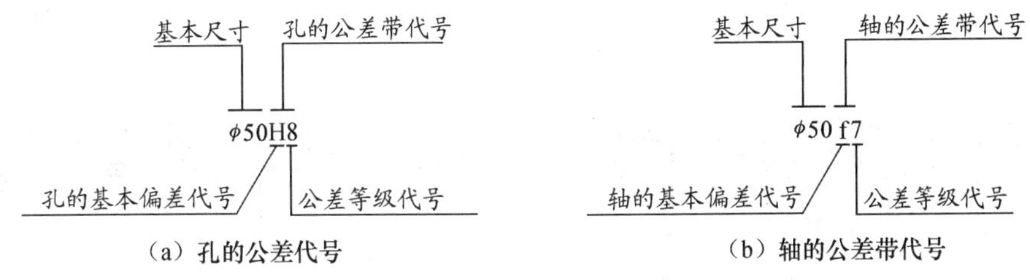

图 7-15 公差带的代号示例图

4. 配合与配合制

1）配合及其种类

基本尺寸相同且相互结合的孔与轴公差带之间的关系称为配合。孔与轴配合时，如果孔的实际尺寸大于轴的实际尺寸，就会产生“间隙”，反之则会产生“过盈”。

由于互相配合的孔与轴在机器或部件中所起的作用不同，所以对其配合松紧程度的要求也不一样，国家标准将配合分为以下三类。

(1) 间隙配合——具有间隙(包括最小间隙为零)的配合，如图 7-16(a)所示，孔的公差带在轴的公差带之上。

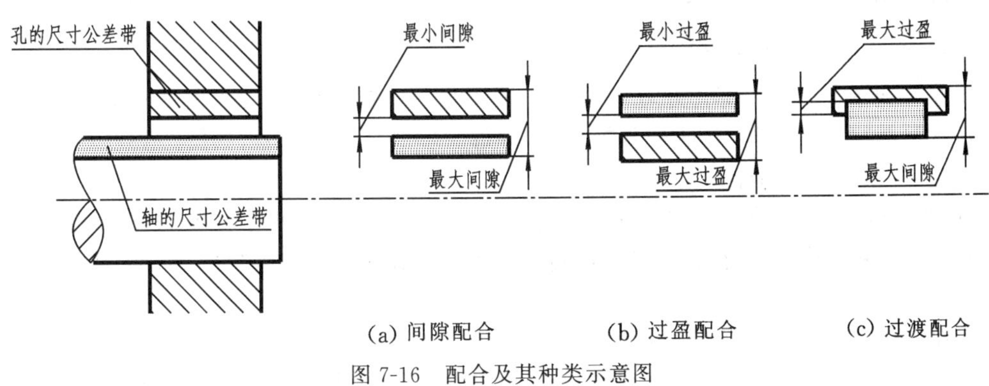

图 7-16 配合及其种类示意图

(2) 过盈配合——具有过盈(包括最小过盈为零)的配合，如图 7-16(b)所示，孔的公差带在轴的公差带之下。

(3) 过渡配合——可能具有间隙或过盈的配合，如图 7-16(c)所示，孔的公差带与轴的公差带相互重叠。

2）配合制

由于孔和轴的基本偏差各有 28 种，导致孔与轴的配合种类繁多，不利于零件的设计与制造。如果将孔(或轴)的基本偏差固定，作为基准件，再与轴(或孔)配合，就会大大减少配合的种类，从而减少定值刀具、量具的规格数量，获得较大的技术经济效益。为此，国家标准规定了配合制(即同一极限制的孔与轴组成配合的制度)，而且分为两种：基孔制配合与基轴制配合。

(1) 基孔制配合——基本偏差为一定的孔的公差带与不同基本偏差的轴的公差带形成各种配合的制度，称为基孔制配合，如图 7-17(a)所示。基孔制的孔为基准孔，其基本偏差代号为 H，下偏差为零。

(2) 基轴制配合——基本偏差为一定的轴的公差带与不同基本偏差的孔的公差带形成各种配合的制度，称为基轴制配合，如图 7-17(b)所示。基轴制的轴为基准轴，其基本偏差代号为 h，上偏差为零。

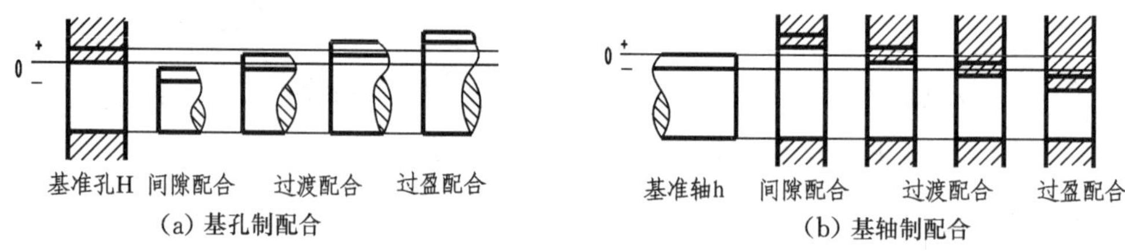

图 7-17　配合制示意图

由于轴的加工工艺比孔简单，容易获得不同的上、下偏差，所以国家标准明确规定，在一般情况下应优先采用基孔制配合。

3）优先、常用配合

国家标准考虑到各类机械产品的不同特点，制定了能最大限度地满足生产、使用需要的各种配合，并且将其中的一部分规定为优先、常用配合，在设计时应优先选用。基孔制和基轴制的优先、常用配合可查阅有关的表格(参见附录中的附表 1 和附表 2)。

5. 极限与配合的标注及查表

1）在装配图上的标注

在装配图上一般只标注相互配合的孔与轴的公差带代号，通常采用“分式”的形式注在基本尺寸之后，分子为孔的公差带代号，分母为轴的公差带代号，如图 7-18(a)所示。

2）在零件图上的标注

在零件图上标注公差的方法有：只标注公差带代号；只标注极限偏差的数值；同时标注公差带代号和极限偏差的数值(但极限偏差的数值应放在括号中)，分别如图 7-18(b)、(c)、(d)所示。

在零件图上标注极限偏差数值时要注意以下几点。

(1) 上偏差应注在基本尺寸的右上方，下偏差应与基本尺寸注在同一底线上，偏差值要用比基本尺寸数字小一号的字体书写，如图 7-18(c)所示。

(2) 上下偏差的小数点必须对齐，小数点后的位数也必须相同(可在右端用 0 补齐)，如 $\phi100^{+0.010}_{-0.025}$；当上偏差(或下偏差)为零时，应标出数字“0”，并与下偏差(或上偏差)的个位数对齐，如图 7-18(d)所示。

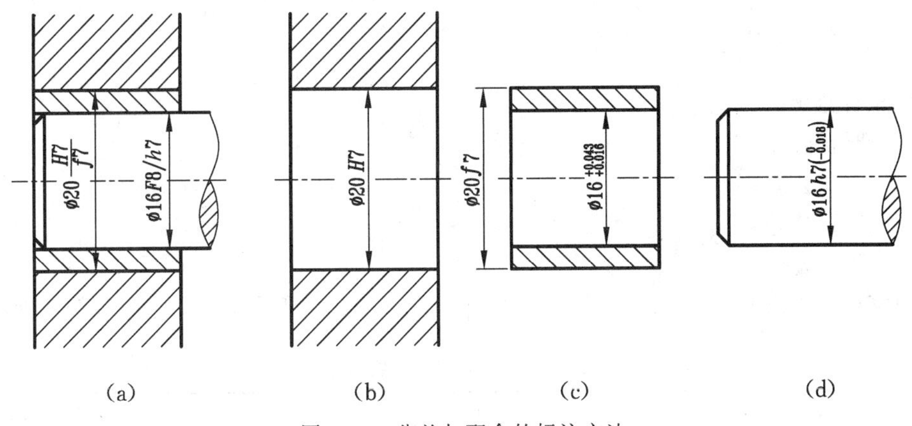

图 7-18 公差与配合的标注方法

(3) 当两个偏差相同时,偏差数值只注写一次,但应在偏差与基本尺寸之间注出“±”符号,并且与基本尺寸数字高度相同,如 φ100±0.011。

3) 查表方法

根据基本尺寸和公差带代号,可通过查表获得孔或轴的极限偏差数值。例如对于 φ20f7(参见附录中的附表 1),可在基本尺寸所在的行(>18～24)与公差带代号所在的列(f7)的相交处,查到其上、下偏差分别为 −20μm 和 −41 μm,再换算成 −0.020mm 和 −0.041 mm,故 φ20f7 可写成 $\phi20_{-0.041}^{-0.020}$。

6. 一般公差(GB/T 1804—2000)

一般公差是指在通常的加工条件下即可保证的公差,分为精密 f、中等 m、粗糙 c、最粗 v 四个公差等级,常用于无特殊要求的尺寸,而且不需注出其极限偏差的数值。需要标注时,可根据一般设备的加工精度选取相应的公差等级,并在图样标题栏附近或技术要求、技术文件中注出标准号及公差等级代号,如选取中等 m 时,标注为:GB/T 1804—m。一般公差线性尺寸的极限偏差数值可查阅有关的表格。

一般公差线性尺寸的极限偏差数值如表 7-2 所示。

表 7-2 一般公差线性尺寸的极限偏差数值 (单位:mm)

公差等级	尺寸分段							
	0.5～3	>3～6	>6～30	>30～120	>120～400	>400～1000	>1000～2000	>2000～4000
f(精密级)	±0.05	±0.05	±0.1	±0.15	±0.2	±0.3	±0.5	—
m(中等级)	±0.1	±0.1	±0.2	±0.3	±0.5	±0.8	±1.2	±2
c(粗糙级)	±0.2	±0.3	±0.5	±0.8	±1.2	±2	±3	±4
v(最粗级)	—	±0.5	±1	±1.5	±2.5	±4	±6	±8

7.5.2 几何公差简介(GB/T 1182—2018)

几何公差包括形状和位置公差,是零件要素的实际形状和实际位置对理想形状和理想位置的允许变动量。具体地说,形状公差是指单一实际要素的形状所允许的变动量;而位置公差则是指关联实际要素的位置对基准所允许的变动量。

1. 几何公差的分类及特征项目符号

国家标准将几何公差分为 4 类：

(1) 形状公差；

(2) 方向公差；

(3) 位置公差；

(4) 跳动公差。

国家标准对几何公差的每一特征项目都规定了专用的符号，如表 7-3、表 7-4 所示。

表 7-3　几何公差的几何特征、符号

公差类型	几何特征	符　　号	有无基准要求
形状公差	直线度	⏤	无
	平面度	⏥	无
	圆　度	○	无
	圆柱度	⌭	无
	线轮廓度	⌒	无
	面轮廓度	⌓	无
方向公差	平行度	∥	有
	垂直度	⊥	有
	倾斜度	∠	有
	线轮廓度	⌒	有
	面轮廓度	⌓	有
位置公差	位置度	⌖	有或无
	同心度(用于中心点)	◎	有
	同轴度(用于轴线)	◎	有
	对称度	⌯	有
	线轮廓度	⌒	有
	面轮廓度	⌓	有

表 7-4　附号符号

说　　明		符　　号	有无基准要求
跳动公差	圆跳动	↗	有
	全跳动	⌰	有
被测要素			
基准要素		A　A	

2. 几何公差的图样表示法

零件上大多数对于几何公差要求不高的要素，通常由其尺寸公差和加工机床的精度即可满足几何公差的要求，故不需要进行标注；但对于几何公差要求较高的要素，则必须在标注尺寸公差的基础上再标注几何公差。

国家标准规定，在零件图上采用框格标注表示几何公差的设计要求；当无法采用框格标注时，允许在技术要求中用文字说明。

形状公差的框格由 2 格组成，而位置公差的框格则有 3 格以上。左边的第一格填写几何公差特征项目的符号，第二格填写几何公差的数值(必要时加上表示公差带形状的字母 ϕ)，从第三格起填写代表位置公差基准的字母。

几何公差框格、指引线及基准代号的画法，如图 7-19 所示。指引线用于联系几何公差框格与有关的被测要素。

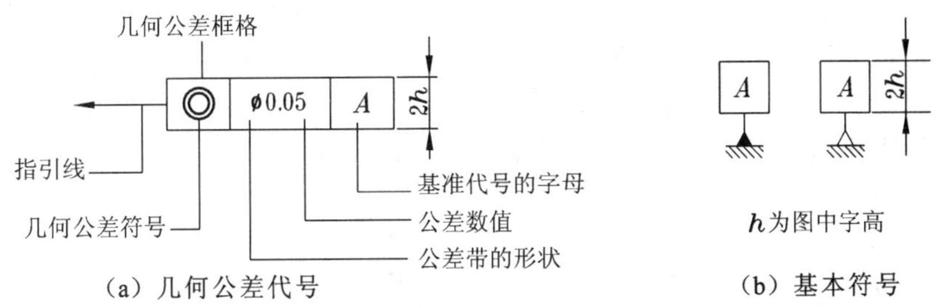

图 7-19　几何公差的代号及基准符号

1）被测要素的标注方法

按下列方法之一用指引线连接被测要素和公差框格。指引线引自框格的任意一侧，终端带一箭头。

当公差涉及轮廓线或轮廓面时，剪头指向该要素的轮廓线或其延长线(应与尺寸线明显错开，如图 7-20(a)、图 7-20(b)所示)，箭头也可指向引出线的水平线，引出线引自被测面，如图 7-20(c)所示。

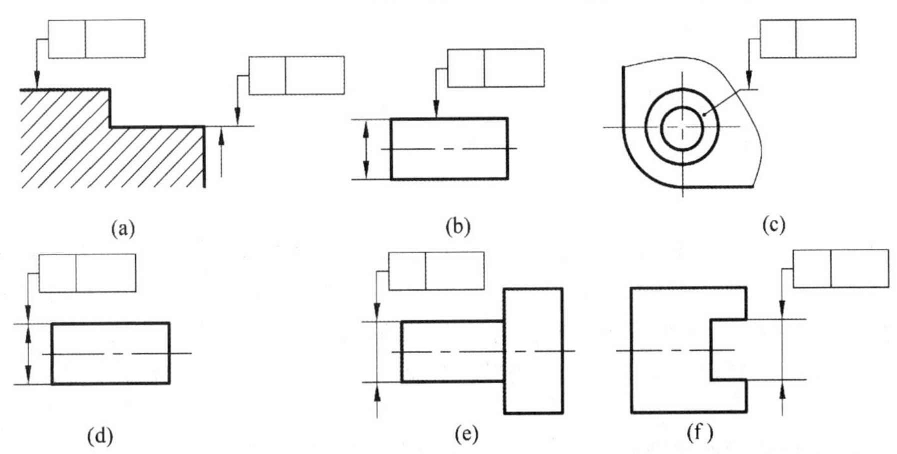

图 7-20　被测要素的标注方法

公差涉及要素的中心线、中心面或中心点时，箭头应位于相应尺寸线的延长线上，如图 7-20(d)～(f)所示。

2）基准要素的标注方法(GB/T 17851—2022)

基准应按以下所示的规定标准。

(1) 与被测要素相关的基准用一个大写字母表示。字母标注在基准方格内，与一个涂黑的或空白的三角形相连以表示基准[见图 7-21(a)、(b)]；表示基准的字母还应标注在公差框格内。涂黑的和空白的基准三角形含义相同。

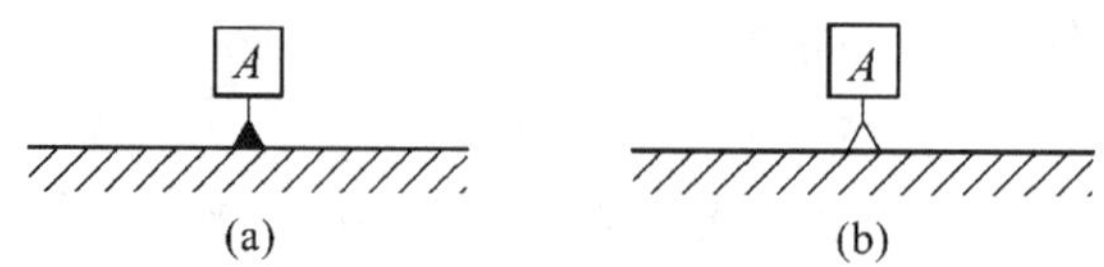

图 7-21　基准的表示方法

(2) 带基准字母的基准三角形应按如下规定放置：

当基准要素是轮廓线或轮廓面时，基准三角形放置在要素的轮廓线或其延长线上[与尺寸线明显错开，如图 7-22(a)所示]，基准三角形也可放置在该轮廓面引出线的水平线上[见图 7-22(c)]。

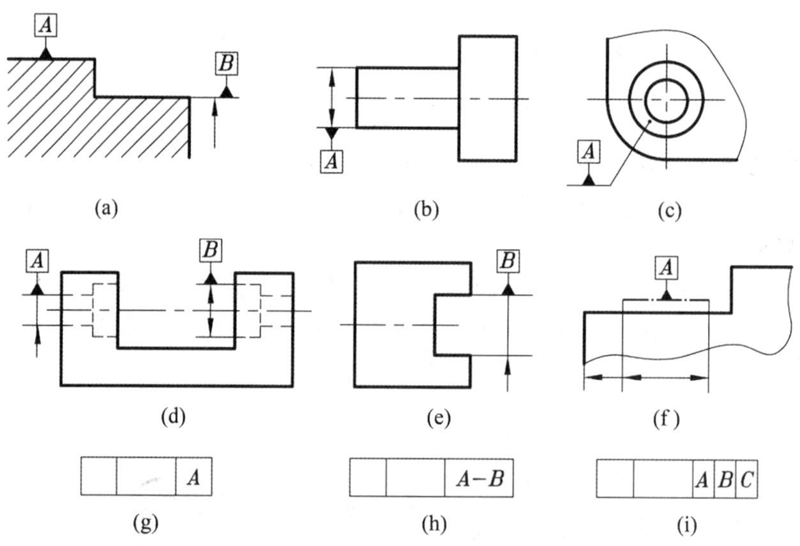

图 7-22　基准要素的标注方法

当基准线是尺寸要素确定的轴线、中心平面或中心点时，基准三角形应放置在该尺寸线的延长线上[见图 7-22(b)、(d)、(e)]。如果没有足够的位置标注基准要素尺寸的两个尺寸箭头，则其中一个箭头可用基准三角形代替[见图 7-22(d)和图 7-22(e)]。

(3) 如果只以要素的某一局部作基准，则应用粗点画线示出该部分并加注尺寸[见图 7-22(f)]。

(4) 以单个要素作基准时，用一个大写字母表示[见图 7-22(g)]。

两个要素建立公共基准时，用中间加连字符的两个大写字母表示[实例见

图 7-22(h)]。一两个或三个基准建立基准体系(即采用多基准)时,表示基准的大写字母按基准的优先顺序自左至右填写在各框格内[见图 7-22(i)]。

3. 几何公差在零件图上的标注示例

在图 7-23 所示的零件图中,标注了 4 种位置公差。

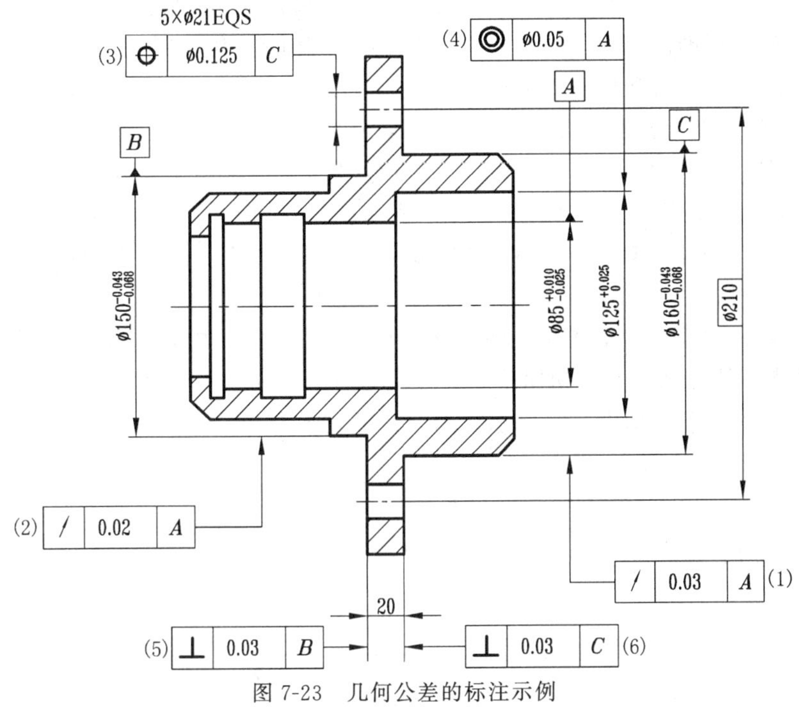

图 7-23 几何公差的标注示例

(1)和(2)表示 ϕ150f6 圆柱面和 ϕ160f6 圆柱面对 ϕ85K7 圆柱孔轴线 *A* 的圆跳动公差分别为0.02和 0.03。

(3)表示在与基准 *C* 同轴且理论直径为 ϕ210 的圆周上均匀分布的 5×ϕ21 孔的位置度公差为 ϕ0.125。

(4)表示 ϕ125H6 圆柱孔的轴线与 ϕ85 K7 圆柱孔的轴线 *A* 的同轴度公差为 ϕ0.05。

(5)和(6)表示厚为 20 的安装板左端面对 ϕ150f6 圆柱面轴线 *B* 的垂直度公差为 0.03;右端面对 ϕ160f6 圆柱面轴线 *C* 的垂直度公差为 0.03。

7.5.3 表面结构的表示法(GB/T 131—2006)

1. 表面结构的概念

零件表面在成形加工时,由于材料切削变形,加工刀具磨损和机床振动等因素的影响,使零件的实际加工表面存在着微观的高低不平。零件表面因加工而形成的表面几何特征,即为零件的表面结构。

表面结构是在有限区域上的表面粗糙度、表面波纹度、纹理方向、表面几何形状及表面缺陷等表面特性的总称。它是出自几何表面的重复或偶然的偏差,这些偏差形成该表面的三维形貌。对表面结构有要求时的表示法涉及下面参数：

(1) 轮廓参数，与国家标准《产品几何技术规范(GPS) 表面结构 轮廓法 术语、定义及表面结构参数》(GB/T 3505—2009)相关的参数有 R 轮郭(粗糙度参数)、w 轮廓(波纹度参数)、p 轮廓(原始轮廓参数)。

(2) 图形参数，与国家标准《产品几何量技术规范(GPS) 表面结构 轮廓法 图形参数》(GB/T 18618—2002)相关的参数有粗糙度图形和波纹度图形。

(3) 与国家标准《产品几何量技术规范(GPS) 表面结构 轮廓法 具有复合加工特征的表面 第 2 部分：用线性化的支承率曲线表征高度特征》(GB/T 18778.2—2003)和《产品几何技术规范(GPS) 表面结构 轮廓法 具有复合加工特征的表面 第 3 部分：用概率支承率曲线表征高度特征》(GB/T 18778.3—2006)标准相关的支撑率曲线参数。

国家标准《产品几何技术规范(GPS) 技术产品文件中表面结构的表示法》(GB/T 131—2006)标准适用于对表面结构有要求的图样表示法，不适用于表面有缺陷(如孔、划痕等)的标注方法。

表面结构的轮廓参数 R 轮廓分别为 Ra 和 Rz，实际应用中有以 Ra 用得最多。

Ra 是指零件轮廓算术平均偏差。它是在取样长度 lr 内，轮廓上各点至基准线距离绝对值的算术平均值，如图 7-24 所示。用公式可表示为

$$Ra=\frac{1}{L}\int_{0}^{L}|y(x)|\mathrm{d}x$$

或近似表示为 $Ra=\frac{1}{n}\sum_{i=1}^{n}|y_i|$，其中 n 为测点数。

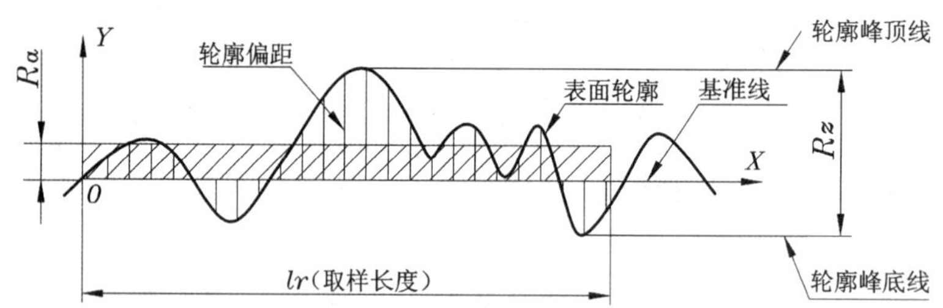

图 7-24 零件表面轮廓曲线和表面结构要求参数

国家标准对 Ra 数值作了规定，表 7-5 列出了常用的 Ra 轮廓(粗糙度参数)数值及其对应的加工方法及适用范围。

表 7-5 粗糙度参数 Ra(轮廓算术平均偏差)的数值及其对应的加工方法

表面特征		Ra 值/μm	主要加工方法	适用范围
加工面	可见加工刀痕	100,50,25	粗车、粗刨、粗铣	钻孔、倾角、没有要求的自由表面
	微见加工刀痕	12.5,6.3,3.2	精车、精刨、精铣、精磨	接触表面，较精确定心的配合面
	微辨加工痕迹方向	1.6,0.8,0.4	精车、精磨、研磨、抛光	要求精确定心的、重要的配合面
	有光泽面	0.2,0.1,0.05	研磨、超精磨、抛光、镜面磨	高精度、高速运动零件的配合面、重要装饰面
毛坯面			铸、锻、轧制等经表面清理	无须进行加工的表面

表面结构参数是评定零件表面质量的一项重要指标，它对零件的配合性能、耐磨性、抗腐蚀性、接触刚度等都有很重要的影响。由于机器或部件在工作时对零件各表面的要求不同，其表面结构要求也不同。一般情况下，凡是与其他零件相接触的表面，都要经过切削加工。特别是有配合要求或有相对运动的表面，必须具有适当的表面粗糙度轮廓。但粗糙度轮廓高度参数值越小，要求愈高，加工成本愈高，因此，在满足机器或部件对零件使用要求的前提下，应尽量降低对零件表面粗糙度轮廓的要求。

2. 表面结构的图形符号及含义

图样上表示零件表面结构的图形符号及含义，如表 7-6 所示。

表 7-6 标注表面结构的图形符号及含义

符 号	含 义
	基本图形符号，对表面结构有要求的图形符号仅用于简化代号标注，没有补充说明时不能单独使用
	表示去除材料的扩展图形符号。例如用：车、铣、磨、剪切、抛光、腐蚀、电火花加工、气割等加工方法获得的表面
	表示不去除材料的扩展图形符号。例如用：铸、锻、冲压变形、热轧、冷轧、粉末冶金等加工方法获得的表面，或保持上道工序形成的表面
	允许任何工艺的完整图形符号。当要求标注表面结构特征的补充信息时，在允许任何工艺图形符号的长边上加一横线。在文本中用文字 APA 表示
	去除材料的完整图形符号。当要求标注表面结构特征的补充信息时，在去除材料图形符号的长边上加一横线。在文本中用文字 MRR 表示
	不去除材料的完整图形符号。当要求标注表面结构特征的补充信息时，在不去除材料图形符号的长边上加一横线。在文本中用文字 NMR 表示

Ra 的代号及意义如表 7-7 所示。

表 7-7 表面结构要求的代号示例

代号(旧)	代号(新)	意 义
3.2	*Ra*3.2	表示用任意加工方法获得的表面，单项上限值，*Ra* 的最大允许值为 3.2μm 在文档中可表达为：APA：*Ra*3.2
3.2	*Ra*3.2	表示用去除材料方法获得的表面，单项上限值，*Ra* 的最大允许值为 3.2μm 在文档中可表达为：MRR：*Ra*3.2
*R*Y3.2	*Rz*3.2	表示用去除材料方法获得的表面，单项上限值，*Rz* 的最大允许值为 3.2μm，在文档中可表达为：MRR：*Rz*3.2
3.2max	*R*amax3.2	表示用去除材料方法获得的表面，单项上限值，*Ra* 的最大允许值为 3.2μm 在文档中可表达为：MRR：*Ra*3.2

续表

代号(旧)	代号(新)	意　　义
3.2	Ra3.2	表示不去除材料,单项上限值,Ra 的最大允许值为 3.2μm 在文档中可表达为:NMR:Ra 3.2
	URz 3.2 LRa1.6	用去除材料方法获得的表面,双项极限值。上限值:Rz 为 3.2μm;下限值:Ra 值为 1.6μm。在文档中可表达为:MRR:URa 3.2;LRa 1.6
3.2 1.6	Ra3.2 Ra1.6	用去除材料方法获得的表面,双项极限值。上限值:Ra 为 3.2μm;下限值:Ra 为 1.6μm。同一参数具有双向极限要求,在不引起歧义的情况下,可以不加 U、L。在文档中可表达为:MRR:Ra 3.2;Ra 1.6
	车 Rz3.2 3	表示用车削加工,单项上限值,Rz 的最大高度为 3.2μm,加工余量为 3mm

3. 表面结构完整图形符号的画法及组成

表面结构完整图形符号的画法如图 7-25 所示。

图 7-25　表面结构完整图形符号的画法

为了明确表面结构要求,除了标注表面结构参数和数值外,必要时为了保证表面的功能特征,应对表面结构补充标注不同要求的规定参数。在完整符号中,对表面结构的单一要求和补充要求注写在图 7-26 所示的指定位置。

在图 7-26 中,位置 a～e 分别注写以下内容。

(1) 位置 a:注写表面结构单一要求。

(2) 位置 a 和 b:注写两个或多个表面结构要求。

(3) 位置 c:注写加工方法、表面处理、涂层或其他加工工艺要求等,如车、磨、镀等表面结构。

(4) 位置 d:注写所要求的表面纹理和纹理方向。

(5) 位置 e:注写加工余量,注写所要求的加工余量,以毫米为单位给出数值。

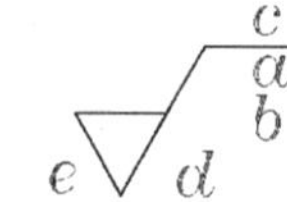

图 7-26　表面结构完整图形符号组成

4. 表面结构标注图例(表 7-8)

表 7-8　表面结构标注图例

符　　号	含　　义
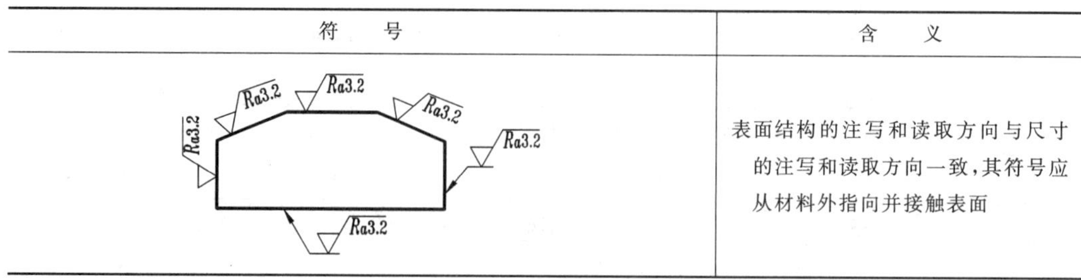	表面结构的注写和读取方向与尺寸的注写和读取方向一致,其符号应从材料外指向并接触表面

续表

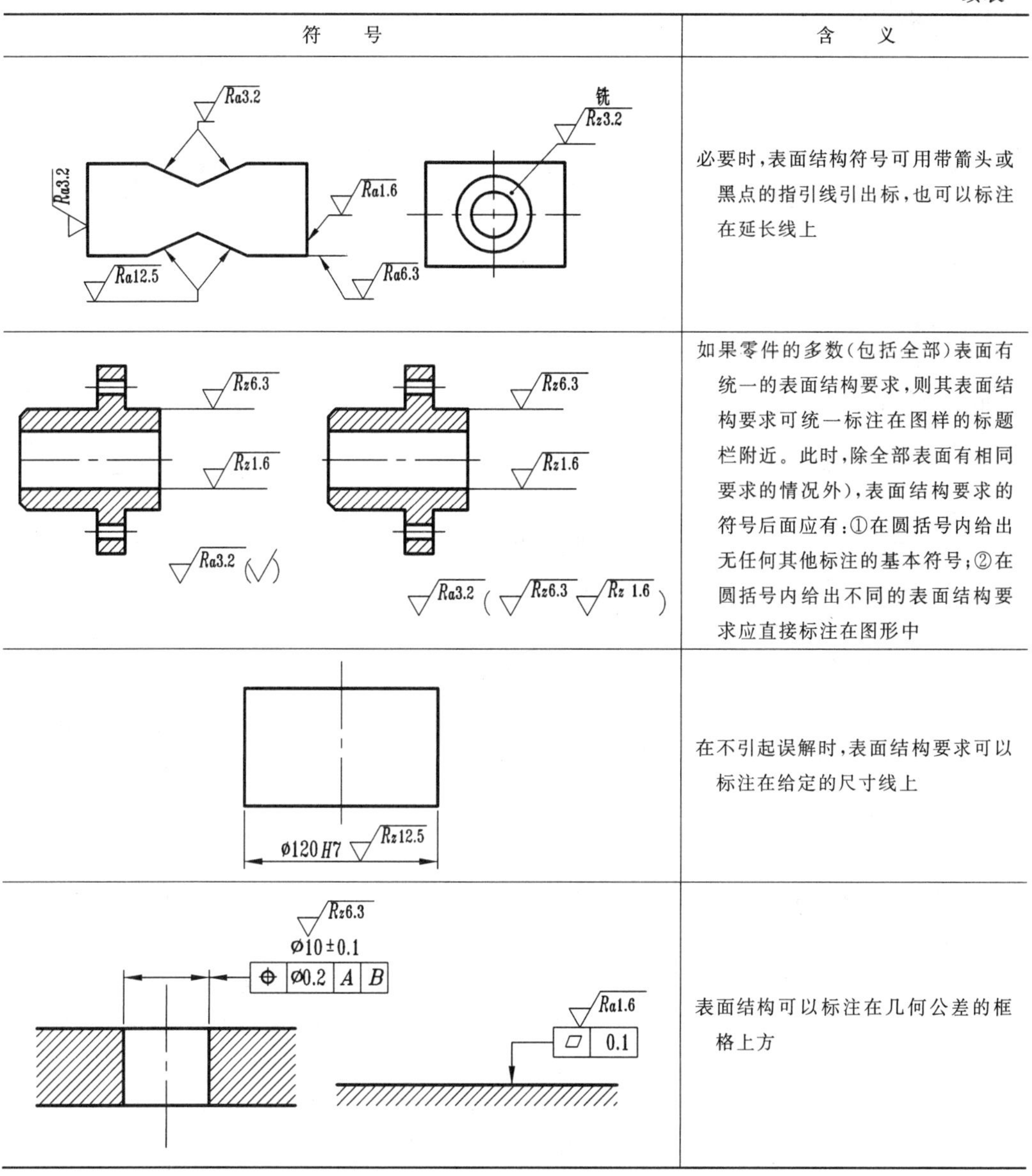

符　　号	含　　义
Ra3.2；Ra3.2；Ra1.6；Ra12.5；Ra6.3；铣 Rz3.2	必要时，表面结构符号可用带箭头或黑点的指引线引出标，也可以标注在延长线上
Rz6.3；Rz1.6；Ra3.2 (√)；Rz6.3；Rz1.6；Ra3.2 (Rz6.3 Rz 1.6)	如果零件的多数(包括全部)表面有统一的表面结构要求，则其表面结构要求可统一标注在图样的标题栏附近。此时，除全部表面有相同要求的情况外)，表面结构要求的符号后面应有：①在圆括号内给出无任何其他标注的基本符号；②在圆括号内给出不同的表面结构要求应直接标注在图形中
ø120H7 Rz12.5	在不引起误解时，表面结构要求可以标注在给定的尺寸线上
Rz6.3；ø10±0.1；⌖ ø0.2 A B；Ra1.6；▱ 0.1	表面结构可以标注在几何公差的框格上方

国家标准《产品几何技术规范(GPS) 几何公差 形状、方向、位置和跳动公差标注》(GB/T 1182—2018)中与旧标准的对比如表 7-9 所示。

表 7-9　新旧标准名词的变化

新　标　准	旧　标　准
几何公差	形状和位置公差
导出要素	中心要素
组成要素	轮廓要素
提取要素	测得要素

7.5.4 表面处理与热处理

1. 表面镀涂及其标注

表面镀涂分为金属镀覆和涂料涂覆两种。金属镀覆是利用电镀或化学、热浸镀及金属喷镀(喷焊)等工艺方法,使零件的某些表面覆盖一层金属薄膜,以提高零件的耐磨、抗腐蚀性能,改善零件的焊接、电气性能,或起到美观的作用。涂料涂覆是用涂料(如油漆等)覆盖在零件的某些表面,起到美观和防锈等作用。

表面镀涂的标注示例如图 7-27 所示。需要表示镀(涂)覆后或镀(涂)覆前的表面粗糙度时,其标注方法如图 7-27(a)、(b)所示;若需要同时表示镀(涂)覆前、后的表面粗糙度,则按图 7-27(c)标注。此外,表面镀涂也可在技术要求中用文字说明。

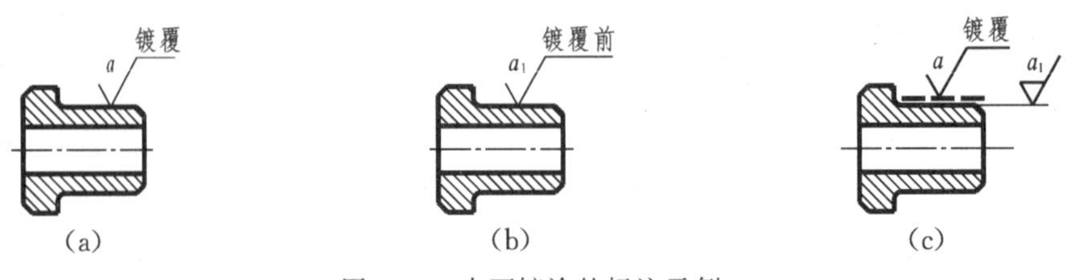

图 7-27 表面镀涂的标注示例

2. 热处理、表面处理及其标注

将金属零件加热到一定的温度,保持一段时间(保温)后,使之在不同的介质中以某种速度冷却下来,以改变零件材料的组织和性能的工艺方法称为热处理。常用的热处理方法有退火、正火、淬火、回火、调质和时效处理等,而表面处理方法则有表面淬火、渗碳淬火、氮化、氰化、发蓝、发黑等(参见附录 2.3)。不同的热处理或表面处理方法,可使零件具有不同的材料组织,改善材料的机械性能(如强度、硬度等),从而提高零件的耐磨、耐热、耐疲劳、抗腐蚀等性能。此外,为了使零件表面强化而进行的抛丸处理,为了使零件表面光洁而进行的去毛刺、打磨、抛光等处理,也属于表面处理。

热处理、表面处理的标注示例如图 7-28 所示。只需对零件表面的部分区域进行热处理时,应用粗点画线标出其范围,并标注相应的尺寸,也可将其要求注写在表面粗糙度符号长边的横线上。图中的(35～40)HRC 表示热处理后零件表面的硬度为 35～40 洛氏硬度。此外,关于热处理、表面处理的要求,也可在技术要求中用文字说明,如图 7-1～图 7-3、图 7-7 所示。

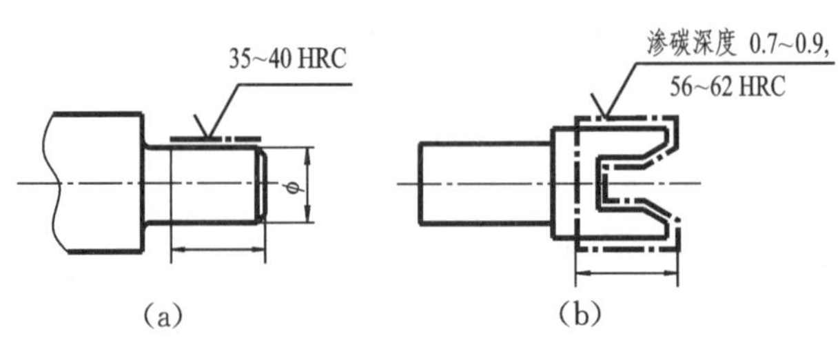

图 7-28 热处理的标注示例

7.6 零件的工艺结构简介

零件的形状和结构,除了应满足使用方面的要求之外,还应满足制造工艺方面的要求,因此零件应具有合理的工艺结构。

7.6.1 铸造零件的工艺结构

(1) 起模斜度。用铸造的方法制造零件毛坯时,为便于从砂型中取出模型,沿起模的方向应作成大约1:20的斜度,这种斜度叫作起模斜度,如图7-29(a)所示,但在图上可以不画出,也不必标注,如图7-29(b)所示。

(2) 铸件的壁厚和铸造圆角。铸件毛坯在浇铸后的冷却过程中,如果相邻的壁厚相差较大,就会因冷却速度不同而产生缩孔和裂纹等缺陷,如图7-29(c)所示。为了避免产生这些缺陷,铸件各处的壁厚应保持大致相等,或逐渐变化过渡,如图7-29(d)、(e)所示。此外,铸件毛坯各表面的相交处都应设计成铸造圆角,既便于起模,又能防止在浇铸过程中高温的金属液将砂型的转角处冲坏,造成夹砂缺陷,还可以避免铸件冷却时在转角处产生裂纹或缩孔,如图7-29(b)、(d)所示。

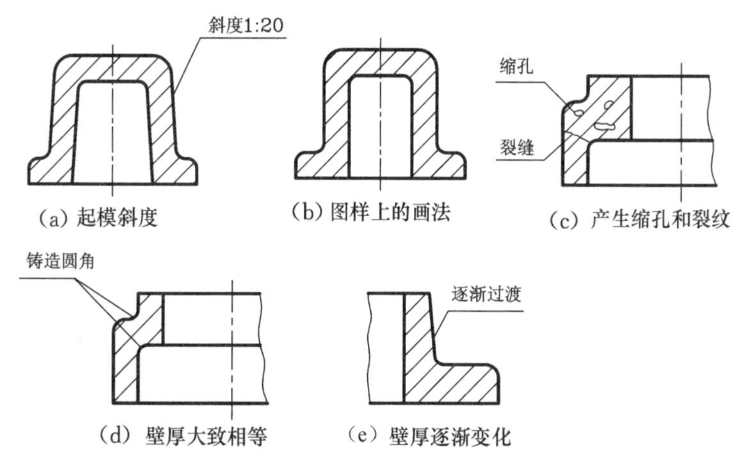

图7-29 铸造零件的工艺结构

7.6.2 机加工零件的工艺结构

(1) 倒角和倒圆。为去除零件的毛刺、锐边和便于装配,在轴或孔的端部,一般都设计成倒角的结构;为了避免应力集中而产生裂纹,在轴肩处往往设计成圆角过渡的结构,称为倒圆,如图7-30所示。

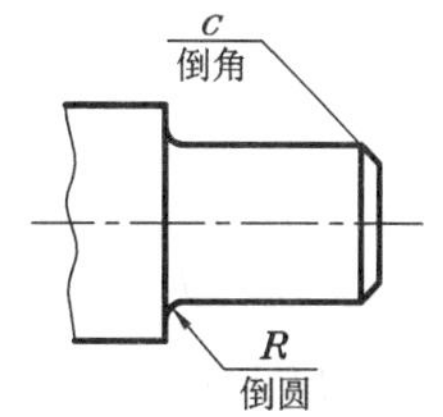

图7-30 倒角和倒圆

(2) 螺纹退刀槽和砂轮越程槽。在零件上车削螺纹或进行磨削加工时,为了便于退出刀具或砂轮,并能达到加工的要求,常常在零件上先加工出螺纹退刀槽或砂轮越程槽,其结构及尺寸标注如图7-31所示。

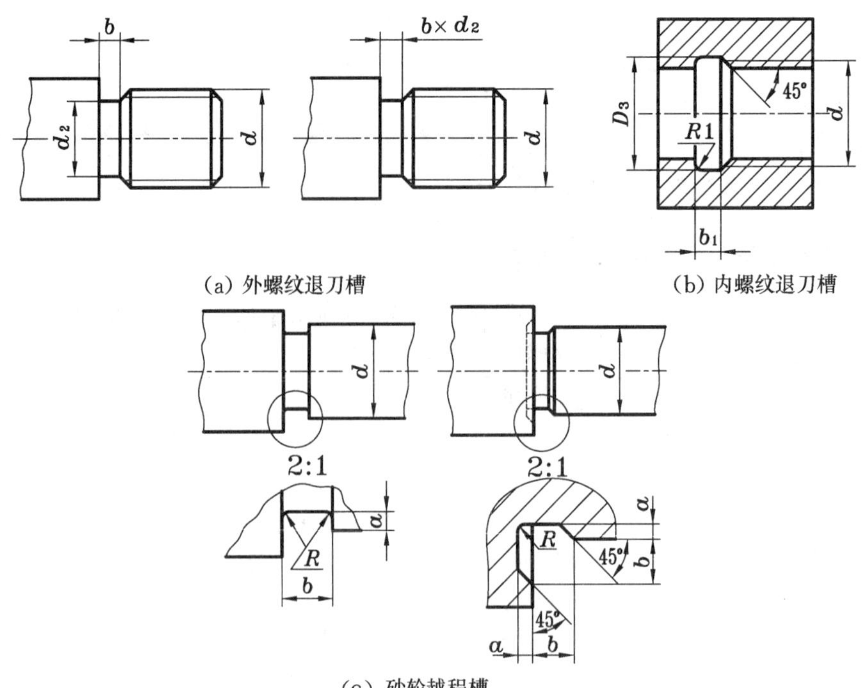

图 7-31 螺纹退刀槽和砂轮越程槽

(3) 钻孔结构。用钻头加工出的盲孔,其底部是锥角为 120°的圆锥,这个圆锥是由钻头的头部结构形成的。钻孔深度是指孔圆柱部分的长度,不包括圆锥的高度,如图 7-32(a)所示。在阶梯孔的过渡处,也存在锥角为 120°的圆台,其结构及尺寸标注如图7-32(b)所示。

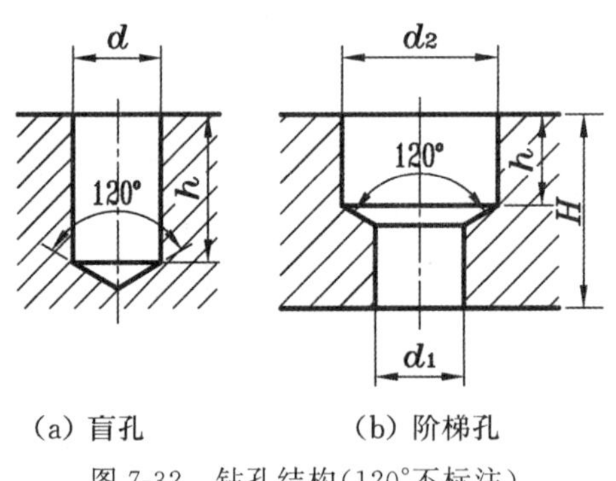

图 7-32 钻孔结构(120°不标注)

在零件上钻孔时,要求钻头的轴线尽量垂直于钻孔部位的端面,以保证钻孔的位置准确,避免钻头折断。为此,可将零件倾斜的钻孔部位设计成凸台、凹坑或斜面,如图 7-33 所示。

(4) 凸台和凹坑。零件上与其他零件接触的表面,一般都要进行机械加工。为减少加工面积,并保证零件表面之间接触良好,在设计时常常采用图 7-34 所示的方法。图 7-34(a)、(b)是在铸件上设计出凸台或凹坑,用于螺栓连接的支承面;而图 7-34(c)、(d)则是为了减少加工面积,在铸件上设计出凹槽或凹腔的结构。

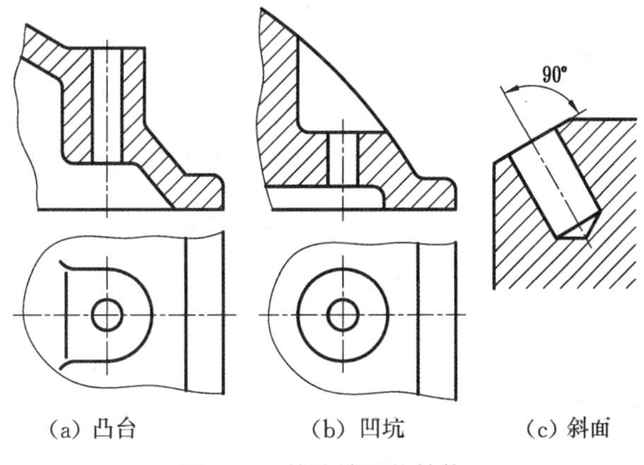

图 7-33　钻孔端面的结构

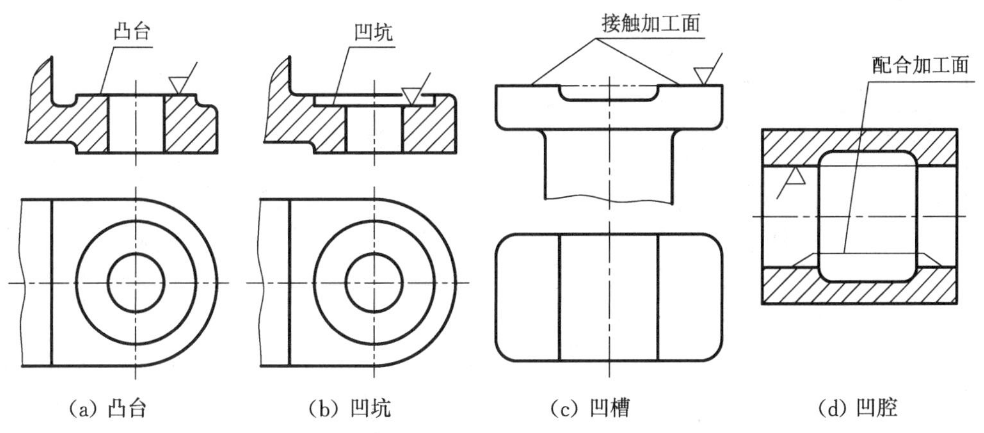

图 7-34　减少加工面积的方法

7.7　读零件图

读零件图的过程，就是运用读组合体投影图的方法，结合工程形体常用基本表示法和零件图的有关知识，弄清零件图中所表示的零件的形状、结构、尺寸和技术要求等内容，从而了解零件全部信息的过程。读零件图是机械工程技术人员必须具备的一种能力，也是机械产品设计和生产中一项非常重要的工作。

7.7.1　读零件图的方法和步骤

(1) 读标题栏。从标题栏中可以了解零件的名称、材料、质量(重量)、绘图比例等内容，结合典型零件的分类，运用读图者机械方面的知识和经验，就可以大致了解零件的功能和用途。

(2) 分析视图。根据视图的配置和标注，弄清各视图之间的投影关系，了解各视图所采用的表示方法和表示的重点，然后运用形体分析法，读懂零件各部分的形状、结构及其相对位置，并进行综合分析，从而读懂整个零件的形状和结构。

(3) 分析尺寸和技术要求。从长、宽、高三个方向分析零件图上所标注的尺寸，找出三个方向的主要尺寸基准，从而了解零件各部分的定形、定位尺寸和零件的总体尺寸，并结合技术要求的内容，弄清有关尺寸的加工精度以及零件的表面质量和其他要求。

(4) 综合归纳。将零件的形状、结构、尺寸和技术要求等全部信息进行综合归纳，全面理解零件图所表示的内容，从而读懂零件图。对比较复杂的零件图，有时还需要结合相关的装配图及与该零件有装配关系的其他零件图，一起进行分析，以帮助理解和读图。

以上介绍的只是读零件图的一般方法和步骤，在实际读零件图时要灵活应用。只有通过大量读图实践的训练，并不断积累机械零件的结构、功能方面的知识和经验，才能逐步提高读图能力，从而掌握"由结构分析功能，由功能想像结构"的设计、思维方法。

7.7.2 读零件图举例

例 7-1 读图 7-35 所示的齿轮油泵泵盖的零件图。

A-A
圆锥销孔1.6×φ5 装配时作
Ra 1.6
Ra 1.6
2× 16H7($^{+0.018}_{0}$)
⊥ φ0.01 D
13
E
2.876±0.016
高度方向尺寸基准
D
Ra 6.3
// 0.04 E
6×φ6.5 ⌴φ11↧6
Ra 12.5
9
20
长度方向尺寸基准
A
45°
R30
R23
R15
A
宽度方向尺寸基准
A

技术要求

1. 铸件应经时效处理。
2. 未注圆角半径为R2~R3。

标记	处数	分区	更改文件号	签名	年、月、日	HT 200	单位名称
设计			标准化			阶段标记 / 质量 / 比例	泵 盖
制图						1:1	
审核							CLYB- 02
工艺			批准			共 张 第 张	

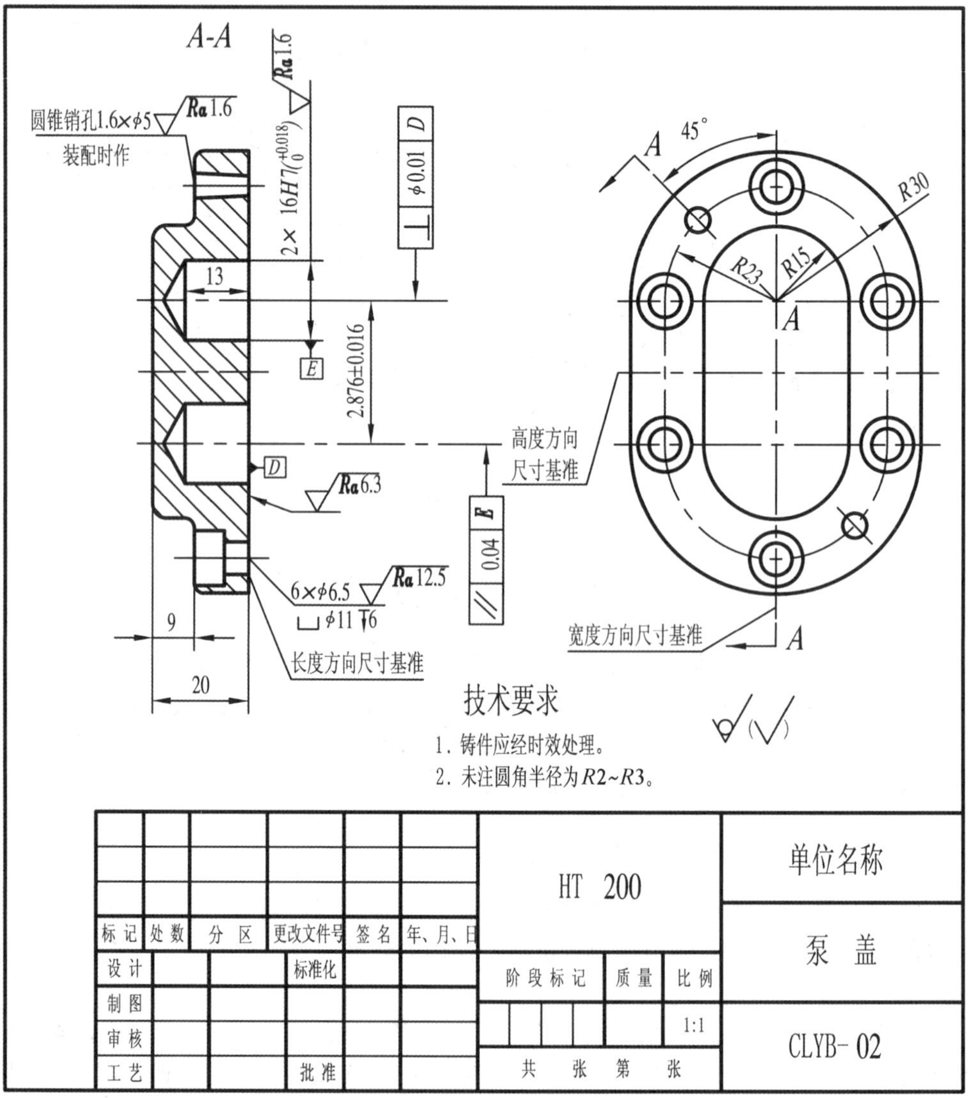

图 7-35 齿轮油泵泵盖的零件图

解 (1) 从标题栏中可知,该零件为齿轮油泵的泵盖,材料为 HT 200(灰铸铁),表明泵盖的毛坯是铸造件,绘图比例为 1∶1,质量为 0.8 kg,图号为 CLYB-02,CLYB 表示齿轮油泵,CLYB-02 说明这张图是齿轮油泵的第 2 张零件图。

(2) 从视图可知,该零件采用了主、左两个视图,主视图采用 $A-A$ 相交剖切平面剖切的全剖视图,除了表示泵盖前面的外形之外,还表示了泵盖内两个直径为 ϕ16 H7 的盲孔及安装孔和定位销孔的结构;左视图采用基本视图,表示泵盖左面的外形及六个安装孔和两个定位销孔的位置。经综合分析可知,泵盖为盘、盖类零件,其主体结构由上、下半圆柱与长方体组合而成。

(3) 从尺寸标注和技术要求可知,在长度方向上,泵盖的左端为非切削加工表面,而右端为切削加工表面,显然右端为结合面,是长度方向的主要基准。由于泵盖在宽度方向上基本对称(除定位销孔外),所以其对称面即为宽度方向的主要基准。同样,泵盖在高度方向上也基本对称,故上下对称面即为高度方向的主要基准。两盲孔的直径为 ϕ16 H7($^{+0.018}_{0}$),其轴线对称于上下对称面,定位尺寸为 28.76±0.016,转换为公差带代号为 28.76JS8。六个安装孔(沉孔)以两盲孔的中心线定位(径向定位尺寸为 $R23$),分别位于两个 $R23$ 的半圆周上;两个定位销孔(圆锥销)也以两盲孔的中心线定位,定位尺寸为 $R23$ 和 45°,在装配时进行加工。图中还标有两个位置公差,即上盲孔的轴线对右端面的垂直度公差为 ϕ0.01,下盲孔的轴线对上盲孔轴线的平行度公差为 0.04。该零件加工表面的粗糙度最高为 $Ra=1.6$,最低为 $Ra=12.5$,未标注的为铸造表面。该零件的未注铸造圆角为 $R2\sim R3$,在进行切削加工前需进行时效处理(参见附录 2.3)。

(4) 综合以上的分析可知,齿轮油泵泵盖属于上下、前后基本对称的盘、盖类零件。泵盖的毛坯是铸造件,需要经过时效处理和机械切削加工,两盲孔及右端面的加工要求较高,盲孔支承齿轮轴,右端面与泵体连接,构成齿轮油泵的内腔。

例 7-2 读图 7-36 所示的减速器箱盖的零件图。

解 (1) 从标题栏中可知,该零件为减速器的箱盖,在减速器中与箱体连接,主要起包容其他零件的作用,属于箱体类零件。箱盖的材料为 HT 200(灰铸铁),表明其毛坯是铸造件,绘图比例为 1∶2,质量为 5.8 kg,图号为 JSX-02,JSX 表示减速器,JSX-02 说明这张图是减速器的第 2 张零件图。

(2) 由视图可知,该零件采用了主、俯、左三个视图和一个斜视图,按工作位置放置。主视图采用基本视图,主要表示箱盖前面的外形,再采用四个局部剖视图,分别表示箱盖的壁厚以及上部的透视孔、下部的安装孔和定位销孔的内部结构;俯视图也采用基本视图,表示箱盖上部和底板的外形以及安装孔、定位销孔和前后肋板的位置;因箱盖前后对称,故左视图采用二个平行剖切平面剖切的全剖视图,除分别表示两个轴承孔及端盖安装槽的结构之外,还表示箱盖左面的外形、壁厚、内腔的形状及前后肋板的形状。此外,还采用斜视图表示箱盖上部透视孔、凸台的形状和四个安装螺孔的位置。

由主、左视图可知,箱盖上部是 $R62$ 和 $R70$(主视图中)凸起部分的空腔,用于安装传动齿轮;左、右两半圆柱孔 ϕ47K7($^{+0.007}_{-0.018}$)和 ϕ62K7($^{+0.009}_{-0.021}$)用于安装滚动轴承,左视图中轴承孔内的两个半圆槽 ϕ55 和 ϕ70 在安装端盖时起定位作用。由主、俯视图可知,箱盖下部的底板为 230×100×7 的长方体,四个角均为 $R23$ 的圆角;底板的左右两边各有一个

图 7-36

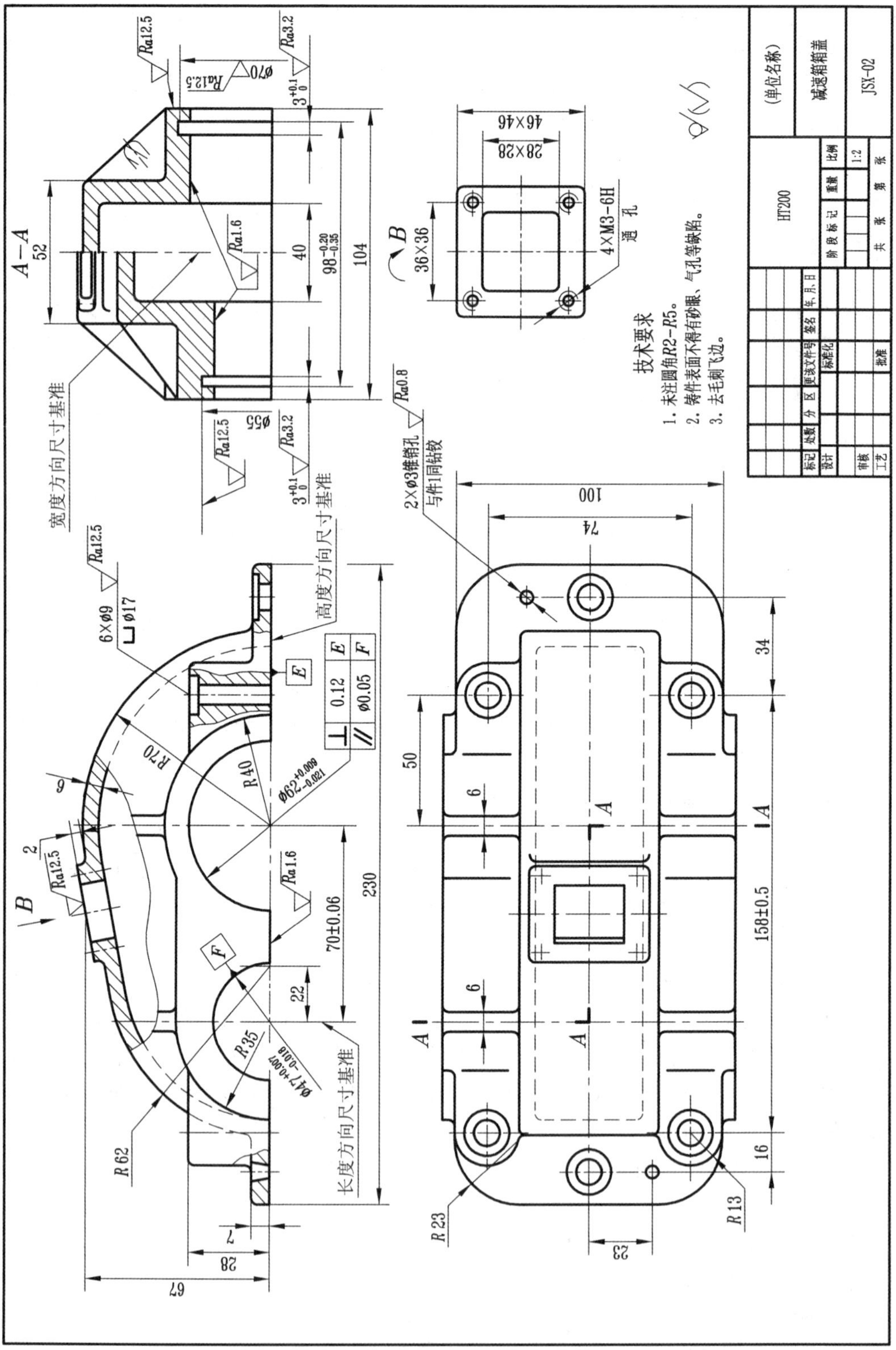

技术要求

1. 未注圆角$R2-R5$。
2. 铸件表面不得有砂眼、气孔等缺陷。
3. 去毛刺飞边。

图 7-36 减速器箱盖的零件图

ϕ3 的圆锥销孔，用于安装定位销，保证箱盖与箱体拆装时能准确定位；在六个 ϕ9 的安装孔中，中间的四个孔位于高度为 28 的凸台上，左右两个孔则位于箱盖下部底板的两端。通过 B 向斜视图可知，箱盖上部的凸台为 46×46 的正方形，而透视孔则为 28×28 的正方形，4×M3 的安装螺孔用于安装透视盖和透气塞。此外，由三个视图可知，在箱盖的前后共有四块厚度为 6 的三角形肋板，其形状可由左视图看出。

(3) 从尺寸标注和技术要求可知，长、宽、高三个方向上的主要尺寸基准分别是左半圆柱孔 ϕ47K7 的轴线、前后对称面和底面(与箱体连接的接触面)。箱盖的重要尺寸有：定位尺寸 70±0.06 和 158±0.5，配合尺寸 ϕ47K7 和 ϕ62K7 等，其余的尺寸基本上可以按工艺要求用形体分析法标注出来。

箱盖的毛坯为铸件，需要去除毛刺飞边并进行时效处理，以消除内应力。大部分表面不需要进行切削加工，而在需要进行切削加工的表面中，轴承孔 ϕ47K7 和 ϕ62K7 的精度、表面粗糙度及底面表面粗糙度的要求最高，而且对孔 ϕ62K7 的轴线还有平行度和垂直度的要求。

(4) 综合以上的分析可知，减速器箱盖属于前后对称的箱体类零件，在减速器中与减速器箱体连接，主要起包容其他零件的作用。箱盖的毛坯是铸造件，需要经过时效处理和机械切削加工，由于两轴承孔及底面的加工要求较高，需要进行精细加工，才能达到零件图的要求。

7.8 零件的测绘

根据已有的零件实物画出零件图样的过程称为零件测绘，包括绘制图样和测量尺寸两方面的内容。在产品的仿制、机器的维修、资料收集以及进行技术改造时，都要进行零件的测绘。测绘零件时，通常是先画出零件草图，再将其整理成零件图。

1. 零件测绘的方法和步骤

(1) 分析零件在机器(或部件)中的位置及功能，确定零件的名称、材料、数量等，弄清零件的内外形状和结构。

(2) 根据零件的结构特征及其加工位置或工作位置，选择适当的表达方案，绘制所需要的视图(包括剖视图、断面图等)。在绘图时应注意不要将零件的制造缺陷(砂眼、气孔、刀痕等)和长期使用造成的磨损反映在图面上，但零件上因制造、装配的需要而设计的工艺结构(如铸造圆角、倒角、螺纹退刀槽、凸台、凹坑等)，则必须画出。

(3) 根据零件的功能及实物表示出的加工状况，选择合理的尺寸基准。首先确定需要标注的所有尺寸，画出其尺寸界线、尺寸线及箭头(可用斜线表示)，然后根据所画的尺寸线测量对应的尺寸，并标注在图纸上。有配合关系的尺寸(如配合的孔和轴的直径)，一般只需测出其公称尺寸(基本尺寸)，而配合的性质以及相应的上下偏差值，可在分析配合性质后拟定，并经查表得到。没有配合关系或不重要的尺寸，可将所测得的结果适当圆整(圆整到整数值)后标注。对于已有标准的结构尺寸(如键槽、螺纹退刀槽、紧固件通孔、沉孔，以及螺纹公称直径、齿轮的轮齿等)，应将测量结果与标准值进行对照，并以标准的结构尺寸为准进行标注。

(4) 标注表面粗糙度,编写技术要求,填写标题栏。技术要求应根据零件的材料、加工工艺及检验的需要拟定。

2. 测量零件尺寸的方法

测量零件的尺寸时,常用的量具有直尺、游标卡尺、千分尺、内、外卡钳等,应根据尺寸的精确程度选择合适的量具,并正确使用。测量非加工表面的尺寸时,可选用直尺和卡钳,而测量加工面的尺寸时,则可选用游标卡尺、千分尺等。此外,对螺纹的螺距,应选用螺纹规进行测量。

第8章 装 配 图

主要内容：本章在主要介绍装配图的内容、表示方法(含键、销及螺纹连接)、尺寸标注、零(部)件序号和明细栏的基础上，还简要介绍了读装配图、由装配图拆画零件图和部件测绘方面的相关知识和方法。通过本章的学习和训练，读者初步掌握装配图的基础知识，并能阅读、绘制简单的装配图。

知识点：装配图内容、画法、作用。

思政元素：家国情怀。

思政培养目标：培养爱国主义情怀，自豪感、社会责任感、历史使命感。

思政素材：工匠绝技，不断成就中国梦。

机器(或部件)是由若干个零件装配而成的，表示机器(或部件)的图样称为装配图，通常将表示机器的装配图称为总装配图(总装图)，而将表示部件的装配图称为部装图。

装配图应能反映设计者的设计意图，主要表示机器(或部件)的工作原理和主要性能、零件之间的装配关系、主要零件的基本形状结构以及在装配、检验、安装、调试时所需要的数据和技术要求。

在设计机器(或部件)时，通常是按设计要求先绘制装配图，然后再根据装配图设计零件并绘制零件图；零件制造完毕后要按装配图装配成机器(或部件)，并进行检验和调试；用户在使用、保养、维修机器(或部件)时也要参考装配图。因此，装配图是机器(或部件)设计、制造、使用、维修及进行技术交流的重要技术文件。

8.1 装配图的内容

图 8-1 是滑动轴承的装配图，从图中可以看出，装配图一般应具有以下 5 个方面的内容。

(1) 一组图形。为正确、完整、清晰地表示机器(或部件)的工作原理、各零件之间的装配关系及主要零件的基本形状和结构，需要采用适当的表示方法，绘出相应的一组图形(视图、剖视图、断面图等)。图 8-1 中采用了主视、俯视两个基本视图。

(2) 必要的尺寸。在装配图中只需标注表示机器(或部件)的外形、规格、性能及装配、检验、安装时必要的一些尺寸。

(3) 技术要求。在装配图上要用文字或符号说明机器(或部件)的性能及装配、润滑、密封、检验、安装、调试、试验、使用、维护等方面的技术要求。文字说明一般写在图纸下方的空白处，也可另外编制技术文件进行说明。

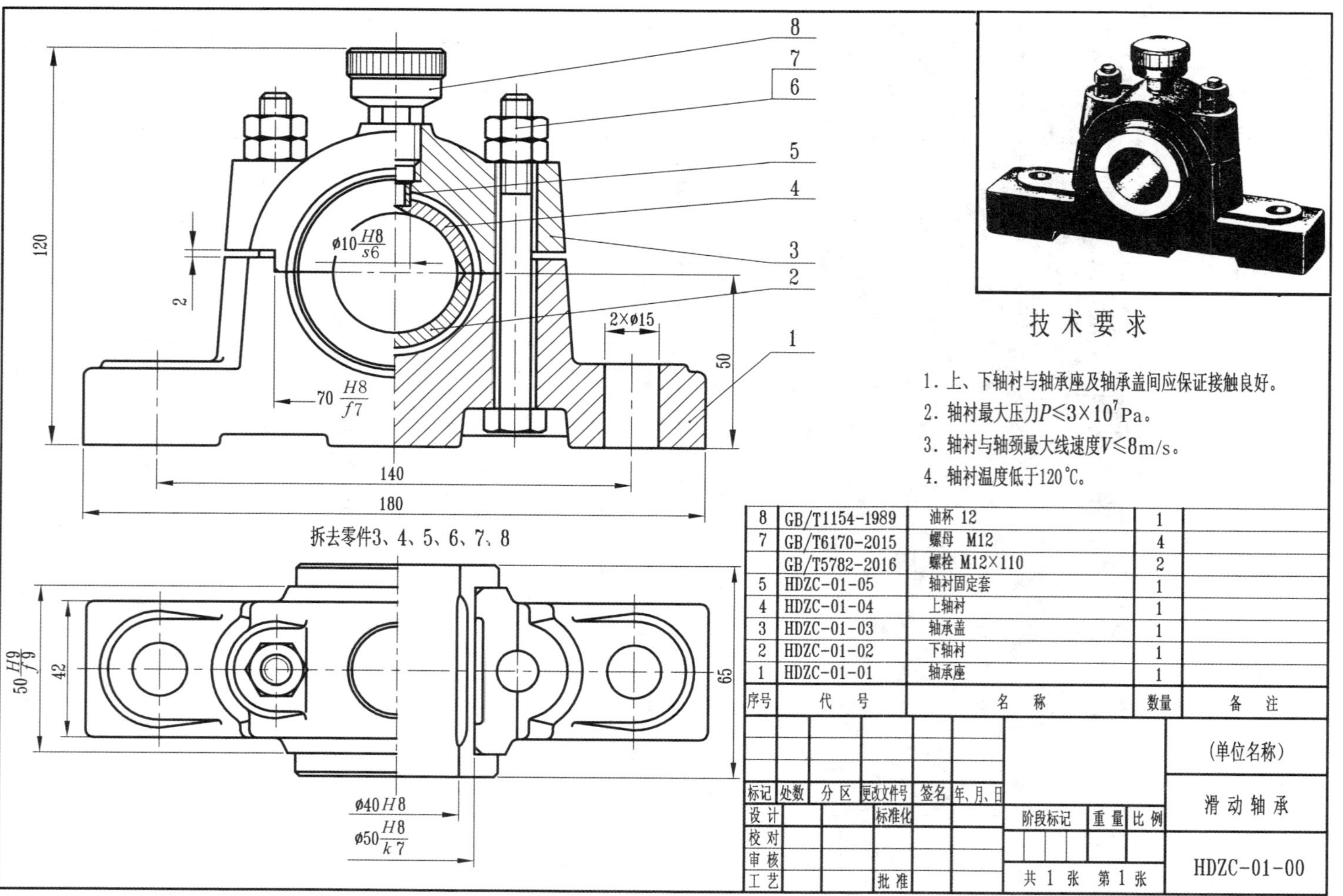

图8-1 滑动轴承的装配图

由图 8-1 可知，滑动轴承的功能是支承直径为 $\phi30$ 的轴，并用油杯 8 实现轴的润滑。$\phi10\,\frac{H8}{s6}$表示轴衬固定套 5 与轴承盖 3 的配合采用了基孔制的过盈配合，$\phi40\,\frac{H8}{k7}$和 $50\,\frac{H9}{f9}$分别表示上轴衬 4、下轴衬 2 与轴承盖 3、轴承座 1 在径向和轴向的配合，在径向采用了基孔制的过渡配合、在轴向采用了基孔制(槽相当于孔)的间隙配合，$70\,\frac{H9}{f7}$表示轴承盖 3 与轴承座 1 定位止口的配合采用了基孔制(槽相当于孔)的间隙配合；技术要求中的文字，说明了该部件的使用条件以及性能检验的方法和要求。

(4) 标题栏。在标题栏中可以表示机器(或部件)的名称、图号、绘图比例、质量(重量)、设计单位以及设计、绘图、审核等人员的签名和日期等信息。

(5) 零件序号和明细栏。在装配图中必须标注每个零部件的序号，并编制相应的零部件明细栏，以表示机器(或部件)上各零部件的序号、代号、名称、数量、材料、质量(重量)等信息，这是装配图与零件图的主要不同之处。由图 7-1 的明细栏可知，滑动轴承由八种零件组成，其中 6、7 号零件是标准件，8 号零件油杯是标准组合件，而其余的零件都是专用件。

装配图的表示方法与零件图基本相同，但除视图、剖视图、断面图、局部放大图和简化画法等基本表示方法之外，国家标准还规定了针对装配图的规定画法和特殊画法。

8.2 装配图的规定画法

1. 接触面和配合面的画法

在装配图中，相邻两零件的接触表面或配合表面(基本尺寸相同)只画一条线，否则即使只有很小的间隙，也应画成两条线，如图 8-2 所示。

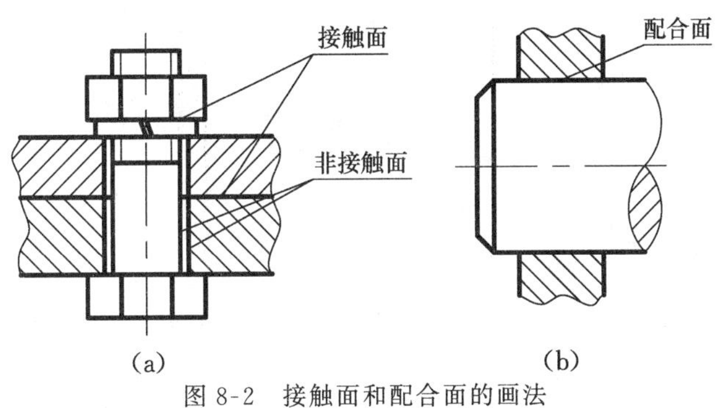

图 8-2 接触面和配合面的画法

2. 剖面线的画法

在装配图中，同一零件在各个剖视图上的剖面线必须相同(倾斜方向和间隔)；而相邻两零件的剖面线则必须不同，或者倾斜方向相反，或者方向一致、但间隔不同，如图 8-3 所示。对于断面厚度小于或等于 2mm 的零件，允许将断面涂黑来代替剖面线，如图 8-4 所示。

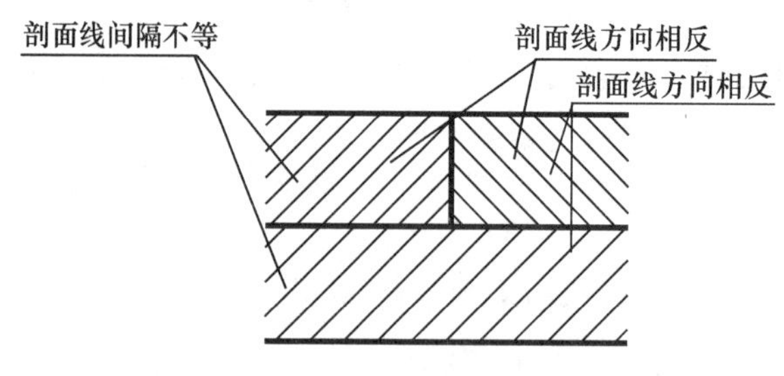

图 8-3　剖面线的画法

3. 标准件和实心零件的画法

在装配图中，当剖切平面通过标准件或轴、杆、球、钩、手柄等实心零件的轴线或对称平面时，这些零件应按不剖绘制，如图 8-2、图 8-4 中的螺栓等标准件和实心轴。若需要表示这些零件上的孔、凹槽等结构要素，可采用局部剖视图。

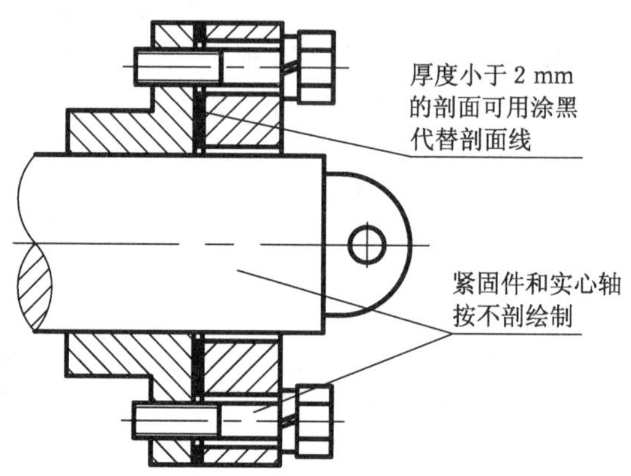

图 8-4　用涂黑代替剖面线的画法

8.3　特殊画法

1. 沿零件的结合面剖切

在装配图中，为表示机器（或部件）内部的某些结构，可采用沿零件的结合面进行剖切的画法，这种画法规定，结合面上不画剖面线，但被剖到的其他零件要画剖面线，如图 8-5 中的 $C—C$ 剖视图所示。

2. 拆卸画法

当需要表示机器（或部件）中被遮挡部分的形状和结构时，可在相关的视图上假想将某些零件拆卸后绘制，采用这种拆卸画法时，应在相关视图的上方注明“拆去××”、“拆去×—×号件”等，而在其他的视图上仍按不拆卸绘制，如图 8-1 中的俯视图所示。

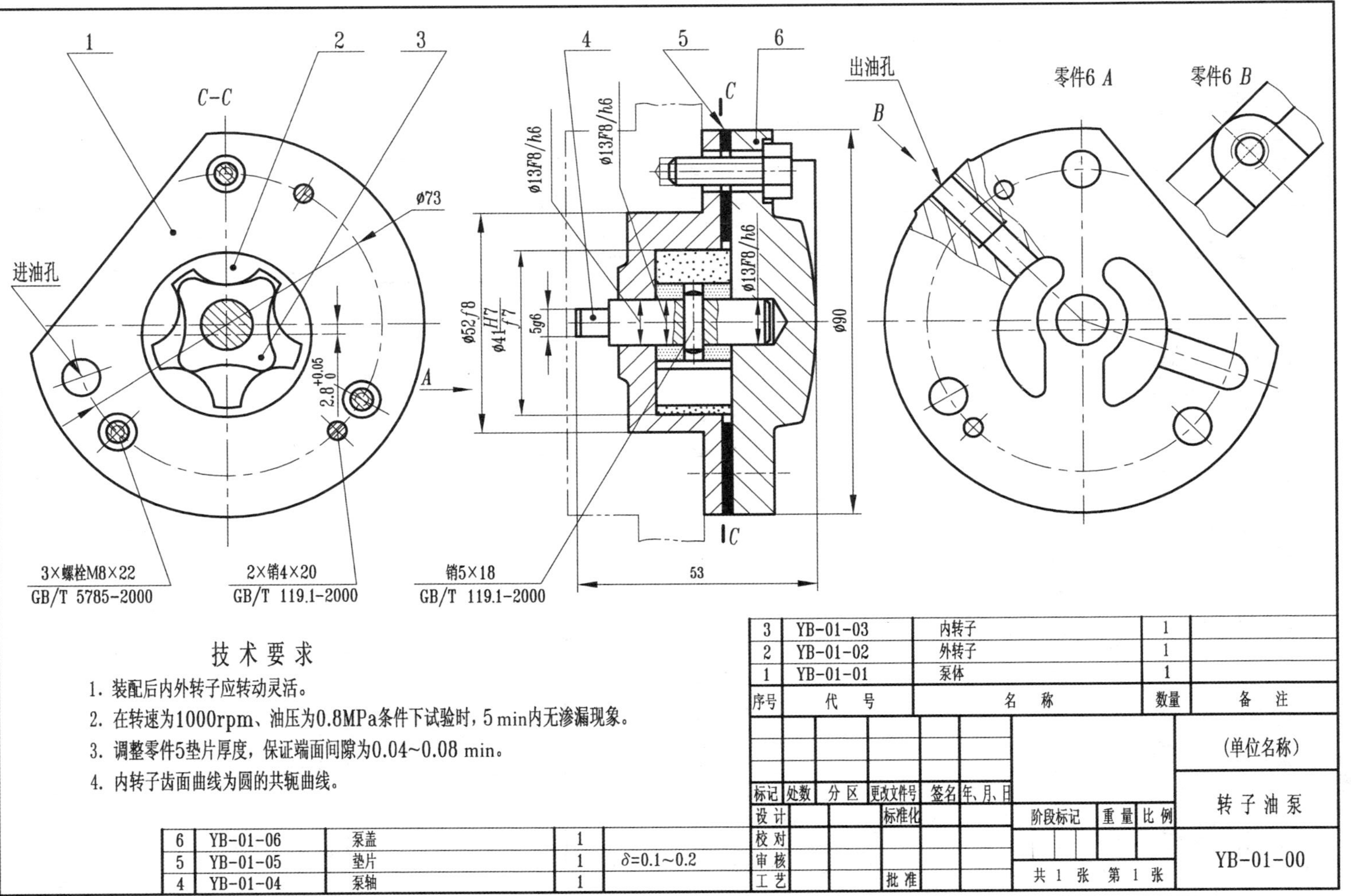

技术要求

1. 装配后内外转子应转动灵活。
2. 在转速为1000rpm、油压为0.8MPa条件下试验时，5 min内无渗漏现象。
3. 调整零件5垫片厚度，保证端面间隙为0.04~0.08 min。
4. 内转子齿面曲线为圆的共轭曲线。

序号	代号	名称	数量	备注
6	YB-01-06	泵盖	1	
5	YB-01-05	垫片	1	δ=0.1~0.2
4	YB-01-04	泵轴	1	
3	YB-01-03	内转子	1	
2	YB-01-02	外转子	1	
1	YB-01-01	泵体	1	

图 8-5 转子油泵装配图

3. 假想画法

为表示机器(或部件)中某个零件的运动范围,除了用粗实线表示零件的一个极限位置外,还要采用假想画法,用细双点画线画出零件处于另一个极限位置时的轮廓。此外,为了表示机器(或部件)与其他相邻零件(或部件)的关系,可用细双点画线画出这个相邻零件(或部件)的轮廓,这也是一种假想画法,如图 8-6 所示。

4. 夸大画法

为便于绘图和读图,图中两条线之间的距离一般不得小于粗实线的宽度,因此,对于装配图中的薄片零件、细丝弹簧、微小间隙等,可不按图样的比例、而将其适当夸大画出,如图 8-1、图 8-2 中螺栓与被连接件通孔之间的间隙、图 8-5 中的 5 号零件垫片,就采用了夸大画法。

5. 简化画法

在装配图中,零件的圆角、倒角、退刀槽等工艺结构可不画出;滚动轴承等标准件可采用规定的简化画法。

对于若干相同的紧固件组或零部件组,可以只详细地画出其中一组(对于紧固件组甚至一组都可以不画),其余各组用细点画线表示其位置即可,如图 8-7 所示。

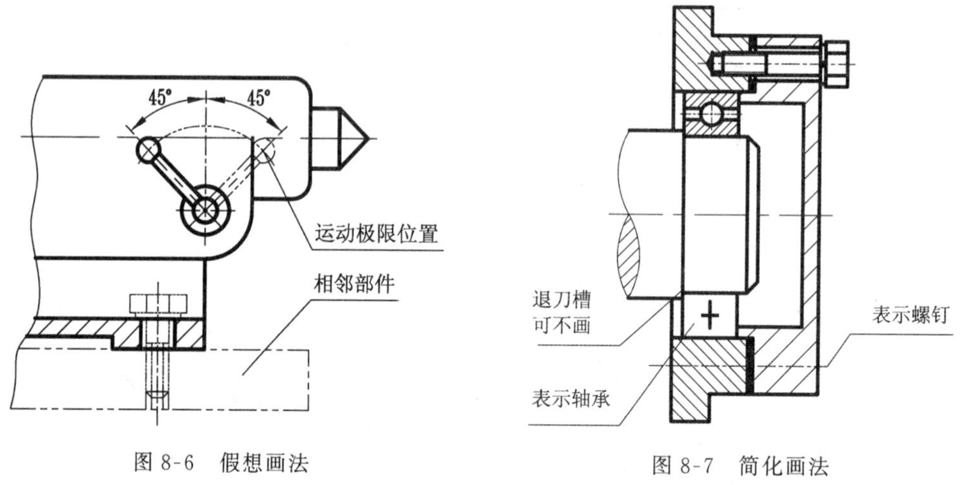

图 8-6　假想画法　　图 8-7　简化画法

对于油杯、油标、电机等标准组合件或标准部件,无论是否被剖切,都可以只画出其简单的外形,如图 8-1 中 8 号零件油杯的画法。

在装配图中,可用粗实线表示带传动中的“带”,用细点画线表示链传动中的“链”。管子可仅画出其两端部分的形状,中间部分用细点画线画出其中心线即可,也可用与管子中心线重合的单根粗实线表示。

6. 展开画法

为了表示某些按实际投影会产生重叠的装配关系(如多级传动变速箱),可以假想按一定的顺序进行剖切,在相关的视图上用剖切符号和字母注明各剖切面的位置和关系,用箭头表示投射的方向,然后将其展开在一个平面上,画出展开后的剖视图,并在剖视图上方注明"×—×展开",如图 8-8 所示。

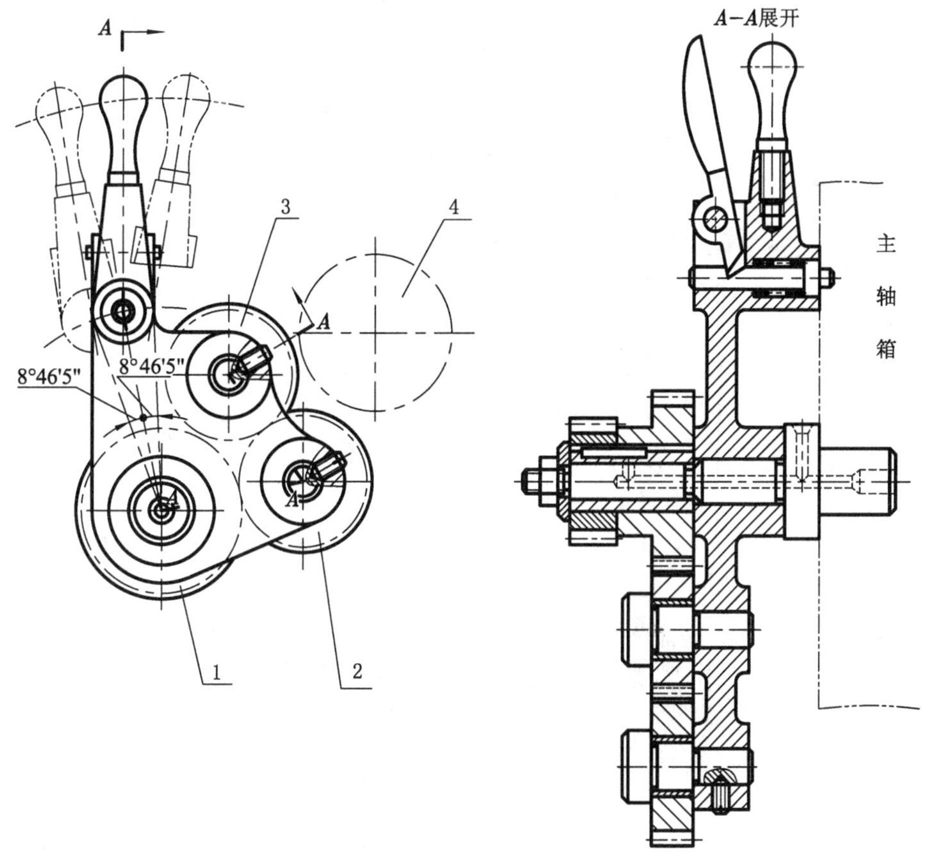

图 8-8 挂轮架的展开画法

7. 单独表达某个零件

在装配图中,当某个零件的结构会影响对装配关系的理解而又未表达清楚时,可用另外的视图单独表示该零件,并在视图上方注明"××件",如图 8-5 中的零件 6(泵盖)。

8.4　装配图的尺寸标注

装配图与零件图表达的重点不同，对尺寸标注的要求也不同，一般只需标注以下五种与装配图的作用有关的尺寸。

(1) 规格尺寸。表示机器(或部件)的规格或性能的尺寸，是设计的主要参数，也是用户选用的主要根据，图 8-1 中的支承轴孔直径 $\phi30H8$，就是滑动轴承的规格尺寸。

(2) 装配尺寸。表示机器(或部件)中零件之间装配关系(包括配合、重要的相对位置和装配时加工)的尺寸，可以保证机器(或部件)的工作精度和装配精度，如图 8-1 中上、下轴衬与轴承盖、轴承座的配合尺寸 $\phi40\,\frac{H8}{k7}$，$50\,\frac{H9}{f9}$，轴衬固定套与轴承盖的配合尺寸 $\phi10\,\frac{H8}{s6}$，轴承盖与轴承座定位止口的配合尺寸 $70\,\frac{H9}{f7}$，轴承座与轴承盖的重要相对位置尺寸 2。此外，还有装配时加工的尺寸，如定位销孔等。

(3) 外形尺寸。表示机器(或部件)总长、总宽和总高的外形尺寸，可为包装、运输和安装提供机器(或部件)所占空间的大小，图 8-1 中的尺寸 180，65，120 就是滑动轴承的总长、总宽和总高。

(4) 安装尺寸。安装机器(或部件)时所需要的尺寸，如图 8-1 中的尺寸 140 和 $2\times\phi15$，表明轴承安装时需采用两个 M12 的螺栓，其中心距为 140。

(5) 其他重要尺寸。不属于上述 4 种但又比较重要的尺寸(如运动零件的极限尺寸、主要零件的重要尺寸等)，如图 8-1 中的尺寸 50，表示滑动轴承的底面到支承轴孔中心的距离，即支承轴孔中心的高度。

上述 5 种尺寸并不一定同时出现在每一张装配图中，而且有的尺寸可能同时具有多种作用，因此，在装配图上到底应当标注哪些尺寸，需要视具体情况而定。

8.5　装配图的零(部)件序号和明细栏

为便于读图、装配和图样管理，在装配图中必须对机器(部件)所有的零件(组件和部件)编排序号(代号)，并将其填写在明细栏中。对于比较复杂的机器，由于零件很多，通常可划分为若干个部件，总装图只对部件和少量不属于某个部件的零件进行编号，而相应的部装图再对零件进行编号。

1. 零(部)件序号(GB/T 4458.2—2003)

编排零(部)件序号时应遵循以下规定。

(1) 装配图中的每一种零(部)件都必须编写一个序号，也就是说，相同的零(部)件只能编一个序号。

(2) 零(部)件的序号用指引线(细实线)进行标注，指引线的末端为圆点，画到所指零(部)件的可见轮廓内，指引线的另一端为一水平线或圆(均为细实线)，零(部)件的序号注写在水平线上或圆内，其字高应比尺寸数字大一号或两号，如图 8-9(a)所示。在指引线的另一端也可不画水平线或圆而直接注写序号，但序号的字高应比尺寸数字大两号，如图 8-9(b)所示。

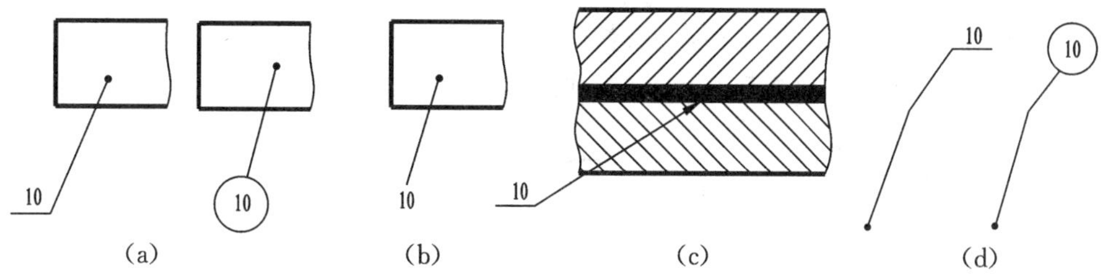

图 8-9 零(部)件序号的标注形式

对于厚度较薄、不宜在可见轮廓内画圆点的零件，可在指引线的末端画出箭头，并将箭头画到所指零件的轮廓线，如图 8-9(c)所示。

零(部)件序号的指引线不能相交，当指引线通过有剖面线的区域时，不应与剖面线平行。为了避免指引线相交或与剖面线平行，允许将指引线画成转折一次的折线，如图 8-9(d)所示。

(3) 零(部)件的序号应在水平或铅垂的方向上，按顺时针(或逆时针)方向顺次排列整齐，并尽可能均匀分布，如图 8-1、图 8-5 所示。

(4) 对于一组紧固件或装配关系清楚的零件组，可采用公共指引线，序号的书写形式如图 8-10 所示。螺钉、螺柱连接的指引线要从其装入端引出，而螺栓连接的指引线则要从装有螺母的一端引出。

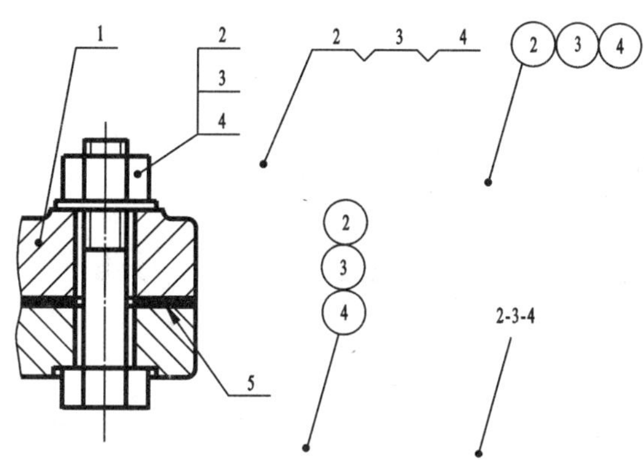

图 8-10 零件组的序号编号形式

(5) 装配图中的标准化组件或标准部件(如轴承、油杯、电机等)只编写一个序号，如图 8-1 中的油杯(8 号)。

2. 明细栏(GB/T 10609.2—2009)

明细栏是机器(或部件)中全部零、部件的详细目录，一般应设置在标题栏的上方，如标题栏上方的位置不够，可将部分明细栏设置在标题栏的左方。明细栏中零、部件的序号要自下而上按顺序填写，并且要与装配图中的序号完全一致，如图 8-1、图 8-5 及第 1 章图 1-1～图 1-4 所示。

8.6　合理的装配结构简介

为保证机器(或部件)的工作性能,并便于装配和维修,在设计时应采用合理的装配结构。常见的合理及不合理装配结构示例,如图 8-11 所示。

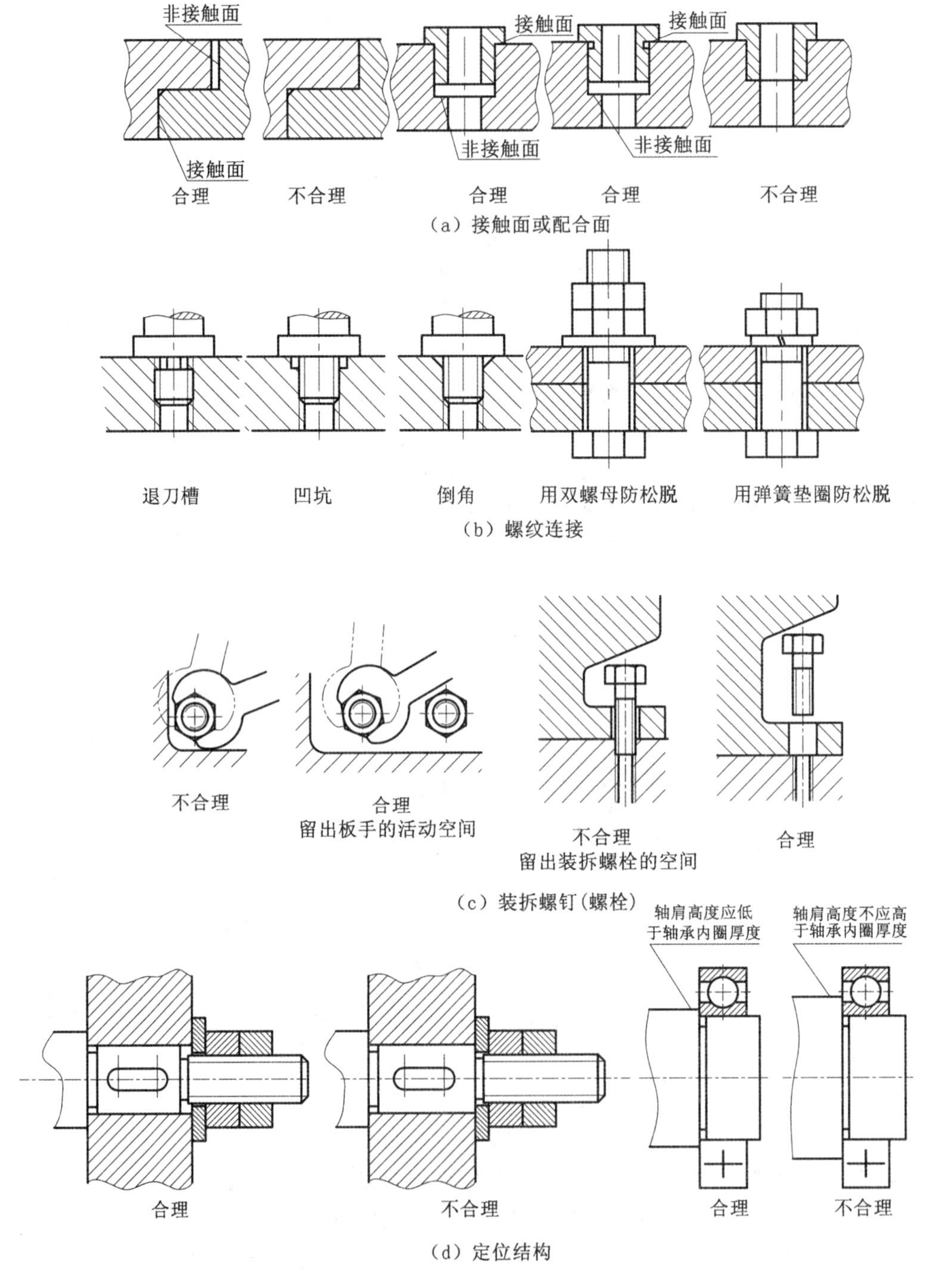

图 8-11　常见的合理及不合理装配结构示例

1. 接触面或配合面处的结构

为使相邻两零件处于良好的接触或配合状态,并便于加工和安装,在同一个方向上只能设计一对接触面或配合面。当相邻两零件在两个方向上同时接触时,其转折处不能为尖角或半径相同的圆角,而应设计成退刀槽、越程槽、倒角或半径不同的倒圆(孔用较大的倒角或倒圆半径)等结构,如图 8-11(a)所示。

为保证圆锥面之间配合良好,在锥体顶部与锥孔底部之间必须留有间隙。

2. 螺纹连接的结构

为保证螺纹连接装拆方便、紧密可靠,在被连接件上可以设计沉孔或凸台,其通孔的尺寸应稍大于螺纹大径(或螺杆直径),在螺杆上设计退刀槽或在螺孔上设计凹槽、倒角等结构,还要采用弹簧垫圈、双螺母等措施防止螺母松脱,如图 8-11(b)所示。此外,在某些情况下应注意留出装拆螺栓和转动扳手的空间,如图 8-11(c)所示。

3. 定位结构

对于轴向定位的结构,轴上定位段的长度应小于被定位零件上孔的长度,使轴肩和挡圈(垫圈)能同时与被定位的零件接触。滚动轴承在轴上以轴肩面定位时,轴肩的高度应小于轴承内圈的厚度,以便于拆卸滚动轴承,如图 8-11(d)所示。

当相邻两零件间的相对位置精度很高时,常采用圆柱销或圆锥销定位,并最好将销孔做成通孔,以便于拆卸。

8.7 装配图的画法和部件测绘

在设计机器(或部件)时,要根据选定的设计方案先画出装配图,再由装配图拆画出零件图。绘制装配图的过程,也是机器(或部件)虚拟的装配过程,可以检验设计方案和装配示意图是否合理,若有不合理之处,可进行修改和完善。

在进行机器维修或技术改造的过程中,有时会由于缺乏机器(或部件)的装配图而无法进行,这时就需要将现有的机器(或部件)拆开,画出其零件草图并进行测量,再整理绘制成装配图和零件图。由于机器由若干个零、部件组成,而测绘工作主要是按部件进行的,所以这个过程通常称为部件测绘。

8.7.1 装配图的画法

1. 画装配图的方法和步骤

1) 拟定装配图的表达方案

(1) 画装配示意图。首先对所要表示的机器(或部件)进行分析,明确其工作原理、主要功能和安装方法,根据选定的设计方案,画出装配示意图。

(2) 选择主视图。一般将机器(或部件)按其工作位置或安装位置放置,并根据其结构特点和装配关系确定主视图的投射方向,使主视图能够较好地反映机器(或部件)的工作原理、传动路线和主要的装配关系。

(3) 选择其他的视图。在主视图确定之后，再根据需要选择适当的其他视图，选择每个视图都要有明确的目的和表示的重点，还要注意避免同一结构的重复表达，使装配图能够完整、清晰地表示机器(或部件)的工作原理、装配关系、安装关系及主要零件的形状和结构。

(4) 选择表示方法。要抓住重点，尽量采用基本视图或基本视图的剖视图，充分利用装配图的规定画法和特殊画法(包括拆卸画法、沿零件结合面剖切等)，将一个完整的装配关系表示在一个或几个相邻的视图上，避免过于分散、零碎的视图表达方案。

2) 画底图

(1) 根据机器(或部件)的实际大小、结构的复杂程度及其表达方案，确定绘图的比例和图幅大小。

(2) 画出各视图的主要装配轴线、对称中心线及作图基线，进行整体布图，并注意留出标题栏、明细栏和书写技术要求的位置。

(3) 画底图时要将主视图与相关的视图配合一起画，从最主要的零件开始，沿着主要的装配轴线，按照由内向外或由外向内的顺序，依次画出各零件，而且要先画零件的主要结构，再画次要结构。画运动零件时，可按极限运动位置画出；画可压缩的零件(如弹簧等)时，应先画出对其产生约束作用的零件，再根据空余的位置画出可压缩件。

(4) 检查、修改，直到完全无误。

3) 标注尺寸和书写技术要求

各视图画好后，应根据机器(或部件)的具体情况，标注反映机器(或部件)的工作性能、零件装配、部件安装及整体外形等尺寸，并注写出机器(或部件)在装配、安装、检验、维护等方面需要的技术要求。

4) 零件编号、填写明细栏、标题栏

对每一种零件要编一个序号，并沿顺时针(或逆时针)方向顺次排列整齐。经检查无遗漏后，可填写明细栏、标题栏中的各项内容。

5) 全面检查，加深图线，完成全图

2. 由零件图画装配图举例

例 8-1 图 8-12 是柱塞油泵的装配示意图，试根据图 8-13 所示的柱塞油泵的零件图，画出其装配图。

解 画柱塞油泵装配图的步骤如下。

(1) 了解、分析柱塞油泵的结构和工作原理。

柱塞油泵用于润滑或液压系统，将机械能转换为润滑(液压)油的压力能，是提高润滑(液压)油压力的供油部件。

由图 8-12 可知，柱塞油泵由 11 专用零件(另有 3 种标准件)组成。管接头 9 通过螺纹与泵体 1 的左端相连(垫片 6 起密封作用)，形成密封的腔体，螺塞 7 通过垫片 8 拧入管接头 9 的上端，填料压盖 3 将填料 4 压紧在柱塞 2 上，并可调节填料压紧的程度。

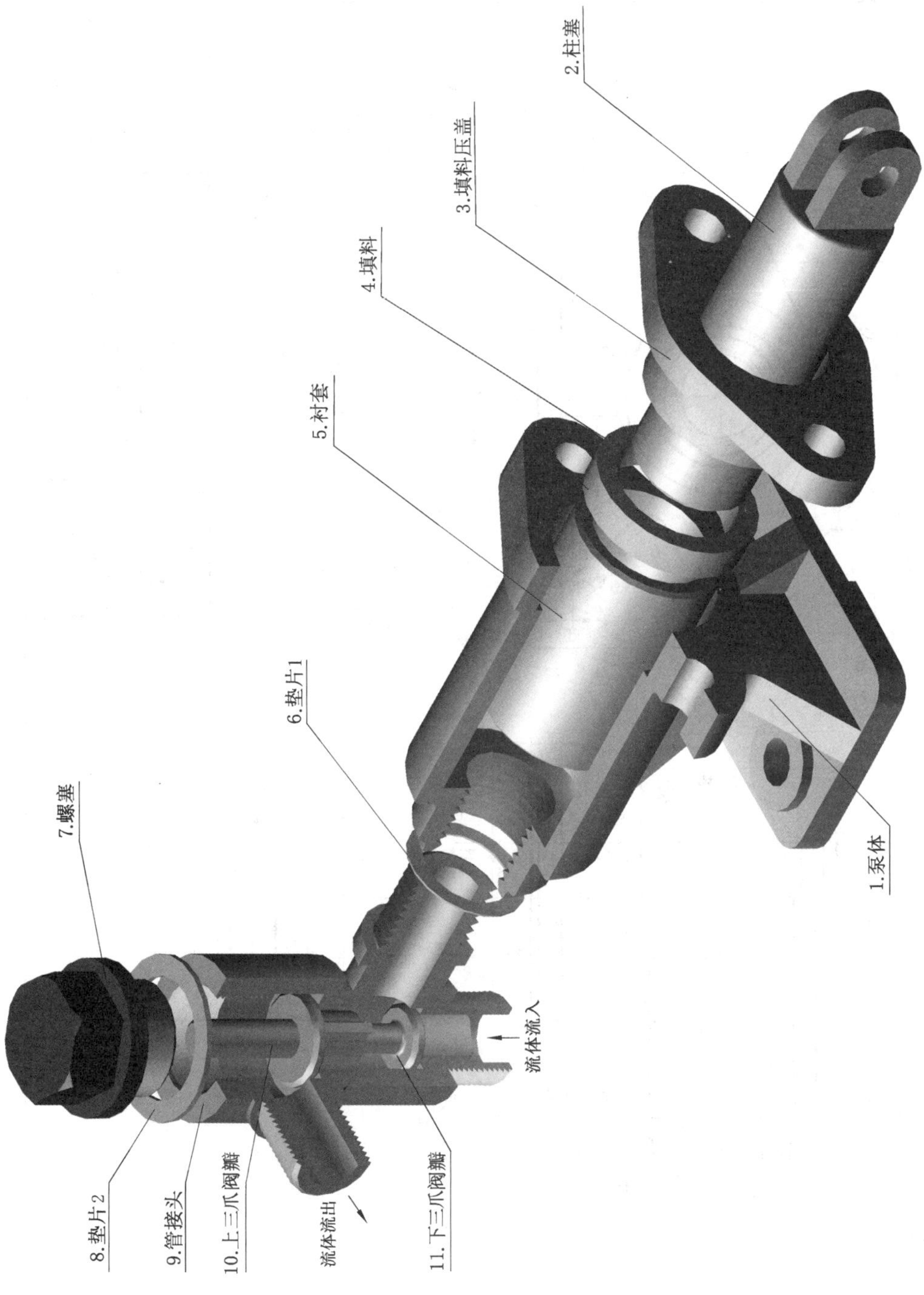

1.泵体
2.柱塞
3.填料压盖
4.填料
5.衬套
6.垫片1
7.螺塞
8.垫片2
9.管接头
10.上三爪阀瓣
11.下三爪阀瓣
流体流入
流体流出

图8-12　柱塞油泵的装配示意图

图 8-12

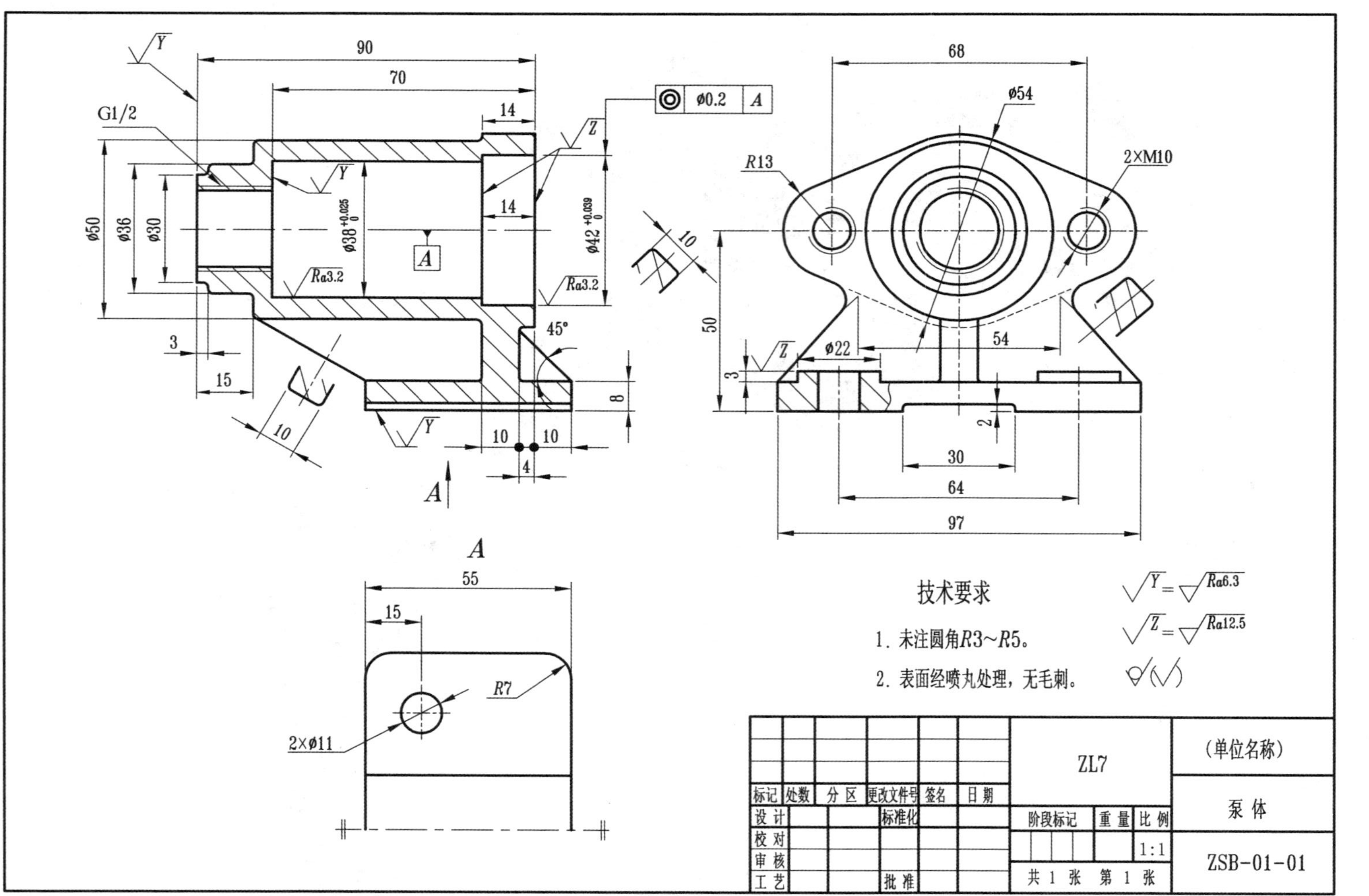

图8-13(a) 柱塞油泵的泵体零件图

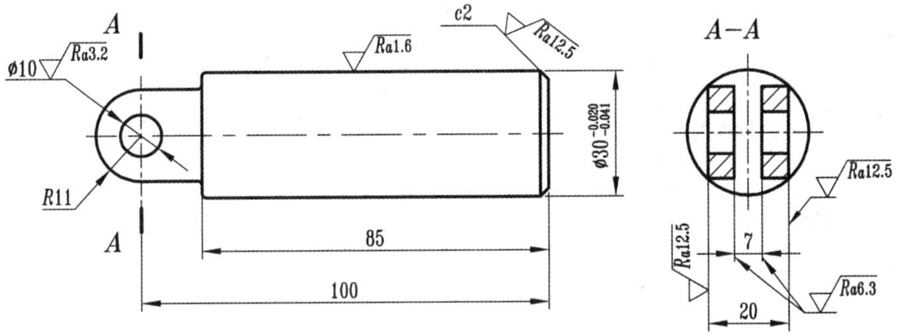

A

A

ϕ10 Ra3.2

R11

Ra1.6

c2

Ra12.5

$\phi 30^{-0.020}_{-0.041}$

85

100

A–A

Ra12.5

Ra12.5

7

Ra6.3

20

技术要求

1. 未注圆角R2.5。
2. 阳极化。

						ZL7			(单位名称)
标记	处数	分 区	更改文件号	签名	年、月、日				柱　塞
设 计			标准化			阶段标记	重 量	比 例	
校 对									ZSB-01-02
审 核									
工 艺			批 准			共 1 张　第 1 张			

图 8-13(b)　柱塞油泵的非标准件零件图

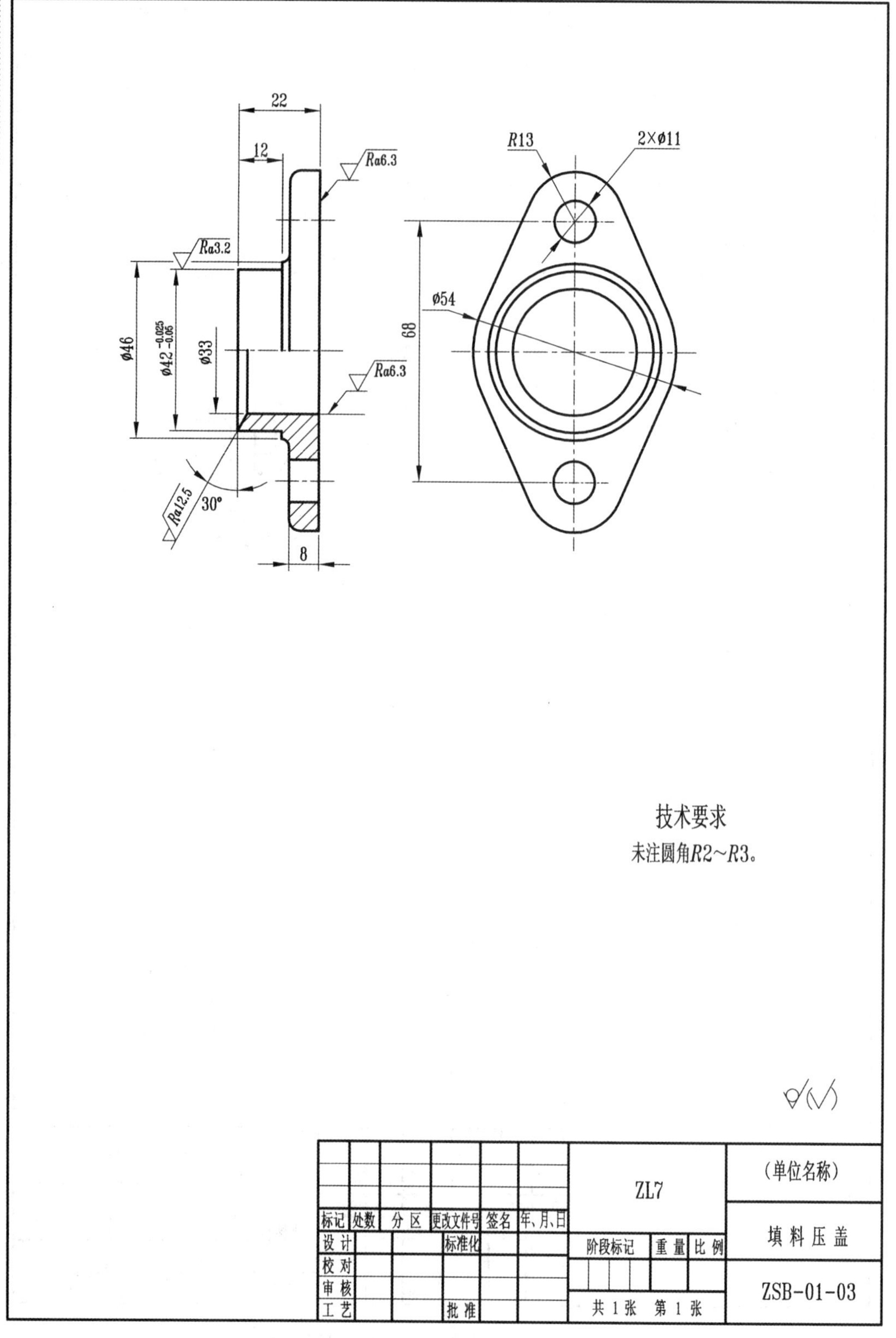

图 8-13(c) 柱塞油泵的非标准件零件图

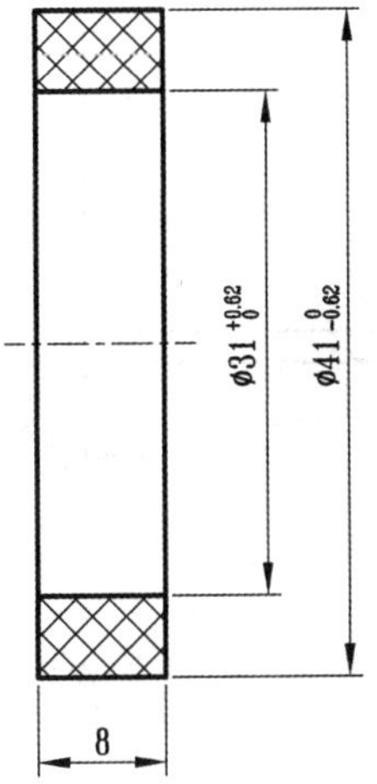

$\phi 31^{+0.62}_{0}$

$\phi 41^{0}_{-0.62}$

8

						丁晴橡胶			(单位名称)
标记	处数	分 区	更改文件号	签名	年、月、日				填　料
设 计			标准化			阶段标记	重 量	比 例	
校 对									ZSB-01-04
审 核									
工 艺			批 准			共 1 张　第 1 张			

图 8-13(d)　柱塞油泵的非标准件零件图

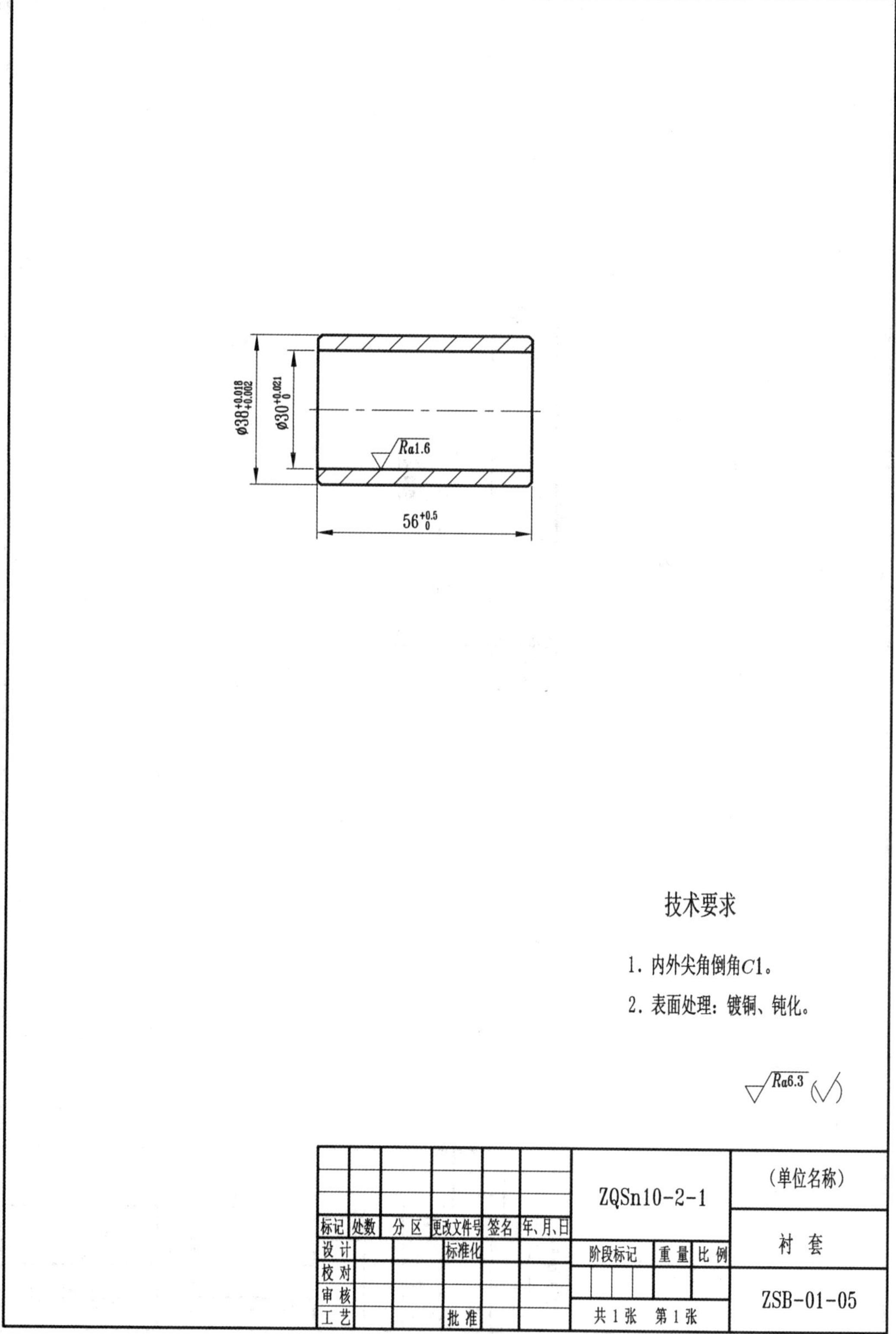

图 8-13(e) 柱塞油泵的非标准件零件图

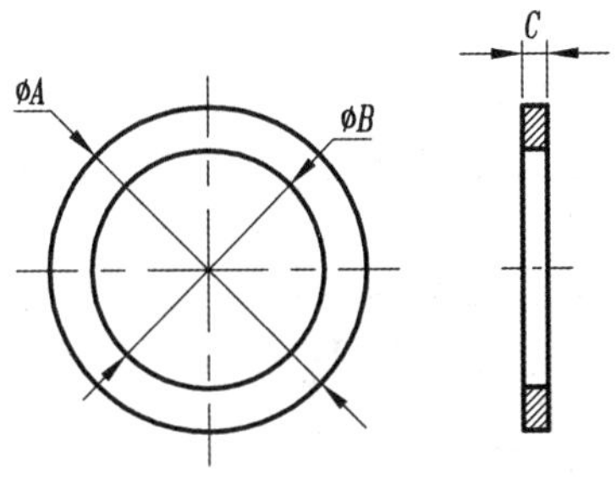

图 号	ϕA	ϕB	C
ZSB-01-06-01	ϕ28	ϕ22	1.5
ZSB-01-06-02	ϕ38	ϕ30	1.5

标记 处数 分 区 更改文件号 签名 年、月、日

设 计　标准化

校 对

审 核

工 艺　批 准

软钢纸板

阶段标记 重 量 比 例

共 1 张　第 1 张

(单位名称)

垫 片

ZSB-01-06

图 8-13(f)　柱塞油泵的非标准件零件图

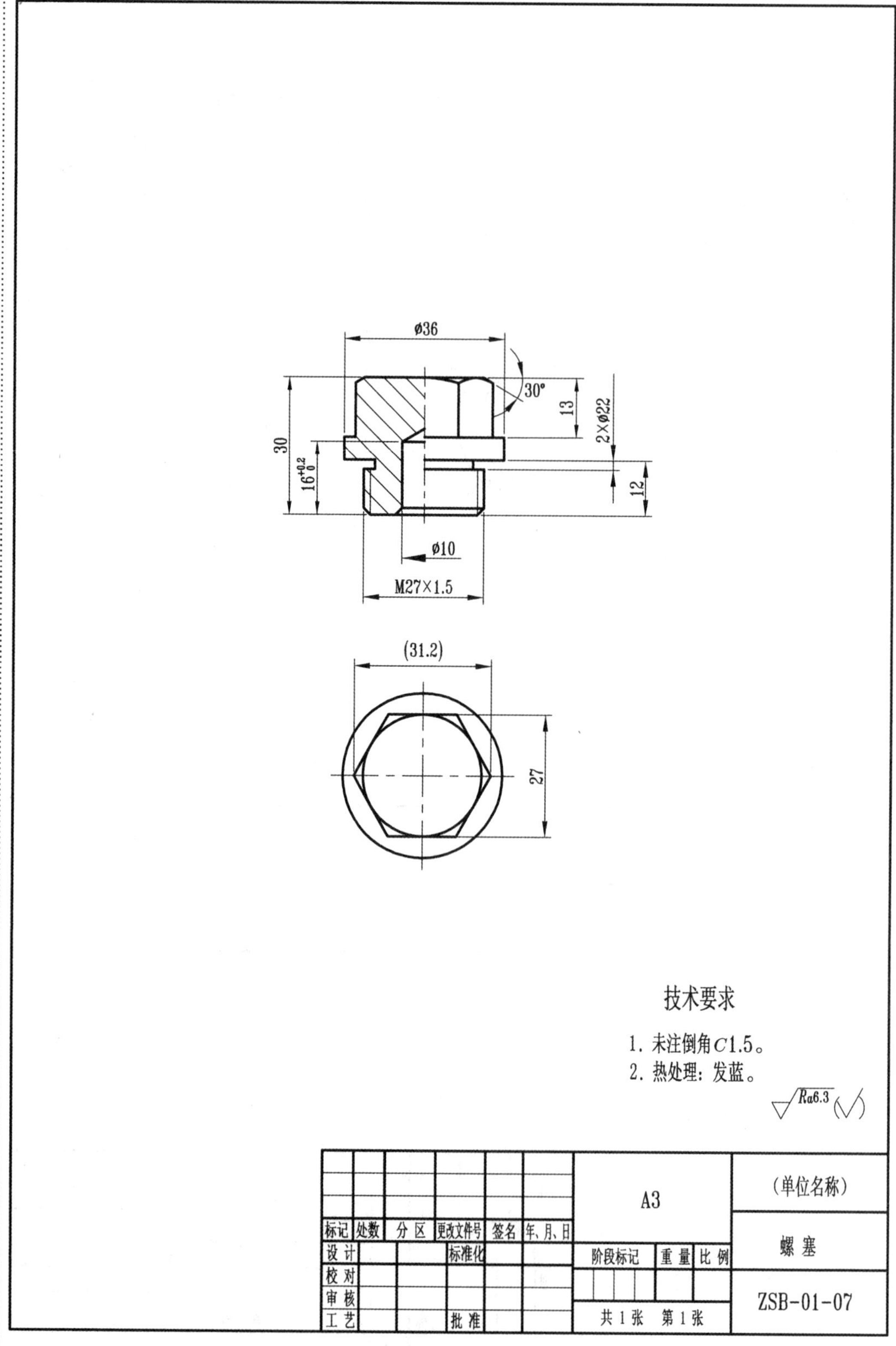

图 8-13(g) 柱塞油泵的非标准件零件图

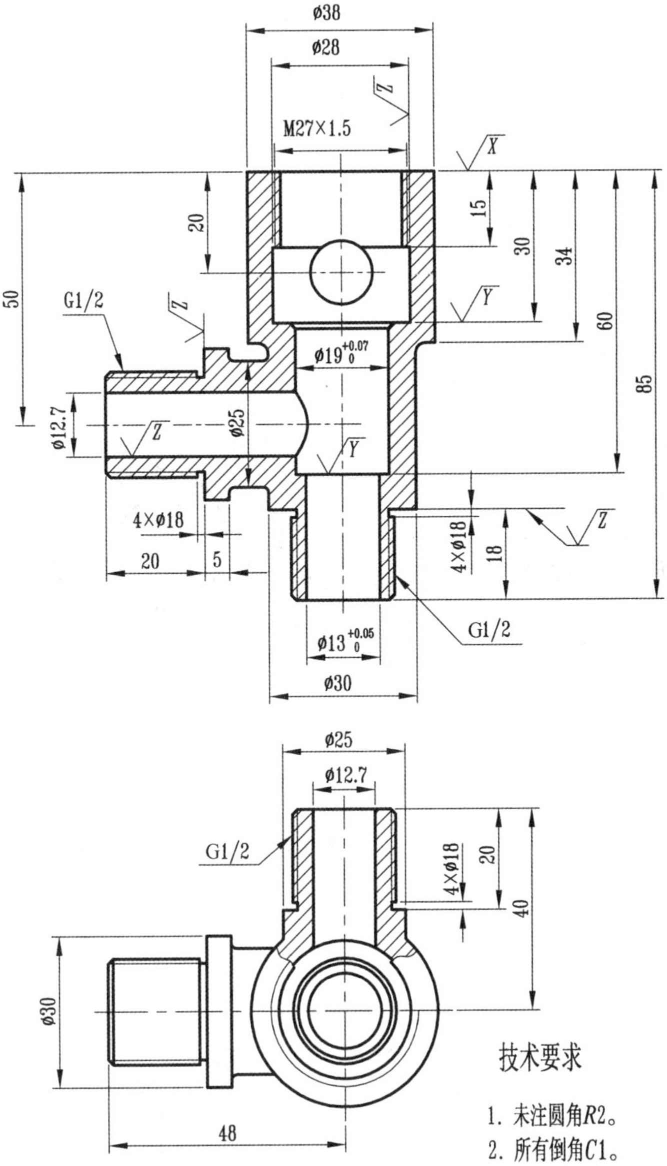

技术要求

1. 未注圆角R2。
2. 所有倒角C1。
3. 外表面喷丸处理。

X = Ra3.2
Y = Ra6.3
Z = Ra12.5

标记	处数	分 区	更改文件号	签名	年、月、日	ZL7	(单位名称)
设 计			标准化			阶段标记 | 重 量 | 比 例	管 接 头
校 对							ZSB-01-08
审 核							
工 艺			批 准			共 1 张　第 1 张	

图 8-13(h)　柱塞油泵的非标准件零件图

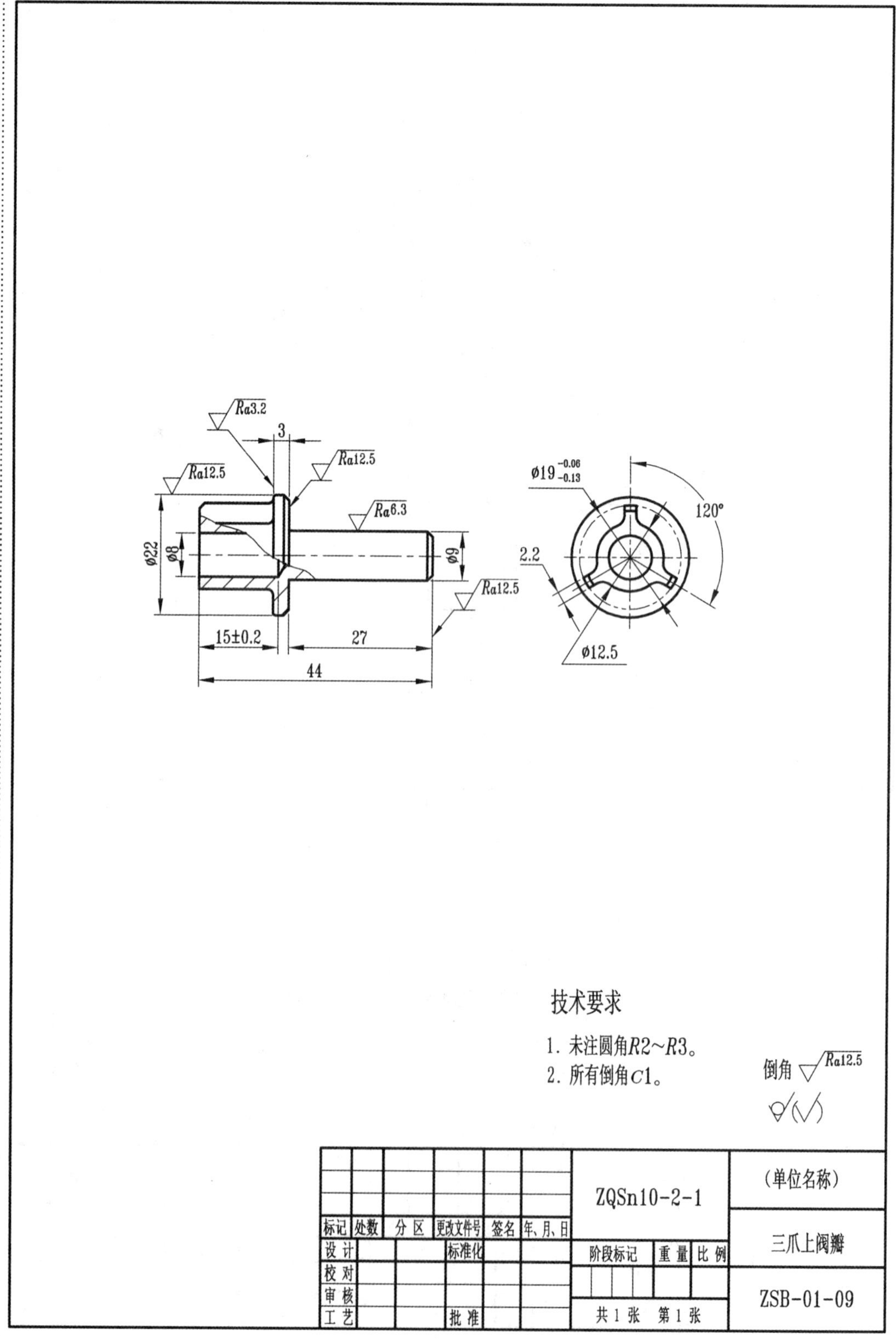

图 8-13(i) 柱塞油泵的非标准件零件图

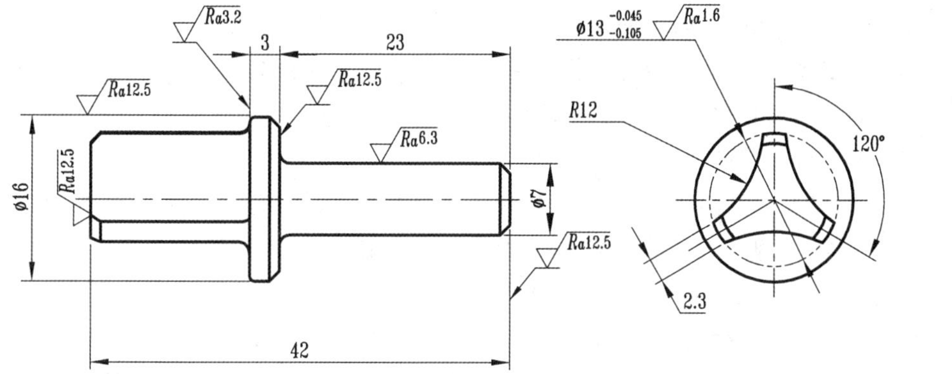

技术要求

1. 未注圆角$R2$。
2. 未注倒角$C1$。
3. 表面处理：镀铜、钝化。

倒角 $\sqrt{Ra12.5}$

$\sqrt{}(\checkmark)$

						ZQSn10-2-1			(单位名称)
标记	处数	分区	更改文件号	签名	年、月、日				三爪下阀瓣
设计			标准化			阶段标记	重量	比例	
校对									ZSB-01-10
审核									
工艺			批准			共1张 第1张			

图 8-13(j) 柱塞油泵的非标准件零件图

柱塞油泵的工作原理为:外部动力推动柱塞 2 在泵体 1 中的衬套 5 内作往复直线运动,当柱塞 2 向右移动时,泵体 1 中的衬套 5 与管接头 9 内腔体的容积增大,形成负压,使上三爪阀瓣 10 关闭,低压油由管接头 9 的下方推开下三爪阀瓣 11 进入腔体,完成吸油过程;当柱塞 2 向左移动时,腔体的容积减少,压力增大,高压油使下三爪阀瓣 11 关闭,并推开上三爪阀瓣 10 向外流出,完成供油过程。由于柱塞 2 不断地作往复直线运动,就可提高润滑(液压)油的压力,并将其输送到润滑(液压)系统中去。

(2) 确定装配图的表达方法如下。

① 选择主视图。根据选择主视图的一般原则,将柱塞油泵的安装底面按工作位置水平放置,使其两条主要的轴线处于水平和铅垂的位置,并采用全剖视图表示柱塞油泵的工作原理和内部的装配关系,如图 8-14 所示。

② 选择其他视图。为了补充主视图没有表示清楚的内容,再选择俯视图和左视图表示泵体和管接头的外形,并在俯视图中采用局部剖视表示泵体、压盖、螺纹连接组件的连接关系及柱塞端部的结构,如图 8-14 所示。

(3) 绘图步骤如下。

① 根据柱塞油泵的实际大小、结构的复杂程度和选定的表达方案,再考虑到标题栏、明细栏、标注尺寸和书写技术要求的位置,确定绘图比例为 1∶1,并选用 A3 的图幅(图面比较紧凑)。

② 画出三个视图的主要装配轴线、对称中心线及作图基线,如图 8-15(a)所示。

③ 画底图时,要将主视图与相关的视图互相配合一起画,沿着主要的装配轴线,先画出主要零件泵体 1 和管接头 9,再按装配的顺序画出其他各零件,如图 8-15(b)、(c)所示。

④ 经检查无误后,加深图线,标注尺寸、书写技术要求、标注零件序号、填写标题栏和明细表,完成全图,如图 8-14 所示。

8.7.2 部件测绘

以图 8-1 所示的滑动轴承为例,说明部件测绘的方法和步骤。

1. 了解和分析部件

在进行部件测绘之前,要先通过观察实物、查阅有关资料及询问有关人员等途径,了解部件的用途、性能、工作原理、结构特点、零件间的装配关系及拆装方法等内容。

对图 8-1 进行分析可知:滑动轴承是支承回转轴的部件,由 8 种零件组成,其中螺栓、螺母为标准件,油杯为标准组合件。为便于轴的安装和拆卸,轴承做成中分式上下结构,上部为轴承盖,下部为轴承座。因轴在轴承中转动时会产生摩擦和磨损,为减小摩擦和便于更换,轴承内设有摩擦系数小且耐磨、耐腐蚀的锡青铜轴衬(轴瓦)。上、下轴衬分别安装在轴承盖和轴承座中,采用油杯进行润滑,轴衬上开有导油槽,可使润滑更为均匀。轴承盖与轴承座之间采用阶梯止口配合,以防止二者的横向错动;轴衬固定套可防止轴衬发生转动。螺栓选用方头螺栓,在拧紧螺母时可使螺栓不发生相对转动,并采用了双螺母的防松结构。

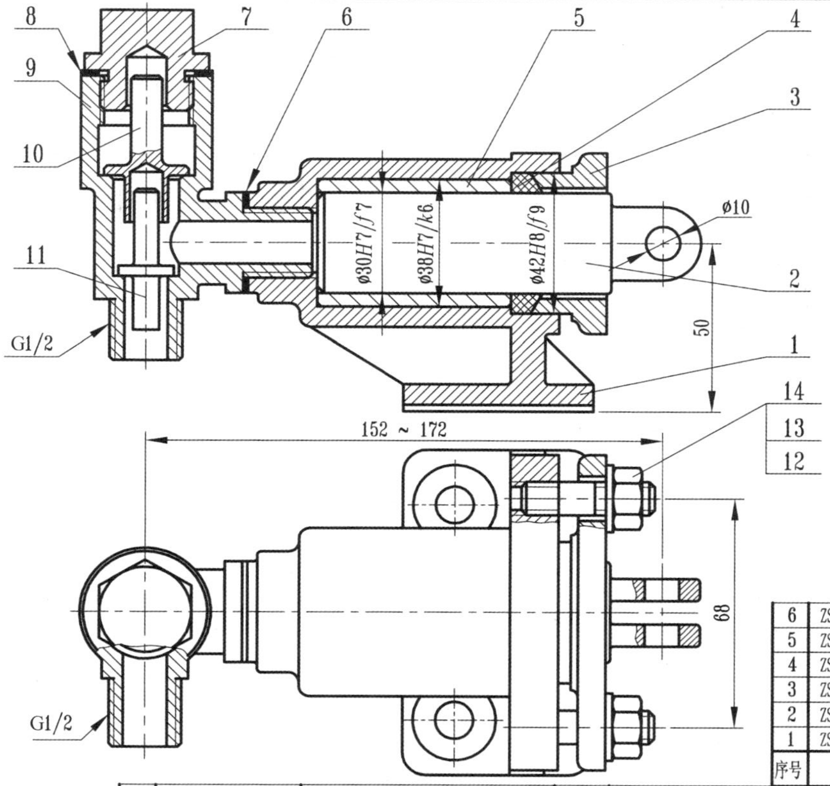

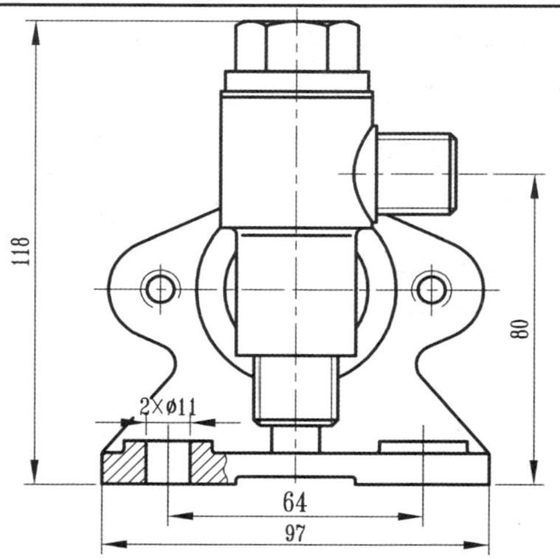

技术要求

1. 用手移动活塞，应无阻滞现象。
2. 泵体接头各部分无渗漏现象。
3. 装配后经泵油试验，在泵油过程中阀瓣应活动自如。

序号	代号	名称	数量	备注
14	GB/T6170-2015	螺母 M10	2	
13	GB/T97.1-2002	垫圈 10	2	
12	GB/T898-1988	螺柱 M10×25	2	
11	ZSB-01-10	三爪下阀瓣	1	
10	ZSB-01-09	三爪上阀瓣	1	
9	ZSB-01-08	管接头	1	
8	ZSB-01-06-02	垫片	1	
7	ZSB-01-07	螺塞	1	
6	ZSB-01-06-01	垫片	1	
5	ZSB-01-05	衬套	1	
4	ZSB-01-04	填料	1	
3	ZSB-01-03	填料压盖	1	
2	ZSB-01-02	柱塞	1	
1	ZSB-01-01	泵体	1	

标记	处数	分区	更改文件号	签名	年、月、日		(单位名称)
设计			标准化			阶段标记 重量 比例	柱塞泵
校对							
审核							ZSB-01-00
工艺			批准			共 11 张 第 1 张	

图8-14 柱塞油泵装配图

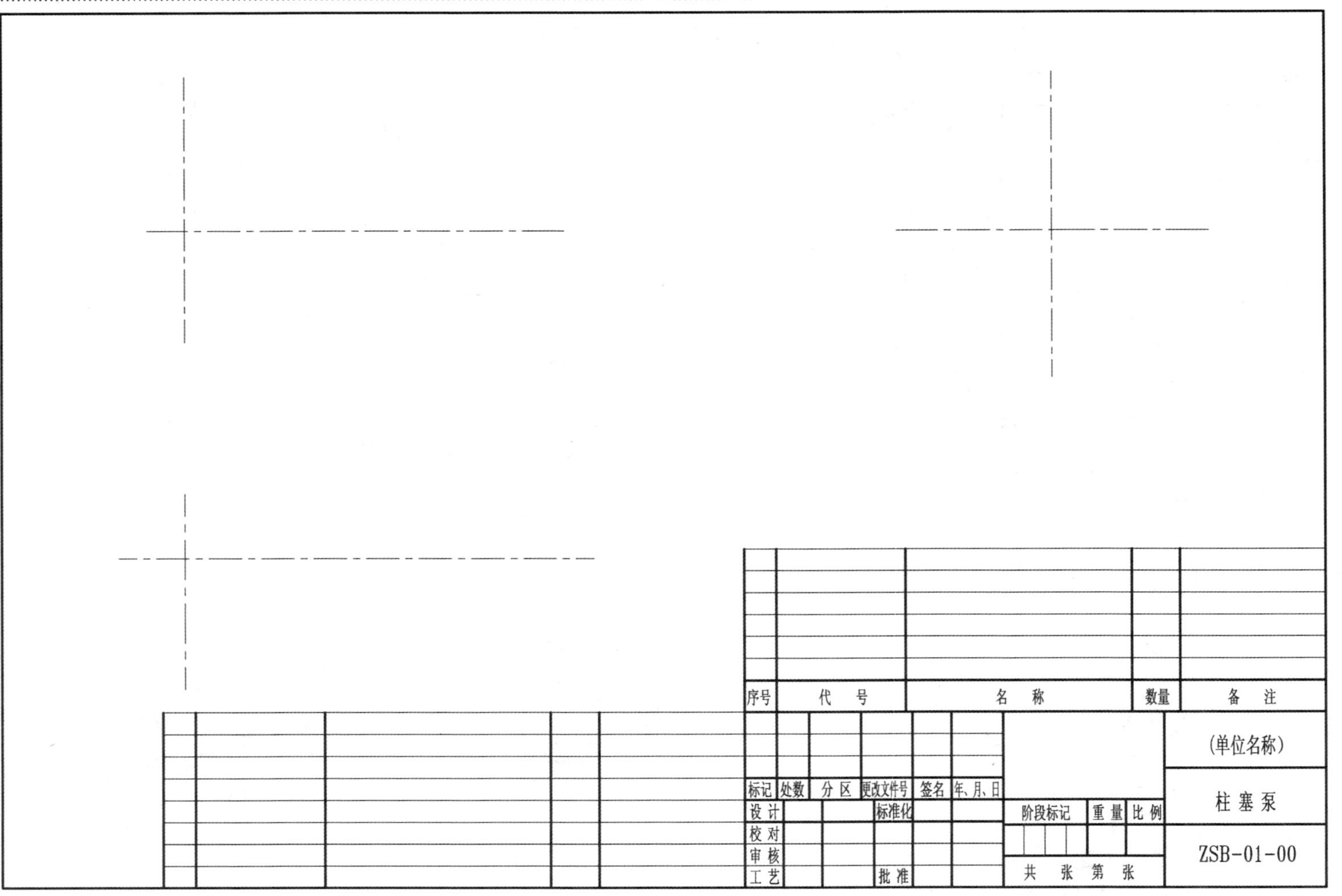

图8-15(a)　画装配图的步骤(一)

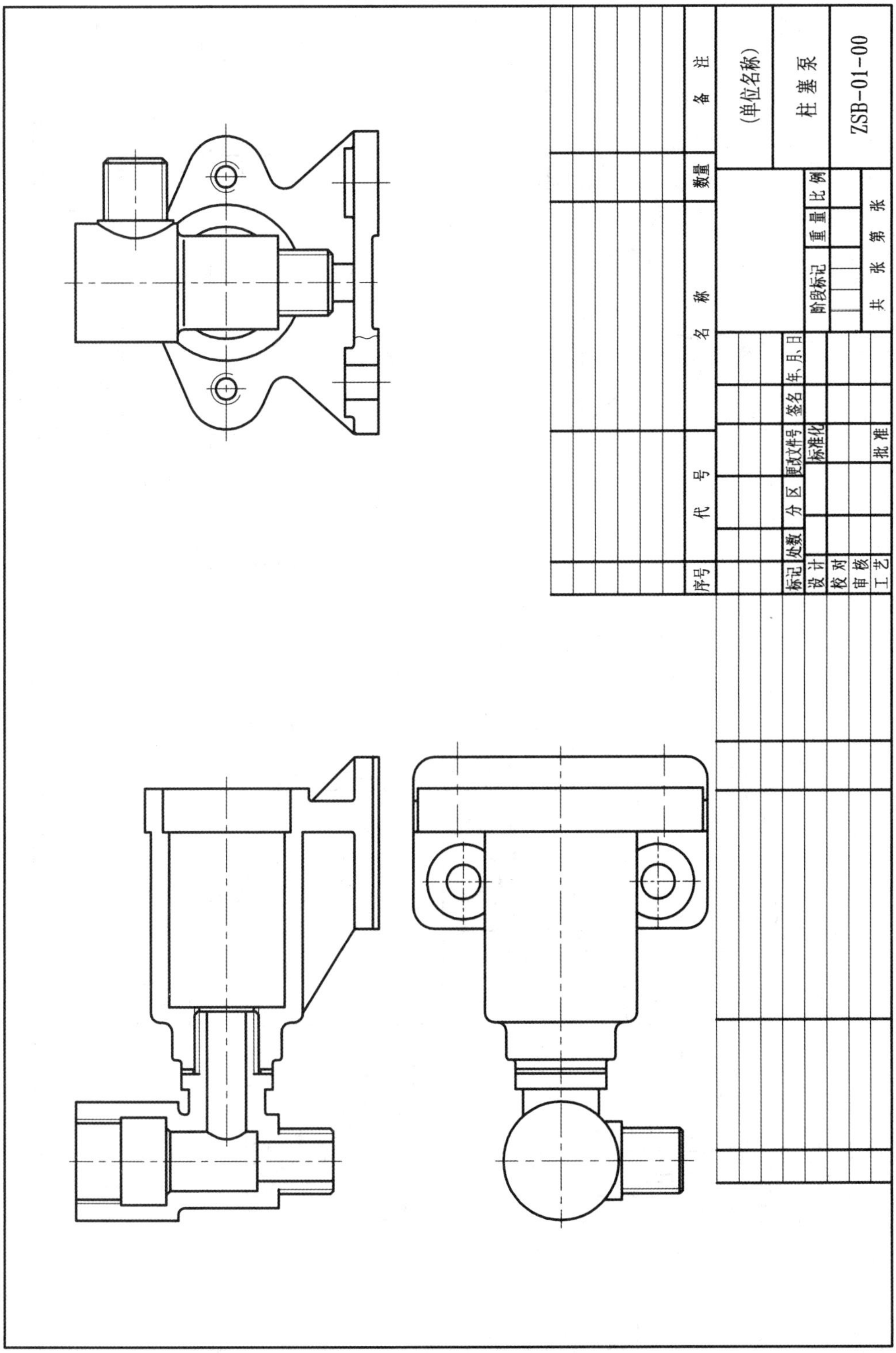

序号	代　号	名　称	数量	备　注

(单位名称)

柱 塞 泵

ZSB-01-00

标记	处数	分 区	更改文件号	签名	年、月、日
设 计			标准化		
校 对					
审 核					
工 艺			批 准		

阶段标记	重量	比例
共　张	第　张	

图 8-15(b)　画装配图的步骤（二）

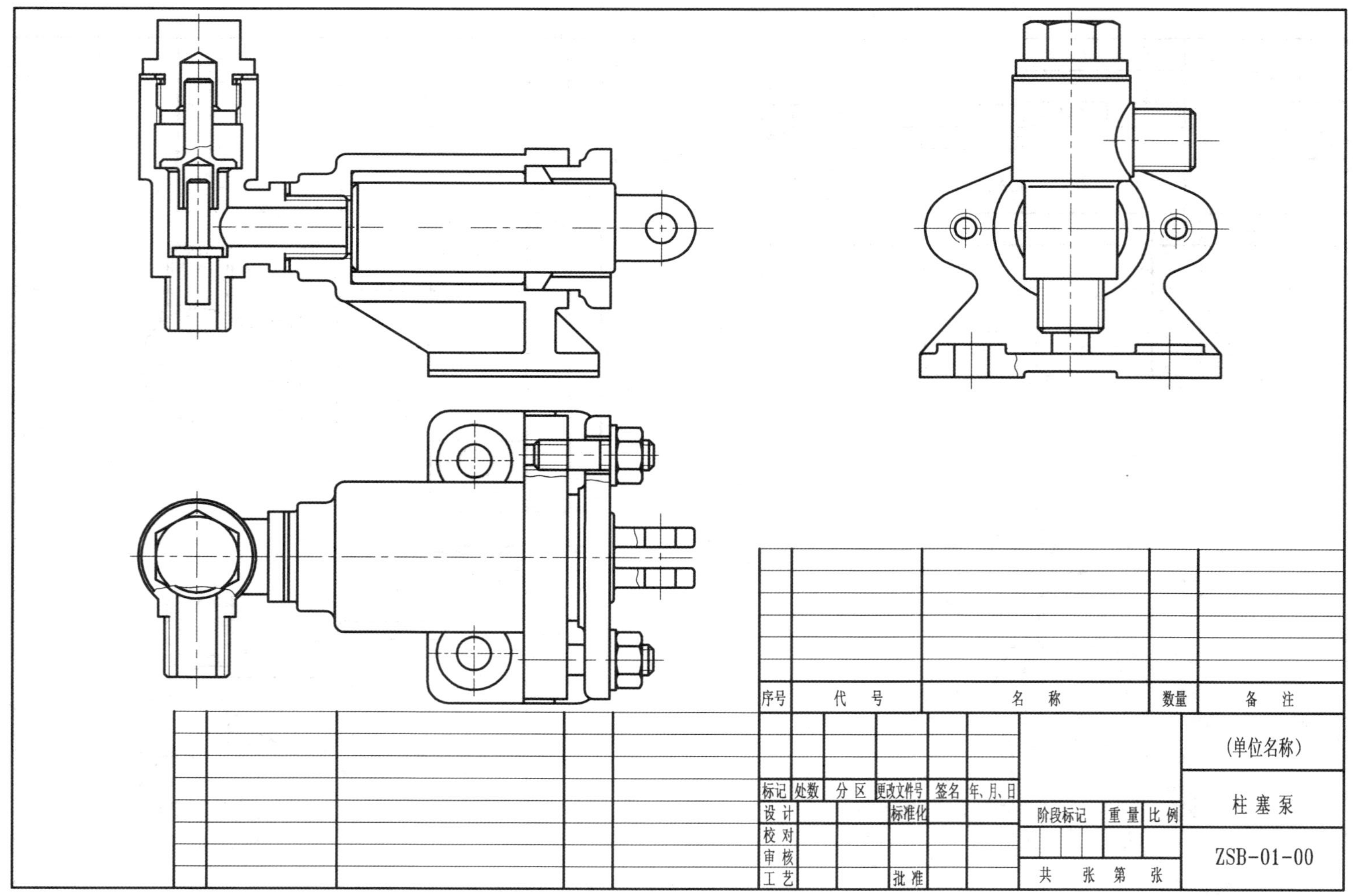

图 8-15(c) 画装配图的步骤(三)

2. 拆卸零件并绘制装配示意图

拆卸零件的过程是进一步了解部件中零件的作用、结构、装配关系的过程。为了保证能顺利地将部件重新装配起来，避免遗忘，在拆卸过程中一般应画出装配示意图，记录下部件的工作原理、传动系统、装配和连接关系等内容，并在图上标出各零件的名称、数量和需要记录的数据。滑动轴承的装配示意图如图 8-16 所示。

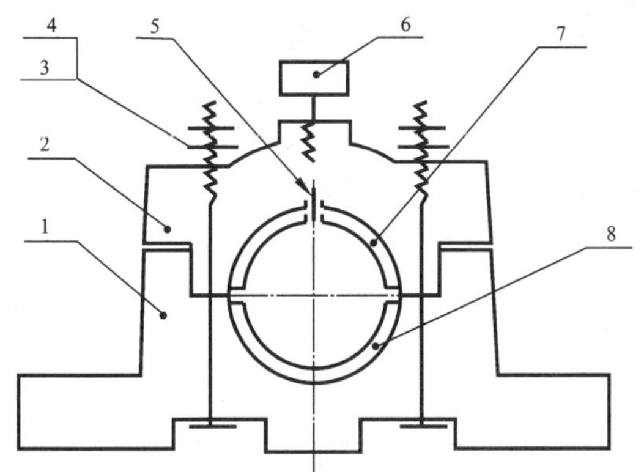

序号	名称	数量
1	轴承座	1
2	轴承盖	1
3	螺母GB/T 6170 M10	4
4	螺栓GB/T 5782 M10×90	2
5	轴衬固定套	1
6	油杯JB/T 7940.3 B12	1
7	上轴衬	1
8	下轴衬	1

图 8-16 滑动轴承的装配示意图及零件编号

拆卸零件时应注意以下几点。

(1) 首先要考虑好拆卸的顺序，根据部件的组成情况及装配的特点，可将其分为几个组成部分，然后按部分依次拆卸。

(2) 拆下的零件要按顺序编号，扎上标签，并分组、分区放置在特定的地方。

(3) 拆卸时应采用正确的方法和相应的工具，以保证部件原有的完整性、精确性和密封性。对表面粗糙度要求较高的零件，要防止碰伤；对不可拆卸连接和过盈配合的零件，尽量不拆，以免损伤零件。

3. 画零件草图和零件图

测绘工作通常是在现场进行的，而且常常要求在尽可能短的时间内完成，以便迅速将部件重新装配起来。除了标准件、标准组合件和外购件(如电机等)外，其余的零件都应画出零件草图，而且零件草图的内容应与零件图完全一致。对于标准件和外购件，应列出标准件表，记下其规格尺寸和数量(见图 8-16)。滑动轴承部分零件的草图如图 8-17 所示，而轴承座的零件图则如图 8-1 所示。

4. 画装配图

画装配图的方法和步骤与 8.7.1 相同。

在滑动轴承装配图的表达方案中，部件按工作位置放置，主视图选用了最能反映其结构特点及装配关系的投射方向，并采用了半剖视的表示法，同时表示滑动轴承的内外结构、装配关系及主要零件的形状。因滑动轴承的安装关系和轴衬的前后凸缘与轴承座、轴

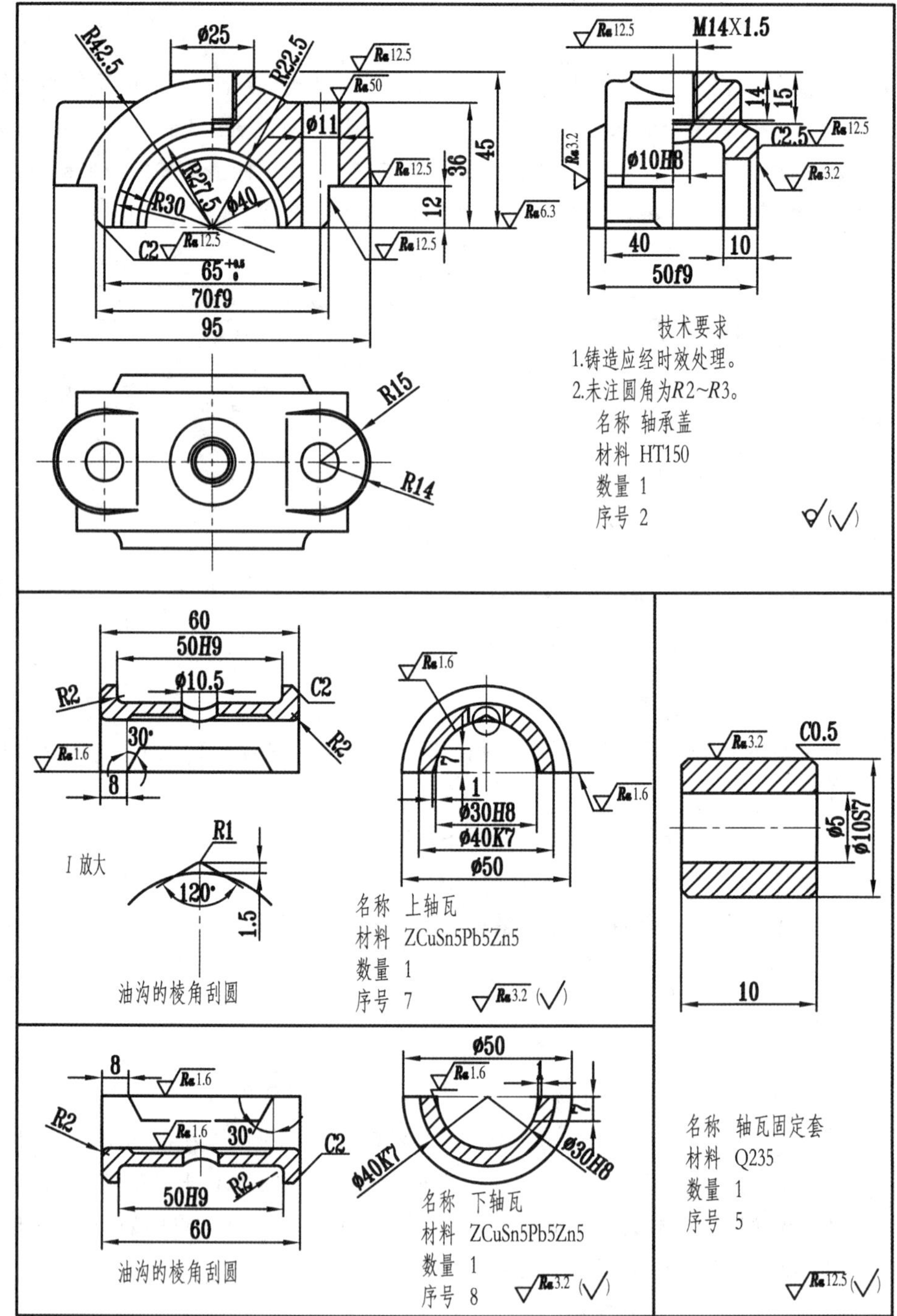

图 8-17 滑动轴承的部分零件草图

承盖的配合关系在主视图中尚未表示清楚，故需要用俯视图来表示（如采用左视图，则安装关系还是不能表示清楚）；又因滑动轴承是上下可拆卸的结构，故俯视图采用了拆卸画法（也可采用沿结合面剖切的半剖视图）。画滑动轴承装配图的步骤如图 8-18 所示。

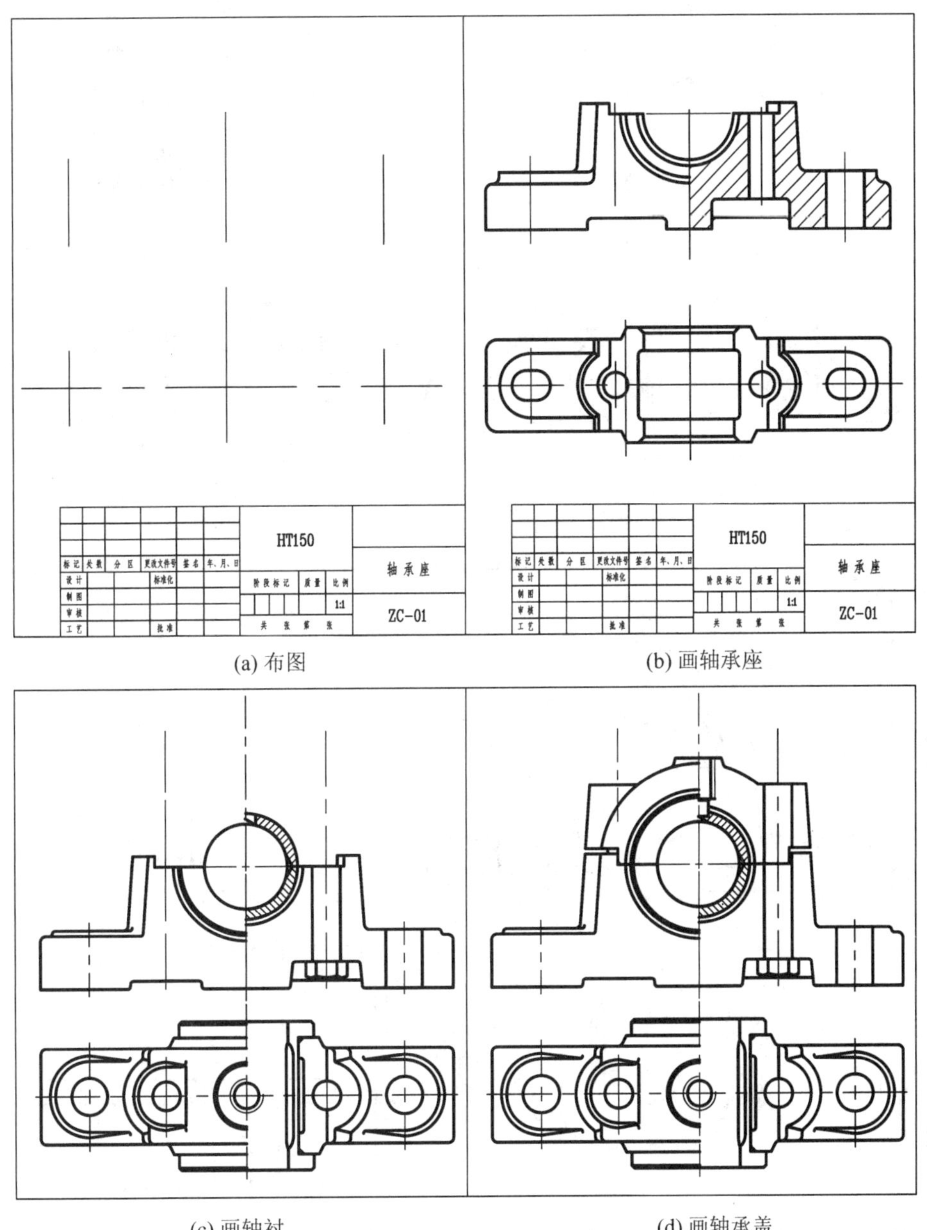

(a) 布图　　(b) 画轴承座

(c) 画轴衬　　(d) 画轴承盖

图 8-18　画滑动轴承装配图的步骤

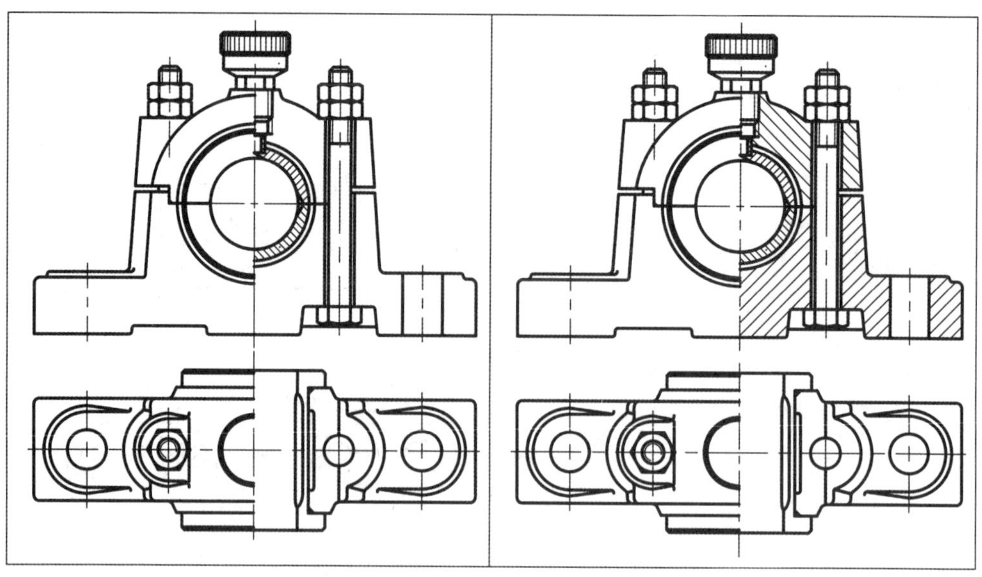

(e) 画轴瓦固定套，螺栓连接，油杯　　　　(f) 画剖面线，加深

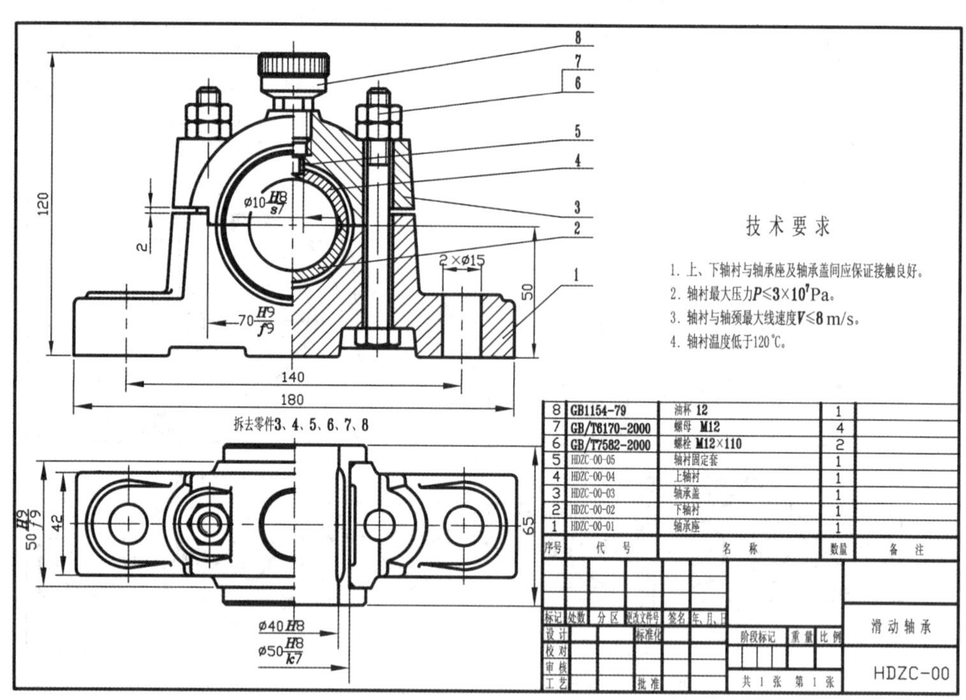

8	GB1154-79	油杯 12	1	
7	GB/T6170-2000	螺母 M12	4	
6	GB/T7582-2000	螺栓 M12×110	2	
5	HDZC-00-05	轴衬固定套	1	
4	HDZC-00-04	上轴衬	1	
3	HDZC-00-03	轴承盖	1	
2	HDZC-00-02	下轴衬	1	
1	HDZC-00-01	轴承座	1	
序号	代 号	名 称	数量	备 注

(g) 完成全图

图 8-18　画滑动轴承装配图的步骤(续)

8.8 读装配图

读装配图的目的是从装配图上了解机器(或部件)的用途、性能、工作原理、技术要求和安装尺寸,了解各个零件之间的装配关系,了解各零件的名称、数量、材料以及在机器中的作用,并看懂其基本形状和结构。

8.8.1 读装配图的方法和步骤

1. 概括了解

从标题栏中了解机器(或部件)的名称,结合阅读有关的说明书和技术资料,了解机器(或部件)的用途。根据绘图的比例,了解机器(或部件)实际的大小。将图中零件的序号与明细栏中的序号相对照,了解各零件的名称及其在装配图中的位置。

2. 分析机器(或部件)的结构、装配关系和工作原理

首先通过读图大致了解装配图的表达方案,然后从主视图入手,按照“长对正、高平齐、宽相等”的投影规律,找出各个视图之间的投影关系,明确各个视图表示的内容和重点,了解机器(或部件)的大体形状和结构,并着重弄清那些直接实现机器(或部件)功能的主要结构。在了解机器(或部件)结构的基础上,再进一步从装配线路入手,弄清机器(或部件)的装配关系;从运动关系入手,理解机器(或部件)的工作原理。

3. 分析零件的形状和结构

机器(或部件)是由零件构成的,装配图的视图也可看作是由各零件图的视图所组成,因此,要弄清机器(或部件)的结构、装配关系和工作原理,就必须要分析零件的形状和结构;反之,读懂了零件的形状和结构,也更加有利于对机器(或部件)的结构、装配关系和工作原理的理解。读装配图时,可利用同一零件在不同视图上的剖面线方向、间隔必须一致的规定,对照投影关系以及与相邻零件的装配关系,先看主要零件,再看次要零件,逐步想像出各零件的主要形状和结构。

4. 了解装配图中标注的尺寸和技术要求

对于装配图中标注的规格尺寸、装配尺寸、外形尺寸、安装尺寸和其他重要尺寸,要逐个了解其含义和作用。此外,还要读懂装配图中的技术要求,了解机器(或部件)的性能以及在装配、检验、安装、调试、试验、使用时应达到的要求和应注意的事项。

5. 综合归纳

在完成以上读图步骤的基础上,通过综合分析,想像出机器(或部件)以及主要零件的形状和结构,归纳出对机器(或部件)的各种要求,全面理解装配图所提供的所有信息。

8.8.2 读装配图举例

例 8-2 根据齿轮油泵装配图(图 8-19),画出 7 号零件(泵体)的零件图。

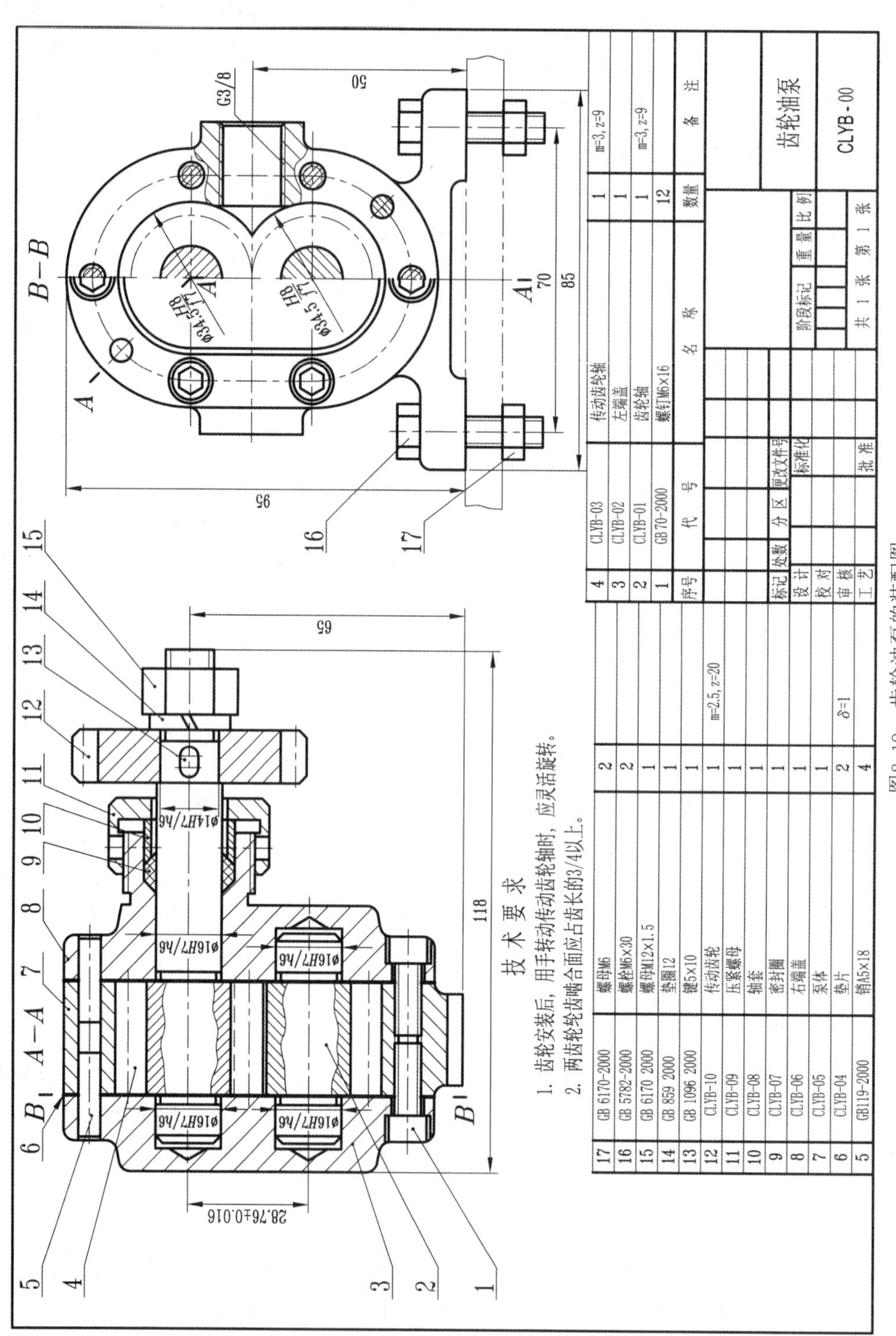

图 8-19 齿轮油泵的装配图

图 8-19 是机器中用来输送润滑油的一个齿轮油泵的装配图，它是靠一对互相啮合的齿轮进行压油和吸油的。

工作原理：当传动齿轮 12 按逆时针方向转动时，通过键 13，将扭矩传递给传动齿轮轴 4，经过齿轮啮合带动齿轮轴 2 顺时针方向转动。如图 8-20 所示，当一对齿轮在泵体内作啮合传动时，啮合区内的右边压力降低，油池内的油在大气压力作用下进入油泵低压区内的吸油口。随着齿轮的不断传动，齿槽中的油不断沿箭头方向送到左边的压油口将油压送到机器的各个润滑部位。

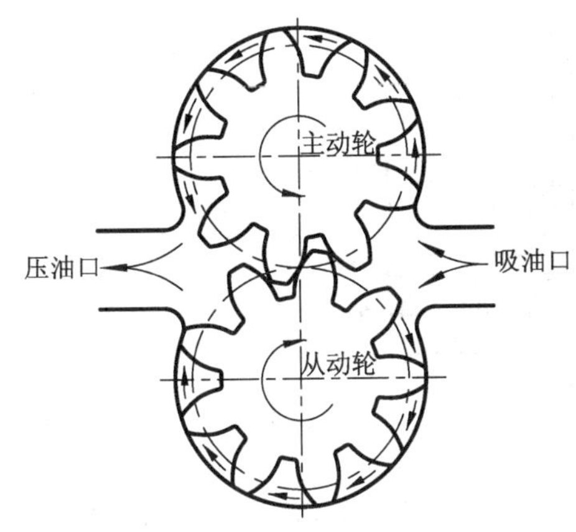

图 8-20　齿轮油泵工作原理示意图

作图步骤如下。

(1) 分析 7 号零件泵体在该部件中的作用。7 号零件在该部件中的主要作用为支承、容纳、连接外部进出油管路等。

(2) 确定 7 号零件的投影范围。

① 根据序号 7 所指的位置和以上的分析，同时利用剖面线的方向找出主视图中该零件的大致轮廓线，如图 8-21(a)所示的主视图。

② 根据分析以及投影关系找出左视图中该零件的轮廓线，如图 8-21(b)所示的左视图。

(3) 确定 7 号零件的大致结构。根据装配图中的表达方法——主视图采用全剖视图，左视图采用半剖视图，可大致想象出该零件的结构形状，特别要注意的是拆去了其他零件后，原来被挡住部分的投影应补画出来，如图 8-22 所示。

(4) 补画 7 号零件上的其他结构。

① 根据装配图上紧固螺钉和销的位置，在该零件上画出相应的结构——螺纹孔和销孔。

② 根据左视图补出进出油孔的结构，如图 8-23 所示。

(5) 根据整体想象与分析画出 7 号零件图。

① 确定 7 号零件主视图的投影方向。

② 确定 7 号零件的表达方案与视图数量。

③ 完成 7 号零件的零件图，如图 8-24 所示。

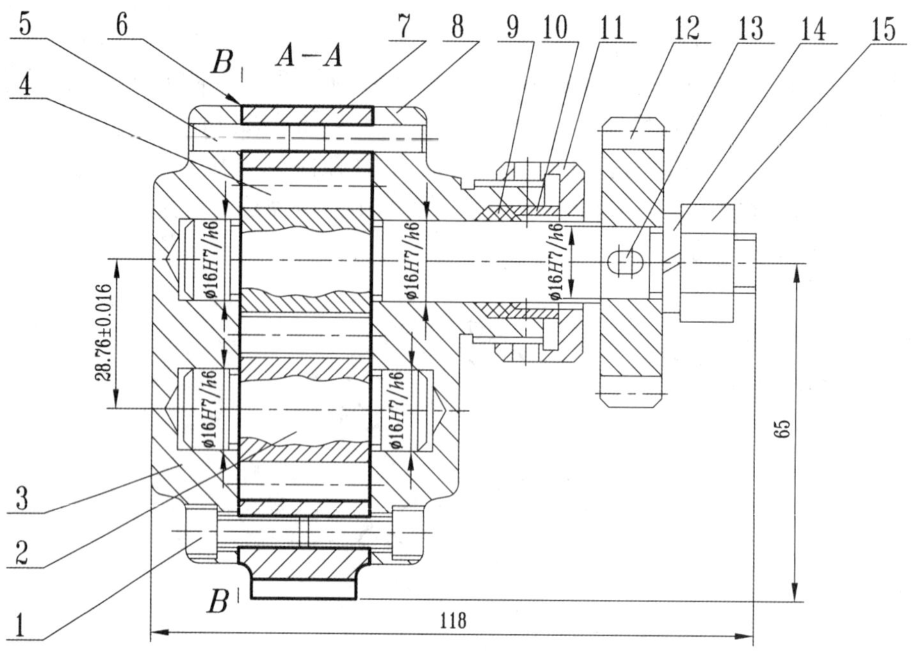

图 8-21(a) 确定 7 号零件在主视图中的投影范围

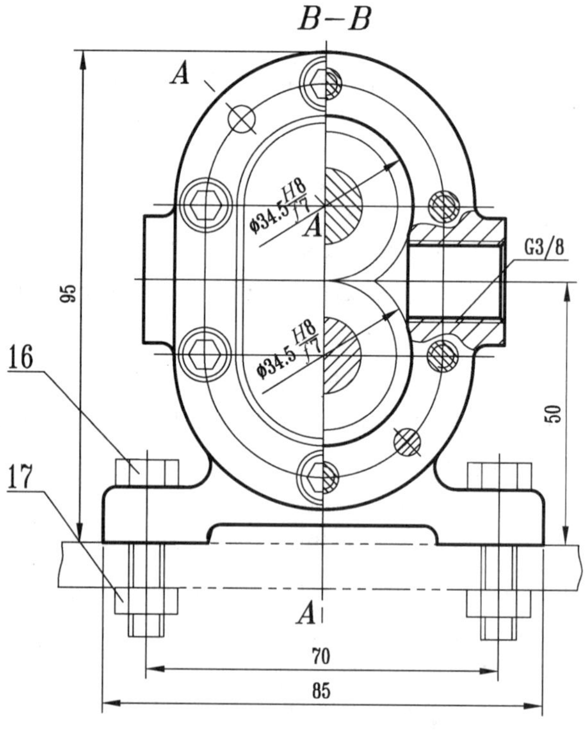

图 8-21(b) 确定 7 号零件在左视图中的投影范围

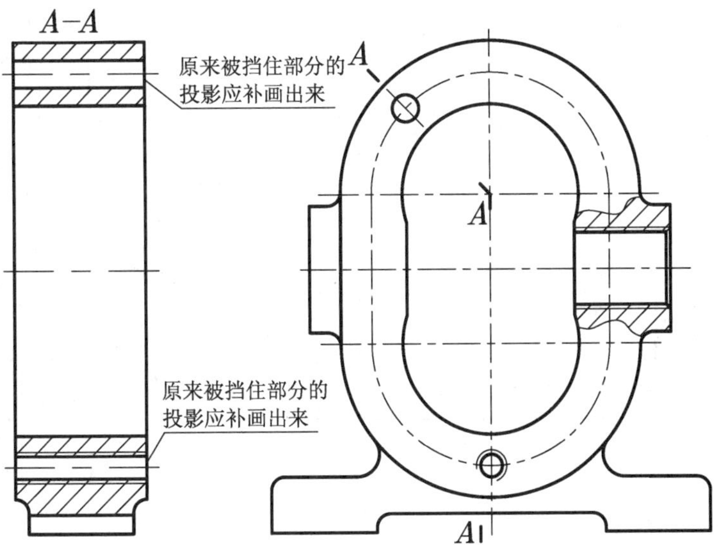

图 8-22 确定 7 号零件的大致结构

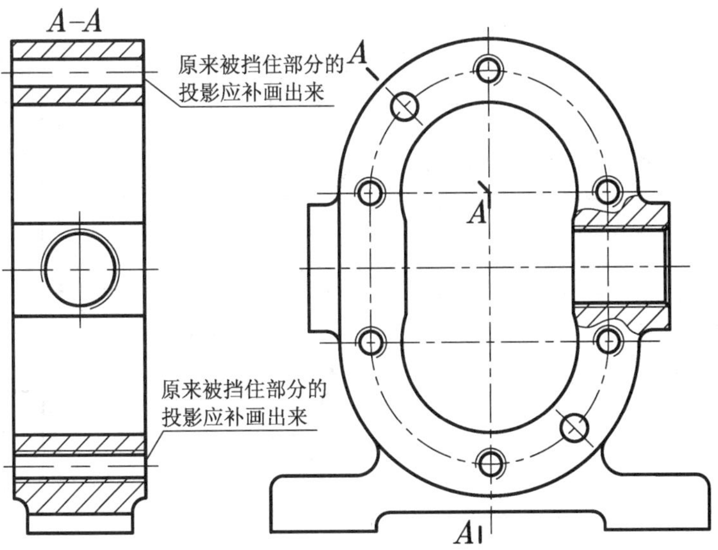

图 8-23 补充 7 号零件上的其他结构

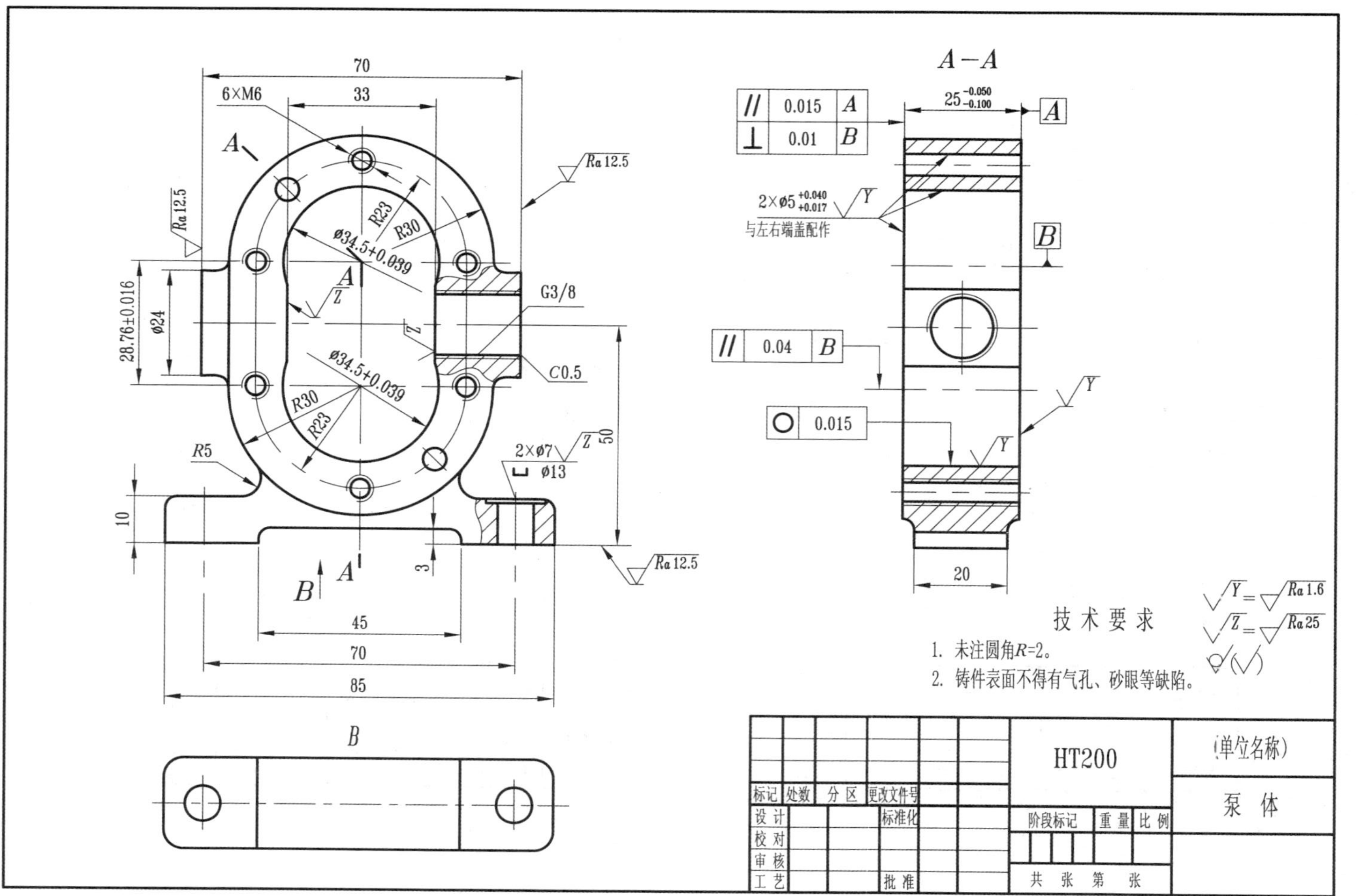

图8-24　7号零件泵体的零件图

第 9 章　立体的三维表达

知识点：三维表达。

思政元素："工匠"精神。

思政培养目标：培养学生的综合素质和能力。

思政素材：通过对三维形状与相关位置的空间逻辑思维和形象思维能力训练，相关专题讨论将课程教学与职业道德、工程素养、学科竞赛相结合。

9.1　轴测图的画法(GB/T 4458.3—2013)

9.1.1　轴测图的基本概念

1）轴测图的形成

用平行投影法将物体向轴测投影面进行投射时，改变物体与轴测投影面的相对位置，或者改变投射的方向，就会得到不同的轴测图，如图 9-1 所示。

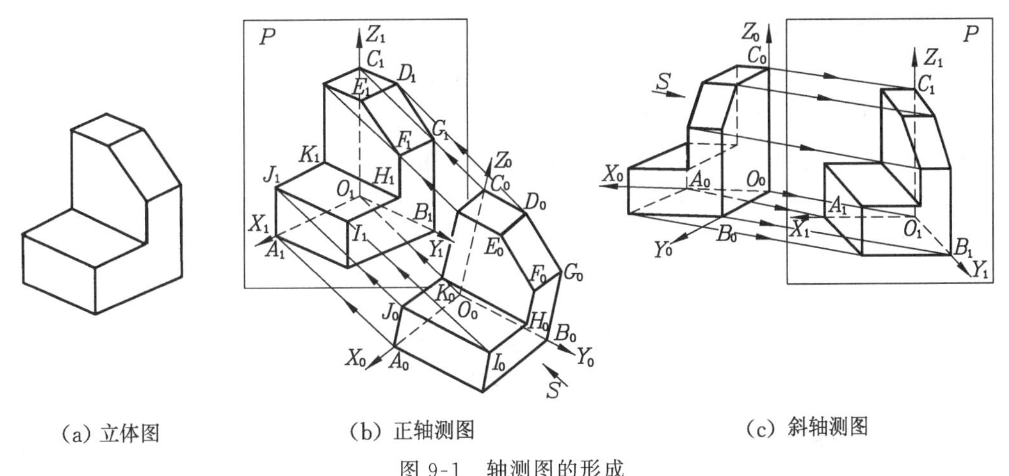

(a) 立体图　　(b) 正轴测图　　(c) 斜轴测图

图 9-1　轴测图的形成

如图 9-1(b)所示，投射方向 S 垂直于轴测投影面 P，但确定物体空间位置的直角坐标轴 O_0X_0、O_0Y_0、O_0Z_0 却都倾斜于投影面 P，根据正投影特性，其投影 O_1X_1、O_1Y_1、O_1Z_1 仍然是直线，轴向线段 O_0A_0、O_0B_0、O_0C_0 的投影 O_1A_1、O_1B_1、O_1C_1 也是直线段，这种用正投影法得到的轴测投影图称为正轴测投影图，简称为正轴测图，能表示物体三个方向的形状，接近于人的视觉习惯，立体感较强。

如图9-1(c)所示，投射方向 S 倾斜于轴测投影面 P，而确定物体空间位置的直角坐标轴 O_0X_0、O_0Y_0、O_0Z_0 都不与投射方向 S 平行或者垂直，因此其投影 O_1X_1、O_1Y_1、O_1Z_1 也仍然是直线，轴向线段 O_0A_0、O_0B_0、O_0C_0 的投影 O_1A_1、O_1B_1、O_1C_1 也是直线段，这样得到的轴测投影图，称为斜轴测投影图，简称为斜轴测图，也能表示物体三个方向的形状，立体感强。

2）轴间角和轴向伸缩系数

(1) 轴间角。在图9-1(b)、(c)中，直角坐标轴 O_0X_0、O_0Y_0、O_0Z_0 在轴测投影面上的投影 O_1X_1、O_1Y_1、O_1Z_1 称为轴测轴，轴测轴之间的夹角 $\angle X_1O_1Y_1$、$\angle Y_1O_1Z_1$、$\angle Z_1O_1X_1$ 称为轴间角。

(2) 轴向伸缩系数。直角坐标轴(O_0X_0，O_0Y_0，O_0Z_0)的轴测投影的单位长度与相应直角坐标轴上的单位长度的比值，称为 O_0X_0、O_0Y_0、O_0Z_0 轴的轴向伸缩系数，分别用 p、q、r 表示。

3）轴测图的投影特性

由于轴测图是采用平行投影法形成的，所以轴测图具有平行投影的特性，即：

(1) 物体上互相平行的线段在轴测图中仍然互相平行；

(2) 物体上平行于坐标轴的线段，在轴测图中必平行于相应的轴测轴，并且同一轴向所有线段的轴向伸缩系数相同；

(3) 物体上两平行线段(或同一直线上的两线段)的长度之比在轴测图中保持不变。

为了作出物体上不与坐标轴平行的线段的轴测投影，应当先在轴测轴方向上作出该线段两个端点的投影(“轴测”意即沿着轴向或平行轴向进行测量)，再连成直线即可。

4）轴测图的分类

轴测图不仅根据投射方向与轴测投影面的相对位置可分为正轴测图和斜轴测图，而且根据轴向伸缩系数的不同，又可分为三种：

(1) 三个轴向伸缩系数相等，即 $p=q=r$，称为正(或斜)等测；

(2) 三个轴向伸缩系数中有两个互相相等，即 $p=q\neq r$，或 $p\neq q=r$，或 $p=r\neq q$，称为正(或斜)二测；

(3) 三个轴向伸缩系数互相不等，即 $p\neq q\neq r$，称为正(或斜)三测。

由于正等轴测图(简称为正等测)和斜二轴测图(简称为斜二测)在工程中用得较多，所以下面仅简要介绍正等测和斜二测这两种轴测图的画法。

9.1.2 正等轴测图的画法

1）正等轴测图的轴间角和轴向伸缩系数

在正等轴测图中，确定物体空间位置的三个直角坐标轴(O_0X_0，O_0Y_0，O_0Z_0)对轴测投影面的倾斜角度相等，因此在轴测投影图中，三个轴间角均为120°，三个轴向伸缩系数为 $p=q=r\approx 0.82$，如图9-2(a)所示。

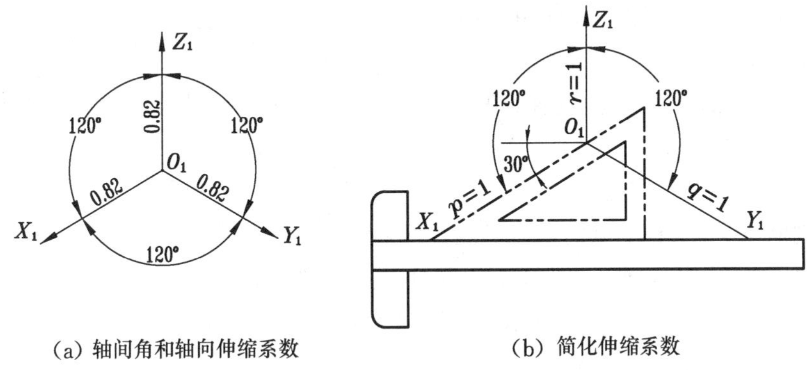

(a) 轴间角和轴向伸缩系数　　(b) 简化伸缩系数

图 9-2　正等轴测图的轴间角和轴向伸缩系数

为使作图简便，可将三个轴向伸缩系数均取为 1，称为简化伸缩系数，即 $p=q=r=1$，如图 9-2(b)所示。利用简化伸缩系数画正等轴测图时，三个轴向尺寸都可按物体的实际长度量取。这样画出的正等轴测图的图形不变，只是图上的线段放大了 1/0.82(≈1.22)倍。

2）平面立体正等轴测图的画法

画轴测图常用的方法有坐标法和方箱切割法，其中坐标法是最基本的方法，在实际作图时，应根据物体形状的特点，灵活采用合适的作图方法。

例 9-1　如图 9-3(a)所示，作出该物体的正等轴测图。

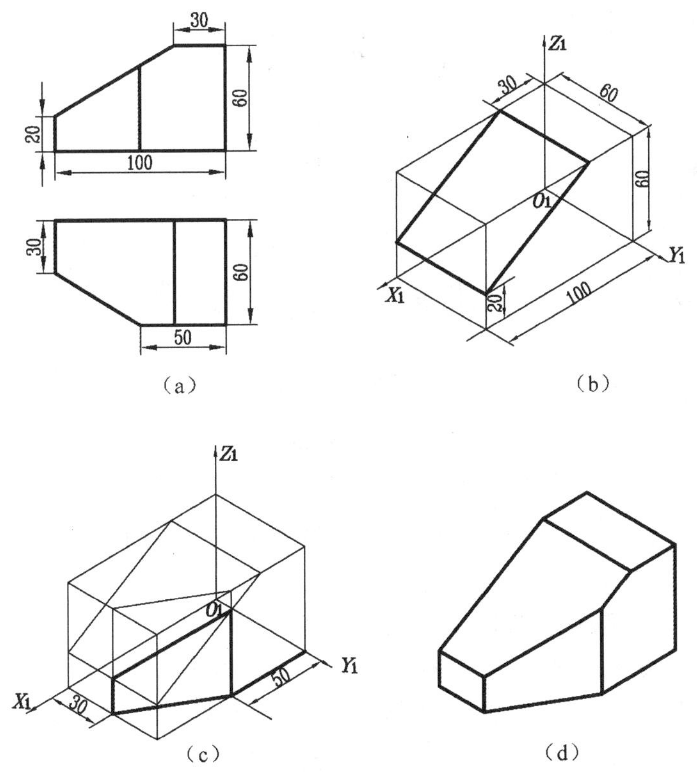

(a)　(b)　(c)　(d)

图 9-3　根据二视图画正等轴测图的作图步骤

解 由图 9-3(a)可知，该形体的基本体是一个长方体，左方、前方被正垂面、铅垂面切割。具体作图过程如下：

(1) 先定坐标轴，画出轴测轴，根据尺寸画出完整的长方体及正垂面，如图 9-3(b)所示；

(2) 作出铅垂面，如图 9-3(c)所示；

(3) 判断可见性，看不见的部分不画虚线，加深、完成作图，如图 9-3(d)所示。

例 9-2 如图 9-4(a)所示，作出正六棱柱的正等轴测图。

解 由于在轴测图中一般不画虚线，所以为减少不必要的作图线，一般从顶面开始作图比较方便。具体的作图过程如下：

(1) 如图 9-4(b)所示，取坐标轴原点 O_1 作为六棱柱顶面的中心，按坐标尺寸 a 和 b 求得轴测图上的点 1、4 和 7、8；

(2) 过点 7、8 作 O_1X_1 轴的平行线，按 X_1 坐标尺寸求得 2、3、5、6 点，完成正六棱柱顶面的轴测投影，如图 9-4(c)所示；

(3) 再向下画出四条可见的垂直棱线，量取高度 h，连接各点，作出六棱柱的底面，如图 9-4(d)所示；

(4) 最后擦去多余的作图线并加深，即完成作图，如图 9-4(e)所示。

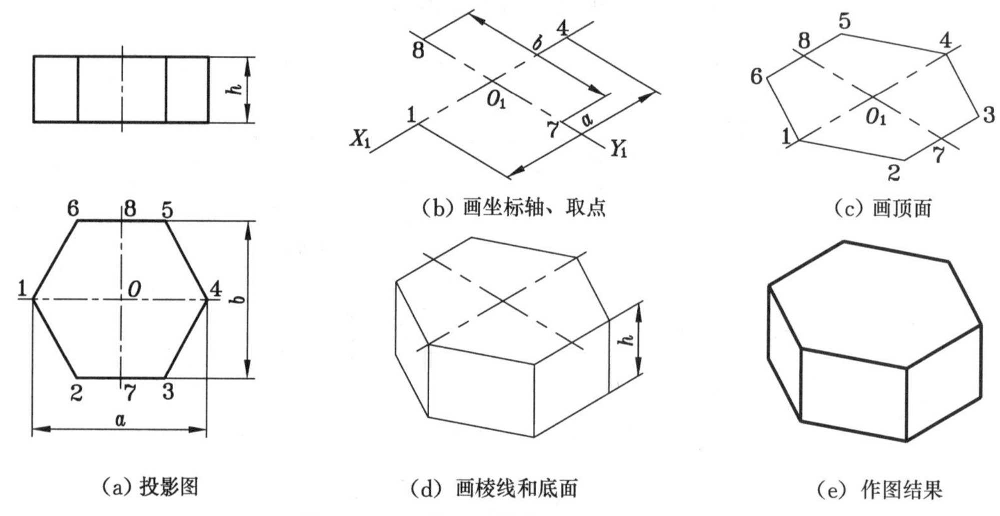

图 9-4 正六棱柱正等轴测图的作图步骤

例 9-3 如图 9-5(a)所示，根据所给立体的三面投影图，画出其正等轴测图。

解 由图 9-5(a)可知，该形体的基本形状是一个长方体，前方被切成了斜面，上方的中部被三个平面开出了一个凹槽。具体的作图过程如下：

(1) 作图时先在投影图上定出坐标轴，如图 9-5(a)所示；

(2) 画出轴测轴和完整的长方体，根据投影图中的有关尺寸，画出前斜面，如图 9-5(b)所示；

(3) 再根据投影图中的有关尺寸，作出凹槽顶面和底面的端点，如图 9-5(c)所示；

(4) 判断可见性，看不见的部分不画虚线，连接凹槽各端点，加深，完成作图，如

图 9-5(d)所示。

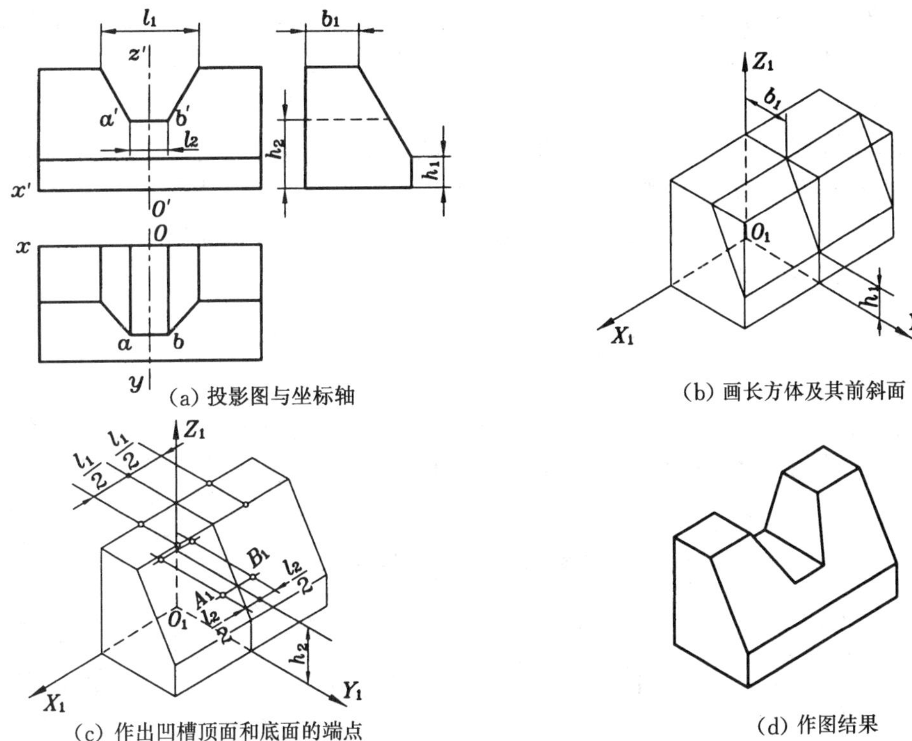

(a) 投影图与坐标轴　(b) 画长方体及其前斜面　(c) 作出凹槽顶面和底面的端点　(d) 作图结果

图 9-5　画带斜面和凹槽的长方体的正等轴测图

3）回转体正等轴测图的画法（GB/T 4458.3—2013）

要掌握回转体正等轴测图的画法，首先要掌握圆的正等轴测图的画法。

1. 圆的正等轴测图

在一般情况下，圆的轴测投影为椭圆。位于坐标面（或其平行面）上的圆，其正等测投影（椭圆）的长轴方向，与垂直于该坐标面的轴测轴垂直，而短轴方向则与该轴测轴平行。水平面上椭圆的长轴处于水平位置，正平面上椭圆的长轴方向为向右上倾斜 60°，而侧平面上椭圆的长轴方向为向左上倾斜 60°，如图 9-6 所示。

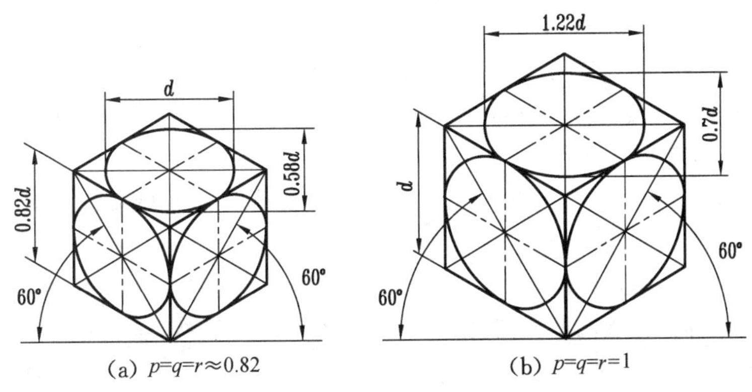

(a) $p=q=r\approx0.82$　(b) $p=q=r=1$

图 9-6　坐标面上圆的正等轴测图

在正等轴测图中，如采用 $p=q=r\approx 0.82$ 的轴向伸缩系数，则椭圆的长轴为圆的直径 d，短轴为 $0.58d$，如图 9-6(a)所示；如采用 $p=q=r=1$ 的简化伸缩系数，则其长、短轴的长度均放大 1.22 倍，即长轴等于 $1.22d$，短轴等于 $1.22\times 0.58d\approx 0.7d$，如图 9-6(b)所示。

为简化作图，轴测投影中的椭圆通常采用四段圆弧连接的近似画法，除可用“四心近似法”之外，还可采用“菱形四心法”，具体的作图步骤如下。

(1) 首先通过椭圆的中心 O_1 作 O_1X_1、O_1Y_1 轴，并按直径 d 在轴上量取 A、B、C、D 四点，如图 9-7(a)①所示。

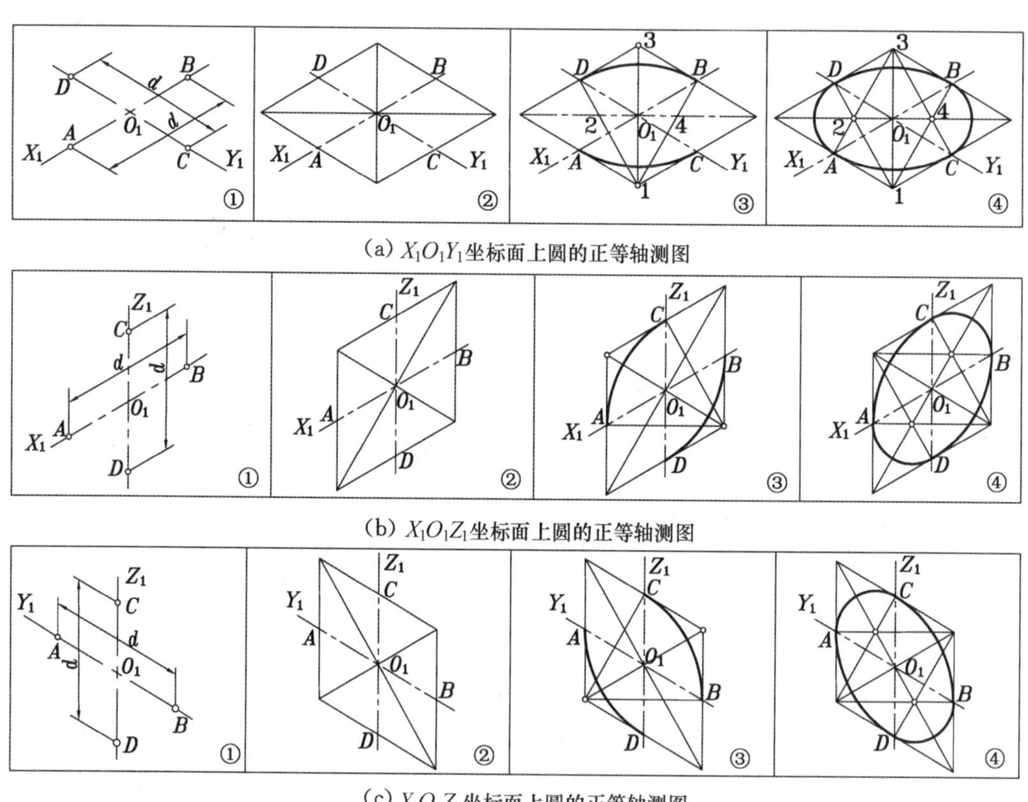

(a) $X_1O_1Y_1$ 坐标面上圆的正等轴测图

(b) $X_1O_1Z_1$ 坐标面上圆的正等轴测图

(c) $Y_1O_1Z_1$ 坐标面上圆的正等轴测图

图 9-7 正等测椭圆的近似画法

(2) 过点 A、B 与 C、D 分别作 O_1Y_1 轴和 O_1X_1 轴的平行线，所形成的菱形即为已知圆的外切正方形的轴测投影，而所作的椭圆必然内切于该菱形，并且其长、短轴就位于菱形的对角线上，如图 9-7(a)②所示。

(3) 分别以 1、3 点为圆心，以 $1B$(或 $3A$)为半径，作两个大圆弧 BD 和 AC；连接 $1D$、$1B$，与长轴相交于 2、4 两点，如图 9-7(a)③所示。

(4) 分别以 2、4 两点为圆心，以 $2D$(或 $4B$)为半径，作两个小圆弧与大圆弧相接，即完成 $X_1O_1Y_1$ 坐标面上椭圆的作图，如图 9-7(a)④所示。显然，点 A、B、C、D 正好是大、小圆弧的切点。

$X_1O_1Z_1$ 和 $Y_1O_1Z_1$ 坐标面上椭圆的画法如图 9-7(b)、(c)所示，其作图方法和步骤与

$X_1O_1Y_1$坐标面上椭圆的画法完全相同,只是长、短轴的方向不同而已。

掌握了圆的正等轴测图的画法后,就不难画出回转体的正等轴测图。图 9-8(a)、(b)分别表示圆柱和圆锥(台)正等轴测图的画法,作图时,先分别作出其顶面和底面的椭圆,再作其公切线即可。

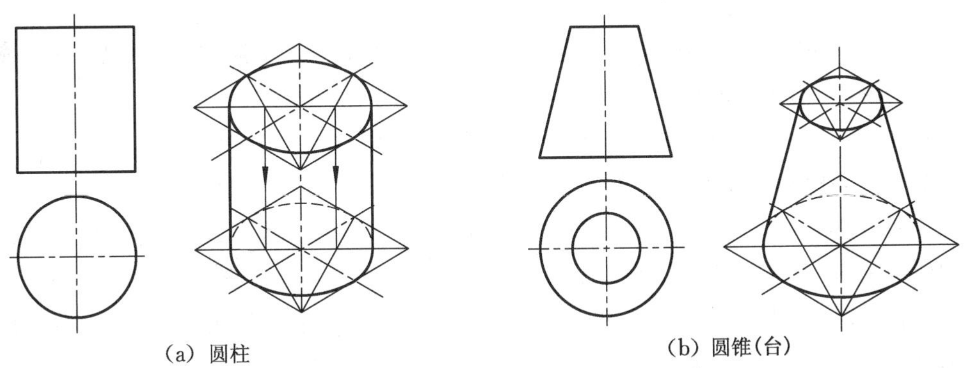

(a) 圆柱　　(b) 圆锥(台)

图 9-8　圆柱和圆锥(台)正等轴测图的画法

2. 圆角的正等轴测图

平行于坐标面的圆角,实质上是平行于坐标面的圆的一部分,因此,其正等轴测图就是椭圆的一部分。最常见的圆角为四分之一圆周,其正等轴测图恰好是椭圆近似画法的四段圆弧中的一段。对图 9-9(a)所示平板的圆角,其简化画法的作图步骤如下。

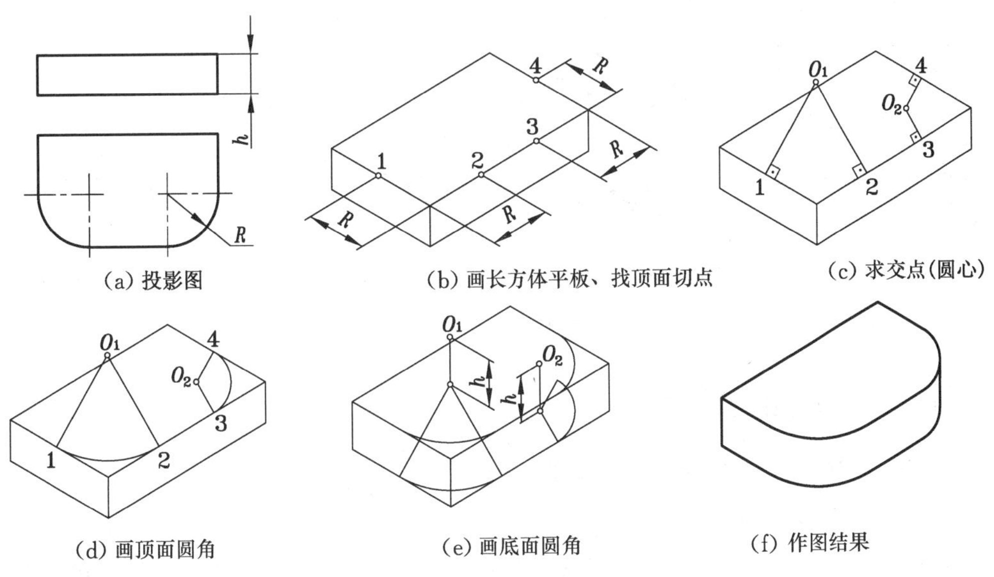

(a) 投影图　　(b) 画长方体平板、找顶面切点　　(c) 求交点(圆心)

(d) 画顶面圆角　　(e) 画底面圆角　　(f) 作图结果

图 9-9　圆角正等轴测图的画法

(1) 画出长方体平板的正等轴测图,并根据圆角的半径 R,在平板顶面相应的棱线上找出切点 1、2、3、4,如图 9-9(b)所示。

(2) 过切点 1、2,分别作其相应棱线的垂线,得交点 O_1;同样,过切点 3、4,分别作其相应棱线的垂线，得交点 O_2，如图 9-9(c)所示。

(3) 以 O_1 为圆心、$O_1 1$ 为半径作圆弧 12，以 O_2 为圆心、$O_2 3$ 为半径作圆弧 3、4，即得平板顶面圆角的正等轴测图，如图 9-9(d)所示。

(4) 将圆心 O_1、O_2 下移 h(平板的厚度)，再用与顶面圆弧相同的半径分别画圆弧，即得平板底面圆角的正等轴测图，如图 9-9(e)所示。

(5) 在右端作上、下小圆弧的公切线，擦去多余的作图线，加深图线，即得带圆角平板的正等轴测图，如图 9-9(f)所示。

例 9-4 如图 9-10(a)所示，根据支架的投影图，画出其正等轴测图。

解 支架由两部分组合而成，上部分为直立竖板，由棱柱与圆柱相切而形成，板上有一圆柱孔，圆平面都平行于 $X_1O_1Z_1$ 坐标面(V 面)；下部为底板，其上有两个铅垂的圆柱孔和两个圆角，圆平面都平行于 $X_1O_1Y_1$ 坐标面(H 面)。具体的作图过程如下。

(1) 首先将支架的直立竖板和底板依据给定的相对位置按平面立体画出，并按圆角的简化画法画出圆角，如图 9-10(b)所示。

(2) 然后作出椭圆的外切菱形，进而画出两个方向的椭圆(包括孔底的可见部分)，如图 9-10(c)所示。

(3) 最后清理图面，加深图线，即完成作图，如图 9-10(d)所示。

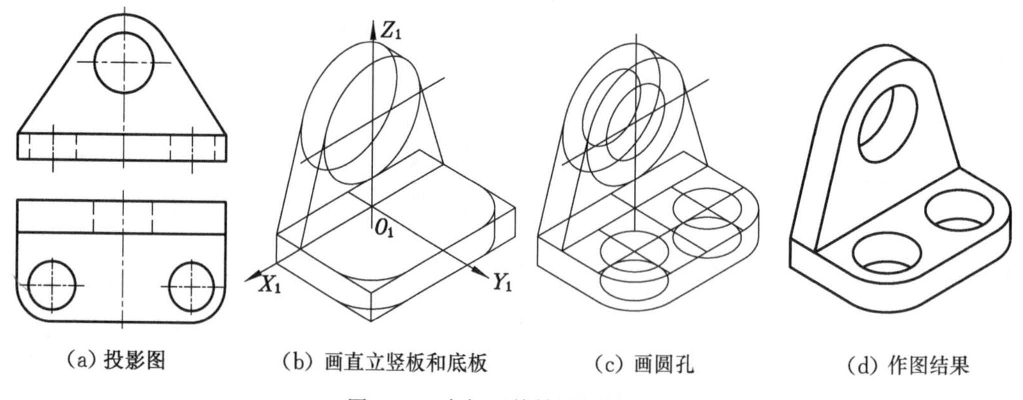

(a) 投影图　(b) 画直立竖板和底板　(c) 画圆孔　(d) 作图结果

图 9-10　支架正等轴测图的画法

9.1.3 斜二轴测图的画法

1) 斜二测的轴间角和轴向伸缩系数

在斜轴测投影中，如图 9-1(c)所示，通常将形体放正，使其 $X_0O_0Z_0$ 坐标面平行于轴测投影面 P，因而 $X_0O_0Z_0$ 坐标面或其平行面上的任何图形在 P 面上的投影都反映实形，这种投影称为正面斜轴测投影，其中最常用的是正面斜二测投影，所得到的轴测图称为斜二轴测图(简称斜二测)，其轴间角 $\angle X_1O_1Z_1=90°$，$\angle X_1O_1Y_1=\angle Y_1O_1Z_1=135°$，轴向伸缩系数 $p=r=1$，$q=0.5$，作图时，一般使 O_1Z_1 轴处于垂直位置，则 O_1X_1 轴为水平线，O_1Y_1 轴与水平线成 45°，如图 9-11(a)所示。

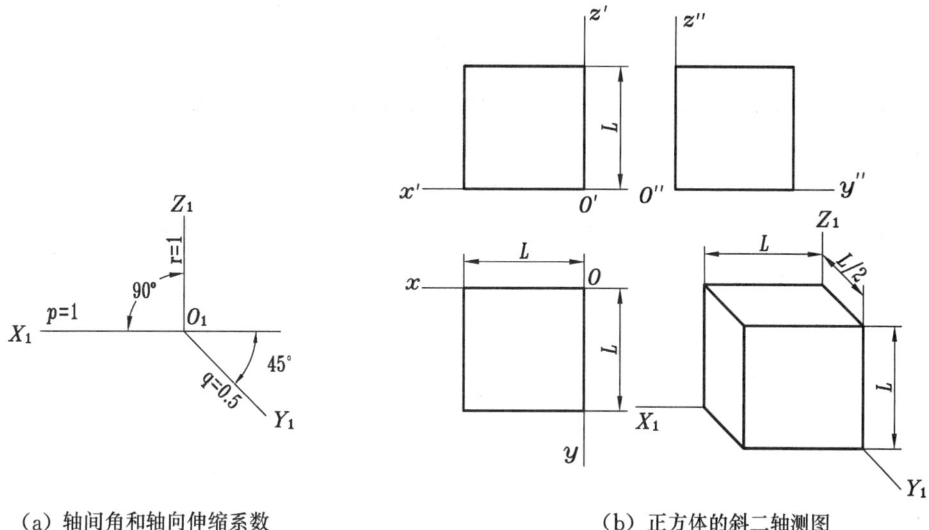

(a) 轴间角和轴向伸缩系数　　(b) 正方体的斜二轴测图

图 9-11　斜二轴测图的轴间角、轴向伸缩系数和画法

2）斜二轴测图的画法

斜二轴测图的特点是，形体上与轴测投影面平行的表面，在轴测投影中反映实形，因此，画斜二轴测图时，应尽量使形体上形状复杂的一面平行于 $X_1O_1Z_1$ 面（V 面）。

斜二轴测图的画法与正等轴测图的画法相似，但由于其三个轴间角不同，而且其轴向伸缩系数 $q=0.5$，所以画斜二轴测图时，沿 O_1Y_1 轴方向的长度应取形体上相应长度的一半，例如边长为 L 的正方体，其斜二轴测图如图 9-11(b)所示。

例 9-5　如图 9-12(a)所示，根据支架的投影图，画出其斜二轴测图。

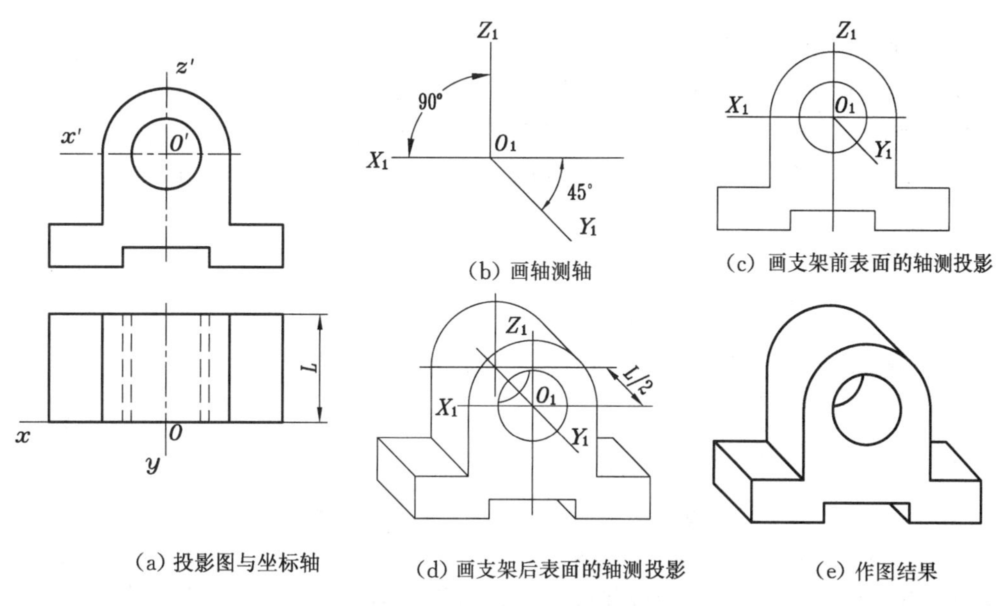

(a) 投影图与坐标轴　　(b) 画轴测轴　　(c) 画支架前表面的轴测投影　　(d) 画支架后表面的轴测投影　　(e) 作图结果

图 9-12　支架斜二轴测图的画法

解　由于支架表面上的圆都平行于正面，所以可选择正面作为轴测投影面，这样一

来，支架上所有圆和半圆的轴测投影，仍然是同样半径的圆和半圆，作图非常简便。具体的作图过程如下。

(1) 在投影图上定出直角坐标轴和坐标原点，如图 9-12(a)所示。

(2) 作轴测轴，将 O_1X_1 轴画成水平，使$\angle X_1O_1Z_1=90°$，O_1Y_1 轴与水平线成 45°，如图9-12(b)所示。

(3) 以 O_1 为圆心，以 O_1Z_1 轴为对称线，画出图 9-12(a)的正面投影，即为支架前表面的轴测投影，如图 9-12(c)所示。

(4) 在 O_1Y_1 轴上，距 O_1 点 $L/2$ 处取一点作为圆心，再按上一步骤画出支架后表面的轴测投影，并画出半圆柱外轮廓圆右侧的公切线和 O_1Y_1 轴方向的轮廓线，如图 9-12(d)所示。

(5) 擦去不可见的轮廓线及作图线，并加深图线，完成支架的斜二轴测图，如图 9-12(e)所示。

3）圆的斜二轴测图

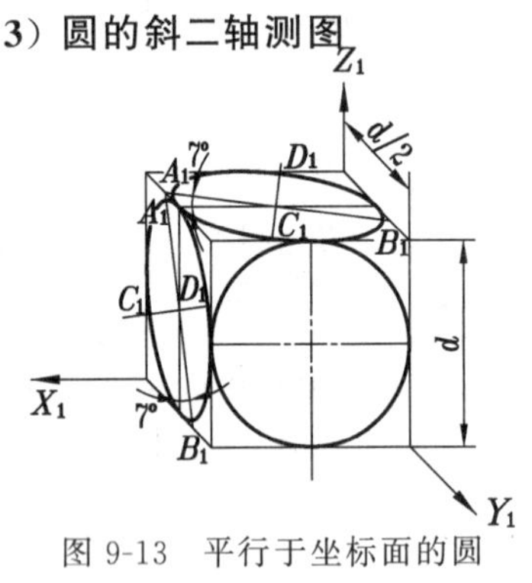

图 9-13 平行于坐标面的圆的斜二轴测图

对于斜二轴测图，凡平行于坐标面 $X_1O_1Z_1$ 的圆，其轴测投影仍为同半径的圆。但平行于另外两个坐标面的圆，其轴测投影则不再是圆，而是椭圆，如图 9-13 所示。对平行于 $X_1O_1Y_1$ 坐标面的圆，其轴测投影椭圆的长轴与 O_1X_1 轴的夹角为 7°；对平行于 $Y_1O_1Z_1$ 坐标面的圆，其轴测投影椭圆的长轴则与 O_1Z_1 轴的夹角为 7°。

椭圆的长轴 $A_1B_1\approx1.06d$，短轴 $C_1D_1\approx0.33d$，其中 d 为圆的直径，短轴与长轴垂直。

斜二轴测图上的椭圆，虽然采用近似画法可以画出，但比较烦琐。因此，对三个坐标面方向都有圆的形体，一般不采用斜二轴测图。如果需要采用斜二轴测图，最好用坐标法画椭圆。如图 9-14(a)所示，对 $X_1O_1Y_1$ 平面内的圆，画斜二轴测图时，可先过 oy 轴上的任意点 a，作 ox 轴的平行线，与圆相交得 1、2 两点；然后在轴测轴 O_1Y_1 上取 $O_1a_1=oa/2=y/2$，过 a_1 作 O_1X_1 轴的平行线，并在此平行线上取 $a_11_1=a_12_1=x$，即得椭圆上的两点 1_1、2_1，如图 9-14(b)所示。按此法可在椭圆上作出若干点，然后用曲线板将其光滑地连接起来，即为斜二轴测图上的椭圆。

9.1.4 轴测剖视图的画法(GB/T 4458.3—2013)

1. 轴测图的剖切方法

在轴测图中，为了表达零件内部的形状和结构，可假想用剖切平面将零件的一部分剖去，这种剖切后的轴测图称为轴测剖视图(参见 5.2 节)。一般用两个互相垂直的轴测坐标面(或其平行面)进行剖切，能较完整地显示该零件的内、外形状和结构，如图 9-15(a)所示，尽量避免用一个剖切平面剖切整个零件，如图 9-15(b)所示，还要避免选择不正确的剖切位置，如图 9-15(c)所示。

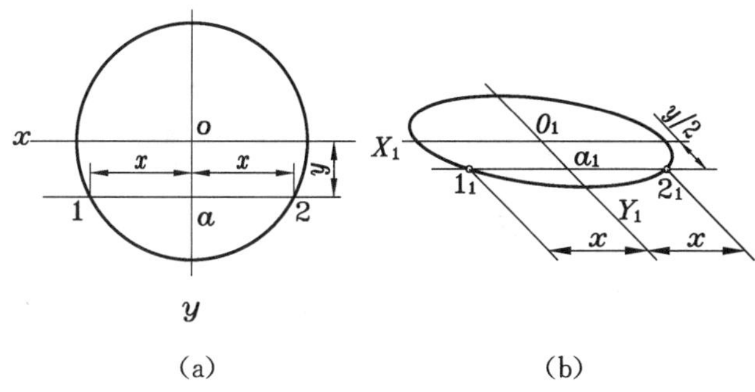

图 9-14　用坐标法作椭圆

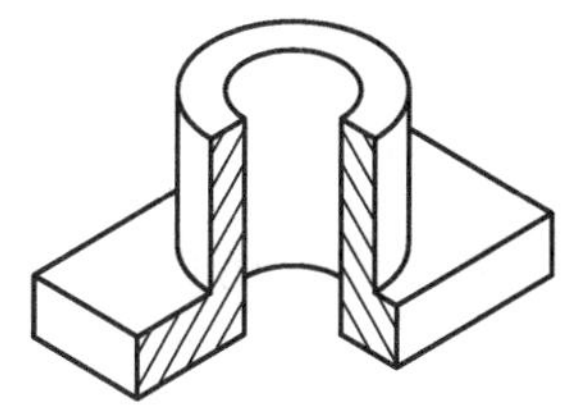

(a) 用两个互相垂直的面剖切(正确)

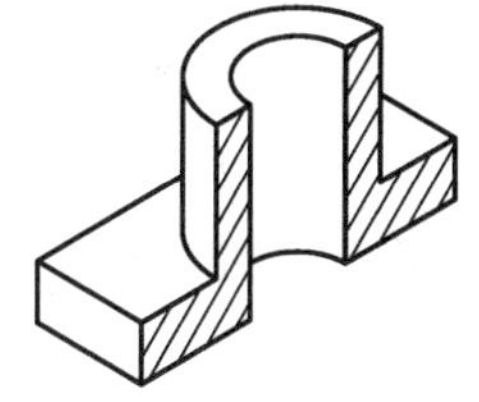

(b) 用一个剖切平面剖切(不好)

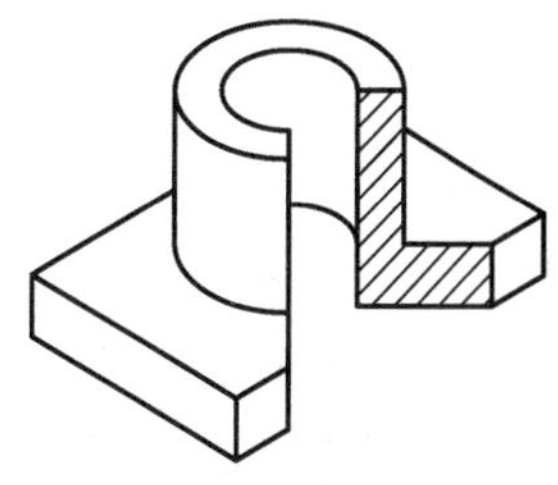

(c) 剖切位置不正确

图 9-15　轴测图剖切的正误方法

轴测剖视图中的剖面线方向应按图 9-16 所示的方向画出，正等轴测图如图 9-16(a)所示，斜二轴测图如图 9-16(b)所示。

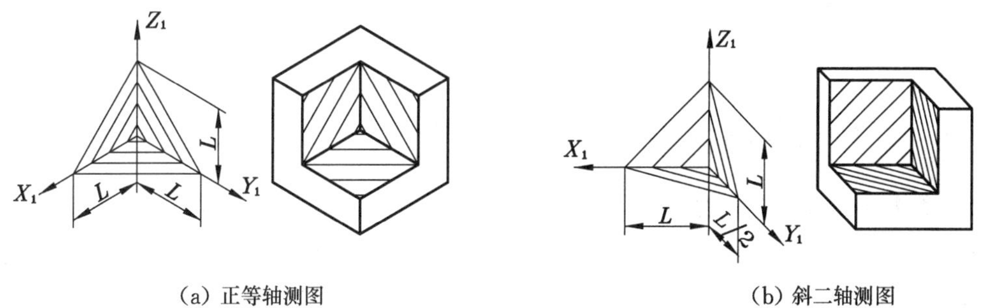

图 9-16　轴测剖视图中剖面线的方向

2. 轴测剖视图的画法

画轴测剖视图时，应先画出形体完整的轴测外形图，然后再沿轴测轴的方向，用剖切平面将其剖开。对图 9-17(a)所示的底座，若要画出其正等测剖视图，应先画出其轴测外形图，如图 9-17(b)所示；然后沿 O_1X_1，O_1Y_1 轴方向，分别画出其剖面形状，如图 9-17(c)所示；擦去被剖切掉的四分之一部分和不可见轮廓，补上剖切后的下部孔的轴测投影，加深图线，并画上剖画线，即完成底座的轴测剖视图，如图 9-17(d)所示。

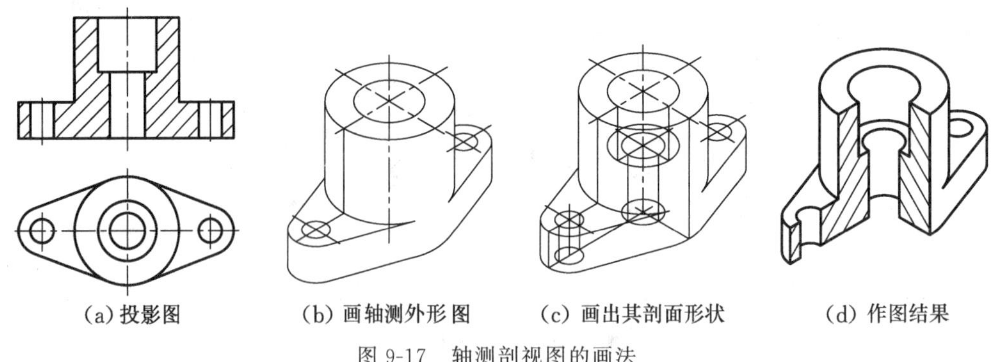

图 9-17 轴测剖视图的画法

9.2 三维实体造型技术

实体造型(solid modeling)技术是计算机视觉、计算机动画、计算机虚拟现实等领域中建立 3D 实体模型的关键技术。实体造型技术是指描述几何模型的形状和属性的信息并存于计算机内,由计算机生成具有真实感的可视的三维图形的技术。

任何产品的形态,都可以看作是由三维几何形构成的组合体。而用来描述产品的形状、尺寸大小、位置与结构关系等几何信息的模型称为几何模型。所以,实体造型技术也称为 3D 几何造型技术。

实体造型是以立方体、圆柱体、球体、锥体、环状体等多种基本体素为单位元素,通过集合运算(拼合或布尔运算),生成所需要的几何形体。这些形体具有完整的几何信息,是真实而唯一的三维物体。所以,实体造型包括两部分内容:即体素定义和描述,以及体素之间的布尔运算(并集、交集、差集)。布尔运算是构造复杂实体的有效工具。

9.2.1 几何造型的元素

三维几何模型描述产品的数据信息,一般是从尺寸描述和结构(拓扑结构)描述两方面进行的。尺寸描述是指描述具有几何意义的点、线、面等的位置坐标、长度、面积等的数据值或度量值。拓扑结构反映的是形体的空间结构,包括点、边、环、面,实体形成的构造层次。

从形体的构成中,我们知道,实体是由空间封闭面组成的,面是由封闭的环组成的,环是由一组相邻的边组成的,边又是由两点确定的。所以,点是最基本的信息(拓扑信息)。几何模型的所有拓扑信息构成了拓扑结构,它反映了模型几何信息之间的连接关系。

在几何造型中,几何元素包括以下几种。

点——分为端点、交点、切点和孤立点等。它是几何造型中最基本的元素,任何形体都可用有序的点集表示。计算机对形体的处理实质上是对点集和其连接关系的处理。

边——指两邻面或多个邻面(非正则体)的交线。直线边由两个端点确定,曲线边由一系列型质点或控制点描述。

面——是指形体上一个有限的、非零的区域,是二维几何元素。它往往由一个外环和若干个内环确定其范围(也可无内环)。面有方向性,一般规定其外法矢方向作为该面的

正向。面分为平面、二次面、双三次参数曲面等形式。

环——是指有序、有向的边组成的面的封闭边界。环有内外之分，面的最大的外边界的环称为外环，一般按逆时针方向排序；面中内孔边界的环称为内环，与外环排序相反，为顺时针方向排序。这样，在面上沿一个环前进，其左侧总是面内，右侧为面外。

体——是三维的几何元素，指用封闭表面围成的空间。也是三维空间里非空的、有界的封闭子集，其边界是有限面的并集。为使几何造型具有可靠性和可加工性，要求形体上是一个正则形体。

体素——造型系统定义的简单形体称为体素。即可用一些确定的尺寸参数控制其最终位置和形状的一组单元实体，如长方体、柱体、球体等；或由参数定义一条（或一组）截面，沿一条（或一组）空间参数曲线作扫描运动而产生的形体。

半空间——空间中的一个面，加上该面的某一侧的所有点组成的空间，称为该面的半空间。这样，一个长方体可看作是六个平面的半空间的交集。

在几何造型的运算中，常采用集合的运算和欧拉公式运算。集合的运算是指几何建模中进行的交、并、差等运算，是把简单形体（体素）通过重组，形成复杂形体的一种方式。集合的运算是几何建模的基本运算方法，是许多几何建模系统采用的基本方法。欧拉公式运算也是常用的一种造型运算方法，是通过调整形体的点、边、面而产生新的形体的处理方式。要进行这种运算的形体必须是欧拉形体，即必须满足：面中无孔洞，边界是面的单环；每条边有两邻面，且有两个端点；顶点至少是三条边的交点。对有限个孔的形体，欧拉公式运算也能进行，但运算更复杂一些。在 3D Studio Max 软件（简称 3ds MAx）中，几乎所有的几何形体都能进行欧拉公式运算，如球体可调整边数，生成八面体、十二面体等。

9.2.2　实体模型的表示方法

形体的三维模型有三种类型：线框模型、面模型和实体模型。

三维模型的建立经历了线框（wireframe）、表面（surface）和实体（solid body）三种模型。线框模型只是由一组顶点和边构成的。表面模型是由一组顶点、边和面构成的。实体模型则是由一组顶点、边、表面和体积构成的，这种模型是最完整也是最复杂的三维几何模型。

（1）线框模型（wire frame model）仅仅用边来表示一个对象，在各边之间什么东西都没有。因而，位于对象后的线条无法隐去。图 9-18 表示一个简单的线框模型。该模型由 15 条边构成，用两个圆表示一个圆孔的边界。实际上，在线框模型中的一个孔是无意义的，因为在生成的孔中什么东西都没有。

（2）表面模型（surface model）在各边之间具有一个由计算机确定的无厚度表面。虽然，表面模型看起来是一个实体，但是实际上是一个空的外壳。图 9-19（a）为以表面模型表示的原始对象，从外观看具有一个通孔。正如图 9-19（b）所示，当表面被移去时，通孔实际上是一个管子的模拟表面。

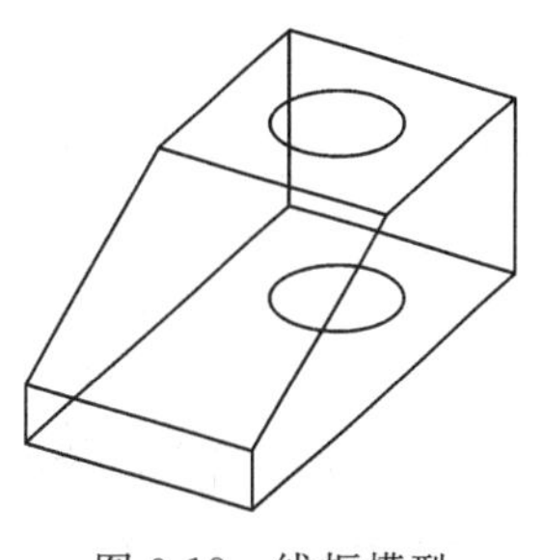
图 9-18　线框模型

表面模型使用线框模型表示其表面的框架，模型中一部分以线框表示而另一部分以表面模型表示的情况并不多见。由于模型的表面是透明的（除非用命令消隐），所以表面模型

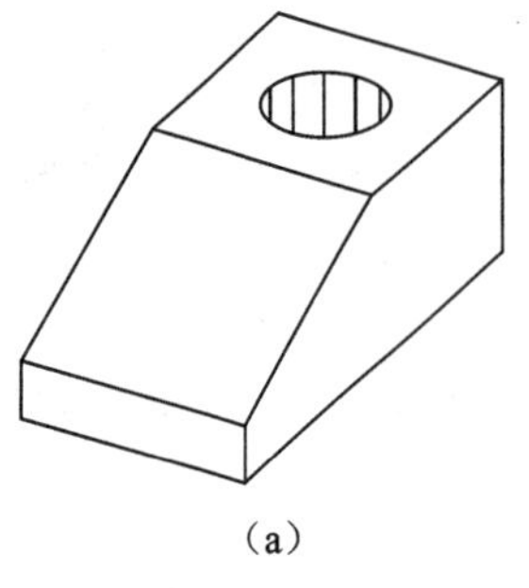
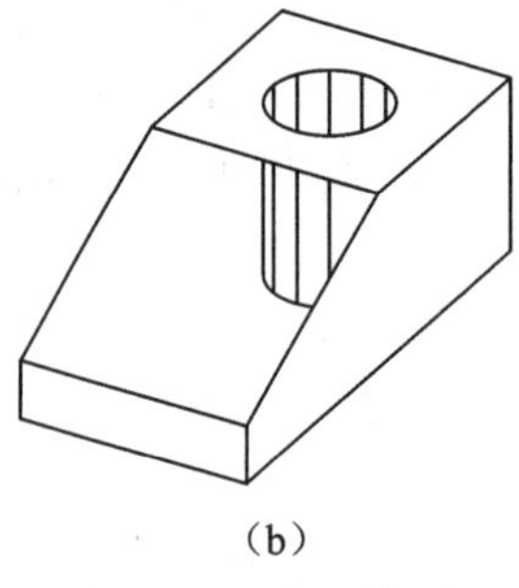
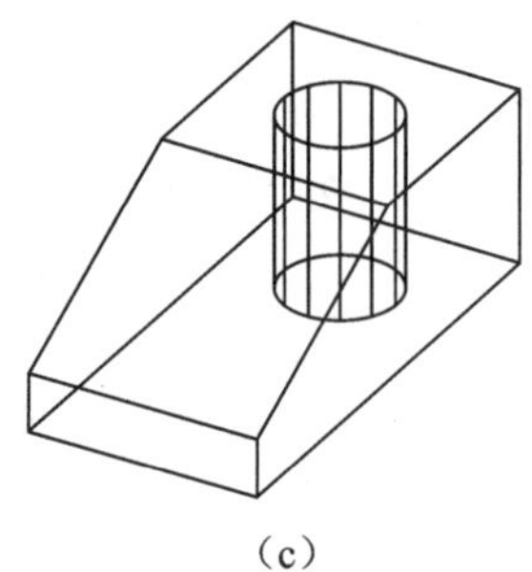

(a) (b) (c)

图 9-19 表面模型

看起来像线框模型[图 9-19(c)]。

(3) 实体模型(solid model)具有边和面,还有在其表面内由计算机确定的质量。图 9-20(a)是前面用线框和表面模型表示的对象的实体模型。虽然看起来与表面模型类似,但是,正如图 9-20(b)所示,将其对半剖分以表示它是真实的实体(用计算机生成的视觉效果)。专业计算机辅助设计软件 AutoCAD 还能够告之其质量的属性信息,如体积、重心和惯性矩(moment of inertia)。与表面模型一样,实体模型看起来像线框模型[图 9-20(c)],除非消隐命令起作用。

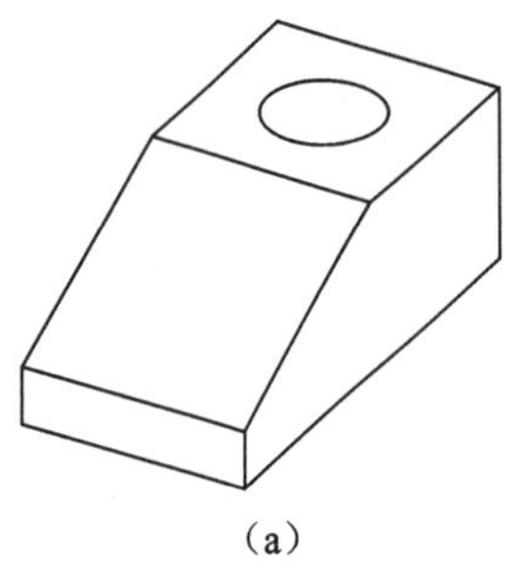
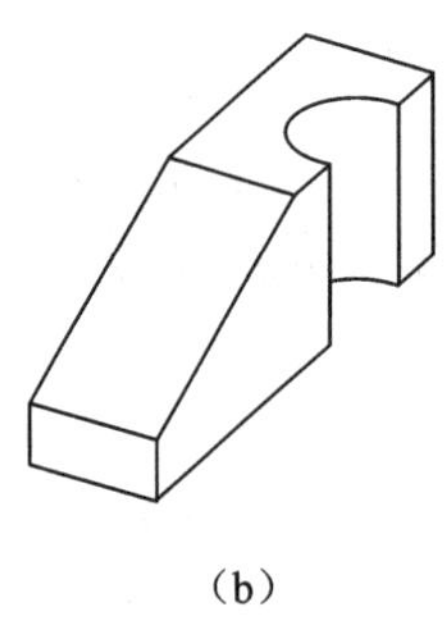
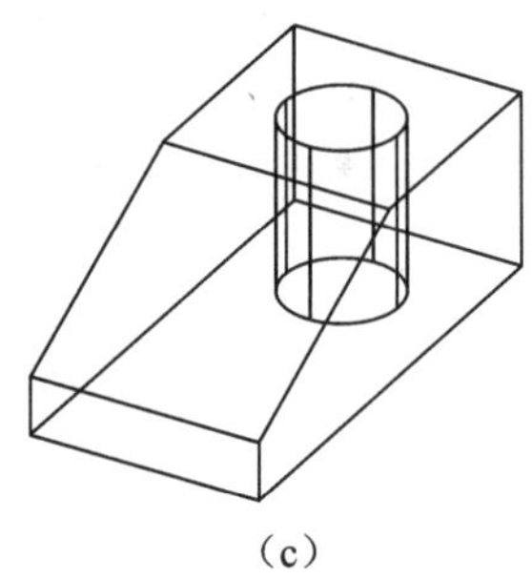

(a) (b) (c)

图 9-20 实体模型

三维形体的表示方式:针对不同的表示方式,几何造型系统采用的数据结构也有所不同。

体素构造表示方式。它以一组简单的形体通过正则集合运算来构造新的形体,这些简单的形体称为基本体素,可以是立方体、长方体、圆柱体、圆锥体等。

边界表示方式。边界表示法通过描述构成实体边界的点、边、面而达到表示实体的目的,实体与其边界一一对应。

空间分割表示方式。将基本体素通过"粘合"构造新的形体。单元分解表示、八叉树表示等属于这种表示方法,特征表示法也可看作这种表示方法的特例。

形体可以通过描述它的边界来表示,如此表示三维形体的方法称为边界表示法。所谓边界就是形体内部点与外部点的分界面。显然,定义了形体的边界,该形体也就被唯一定义了。

边界表示法与传统的工程绘图有密切的联系。输入两个点,即可以通过两个给定点连接一条线。若干条首尾相接的线段(即棱边,在计算机图形学中它们被定义成物体的相

邻表面的交线)可形成一个闭合环,一个或多个环给出一个面的边界。最后,若干个表面闭合后围成一个"体",如图 9-21 所示。

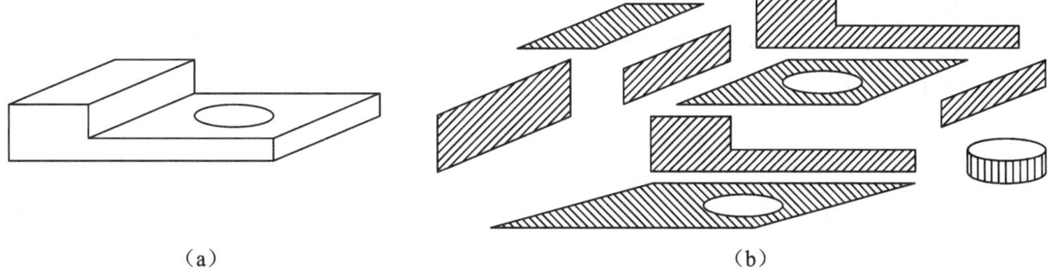

图 9-21　边界表示法

边界表示法的一个很重要的特点是在该表示法中,描述物体的信息包括几何信息与拓扑信息。

(1) 拓扑信息。形体的拓扑信息是指形体上所有的顶点、棱边、表面间是怎样连接的。

(2) 几何信息。形体的几何信息指的是顶点、边、面的位置、大小、形状等几何数据。

一个在空间移动的几何集合,可扫描出一个实体。它是以沿着某种轨迹移动点、曲线或曲面为基础的,这一过程所产生的轨迹定义为一维、二维或三维形体。Sweep(扫描)运算要求定义要移动的形体和移动的轨迹,物体可以是曲线、曲面或实体,轨迹则是可分析的、可定义的轨迹。Sweep 运算大致分为:平移式、旋转式和广义 Sweep。

(1) 平移 Sweep。若一个二维区域(图形)沿着轨迹作直线移动而形成空间区域(三维图形),这种方法称平移 Sweep。常用的立方体和圆柱体等基本体素即可用此法生成。如图 9-22 所示。

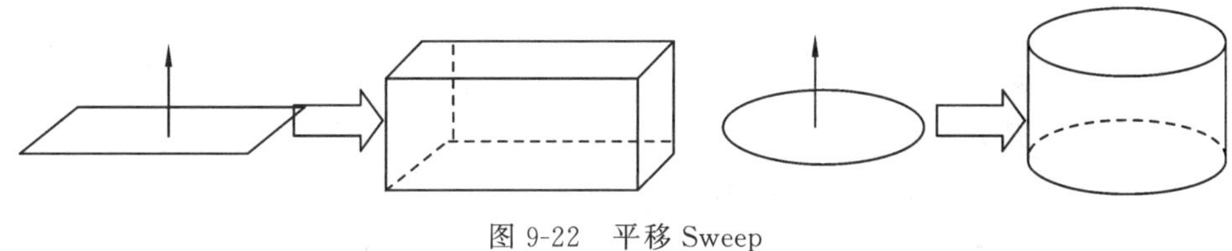
图 9-22　平移 Sweep

(2) 旋转 Sweep。若将一平面区域沿某一轴线旋转某一角度,即为旋转 Sweep,如图 9-23(a)所示。

(3) 广义 Sweep。若将一平面区域(该区域可以在移动过程中按一定的规则变化)沿任意的空间轨迹线移动,生成一个三维形体,即为广义 Sweep,如图 9-23(b)所示。

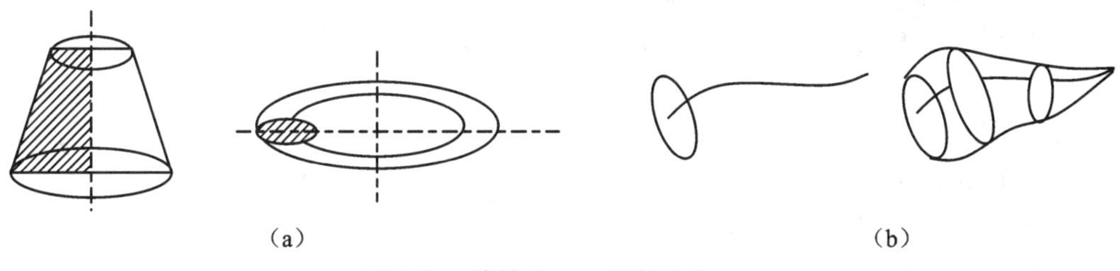

图 9-23　旋转 Sweep 和广义 Sweep

9.2.3 草图与特征

草图，即在空间平面上创建的二维轮廓(或横断面)，一般由直线、圆、圆弧、椭圆、多边形和B样条线等构成。草图设计完成后，对其进行拉伸、旋转、放样或沿某一路径扫描等操作即可生成特征。

草图定义特征，大多数特征是从草图开始建立的。

(1) 草图中的约束。为确定草图图元的位置，需要给相应的图元标注一些尺寸或添加一些限制条件(如水平、垂直等)，从而保证草图图元的位置关系。即用一些法则或限制条件来规定构成物体的各元素之间的关系。一般可将约束分为尺寸约束和几何拓扑约束。尺寸约束一般指对大小、角度、直(半)径、坐标位置等可测量的数值量进行限制。几何拓扑约束指平行、垂直、共线、相切等非数据几何关系的限制。

(2) 草图的状态。

草图的状态如表9-1所示。目前建造实体模型的主流方法是特征造型方法。特征造型方法的造型过程与实际加工过程十分相似，更先进，更符合客观实际。

表 9-1 草图状态

状态	描述
欠约束	草图图元的形状或位置处于不确定状态，需要添加足够的信息来对其进行约束，否则该草图在修改尺寸后可能出现不符合设计意图的结果
完全约束	通过对草图添加适当的尺寸约束和几何约束，使草图图元具有唯一的形状和位置
过约束	草图中有重复的尺寸或相互冲突的约束关系，系统将出现过约束提示，应将多余的约束关系删除后，草图才能进行修改

(3) 特征的基本概念

体素：最基本的形体，如长方体、球体、圆柱体、圆锥体等。体素是实体造型的基本元素。

特征：由一定拓扑关系的一组实体体素构成的特定形体，它还包括附加在形体之上的工程信息，对应于零件上的一个或多个功能，能被固定的方法加工成型。

实体：即具有三维形状和质量的，能够真实、完整和清楚的描述物体的几何模型。在基于特征的造型系统中，实体是各类特征的集合。

基础特征：又称作基体特征、父特征，是造型过程中最早建立的特征，其余特征都是在基特征的基础上建立的。

子特征：在一个三维实体模型中，基础特征以外的特征均称为子特征。

结构树：客观世界的零件在三维CAD系统中表示为零件实体模型(简称“零件”)。一个零件就有一个结构树，这个结构树记录了组成零件的所有特征的类型及其相互的关系。

(4) 特征的分类

所有凸台、切除、平面和草图等都是特征。特征分为以下三大类，如图9-24所示。

① 草图定义特征：这类特征由二维截面通过不同方式形成三维特征，具体方式有拉伸、旋转、扫描、放样成形等。

② 参数定义特征：特征的形状由一系列参数决定，例如凸台、圆角、倒角等。

③ 参考几何特征（又称辅助特征）：零件的构造过程中，大量使用辅助平面/轴线、辅助点和相对坐标系，这类不直接构成零件形状的特征称为参考几何特征，如基准轴，基准面。

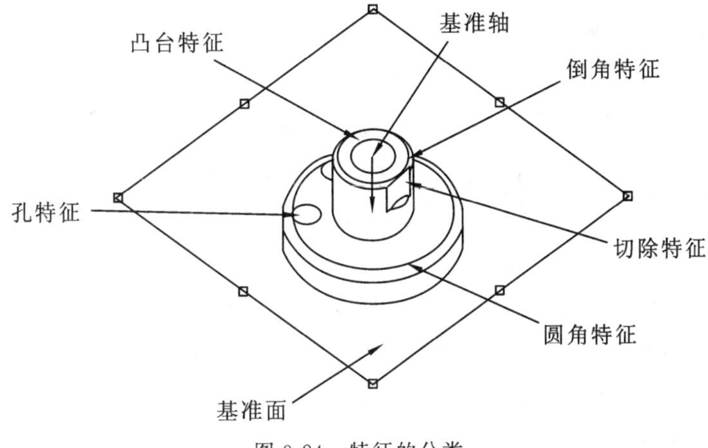

图 9-24　特征的分类

第10章 焊 接 图

主要内容：本章主要介绍焊接图的基础知识和焊缝的表示方法。通过本章的学习和训练，以使读者初步了解焊接图的基础知识，并能阅读、绘制简单的焊接图。

对于需要连接的金属件，在连接处用电弧或火焰进行局部加热，并在接头处用填充熔化金属（焊条等）或加压等方法，使其熔合而连在一起的过程，称为焊接。焊接属于不可拆卸连接，具有施工简单、连接可靠等优点，广泛应用于机械、造船、化工、建筑等领域。

焊接图是进行焊接加工时所用的图样，除表示焊接件的形状和结构之外，还必须表示与焊接有关的其他内容。

10.1 焊缝的图示法及代号标注（GB/T 12212—2012）

10.1.1 焊缝的图示法

常见的焊接接头形式有对接、角接、T形接和搭接等，如图10-1所示。

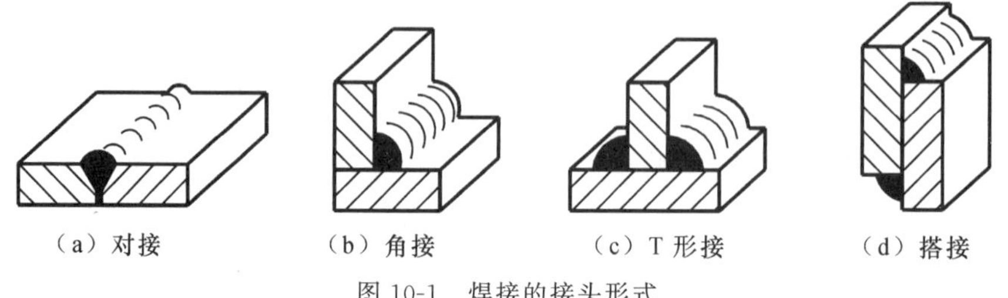

图10-1 焊接的接头形式

零件经焊接后形成的接缝，称为焊缝。焊缝可用视图、剖视图、断面图表示，其规定画法如图10-2所示。注意以下几点。

（1）在视图中，可见焊缝通常用与轮廓线相垂直的细实线（栅线）表示，如图10-2(a)所示；当焊缝分布比较简单时，也可用加粗线（宽度为粗实线的2～3倍）表示可见焊缝，如图10-2(b)所示，但在同一图样中，只允许采用一种表示法。不可见焊缝通常用与轮廓线相垂直的细虚线表示，如图10-2(c)所示。

（2）在垂直于焊缝的剖视图或断面图中，焊缝的断面形状可用涂黑表示，如图10-2所示。

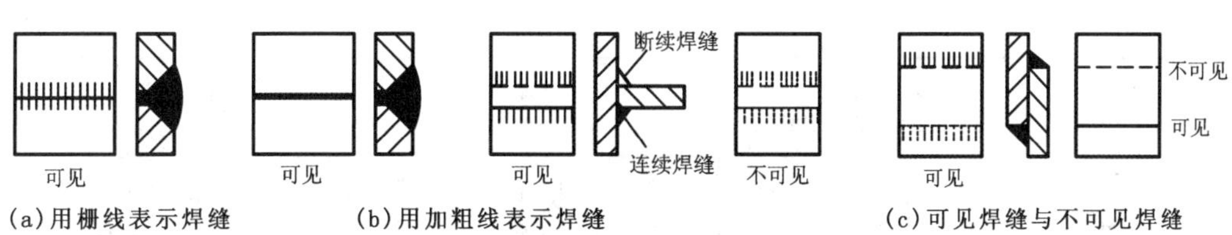

(a)用栅线表示焊缝　(b)用加粗线表示焊缝　(c)可见焊缝与不可见焊缝

图 10-2　焊缝的画法示例

10.1.2　焊缝的代号标注

在图样中，通常采用由若干个焊接符号组成的代号来确切地表示对焊缝的要求。当焊缝分布比较简单时，可不必画出焊缝，只在焊缝处标注焊缝符号即可。焊缝符号一般由指引线与基本符号组成，必要时还可以加上辅助符号、补充符号和焊缝尺寸符号。

1. 指引线

指引线由带箭头的箭头线和两条基准线（一条细实线，一条细虚线）组成，如图 10-3 所示。箭头线用细实线绘制，箭头指向焊缝处，必要时允许箭头线折弯一次；基准线应与图样底边平行，需要时，可在基准线的细实线末端加上尾部符号，用以说明焊接方法；虚线可画在细实线的上侧或下侧。

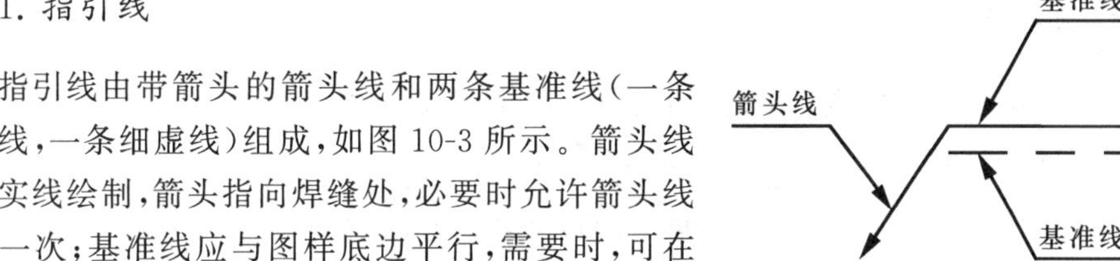

图 10-3　指引线的画法

2. 基本符号

基本符号是表示焊缝横截面形状的符号，用粗实线绘制。常用焊缝的基本符号及标注示例如表 10-1 所示。

表 10-1　常用焊缝的基本符号及标注示例

名　称	符　号	焊缝图示法	标 注 方 法
I 形焊缝	||		
V 形焊缝	V		
单边 V 形焊缝	V		

续表

名　称	符　号	焊缝图示法	标 注 方 法
角焊缝		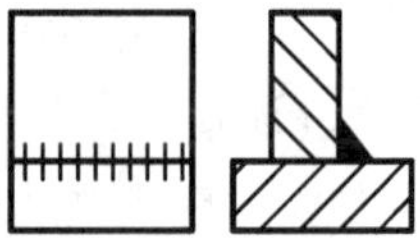	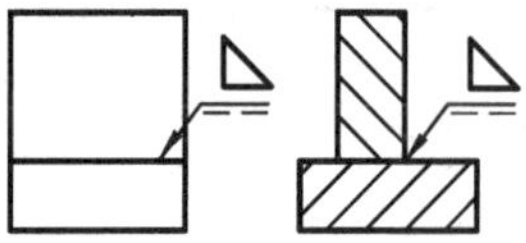
点焊缝		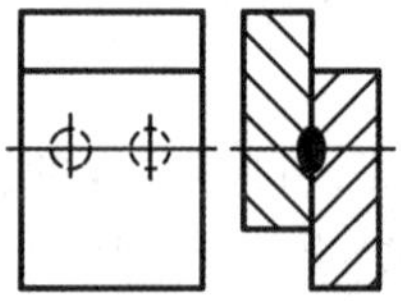	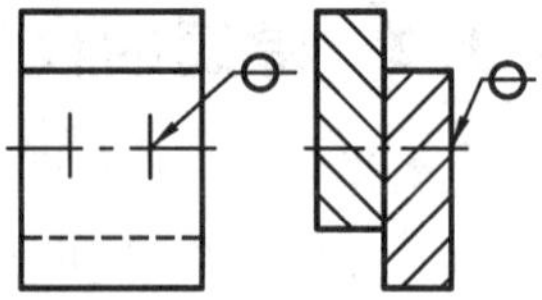

3. 辅助符号

辅助符号用于表示焊缝表面的形状特征，用粗实线绘制，如表 10-2 所示。当不需要确切说明焊缝的表面形状时，可以不用辅助符号。

表 10-2　常用焊缝的辅助符号及标注示例

名称	符号	焊缝形式	标注示例	说明
平面符号			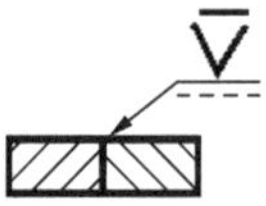	表示 V 形对接焊缝表面平齐（一般通过加工）
凹面符号				表示角焊缝表面凹陷
凸面符号			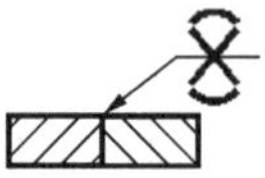	表示双面 V 形对接焊缝表面凸起

4. 补充符号

补充符号用于补充说明焊缝的某些特征，用粗实线绘制，如表 10-3 所示。

表 10-3　常用焊缝的补充符号及标注示例

名称	符号	焊缝形式	标注示例	说明
带垫板符号			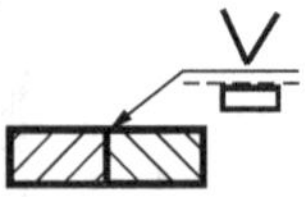	表示 V 形焊缝的背面底部有垫板

续表

名称	符号	焊缝形式	标注示例	说明
三面焊缝符号				工件三面施焊，为角焊缝
周围焊缝符号				表示在现场沿工件周围施焊，为角焊缝
现场施工符号				
尾部符号			5 100 111 4条	111 表示用手工电弧焊，4 条表示有 4 条相同的角焊缝，焊缝高为 5、长为 100

5. 基本符号标注位置的规定

在标注焊缝基本符号时，若箭头与焊缝的施焊面同侧，则基本符号标注于基准线的细实线侧，如图 10-4(a)所示；若箭头与焊缝的施焊面异侧，则基本符号标注于基准线的细虚线侧，如图 10-4(b)所示。对于对称焊缝或双面焊缝，基准线中的细虚线可省略不画，如图 10-4(c)(d) 所示。

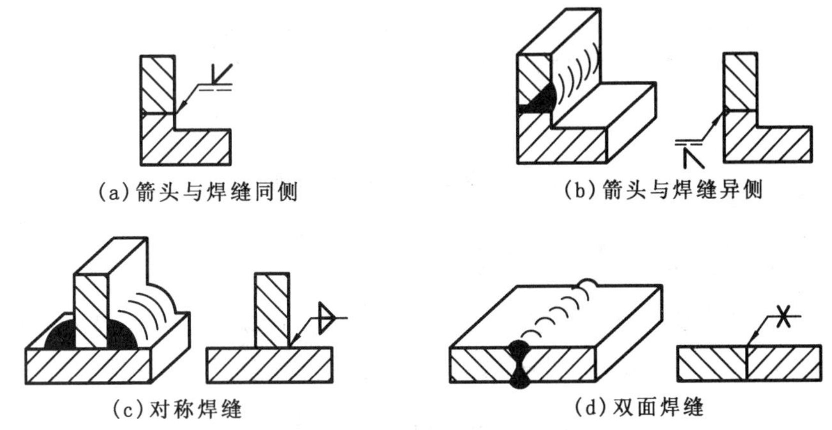

(a)箭头与焊缝同侧　(b)箭头与焊缝异侧

(c)对称焊缝　(d)双面焊缝

图 10-4　基本符号标注位置的规定

10.1.3　焊缝的尺寸符号及标注原则

1. 焊缝的尺寸符号

焊缝的尺寸主要是指焊缝截面的形状尺寸，需根据焊接方法、焊件的厚度和材质来确定。常见焊缝的尺寸符号如表 10-4 所示。

表 10-4　常见焊缝的尺寸符号

名称	符号	名称	符号
工件厚度	δ	焊缝宽度	c
坡口角度	α	焊缝段数	n
根部间隙	b	焊缝间距	e
钝边	p	焊角尺寸	K
焊缝长度	l	熔核直径	d
根部半径	R	焊缝有效厚度	S
相同焊缝数量符号	N	余高	h
坡口深度	H	坡口面角度	β

2. 焊缝的标注原则

焊缝尺寸的标注原则如图 10-5 所示。

(1) 焊缝横截面上的尺寸,标在基本符号的左侧。

(2) 焊缝长度方向的尺寸,标在基本符号的右侧。

(3) 坡口角度 α、坡口面角度 β、根部间隙 b 标在基本符号的上侧或下侧。

(4) 相同焊缝数量及焊接方法代号标在尾部。

(5) 当需要标注的尺寸数据较多、又不易分辨时,可在数据前面增加相应的尺寸符号。

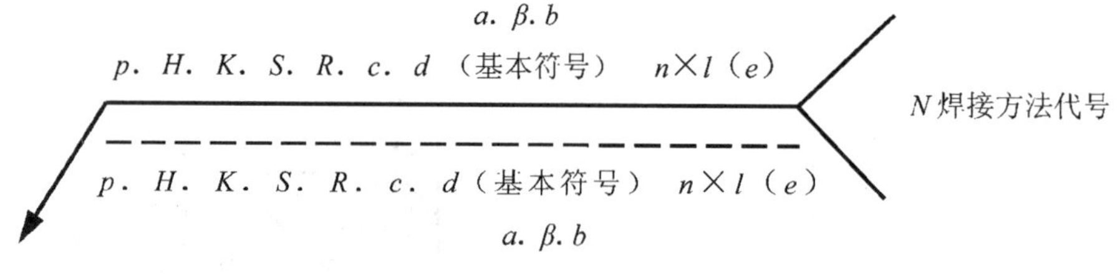

图 10-5　焊缝尺寸的标注原则

10.1.4　焊接方法及数字代号

焊接的方法很多,常用的有:电弧焊、接触焊、电渣焊、点焊和钎焊等。焊接方法可用文字在技术要求中注明,也可用数字代号直接注写。常用的焊接方法及数字代号,如表 10-5 所示。

表 10-5　常用的焊接方法及数字代号

焊接方法	数字代号	焊接方法	数字代号
手工电弧焊	111	激光焊	751
埋弧焊	12	氧-乙炔焊	3
电渣焊	72	硬钎焊	91
电子束焊	76	点焊	21

常用焊缝的标注示例,如表 10-6 所示。

表 10-6　常用焊缝的标注示例

接头形式	焊缝形式	标注示例	说明
对接接头	α　b	α.b　n×l	表示 V 形焊缝的坡口角度为 α，根部间隙为 b，有 n 段长度为 l 的焊缝
T 接接头	K　K	K	表示单面角焊缝，焊角高度为 K
	l　e	K　n×l(e)	表示有 n 段长度为 l 的双面断续角焊缝，间隔为 e，焊角高度为 K
	l　e	K　n×l　(e)	表示有 n 段长度为 l 的双面交错断续角焊缝，间隔为 e，焊角高度为 K
角接接头	α　P　b　K	α·b　P　K	表示为双面焊缝，上面为单边 V 形焊缝，下面为角焊缝
搭接接头	d　e	d　n×(e)	表示有 n 个焊点的点焊，焊核直径为 d，焊点的间隔为 e

10.2 焊缝的表示方法及焊接图举例

10.2.1 焊缝的表达方法

在图样上，焊缝一般只用焊接符号直接标注在视图的轮廓上，如图 10-6(a)所示。需要时也可在图样上采用图示法画出焊缝，并同时标注焊接符号，如图 10-6(b)所示。

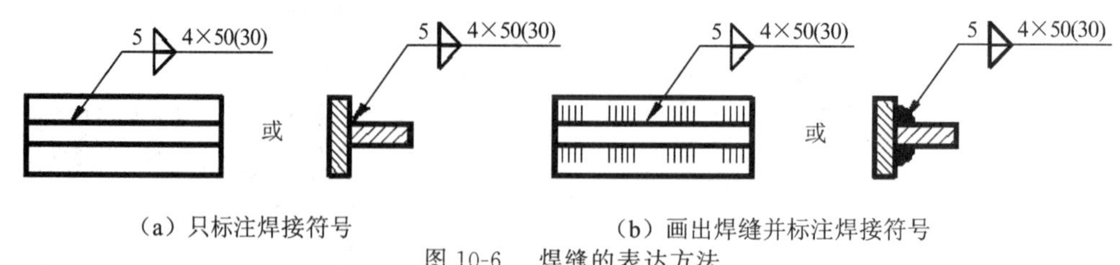

(a) 只标注焊接符号　　(b) 画出焊缝并标注焊接符号

图 10-6　焊缝的表达方法

10.2.2 焊接图举例

焊接图除了应具备一般零件图的所有内容之外，还应清晰地表示出各构件的相互位置、焊接要求及焊缝尺寸等。具体说来，焊接图应包含以下内容。

(1) 表达焊接件形状和结构的一组视图。

(2) 焊接件的规格尺寸，各构件的相互位置尺寸及焊后的加工尺寸。

(3) 各构件连接处的接头形式、焊接符号及焊缝尺寸。

(4) 各构件焊接以及焊后处理、加工的技术要求。

(5) 说明各构件名称、材料、数量的明细栏及其相应的编号。

(6) 标题栏。

图 10-7 是轴承挂架的焊接图，由立板、横板、肋板和圆筒四个构件焊接而成。由图可见，焊接图的表示方法与零件图基本一致。主视图采用局部剖视反映横板上的孔，左视图采用局部剖视反映立板上的孔及圆筒的内孔，俯视图反映横板的形状及其孔的位置，并采用一个局部放大图表示焊缝的形状和尺寸。

从图 10-7 中标注的焊接符号可知，立板与横板采用双面焊接，上面为单边 V 形平口焊缝，钝边高为 4，坡口角度为 45°，根部间隙为 2；下面为角焊缝，焊角高为 4。肋板与横板、圆筒采用焊角高为 5 的角焊缝，与立板采用焊角高为 4 的双面角焊缝。圆筒与立板采用焊角高为 4 的周围角焊缝。

焊接图与零件图的不同之处在于：各相邻构件剖面线的方向不同，而且需对各构件进行编号，并要填写相应的明细栏。显然，焊接图是以整体形式表示的，所表达的仅仅只是一个零件(即焊接件)。

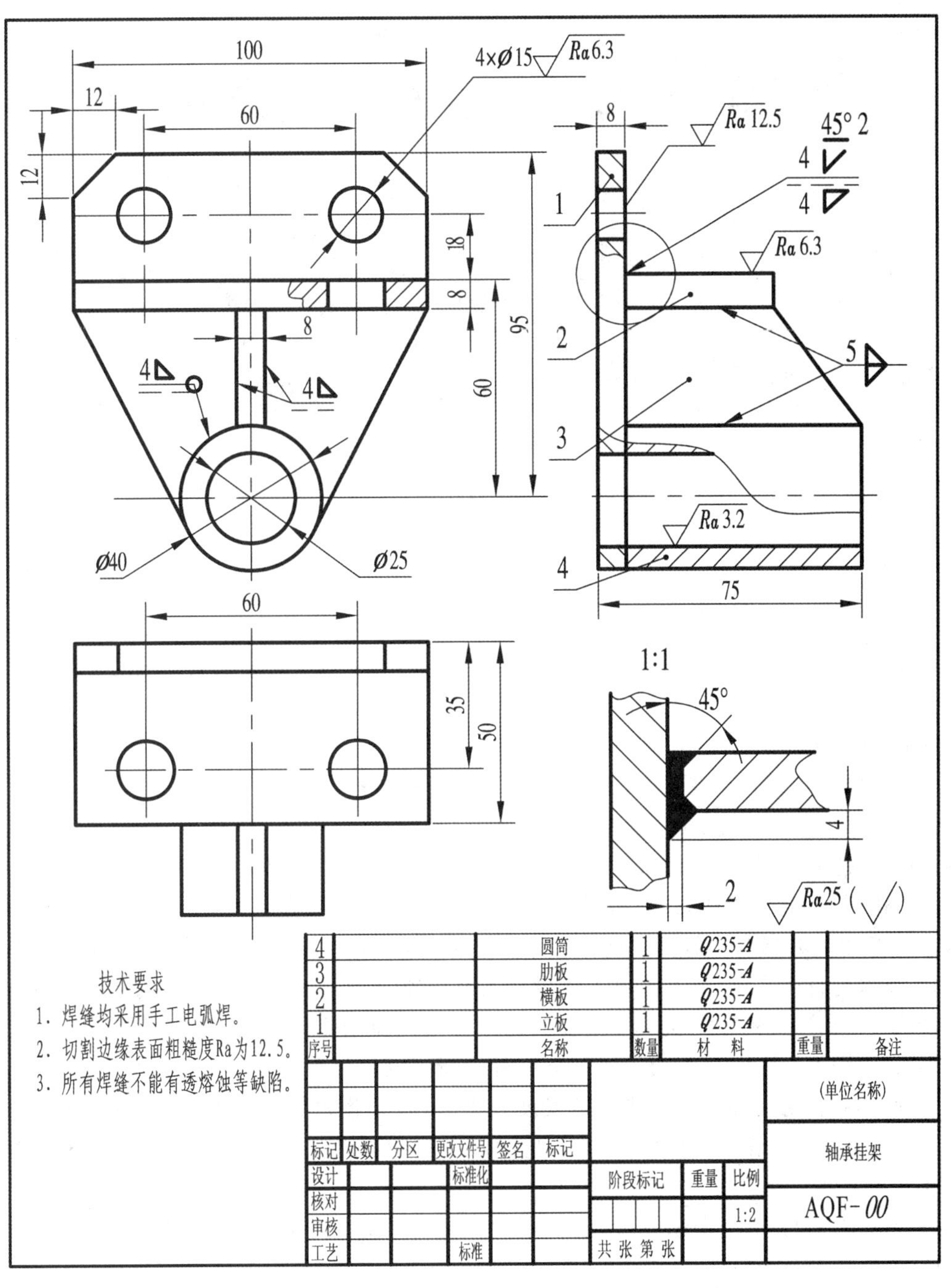

图 10-7 轴承挂架的焊接图

第 11 章　计算机绘图简介

主要内容：本章主要介绍通用绘图 Auto CAD 软件和 SolidWorks 软件的基本操作及主要命令的使用方法，并通过实例绘制，介绍使用软件的基本方法及步骤。通过本章的学习和训练，使读者初步掌握运用 Auto CAD 软件绘制二维图形和运用 SolidWorks 软件进行三维建模的方法和技巧。

11.1　概　　述

计算机辅助设计（computer aided design，CAD）是利用计算机快速的数值计算和强大的图文处理功能，辅助工程技术人员进行产品设计、工程绘图和数据管理的一门计算机应用技术。计算机绘图（computer graphics，CG）是 CAD 和计算机辅助制造（computer aided manufacturing，CAM）的重要组成部分。

在传统机械设计中，要求设计人员必须具有较强的三维（3-dimensional，3D）空间想象能力和表达能力，当设计人员设计新产品时，首先必须构想出产品的三维形状，然后按照投影规律，用二维（2 dimensional，2D）工程图将产品的三维形状表示出来，随着 CAD 软件的出现，计算机绘图开始取代图板绘图，即最初的 CAD 所绘制出来的图形为二维图形。随着计算机技术的继续发展，CAD 技术也逐渐由二维绘图向三维设计过渡。采用 CAD 技术进行产品设计，不但可以使设计人员甩掉图板，更新传统的设计思想，实现设计自动化，降低产品的成本，提高企业及其产品在市场上的竞争能力，还可以使企业由原来的串行式作业转变为并行式作业，建立一种全新的设计和生产技术管理体制，缩短产品的开发周期，提高劳动生产率。未来的发展趋势是 3D 建模占据主流地位，更多软件服务商开放线上 CAD 数据资源下载，更多企业将采用 Cloud CAD，企业内部、行业内部协作设计越来越普遍。

目前国内外应用于计算机绘图的软件很多，其中主要有美国 Auto desk 公司的 Auto CAD 软件和 Inventor 软件，法国达索公司旗下 catia 软件和 SolidWorks 软件，美国参数技术公司（PTC 公司）的 Pro/Engineer 参数化建模软件，德国 Siemens PLM Software 公司出品的 UG（Unigraphics NX）软件等，我国内目前 CAD 平台比较有实力有 CAXA 实体设计、浩辰 CAD 软件和中望软件。不同的绘图软件，尽管操作界面和绘图方式有所不同，但其功能大同小异，而且相互的兼容性也在不断增强。因此，只要掌握一种绘图软件的使用方法，在需要时，也能很快地学会使用其他的绘图软件。

本章主要以 Auto CAD 2024 版和 SolidWorks 2020 版进行介绍基本操作及主要命令

的使用方法。

11.2　Auto CAD 2024 版简介

11.2.1　Auto CAD 2024 版的主界面

双击 windows 桌面上的图标，进入 Auto CAD 主界面。如图 11-1 所示，在主界面上可以实现 Auto CAD 的所有操作，也可以直接鼠标左键双击 dwg 格式文件进入 Auto CAD 主界面。在主界面上可以实现 Auto CAD 的所有操作。

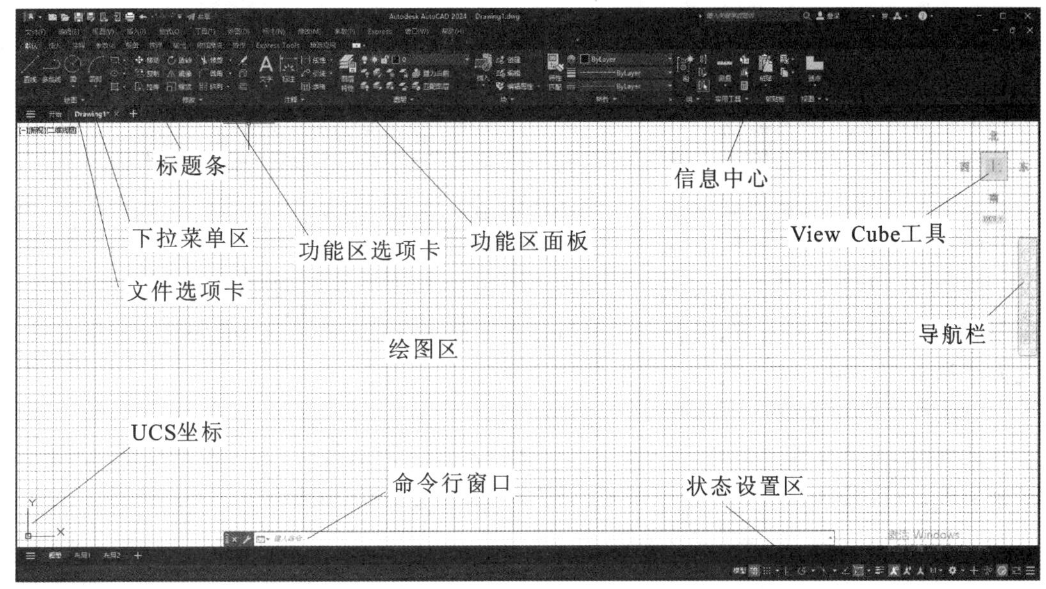

图 11-1　Auto CAD 2024 主界面

11.2.2　Auto CAD 2024 版的基本操作方法

1. 鼠标的操作

用 Auto CAD 绘图时，鼠标是主要的命令输入及操作工具。点选命令及工具条上的图标、设置状态开关、确定屏幕上点的位置、拾取操作对象等，均单击鼠标的左键，而查询对象属性、确认选择结束、弹出屏幕对话框、设置状态参数等，则单击鼠标的右键。同时，滑动鼠标滚轮，可实现绘图区中图形的实时缩放观察，按住鼠标滚轮再移动鼠标，则可实现绘图区中图形的平移观察。因此，掌握鼠标左、右键的配合及滚轮的使用，可大大提高作图的效率。

2.键盘的使用

键盘主要用于尺寸数据的输入，使作图准确，同时也可用于命令和文字的输入。运用键盘上的快捷键(热键)，可使作图更为方便、快捷。常用的快捷键有：

F1:(AutoCAD Help) 可随时打开帮助文本,查找所需要的帮助信息。

F3:(Osnap on/off),打开或关闭对象捕捉。

F7:(Grid on/off)打开或关闭栅格显示。

F8:(Ortho on/off)打开或关闭正交模式。

F9:(Snap on/off)打开或关闭栅格捕捉。

Esc:中断正在执行的命令。使系统返回到此接受命令的状态。

Crtl+Z:(Undo)退回上一步操作。

Enter(或空格健)确认某项操作、结束命令,结束键盘输入数据、文字,并可重复上一命令的操作。

3. 输入命令的方法

在命令输入及提示区出现"命令:"的状态时,表明 AutoCAD 已处于接受命令状态,可用下列任一方法输入命令。

方法一　从工具条输入。将光标移到工具条相应的图标上,单击鼠标左键即可。

方法二　从工具选项板输入。将光标移到工具选项板标题条上,弹出工具选项板,移动光标到需要的项目或图标上,单击鼠标左键即可。

方法三　从下拉菜单输入。将光标移到相应的下拉菜单上,则自动弹出第二级下拉菜单(部分命令还有第三级、第四级菜单),将光标移到选定的命令上,单击鼠标左键即可。此方法通常用于输入在工具条上找不到的命令。

方法四　从键盘输入。将命令直接从键盘敲入并按回车键(Enter)即可。

此外,如需重复前一命令,可在下一个"命令:"提示符出现时,通过按空格键或 Enter 键来实现,也可按鼠标右键弹出屏幕对话框,再选【重复】来实现。

4. 输入数据的方法

当调用一条命令时,通常还需要输入某些参数或坐标值等,这时 Auto CAD 会在命令输入及提示区 显示提示信息,用户可根据提示信息从键盘输入相应的参数或坐标值。

5. 改变绘图区的背景颜色

Auto CAD 主界面的绘图窗口,其缺省配置背景颜色为黑色。如需将背景颜色改变为白色,一般可按如下步骤操作:

从下拉菜单【工具】/【选项】,弹出【选项】对话框,选择【显示】项,再单击【颜色】按钮,弹出【图形窗口颜色】对话框,设置【颜色】为白色,单击【应用并关闭】按钮,回到【选项】对话框,单击【确定】按扭,则将背景颜色改为白色,如图 11-2 所示。

6. 状态的设置及状态参数的设置

状态栏是"显示/隐藏 "特定绘图环境的工具,有栅格、捕捉、动态输入、正交、极轴、追踪、对象捕捉、线宽等,将鼠标移到相应状态按钮上,单击一次鼠标左键可打开或者关闭,单击两次复原。也可以点击状态栏最后边的按钮【自定义】,进行个性化设置。

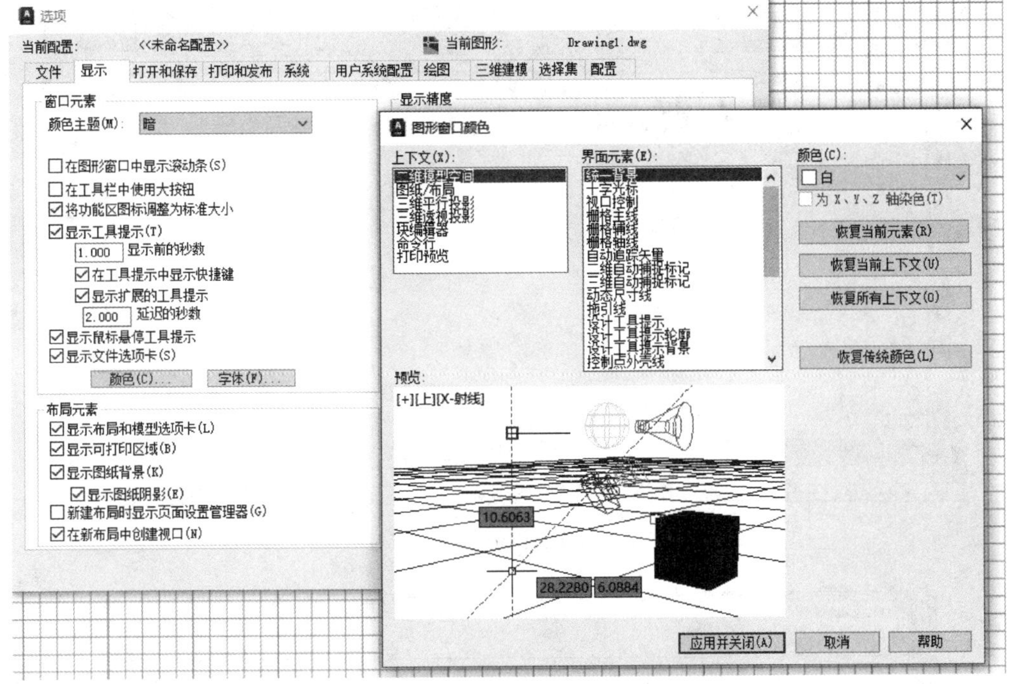

图 11-2　Auto CAD 2024 版改变绘图区的背景颜色

11.2.3　机械图绘制实例

例 11-1　建立 A3 图幅及格式的模板文件。

解　在采用 Auto CAD 绘图时，首先可建立自己的模板文件，完成各种绘图前的初始设置工作，并绘出图幅、图框及标题栏，这样，在下次绘图时，只需打开模板文件，便完成全部设置。建立模板文件的具体步骤如下。

(1) 进入 Auto CAD，出现如图 11-1 所示的 Auto CAD 主界面。单击标题条上的新建图标“ ”，或通过下拉菜单【文件】/【新建】，则出如图 11-3 所示【选择样板】对话框。选择文件名为【acadiso.dwt】→【打开】，进入绘图初始状态。

(2) 图层设置。单击【图层】工具条上的图层管理器图标“ ”，出现【图层管理器】对话框，单击新建图层图标“ ”，出现新的图层，修改图层的名称、颜色、线型、线宽，设置图层及其特性，完成后如图 11-4 所示。0 层为系统缺省层，可用于作图，并可改变其特性，但该层不能被删除，层名也不能更改。

注意：图中的【Defpoints】层为系统自动生成的参照层，该层的内容不可被打印。

(3) 设置尺寸数字、字母式样。从下拉菜单【格式】/【文字样式】→【文字样式】对话框（见图 11-5），选择　【SHX 字体】为【gbeitc.shx】（英文字母、数字标准字体），选择【大字体】为【gbcbig.shx】（汉字标准字体），【字高】设为 3.5→【应用】→【关闭】。

(4) 设置标注样式。从下拉菜单【格式】/【标注样式】→【标注样式管理器】对话框→选【修改】→修改【箭头大小】为 3.5，【文字高度】为 3.5，再进行【确定】→【关闭】，完成标注设置。标注样式设置对话框如图 11-6 所示。

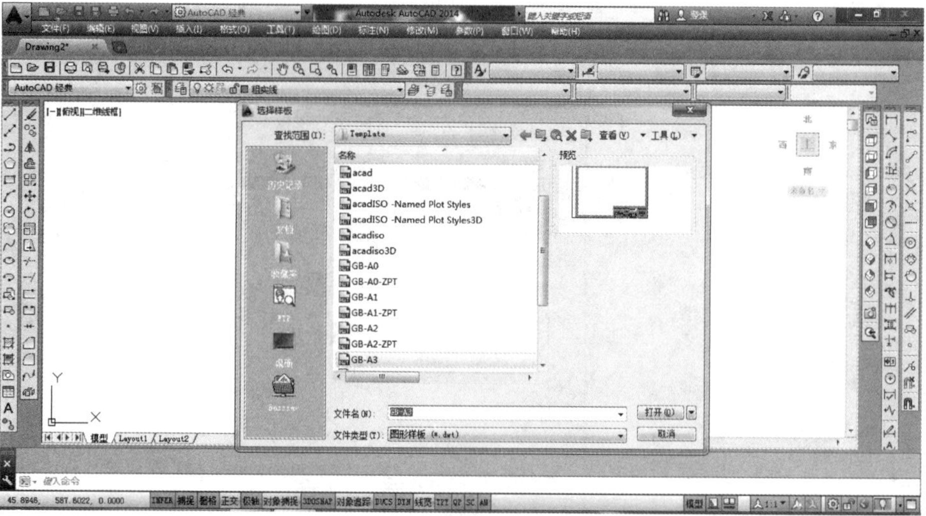

图 11-3　创建新图【选择样板】对话框

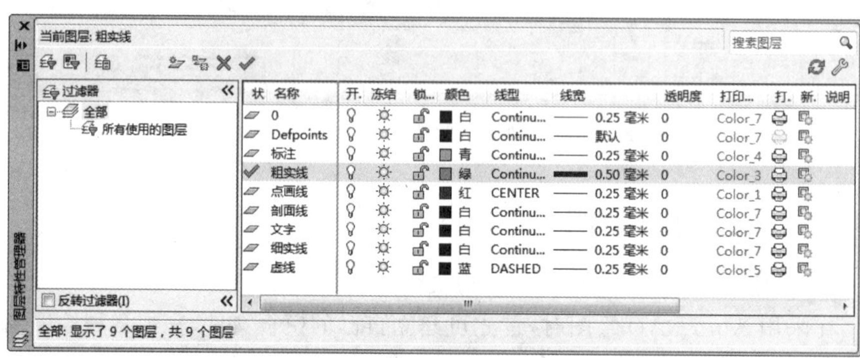

图 11-4　图层特性设置结果

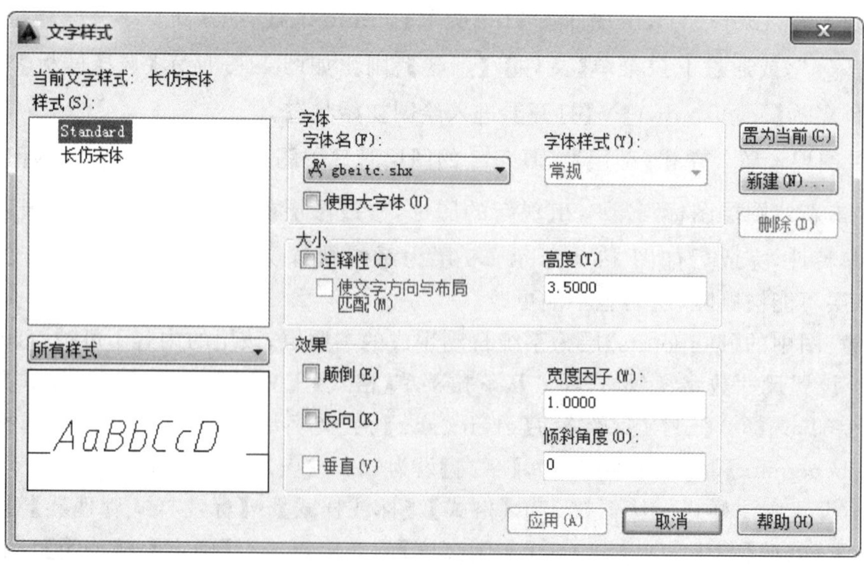

图 11-5　文字样式设置

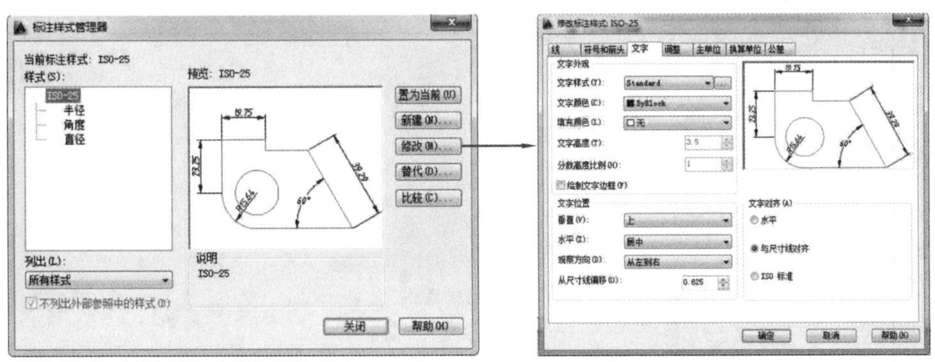

(a) 标注样式设置对话框　　　　(b) 修改标注样式

图 11-6　标注样式设置对话框

(5) 在细实线层绘图纸边框线，粗实线层绘图框线。将细实线层作为当前层→点击“ ”→键入 0,0↙→420,297↙；将粗实线层作为当前层→点击“ ”→键入 25,5↙→415,292↙。

(6) 绘标题栏(尺寸见本书第 1 章)。打开状态设置区的【正交】、【对象捕获】、【对象追踪】，运用“方向距离输入法”及“ ”命令绘制线段，再运用“ ”、“ ”命令复制平行线并编辑即可。

(7) 填写标题栏中固定的文字。单击绘图工具条上的多行文字输入图标“A”→鼠标拖选文字在图中的位置→弹出【文字格式】对话框(见图 11-7)→用汉字输入法输入汉字→【确定】。重复该过程，逐一输入文字。完成结果如图 11-8 所示。

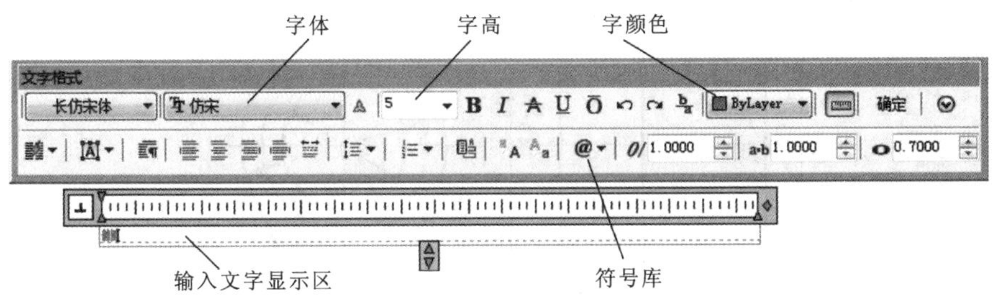

图 11-7　多行文字编辑器

(8) 以××.dwt 格式保存文件(××为自己取的文件名，这里文件名为 GB-A3.dwt。如要将文件保存到指导目录、软盘或 U 盘上，则应使用【文件】/【另存为】命令。

例 11-2　在 A3 图幅上绘制如图 11-9 所示填料压盖的主视和左视图，并标注尺寸(零件的材料为 HT150)。

解　作图方法及步骤如下：

(1) 进入 Auto CAD 主界面，单击新建图标“ ”，出现图 11-3 所示【选择样板】对话框。选择文件名为[例 11-1]中建立的模板文件【GB-A3.dwt】并单击【打开】，开启该模板文件，系统便完成了全部初始设置。如下拉滚动条找不到相应的模板文件，则可从【搜索】窗口查找相应的模板文件的路径，然后打开【GB－A3.dwt】模板文件，如图 11-10 所示。

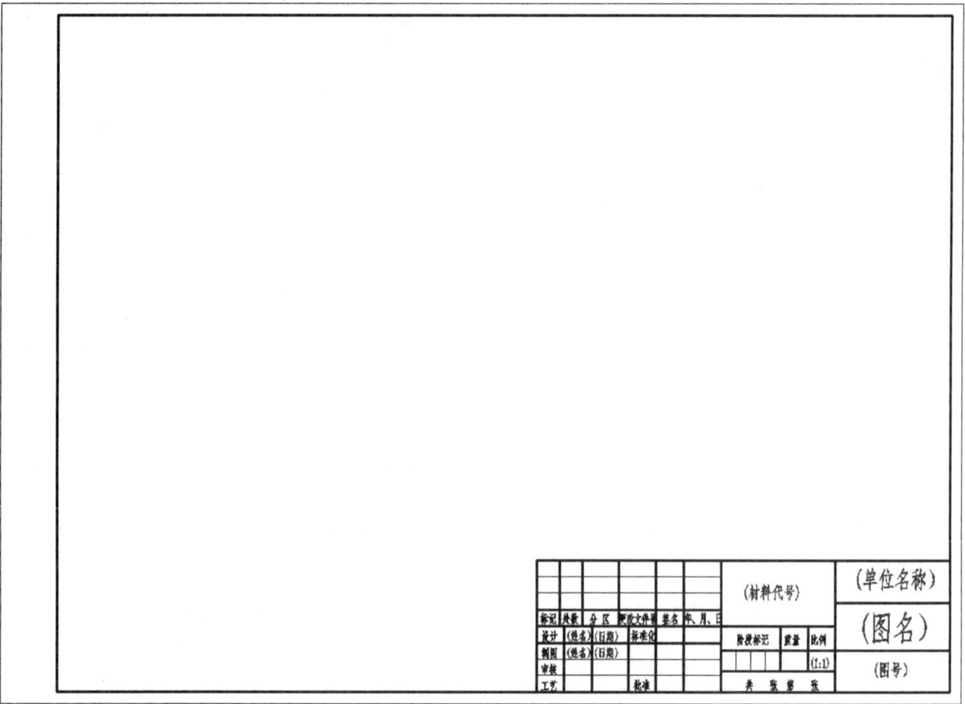

图 11-8　A3 图幅模板文件显示的内容

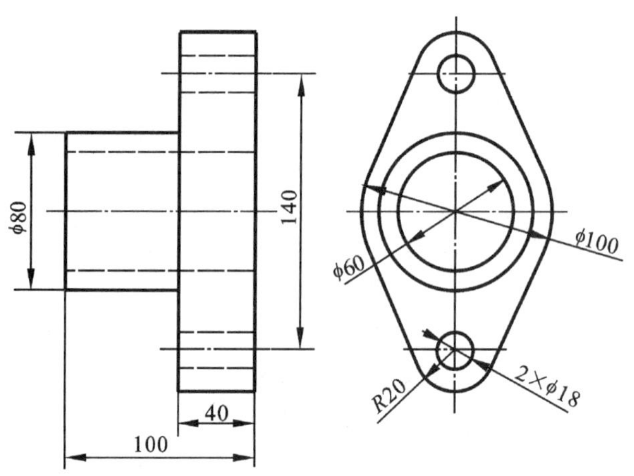

图 11-9　填料压盖的视图

还可直接通过下拉菜单【文件】/【打开】打开模板文件。

(2) 置【中心线】层为当前层，开启状态栏上的【正交】，用画线命令“ ”画中心线，并按图 11-9 所标的尺寸用复制命令“ ”复制中心线到相应的尺寸位置，如图 11-11(a)所示。

(3) 置【粗实线】层为当前层，开启状态栏上的【对象捕捉】，开启【对象捕捉】工具条。用“ ”命令画圆；用“ ”命令→对象捕捉工具条中的“ ”捕捉圆的切点→在圆的切点附近单击鼠标左键→“ ”→在另一圆切点附近单击鼠标左键→↙，画出两圆的公切

图 11-10　打开模板文件

线。开启状态栏上的【对象追踪】,将鼠标移至左视图各圆与对称线的交点处,会出现一条对象追踪虚线,向左平移鼠标到上一步所画的主视图竖线上,当光标出现"×"时单击鼠标左键,便是满足"高平齐"的直线起点。依次画出主视图中的粗实线,再将【虚线】层置为当前层,使用" "命令及"对象追踪"画出虚线,如图 11-11(b)所示。

(4) 使用修剪命令" "剪去左视图中不需要的线,并删去主视图中的底图线,用打断命令" "将主、左视图之间的点画线打断,如图 11-11(c)所示。

(5) 使用镜像变换命令" "将全图以中心线为对称线作镜像,如图 11-11(d)所示。

(6) 标注尺寸。开启【尺寸标注】工具条,使用" "标注长度尺寸,方法是:选择" "→选尺寸起点→选尺寸终点→拉出尺寸界线及尺寸线→到合适的位置后单击左键;当标注 $\phi 80$ 时,选完尺寸界线后键入 t↙→键入%%c80↙→移动光标使尺寸线及尺寸到合适位置后单击左键即可。标注半径时,选择" "→选择圆弧→移动光标使尺寸线及尺寸到合适位置后单击左键。标注直径时,选择" "→选择圆→移动光标使尺寸线及尺寸到合适位置后单击左键。标注 $2\times\phi 18$ 时,需键入 2x%%c18(Auto CAD 符号库中无"×"符号,故用字母"x"代替)。尺寸标注完成后如图 11-11(e)所示。

(7) 填写标题栏,如图 11-11(f)所示。

(8) 存盘。

(9) 打印输出图纸。如需将所绘的图从打印机输出成图纸,在计算机连接有打印机的情况下,可进行如下操作:从【文件】/【打印】(或单击标注工具条上的" "图标)进入打印输出设置对话框,如图 11-12 所示。

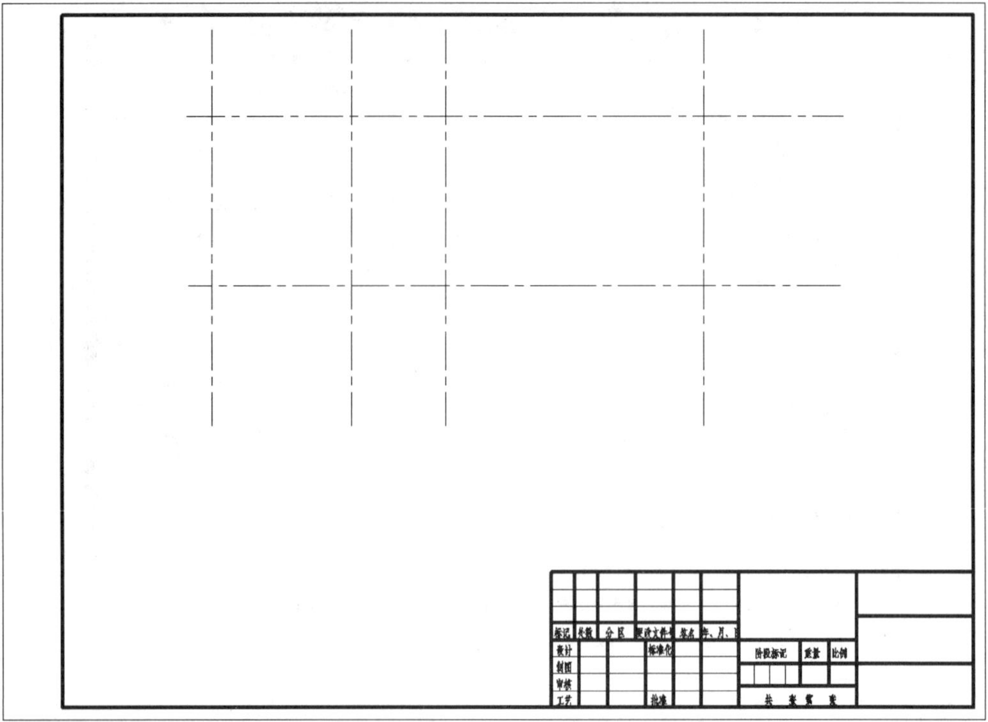

(a)

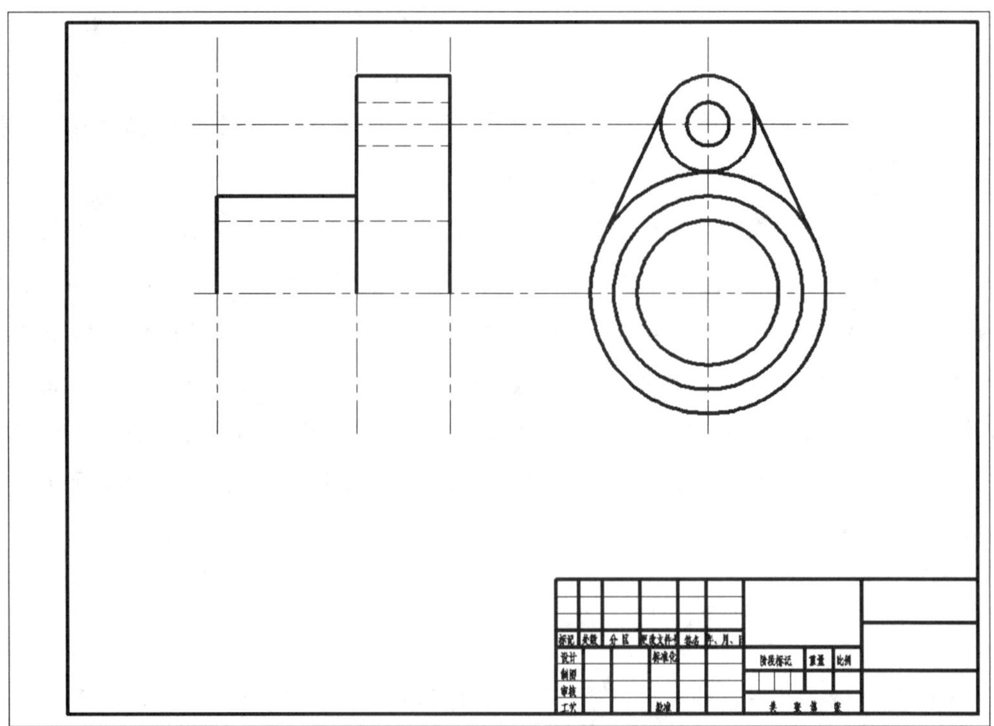

(b)

图 11-11　填料压盖的绘制方法及步骤

(c)

(d)

图 11-11　填料压盖的绘制方法及步骤(续)

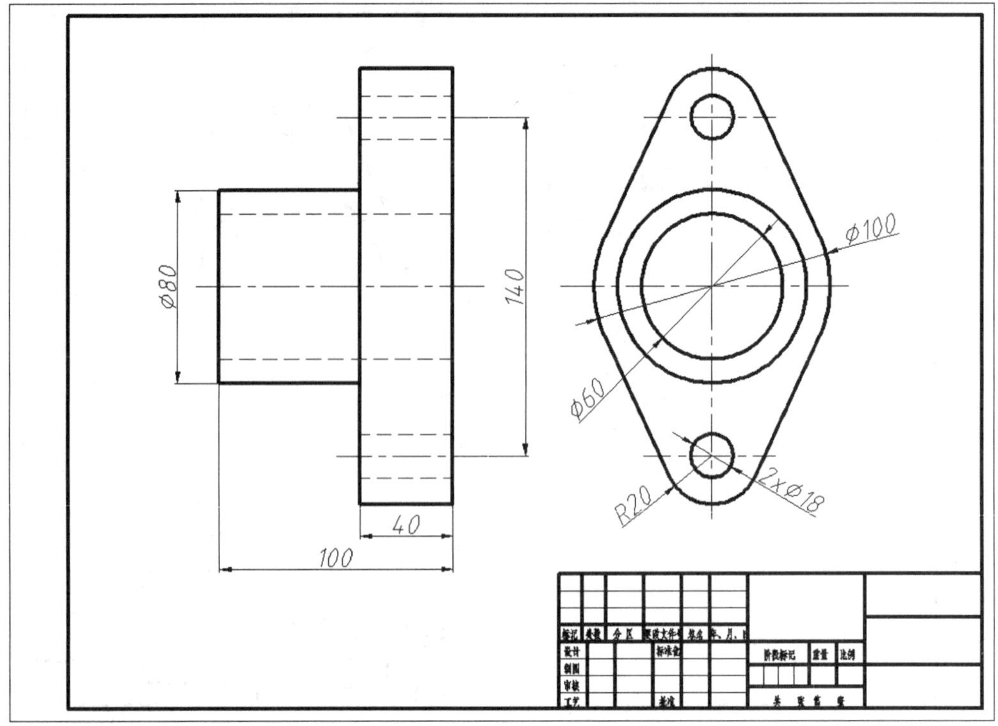

(e)

φ80
140
40
100
φ100
φ60
R20
2xφ18
HT150
(单位名称)
填料压盖
09-01

(f)

图 11-11 填料压盖的绘制方法及步骤(续)

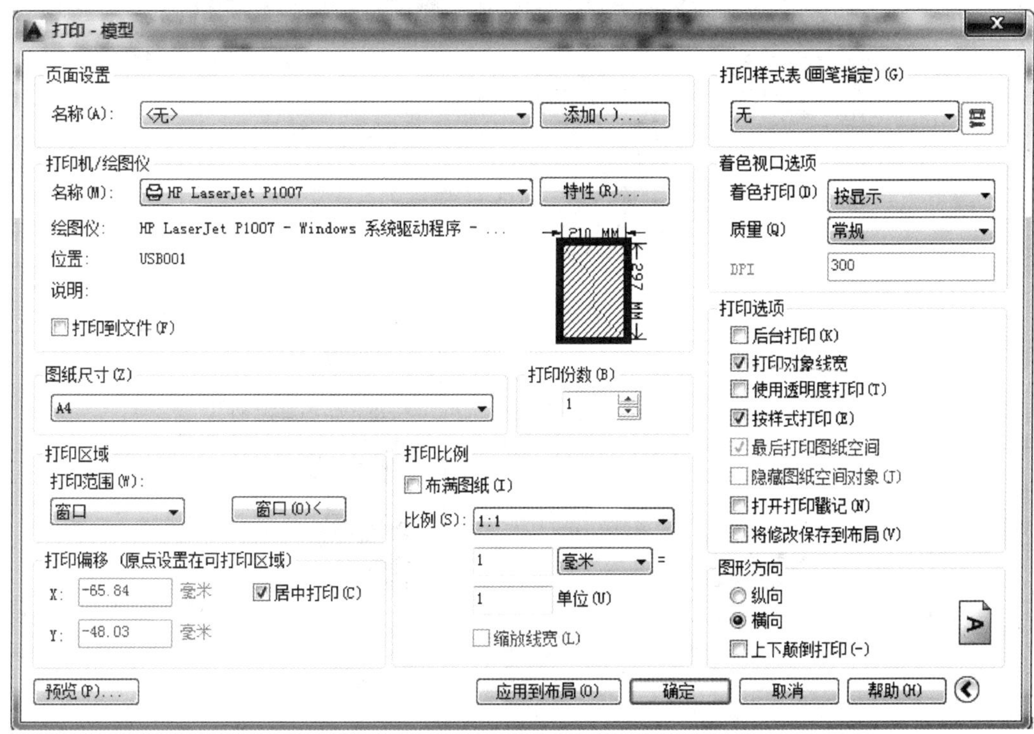

图 11-12　打印设置对话框

首先选择打印机的名称(应与所连接的打印机型号相一致);再选择打印图纸的尺寸(应小于或等于打印机所能输出的最大图幅)、图形方向(纵向或横向)、打印比例(一般应设为 1∶1),设置打印区域[一般选择【窗口】]。

单击【窗口(O)<】,系统切换到绘图窗口,用鼠标框选需打印的范围后,系统再回到打印设置对话框,单击【预览】,单击鼠标右键弹出屏幕对话框。如所显示图的位置适当,则选【打印】立即打印;如不适当,则选【退出】退回到图 11-12 重新进行窗口选择。选择合适后,也可单击图 11-12 中的【确定】开始打印。

例 11-3　将例 11-2 中填料压盖的主视图改为全剖视图。

解　作图方法及步骤如下:

(1) 将图 11-11(f)中位于【虚线】层的虚线改为【粗实线】层的粗实线。方法是选中虚线→单击【图层】工具条中当前层显示处的三角“”,弹出所有层的显示→单击【粗实线】层,则虚线就变成了【粗实线】层的粗实线。再使用修剪命令“”将剖开后不需要的线剪去(也可用“夹点编辑”的方法完成)。

(2) 填充剖面线。使用区域填充命令“”→弹出图案填充对话框(见图 11-13)→选择填充图案为【ANSI31】→点击【添加拾取点】按钮→在需填充的区域内单击(可同时点选多个区域,可填充区域的边线变为虚线,如区域边线未变为虚线,说明该区域不封闭,不能填充,应使其成为封闭区域后,再重复上述步骤)→↙→【确定】。如需改变剖面线的间距或斜向,则可调整对话框中的【比例】或【角度】。填充完成后如图 11-14 所示。存盘。

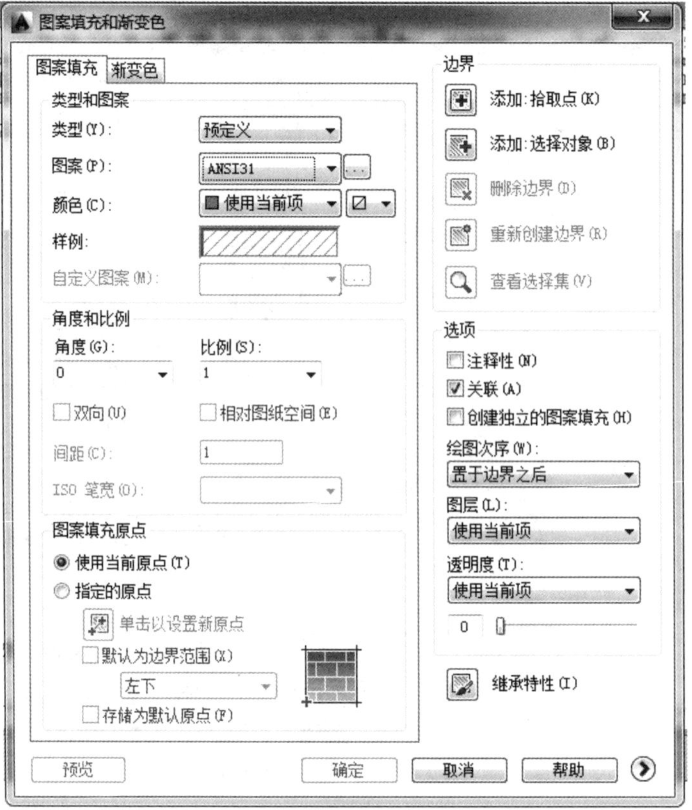

图 11-13　图案填充对话框

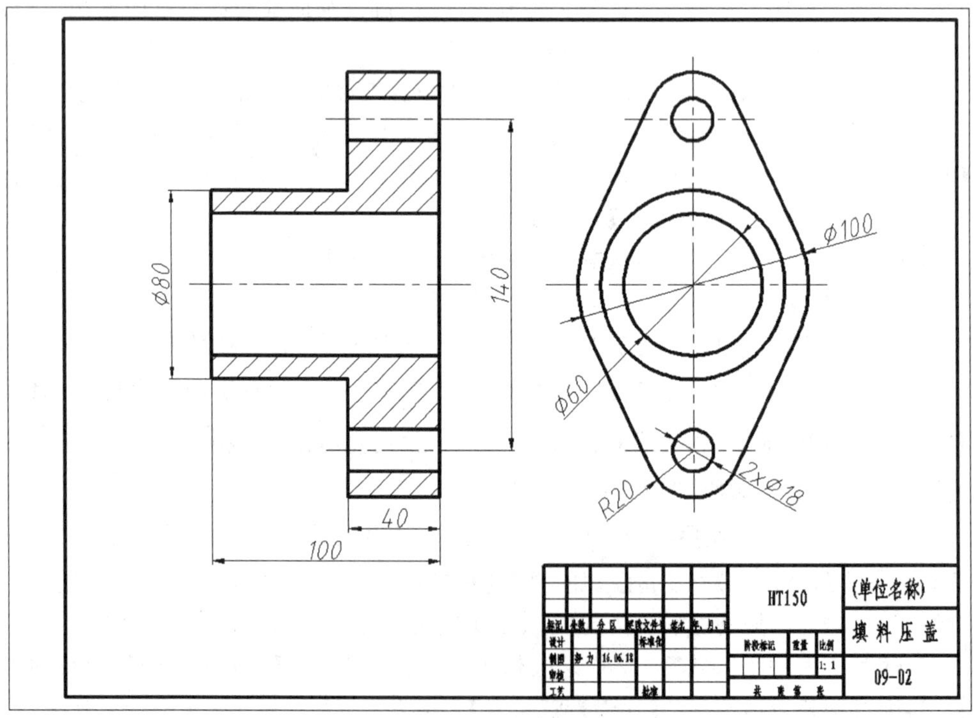

图 11-14　绘制填料压盖的剖视图

例 11-4　画出图 11-15 所示机匣盖的零件图。

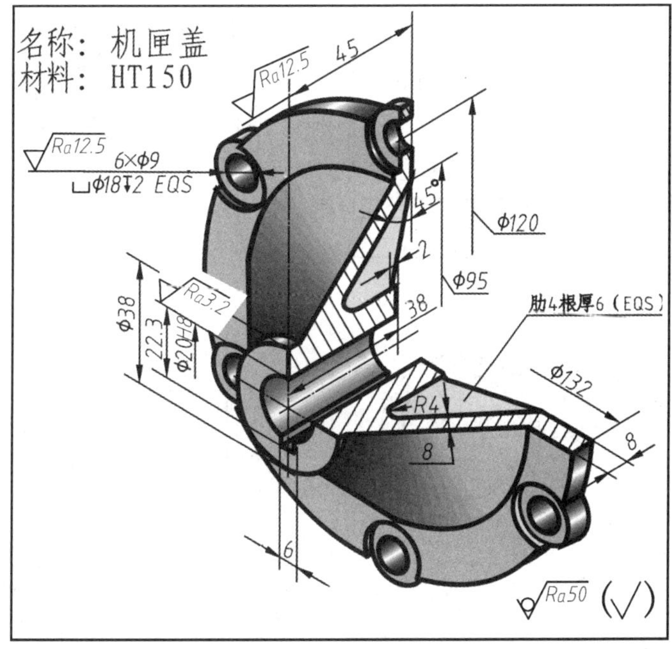

图 11-15　机匣盖立体图

解　从机匣盖的立体图可知，该零件为盘盖类零件，选用全剖的主视图表达零件的结构，用左视图表达各部分的形状及各孔的位置。画图的方法及步骤如下：

(1) 调用 GB-A3.dwt 模板文件进入 Auto CAD 主界面，完成绘图前的初始设置。

(2) 置中心线层为当前层，用“ ”命令画轴线和中心线，用“ ”命令画 ϕ120 点画线圆，设置【极轴追踪】为 30°并打开，用“ ”命令从圆心开始捕捉 30°及其倍数的极轴位置，画出各分布圆的中心线，如图 11-16(a)所示。

(3) 置粗实线层为当前层，画已知圆弧和已知线段；置虚线层为当前层，画 ϕ95 虚线圆，根据“高平齐”得到主视图上的对应点；再回到粗实线层，设置极轴追踪为 45°并打开，用“ ”命令画与机匣盖端面成 45°角的斜线，并用“ ”命令将该斜线沿与之垂直的方向复制，使其距离为 8，由此得机匣盖斜壁在主视图上的投影；使用阵列变换“ ”→选择对象→↙→P↙(环形)→捕捉圆心(环形阵列变换中心)→6↙(数量)→↙→↙，画出均布的 6 个沉孔，如图 11-16(b)所示。

(4) 删除已不需要的底图线，使用修剪命令“ ”整理图形，使用倒圆命令“ ”→R↙(设置圆角半径)→4↙→再单击倒圆命令“ ”→选中圆角的第一边→选中第二边，画出圆角。用“ ”命令画外斜锥面与平面相交在左视图上形成的圆，如图 11-16(c)所示。

(5) 用复制“ ”命令将左视图中的竖直中心线向左、右各 3 mm 处复制，将水平中心线向下 12.3 处复制，画出键槽；用镜像变换命令“ ”将主视图向下作镜像；用区域填充命令“ ”填充剖面线；用打断命令“ ”去掉点画线的过长部分，完成视图绘制如图 11-16(d)所示。

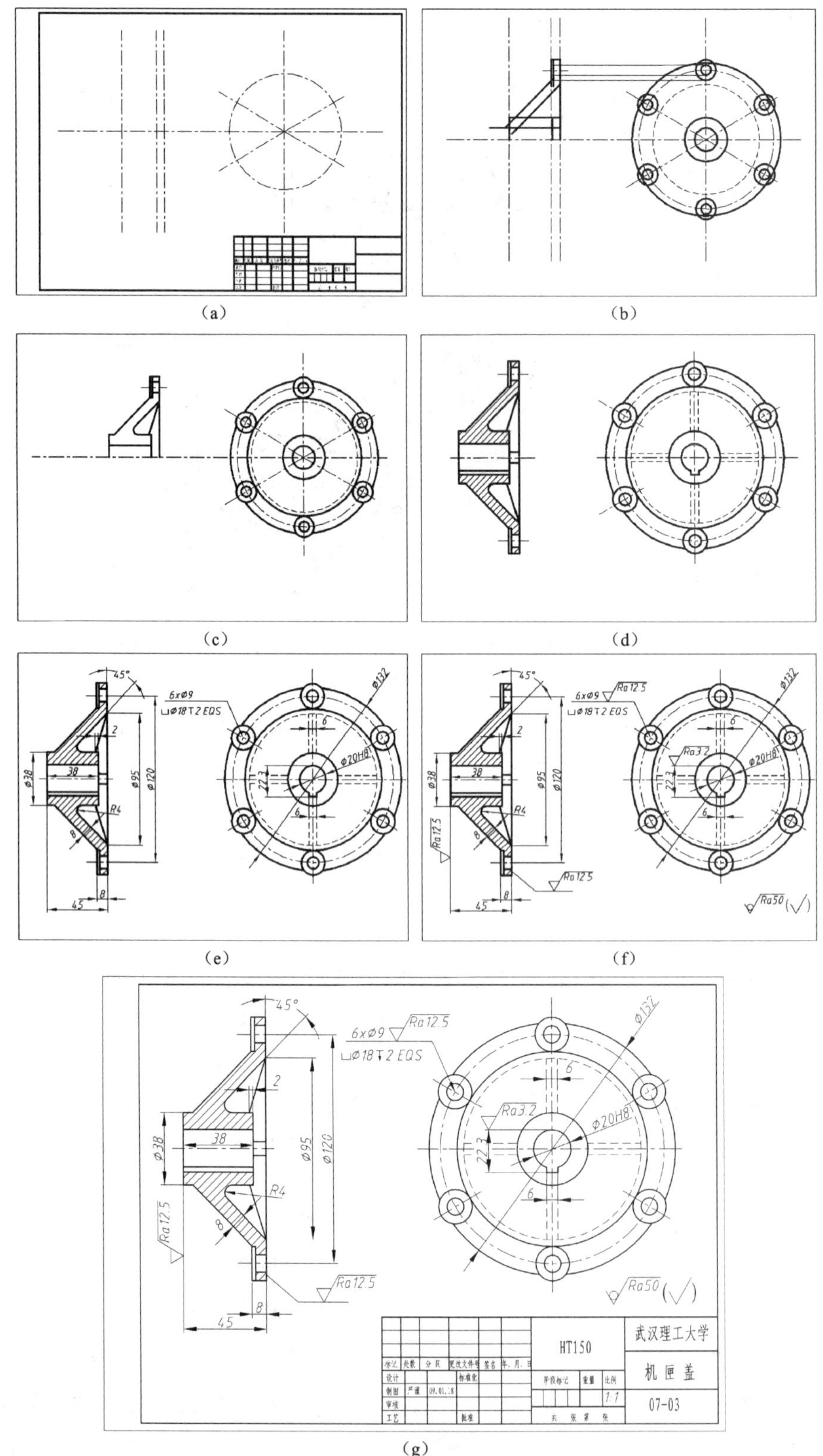

图 11-16　画机匣盖零件图的方法及步骤

(6) 标注尺寸如图 11-16(e)所示。其中“↧”符号需自己绘制(符号库中无此符号)。

(7) 标注表面粗糙度,在 Auto CAD 中无此功能,一般可通过创建块的方法解决,也可通过画出符号后经复制、平移的方法解决。标注完成后如图 11-16(f)所示。

① 创建块的方法是:置 0 层为当前层,准确地画出需要的图形(或符号)→使用创建块命令“ ”弹出【块定义】对话框(见图 11-17(a))→键入块名(自定,图示为 ccd1)→单击【拾取点】(确定块插入的基准点)→选中图形的对齐点作为基准点(图中以粗糙度符号底角的顶点为基准点)→单击【选择对象】(确定块的内容)→选中块的全部内容→↙→【确定】,即完成“内部块”的创建。

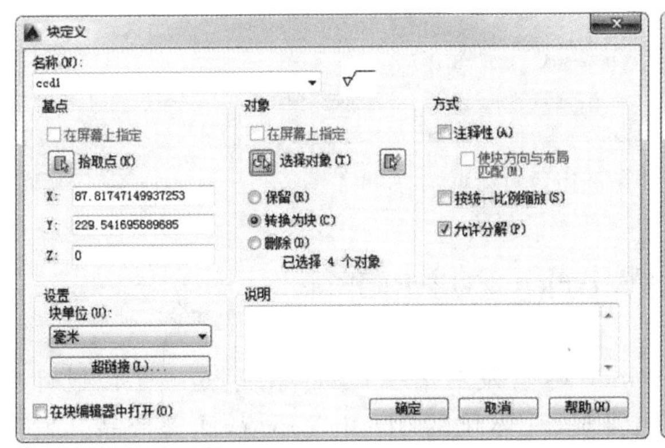

(a) 创定义对话框

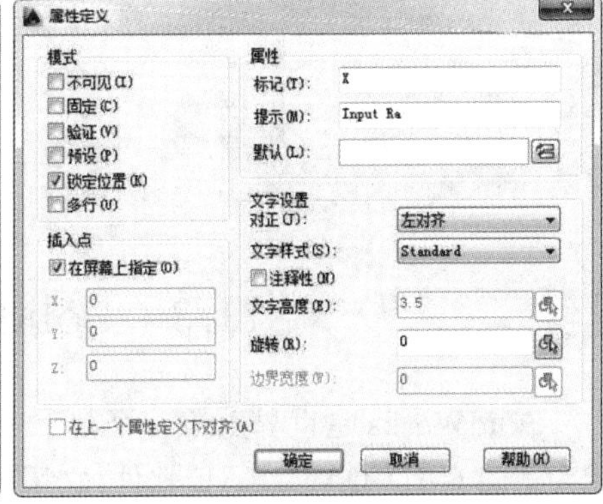

(b) 块的属性设置

图 11-17　块的创建和变量设置

如将粗糙度的值设置成变量形式,则在块插入时就可直接输入参数进行标注,其方法是:画出图形(或符号)→从下拉菜单【绘图】/【块】/【定义属性】中弹出【属性定义】对话框(见图 11-17(b))→设【标记:】(图示为 *Ra*)→【提示:】(图示为 Input *Ra* =)→【值:】(缺省值,图示未填;插入时,如不输入参数,则仅有符号而无参数)→设置【文字选项】(参数对齐方式、字体、字高、转角)→【确定】→单击变量文字在块中的对齐点→完成块的属性设置。再选择创建块命令“ ”→键入块名(自定,如:ccd2)→单击【拾取点】→选中图形的对齐点作为基准点→单击【选择对象】(确定块的内容,包括变量)→选中块的全部内容→↙→【确定】,即完成带变量的“内部块”的创建。

② 上面创建的“内部块”,只能在当前文件中引用,如需在其他文件中引用,则需将块以文件形式写入磁盘,成为“外部块”,其方法是:在命令输入栏键入写块命令 WBlock↙,弹出【写块】对话框(见图 11-18)→选中【源】/【块】→从“▼”拉出已建的块名:ccd1→选择适当的文件名和路径→【确定】,完成“外部块”的存盘。

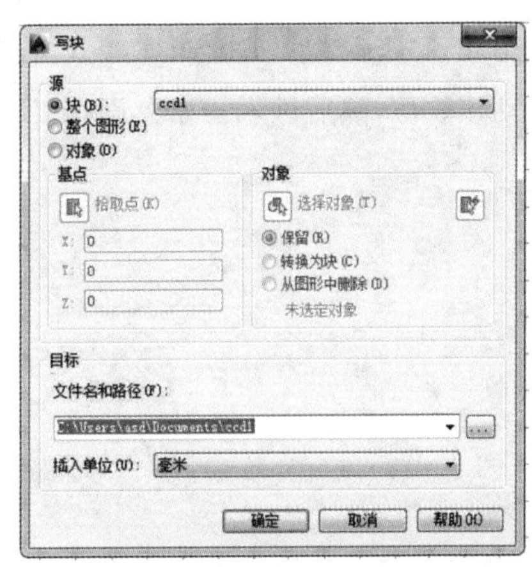

图 11-18　写块对话框

③ 块的调用方法是:选“ ”弹出【插入】块对话框(见图 11-19)→从“▼”拉出已建的块名:(如 ccd1,如不是该文件中创建的块,则需从【浏览】进行查找→打开)→【确定】→选中块插入基点位置

(如为带变量块,则需根据提示输入相应的参数)。当所调用的块不能满足需要时,可将块分解,编辑或重新输入相应的参数。

(8)填写标题栏,完成全图,如图 11-16(g)所示。存盘。

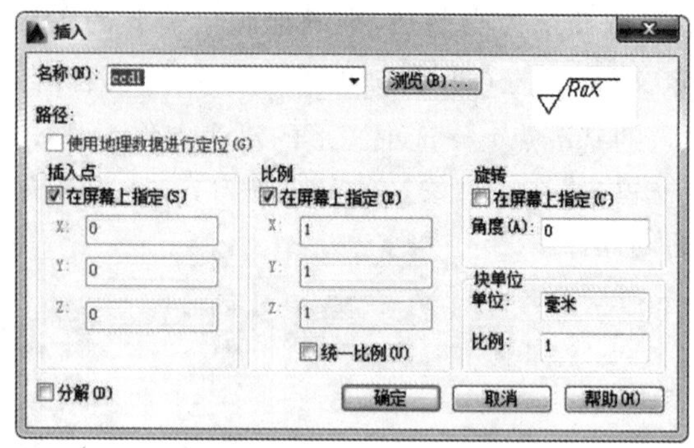

图 11-19　调用块对话框

11.3　SolidWorks 2020 简介

SolidWorks 是世界上第一个基于 Windows 开发的三维 CAD 系统,是一个以设计功能为主的 CAD、CAM、CAE 软件,它采用直观、一体化的 3D 开发环境,涵盖产品开发流程的各个环节,如零件设计、钣金设计、装配体设计、工程图设计、仿真分析、产品数据管理和技术沟通等,提供了将创意转化为上市产品所需的多种资源。

SolidWorks 因其功能强大、易学易用和技术不断创新等特点,成为市场上领先的、主流的三维 CAD 解决方案。其应用涉及二维工程制图、三维造型、运算、加工制造、工业标准交互传输、模拟加工过程、电缆布线和电子线路等领域。

本节主要以 SolidWorks 2020 版本介绍本软件的使用方法和编辑技巧,涵盖 SolidWorks 2020 概述、草图绘制、零件建模、装配体设计、工程图等知识。

11.3.1　启动 SolidWorks 2020

SolidWorks 2020 安装完成后,在 Windows 操作环境下,选择屏幕左下角的"开始"—"SolidWorks 2020"命令,或者双击桌面上的 SolidWorks 2020 快捷方式图标,就可以启动该软件,然后进入初始界面,如图 11-20 所示。

图 11-20　SolidWorks 2020 的初始界面

11.3.2　新建文件

在该界面中单击标准工具栏中的 ◻（新建）按钮，系统弹出“新建 SolidWorks 文件”对话框，如图 11-21 所示。

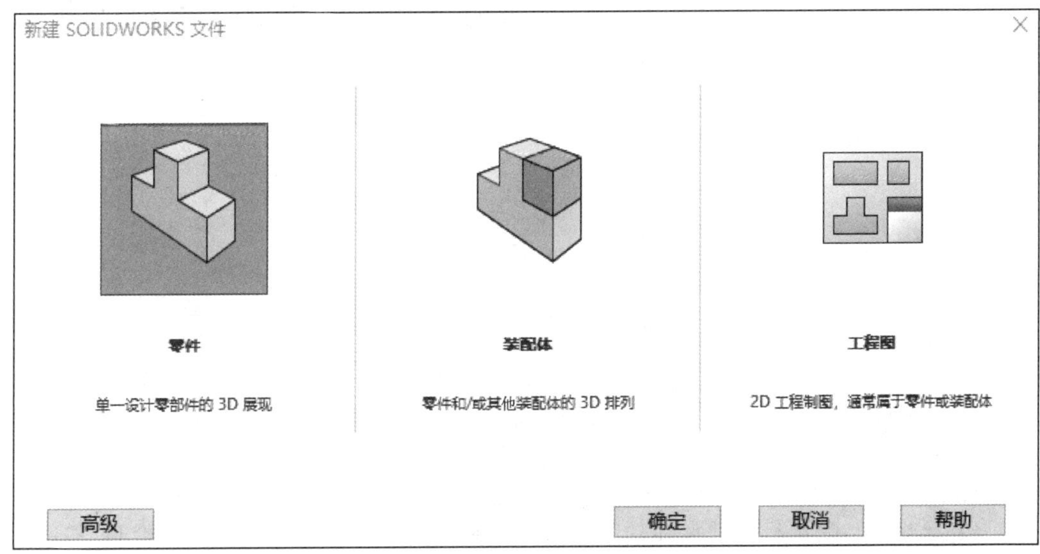

图 11-21　“新建 SolidWorks 文件”对话框

在 SolidWorks 2020 中，“新建 SolidWorks 文件”对话框有两个版本可供选择：一个是高级版本，一个是新手版本。

图 11-21 所示为新手版本的“新建 SolidWorks 文件”对话框，相对比较简单。主要包括“零件”“装配体”“工程图”按钮。

其各按钮的功能如下。

“零件”按钮：单击该按钮，可以生成单一的三维零件文件。

“装配体”按钮：单击该按钮，可以生成装配体的文件。

“工程图”按钮：单击该按钮，可以生成属于零件或装配体的二维工程图文件。

11.3.3　SolidWorks 2020 的用户界面介绍

通过 SolidWorks 2020 可以建立 3 种不同类型的文件：零件、工程图和装配体文件。针对这三种文件在创建中的不同，SolidWorks 2020 提供了对应的界面。这样做的目的是为方便用户的编辑操作。下面介绍零件编辑状态下的界面，如图 11-22 所示。

（1）标准工具栏：同其他标准的 Windows 程序一样，标准工具栏的工具按钮可以用来对文件执行最基本的操作，如新建、打开、保存、打印等。

（2）设计树：SolidWorks 中最著名的技术就是其特征管理员（Feature Manager），该技术已经为 Windows 平台三维 CAD 软件的标准。设计树位于用户界面左侧，提供了激活零件、装配体和工程图的大纲视图，真实地记录了所做的每一步操作（如添加一个特征、加入一个视图或插入一个零件等）。通过对设计树的管理，以方便地对三维模型进行修改

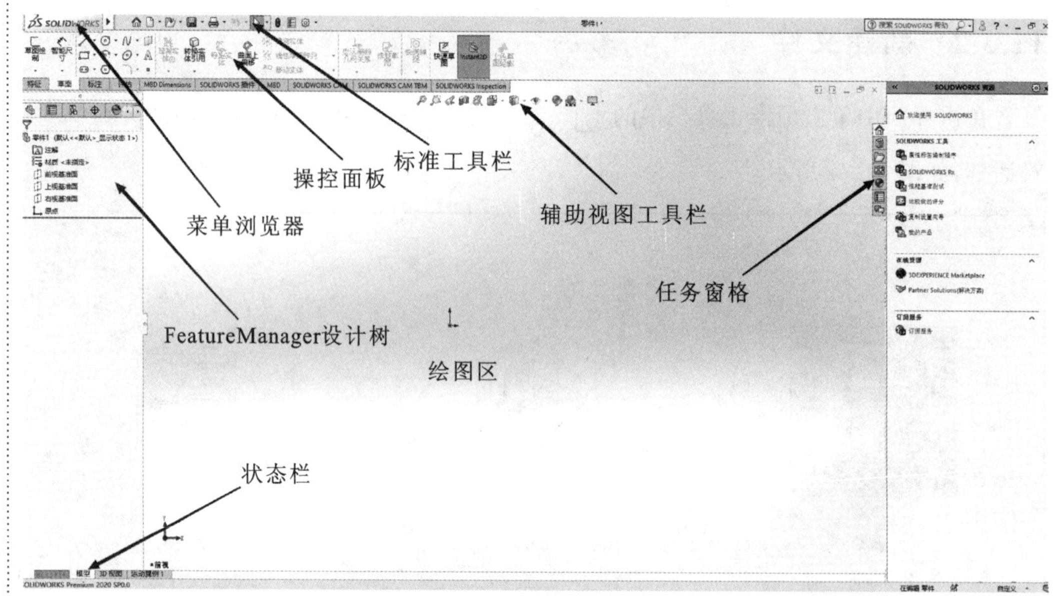

图 11-22　SolidWorks 2020 的用户界面

和设计。

(3) 绘图区：是进行零件设计、制作工程图、装配的主要操作窗口。草图绘制、零件装配、工程图的绘制等操作均是在这个区域完成的。

(4) 状态栏：显示当前的操作状态。

(5) 辅助工具状态栏：位于工作区域的正上方，提供一些工具的快捷方式，在这个区域也可以进行修改。

(6) 任务窗格：可访问 SolidWorks 资源、可重用设计元素库等。

(7) 操控面板：可以点击图标执行相关命令对图形进行编辑操作。

11.3.4　SolidWorks 2020 的文件管理

1. 打开文件

在 SolidWorks 2020 中，可以打开已存储的文件，对其进行相应的编辑和操作，打开文件的操作如下：选择“文件”—“打开” 的令，或者单击 标准工具栏中的“打开” 按钮，执行打开文件命令。

弹出“打开”对话框，选取了需要的文件后，单击对话框中的“打开”按钮，就可以打开选择的文件，对其进行相应的编辑和操作。如图 11-23 所示。

在“文件类型”下拉列表框中，并不限于 SolidWorks 类型的文件，还可以调用其他软件(如 Pro/E、CATIA、UG 等)所形成的图形并对其进行编辑，如图 11-24 所示。

2. 保存文件

已编辑的图形只有保存后，才能在需要时候打开对其进行相应的编辑和操作。保存

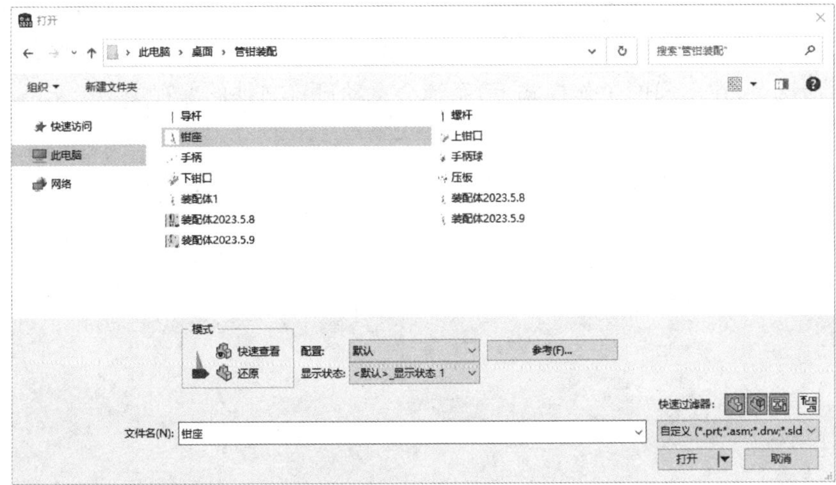

图 11-23　“打开”对话框

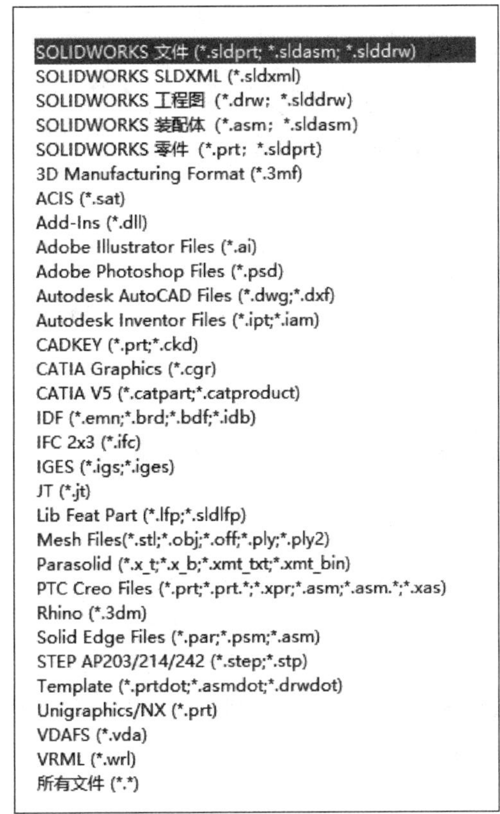

图 11-24　“文件类型”下拉列表框

文件的操作步骤如下。

(1) 选择“文件”—“保存”命令，或者单击标准工具栏中的“保存”按钮，执行保存文件命令。

(2) 选择“文件”—“另存为”命令，弹出“另存为”对话框，如图 11-25 所示。选择文件存放的文件夹，输入要保存的文件名称，在“保存类型”下拉列表框中选择所保存文件类型。通常情况下，在不同的工作模式下，系统会自动设置文件的保存类型。

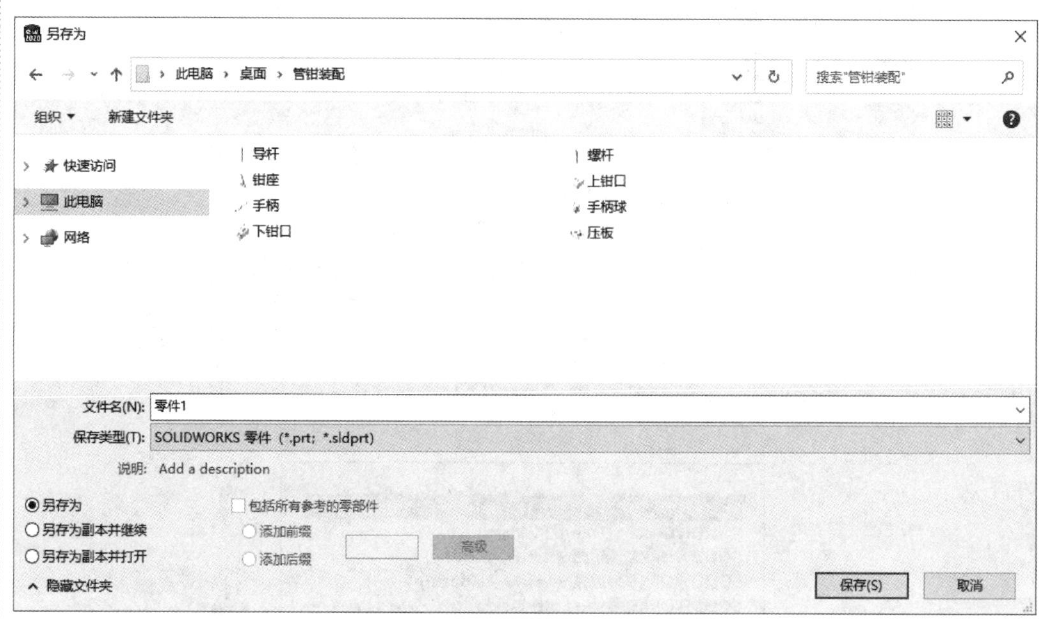

图 11-25　“另存为”对话框

在“保存类型”下拉列表框中，并不限于 SolidWorks 类型的文件，如“sldprt”、“sldasm”和“slddrw”，还可以保存为其他类型的文件，以方便其他软件对其进行调用并编辑。

11.3.5　SolidWorks 2020 的基本操作

1. 鼠标操作

在 SolidWorks 中，鼠标的左键、右键和中键有着完全不同的功能。左键用于选择对象及命令，右键用于激活快捷菜单，中键用于实时缩放及旋转观察所绘图形。如向前、向后推动中键滚轮，则实时缩放所绘的图形；如按住中键滑动鼠标，则实时旋转观察所绘的图形；如按住中键同时按住 Ctrl 键滑动鼠标，则可平移所绘的图形；如按住中键同时按住 Alt 键滑动鼠标，则使所绘的图形绕中心旋转。

2. 键盘操作

键盘主要用于尺寸数据的输入，使作图准确，同时也可用于命令和文字的输入。运用键盘上的快捷键(热键)，可使作图更为方便、快捷。常用的快捷键见图 11-26。

旋转模型	水平或竖直
	方向键:水平或竖直 90 度
	Shift+方向键:顺时针或逆时针
	Alt+左或右方向键
平移模型	Ctrl+方向键
放大	Z
缩小	z
整屏显示全图	f
上一视图	Ctrl+Shift+Z
视图定向菜单	空格键
前视	Ctrl+1
后视	Ctrl+2
左视	Ctrl+3
右视	Ctrl+4
上视	Ctrl+5
下视	Ctrl+6
等轴测	Ctrl+7

图 11-26　常用的快捷键

3. 输入命令的方法

SolidWorks 没有命令输入区。所有的操作命令都由工具栏图标或菜单栏按钮输入。

方法一:从工具栏输入,将光标移动到工具栏相应的图标上,单击鼠标左键即可。

方法二:从下拉菜单输入 ,将光标移到相应的下拉菜单上,单击鼠标,则弹出二级下拉菜单(部分命令还有第三级、第四级菜单),再将光标移到选定的命令,单击鼠标左键即可。此法通常用于输入在工具栏上找不到的命令。此外,可随时按鼠标右键弹出屏幕对话框,选相应的命令进行操作。如需要重复前一命令,可通过"Enter"键来实现。

4. 输入数据的方法

在绘图或标注尺寸时,通常还需要输入某些参数或尺寸等。如绘制草图或进行特性操作时,可直接在弹出的【PropertyManager】(属性管理器)中输入或更改对象的尺寸等属性;在标注尺寸时,SolidWorks 会在光标附近出现一个【修改】对话框,这时只需要在该对话框中通过键盘输入相应的数值,即可实现尺寸对所绘图形的绘制。

11.3.6 SolidWorks 2020 的基本概念

1. 草图

草图通常用于构造实体的一组基准面或平面上的二维图形，此外还有 3D 草图为空间轮廓，常在以扫描或放样等方式构造实体时采用。

2. 特征

基于特征的建模是三维实体建模的重要形式，其特征就是各种实体单独的加工形状，如柱、孔、槽、筋、倒角、圆角、抽壳等，将需要的特征组合起来，就可形成所需要的零件。有些特征可由草图经拉伸、旋转、放样、扫描等生成；有些特征（如抽壳、圆角、倒角、拔模等）则可选择适当的工具或菜单命令，直接在实体模型上创建。使用同一草图经不同的特征操作，可生成不同的特征（如矩形经拉伸可形成四棱柱，经绕其一边旋转则可形成圆柱）。

3. 参数化

参数用来定义草图或特征的尺寸与几何关系的数值。这些数值被 SolidWorks 软件记录并保存于设计模型中，不仅可使模型充分体现设计人员的设计意图，而且还能够快速而容易地修改模型。这种以参数确定和驱动模型大小及形状的建模方式称为参数化实体建模，主要表现为驱动尺寸和几何关系。

(1) 驱动尺寸(dimension driven)也称为模型尺寸，是指创建特征时所用的尺寸，包括与绘制几何体相关的尺寸和与特征自身相关的尺寸。例如，用【拉伸】方式创建圆柱时，圆柱的直径由草图中圆的直径尺寸来控制，而圆柱的高度则由创建特征时【拉伸】的深度尺寸来控制。

(2) 几何关系(geometric relationship)是指草图几何元素之间或草图几何元素与基准面、基准轴、边线、顶点之间的几何约束，如水平、竖直、重合、平行、相切、同心等。这类信息是通过特征控制符号在草图中表示的，可自动或手动添加。通过草图中的几何关条，SolidWorks 可以在模型设计中更好地体现设计意图。

4. 实体模型

实体模型指零件或装配体文件中的三维几何体，是 CAD 软件系统中所使用的最完整的几何模型，不仅包括完整描述模型的边和表面所必需的所有线框和表面几何信息，还包括将这些几何体关联到一起的拓扑信息，如某个面相交于某条边(或曲线)等。这种智能信息使一些操作变得很简单，例如倒圆角，只需要指定一条边并指定圆角的半径即可完成。

5. 全相关

SolidWorks 所建的模型与对应工程图及装配体是全相关的。对模型的修改会自动反映到对应工程图及装配体中。同样，对工程图和装配体的修改也会自动反映到对应的零件模型中。

6. 约束

SolidWorks 在进行零件实体建模时，支持几何约束，从而保持实体建模体现设计意图；在创建装配体时，支持约束装配，使零件之间能保持装配要求。

7. 设计意图

为满足零部件的功能、加工及修改的需要而进行的规划称为设计意图。在设计过程中，使用什么方法来创建模型，决定于设计人员将如何体现设计意图，以及体现什么类型的设计意图。因此，建模前应分析零件的结构及功能，以而在建模中以尺寸、约束和相适应的特征体现出来。

11.3.7　草图的绘制

1. 草图的基本知识

SolidWorks 软件是一款参数化特征造型软件，其大部分特征都是通过草图经特征操作而形成的，因此，草图绘制是零件实体建模的重要基础。绘制草图一般有以下几个步骤。

(1) 选定绘制草图的基准平面。SolidWorks 系统默认的草图基准面为【前视基准面】、【上视基准面】和【右视基准面】，也可以以实体表面上的平面为基准平面或通过【插入】/【参考几何体】/【基进面】命令来创建基准面。选择基准面后，通常要用【正视于】“ ”命令使基准面摊平在屏幕的绘图区域内，以方便草图的绘制。

(2) 单击【草图工具栏】上的草图绘制图标“ ”，进入草图绘制状态。

(3) 选用【草图工具栏】上的草图绘制命令，如面中心线“ ”、画直线“ ”、画圆“ ”等，绘制草图的大致形状。

(4) 定义草图上几何要素间的几何关系(几何约束)，使草图上几何要素间的相对位置符合设计意图。

(5) 标注尺寸，使草图的形状及大小均符合设计意图。

(6) 再次单击【草图工具栏】上的草图绘制图标“ ”或单击屏幕右上角的草图确认图标“ ”，确认草图，从而退出草图状态。如需取消该草图，单击屏幕右上角的取消图标“ ”，则可取消所绘的草图。

草图绘制完成后，便可进行拉伸、旋转、放样、扫描等特征操作，以创建基本实体。

2. 草图绘制工具介绍

草图绘制是通过草图绘制工具实现的，【草图工具栏】的图标及合义，如图 11-27 所示。包含草图绘制、草图标注尺寸、草图几何关系设定、草图编辑等。

(1) 常用的草图绘制命令有：画中心线，主要用于生成对称的草图以及旋转特征，或作

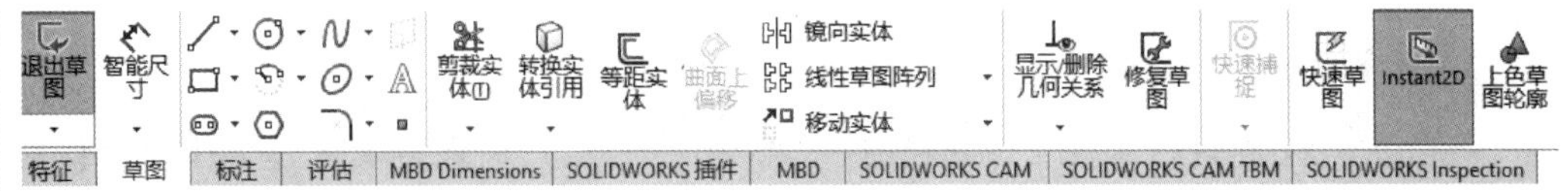

图 11-27　草图绘制工具

为构造几何体。画直线，是运用最多的草图绘制命令，用于画任意多段连续的折线。画圆或者圆弧。画矩形(边角矩形、中心矩形，平行四边形等)，以及样条曲线、直槽口、多边形等。

(2) 设定草图的几何关系。草图各元素的几何关系(几何约束)直接体现出图形的形状和设计意图。在进行草图绘制时，通常会自动添加并显示出各元素的几何关系符号，也可根据需要添加几何关系，如图 :直线处于水平位置、竖直位置，两直线相互垂直、平行，表示圆弧的圆心与中心线重合，圆和直线相切等，如图 11-28 所示。

手动添加草图几何关系的方法是:在草图绘制模式下，点击显示/删除几何关系的三角箭头，添加几何关系，出现对话框(图 11-29)。

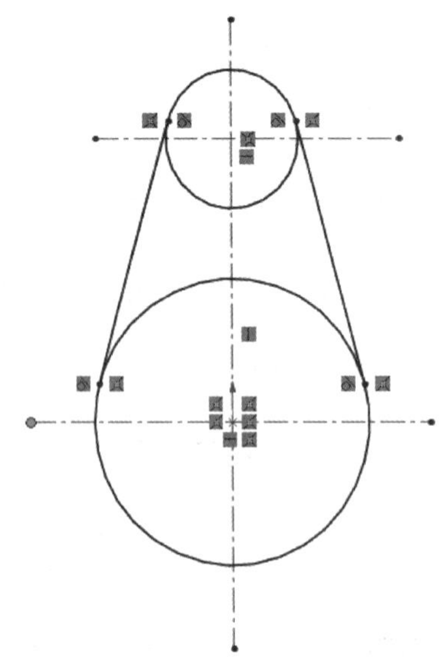

图 11-28　草图的几何关系

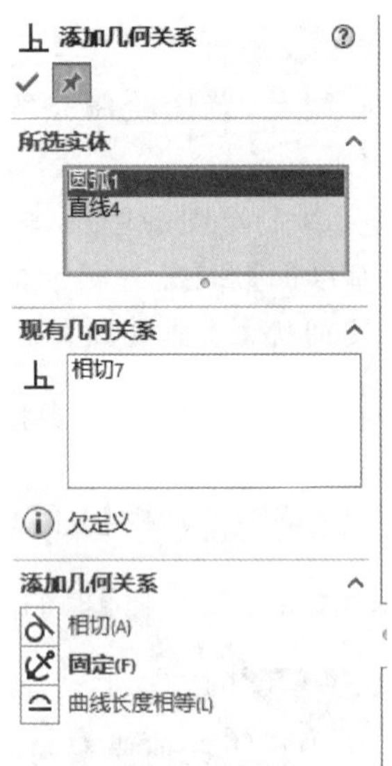

图 11-29　添加几何关系对话框

在绘图区域选择需要添加的几何关系，草图中显示出对应的几何关系符号，确认完成。如需删除几何关系，在草图绘制模式下，选定要删除的几何关系符号，按键盘“Delete”键，即可删除。

(3) 草图的尺寸标注。由于 SolidWorks 软件是参数化绘图软件，图形的大小由尺寸驱动，所以在绘制草图时，通常只考虑图形的形状和几何关系，而大小则由标注尺寸来体现，故尺寸标注可直接体现图形的大小和设计意图。

草图尺寸标注的方法是:在草图模式下，选智能尺寸标注的“智能尺寸”选相应的几何要素，弹出对话框(图 11-30)，用键盘输入尺寸数值并确认。即完成标注。标注完后图形颜色变黑，表示被定义完全。

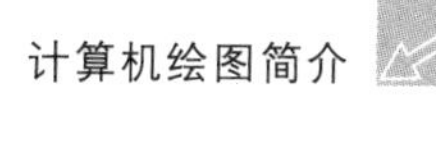

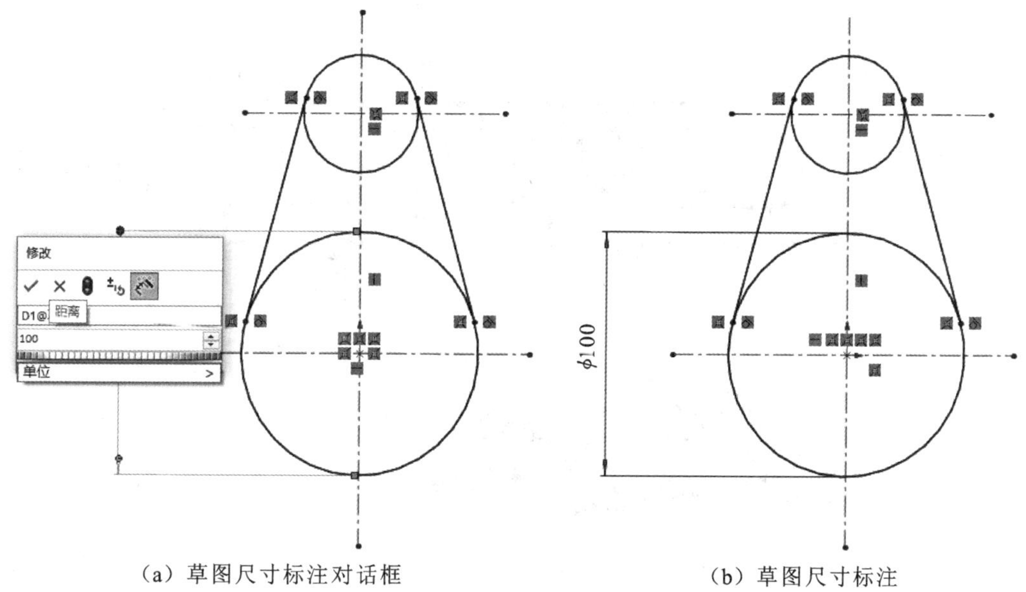

（a）草图尺寸标注对话框　　（b）草图尺寸标注

图 11-30　草图尺寸标注对话框

如需修改尺寸，鼠标左键双击需要修改的尺寸，弹出“修改”对话框，重新输入尺寸数值即可，尺寸的变化将驱动图形的改变，图形随之变化。

（4）草图的编辑。草图除改变几何关系和尺寸外，可以进行镜像、等距变换操作，还可以倒角或者倒圆角，剪裁、延伸、分割、移动、复制、旋转、按比例缩放、阵列等。

11.3.8　特征造型

完成绘制草图后，可以对草图进行特征操作，如拉伸凸台基体、旋转凸台/基体、扫描、放样、拉伸旋转、扫描切除、抽壳、打孔、倒角、筋命令，也可以镜像阵列实体等。如图 11-31 所示。

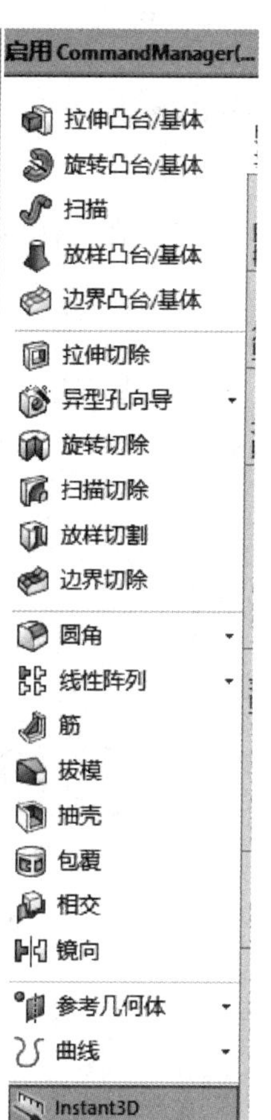

图 11-31　特征造型命令栏

11.3.9　建模应用举例

例 11-5　根据图 11-32 的组合体三视图，用 SolidWorks 软件构建模型。

解　构建实体模型的方法和步骤如下。

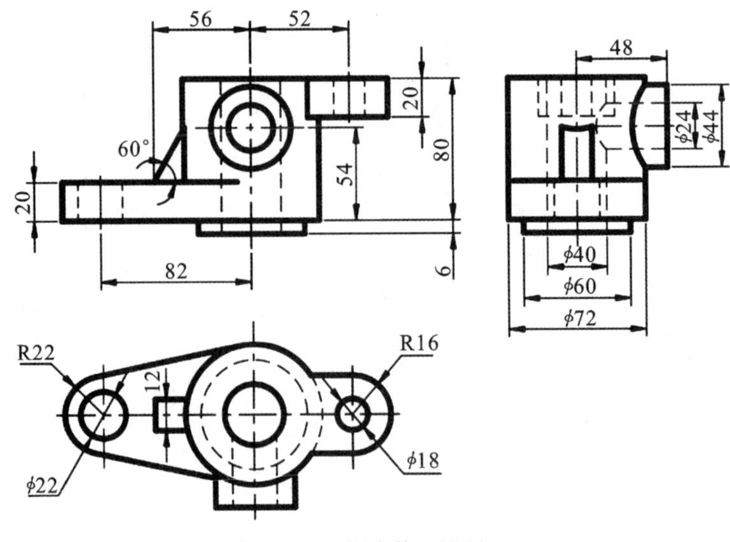

图 11-32　组合体三视图

(1) 新建文件。启动 SolidWorks 2020,单击"标准"工具栏中的"新建"按钮 ,在弹出的"新建 SolidWorks 文件"对话框中单击"零件"按钮 ,然后单击"确定"按钮,创建一个新的零件文件。

(2) 绘制草图 1。在左侧的 FeatureManager 设计树中选择"上视基准面"作为绘制图形的基准面,点击图标 ,使基准面平摊在绘图窗口。再点击草图绘制图标 ,进入草图绘制状态。通过直线、圆、裁剪实体命令完成草图轮廓绘制,并标注并修改尺寸如图 11-33,退出草图。

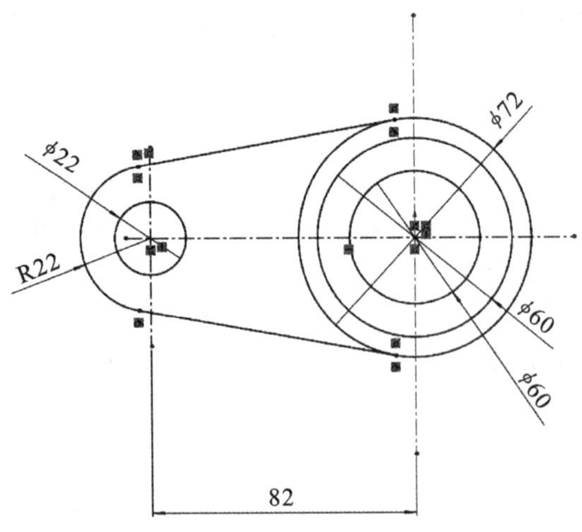

图 11-33　草图 1 绘制

(3) 拉伸实体。单击“特征”工具栏中的“拉伸凸台/基体”按钮，此时系统弹出如图 11-34 所示的“凸合-拉伸”属性管理器。

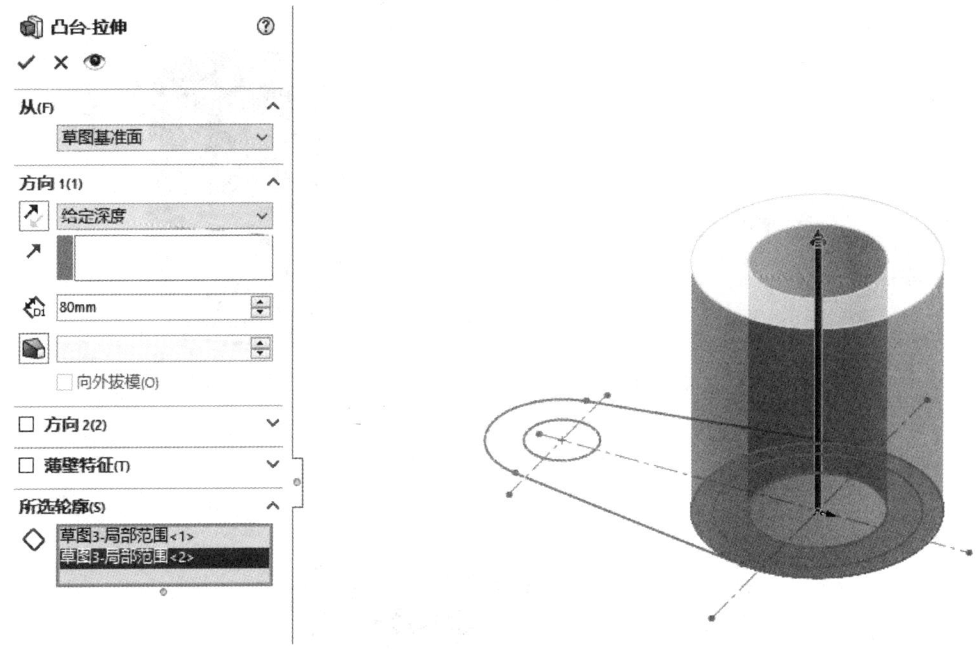

图 11-34　“凸合-拉伸”属性管理器

选择方向箭头向上，给定深度 80 mm，所选轮廓草图如图，然后单击“确定” 按钮，结果如图 11-35 所示。

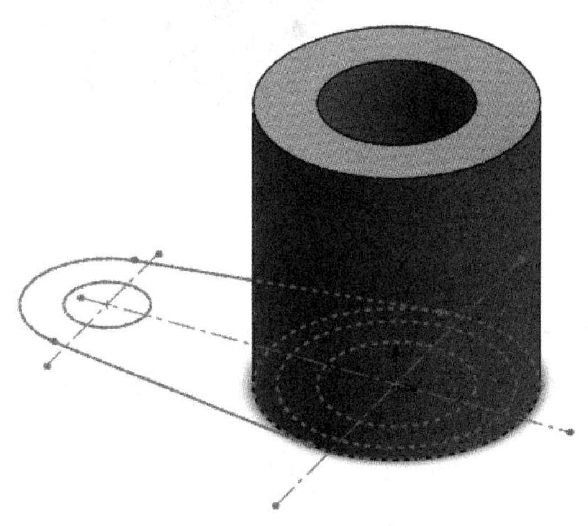

图 11-35　拉伸后实体

在左侧的 FeatureManager 设计树中把“凸台-拉伸 1”的三角符号点开，点击显示隐藏的图标“ 草图1 ”激活，再单击“特征”工具栏中的“拉伸凸台/基体按钮”，此时系统弹出如图 11-36 所示的“凸合-拉伸”属性管理器。按住鼠标滚轮转动图形，选择图示草图轮廓，方向箭头向下，给定深度 6mm，然后单击“确定” 按钮，结果如图 11-37 所示。

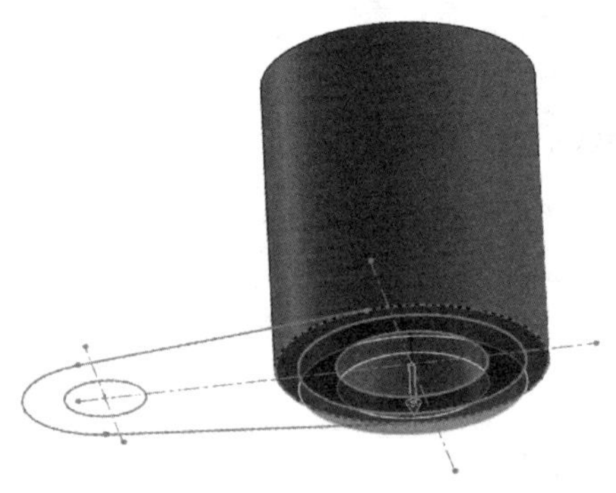

图 11-36　“凸台-拉伸”属性管理器

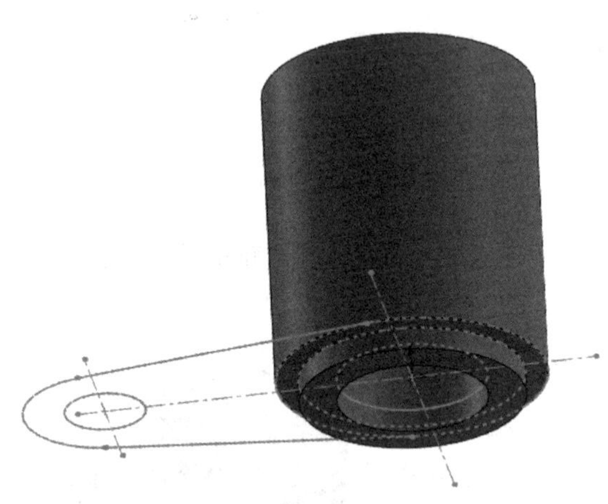

图 11-37　拉伸后实体

重复上一步，在设计树中把“凸台-拉伸 2”的三角符号点开，点击显示隐藏的图标“ **草图1** ”激活，再单击“特征”工具栏中的“拉伸凸台/基体”按钮“，此时系统弹出如图 11-38 所示的“凸台-拉伸”属性管理器。选择图示草图轮廓，方向箭头向上，给定深度 20 mm，然后单击“确定” 按钮，结果如图 11-39 所示。

(4) 绘制草图 2。鼠标左键点击模型的上端平面，泛蓝表示选中，使其作为绘制图形的基准面。然后点击图标 ，使该平面平摊在绘图窗口，再点击草图绘制图标 ，进入草图绘制状态，单击 “草图”工具栏中的直线、圆按钮，绘制草图轮廓，标注并修改尺寸，结果如图 11-40 所示，然后退出草图模式。

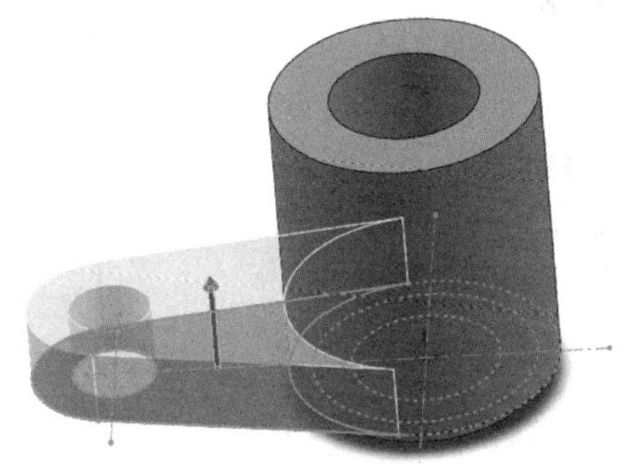

图 11-38　“凸台-拉伸”属性管理器

图 11-39　拉伸后实体

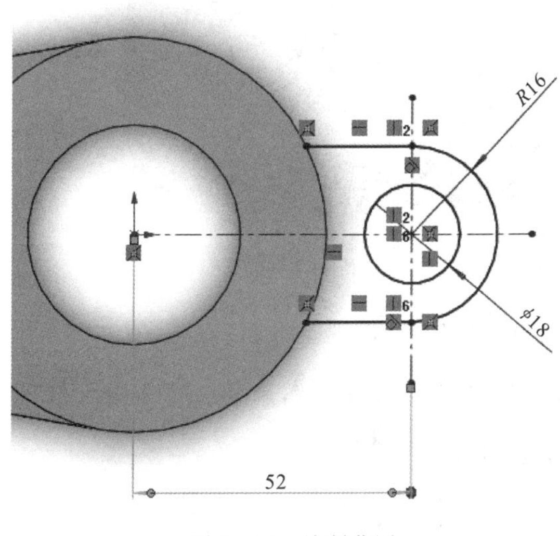

图 11-40　绘制草图 2

(5) 拉伸实体。单击“特征”工具栏中的“拉伸凸台/基体”按钮，此时系统弹出如图11-41所示的“凸台-拉伸”属性管理器。选择方向箭头向下，给定深度20 mm，所选轮廓草图如图，然后单击“确定”按钮，结果如图11-42所示。

图 11-41　“凸台-拉伸”属性管理器

图 11-42　拉伸后实体

(6) 绘制草图3。将设计树中的“前视基准面”点亮，使之显示出来，点击工具栏上的“参考几何体”下拉箭头，点击“基准面”，新建一个基准面和前视基准面平行，距离48 mm，并确认，如图11-43所示。

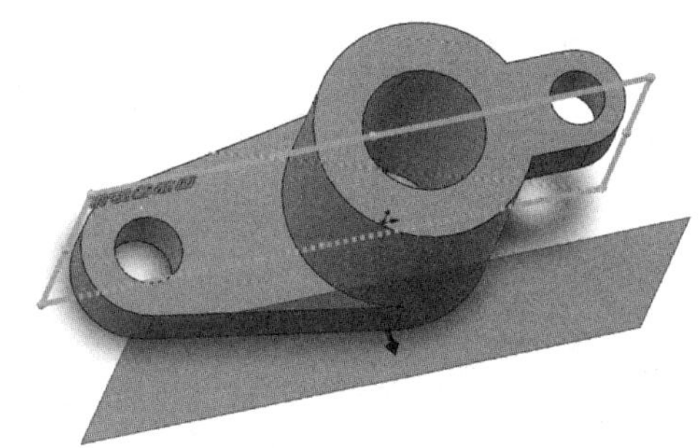

图 11-43　参考基准面建立

然后点击图标 ，使该基准面平摊在绘图窗口。再点击草图绘制图标 ，进入草图绘制绘制状态，单击“草图”工具栏中的直线、圆按钮，绘制草图轮廓，标注并修改尺寸，结果如图 11-44 所示，然后退出草图模式。

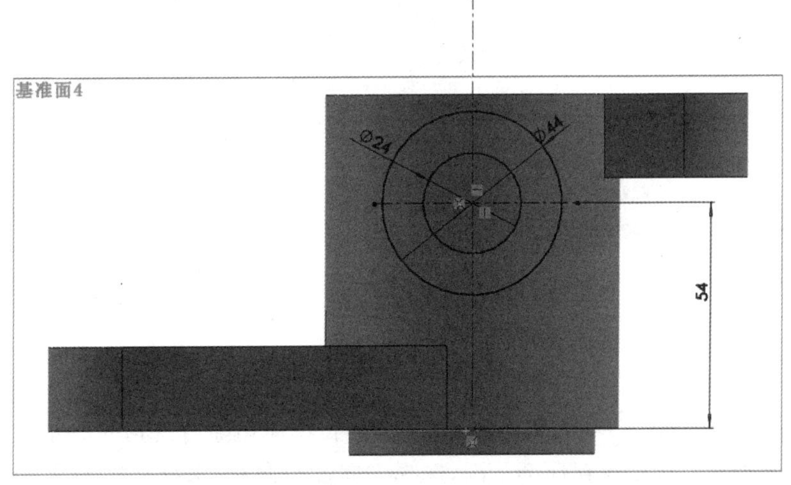

图 11-44　绘制草图 3

(7) 拉伸实体。单击“特征”工具栏中的“拉伸凸合/基体”按钮，此时系统弹出如图 11-45 所示的“凸合-拉伸”属性管理器。选择方向箭头向后，选择成形到下一面，所选轮廓草图如图，然后单击“确定” 按钮，结果如图 11-46 所示。

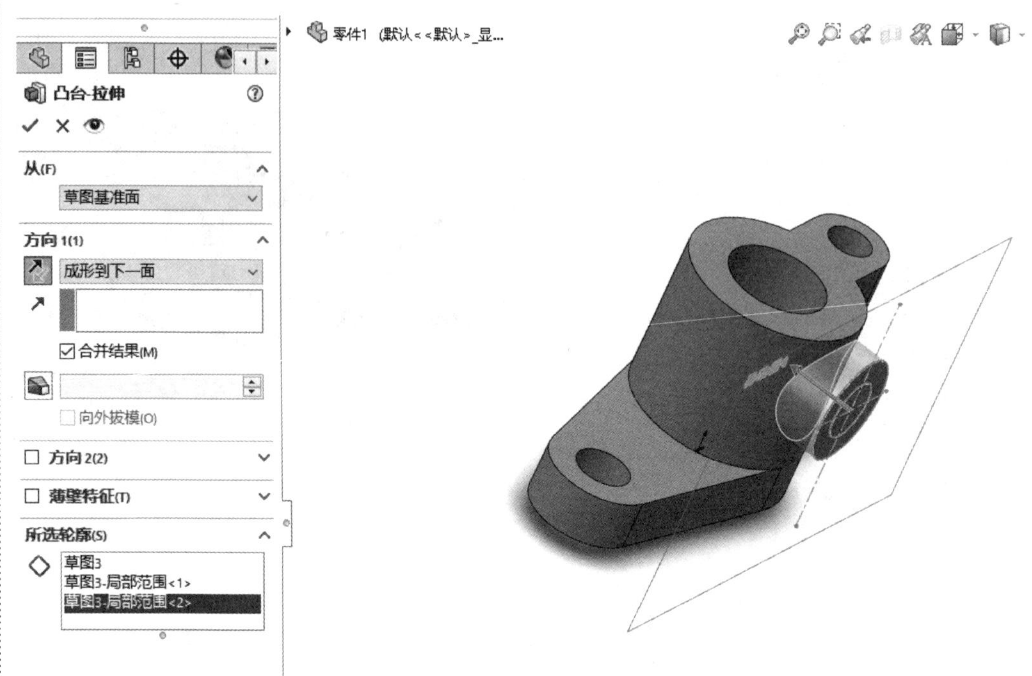

图 11-45 “凸合-拉伸”属性管理器

图 11-46 拉伸后实体

再重复利用刚画的草图，单击“特征”工具栏中的“拉伸切除”按钮，此时系统弹出“拉伸-切除”属性管理器。选定轮廓局部范围，选择方向箭头向后，选择给定距离 48 mm，然后单击“确定” 按钮，结果如图 11-47 所示。

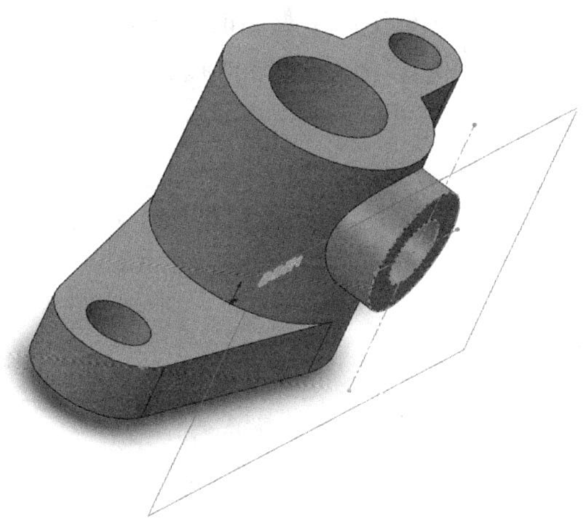

图 11-47　拉伸切除后实体

为方便绘图，可在设计树中点击所建的“基准面”-“隐藏”，隐藏所建基准面。

(8) 绘制草图 4。在设计树中选择“前视基准面”作为绘制图形的基准面，点击图标 ，使基准面平摊在绘图窗口。再点击草图绘制图标 ，进入草图绘制绘制状态。通过直线、圆、裁剪实体命令完成草图轮廓绘制，并标注并修改尺寸如图 11-48，退出草图。

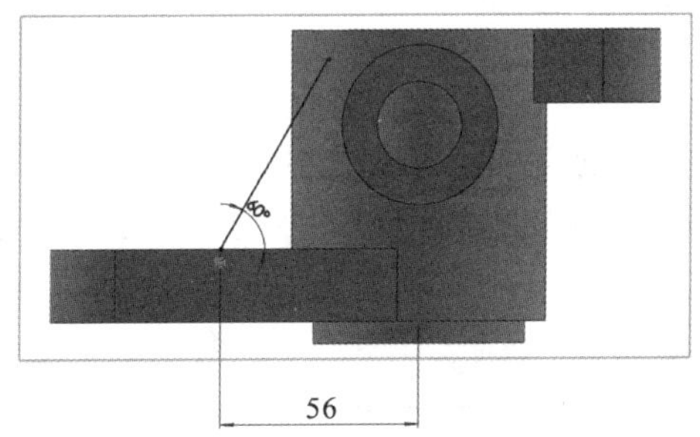

图 11-48　绘制草图 4

在特征工具栏中点击“筋” 筋 选择方向向内，两侧拉伸厚度 12 mm。并确认。完成全部建模，并存盘为“支座:”文件名，如图 11-49 所示。

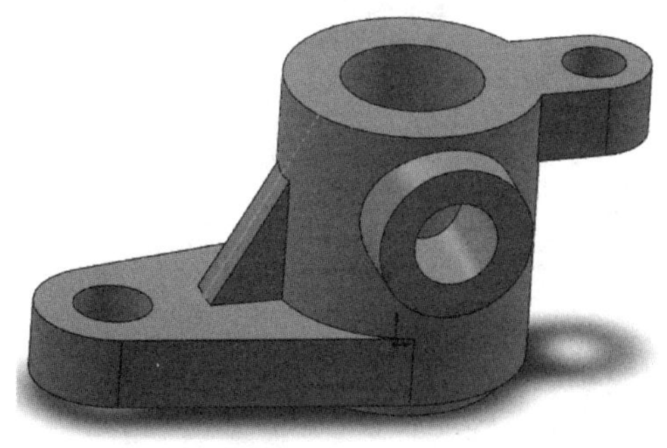

图 11-49　支座模型

例 11-6 根据支座的三维模型生成工程图的三视图。

(1) 点击:"新建"选择"工程图"→"高级"→"a3-gb",并确定,如图 11-50 所示。

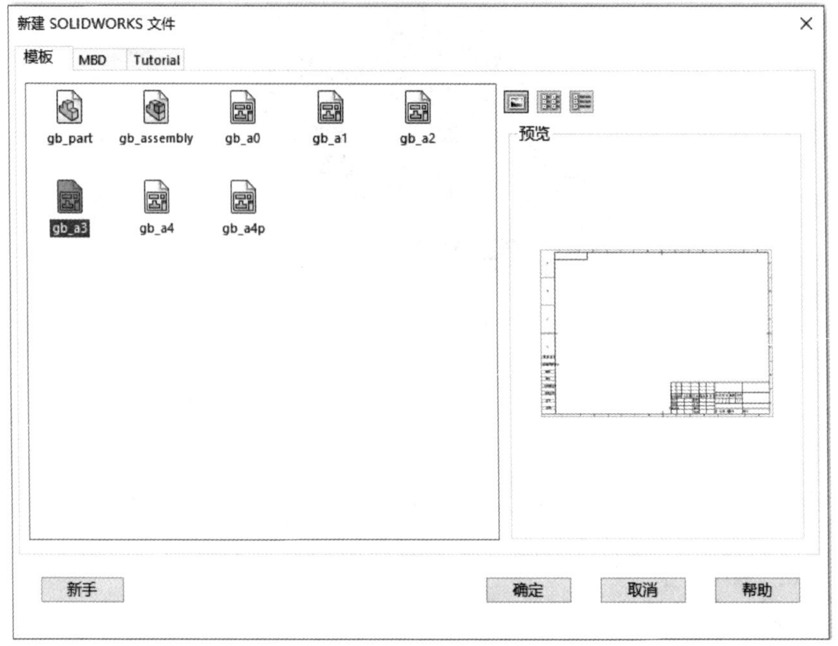

图 11-50 图纸选择

随之出现"模型视图"对话框,调入支座文件,自动按照投影关系生成相应视图,选择主、俯、左视图摆放,鼠标右键确定。点击视图,出现"工程图视图"对话框,使用自定义比例 1:1,选择隐藏线可见模式,使得虚线可见。拖动视图摆放合适位置。单击鼠标右键,菜单条里选择切边不可见。如图 11-51 和图 11-52 所示。

图 11-51 工程图视图对话框

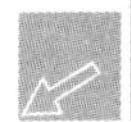

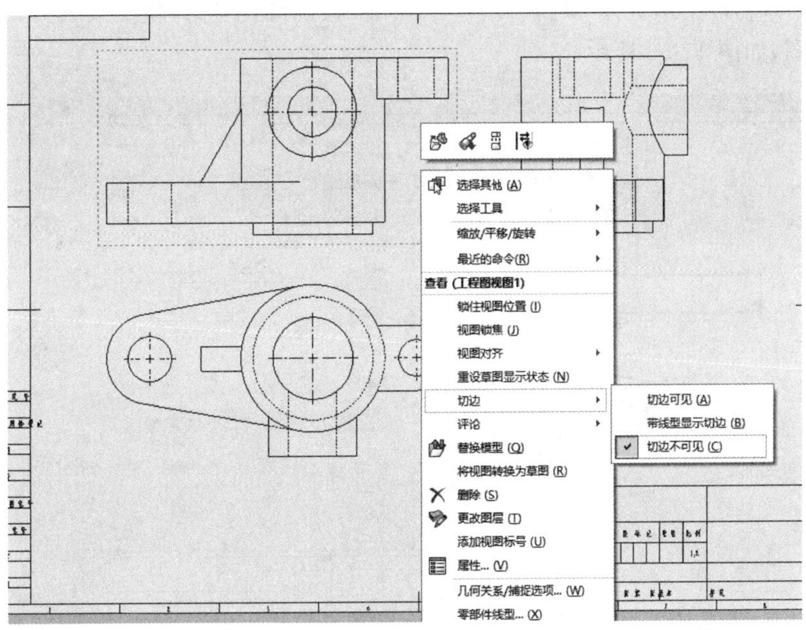

图 11-52　工程图生成

再点击“注释”工具栏里的“中心线”按钮，如图 11-53 所示。在对话框里勾选“选择视图”为图形加上中心线，如图 11-54 所示。

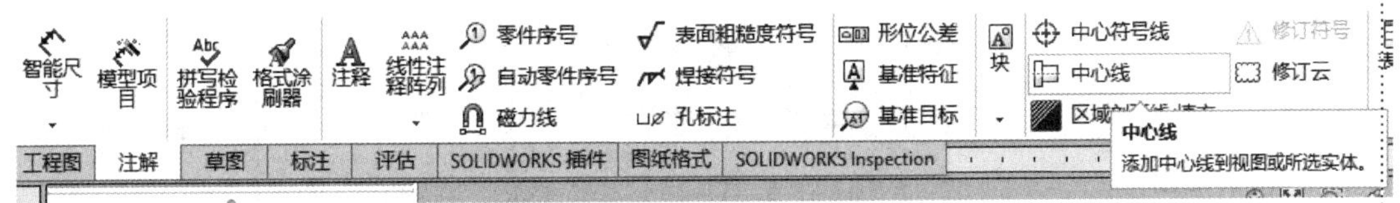

图 11-53　“注释”对话框

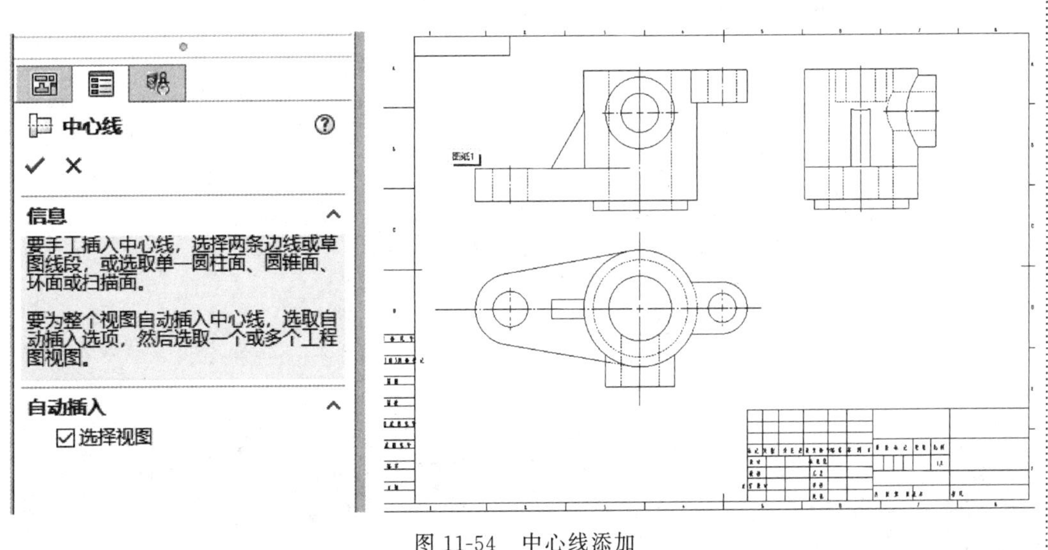

图 11-54　中心线添加

(2) 鼠标右键菜单选择“零部件线型”,在出现的对话框选择粗实线为 0.7 mm,完成生成三视图,如图 11-55 所示。

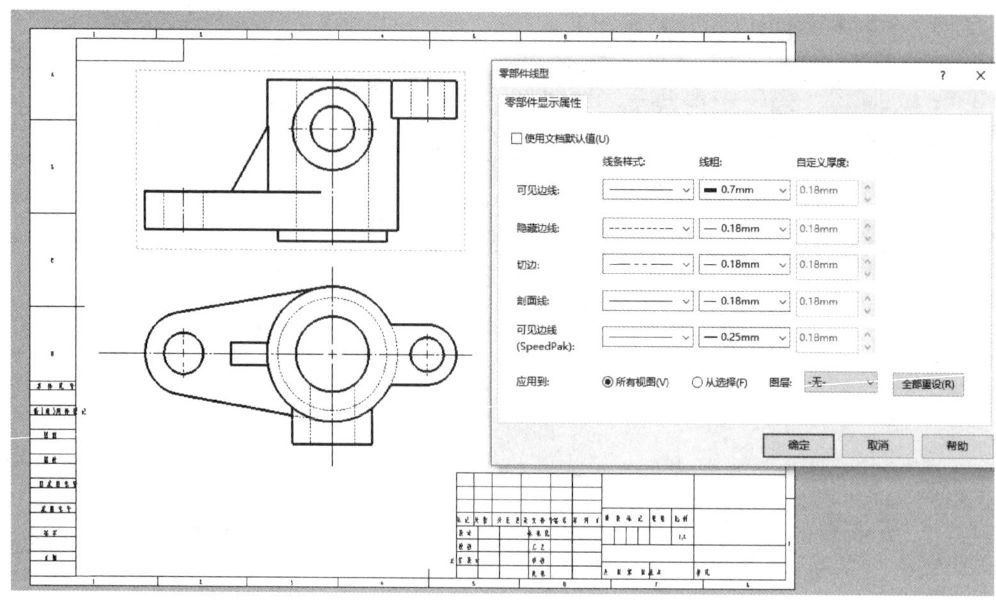

图 11-55　线型调整

完成工程图生成,最后标注尺寸,完成标题栏填写。最后完成如图 11-56 所示。

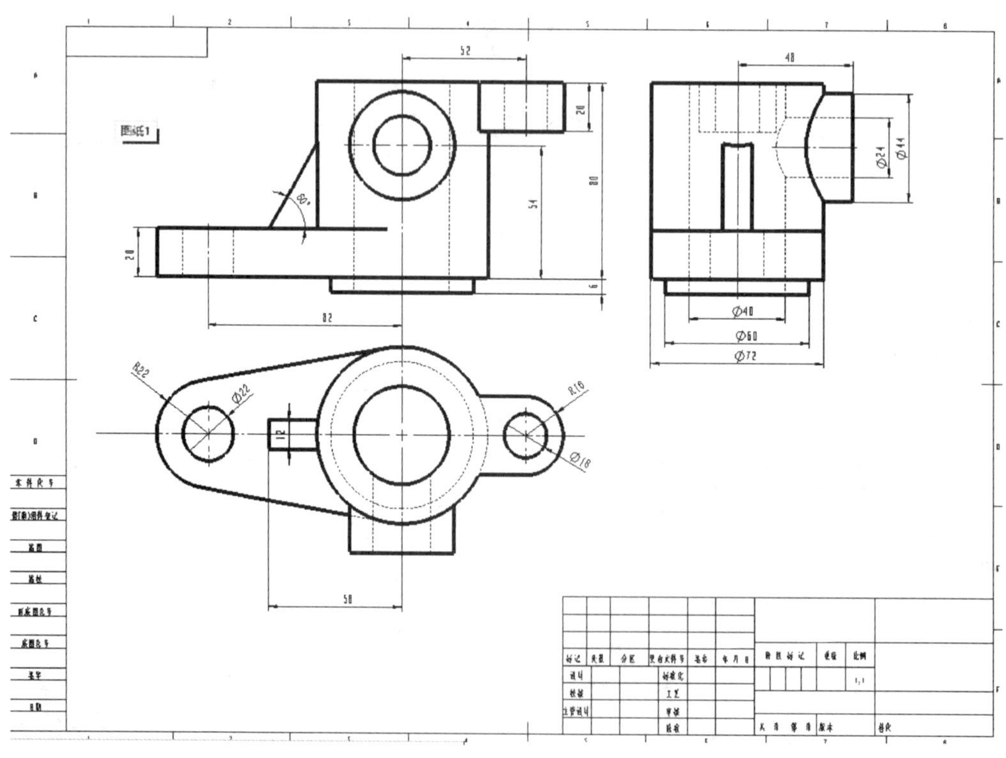

图 11-56　　支座工程图

参 考 文 献

大连理工大学工程图学教研室.2013.机械制图.7版.北京:高等教育出版社.

丁红宇.2003.制图标准手册.北京:中国标准出版社.

董怀武,刘传慧.2005.画法几何及机械制图.武汉:武汉理工大学出版社.

焦永和.2001.机械制图.北京:北京理工大学出版社.

齐舒创作室.2000.Auto CAD 2000机械设计指南.北京:清华大学出版社.

同济大学、上海交通大学等院校.2004.机械制图.4版.北京:高等教育出版社.

王成刚,张佑林,赵奇平.2002.工程图学简明教程.武汉:武汉理工大学出版社.

王槐德.2008.机械制图新旧标准代换教程(修订版).北京:中国标准出版社.

王琳,王慧源,祁型虹,等.2019.工程制图.5版.北京:科学出版社.

徐宏毅,王琳,杨治荣,等.1999.画法几何及工程制图.西安:西安地图出版社.

叶玉驹,焦永和,张彤.2008.机械制图手册.4版.北京:机械工业出版社.

中国纺织大学工程图学教学研究室等.1997.画法几何及工程图习题集.4版.上海:上海科学技术出版社.

附　　录

1　极限与配合

1.1　常用及优先配合中轴的极限偏差(节选)(摘自 GB/T 1800.2—2020)

附表 1(带圈者为优先配合)　　(单位:μm)

基本尺寸/mm		公差带																
		c	d	f	g	h					js		k		n	p	s	u
大于	至	⑪	⑨	⑦	⑥	⑥	⑦	8	⑨	⑪	6	7	⑥	7	⑥	⑥	⑥	⑥
—	3	−60 −120	−20 −45	−6 −16	−2 −8	0 −6	0 −10	0 −14	0 −25	0 −60	±3	±5	+6 0	+10 0	+10 +4	+12 +6	+20 +14	+24 +18
3	6	−70 −145	−30 −60	−10 −22	−4 −12	0 −8	0 −12	0 −18	0 −30	0 −75	±4	±6	+9 +1	+13 +1	+16 +8	+20 +12	+27 +19	+31 +23
6	10	−80 −170	−40 −76	−13 −28	−5 −14	0 −9	0 −15	0 −22	0 −36	0 −90	±4.5	±7	+10 +1	+16 +1	+19 +10	+24 +15	+32 +23	+37 +28
10	14	−95 −205	−50 −93	−16 −34	−6 −17	0 −11	0 −18	0 −27	0 −43	0 −110	±5.5	±9	+12 +1	+19 +1	+23 +12	+29 +18	+39 +28	+44 +33
14	18																	
18	24	−110 −240	−65 −117	−20 −41	−7 −20	0 −13	0 −21	0 −33	0 −52	0 −130	±6.5	±10	+15 +2	+23 +2	+28 +15	+35 +22	+48 +35	+54 +41
24	30																	+61 +48
30	40	−120 −280	−80 −142	−25 −50	−9 −25	0 −16	0 −25	0 −39	0 −62	0 −160	±8	±12	+18 +2	+27 +2	+33 +17	+42 +26	+59 +43	+76 +60
40	50	−130 −290																+86 +70
50	65	−140 −330	−100 −174	−30 −60	−10 −29	0 −19	0 −30	0 −46	0 −74	0 −190	±9.5	±15	+21 +2	+32 +2	+39 +20	+51 +32	+72 +53	+106 +87
65	80	−150 −340															+78 +59	+121 +102
80	100	−170 −390	−120 −207	−36 −71	−12 −34	0 −22	0 −35	0 −54	0 −87	0 −220	±11	±17	+25 +3	+38 +3	+45 +23	+59 +37	+93 +71	+146 +124
100	120	−180 −400															+101 +79	+166 +144

续表

基本尺寸/mm		公差带																
		c	d	f	g	h					js		k		n	p	s	u
大于	至	⑪	⑨	⑦	⑥	⑥	⑦	8	⑨	⑪	6	7	⑥	7	⑥	⑥	⑥	⑥
120	140	−200 −450															+117 +92	+195 +170
140	160	−210 −460	−145 −245	−43 −83	−14 −39	0 −25	0 −40	0 −63	0 −100	0 −250	±12.5	±20	+28 +3	+43 +3	+52 +27	+68 +43	+125 +100	+215 +190
160	180	−230 −480															+133 +108	+235 +210
180	200	−240 −530															+151 +122	+265 +236
200	225	−260 −550	−170 −285	−50 −96	−15 −44	0 −29	0 −46	0 −72	0 −115	0 −290	±14.5	±23	+33 +4	+50 +4	+60 +31	+79 +50	+159 +130	+287 +258
225	250	−280 −570															+169 +140	+313 +284
250	280	−300 −620	−190 −320	−56 −108	−17 −49	0 −32	0 −52	0 −81	0 −130	0 −320	±16	±26	+36 +4	+56 +4	+66 +34	+88 +56	+190 +158	+347 +315
280	315	−330 −650															+202 +170	+382 +350
315	355	−360 −720	−210 −350	−62 −119	−18 −54	0 −36	0 −57	0 −89	0 −140	0 −360	±18	±28	+40 +4	+61 +4	+73 +37	+98 +62	+226 +190	+426 +390
355	400	−400 −760															+244 +208	+471 +435
400	450	−440 −840	−230 −385	−68 −131	−20 −60	0 −40	0 −63	0 −97	0 −155	0 −400	±20	±31	+45 +5	+68 +5	+80 +40	+108 +68	+272 +232	+530 +490
450	500	−480 −880															+292 +252	+580 +540

1.2　常用及优先配合中孔的极限偏差（节选）（摘自 GB/T 1800.2—2020）

附表 2（带圈者为优先配合）　　（单位：μm）

基本尺寸/mm		公差带														
		C	D	F	G	H				JS		K	N	P	S	U
大于	至	⑪	⑨	⑧	⑦	⑦	⑧	⑨	⑪	6	7	⑦	⑦	⑦	⑦	⑦
—	3	+120 +60	+45 +20	+20 +6	+12 +2	+10 0	+14 0	+25 0	+60 0	±3	±5	0 −10	−4 −14	−6 −16	−14 −24	−18 −28
3	6	+145 +70	+60 +30	+28 +10	+16 +4	+12 +0	+18 0	+30 0	+75 0	±4	±6	+3 −9	−4 −16	−8 −20	−15 −27	−19 −31
6	10	+170 +80	+76 +40	+35 +13	+20 +5	+15 0	+22 0	+36 0	+90 0	±4.5	±7	+5 −10	−4 −19	−9 −24	−17 −32	−22 −37

续表

基本尺寸/mm		公差带														
		C	D	F	G	H				JS		K	N	P	S	U
大于	至	⑪	⑨	⑧	⑦	⑦	⑧	⑨	⑪	6	7	⑦	⑦	⑦	⑦	⑦
10	14	+205 +95	+93 +50	+43 +16	+24 +6	+18 0	+27 0	+43 0	+110 0	±5.5	±9	+6 −12	−5 −23	−11 −29	−21 −39	−26 −44
14	18															
18	24	+240 +110	+117 +65	+53 +20	+28 +7	+21 0	+33 0	+52 0	+130 0	±6.5	±10	+6 −15	−7 −28	−14 −35	−27 −48	−33 −54
24	30															−40 −61
30	40	+280 +120	+142 +80	+64 +25	+34 +9	+25 0	+39 0	+62 0	+160 0	±8	±12	+7 −18	−8 −33	−17 −42	−34 −59	−51 −76
40	50	+280 +120														−61 −86
50	65	+330 +140	+174 +100	+76 +30	+40 +10	+30 0	+46 0	+74 0	+190 0	±9.5	±15	+9 −21	−9 −39	−21 −51	−42 −72	−76 −106
65	80	+340 +150													−48 −78	−91 −121
80	100	+390 +170	+207 +120	+90 +36	+47 +12	+35 0	+54 0	+87 0	+220 0	±11	±17	+10 −25	−10 −45	−24 −59	−58 −98	−111 −146
100	120	+400 +180													−66 −101	−131 −166
120	140	+450 +200	+245 +145	+106 +43	+54 +14	+40 0	+63 0	+100 0	+250 0	±12.5	±20	+12 −28	−12 −52	−28 −68	−77 −117	−155 −195
140	160	+460 +210													−85 −125	−175 −215
160	180	+480 +230													−93 −133	−195 −235
180	200	+530 +240	+285 +170	+122 +50	+61 +15	+46 0	+72 0	+115 0	+290 0	±14.5	±23	+13 −33	−14 −60	−33 −79	−105 −151	−219 −265
200	225	+550 +260													−113 −159	−241 −287
225	250	+570 +280													−123 −169	−267 −313
250	280	+620 +300	+320 +190	+137 +56	+69 +17	+52 0	+81 0	+130 0	+320 0	±16	±26	+16 −36	−14 −66	−36 −88	−138 −190	−295 −347
280	315	+650 +330													−150 −202	−330 −382
315	355	+720 +360	+350 +210	+151 +62	+75 +18	+57 0	+89 0	+140 0	+360 0	±18	±28	+17 −40	−16 −73	−41 −98	−169 −226	−369 −426
355	400	+760 +400													−187 −244	−414 −471
400	450	+840 +440	+385 +230	+165 +68	+83 +20	+63 0	+97 0	+155 0	+400 0	±20	±31	+18 −45	−17 −80	−45 −108	−209 −272	−467 −530
450	500	+880 +480													−229 −292	−517 −580

1.3 位置公差(节选)(摘自 GB/T 1800.4—1999)

1. 平行度、垂直度、倾斜度

附表 3 平行度、垂直度、倾斜度公差值(GB/T 1184—1996)

(单位: μm)

公差等级	主参数 $L,d\ (D)$/mm																应用举例(参考)	
	≤10	>10~16	>16~25	>25~40	>40~63	>63~100	>100~160	>160~250	>250~400	>400~630	>630~1000	>1000~1600	>1600~2500	>2500~4000	>4000~6300	>6300~10000	平行度	垂直度和倾斜度
1	0.4	0.5	0.6	0.8	1	1.2	1.5	2	2.5	3	4	5	6	8	10	12	高精度机床测量仪器以及量具等主要基准面和工作面	
2	0.8	1	1.2	1.5	2	2.5	3	4	5	6	8	10	12	15	20	25	精密机床、测量仪器、量具以及模具的基准面和工作面	精密机床导轨、普通机床主要导轨、机床主轴轴向定位面、精密机床主轴轴肩向定位面、精密机床主轴轴肩端面、滚动轴承座圈端面、齿轮测量仪的心轴、光学分度头心轴、涡轮轴端面、精密刀具、量具的工作面和基准面
3	1.5	2	2.5	3	4	5	6	8	10	12	15	20	25	30	40	50	精密机床上重要箱体主轴孔对基准面的要求,尾架孔对孔的要求	
4	3	4	5	6	8	10	12	15	20	25	30	40	50	60	80	100	普通机床、测量仪器、量具及模具的基准面和工作面,高精度轴承座圈、端盖、挡圈的端面	普通机床导轨、精密机床重要零件、机床重要支承面、普通机床主轴偏摆、发动机轴和离合器凸缘,汽缸的支承端面、装 C、D 级轴承的箱体的凸肩、测量仪器、液压传动轴瓦端面、蜗轮盘端面、刀、量具工作面和基准面等
5	5	6	8	10	12	15	20	25	30	40	50	60	80	100	120	150	机床主轴孔对基准面的要求,重要轴承孔对基准面要求,床头箱体重要孔间距要求,一般减速器壳体孔,齿轮泵的轴孔端面等	

续表

公差等级	主参数 $L,d(D)$/mm																应用举例(参考)	
	≤10	>10~16	>16~25	>25~40	>40~63	>63~100	>100~160	>160~250	>250~400	>400~630	>630~1000	>1000~1600	>1600~2500	>2500~4000	>4000~6300	>6300~10000	平行度	垂直度和倾斜度
6	8	10	12	15	20	25	30	40	50	60	80	100	120	150	200	250	一般机床零件的工作面或基准面,压力机和锻锤的工作面,中等精度钻模的工作面,一般刀具、量具、模具 机床一般轴承孔对基准面的要求,床头箱一般孔间要求,汽缸轴线,变速器箱孔,主轴花键对定心直径,重型机模轴承盖的端面,卷扬机、手动传动装置中的传动轴	低精度机床主要基准面和工作面,回转工作台端面跳动,一般导轨、主轴箱体孔、刀架、砂轮架及工作台回转中心、机床轴肩、汽缸配合面对其轴线,活塞销孔对活塞中心线,以及装F、G级轴承壳体孔的轴线等、压缩机汽缸配合面对汽缸镜面轴线的垂直要求等
7	12	15	20	25	30	40	50	60	80	100	120	150	200	250	300	400		
8	20	25	30	40	40	60	80	100	120	150	200	250	300	400	500	600		
9	30	40	50	60	80	100	120	150	200	250	300	300	500	600	800	1000	低精度零件、重型机械滚动轴承端盖 柴油机和煤气发动机的曲轴孔、轴颈等	花键轴轴肩端面、皮带运输机法兰盘等端面对轴心线、手动卷扬机及传动装置中轴承端面、减速器壳体平面等
10	50	60	80	100	120	150	200	250	300	400	500	600	800	1000	1200	1500		
11	80	100	120	150	200	250	300	400	500	600	800	1000	1200	1500	2000	2500	零件的非工作面,卷扬机运输机上用的减速器壳体平面	农业机械齿轮端面等
12	120	150	200	250	300	400	500	600	800	1000	1200	1500	2000	2500	3000	4000		

续表

公差等级	主参数 $L,d(D)$/mm																应用举例(参考)	
	≤10	>10~16	>16~25	>25~40	>40~63	>63~100	>100~160	>160~250	>250~400	>400~630	>630~1000	>1000~1600	>1600~2500	>2500~4000	>4000~6300	>6300~10000	平行度	垂直度和倾斜度
主参数 L、$d(D)$图例	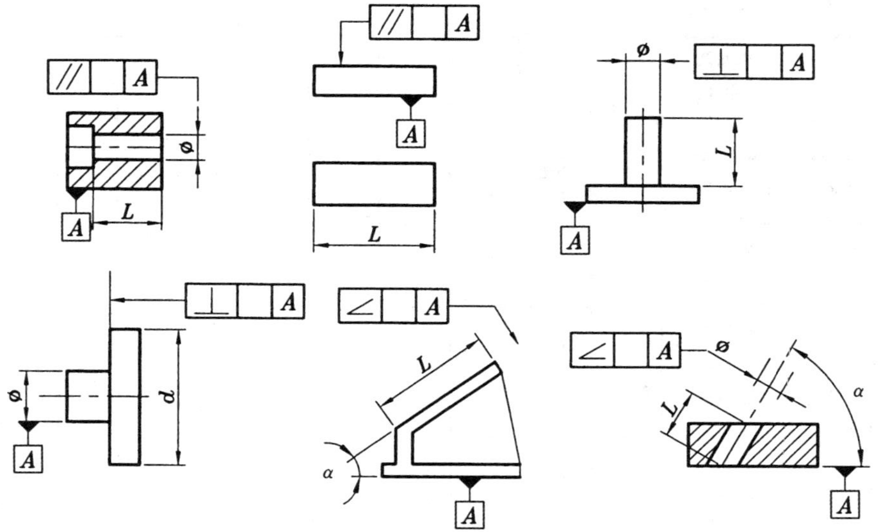																	

2. 同轴度、对称度、圆跳动和全跳动

附表 4　同轴度、对称度、圆跳动和全跳动公差值(GB/T 1184—1996)

(单位: μm)

公差等级	主参数 $d(D),B,L$/mm																	应用举例(参考)
	≤1	>1~3	>3~6	>6~10	>10~18	>18~30	>30~50	>50~120	>120~260	>260~500	>500~800	>800~1250	>1250~2000	>2000~3150	>3150~5000	>5000~8000	>8000~10000	
1	0.4	0.4	0.5	0.6	0.8	1	1.2	1.5	2	2.5	3	4	5	6	8	10	12	用于同轴度或旋转精度要求很高的零件，一般需要按尺寸公差等级 IT6 或高于 IT6 制造的零件。例如 1、2 级用于精密测量仪器的主轴和顶尖，柴油机喷油嘴针阀等。3、4 级用于机床主轴轴颈、砂轮轴轴颈、汽轮机主轴、测量仪器的小齿轮轴、高精度滚动轴承内外圈等
2	0.6	0.6	0.8	1	1.2	1.5	2	2.5	3	4	5	6	8	10	12	15	20	
3	1	1	1.2	1.5	2	2.5	3	4	5	6	8	10	12	15	20	25	30	
4	1.5	1.5	2	2.5	3	4	5	6	8	10	12	15	20	25	30	40	50	
5	2.5	2.5	3	4	5	6	8	10	12	15	20	25	30	40	50	60	80	应用范围较广的精度等级，用于精度要求比较高，一般按尺寸公差等级 IT7 或 IT8 制造的零件。例如 5 级常用在机床轴颈、测量仪器的测量杆、汽轮机主轴、柱塞油泵转子、高精度滚动轴承外圈、一般精度轴承内圈。6、7 级用在内燃机曲轴、凸轮轴轴颈、水泵轴、齿轮轴、汽车后桥输出轴、电机转子、G 级精度滚动轴承内圈、印刷机传墨辊等
6	4	4	5	6	8	10	12	15	20	25	30	40	50	60	80	100	120	
7	6	6	8	10	12	15	20	25	30	40	50	60	80	100	120	150	200	
8	10	10	12	15	20	25	30	40	50	60	80	100	120	150	200	250	300	用于一般精度要求，通常按尺寸公差等级 IT9～IT11 制造的零件。例如 8 级用于拖拉机发动机分配轴轴颈，9 级精度以下齿轮与轴的配合面、水泵叶轮、离心泵泵体、棉花精梳机前后滚子。9 级用于内燃汽缸套配合面、自行车中轴。10 级用于摩托车活塞、印染机导布辊、内燃机活塞槽底径对活塞中心，汽缸套外圈对内孔工作面等
9	15	20	25	30	40	50	60	80	100	120	150	200	250	300	400	500	600	
10	25	40	50	60	80	100	120	150	200	250	300	400	500	600	800	1000	1200	

续表

公差等级	主参数d (D),B,L/mm																	应用举例(参考)
	≤1	>1~3	>3~6	>6~10	>10~18	>18~30	>30~50	>50~120	>120~260	>260~500	>500~800	>800~1250	>1250~2000	>2000~3150	>3150~5000	>5000~8000	>8000~10000	
11	40	60	80	100	120	150	200	250	300	400	500	600	800	1000	1200	1500	2000	用于无特殊要求，一般按尺寸公差等级 TT12 制造的零件
12	60	120	150	200	250	300	400	500	600	800	1000	1200	1500	2000	2500	3000	4000	

主参数d (D),B,L

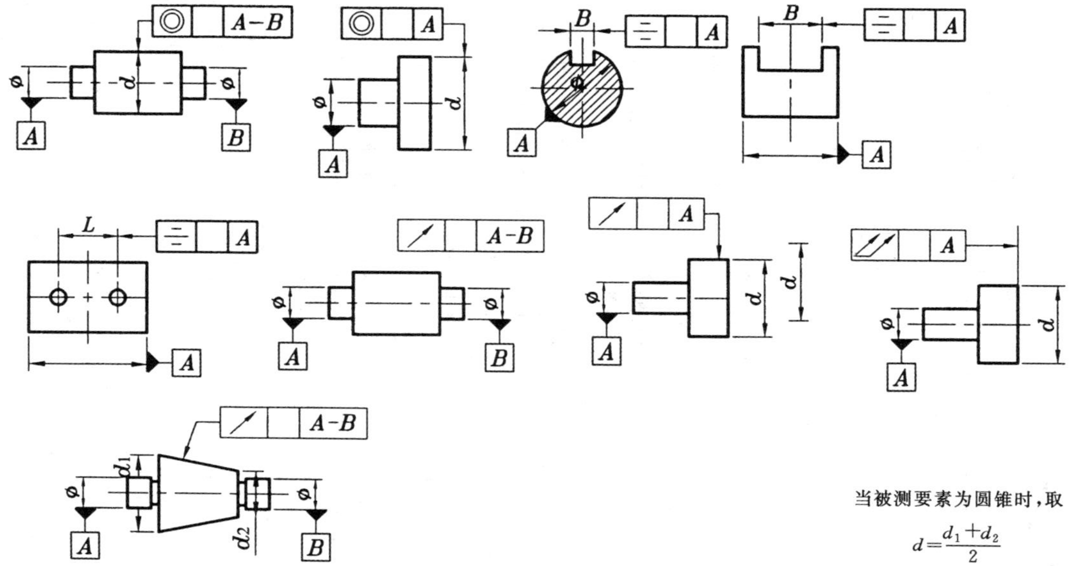

当被测要素为圆锥时，取

$$d=\frac{d_1+d_2}{2}$$

2 常用材料及热处理

2.1 金属材料(节选)

附表 5

标准	名称	牌　　号	应用举例		说　　明
GB/T 700—2006	普通碳素结构钢	Q215	A 级	金属结构件、拉杆、套圈、铆钉、螺栓。短轴、心轴、凸轮(载荷不大的)、垫圈、渗碳零件及焊接件	"Q"为碳素结构钢屈服点"屈"字的汉语拼音首位字母,后面的数字表示屈服点的数值。如 Q235 表示碳素结构钢的屈服点为 235N/mm^2 新旧牌号对照: Q215—A2 Q235—A3 Q275—A5
			B 级		
		Q235	A 级	金属结构件,心部强度要求不高的渗碳或氰化零件,吊钩、拉杆、套圈、汽缸、齿轮、螺栓、螺母、连杆、轮轴、楔、盖及焊接件	
			B 级		
			C 级		
			D 级		
		Q275	轴、轴销、刹车杆、螺母、螺栓、垫圈、连杆、齿轮以及其他强度较高的零件		
GB/T 699—2015	优质碳素结构钢	10	用作拉杆、卡头、垫圈、铆钉及用作焊接零件		牌号的两位数字表示平均碳的质量分数,45 号钢即表示碳的质量分数为 0.45%; 碳的质量分数≤0.25%的碳钢属低碳钢(渗碳钢); 碳的质量分数在 0.25%~0.6%之间的碳钢属中碳钢(调质钢); 碳的质量分数>0.6%的碳钢属高碳钢; 锰的质量分数较高的钢,须加注化学元素符号"Mn"
		15	用于受力不大和韧性较高的零件、渗碳零件及紧固件(如螺栓、螺钉)、法兰盘和化工贮器		
		35	用于制造曲轴、转轴、轴销、杠杆、连杆、螺栓、螺母、垫圈、飞轮(多在正火、调质下使用)		
		45	用作要求综合机械性能高的各种零件,通常经正火或调质处理后使用。用于制造轴、齿轮、齿条、链轮、螺栓、螺母、销钉、键、拉杆等		
		60	用于制造弹簧、弹簧垫圈、凸轮、轧辊等		
		15Mn	制作心部机械性能要求较高且须渗碳的零件		
		65Mn	用作要求耐磨性高的圆盘、衬板、齿轮、花键轴、弹簧等		
GB/T 3077—2015	合金结构钢	20Mn2	用作渗碳小齿轮、小轴、活塞销、柴油机套筒、气门推杆、缸套等		钢中加入一定量的合金元素,提高了钢的力学性能和耐磨性,也提高了钢的淬透性,保证金属在较大截面上获得较高的力学性能
		15Cr	用于要求心部韧性较高的渗碳零件,如船舶主机用螺栓、活塞销、凸轮、凸轮轴、汽轮机套环、机车小零件等		
		40Cr	用于受变载、中速、中载、强烈磨损而无很大冲击的重要零件,如重要的齿轮、轴、曲轴、连杆、螺栓、螺母等		
		35SiMn	耐磨、耐疲劳性均佳,适用于小型轴类、齿轮及 430℃以下的重要紧固件等		
		20CrMnTi	工艺性特优,强度、韧性均高,可用于承受高速、中等或重负荷以及冲击、磨损等的重要零件,如渗碳齿轮、凸轮等		

续表

标准	名称	牌　号	应 用 举 例	说　明
GB/T 11352—2009	铸钢	ZG230—450	轧机机架、铁道车辆摇枕、侧梁、铁铮台、机座、箱体、锤轮、450℃以下的管路附件等	"ZG"为铸钢汉语拼音的首位字母，后面的数字表示屈服点和抗拉强度。如ZG230—450表示屈服点为230N/mm^2、抗拉强度为450N/mm^2
		ZG310—570	适用于各种形状的零件，如联轴器、齿轮、汽缸、轴、机架、齿圈等	
CB/T 9439—2010	灰铸铁	HT150	用于小负荷和对耐磨性无特殊要求的零件，如端盖、外罩、手轮、一般机床的底座、床身及其复杂零件、滑台、工作台和低压管件等	"HT"为"灰铁"的汉语拼音的首位字母，后面的数字表示抗拉强度。如HT200 表示抗拉强度为200N/mm^{2}的灰铸铁
		HT200	用于中等负荷和对耐磨性有一定要求的零件，如机床床身、立柱、飞轮、汽缸、泵体、轴承座、活塞、齿轮箱、阀体等	
		HT250	用于中等负荷和对耐磨性有一定要求的零件，如阀体、油缸、汽缸、联轴器、机体、齿轮、齿轮箱外壳、飞轮、液压泵和滑阀的壳体等	
GB/T 1176—2013	5-5-5 锡青铜	ZCuSn5 Pb5Zn5	耐磨性和耐蚀性均好，易加工，铸造性和气密性较好。用于较高负荷、中等滑动速度下工作的耐磨、耐腐蚀零件，如轴瓦、衬套、缸套、活塞、离合器、蜗轮等	"Z"为铸造汉语拼音的首位字母，各化学元素后面的数字表示该元素含量的百分数，如ZCuAl10Fe3表示含：Al 8.1%～11% Fe 2%～4% 其余为Cu的铸造铝青铜
	10-3 铝青铜	ZCuAl10Fe3	机械性能高，耐磨性、耐蚀性、抗氧化性好，可以焊接，不易钎焊，大型铸件自700℃空冷可防止变脆。可用于制造强度高、耐磨、耐蚀的零件，如蜗轮、轴承、衬套、管嘴、耐热管配件等	
	25-6-3-3 铝黄铜	ZCuZn25 Al6Fe3Mn3	有很高的力学性能，铸造性良好、耐蚀性较好，有应力腐蚀开裂倾向，可以焊接。适用于高强耐磨零件，如桥梁支承板、螺母、螺杆、耐磨板、滑块、蜗轮等	
	58-2-2 锰黄铜	ZCuZn38 Mn2Pb2	有较高的力学性能和耐蚀性，耐磨性较好，切削性良好。可用于一般用途的构件，船舶仪表等使用的外形简单的铸件，如套筒、衬套、轴瓦、滑块等	
GB/T 1173—2013	铸造铝合金	ZAlSi12 代号 ZL102	用于制造形状复杂，负荷小、耐腐蚀的薄壁零件和工作温度≤200℃的高气密性零件	含硅(10～13)%的铝硅合金
GB/T 3190—2020	硬铝	2A12 (原 LY12)	焊接性能好，适于制作高载荷的零件及构件(不包括冲压件和锻件)	2A12 表示含铜(3.8～4.9)%、镁(1.2～1.8)%、锰(0.3～0.9)%的硬铝
	工业纯铝	1060 (代 L2)	塑性、耐腐蚀性高，焊接性好，强度低。适于制作贮槽、热交换器、防污染及深冷设备等	1060 表示含杂质≤0.4%的工业纯铝

2.2 非金属材料(节选)

附表 6

标准	名称	牌号	说明	应用举例
GB/T 539—2008	耐油石棉橡胶板	NY250 HNY300	有0.4～3.0mm的十种厚度规格	供航空发动机用的煤油、润滑油及冷气系统结合处的密封衬垫材料
GB/T 5574—2008	耐酸碱橡胶板	2707 2807 2709	较高硬度 中等硬度	具有耐酸碱性能,在温度－30℃～＋60℃的20%浓度的酸碱液体中工作,用于冲制密封性能较好的垫圈
	耐油橡胶板	3707 3807 3709 3809	较高硬度	可在一定温度的机油、变压器油、汽油等介质中工作,适用于冲制各种形状的垫圈
	耐热橡胶板	4708 4808 4710	较高硬度 中等硬度	可在－30℃～＋100℃、且压力不大的条件下,于热空气、蒸汽介质中工作,用于冲制各种垫圈及隔热垫板

2.3 常用热处理名词解释

附表 7

名词		应用	说明
退火		用来消除铸、锻、焊零件的内应力,降低硬度,便于切削加工,细化金属晶粒,改善组织,增加韧性	将钢件加热到临界温度(一般是710～715℃,个别合金钢800～900℃)以上30～50℃,保温一段时间,然后缓慢冷却(一般在炉中冷却)
正火		用来处理低碳和中碳结构钢及渗碳零件,使其组织细化,增加强度与韧性,减少内应力,改善切削性能	将钢件加热到临界温度以上,保温一段时间,然后在空气中冷却,冷却速度比退火快
淬火		用来提高钢的硬度和强度极限,但淬火会引起内应力使钢变脆,所以淬火后必须回火	将钢件加热到临界温度以上,保温一段时间,然后在水、盐水或油中(个别材料在空气中)急速冷却,使其得到高硬度
回火		用来消除淬火后的脆性和内应力,提高钢的塑性和冲击韧性	回火是将淬硬的钢件加热到临界点以下的回火温度,保温一段时间,然后在空气中或油中冷却下来
调质		用来使钢获得高的韧性和足够的强度。重要的齿轮、轴及丝杆等零件需调质处理	淬火后在450～650℃进行高温回火,称为调质
表面淬火	火焰淬火	使零件表面获得高硬度,而心部保持一定的韧性,使零件既耐磨又能承受冲击。表面淬火常用来处理齿轮等	用火焰或高频电流将零件表面迅速加热至临界温度以上,急速冷却
	高频淬火		

续表

名　词	应　用	说　明
渗碳淬火	增加钢件的耐磨性能、表面硬度、抗拉强度及疲劳极限。适用于低碳、中碳（C<0.4%）结构钢的中小型零件	在渗碳剂中将钢件加热到 900～950℃，停留一定时间，将碳渗入钢表面，深度为 0.5～2mm
氮化	增加钢件的耐磨性能、表面硬度、疲劳极限和抗蚀能力。适用于合金钢、碳钢、铸铁件，如机车主轴、丝杆以及在潮湿碱水和燃烧气体介质的环境中工作的零件	氮化是在 500～600℃通入氨的炉子内加热，向钢的表面渗入氮原子的过程。氮化层为 0.025～0.8mm，氮化时间需 20～50h
氰化	增加表面硬度、耐磨性、疲劳强度和耐蚀性，用于要求硬度高、耐磨的中、小型及薄片零件和刀具等	氰化是在 820～860℃炉内通入碳和氮，保温 1～2h，使钢件的表面同时渗入碳、氮原子，可得到 0.2～2mm 的氰化层
时效	使工件消除内应力，用于量具、精密丝杠、床身导轨、床身等	低温回火后，精加工之前，加热到 100～160℃，保持 5～40h。对铸件也可用天然时效（放在露天中一年以上）
发蓝 发黑	防腐蚀、美观。用于一般连接的标准件和其他电子类零件	将金属零件放在很浓的碱和氧化剂溶液中加热氧化，使金属表面形成一层氧化铁所组成的保护性薄膜
硬度	检测材料抵抗硬物压入其表面的能力。HB 用于退火、正火、调质的零件及铸件；HRC 用于经淬火、回火及表面渗碳、渗氮等处理的零件；HV 用于薄层硬化的零件	硬度代号：HBS（布氏硬度） HRC（洛氏硬度，C 级） HV（维氏硬度）

3　螺　　纹

3.1　普通螺纹的直径与螺距（摘自 GB/T 193—2003）

附表 8　　（单位：mm）

公称直径 D，d		螺距 P		粗牙小径 D_1、d_1	公称直径 D，d		螺距 P		粗牙小径 D_1，d_1
第一系列	第二系列	粗牙	细牙		第一系列	第二系列	粗牙	细牙	
3		0.5	0.35	2.459	10		1.5	1.25；1；0.75	8.376
	3.5	0.6		2.850	12		1.75	1.5；1.25；1	10.106
4		0.7	0.5	3.242		14	2	1.5；1.25；1	11.835
5		0.8		4.134	16		2	1.5；1	13.835
6		1	0.75	4.917		18	2.5	2；1.5；1	15.294
8		1.25	1；0.75	6.647	20		2.5	2；1.5；1	17.294

续表

公称直径 D,d		螺距 P		粗牙小径 D_1、d_1	公称直径 D,d		螺距 P		粗牙小径 D_1,d_1
第一系列	第二系列	粗牙	细牙		第一系列	第二系列	粗牙	细牙	
	22	2.5	2;1.5;1	19.294	36		4	3;2;1.5	31.670
24		3	2;1.5;1	20.752	39	4			34.670
	27	3	2;1.5;1	23.752	42		4.5		37.129
30		3.5	3;2;1.5;1	26.211		45	4.5	4;3;2;1.5	40.129
	33	3.5	3;2;1.5	29.211	48		5		42.587

3.2 普通螺纹基本尺寸的计算(摘自 GB/T 196—2003)

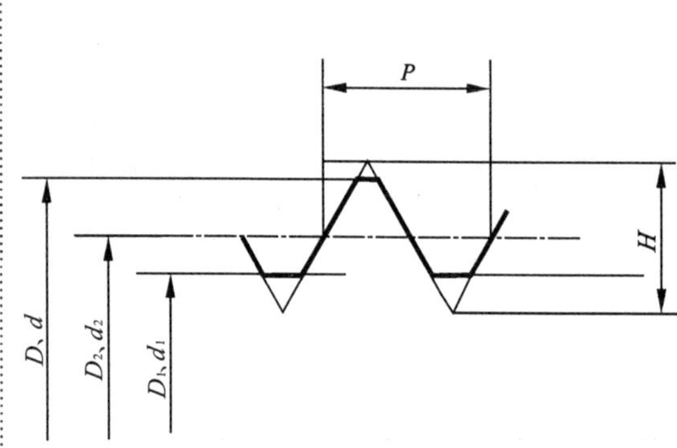

$D_1=D-2\times\frac{5}{8}H \quad D_2=D-2\times\frac{3}{8}H$

$d_1=d-2\times\frac{5}{8}H \quad d_2=d-2\times\frac{3}{8}H$

$H=\frac{\sqrt{3}}{2}P=0.866025404P$

D—内螺纹基本大径　　d—外螺纹基本大径

D_1—内螺纹基本小径　　d_1—外螺纹基本小径

D_2—内螺纹基本中径　　d_2—外螺纹基本中径

P—螺距　　H—原始三角形高度

计算示例:计算螺纹 M16×1.5 的小径 D_1 和中径 D_2。

$$H=\frac{\sqrt{3}}{2}\times1.5=1.299$$

$$D_1=16-2\times\frac{5}{8}\times1.299=14.376$$

$$D_2=16-2\times\frac{3}{8}\times1.299=15.026$$

标记示例:

粗牙普通螺纹,大径为 16mm,螺距为 2mm,右旋,内螺纹公差带中径和顶径均为 6H,该螺纹标记为:M16－6H

细牙普通螺纹,大径为 16mm,螺距为 1.5mm,左旋,外螺纹公差带中径为 5g、大径为 6g,该螺纹标记为:M16×1.5LH－5g6g

3.3　非螺纹密封的圆柱管螺纹(摘自 GB 7307—2001)

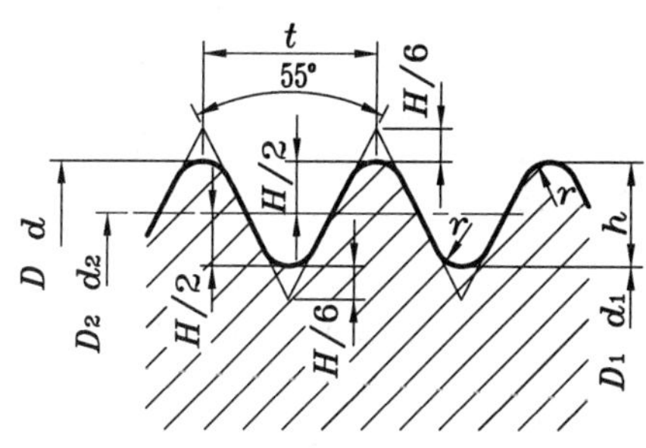

附表 9　(单位:mm)

尺寸代号	每 25.4mm 中的螺纹牙数 n	螺　距 P	螺纹直径	
			大径 D,d	小径 D_1,d_1
1/8	28	0.907	9.728	8.566
1/4	19	1.337	13.157	11.445
3/8	19	1.337	16.662	14.950
1/2	14	1.814	20.955	18.631
5/8	14	1.814	22.911	20.587
3/4	14	1.814	26.441	24.117
7/8	14	1.814	30.201	27.877
1	11	2.309	33.249	30.291
1 1/8	11	2.309	37.897	34.939
1 1/4	11	2.309	41.910	38.952
1 1/2	11	2.309	47.803	44.845
1 3/4	11	2.309	53.746	50.788
2	11	2.309	59.614	56.656
2 1/4	11	2.309	65.710	62.752
2 1/2	11	2.309	75.184	72.266
2 3/4	11	2.309	81.534	78.576
3	11	2.309	87.884	84.926

4　常用螺纹紧固件

4.1　螺栓(节选)

六角头螺栓—A 和 B 级(GB/T 5782—2016)　六角头螺栓—全螺纹—A 和 B 级(GB/T 5783—2016)

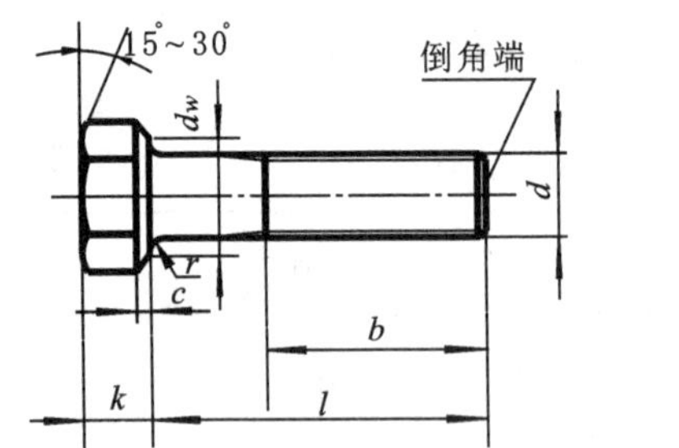

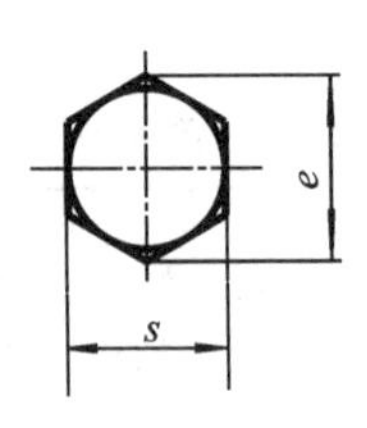

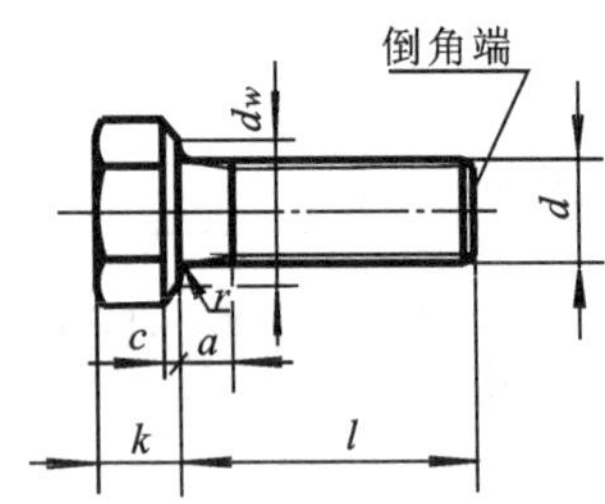

标记示例：

螺纹规格 d = M12、公称长度 l = 80mm、A 级的六角头螺栓，标记为：螺栓 GB/T 5782 M12×80

附表 10　(单位：mm)

螺纹规格 d			M3	M4	M5	M6	M8	M10	M12	M16	M20	M24
b 参考	l≤125		12	14	16	18	22	26	30	38	46	54
	125<l≤200		18	20	22	24	28	32	36	44	52	60
	l>200		31	33	35	37	41	45	49	57	65	73
c max	GB/T 5782 GB/T 5783		0.4	0.4	0.5	0.5	0.6	0.6	0.6	0.8	0.8	0.8
d_w min	GB/T 5782	A	4.57	5.88	6.88	8.88	11.63	14.63	16.63	22.49	28.19	33.61
	GB/T 5783	B	4.45	5.74	6.74	8.74	11.47	14.47	16.47	22	27.7	33.25
e min	GB/T 5782	A	6.01	7.66	8.79	11.05	14.38	17.77	20.03	26.75	33.53	39.98
	GB/T 5783	B	5.88	7.50	8.63	10.89	14.20	17.59	19.85	26.17	32.95	39.55
k 公称	GB/T 5782 GB/T 5783		2	2.8	3.5	4	5.3	6.4	7.5	10	12.5	15
r min	GB/T 5782 GB/T 5783		0.1	0.2	0.2	0.25	0.4	0.4	0.6	0.6	0.8	0.8
s 公称	GB/T 5782 GB/T 5783		5.5	7	8	10	13	16	18	24	30	36
a max	GB/T 5783		1.5	2.1	2.4	3	4	4.5	5.3	6	7.5	9
l 公称 商品规格范围	GB/T 5782		20~30	25~40	25~50	30~60	35~80	40~100	50~120	65~160	80~200	90~240
	GB/T 5783		6~30	8~40	10~50	12~60	16~80	20~100	25~120	30~200	40~200	50~200
l 公称 系列值	6,8,10,12,16,20,25,30,35,40,45,50,(55),60,(65),70,80,90,100,110,120,130,140,150,160,180,200,220,240,260,280,300,320,340,360											

4.2 双头螺柱(节选)

$b_m=1d$(GB/T 897—1988)、$b_m=1.25d$(GB/T 898—2000)、$b_m=1.5d$(GB/T 899—1988)、$b_m=2d$(GB/T 900—1988)

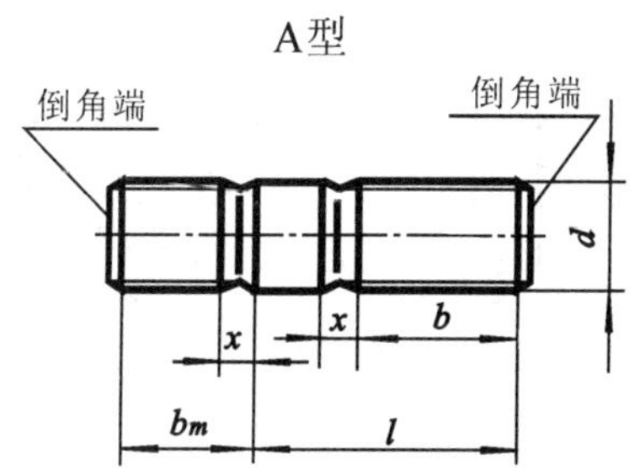

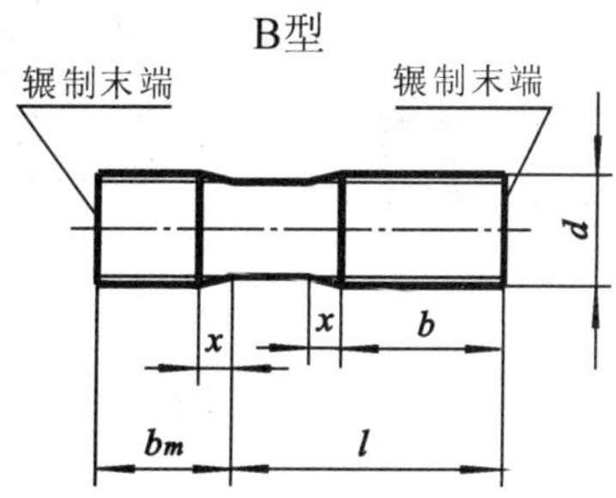

标记示例：

两端均为粗牙普通螺纹，$d=10$mm、$l=50$mm、B 型、$b_m=1d$，标记为：螺柱 GB/T 897 M10×50

旋入端为粗牙普通螺纹，旋螺母端为细牙普通螺纹($P=1$)，$d=10$mm、$l=50$mm、A 型、$b_m=1d$，标记为：螺柱 GB/T 897 AM10－M10×1×50

附表 11　　(单位：mm)

<table>
<tr><td colspan="2">螺纹规格 d</td><td>M5</td><td>M6</td><td>M8</td><td>M10</td><td>M12</td><td>M16</td><td>M20</td><td>M24</td><td>M30</td><td>M36</td><td>M42</td><td>M48</td></tr>
<tr><td rowspan="4">b_m</td><td>GB/T 897－2000</td><td>5</td><td>6</td><td>8</td><td>10</td><td>12</td><td>16</td><td>20</td><td>24</td><td>30</td><td>36</td><td>42</td><td>48</td></tr>
<tr><td>GB/T 898－2000</td><td>6</td><td>8</td><td>10</td><td>12</td><td>15</td><td>20</td><td>25</td><td>30</td><td>38</td><td>45</td><td>52</td><td>60</td></tr>
<tr><td>GB/T 899－2000</td><td>8</td><td>10</td><td>12</td><td>15</td><td>18</td><td>24</td><td>30</td><td>36</td><td>45</td><td>54</td><td>65</td><td>72</td></tr>
<tr><td>GB/T 900－2000</td><td>10</td><td>12</td><td>16</td><td>20</td><td>24</td><td>32</td><td>40</td><td>48</td><td>60</td><td>72</td><td>84</td><td>96</td></tr>
<tr><td colspan="2">x max</td><td colspan="12">1.5P</td></tr>
<tr><td colspan="2">l</td><td colspan="12">b</td></tr>
<tr><td colspan="2">16</td><td rowspan="4">10</td><td rowspan="2"></td><td rowspan="2"></td><td rowspan="4"></td><td rowspan="4"></td><td rowspan="6"></td><td rowspan="8"></td><td rowspan="11"></td><td rowspan="14"></td><td rowspan="14"></td><td rowspan="14"></td><td rowspan="19"></td></tr>
<tr><td colspan="2">(18)</td></tr>
<tr><td colspan="2">20</td><td rowspan="2">10</td><td rowspan="2">12</td></tr>
<tr><td colspan="2">(22)</td></tr>
<tr><td colspan="2">(25)</td><td rowspan="9">16</td><td rowspan="3">14</td><td rowspan="3">16</td><td rowspan="2">14</td><td rowspan="3">16</td></tr>
<tr><td colspan="2">(28)</td></tr>
<tr><td colspan="2">30</td><td rowspan="4">16</td><td rowspan="4">20</td></tr>
<tr><td colspan="2">(32)</td><td rowspan="11">18</td><td rowspan="14">22</td><td rowspan="4">20</td></tr>
<tr><td colspan="2">35</td><td rowspan="3">25</td></tr>
<tr><td colspan="2">(38)</td></tr>
<tr><td colspan="2">40</td><td rowspan="15">26</td><td rowspan="4">30</td></tr>
<tr><td colspan="2">45</td><td rowspan="14">30</td><td rowspan="5">35</td><td rowspan="2">30</td></tr>
<tr><td colspan="2">50</td></tr>
<tr><td colspan="2">(55)</td><td rowspan="14"></td><td rowspan="5">45</td></tr>
<tr><td colspan="2">60</td><td rowspan="11">38</td><td rowspan="2">40</td><td rowspan="4">45</td><td rowspan="5">50</td></tr>
<tr><td colspan="2">(65)</td></tr>
<tr><td colspan="2">70</td><td rowspan="9">46</td><td rowspan="6">50</td></tr>
<tr><td colspan="2">(75)</td></tr>
<tr><td colspan="2">80</td><td rowspan="9"></td><td rowspan="7">54</td><td rowspan="6">60</td></tr>
<tr><td colspan="2">(85)</td><td rowspan="5">70</td><td rowspan="2">60</td></tr>
<tr><td colspan="2">90</td></tr>
<tr><td colspan="2">(95)</td><td rowspan="6"></td><td rowspan="3">80</td></tr>
<tr><td colspan="2">100</td><td rowspan="3">60</td></tr>
<tr><td colspan="2">110</td></tr>
<tr><td colspan="2">120</td><td>78</td><td>90</td><td>102</td></tr>
<tr><td colspan="2">130</td><td>32</td><td rowspan="2">36</td><td rowspan="2">44</td><td rowspan="2">52</td><td rowspan="2">60</td><td rowspan="2">72</td><td rowspan="2">84</td><td rowspan="2">96</td><td rowspan="2">108</td></tr>
<tr><td colspan="2">180</td><td></td></tr>
</table>

4.3 螺钉(节选)

开槽圆柱头螺钉(GB/T 65—2016)　　　　开槽沉头螺钉(GB/T 68—2016)

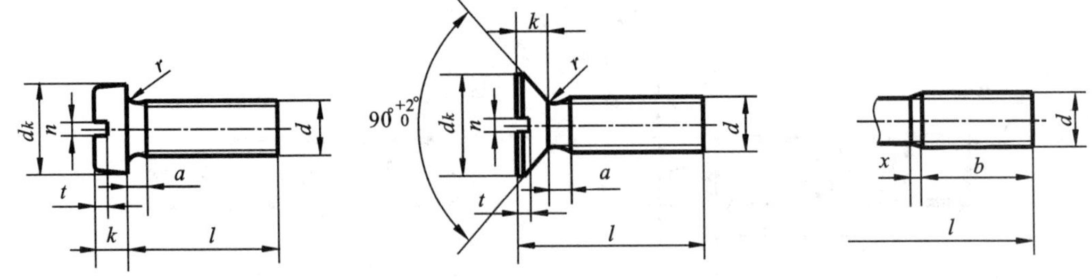

标记示例:

螺纹规格 d=M5、公称长度 l=20mm 的开槽圆头螺钉,标记为:螺钉 GB/T 65 M5×20

附表 12　　(单位:mm)

螺纹规格 d		M1.6	M2	M2.5	M3	M4	M5	M6	M8	M10
P	GB/T 65—2000 GB/T 68—2000	0.35	0.4	0.45	0.5	0.7	0.8	1	1.25	1.5
b min	GB/T 65—2000 GB/T 68—2000	25				38				
d_k max	GB/T 65—2000	3	3.8	4.5	5.5	7	8.5	10	13	16
	GB/T 68—2000	3.6	4.4	5.5	6.3	9.4	10.4	12.6	17.3	20
k max	GB/T 65—2000	1.1	1.4	1.8	2	2.6	3.3	3.9	5	6
	GB/T 68—2000	1	1.2	1.5	1.65	2.7	2.7	3.3	4.65	5
n 公称	GB/T 65—2000 GB/T 68—2000	0.4	0.5	0.6	0.8	1.2	1.2	1.6	2	2.5
r min	GB/T 65—2000	0.1	0.1	0.1	0.1	0.2	0.2	0.25	0.4	0.4
r max	GB/T 68—2000	0.4	0.5	0.6	0.8	1	1.3	1.5	2	2.5
t min	GB/T 65—2000	0.45	0.6	0.7	0.85	1.1	1.3	1.6	2	2.4
	GB/T 68—2000	0.32	0.4	0.5	0.6	1	1.1	1.2	1.8	2
l 公称 商品规格范围	GB/T 65—2000	2~16	3~20	3~25	4~30	5~40	6~50	8~60	10~80	12~80
	GB/T 68—2000	2.5~16	3~20	4~25	5~30	6~40	8~50			
l 公称 全螺纹范围	GB/T 65—2000	l≤30				l≤40				
	GB/T 68—2000	l≤30				l≤45				
l 公称 系列值	2,2.5,3,4,5,6,8,10,12,(14),16,20,25,30,35,40,45,50,(55),60,(65),70,(75),80									

4.4 紧定螺钉(节选)

开槽锥端紧定螺钉（GB/T 71—2018）　　开槽平端紧定螺钉（GB/T 73—2017）　　开槽长圆柱端紧定螺钉（GB/T 75—2018）

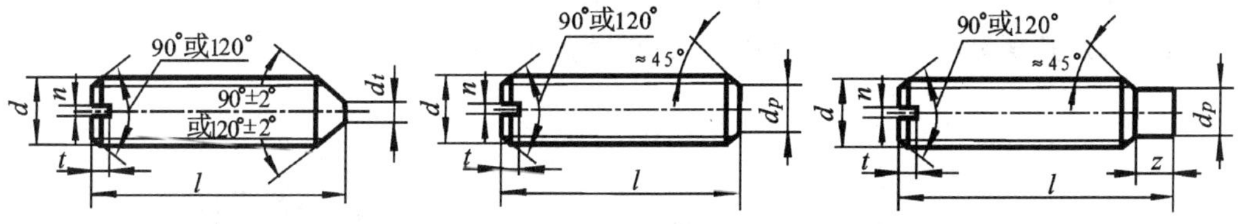

标记示例：

螺纹规格 d=M5、公称长度 l=12mm 的开槽锥端紧定螺钉，标记为：螺钉 GB/T 71 M5×12

附表 13　　（单位：mm）

<table>
<tr><td colspan="3">螺纹规格 d</td><td>M1.2</td><td>M1.6</td><td>M2</td><td>M2.5</td><td>M3</td><td>M4</td><td>M5</td><td>M6</td><td>M8</td><td>M10</td><td>M12</td></tr>
<tr><td rowspan="2">P</td><td colspan="2">GB/T 71、GB/T 73</td><td>0.25</td><td rowspan="2">0.35</td><td rowspan="2">0.4</td><td rowspan="2">0.5</td><td rowspan="2">0.5</td><td rowspan="2">0.7</td><td rowspan="2">0.8</td><td rowspan="2">1</td><td rowspan="2">1.25</td><td rowspan="2">1.5</td><td rowspan="2">1.75</td></tr>
<tr><td colspan="2">GB/T 75</td><td>—</td></tr>
<tr><td>d_t</td><td colspan="2">GB/T 71</td><td>0.12</td><td>0.16</td><td>0.2</td><td>0.25</td><td>0.3</td><td>0.4</td><td>0.5</td><td>1.5</td><td>2</td><td>2.5</td><td>3</td></tr>
<tr><td rowspan="2">d_p max</td><td colspan="2">GB/T 71、GB/T 73</td><td>0.6</td><td rowspan="2">0.8</td><td rowspan="2">1</td><td rowspan="2">1.5</td><td rowspan="2">2</td><td rowspan="2">2.5</td><td rowspan="2">3.5</td><td rowspan="2">4</td><td rowspan="2">5.5</td><td rowspan="2">7</td><td rowspan="2">8.5</td></tr>
<tr><td colspan="2">GB/T 75</td><td>—</td></tr>
<tr><td rowspan="2">n 公称</td><td colspan="2">GB/T 71、GB/T 73</td><td>0.2</td><td rowspan="2">0.25</td><td rowspan="2">0.25</td><td rowspan="2">0.4</td><td rowspan="2">0.4</td><td rowspan="2">0.6</td><td rowspan="2">0.8</td><td rowspan="2">1</td><td rowspan="2">1.2</td><td rowspan="2">1.6</td><td rowspan="2">2</td></tr>
<tr><td colspan="2">GB/T 75</td><td>—</td></tr>
<tr><td rowspan="2">t min</td><td colspan="2">GB/T 71、GB/T 73</td><td>0.4</td><td rowspan="2">0.56</td><td rowspan="2">0.64</td><td rowspan="2">0.72</td><td rowspan="2">0.8</td><td rowspan="2">1.12</td><td rowspan="2">1.28</td><td rowspan="2">1.6</td><td rowspan="2">2</td><td rowspan="2">2.4</td><td rowspan="2">2.8</td></tr>
<tr><td colspan="2">GB/T 75</td><td>—</td></tr>
<tr><td>z min</td><td colspan="2">GB/T 75</td><td>—</td><td>0.8</td><td>1</td><td>1.2</td><td>1.5</td><td>2</td><td>2.5</td><td>3</td><td>4</td><td>5</td><td>6</td></tr>
<tr><td rowspan="6">倒角和锥顶角</td><td rowspan="2">GB/T 71</td><td>120°</td><td>l=2</td><td colspan="2">l≤2.5</td><td colspan="2">l≤3</td><td>l≤4</td><td>l≤5</td><td>l≤6</td><td>l≤8</td><td>l≤10</td><td>l≤12</td></tr>
<tr><td>90°</td><td>l≥2.5</td><td colspan="2">l≥3</td><td colspan="2">l≥4</td><td>l≥5</td><td>l≥6</td><td>l≥8</td><td>l≥10</td><td>l≥12</td><td>l≥14</td></tr>
<tr><td rowspan="2">GB/T 73</td><td>120°</td><td>—</td><td>l≤2</td><td>l≤2.5</td><td colspan="2">l≤3</td><td>l≤4</td><td>l≤5</td><td colspan="2">l≤6</td><td>l≤8</td><td>l≤10</td></tr>
<tr><td>90°</td><td>l≥2</td><td>l≥2.5</td><td>l≥3</td><td colspan="2">l≥4</td><td>l≥5</td><td>l≥6</td><td colspan="2">l≥8</td><td>l≥10</td><td>l≥12</td></tr>
<tr><td rowspan="2">GB/T 75</td><td>120°</td><td>—</td><td>l≤2.5</td><td>l≤3</td><td>l≤4</td><td>l≤5</td><td>l≤6</td><td>l≤8</td><td>l≤10</td><td>l≤14</td><td>l≤16</td><td>l≤20</td></tr>
<tr><td>90°</td><td>—</td><td>l≥3</td><td>l≥4</td><td>l≥5</td><td>l≥6</td><td>l≥8</td><td>l≥10</td><td>l≥12</td><td>l≥16</td><td>l≥20</td><td>l≥25</td></tr>
<tr><td rowspan="4">l 公称</td><td rowspan="3">商品规格范围</td><td>GB/T 71</td><td rowspan="2">2~6</td><td rowspan="2">2~8</td><td>3~10</td><td>3~12</td><td>4~16</td><td>6~20</td><td>8~25</td><td>8~30</td><td>10~40</td><td>12~50</td><td>14~60</td></tr>
<tr><td>GB/T 73</td><td>2~10</td><td>2.5~12</td><td>13~16</td><td>4~20</td><td>5~25</td><td>6~30</td><td>8~40</td><td>10~50</td><td>12~60</td></tr>
<tr><td>GB/T 75</td><td>—</td><td>2.5~8</td><td>3~10</td><td>4~12</td><td>5~16</td><td>6~20</td><td>8~25</td><td>8~30</td><td>10~40</td><td>12~50</td><td>14~60</td></tr>
<tr><td colspan="2">系列值</td><td colspan="11">2,2.5,3,4,5,6,8,10,12,(14),16,20,25,30,35,40,45,50,(55),60</td></tr>
</table>

4.5 螺母(节选)

1.1 型六角螺母—C 级(GB/T 41—2016)
2.1 型六角螺母—A 和 B 级(GB/T 6170—2015)
3.六角薄螺母—A 和 B 级—倒角(GB/T 6172.1—2016)
4.2 型六角螺母—A 和 B 级(GB/T 6175—2000)

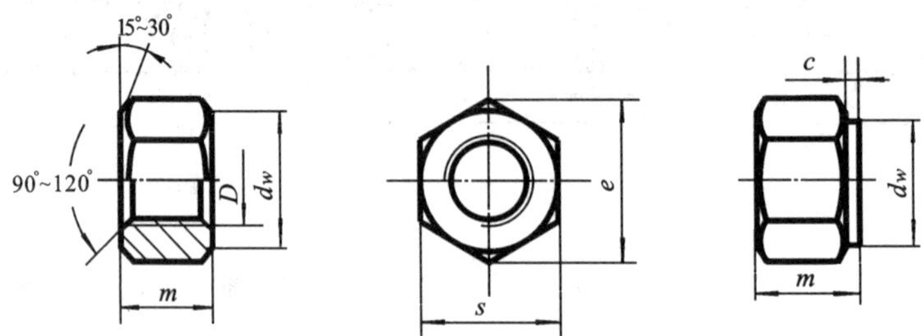

标记示例:

螺纹规格 D=12mm 的 1 型、C 级六角螺母,标记为:螺母 GB/T 41 M12

附表 14 (单位:mm)

螺纹规格 D		M1.6	M2	M2.5	M3	M4	M5	M6	M8	M10	M12	M16	M20	M24	M30	M36
c max	GB/T 6170	0.2	0.2	0.3	0.4	0.4	0.5	0.5	0.6	0.6	0.6	0.8	0.8	0.8	0.8	0.8
	GB/T 6175	—	—	—	—	—										
d_w min	GB/T 41	—	—	—	—	—	6.7	8.7	11.5	14.5	16.5	22	27.7	33.3	42.8	51.1
	GB/T 6170	2.4	3.1	4.1	4.6	5.9	6.9	8.9	11.6	14.6	16.6	22.5	27.7	33.2	42.7	51.1
	GB/T 6172.1															
	GB/T 6175	—	—	—	—	—										
e min	GB/T 41	—	—	—	—	—	8.63	10.98	14.20	17.59	19.85	26.17	32.95	39.55	50.85	60.79
	GB/T 6170	3.41	4.32	5.45	6.01	7.66	8.79	11.05	14.38	17.77	20.03	26.75				
	GB/T 6172.1															
	GB/T 6175	—	—	—	—	—										
m max	GB/T 41	—	—	—	—	—	5.6	6.4	7.9	9.5	12.2	15.9	19	22.3	26.4	31.9
	GB/T 6170	1.3	1.6	2	2.4	3.2	4.7	5.2	6.8	8.4	10.8	14.8	18	21.5	25.6	31
	GB/T 6172.1	1	1.2	1.6	1.8	2.2	2.7	3.1	4	5	6	8	10	12	15	18
	GB/T 6175	—	—	—	—	—	5.1	5.7	7.5	9.3	12	16.4	20.3	23.9	28.6	34.7
s max	GB/T 41	—	—	—	—	—	8	10	13	16	18	24	30	36	46	55
	GB/T 6170	3.2	4	5	5.5	7										
	GB/T 6172.1															
	GB/T 6175	—	—	—	—	—										

4.6　垫圈(节选)

1.小垫圈—A 级(GB/T 848—2002)、平垫圈—A 级(GB/T 97.1—2002)、平垫圈-倒角型—A 级(GB/T 97.2—2002)、平垫圈—C 级(GB/T 95—2002)

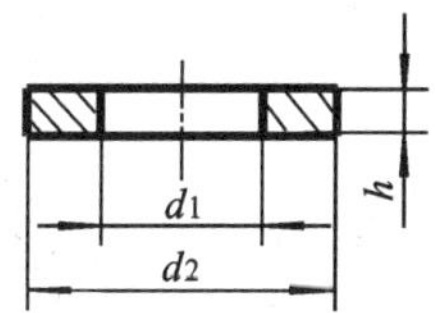

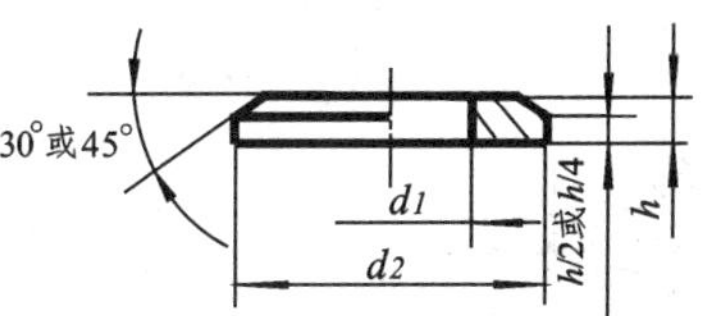

标记示例:

标准系列,公称规格 8mm、由钢制造的硬度等级为 200HV 级、不经表面处理的 A 级平垫圈,标记为:垫圈 GB/T 97.1　8

附表 15　(单位:mm)

<table>
<tr><th colspan="2">公称规格(螺纹大径 d)</th><th>4</th><th>5</th><th>6</th><th>8</th><th>10</th><th>12</th><th>16</th><th>20</th><th>24</th><th>30</th><th>36</th></tr>
<tr><td rowspan="4">d1 公称(min)</td><td>GB/T 848—2002</td><td rowspan="2">4.3</td><td rowspan="3">5.3</td><td rowspan="3">6.4</td><td rowspan="3">8.4</td><td rowspan="3">10.5</td><td rowspan="3">13</td><td rowspan="3">17</td><td rowspan="3">21</td><td rowspan="3">25</td><td rowspan="3">31</td><td rowspan="3">37</td></tr>
<tr><td>GB/T 97.1—2002</td></tr>
<tr><td>GB/T 97.2—2002</td><td>—</td></tr>
<tr><td>GB/T 95—2002</td><td>4.5</td><td>5.5</td><td>6.6</td><td>9</td><td>11</td><td>13.5</td><td>17.5</td><td>22</td><td>26</td><td>33</td><td>39</td></tr>
<tr><td rowspan="4">d2 公称(max)</td><td>GB/T 848—2002</td><td>8</td><td>9</td><td>11</td><td>15</td><td>18</td><td>20</td><td>28</td><td>34</td><td>39</td><td>50</td><td>60</td></tr>
<tr><td>GB/T 97.1—2002</td><td>9</td><td rowspan="3">10</td><td rowspan="3">12</td><td rowspan="3">16</td><td rowspan="3">20</td><td rowspan="3">24</td><td rowspan="3">30</td><td rowspan="3">37</td><td rowspan="3">44</td><td rowspan="3">56</td><td rowspan="3">66</td></tr>
<tr><td>GB/T 97.2—2002</td><td>—</td></tr>
<tr><td>GB/T 95—2002</td><td>9</td></tr>
<tr><td rowspan="4">h 公称</td><td>GB/T 848—2002</td><td>0.5</td><td>1</td><td colspan="2">1.6</td><td>1.6</td><td>2</td><td>2.5</td><td>3</td><td colspan="2" rowspan="4">4</td><td rowspan="4">5</td></tr>
<tr><td>GB/T 97.1—2002</td><td>0.8</td><td rowspan="3">1</td><td colspan="2" rowspan="3">1.6</td><td rowspan="3">2</td><td rowspan="3">2.5</td><td colspan="2" rowspan="3">3</td></tr>
<tr><td>GB/T 97.2—2002</td><td>—</td></tr>
<tr><td>GB/T 95—2002</td><td>0.8</td></tr>
</table>

2.标准型弹簧垫圈(GB/T 93—1987)

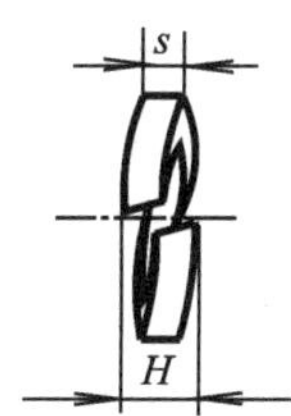

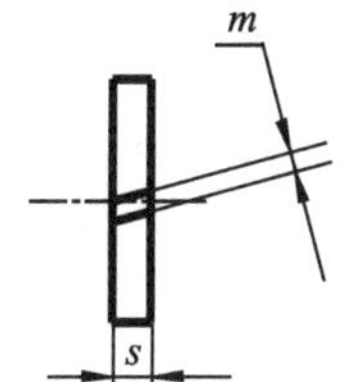

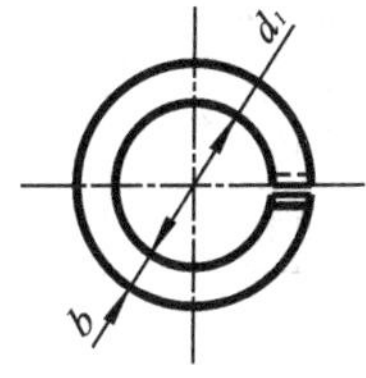

标记示例:

标准系列,公称尺寸 $d=16$mm 的弹簧垫圈,标记为:垫圈　GB/T 93 16

附表 16　(单位:mm)

公称尺寸(螺纹规格 d)	2	2.5	3	4	5	6	8	10	12	16	20	24	30	36	42	48
d_1 min	2.1	2.6	3.1	4.1	5.1	6.1	8.1	10.2	12.2	16.2	20.2	24.5	30.5	36.5	42.5	48.5
$s(b)$公称	0.5	0.65	0.8	1.1	1.3	1.6	2.1	2.6	3.1	4.1	5	6	7.5	9	10.5	12
H max	1	1.3	1.6	2.2	2.6	3.2	4.2	5.2	6.2	8.2	10	12	15	18	21	24
m≤	0.25	0.33	0.4	0.55	0.65	0.8	1.05	1.3	1.55	2.05	2.5	3	3.75	4.5	5.25	6

5 键

5.1 平键 键槽的剖面尺寸(摘自 GB/T 1095—2003)

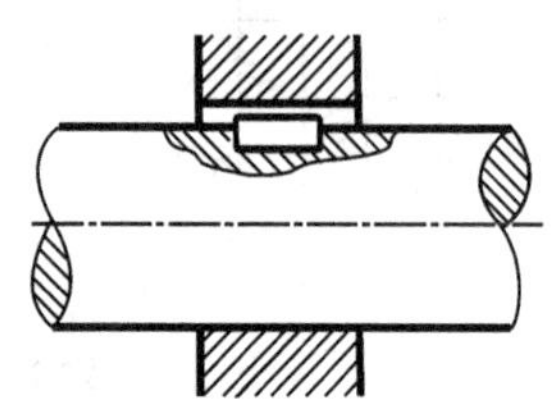

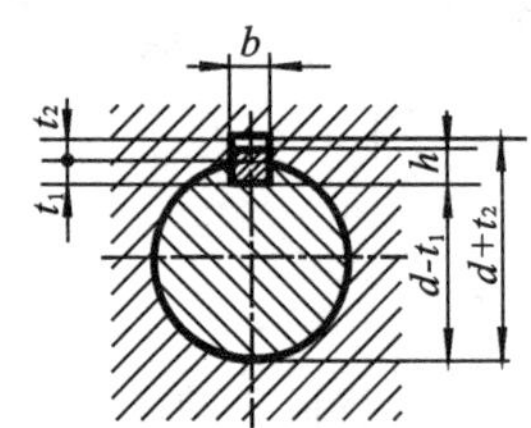

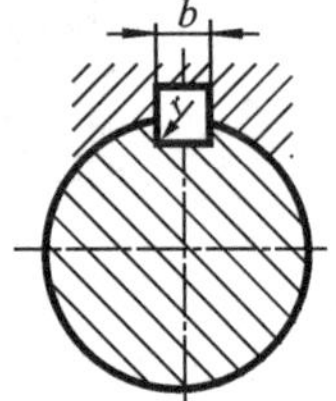

5.2 普通平键键槽的尺寸与公差(节选)(摘自 GB/T 1095—2003)

附表 17 (单位:mm)

轴径 d	键		键槽											
	键尺寸 $b\times h$	键长度 L	槽宽 b						深度				半径 r	
			基本尺寸 b	极限偏差					轴 t_1		毂 t_2			
				松联结		紧密联结	正常联结							
				轴 H9	毂 D10	轴和毂 P9	轴 N9	毂 JS9	公称尺寸	极限偏差	公称尺寸	极限偏差	最小	最大
自 6~8	2×2	6~20	2	+0.025 0	+0.060 +0.020	−0.006 −0.031	−0.004 −0.029	±0.0125	1.2	+0.1 0	1.0	+0.1 0	0.08	0.16
>8~10	3×3	6~36	3						1.8		1.4			
>10~12	4×4	8~45	4	+0.030 0	+0.078 +0.030	−0.012 −0.042	0 −0.030	±0.015	2.5		1.8			
>12~17	5×5	10~56	5						3.0		2.3		0.16	0.25
>17~22	6×6	14~70	6						3.5		2.8			
>22~30	8×7	18~90	8	+0.036 0	+0.098 +0.040	−0.015 −0.051	0 −0.036	±0.018	4.0	+0.2 0	3.3	+0.2 0		
>30~38	10×8	22~110	10						5.0		3.3		0.25	0.40
>38~44	12×8	28~140	12	+0.043 0	+0.120 +0.050	−0.018 −0.061	0 −0.043	±0.0215	5.0		3.3			
>44~50	14×9	36~160	14						5.5		3.8			
>50~58	16×10	45~180	16						6.0		4.3			
>58~65	18×11	50~200	18						7.0		4.4			
>65~75	20×12	56~220	20	+0.052 0	+0.149 +0.065	−0.022 −0.074	0 −0.052	±0.026	7.5		4.9		0.40	0.60
>75~85	22×14	63~250	22						9.0		5.4			
>85~95	25×14	70~280	25						9.0		5.4			
>95~110	28×16	80~320	28						10.0		6.4			

键长度 L 取值:6,8,10,12,14,16,18,20,22,25,28,32,36,40,45,50,56,63,70,80,90,100,110,125,140,160,180,200,220,250,280,320,360,400,500

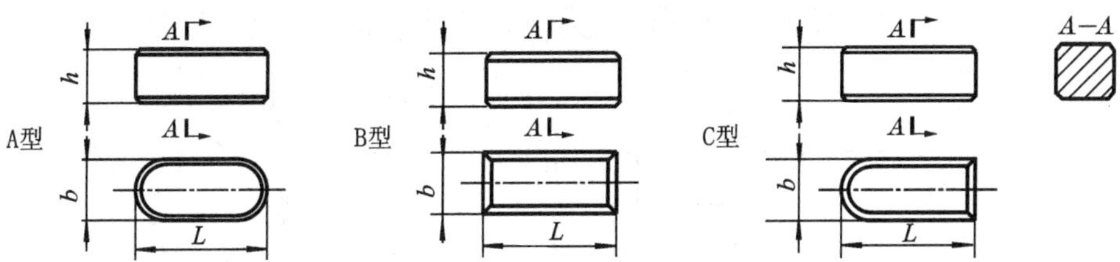

标记示例：

普通A型平键，b=18mm、h=11mm、L=100mm，标记为：GB/T 1096　键　18×11×100

普通B型平键，b=18mm、h=11mm、L=100mm，标记为：GB/T 1096　键　B18×11×100

6　销

6.1　圆锥销（节选）（摘自GB/T 117—2000）

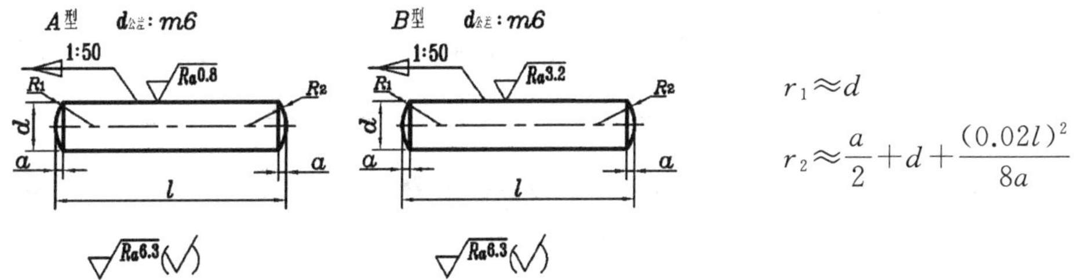

$$r_1 \approx d$$

$$r_2 \approx \frac{a}{2} + d + \frac{(0.02l)^2}{8a}$$

标记示例：

公称直径d=10mm、公称长度l=60mm、材料为35钢、热处理硬度为28～38HRC、表面氧化的A型圆锥销，标记为：销 GB/T 117　10×60；如为B型，则标记为：销 GB/T 117　B10×60

附表18　（单位：mm）

d（公称）	0.6	0.8	1	1.2	1.5	2	2.5	3	4	5
a≈	0.08	0.1	0.12	0.16	0.2	0.25	0.3	0.4	0.5	0.63
l（商品规格范围公称长度）	4～8	5～12	6～16	6～20	8～24	10～35	10～35	12～45	14～55	18～60
d（公称）	6	8	10	12	16	20	25	30	40	50
a≈	0.8	1	1.2	1.6	2	2.5	3	4	5	6.3
l（商品规格范围公称长度）	22～90	22～120	26～160	32～180	40～200	45～200	50～200	55～200	60～200	65～200
l系列	2，3，4，5，6，8，10，12，14，16，18，20，22，24，26，28，30，32，35，40，45，50，55，60，65，70，75，80，85，90，95，100，120，140，160，180，200									

6.2 圆柱销(节选)不淬硬钢和奥氏体不锈钢(摘自 GB/T 119.1—2000)

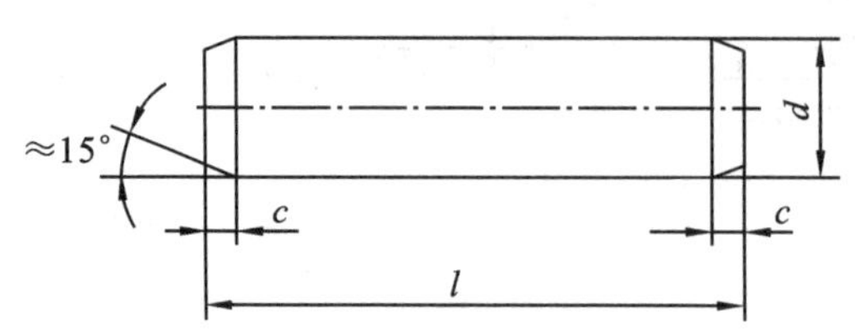

末端形状,由制造者确定

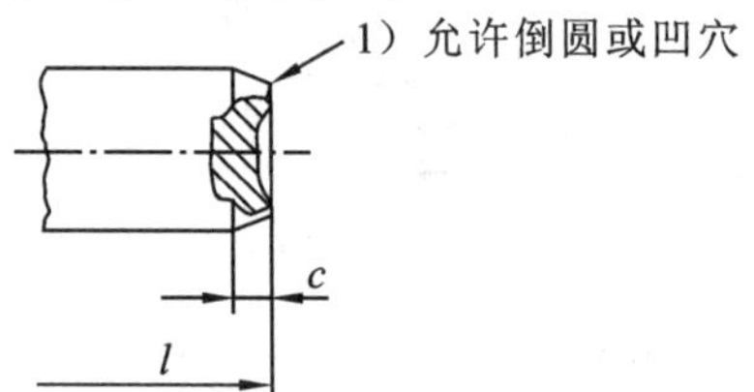

标记示例

公称直径 d=10mm、公差为 m6、公称长度 l=60mm、材料为钢、不经淬硬、不经表面处理的圆柱销,标记为:销 GB/T 119.1　10m6×60

附表 19　　(单位:mm)

d(公称)	0.6	0.8	1	1.2	1.5	2	2.5	3	4	5
c≈	0.12	0.16	0.20	0.25	0.30	0.35	0.40	0.50	0.63	0.80
l(商品规格范围公称长度)	2~6	2~8	4~10	4~12	4~16	6~20	6~24	8~30	8~40	10~50
d(公称)	6	8	10	12	16	20	25	30	40	50
c≈	1.2	1.6	2	2.5	3	3.5	4	5	6.3	8
l(商品规格范围公称长度)	12~60	14~80	18~95	22~140	26~180	35~200	50~200	60~200	80~200	95~200
l 系列	2,3,4,5,6,8,10,12,14,16,18,20,22,24,26,28,30,32,35,40,45,50,55,60,65,70,75,80,85,90,95,100,120,140,160,180,200									

6.3 开口销(节选)(摘自 GB/T 91—2000)

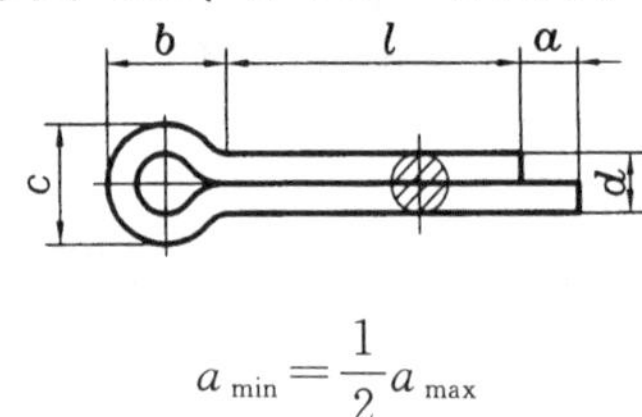

$$a_{\min}=\frac{1}{2}a_{\max}$$

标记示例:

公称直径 d=5mm、长度 l=50mm 的开口销:销 GB/T 91—2000-5×50

附表 20　　(单位:mm)

d	公称	0.6	0.8	1	1.2	1.6	2	2.5	3.2	4	5	6.3	8	10	12
	min	0.4	0.6	0.8	0.9	1.3	1.7	2.1	2.7	3.5	4.4	5.7	7.3	9.3	11.1
	max	0.5	0.7	0.9	1	1.4	1.8	2.3	2.9	3.7	4.6	5.9	7.5	9.5	11.4
c	max	1	1.4	1.8	2	2.8	3.6	4.6	5.8	7.4	9.2	11.8	15	19	24.8
	min	0.9	1.2	1.6	1.7	2.4	3.2	4	5.1	6.5	8	10.3	13.1	16.6	21.7
b≈		2	2.4	3	3	3.2	4	5	6.4	8	10	12.6	16	20	26
a max		1.6			2.5				3.2	4			6.3		
l		4~12	5~16	6~20	8~26	8~32	10~40	12~50	14~65	18~80	22~100	30~120	40~160	45~200	70~200
l 系列		4,5,6,8,10,12,14,16,18,20,22,24,26,28,30,32,36,40,45,50,55,60,65,70,75,80,85,90,95,100,120,140,160,180,200													

注:销孔的公称直径等于 d 公称。

7 滚动轴承

7.1 深沟球轴承(节选)(摘自 GB/T 276—2013)

附表 21

60000型

轴承代号	外形尺寸/mm		
	d	D	B
10 系列			
608	8	22	7
609	9	24	7
6000	10	26	8
6001	12	28	8
6002	15	32	9
6003	17	35	10
6004	20	42	12
60/22	22	44	12
6005	25	47	12
60/28	28	52	12
6006	30	55	13
60/32	32	58	13
6007	35	62	14
6008	40	68	15
6009	45	75	16
6010	50	80	16
6011	55	90	18
6012	60	95	18
02 系列			
625	5	16	5
626	6	19	6
627	7	22	7
628	8	24	8
629	9	26	8
6200	10	30	9
6201	12	32	10
6202	15	35	11
6203	17	40	12
6204	20	47	14
62/22	22	50	14
6205	25	52	15
62/28	28	58	16
6206	30	62	16
62/32	32	65	17
6207	35	72	17
6208	40	80	18
6209	45	85	19
6210	50	90	20
6211	55	100	21
6212	60	110	22

轴承代号	外形尺寸/mm		
	d	D	B
03 系列			
633	3	13	5
634	4	16	5
635	5	19	6
6300	10	35	11
6301	12	37	12
6302	15	42	13
6303	17	47	14
6304	20	52	15
63/22	22	56	16
6305	25	62	17
63/28	28	68	18
6306	30	72	19
63/32	32	75	20
6307	35	80	21
6308	40	90	23
6309	45	100	25
6310	50	110	27
6311	55	120	29
6312	60	130	31
6313	65	140	33
6314	70	150	35
6315	75	160	37
6316	80	170	39
6317	85	180	41
6318	90	190	43
04 系列			
6404	20	72	19
6405	25	80	21
6406	30	90	23
6407	35	100	25
6408	40	110	27
6409	45	120	29
6410	50	130	31
6411	55	140	33
6412	60	150	35
6413	65	160	37
6414	70	180	42
6415	75	190	45
6416	80	200	48
6417	85	210	52
6418	90	225	54
6419	95	240	55
6420	100	250	58

7.2 圆锥滚子轴承（节选）（摘自 GB/T 297—2015）

附表 22

30000型

轴承代号	尺寸/mm				
	d	*D*	*T*	*B*	*C*
	02 系列				
30202	15	35	11.75	11	10
30203	17	40	13.25	12	11
30204	20	47	15.25	14	12
30205	25	52	16.25	15	13
30206	30	62	17.25	16	14
302/32	32	65	18.25	17	15
30207	35	72	18.25	17	15
30208	40	80	19.75	18	16
30209	45	85	20.75	19	16
30210	50	90	21.75	20	17
30211	55	100	22.75	21	18
30212	60	110	23.75	22	19
30213	65	120	24.75	23	20
30214	70	125	26.25	24	21
30215	75	130	27.25	25	22
	03 系列				
30302	15	42	14.25	13	11
30303	17	47	15.25	14	12
30304	20	52	16.25	15	13
30305	25	62	18.25	17	15
30306	30	72	20.75	19	16
30307	35	80	22.75	21	18
30308	40	90	25.75	23	20
30309	45	100	27.25	25	22
30310	50	110	29.25	27	23
30311	55	120	31.5	29	25
30312	60	130	33.5	31	26
30313	65	140	36	33	28
30314	70	150	38	35	30
30315	75	160	40	37	31

轴承代号	尺寸/mm				
	d	*D*	*T*	*B*	*C*
	13 系列				
31305	25	62	18.25	17	13
31306	30	72	20.75	19	14
31307	35	80	22.75	21	15
31308	40	90	25.25	21	17
31309	45	100	27.25	25	18
31310	50	110	29.25	27	19
31311	55	120	31.5	29	21
31312	60	130	33.5	31	22
31313	65	140	36	33	23
31314	70	150	38	35	25
31315	75	160	40	37	26
	20 系列				
32004	20	42	15	15	12
320/22	22	44	15	15	11.5
32005	25	47	15	15	11.5
320/28	28	52	16	16	12
32006	30	55	17	17	13
320/32	32	58	17	17	13
32007	35	62	18	18	14
32008	40	68	19	19	14.5
32009	45	75	20	20	15.5
32010	50	80	20	20	15.5
32011	55	90	23	23	17.5
32012	60	95	23	23	17.5
32013	65	100	23	23	17.5
32014	70	110	25	25	19
32015	75	115	25	25	19
	22 系列				
32203	17	40	17.25	16	14
32204	20	47	19.25	16	15
32205	25	52	19.25	18	16
32206	30	62	21.25	20	17
32207	35	72	24.25	23	19
32208	40	80	24.75	23	19
32209	45	85	24.75	23	19
32210	50	90	24.75	23	19
32211	55	100	26.75	25	21
32212	60	110	26.75	28	24
32213	65	120	29.75	31	27
32214	70	125	33.25	31	27
32215	75	130	33.25	31	27

7.3　单向推力球轴承(节选)(摘自 GB/T 301—2015)

附表 23

51000型

轴承代号	尺寸/mm			
	d	d_1	D	T
11 系列				
51100	10	11	24	9
51101	12	13	26	9
51102	15	16	28	9
51103	17	18	30	9
51104	20	21	35	10
51105	25	26	42	11
51106	30	32	47	11
51107	35	37	52	12
51108	40	42	60	13
51109	45	47	65	14
51110	50	52	70	14
51111	55	57	78	16
51112	60	62	85	17
51113	65	67	90	18
51114	70	72	95	18
51115	75	77	100	19
51116	80	82	105	19
51117	85	87	110	19
51118	90	92	120	22
51120	100	102	135	25
12 系列				
51200	10	12	26	11
51201	12	14	28	11
51202	15	17	32	12
51203	17	19	35	12
51204	20	22	40	14
51205	25	27	47	15
51206	30	32	52	16
51207	35	37	62	18
51208	40	42	68	19
51209	45	47	73	20
51210	50	52	78	22
51211	55	57	90	25
51212	60	62	95	26
51213	65	67	100	27
51214	70	72	105	27
51215	75	77	110	27
51216	80	82	115	28
51217	85	88	125	31
51218	90	93	135	35
51220	100	103	150	38
13 系列				
51304	20	22	47	18
51305	25	27	52	18
51306	30	32	60	21
51307	35	37	68	24
51308	40	42	48	26
51309	45	47	85	28
51310	50	52	95	31
51311	55	57	105	35
51312	60	62	110	35
51313	65	67	115	36
51314	70	72	125	40
51315	75	77	135	44
51316	80	82	140	44
51317	85	88	150	49
51318	90	93	155	50
51320	100	103	170	55
14 系列				
51405	25	27	60	24
51406	30	32	70	28
51407	35	37	80	32
51408	40	42	90	36
51409	45	47	100	39
51410	50	52	110	43
51411	55	57	120	48
51412	60	62	130	51
51413	65	67	140	56
51414	70	72	150	60
51415	75	77	160	65
51416	80	82	170	68
51417	85	88	180	72
51418	90	93	190	77
51420	100	103	210	85

8 常用的标准结构

8.1 回转面及端面砂轮越程槽（节选）（摘自 GB/T 6403.5—2008）

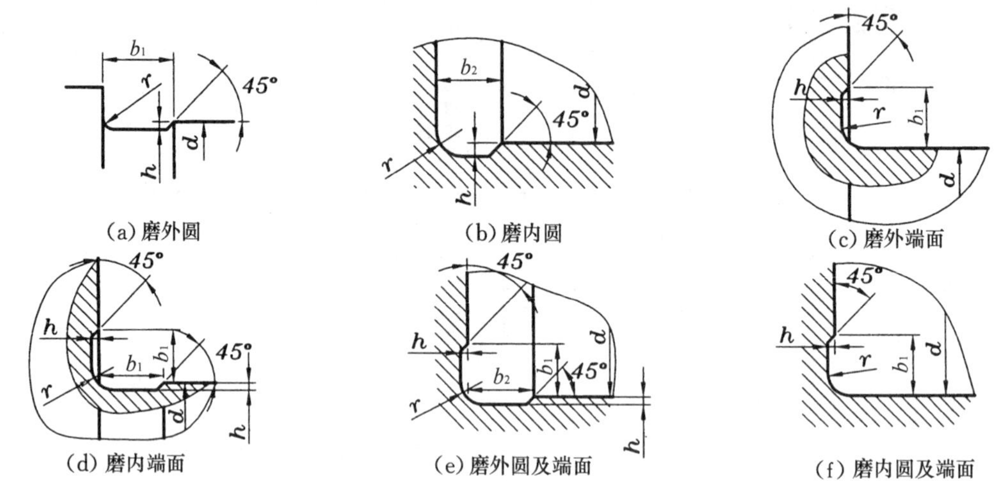

(a) 磨外圆　(b) 磨内圆　(c) 磨外端面
(d) 磨内端面　(e) 磨外圆及端面　(f) 磨内圆及端面

附表 24　（单位：mm）

b_1	0.6	1.0	1.6	2.0	3.0	4.0	5.0	8.0	10
b_2	2.0	3.0		4.0		5.0		8.0	10
h	0.1	0.2		0.3	0.4	0.6		0.8	1.2
r	0.2	0.5		0.8	1.0	1.6		2.0	3.0
d	～10			>10～50		>50～100		>100	

8.2 零件的倒角与倒圆（节选）（摘自 GB/T 6403.4—2008）

附表 25　（单位：mm）

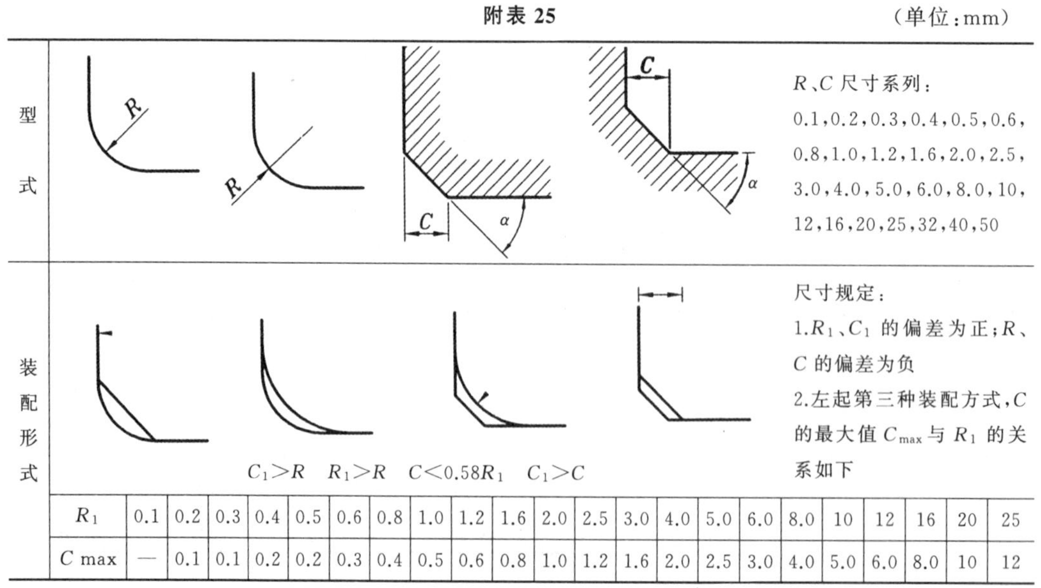

R、C 尺寸系列：

0.1，0.2，0.3，0.4，0.5，0.6，0.8，1.0，1.2，1.6，2.0，2.5，3.0，4.0，5.0，6.0，8.0，10，12，16，20，25，32，40，50

尺寸规定：

1.R_1、C_1 的偏差为正；R、C 的偏差为负

2.左起第三种装配方式，C 的最大值 C_{max} 与 R_1 的关系如下

R_1	0.1	0.2	0.3	0.4	0.5	0.6	0.8	1.0	1.2	1.6	2.0	2.5	3.0	4.0	5.0	6.0	8.0	10	12	16	20	25
C max	—	0.1	0.1	0.2	0.2	0.3	0.4	0.5	0.6	0.8	1.0	1.2	1.6	2.0	2.5	3.0	4.0	5.0	6.0	8.0	10	12

8.3 与直径 *d* 或 *D* 相应的倒角 *C*、倒圆 *R* 的推荐值(摘自 GB/T 6403.4—2008)

附表 26　　(单位:mm)

d 或 *D*	~3	>3~6	>6~10	>10~18	>18~30	>30~50	>50~80	>80~120	>120~180
C 或 *R*	0.2	0.4	0.6	0.8	1.0	1.6	2.0	2.5	3.0
d 或 *D*	>180~250	>250~320	>320~400	>400~500	>500~630	>630~800	>800~1000	>1000~1250	>1250~16000
C 或 *R*	4.0	5.0	6.0	8.0	10	12	16	20	25

8.4 紧固件通孔及沉孔尺寸(节选)(GB/T 5277—1985)

附表 27　　(单位:mm)

螺栓或螺钉直径 *d*		3	4	5	6	8	10	12	14	16	18	20	22	24	27	30	36
通孔直径 GB 5277—1985	精装配	3.2	4.3	5.3	6.4	8.4	10.5	13	15	17	19	21	23	25	28	31	37
	中等装配	3.4	4.5	5.5	6.6	9	11	13.5	15.5	17.5	20	22	24	26	30	33	39
	粗装配	3.6	4.8	5.8	7	10	12	14.5	16.5	18.5	21	24	26	28	32	35	42
六角头螺栓和六角螺母用沉孔 GB/T 152.4—1988	d_2	9	10	11	13	18	22	26	30	33	36	40	43	48	53	61	71
	d_3	—	—	—	—	—	—	16	18	20	22	24	26	28	33	36	42
	d_1	3.4	4.5	5.5	6.6	9.0	11.0	13.5	15.5	17.5	20.0	22.0	24	26	30	33	39
沉头用沉孔 GB/T 152.2—2014	d_2	6.4	9.6	10.6	12.8	17.6	20.3	24.4	28.4	32.4	—	40.4	—	—	—	—	—
	$t\approx$	1.6	2.7	2.7	3.3	4.6	5.0	6.0	7.0	8.0	—	10.0	—	—	—	—	—
	d_1	3.4	4.5	5.5	6.6	9	11	13.5	15.5	17.5	—	22	—	—	—	—	—
	α	$90^{\circ}{}^{-2^{\circ}}_{-4^{\circ}}$															
圆柱头用沉孔 GB/T 152.3—1988	d_2	6.0	8.0	10.0	11.0	15.0	18.0	20.0	24.0	26.0	—	33.0	—	40.0	—	48.0	适用于内六角圆柱头螺钉
	t	3.4	4.6	5.7	6.8	9.0	11.0	13.0	15.0	17.5	—	21.5	—	25.5	—	32.0	
	d_3	—	—	—	—	—	—	16	18	20	—	24	—	28	—	36	
	d_1	3.4	4.5	5.5	6.6	9.0	11.0	13.5	15.5	17.5	—	22.0	—	26.0	—	33.0	
	d_2	—	8	10	11	15	18	20	24	26	—	33	—	—	—	—	适用于开槽圆柱头螺钉
	t	—	3.2	4.0	4.7	6.0	7.0	8.0	9.0	10.5	—	12.5	—	—	—	—	
	d_3	—	—	—	—	—	—	16	18	20	—	24	—	—	—	—	
	d_1	—	4.5	5.5	6.6	9.0	11.0	13.5	15.5	17.5	—	22.0	—	—	—	—	

注:对螺栓和螺母用沉孔的尺寸 t,只要能制出与通孔轴线垂直的圆平面即可。